식육·육제품의 과학과 기술

- The Science and Technology of Meat and Meat Products -

편집자 : 진 구 복

선진문화사

집 필 자 (가나다 순)

강종옥 (전. 단국대학교 동물자원과학전공 교수)
김안규 (전. 체리부로식품 대표이사)
김언현 (전. 건국대학교 축산학전공 교수)
김천제 (전. 건국대학교 축산식품생물공학전공 교수)
문영덕 (한국식육가공연구소 대표이사)
문윤희 (전. 경상대학교 식품공학전공 교수)
박창일 (전. 대구대학교 생명환경과학전공 교수)
박형기 (전. 전북대학교 동물자원학부 교수)
신현길 (전. 한동대학교 생물식품공학부 교수)
오동환 (전. 순천대학교 동물자원과학전공 교수)
오홍록 (전. 충남대학교 축산학전공 교수)
윤요한 (숙명대학교 식품영양학과 교수)
이근택 (강릉원주대학교 식품과학과 교수)
이정우 (주. 엠투 대표이사)
정구용 (상지대학교 동물자원학과 교수)
정승희 (주. 지오푸드텍 대표이사)
진구복 (전남대학교 동물자원학부 교수)
최성희 (선문대학교 식품과학전공 교수)
하정욱 (전. 경남대학교 식품생물공학 교수)
황인호 (전북대학교 동물자원학과 교수)

머 리 말

경제가 발달함에 따라서 육류의 소비가 증가되었고 이러한 추세는 당분간 계속될 전망이다. 식육과 육제품은 맛과 영양이 풍부하고 양질의 단백질과 철분과 같은 무기물이 다량 함유되고 있어서 다른 식품에 비하여 영양적으로 우수한 식품이다. 하지만 지난 2015년 10월말 세계보건기구(WHO) 산하 국제암연구소에서 염지육제품을 1군, 그리고 식육을 2A군 발암물질로 분류하면서 전 세계는 요동치고 있다. 이러한 과정에서 국내의 많은 육가공 회사가 어려웠으며 심지어는 도산하는 기업이 발생하였다. 충격적인 보도에 대하여 강력히 대응하는 미주나 유럽에 비하여 국내에서는 적절한 대응책을 내놓지 못하는 바람에 육제품에 대한 소비자들의 불안이 가중되었던 것으로 기억하고 있다. "아는 것이 힘이다"라는 말과 같이 식품을 잘 알지 못하는 소비자들은 나쁘다고 하면 그 전부를 나쁘다고 판단하여 식품자체를 전부를 부정하게 된다. 따라서 본 교재는 식육과 육제품을 전공하는 학도들 뿐만 아니라 소비자의 입장에게 보다 정확하고 최신의 육가공 정보를 전달하여 소비자들로 하여금 어떤 부분이 좋은 것이며 어떤 부분이 좋지 않다는 것을 판단할 수 있도록 하여 소비자들에게 식육과 육제품의 이해를 돕고자 원판에서 최신정보을 보완하여 개정판을 출판하게 되었다.

본 교재는 총 2편으로 나뉘어 1편은 주로 식육에 관련하여 세계적인 식육소비의 경향, 도살, 부분육 분할, 사후강직 및 신선육의 저장성과 이상육의 성상에 대하여 설명하였고, 2편에서는 1편에서 배운 내용을 중심으로 주로 육가공 제조 및 원리에 대하여 설명하였으며 구체적으로는 식육제품의 가공 이론, 포장과 부재료, 햄, 베이컨 및 소시지의 제조와 계육 및 어육 가공 그리고 통조림 제조의 이론과 실제 등에 이르는 여러 가지 주제를 다루었고, 식육 및 육제품의 미생물, 공장 운영에 있어서의 위생과 품질 관리 그리고 실험 분석법에 대해서도 자세히 기술하였다. 아울러 식육과 육제품에 관한 소비가 증진함에 따라 소비자들의 의식수준도 발달하고 지식에 대한 욕구도 증가하는 갓은 당연한 일이며 이 책이 이러한 소비자들과 배우고자하는 전공학생들의 욕구를 만족시키기를 간절히 기대하는 바이다.

마지막으로 이 개정판이 나오기까지 수고하신 집필자와 최종까지 마무리작업에 도움을 주신 선진문화사 양 사장님, 심봉석 편집부장님 및 그 밖의 많은 도움을 주신 분들께 심심한 감사를 드립니다.

2017년 2월
저자 일동

차 례

I. 신 선 육

II. 식 육 제 품

I. 신 선 육

1. 서　　론

- 박형기, 진구복 -

현대 식생활에서 우리 인간의 다양한 생리적 기능(生理的 機能, physiological functions)을 충족시키기 위하여 탄수화물, 단백질, 지방과 같은 영양소가 필요하며, 그중에서 가장 중요한 영양소는 단백질(蛋白質, protein)이다. 따라서 복잡한 현대 생활과 환경을 극복하고 생존하기 위하여는 끊임없이 식품(食品, foods)으로 이들을 공급해야만 한다. 특히 동물성식품 중 식육류(食肉類, Meat)와 육제품(肉製品, Meat products)들은 풍부한 양질의 필수 아미노산들을 균형있게 지니고 있을 뿐만 아니라, 철분과 비타민 B_1과 B_2 등이 우수하여, 정백미를 주식으로 할 때 부족되기 쉬운 영양소를 보완해 주는 최상의 동물성 단백질 공급원이다.

동서고금을 막론하고 이 지구촌에서 식육을 많이 이용하고 있는 사람들은 건강하고 부지런하며, 장수하는 국민들로 그 나라는 부강하고 살기 좋은 복지국가를 이루고 있다. 이같이 귀중한 식육의 과학을 보다 상세히 아는 데에는 지금까지 인류가 이용해온 식육 이용의 역사와 우리나라를 비롯해서 전세계의 식육이용의 흐름과 그 중요성을 알아야 한다. 날로 세계인구는 증가하고 식육의 생산과 소비가 늘어감에 따라 식육과학에 기초가 되는 육축류의 산육성(産肉性, meat productivity)을 이해하는 것은 더욱 중요하다. 그리고 이들 육축의 처리와 생산된 식육의 조직학적, 화학적 및 생화학적, 생물학적인 성상(性狀, properties)들은 식육과학의 중추이다. 단순히 고기덩이로만 생각되는 식육의 과학적 이해는 현대 식생활에 대단히 중요하며 식육의 생산과 소비증가에 박차를 가하게 될 것으로 본다.

1.1 식육이용의 역사

식육류를 인간이 식생활에 이용하게 된 최초의 시기는 원시원인들이 나무열매 등을 식용으로 하던 수상(樹上)생활에서 지상생활로 전환되던 시기부터였다고 고고학에서 기술하고 있다. 인류의 선조들은 초기의 원시농경문화가 이루어질 때까지 채집과 수렵에 의하여 먹을 것을 마련했다. 특히 구석기시대(paleolithic age : 1만2천년전)에 이들은 돌을 다듬어서 연장을 만들어 들짐승들을 사냥하여 식생활에 이용했던 것으로 본다.

우리나라에서도 충남 공주군 석장리에서 출토된(1964-1972년) 중석기시대(10만년~3만5천년전)의 유물들인 돌칼, 돌도끼, 돌화살촉들은 수렵에 사용되었던 것으로 보여지며, 우리나라 전역에 걸쳐있는 패총에서 출토된 멧돼지, 사슴, 소, 말 등의 뼈와 골각기 등은 원시농경시대 선조들이 강변이나 해변의 어패류와 들짐승 등을 잡아 중요한 식량으로 이용해 왔음을 증명한다.

그 후 식육류는 원시인들로부터 현대인에 이르기까지 생활 에너지원으로 없어서는 안되는 중요한 식량이 되었으며, 처음에는 날 것으로 이용되던 것이 인류가 불을 이용하게 된 이후부터는 구워 먹기 시작하여 오늘날 육제품을 훈연에 의해 처리 가공하여 풍미가 좋은 간편식품으로 이용하게 된 것이다.

식육의 이용은 동서고금을 막론하고 세계 도처에서 여러 가지 포유류가 그 곳 주민들의 입수 가능성이나 관습에 의하여 중요한 식량이 되고 있다. 지금도 북극에 살고 있는 에스키모인들은 해표(seal), 북극곰(polar bear)을 주요 식량으로 이용하는가 하면, 코뿔소(rhinoceros), 하마(hippopotamus), 코끼리(elephant) 등은 중앙아프리카의 어느 종족에게는 중요한 식량이 되고 있는 것이다.

중국의 황하유역에서는 기원전 2,000년경 이미 개와 돼지가 가축으로 사육되었으며, 중국인들에게 돼지는 최고의 식용동물로 전하여 현재에 이르고 있다.

우리나라는 신라시대에 목축을 하였고 신라 법흥왕 16년에는 살생을 금지시키는 왕명이 있기도 하였다. 고려 초기에는 불교를 호국신앙으로 삼았고 숭불사상에 따라 살생을 금지하였으며, 육식을 절제하였다고 한다. 그러나 중기 이후부터는 숭불 사조의 퇴조와 식육 숭상의 기풍이 높아졌다.

선조들이 즐겨 먹던 수육(獸肉)류로는 소, 돼지, 산돼지, 닭, 꿩, 토끼, 양, 염소, 개, 거위, 오리, 매, 노루, 사슴, 곰의 발, 표범 등의 고기 등이며 소, 돼지, 닭, 염소, 개 등은 이미 신라시대 이전부터 가축으로 사육되어 오고 있었다.

사람들이 육류를 가공하여 이용하게 된 기록은 확실하지 않으나 소금이 신선육(新鮮肉)의 유효한 보존료이며, 태양열과 불에 가열하는 것이 신선육의 품질을 연장할 수 있다는 것을 원시인들이 깨닫게 되었을 때부터 시작되었을 것으로 사료된다.

고대 이집트에서는 육류의 보존은 소금의 첨가나 천연건조에 의한 것이라고 기록되어 있으며, 고왕국 시대를 중심으로 한 구약시대에는 소육(燒肉), 배육(焙肉)이라는 것이 있었다. 차차 고기의 보존과 가공기술이 발달함에 따라서 중세기에는 염지육(鹽漬肉, cured meat) 그리고 19~20세기에 이르러서는 훈연육과 통조림육 등으로 발달하여 왔다.

통조림은 나폴레옹 전쟁시 안전한 식품을 보급하기 위해 개발된 것으로, 대부분 식품의 발달은 전쟁에 사용되는 식량의 안전을 기하기 위한 노력이 그 계기가 된 경우가 허다하다.

고기의 냉동은 제1차 세계대전에 의해 촉진되었으며 동결(凍結), 건조(乾燥), 보존제(保存劑)에 의한 육제품의 보존은 제2차 세계대전의 부산물이라고도 볼 수 있다.

식육가공의 본래의 목적은 미생물에 의한 식육의 변질 방지와 억제에 의한 보존에 있다. 따라서 냉장기술의 발달과 그의 일반화로 식육가공은 식육의 특유한 풍미와 영양을 그대로 간직한 제품을 만들 수 있게 되었으며, 다양한 간편식품(convenience food)으로 햄, 소시지, 베이컨 등의 현대영양식품으로 발전하게 되었다.

우리나라 식육이용의 기원에 대해서는 자세하지 않으나 우리의 선조들은 오랜 옛날부터 가정에서 또는 산지에서 포(脯 : 乾操肉)나 해(醢 : 醬肉) 등을 항상 만들어 두었다가 손님접대, 제사용, 혹은 술안주에 썼으며, 멧돼지 고기로 만든 포나 해 등을 엽육(獵肉)이라고 하였다.

포와 해 중에서도 사슴, 노루, 멧돼지의 것은 특별한 육미품으로 조정에 공납할 정도였다고 한다. 그리고 돼지 창자속에 육편(肉片)이나 두부, 선지, 당면, 표고버섯 같은 것을 넣어 만든 순대(blood sausage)는 옛날부터 전하여 오는 우리나라 전통 음식의 하나로 오늘에 이르기까지 애용되고 있다.

우리나라에서 식육가공 산업이 등장한 것은 1915년부터이며, 가내수공업의 형태로 특수 소비계층의 요구에 따라 생산된 것으로 본다.

우리나라 식육가공 산업의 전환점이 되는 시기는 1960년대로, 경제 성장과 더불어 식육에 대한 수요가 증가함에 따라 소규모 식육가공 산업도 활발하였다.

1970년대에는 국민소득이 높아짐에 따라 소득 탄력성이 높은 식육 및 육제품의 소비가 증가하면서 가공산업이 더욱 발달하였다. 1980년대에 들어서면서 초현대시설을 갖춘 대기업들이 참여하게 되어 국제수준으로 향상 발달하였으며, 식육 및 다양한 육제품이 생산소비 되어 해마다 높은 신장률을 나타내고 있다. 또한 1990년대에 이르러 더욱 축산물의 생산과 이용이 증가함에 따라 육가공산업이 신장되었으며, 특히 닭고기(chicken) 가공산업이 발달하게 되었다.

앞으로 우리나라의 식육산업 및 식육가공산업은 인구의 증가와 국민소득의 증대에 따른 식생활의 변화, 간편식품의 요구도가 높아짐에 따라 2000년대에는 더욱 활발하게 발전하게 될 것으로 본다.

식육이 갖고 있는 특성으로 볼 때 축산의 최종 목표인 국민의 보건 · 영양 · 체위향상과 우리나라 국력의 신장을 위해서 당연히 식육 · 육제품류의 생산과 소비가 증대되어야 한다. 그러나 대량생산 · 소비에 따른 안정적인 공급과 소비자의 보호를 위하여 더욱 품질관리와 위생의 철저를 기하여야 할 것이다. 소비자가 바라는 신뢰할 수 있는 육류와 육제품이 다량으로 생산 · 유통되어서 국내 수요의 충족은 물론, 이들이 보다 많이 잘 수출될 수 있도록 품질의 개선과 생산 · 유통 · 소비의 합리화가 이루어져야 할 것이다.

1.2 식육이용의 현황

(1) 우리나라 식육의 수급상황

식육 및 육제품이 우리나라 식생활에서 차지하는 위치는 근래에 와서 점차 높아져서 이제는 빼놓을 수 없는 가장 주요한 식품으로 대두되었다.

주요한 식육류로는 쇠고기(牛肉, beef), 돼지고기(豚肉, pork), 양고기(羊肉, mutton · lamb), 그리고 가금육(家禽肉, poultry)과 이들의 가공제품인 햄(ham), 베이컨(bacon), 소시지(sausage)류 같은 축육류(畜肉類)와 고래고기(whale meat) 및 어육(魚肉, fish)과 같은 수산물 및 이들의 가공제품과 내장육이며 이 외에 토속적으로 이용하는 것들이 있다.

우리민족은 오랜 옛날부터 주곡 위주의 식문화를 이루어 왔으며, 오랫동안 육식을 멀리하는 숭불사상으로 인하여, 육류의 산업 및 이용은 대단히 미흡한 실정이었다. 그러나 1970년대에 들어서서 우리나라의 경제성장이 지속되면서 국민소득증대에 따른 식생활의 수준이 향상됨에 따라 육류의 소비가 점차 증가되어 1975년도 총 육류의 생산 · 소비량 224,700여톤에 비하여 2000년도에는 6.7배가 넘는 1,509,600여 톤을 소비하게 되었다. 2014년도에는 2,331,200여톤을 소비하여 14년만에 54%의 증가율을 보이고 있다. 더구나 육류의 생산이 소비를 감당하지 못하여 쇠고기를 비롯하여 기타 육류 등도 수입에 의존하여 충당하게 되었다. 그러나 돼지고기의 경우 1985년부터 수출하기에 이르렀으며, 앞으로 양질의 돼지고기생산에 의한 수출은 점차 증대될 것으로 본다(표 1-1).

1) 우리나라 육류별 수급상황

가. 쇠 고 기

쇠고기는 1975년 75,500톤에 비하여 2000년에는 5.3배가 넘는 402,400톤을 생산 · 소비하였고 2014년도에는 7.18배에 달하는 542,300톤을 생산 · 소비하였다. 이는 1975년을 기준으로 하였을 때에 연평균 6.23%의 증가율을 나타낸 것이다.

표 1-1. 우리나라 주요 육류 수급의 추이(1975-14)

(단위 : 1,000톤)

연 도	공 급 량				수 요	
	전년이월	생 산	수 입	총 계	소비(지수)	수 출
1975	-	224.7	0.7	225.4	224.7(100)	-
1980	18.26	418.9	-	437.2	432.7(193)	-
1985	10.19	588.4	-	598.6	592.9(264)	0.17
1990	1.19	773.1	84.4	863.5	853.5(380)	5.80
1995	12.45	1,057.2	188.3	1,257.9	1,231.0(548)	14.55
2000	63.99	1,190.1	386.2	1,640.2	1,509.6(672)	17.87
2005	15.93	1,154.7	433.4	1,604.0	1,529.3(681)	17.22
2010	32.43	1,382.8	530.4	1,945.6	1,910.7(850)	16.47
2014	41.82	1,618.9	696.8	2,357.5	2,331.2(1037)	21.09
※		7.36%		7.42%	7.35%	

자료 : 축협중앙회 1985, 농업협동조합중앙회 2001. 축산물가격 및 수급자료 2015.
※ 연평균 증가율 : 1975년도 기준

쇠고기의 공급원으로 그 주가 되는 한우(韓牛)의 비육우를 비롯하여 도입 사양된 육우와 이들과의 교잡우(交雜牛), 낙농업의 발달로 도태되는 능력이 낮은 소와 비육된 젖소의 숫송아지가 주요한 쇠고기의 공급원이 되고 있다. 그러나 현재 쇠고기생산이 공급을 따르지 못하여 앞으로 쇠고기의 수요가 더욱 늘어날 것에 대비하여 쇠고기의 자급도를 높여나가야 한다. 따라서 한우의 개량증식과 사양기술의 향상으로 한우의 산육성을 제고해야 하는 일은 대단히 중요한 과제이다.

나. 돼지고기

돼지고기는 우리나라 육류소비량의 평균 53% 이상을 차지하고 있으며, 육제품 제조의 주 원료육으로 앞으로 더욱 많은 양이 생산·공급되어야 할 대단히 중요한 육류이다.

우리나라 돼지고기의 수급량은 1975년도에 109,000톤에 불과하였으나, 2000년도에는 약 780,000톤을 그리고 2014년도에는 1,122,500톤을 생산 및 소비하여 연평균 7.60%가 증가하였다. 이와 같은 생산증가의 원인은 우수한 품종의 도입과 양돈기술의 발달로 인한 번식률(繁殖率), 산자수(産仔數), 산육성의 향상이며, 또한 배합사료의 질적 향상이라 볼 수 있다.

표 1-2. 우리나라 주요 육류별 수급상황(1975-14)

(단위 : 1,000 톤)

연 도	쇠 고 기		돼 지 고 기		닭 고 기	
	수급량 (지수)	수 입 량	수급량 (지수)	수 입 량	수급량 (지수)	수 입 량
1975	75.5(100)	0.7	109.0(100)	-	55.6(100)	-
1980	100.0(132)	6.9	241.6(222)	-	90.9(163)	-
1985	125.9(167)	4.7	346.3(318)	0.17	126.2(227)	-
1990	180.1(239)	84.0	516.5(474)	5.80	171.7(309)	-
1995	301.2(399)	146.5	661.7(607)	36.7	268.1(482)	5.8
2000	402.4(533)	190.0	779.9(716)	105.9	327.3(589)	67.5
2005	316.9(420)	164.4	853.2(783)	141.9	359.2(646)	58.5
2010	431.3(571)	245.2	941.1(863)	188.5	538.3(968)	105.8
2014	542.3(718)	281.5	1122.5(1030)	284.3	666.4(1199)	141.4
※	6.23%		7.60%		7.65%	

자료 : 축협중앙회 1985, 농업협동조합중앙회 2001, 2015. 축산물가격 및 수급자료 2015.
※ : 연평균 증가율

다. 닭 고 기

닭고기는 산란계의 폐계와 수평아리의 육추가 주요 공급원이었으나, 1960년대부터 브로일러(broiler)육이 생산·공급되면서 현재는 브로일러 산업의 급속한 발달과 외식산업(外食産業, dine out industry)의 급격한 신장으로 닭고기를 보다 많이 생산 이용하게 되었다.

닭고기의 생산은 1975년도에 불과 5만 5천여 톤에 불과하였던 것이 2000년도에는 약 5.9배에 이르는 32만 7천여 톤을 생산 이용하게 되었다.

이것은 연평균 증가율이 7.65%로 육류 중 가장 높은 증가율을 나타냈다. 닭고기의 생산 및 소비의 특성으로 볼 때 앞으로 2015년 이후에는 다른 육류들의 소비증가율을 앞지를 것으로 전망된다.

2) 육류의 수출입

우리나라 육류의 수급은 불안정한 상태로 쇠고기의 경우 공급은 한우의 증식력이 낮아 수요를 따르지 못하여 수입이 불가피한 상황에 있다. 쇠고기 수요를 감당하기 위하여 1972년 317톤의 쇠고기 수입을 시작으로 2000년도에는 190,000톤을 그리고 2014년도에는 281,500톤을 수입하기에 이르렀다. 이와 같은 쇠고기의 수입은 한우의 번식능력이 향상되지 않는 한 앞으로도 계속될 전망이다.

돼지고기의 경우도 부족할 때에 한해서 얼마간 수입되었으나, 대체로 국내 생산이 수요를 충족시키고 있을 뿐만 아니라 수출도 하고 있어, 앞으로는 돼지고기의 수출이 더욱 늘어날 것으로 전망된다. 1985년부터는 일본으로 수출하기 시작하여 2000년에는 105,900톤을 그리고 2014년도에는 284,300톤을 수출하였다. 앞으로 양질의 돼지고기를 대량으로 생산하게 될 경우 여건에 따라 수출은 더욱 증가될 수 있다고 본다. 그러나 WTO 협약에 의하여 돼지고기의 수입도 늘어날 것으로 전망된다.

면양육(mutton)은 지금까지 상당량을 지육(枝肉, carcass)으로 수입하여 보세가공하여 다시 역수출하는 방법이었고, 국내의 생산 및 수요는 거의 없는 실정이다. 그러나 식육가공산업의 발전과 가공원료육 및 육제품의 다양화로 저렴한 육제품을 보급하고 가격의 안정을 위해서는 앞으로 면양육의 이용이 중요하다.

가금육류도 외국의 값싼 칠면조육이나, broiler육 등이 수입, 판매되고 있다. 1995년도에 5,750 톤을 수입하기 시작하여 2000년도에는 67,508 톤을 그리고 2014년도에는 141,400톤을 수입하였다. 이와 같은 현상은 2000년대부터 시작한 WTO협약에 의하여 더욱 늘어날 것으로 보인다.

3) 식육류의 1인당 연간 소비량

우리나라 육류의 소비는 꾸준히 증가되어 오다가 1970년대 후반부터 급격히 증가되어 2000년도에는 1인당 31.9 kg을 소비하게 되었으며, 연평균 증가율은 약 6.6%이었으나 2014년도에 45.4 kg으로 연평균 5.98% 이었다. 육류별 소비로는 쇠고기가 1975년도 2 kg 소비에서 2000년도에는 8.5 kg으로 연평균증가율이 5.7%이었으나 2014년도에는 10.8 kg을 소비하게 되어, 연평균 증가율이 약 5.29%이었다.

돼지고기는 옛적부터 우리 국민이 많이 이용하여온 것으로, 2000년도에는 16.5 kg, 2014년도에는 21.8 kg의 돼지고기를 소비하여 전체 육류의 약 절반을 차지한다. 그러나 돼지고기를 연간 1인당 60 kg 이상씩 소비하는 유럽제국은 물론 가까운 이웃, 홍콩이나 대만의 연평균 돼지고기 소비량 61.2 kg과 43.0 kg에 절반에도 훨씬 못 미치는 양이나, 앞으로 꾸준히 돼지고기의 소비는 증가할 것으로 본다.

닭고기는 2000년도에 6.9 kg, 2014년도에는 12.8 kg 으로 그 소비량이 점차증가하고 있으며, 브로일러는 그 어느 가축보다 사료효율이 높으며, 단기간에 대량생산이 가능하여 값이 저렴할 뿐만 아니라, 최근에는 건강적인 배려에서 저지방인 닭고기에 대한 선호도가 높아지고 있어 쇠고기 소비증가율을 앞서고 있으며 앞으로는 더욱 늘어날 것으로 본다. 또한 닭고기의 특성으로 보아 가격이 저렴하여 가공원료육으로도 많이 소비될 전망이다. 특히 한 마리 단위로 취급되던 닭고기는 핵가족 시대에 부응하여 골발육이나 부분육으로도 판매되고 있으며 다양한 조리법으로 그 소비는 더욱 늘어날 것으로 본다.

표 1-3. 우리나라 축산물의 1인당 연간 소비량 추이(1975-14)

(단위 : kg)

연 도	육류총량	쇠 고 기	돼지고기	닭 고 기	우 유	계 란
1975	6.4	2.0	2.8	1.6	4.6	4.6
1980	11.3	2.6	6.3	2.4	10.8	6.6
1985	14.4	2.9	8.4	3.1	23.3	7.2
1990	19.9	4.1	11.8	4.0	43.8	9.2
1995	27.4	6.7	14.8	6.0	47.8	10.1
2000	31.9	8.5	16.5	6.9	59.2	10.3
2005	32.1	6.7	17.8	7.6	62.7	12.1
2010	38.8	8.8	19.2	10.7	64.9	11.9
2014	45.4	10.8	21.8	12.8	72.4	12.7
※	5.98%	5.29%	6.71%	6.22%	9.88%	2.91%

자료 : 축협중앙회 1985, 농업협동조합중앙회 2001, 2015. 축산물가격 및 수급자료 2015.
※ : 연평균 증가율

육류별 소비구성비는 돼지고기가 전체 소비량의 절반을 훨씬 넘는 52.8%를 차지하고 있으며, 쇠고기와 닭고기는 각각 23.8%와 23.4%의 구성비를 나타내고 있다(표 1-4).

표 1-4. 우리나라 축육류의 소비구성비율(1975-14)

연 도	총소비량 (kg)	구 성 비 율 (%)								
		쇠 고 기 (kg)		(%)	돼 지 고 기 (kg)		(%)	닭 고 기 (kg)		(%)
1975	6.5	2.1	:	32.3	2.8	:	43.1	1.6	:	24.6
1980	11.3	2.6	:	23.0	6.3	:	55.8	2.4	:	21.2
1985	14.4	2.9	:	20.1	8.4	:	58.3	3.1	:	21.5
1990	19.9	4.1	:	20.6	11.8	:	59.3	4.0	:	20.1
1995	27.4	6.7	:	24.5	14.8	:	54.0	6.0	:	21.9
2000	31.9	8.5	:	26.6	16.5	:	51.7	6.9	:	21.6
2005	32.1	6.7	:	20.9	17.8	:	55.5	7.6	:	23.7
2010	38.8	8.8	:	22.7	19.2	:	49.5	10.7	:	27.6
2014	48.4	10.8	:	23.8	21.8	:	48.0	12.8	:	28.2
평균구성률	100	23.8			52.8			23.4		

자료 : 축협중앙회 1985, 농업협동조합중앙회 2001, 2015. 축산물가격 및 수급자료

4) 식육소비의 특성과 전망

우리나라는 육류가 고급식품으로 인식되어 있기 때문에 육류이용의 특성을 뚜렷하게 나타내고 있으며, 특히 계절별 소비성향이 아직도 현저하게 나타나고 있다.

육류의 소비가 제일 많은 것은 우리나라의 2대 명절로써, 특히 설날과 추석에는 도시·농촌을 막론하고 어느 가정에서나 쇠고기를 제일 많이 이용하게 된다. 그러나 경제적인 성장과 식생활의 점진적인 서구화로 우리나라의 식육류 및 육제품의 소비량은 증가하고 소비성향은 일반화될 전망이다. 우리나라에서 돼지고기는 겨울철에 많이 이용되고, 무더운 여름철에는 변질되기 쉬운 까닭으로 기피하고 있다. 그러나 이제는 냉장시설이 도축장과 각 식육점에 설치되어 있을 뿐만 아니라 냉장고가 각 가정에서 필수품으로 되어 있는 현실에서 여름철 돼지고기의 기피현상은 없어져야 할 것이다.

오랜 식생활의 습관에 따라 삼복(三伏) 중에는 지금도 닭고기의 소비가 현저하다. 선조들의 지혜가 옛날부터 닭고기에는 단백질이 풍부하여 보신(補身)에 좋은 것임을 알고 있었기 때문이라 생각된다. 그러나 근년에 외식산업(外食産業, dine out industry)이 차차 발달함에 따라 닭고기는 연중 고르게 소비되며 이에 따른 브로일러 산업이 더욱 발달하고 있다.

5) 육류의 이용방법과 전망

우리나라의 육류별 이용방식을 살펴보면 쇠고기는 우리 민족의 전통적인 국거리로 가정에서 제일 많이 소비되며 근래에 와서는 불고기, 양념구이, 소금구이용으로도 많이 이용하고 있다.

돼지고기는 삼겹살·목심·등심구이, 양념불고기, 찌개, 볶음 그리고 다양한 육제품으로 이용된다. 그리고 닭고기는 백숙이나, 삼계탕, 닭찜, 튀김 그리고 통닭구이로 이용되고 있었으나, 외식산업의 발전과 계육제품의 발달로 더욱 증가되리라 본다.

육제품은 아직까지는 고급식품으로 소비가 도시락 반찬용으로 국한되어 있었으나, 식생활 수준의 향상과 외식산업의 활성화로 점차 일반화 될 것이며, 그 소비는 늘어날 것으로 본다.

(2) 전세계 주요국별 식육류의 수급상황

전세계 주요국의 주요 육류인 쇠고기, 돼지고기, 양고기 및 가금육의 총소비량은 2011년도에 239,522,000 톤이었으나, 2015년도에는 253,686,000 톤으로 연평균 1.4%의 증가율을 나타내고 있다.

주요 육류별 연평균 소비증가율은 돼지고기가 1.8%, 가금육이 2.0%로 제일 높으며, 쇠고기는 별로 증가하지 않고 있다(표 1-5). 이것은 최근 들어 닭고기 가격이 다른 육류에 비하여 저렴하면서도 닭고기의 영양적 특성으로 건강식 또는 미용식으로까지 각광을 받고 있으며, 외식문화가 발달되고 있기 때문이다.

표 1-5. 전세계 총 육류 소비추이(2011-15)

(단위 : 1,000톤)

	2011	2012	2013	2014	2015	연평균 증가율※
쇠 고 기	56,517	57,047	57,785	57,708	56,466	0.0
돼지고기	103,170	106,260	108,360	110,044	110,944	1.8
가 금 육	79,835	81,640	82,987	84,952	86,276	2.0
합 계	239,522	244,947	249,132	252,704	253,686	1.4

자료 : U.S.D.A(United States Department of Agriculture). 2015. Livestock and Poultry: World Markets and Trade.
※ : 지육기준

쇠고기는 일반적으로 소비 증가율이 둔화되고 있으며, 소비추세는 식육의 특성상 앞으로 더욱 현저하게 낮아질 것으로 전망된다.

돼지고기는 연평균 증가율이 제일 높으며, 해마다 육류 중 가장 많이 생산 소비되고 있다. 이것은 어느 나라를 막론하고 생육뿐만 아니라 가공제품으로 대량 소비되기 때문이며, 앞으로도 대량생산과 소비가 지속될 것으로 보인다.

양고기는 면양육보다는 자양육(lamb)의 소비증가가 현저하며 중국대륙과 EC 12개국 및 러시아와 호주의 꾸준한 생산증가로 소비 또한 늘어날 것으로 보인다.

1) 세계 주요국의 식육별 수급상황

가. 쇠 고 기

전 세계적으로 쇠고기는 2015년도에 총 58,443,000톤을 생산하였다. 쇠고기의 생산과 수출 그리고 수입과 소비가 가장 많은 나라들을 각기 살펴보면, 가장 많이 생산 및 소비한 나라들은 미국, 브라질, 유럽연합 및 중국이며, 제일 많이 수입한 나라들은 미국, 일본, 러시아이다. 또한 가장 많이 수출한 나라는 인도, 브라질 호주, 미국 등이다. 미국은 쇠고기를 제일 많이 생산 소비하는 나라로써 수입 또한 가장 많으며 쇠고기의 상당한 물량을 다른 나라로부터의 수입에 의존하고 있음을 알 수 있다(표 1-6).

표 1-6. 전세계 주요국별 쇠고기의 수급(2011-15)

(단위 : 1,000톤)

	2011	2012	2013	2014	2015
생 산					
미 국	11,983	11,848	11,751	11,076	10,861
브 라 질	9,030	9,307	9,675	9,723	9,425
유럽연합	8,114	7,708	7,388	7,443	7,540
중 국	6,475	6,623	6,730	6,890	6,750

	2011	2012	2013	2014	2015
인 도	3,308	3,491	3,800	4,100	4,200
아르헨티나	2,530	2,620	2,850	2,700	2,740
호 주	2,129	2,152	2,359	2,595	2,550
멕 시 코	1,804	1,821	1,807	1,827	1,845
파키스탄	1,536	1,587	1,630	1,675	1,725
러 시 아	1,360	1,380	1,380	1,370	1,355
캐 나 다	1,141	1,060	1,049	1,099	1,025
기 타	8,750	8,930	9,048	9,248	8,427
합 계	58,160	58,527	59,467	59,746	58,443
소 비					
미 국	11,646	11,739	11,608	11,242	11,400
브 라 질	7,730	7,845	7,885	7,896	7,870
유럽연합	8,034	7,760	7,520	7,515	7,610
중 국	6,449	6,680	7,052	7,297	7,350
아르헨티나	2,320	2,458	2,664	2,503	2,510
인 도	2,040	2,080	2,035	2,018	2,200
러 시 아	2,346	2,398	2,393	2,289	2,047
멕 시 코	1,921	1,836	1,873	1,839	1,765
파키스탄	1,503	1,538	1,576	1,617	1,661
일 본	1,237	1,255	1,232	1,226	1,210
콜롬비아	816	844	805	875	894
기 타	10,475	10,614	11,141	11,391	9,949
합 계	56,517	57,047	57,785	57,708	56,466
수 입					
미 국	933	1,007	1,020	1,337	1,559
러 시 아	994	1,027	1,023	929	700
일 본	745	737	760	739	740
중 국	29	99	412	417	600
홍 콩	152	241	473	646	450
대한민국	431	370	375	392	400
유럽연합	365	348	376	372	370
캐 나 다	282	301	296	284	290
이 집 트	217	250	195	270	270
말레이시아	167	174	194	205	235
칠 레	180	187	245	241	200
기 타	1,956	1,938	2,120	2,068	1,745
합 계	6,451	6,679	7,489	7,900	7,559
수 출					
인 도	1,268	1,411	1,765	2,082	2,000

	2011	2012	2013	2014	2015
브 라 질	1,340	1,524	1,849	1,909	1,625
호 주	1,410	1,407	1,593	1,851	1,815
미 국	1,263	1,112	1,174	1,167	1,038
뉴질랜드	503	517	529	579	590
파라과이	197	251	326	389	400
우루과이	320	360	340	350	360
캐 나 다	426	335	332	378	375
유럽연합	445	296	244	300	300
멕 시 코	148	200	166	194	245
아르헨티나	213	164	186	197	230
기 타	539	561	622	594	626
합 계	8,072	8,138	9,126	9,990	9,601

자료 : U.S.D.A(United States Department of Agriculture). 2015. Livestock and Poultry: World Markets and Trade.
쇠고기육 : Beef and veal.
※ : 지육기준

나. 돼지고기

전세계 돼지고기의 총생산은 2015년 111.458,000톤으로 돼지고기의 생산과 소비가 가장 많은 나라들은 중국, 유럽연합, 미국이며, 돼지고기의 수입이 가장 많은 나라들은 일본, 멕시코, 중국 및 한국을 들 수 있다. 가장 많이 수출하는 나라들은 미국, 유럽연합, 캐나다 등이다.

주요 돼지고기 수출국인 미국, 유럽연합 및 캐나다에서 앞으로도 수출이 계속 증가될 것으로 보여지며, 일본, 멕시코, 중국 및 대한민국은 변함없는 돼지고기 수입은 점차 증가될 것으로 본다(표 1-7).

표 1-7. 전세계 주요국별 돼지고기의 수급(2011-15)

(단위 : 1,000 톤)

	2011	2012	2013	2014	2015
생 산					
중 국	50,604	53,427	54,930	56,710	56,375
유럽연합	22,953	22,526	22,359	22,533	23,000
미 국	10,331	10,554	10,525	10,370	11,158
브 라 질	3,227	3,330	3,335	3,400	3,451
러 시 아	2,064	2,175	2,400	2,510	2,630
베 트 남	2,262	2,307	2,349	2,425	2,450
캐 나 다	1,817	1,844	1,822	1,805	1,840
필 리 핀	1,288	1,310	1,340	1,353	1,370
멕 시 코	1,202	1,239	1,284	1,290	1,335
일 본	1,267	1,297	1,309	1,264	1,270

	2011	2012	2013	2014	2015
대한민국	837	1,086	1,252	1,200	1,210
기　타	5,729	5,773	5,918	5,706	5,369
합　계	103,581	106,868	108,823	110,566	111,458
소　비					
중　국	51,108	53,802	55,406	57,169	57,200
유럽연합	20,822	20,382	20,147	20,381	20,662
미　국	8,337	8,441	8,665	8,650	9,340
러 시 아	3,035	3,239	3,267	3,024	2,929
브 라 질	2,644	2,670	2,751	2,846	2,887
일　본	2,522	2,557	2,549	2,543	2,545
베 트 남	2,238	2,275	2,315	2,389	2,412
멕 시 코	1,710	1,850	1,956	1,991	2,125
대한민국	1,487	1,546	1,628	1,737	1,820
필 리 핀	1,432	1,446	1,511	1,552	1,579
대　만	939	906	892	875	898
기　타	6,916	7,146	7,273	6,887	6,547
합　계	103,170	106,260	108,360	110,044	110,944
수　입					
일　본	1,254	1,259	1,223	1,332	1,270
멕 시 코	594	706	783	818	920
중　국	758	730	770	761	845
대한민국	640	502	388	480	600
미　국	364	364	399	457	502
홍　콩	432	414	399	347	380
호　주	175	194	183	191	230
필 리 핀	145	138	172	200	210
캐 나 다	204	240	220	214	220
러 시 아	971	1,077	868	515	300
싱가포르	97	105	98	117	130
기　타	924	1,129	1,094	926	831
합　계	6,558	6,858	6,597	6,358	6,438
수　출					
미　국	2,357	2,440	2,262	2,203	2,268
유럽연합	2,150	2,165	2,227	2,166	2,350
캐 나 다	1,197	1,243	1,246	1,218	1,210
브 라 질	584	661	585	556	565
중　국	244	235	244	277	250
칠　레	139	180	164	163	185
멕 시 코	86	95	111	117	130

	2011	2012	2013	2014	2015
세르비아	4	6	4	25	40
호 주	41	36	36	37	38
베 트 남	32	36	40	40	40
남아프리카공화국	3	3	5	8	12
기 타	118	168	103	63	57
합 계	6,955	7,268	7,027	6,873	7,145

자료 : U.S.D.A(United States Department of Agriculture). 2015. Livestock and Poultry: World Markets and Trade.
※ : 지육기준

다. 가 금 육

가금육은 최근에 와서 다른 축육들 보다 현저하게 수급이 증가하고 있다. 그 이유는 소비자들이 매스컴을 통하여 흰색육이 적색육에 비하여 저지방육류이고 건강적으로 유리하다고 보고되기 때문이다. 표 1-8에 보는 바와 같이 가금육 생산은 2011년 81,159,000톤에서 2015년 87,944,000 톤으로 매년 일정한 비율로 꾸준히 증가하고 있다.

2015년 기준 가금육을 제일 많이 생산하는 나라는 미국, 브라질, 칠레 및 유럽연합이며, 가장 많이 소비하는 나라들은 미국, 중국, 유럽연합 및 브라질 등이며, 가장 많이 수입하는 나라가 일본, 브라질, 사우디아라비아, 그리고 브라질, 미국 및 유럽연합이 가금육을 많이 수출하고 있다. 미국이 한 동안 전세계 브로일러 수출을 압도하여 브로일러 수출 제1위국으로 부상하였으나 최근 들어 브라질이 미국을 제치고 수출 1위로 부상하였다. 또한 미 농무성(U.S.D.A.) 자료에 의하면 2011년도부터 쇠고기 생산은 정체된 반면 돼지고기 생산은 점차 증가하고 있으며 세계 가금육생산은 2000년대부터 다른 육류를 앞지르기 시작하여 급속히 증가하고 있다. 이는 적색육(赤色肉)보다는 백색육(鷄肉)을 선호하여 주로 중국, 유럽연합 및 미국의 생산 및 소비가 급속히 늘어났기 때문이다(표 1-8).

표 1-8. 전세계 주요국별 가금육의 수급(2011-15년)

(단위 : 1,000 톤)

	2011	2012	2013	2014	2015
생 산					
미 국	16,694	16,621	16,976	17,299	17,966
브 라 질	12,863	12,645	12,308	12,692	13,080
칠 레	13,200	13,700	13,350	13,000	13,025
유럽연합	9,320	9,565	9,910	10,330	10,600
인 도	2,900	3,160	3,450	3,725	3,900
러 시 아	2,575	2,830	3,010	3,260	3,550
멕 시 코	2,906	2,958	2,907	3,025	3,100
아르헨티나	1,770	2,014	2,060	2,050	2,060
터 키	1,619	1,707	1,924	1,956	1,980

	2011	2012	2013	2014	2015
태 국	1,350	1,550	1,500	1,570	1,650
인도네시아	1,515	1,540	1,550	1,565	1,625
기 타	14,447	14,992	15,549	16,077	15,408
합 계	81,159	83,282	84,494	86,549	87,944
소 비					
미 국	13,660	13,346	82,987	14,034	14,996
중 국	13,016	13,543	13,174	12,830	12,880
유럽연합	9,010	9,198	9,498	9,906	10,160
브 라 질	9,422	9,139	8,829	9,137	9,344
인 도	2,891	3,156	3,445	3,716	3,892
멕 시 코	3,474	3,568	3,582	3,738	3,853
러 시 아	3,013	3,356	3,520	3,676	3,775
일 본	2,105	2,214	2,209	2,226	2,245
아르헨티나	1,556	1,723	1,729	1,773	1,861
남아프리카공화국	1,503	1,582	1,556	1,572	1,635
인도네시아	1,515	1,540	1,550	1,565	1,625
기 타	18,670	19,275	20,204	20,779	20,010
합 계	79,835	81,640	82,987	84,952	86,276
수 입					
일 본	895	877	854	888	900
사우디아라비아	745	750	838	775	900
멕 시 코	578	616	682	722	760
유럽연합	734	727	671	709	710
이 라 크	598	610	673	722	690
남아프리카공화국	326	371	355	369	420
홍 콩	410	300	272	299	360
앙 골 라	287	301	321	365	240
중 국	238	254	244	260	250
쿠 바	134	196	182	186	210
미 국	49	51	55	53	58
기 타	3,234	3,487	3,542	3,545	3,141
합 계	8,228	8,540	8,689	8,893	8,639
수 출					
브 라 질	3,443	3,508	3,482	3,558	3,740
미 국	3,165	3,299	3,332	3,312	2,990
유럽연합	1,044	1,094	1,083	1,133	1,150
태 국	467	538	504	546	580
중 국	422	411	420	430	395
터 키	206	284	337	379	340
아르헨티나	224	295	334	278	200
우크라이나	42	75	141	167	180

	2011	2012	2013	2014	2015
캐 나 다	143	141	150	137	130
벨라루스	74	105	105	113	120
칠 레	90	93	88	87	95
기 타	253	244	279	330	311
합 계	9,573	10,087	10,255	10,470	10,231

자료 : U.S.D.A(United States Department of Agriculture). 2015. Livestock and Poultry: World Markets and Trade.
가금육 : Broiler meat
※ : Ready to Cook 기준

2) 전세계 주요국별 1인당 연간 육류소비량(2015년)

전세계의 쇠고기·돼지고기·닭고기별로 연간 1인당 제일 많이 소비하는 나라를 살펴보면, 다음과 같다.

표 1-9. 주요국별 1인당 육류 소비량(2015년)

(단위 : kg)

	우 육	돈 육	양 육	가금육	계
미 국	23.7	21.7	0.3	45.5	91.2
호 주	20.3	20.8	9.5	40.2	90.8
아르헨티나	41.8	8.9	1.2	35.5	87.4
이스라엘	19.0	2.0	1.9	63.5	86.4
브 라 질	27.0	11.7	0.4	39.9	79.0
우루과이	37.5	13.6	3.1	21.5	75.7
뉴질랜드	13.9	16.4	5.4	36.4	72.1
칠 레	18.2	18.8	0.6	32.6	70.2
캐 나 다	17.7	17.2	0.9	33.4	69.2
유럽연합	10.1	31.0	1.8	22.0	64.9
러 시 아	12.7	20.5	1.2	28.0	62.4
대한민국	11.4	26.6	0.1	15.7	53.8
사우디아라비아	4.3	0.2	5.8	43.5	53.8
중 국	3.6	31.8	2.9	11.4	49.7
남아프리카공화국	11.2	3.5	3.1	31.4	49.2
멕 시 코	9.9	12.0	0.5	25.3	47.7
일 본	7.0	15.0	0.2	12.8	35.0

자료 : OECD. 2015. Meat consumption.

가. 쇠 고 기

전세계에서 쇠고기의 1인당 연간 소비량은 아르헨티나가 41.8 kg, 미국이 23.7 kg이고, 호주사람들이 20.3 kg으로 매년 같은 수준에서 소비하고 있다. 우리나라보다 2~4배나 소비하고 있다.

나. 돼지고기

돼지고기는 전 세계에서 중국 국민들이 제일 많이 소비하여 1인당 연간 31.8 kg으로 우리나라 사람들이 소비하는 양의 1.2배 수준이다. 그리고 유럽연합과 베트남 사람들이 31.0 kg과 29.1 kg으로 이들의 소비량은 앞으로도 계속 증가될 것으로 보며, 이는 돼지고기의 생육은 물론 가공육으로 더 많이 이용되기 때문이다.

다. 양 고 기

양고기는 호주와 사우디아라비아 사람들이 해마다 9.5 kg과 5.8 kg 정도씩 소비하여 제일 많이 먹고 있으며, 사우디아라비아 및 호주사람들은 고대로부터 양고기를 많이 이용하는 습관이 있어 해마다 많은 양을 소비하고 있다.

라. 가 금 육

가금육은 이스라엘 사람들이 63.5 kg으로 제일 많이 이용하고 있으며, 미국과 사우디아라비아 사람들은 45.5 kg과 43.5 kg을 소비하고 있다. 가금육 중 칠면조육은 미국과 프랑스 사람들이 8.1 kg, 6.4 kg씩 해마다 같은 수준에서 소비하고 있다.

전세계 주요국별 2015년도 1인당 쇠고기, 돼지고기 및 가금육의 총육류를 가장 많이 소비한 국민들은 미국인이 91.2 kg, 호주인이 90.8 kg, 아르헨티나인이 87.4 kg, 이스라엘인이 86.4 kg씩 소비하였다. 그러나 극동지역 사람들의 육류소비량은 대단히 저조하다. 특히 우리나라 사람들의 육류 소비는 3/5 수준으로 더욱 증가시켜야 할 것이다(표 1-9).

2. 식육과 건강

- 박 형 기 -

식육은 최고급 동물성 단백질을 식품으로 공급하는 가축의 살코기이다. 식육을 구성하고 있는 성분으로는 우리의 혈액이나 근육을 형성하여 생명을 유지하는 데 가장 중요한 단백질과 지질 그리고 미량의 비타민과 무기질로 나눌 수 있다. 이들은 신체의 모든 조직의 성장이나 활동에 필수불가결한 것들이며, 심신의 건강을 위하여 대단히 중요하다.

특히 식육류는 양질의 단백질을 풍부하게 함유하고 있어 현대인에게 필수적인 귀중한 기능성 식품이며, 면역부활작용과 항피로효과가 있어 성인병을 예방·억제하고, 언제나 활동적이며, 건강하고 장수하는 체력을 지니게 한다.

2.1.1 식육의 주성분 단백질의 구성과 기능적 특성

단백질은 생명에 직접 연관되는 중요한 기본물질로 생명의 첫 단계인 한 개의 수정란으로부터 출발하여 원기왕성한 체력과 건강한 성장을 이루는 소중한 생명을 이끌어가는 신비의 물질이다. 이 처럼 중요한 단백질은 식물성 단백질과 동물성 단백질로 구분된다.

양질의 동물성 단백질인 식육단백질은 우리 몸을 구성하는 약 60조에 이르는 세포의 주성분으로 뼈, 피부, 손톱, 머리카락 등의 굳은 조직으로부터 심장, 간장, 근육, 혈액, 체액, 신경 그리고 기타 내장에 이르기까지 우리 몸의 모든 부분을 구성하고 있다. 뿐만 아니라 체내의 모든 화학반응에 관여하는 효소, 면역(免疫)기능을 담당하는 항체, 다수의 호르몬 등 생체 내에서 중요한 생리작용을 하는 물질은 모두 양질의 동물성 단백질로 구성되어 있다.

따라서 복잡한 현대 생활과 오늘의 환경을 극복하고 보다 건강한 생존을 위하여는 과부족함이 없이 음식물을 통해 동물성 단백질을 섭취해야 한다.

단백질은 그 종류에 따라 영양적 가치가 다르며, 우리가 이용하는 식육은 근육 단백질로 필수 아미노산가가 높은 가장 품질좋은 단백질이며 영양학적으로 완전단백질이다.

기본적으로 단백질은 모두 20종의 아미노산으로 구성되어 있으며, 크게 완전단백질과 불완전단백질로 구분된다. 완전단백질은 인체의 조직을 만들고 있는 8개의 필수 아미노산을 균형있게 공급하는 단백질로 육류에 특히 양질의 완전단백질이 풍부하게 들어있다.

(1) 동물성 단백질과 식물성 단백질의 아미노산가

단백질은 생체 세포를 구성하는 주된 소재로 당질이나 지질(脂質)로는 대체할 수 없다. 그 중에서도 동물성 단백질은 식물성 단백질보다 필수 아미노산(essential amino acid)이 풍부하고 균형있게 들어 있는 우수한 완전 단백질이다.

식육류는 거의 모든 필수 아미노산이 골고루 풍부하게 들어 있어 아미노산가가 대단히 높으며, 특히 돼지고기는 계란과 같이 아미노산가가 100으로 최고급 동물성 단백질이다. 그러나 단백질이 많다는 콩의 경우 methionine이 극히 적어 아미노산가가 69이며, 최근 쌀밥 대신 아침식사로 즐겨 먹고 있는 빵의 밀가루 역시 lysine과 threonine이 극히 적어 아미노산가가 44로 대단히 낮은 불완전단백질이다.

영양면에서 볼 때 식물성 단백질은 동물성 단백질의 50~70% 정도이다. 식물성 단백질은 일반적으로 불완전하기 때문에 하루에 섭취하는 단백질의 절반 이상은 동물성 단백질로 취하는 것이 바람직하다. 더욱이 필수 아미노산은 체내에서 그 합성이 불가능하기 때문에 음식물을 통하여 섭취해야 한다. 더구나 갓난아기들은 histidine을 포함한 필수 아미노산을 균형있게 섭취하지 않으면 근육과 혈액을 조성하는 능력을 충분히 발휘할 수가 없어 생존에 위험을 초래할 수 있다.

불완전단백질이나 질이 낮은 단백질은 생체의 구성성분으로 충분히 이용되지 못하고 열원으로 연소되어 체외로 배설된다. 그러므로 유아기와 성장기에는 체단백질이 증가할 수 있도록 양질의 단백질을 충분히 섭취하여야 할 것이며, 성인과 노년기에도 반드시 흡수율이 좋은, 그리고 흡수된 질소가 체내에 남을 수 있는 단백질을 섭취하도록 해야 할 것이다. 필수 아미노산의 공급이 부족할 경우 조직은 위축되고 면역결핍으로 질병과 단명에 이르게 된다. 특히 자라나는 어린이와 청소년 임산부, 수유부(授乳婦)들에게 대단히 중요하다.

따라서 양질의 완전단백질이 풍부한 육류의 적절한 이용은 면역력의 강화와 항피로작용으로 감염증과 성인병의 예방 및 노화를 지연시키고 기억력 감퇴도 늦추어 주며 육체적으로 활동력이 왕성한 건강한 체력을 갖게 한다.

2.1.2 식육단백질의 면역력 부활작용

우리들의 체내는 정밀하고 치밀한 면역시스템을 갖고 있어, 그의 기능 덕택으로 외부로부터 침입한 병원체나 유해물질, 어떠한 원인으로 생체내부에서 생긴 이상물질, 변성세포 등을 배제하여, 생체를 철저히 방어하게 됨으로 건강을 유지하게 된다.

이와 같이 생체방어에 중요한 면역기능은 20세를 넘으면 차차 쇠약하여지며 40대에는 20대의 면역력의 50%, 70대에서는 10%로 감소하여 심신에 이상이 생겨서 감염증에 걸리기 쉽게 된다고 한다.

감염증만이 아니라 많은 질병의 배경에는 이러한 면역기능의 저하라든가 변조가 있다고 생각되어, 면역기능과 가령(加齡), 영양과의 관련이 오늘날 더욱 더 주목되고 있다.

사람의 생체방어의 능력은 생체측의 영양조건에 크게 관련되어, 신체의 영양상태가 저하하면 생체방어 기능도 저하해서 그 결과 감염증에 걸리기 쉽게 되어서 증상은 악화된다. 건강을 위해서는 영양상태를 개선해서 신체의 생체방어기능을 강하게 할 필요가 있다.

신체 표면에서 외적을 물리치는 피부의 기능성을 비롯하여, 면역 글로불린 A(IgA)에 의한 방어, 폐의 식세포 폐포매크로파지(alveolus macrophage)에 의한 식균작용, 이 모든 것들이 단백질로 되어 있어 어떤 일정한 영양 조건이 향상되면 면역력을 항진시키는 것이 분명하다.

감염방어와 건강에 고단백질의 섭취가 효과를 나타내는 예를 보면 소련의 코카사스 지방의 사람들은 식육이나 유제품과 같은 동물성 단백질을 많이 섭취하고 있으며 건강 장수를 누리고 있다. 또한 아프리카의 마사이족에서도 위생환경이 나쁜데도 불구하고 전통적인 식생활에 의한 단백질을 보급해서 건강을 유지하고 있다. 이것들은 생체내의 방어기능이 단백질에 의존하고 있음을 증명하고 있다. 오늘날 우리들은 고령화 사회를 향해서 살아가고 있다. 노화에 의하여 저하되어지는 면역기능을 높이기 위해서, 그리고 보다 건강한 노화를 위하여는 올바른 영양의 섭취가 중요하다.

우리들의 건강을 내측으로부터 떠받들고 있는 면역시스템은 생체방어에 활력의 원천을 단백질에 의존하고 있다. 면역직능집단・백혈구군이 효율적으로 작용하기 위한 전달수단이라고 말할 수 있는 림포카인(lymphokine)이나 모노카인(monokine)도, B세포가 병원체에 향해서 발산하는 항체도, 탐식세포가 방출하는 필살의 힘을 지닌 여러 가지 효소도, 모든 것이 다채로운 단백질이다. 더구나 면역시스템이 항상 충분한 요원(要員)을 갖추어 두기 위해서는 체내에서 끊임없이 들어가 대체하고 있는 단백질이 필요함으로 충분하게 보충해나가지 않으면 안 된다. 그러므로 세계도처에서, 사람들은 각기 그곳에서 얻을 수 있는 질이 좋은 단백질을 확보하는 것에 마음을 쏟고 있으며, 지혜를 짜내고 있다. 건강한 사람들이 달성한 현재의 장수도 동물성 단백질을 과부족함이 없이 식사에 잘 조화시킨 성과라고 본다.

2.1.3 지질의 구성과 기능적 특성

(1) 지질의 구성성분

지방은 보통 피하에 저장되어 있으며, 열을 보존하여 체온을 조절한다. 지방은 우리 몸의 열원(熱源)으로 매우 중요한 역할을 한다. 지질은 체조직을 구성하는 세포막의 주원료로 포화지방산과 불포화지방산의 두 종류로 나눌 수 있다. 또한 반드시 음식물로부터 섭취해야 하는 필수 지방산인 linoleic acid, linolenic acid 그리고 arachidonic acid 등은 필수적인 영양소이다. 특히 혈관과 자궁근 같은 평활근(smooth muscle)의 수축이완, 혈압강하, 항종양작용 등의 생물학적 활성을 발휘하는 프로스타그랜딘(prostaglandin)의 전구물질인 arachidonic acid는 돈육에 많으며 중요한 생리활성 물질이다. 그리고 모든 동물성 지방에는 세포막의 구성물질로 필수적인 콜레스테롤(cholesterol)이 존재한다.

(2) 콜레스테롤의 존재와 합성

콜레스테롤은 성호르몬, 담즙산(膽汁酸) 및 다른 체내 화합물에 존재하는, 생명에 필수적인 물질이다. 세포가 건전한 기능을 수행할 수 있도록 세포막에는 항상 일정량이 반드시 존재해야 한다. 성인의 체내에는 약 130 g의 콜레스테롤이, 뇌에 20%, 신경계 전체에 33%, 근육에는 25%가 함유되어 생리활성을 유지하고 있다.

이같은 체내 콜레스테롤 총량의 90% 정도인 1일 약 1,000~1,500 mg가 체내에서 합성되고, 음식물 섭취로 소장을 통해 흡수되는 양은 하루 100~200 mg정도로 극히 제한되어 있다. 더욱이 음식물을 통한 콜레스테롤의 섭취량이 많을 경우 장관(腸管) 내 흡수율이 낮아지고, 체내 콜레스테롤의 합성량(合成量) 역시 낮아져서 언제나 체내의 균형을 이루어 항상성(homeostasis)을 유지한다.

그러므로 건강한 사람은 음식물을 통해 콜레스테롤을 섭취하면, 체내 조절기능으로 혈중 콜레스테롤 수준이 상승하는 것을 막아준다. 정상적인 식단의 경우 육류의 섭취시 필요 이상의 콜레스테롤에 대한 두려움을 가질 필요가 없는 것이다.

(3) 콜레스테롤의 기능적 특성

육식을 하면서 콜레스테롤을 걱정하는 사람들이 의외로 많다. 또한 육류와 계란이 성인병의 원인이 되는 것으로 잘못 알고 있는 경우가 많다. 그러나 육류와 계란에 들어 있는 콜레스테롤은 단백질이나 당질과 함께 우리들의 생명을 유지하는 데 빼 놓을 수 없는 영양소로 중요한 역할을 다하고 있다. 콜레스테롤의 기능성으로는

① 콜레스테롤은 장관으로부터 지방을 흡수하는 데 없어서는 안 될 담즙산을 만들어 내며, 비타민 D의 체내합성과, 남성과 여성호르몬 합성에 관여한다.
② 세포가 건전한 기능을 유지할 수 있도록 윤활유와 같은 작용을 한다.
③ 세포에 손상이 생기는 경우, 콜레스테롤이 증가하여 손상된 부위를 보수하며, 세균에 대한 저항력의 부여와 세포의 증식에 직접 기여하고 있다. 특히 피부세포의 활력을 증진시키므로 생동감이 넘치는 젊음을 유지하는 데 필수 불가결한 것이다.

콜레스테롤은 크게 두 종류 low density lipoprotein(LDL)과 high density lipoprotein(HDL)로 나눌 수 있다. LDL은 콜레스테롤을 혈관에 가져다 붙이는 것으로 좋지 않은 것이고, HDL은 혈관에 붙어있는 콜레스테롤을 떼어다가 간장에서 분해시키므로 좋은 콜레스테롤이다. 지방에 가장 많은 탄소수 18의 포화지방산인 스테아르산(stearic acid)은 인체에 유익한 HDL의 작용을 촉진하여 LDL를 감소시키므로 혈중 콜레스테롤을 낮추는 효과가 있다.

특히 스테아르산 1 mol은 146 mol의 귀중한 에너지원인 ATP를 생성한다. HDL은 주 5회 20분간씩의 조깅으로 체내 HDL의 값을 상승시키는 대신 LDL치를 낮추기 때문에 동맥경화, 심근경색, 허혈성 심질환의 발병률을 저하시킨다. 콜레스테롤이 부족하면 면역력이 저하되어 암발생에 위험이 있다고 한다. 혈중 콜레스테롤치가 210~239 mg인 사람들이 건강 장수하고, 가장 단명한 것은 159 mg 이하인 낮은 사람들이다. 지방 섭취량이 적으면 평균수명이 늘어나지 않는 것으로 알려져 있으므로 지질은 하루 섭취 총열량의 20~30%를 섭취해야 하나 실제로 우리들의 지방섭취량은 20%에 못 미친다.

2.1.4 비타민 B_1(thiamin)의 기능적 특성

우리가 사회생활을 원만히 하기 위해서는 충분한 활동적 에너지가 필요하다. 이 에너지의 70~80%는 당질로부터 얻고 있는데, 이 같은 당질은 분해하여 에너지로 변경하는 단계에서 비타민 B_1이 중요한 역할을 하고 있다. 그러므로 충분한 당질을 섭취하였다 하더라도 비타민 B_1이 부족하면 에너지 역시 부족하게 되어 피로하기 쉽고 제대로 기운을 쓸 수 없으며 심지어 마비증상까지 나타난다.

육류 특히 돼지고기에는 비타민 B_1이 풍부하다. 비타민 B_1은 성장을 촉진하고 항피로와 소화를 도우며 신경조직, 근육, 심장의 작용을 정상으로 지탱하며 머리를 좋게 하고 대상포진의 치료를 돕는다. 또한 신경 전달에 필수인 아세틸콜린(Acetylcholine) 생성에도 역시 비타민 B_1이 깊이 관련되어 비타민 B이 부족할 경우 발 손끝 및 입 주위 등의 지각이 둔해져서 운동실조(失調) 등의 신경계의 여러 가지 증상이 나타난다.

돼지고기는 육류 중에서도 가장 많은 비타민 B_1을 함유하고 있어 성인남자의 1일 필요량인 1 mg을 등심육 100 g 섭취로 충당할 수 있다. 따라서 곡류를 주식으로 하는 우리의 식생활에서 돼지고기는 탄수화물 대사와 피로회복에 빼놓을 수 없는 귀중한 식품이다. 육류 중의 비타민 B_1은 식물성에 있는 것과 달리 열에 안전하며, 남은 것은 체내에 저장되지 않고 배설되므로 매일 같이 필요한 양을 섭취해야 한다.

2.1.5 식육 중의 철분

철분은 생명유지를 위하여 필수불가결하 것으로 성장을 도와주고, 질병에 대한 저항력을 증가시키며, 빈혈치료와 예방에 대단히 중요하다. 식육류는 다른 어느 식품보다 철분을 공급하는 데에 최상의 식품이다.

Hemoglobin, myoglobin 및 catalase, peroxidase와 같은 효소를 만드는 데 필수적인 철분은 육류, 간장, 소의 신장과 심장, 난황 등에 많다. 결핍시 철 결핍성 빈혈을 유발하는 철분은 생체에서 합성할 수 없으므로 음식물을 통해 보충해야 한다. 식육류는 다른 어느 식품보다 철분을 공급하는 데 최상의 식품이다.

생존과 건강에 중요한 철분은 남녀를 불문하고 철분의 수요가 급격히 늘어나는 유유아기(乳幼兒期)와 사춘기, 특히 여성과 임신부, 수유부에게는 흡수율이 좋은, 철분이 풍부한 식육의 이용이 대단히 중요하다. 철분의 필요량은 남자가 하루에 10 mg, 여자는 18 mg 임신과 수유기는 18 mg 이상이 필요하다.

음식물로 취할 수 있는 철분에는 heme철과 비 heme철이 있는데 야채, 곡류 그리고 해조류에 있는 것은 비 heme철분이다. 비 heme철분의 장관 내 흡수율은 불과 5%이다. 식육류의 철분은 40%가 heme철분으로 장관흡수율은 식물성 철분의 흡수율보다 5배나 많은 25% 이상이다. 따라서 여성들에게 많은 철분의 결핍과 빈혈을 예방하기 위해서는 육류를 적당히 이용해야 할 것이다.

비 heme철을 식육의 단백질과 함께 섭취하면 장관 내에서 heme철의 이온화를 서둘러 비 heme철을 흡수하기 쉽게 한다. 따라서 육류를 섭취할 때에 야채와 함께 먹으면 야채에 들어 있는 철의 흡수율도 촉진된다.

2.1.6 동물성 단백질과 뇌졸중

뇌졸중(腦卒中)은 고혈압환자에게서 많이 볼 수 있는 병으로, 혈관벽의 노화, 즉 헐어서 약해진 상태가 주 원인이다. 뇌졸중은 동물성보다 곡류와 같은 당질을 많이 섭취하는 나라에서 사망원인의 1위가 되고 있다.

양질의 단백질을 충분히 섭취하면 여러 가지 질환을 예방할 수 있다. 특히 식육을 적당히 섭취하면 우리나라 성인들의 사망률이 지극히 높은 원인이 되는 뇌졸중의 발생률을 크게 억제할 수 있다고 본다. 일본에서는 콜레스테롤 함량이 적은 식품을 많이 먹고 있는 동북지방에서 오히려 뇌졸중이 많다. 그러나 동물성 단백질 섭취가 많아지면서 뇌졸중은 점차 감소되고 있다는 확실한 증거가 제시되고 있다.

(1) 뇌졸중 억제작용

고혈압 자연발증쥐(Spontaneously hypertensive rat, SHR)에게 고기를 먹였을 경우 뇌졸중의 발생이 거의 없었다는 놀라운 결과가 발표되었다.

SHR는 태어난 후 얼마 되지 않아 고혈압이 발생하며, 뇌졸중으로 말미암아 거의 100%가 사망하는 유전성 소인(遺傳性素因)을 지닌 쥐이다. 이러한 쥐 실험 결과.

① 실험실에서 먹이는 보통 쥐사료를 먹였을 때 83%가 뇌졸중으로 쓰러졌다.

② 위 사료에 1%의 식염수를 첨가하여 먹인 경우 단기간에 뇌졸중으로 100%가 쓰러져 소금이 뇌졸중의 중요한 원인이 된다는 것이 확실하게 밝혀진 것이다.

③ 일반 쥐사료와 함께 건조육을 다량 먹였을 때는 2% 밖에 뇌졸중을 일으키지 않았다. 이것은 육류의 섭취가 뇌졸중을 억제하는 데 매우 큰 역할을 하고 있다는 것이 분명히 밝혀진 것이다. 인간에게도 고단백식이 고혈압을 예방하고 유전적인 뇌졸중을 완전히 방어할 수 있다는 것이 증명되었다.

(2) 뇌졸중의 예방

유전적 소인을 가진 고혈압환자에게 동물성 단백질을 하루 110 g씩 더 먹인 결과.

① 소금의 주성분인 나트륨의 배설이 촉진되어 소금의 해를 방지한다.

② 동물성 단백질이 많은 타우린(taurine)과 메티오닌(methionine)이 혈압을 내리는 작용을 한다.

③ 고단백식이 나이가 들어도 혈관에 좋은 영향으로, 유연하게 유지하는 효과를 나타내므로 소금의 해를 방지하고, 고혈압과 뇌졸중을 예방할 수 있다는 것이 증명되었다.

이와 같이 동물성 단백질이 풍부한 식육의 섭취는 사람의 뇌졸중을 방지하는 데 크게 기여하고 있음을 알 수 있다. 따라서 고혈압환자에게는 오히려 고기를 먹도록 지도해야 할 것이며, 소금의 섭취를 줄여야 한다.

식사와 건강(Diet and Health)이란 책에서 하루에 소금을 4.5 g 섭취하는 인구집단에서 고혈압이나 성인병이 없으며, 하루 6 g 또는 그 이상 섭취하는 인구집단에서는 고혈압이나 성인병이 나타난다고 한다.

(3) 고혈압과 동맥경화의 예방과 억제

동맥경화는 혈액 중에 증가된 콜레스테롤이나 중성지방 등이 혈관 벽에 부착됨으로써 혈액의 통로를 가늘게 하여 일어나는 경우가 많다. 한편, 동맥측의 원인으로는 혈관을 구성하는 탄성섬유의 노화에 따라 칼슘 등이 침착하여 굳어지는 것을 들 수 있다. 이 탄성섬유를 구성하고 있는 것이 엘라스틴(elastin)인데 이를 활성화시키는 효소가 엘라스타제(elastase)이고 이 효소가 함유된 식육류는 쇠고기, 돼지고기, 닭고기와 생선류이다. 그 중에서도 생육으로 이용할 수 있는 쇠고기나 닭고기에 살짝 불을 통과시켜 elastase의 활성이 소실되지 않도록 이용하면 동맥경화나 노화방지에 큰 도움이 된다.

식육에 들어 있는 양질의 단백질의 아미노산이 혈압을 낮추는 효과와 혈관을 튼튼하게 보호하는 효과가 있다. 따라서 단백질을 충분히 섭취하게 되면 식염의 섭취량이 적어지며, 체내 염분의 배설도 좋아지기 때문에 고혈압, 동백경화, 뇌졸중을 예방 또는 치유할 수가 있다고 한다.

2.1.7 일상생활을 위한 단백질의 필요량

우리가 1일 활동하는 데 성인에게 필요한 단백질의 양은 약 300g이라고 한다. 그 중에서 230 g 정도는 체내에서 다시 합성되어 보충되나 부족분 약 70g 은 매일 음식물로 양질의 완전단백질이 섭취되어야 건강을 유지하고 건전한 삶을 누리게 된다.

최장수국 일본은 1900년대의 평균 수명이 당시 축산국인 뉴질랜드, 호주에 비해 무려 20년이 짧았다. 현재 일본보다 20년이나 평균 수명이 짧은 나라는 베트남이다.

세계식량영양수급표로부터 분석한 결과 동물성 단백질의 섭취가 1일 20g을 넘지 않으면 아무리 병원이 많아도 평균 수명은 별로 늘지 않는다. 특히 육류는 양질의 단백질이 적색육 100g당 20g 내외로 가장 풍부하고 균형 있게 들어 있을 뿐만 아니라, 체내 흡수율은 97%로 식물성 84% 보다 13%나 더 높다고 한다.

단백질은 체내에서 분해와 합성이 되풀이되며 소모된다. 이 소모된 단백질은 반드시 음식으로 매일 섭취하여야 한다. 따라서 우리 몸 안의 질소평형을 유지하기 위하여 1일 체중 1kg 당 필요량 0.64g과, 단백질의 상대적 이용효율 80%, 스트레스에 대한 안전율 10%를 고려하여, 개인차에 대한 안전율 30% 등 여러 가지 요소를 가미한 결과 스트레스가 쌓이는 현대를 살아가기 위하여 1일 체중 1kg당 1.14g의 단백질이 필요하다.

일생동안 가장 단백질과 지방을 많이 필요로 하는 시기가 남녀 공히 11~14세의 성장기이다. 하루에 남 90g, 여 75g의 완전단백질과 총 열량의 20~30%의 지방을 섭취해야 된다. 이때에 심신의 발달이 함께 이루어지므로 체력의 향상은 물론 공부나 사고(思考)

에 쓰이는 뇌를 충실하게 하는 데에 충분한 양질의 영양이 필요하다. 이를 위하여 동물성 단백질 공급원인 육류의 섭취가 반드시 선행되어야 한다.

인간의 수천억개에 이르는 뇌세포는 임신 3개월에서부터 성장 증식하기 시작하여 이 세상에 태어났을 때는 이미 증식이 완료되어 있다. 그 이후에는 140억개의 뇌세포가 20세까지 그 수가 변하지 않으며, 20세가 지나 나이가 들면서 그 수가 차차 감소한다. 나이가 들어 65세가 지나면 그 중 5%정도가 소실되어 정신이 흐릿하고 멍한 증상과 심지어는 치매현상까지 온다고 한다.

뇌세포가 증가하고 건강하게 성장할 수 있도록 하기 위해서는 임신 3개월부터 최고급 동물성 단백질을 섭취하여야 하며, 이를 유지하기 위해서도 양질의 단백질을 지속적으로 섭취하여야 된다. 특히 임신을 했을 때는 매일 전반기 10g, 후반기에 20g씩 양질의 단백질을 더 보충하여야 한다. 그리고 아기에게 어머니의 젖을 먹일 때에는 임신 후반기와 똑같이 20g을 더 섭취해야 한다. 이를 위하여 반드시 육류의 이용이 우선되어야 한다.

2.1.8 건강 장수를 위한 식육 섭취의 필요량

미국의 식육섭취는 1일 1인 320g이며, 유럽에서는 200g 이하인 나라는 없다. 2015년 우리나라의 육류소비는 약 54g인데, 이것은 미국와 호주의 절반에 해당하는 것으로 예전에 비하여 많이 늘었으나 아직도 선진장수국 보다 현저히 낮다.

우리보다 동물성 단백질을 많이 섭취하고 있는 일본은 1일 1인 육류 섭취량을 100g으로 증가시킬 것을 권장하고 있다. 그 권장량을 세 구분으로 보면 성장기에 있는 어린이는 130g, 청장년은 100g, 노약자는 50~70g으로 어린이에게 제일 많이 먹기를 권장하고 있다. 하루의 분량도 2~3번에 나누어 조금씩 이용하는 것이 바람직하다.

현재 최장수국은 일본인데, 일본보다 하와이의 일본인이 더 장수를 누리고 있는데, 동물성 단백질의 1일 섭취량이 일본 41g에 비해 하와이에서 71g으로 약 2배 가까이 많이 섭취하고 있으며, 뇌졸중의 발생은 1/2 정도로 대단히 낮다고 한다.

우리나라 40대의 사망률이 세계 1위인 것으로 보도되고 있다. 이것들은 과로와 스트레스 때문이라고 생각되는데, 이를 극복할 수 있는 면역력의 영양원이 부족한 이유가 더 크다고 본다. 중년으로서의 체력을 유지하고, 스트레스에 대한 방어적 식품가치로써도 동물성 단백질의 섭취는 필수적이다. 물론 노인에 있어서도 체력관리 및 노화를 방지하거나 극소화한다는 점에서 동물성 단백질의 섭취는 절대적으로 필요한 것이다.

육류를 식용으로 할 때 지방의 과다섭취와 성인병을 염려하고 비만을 생각하는 사람들이 많은데, 오히려 비만은 탄수화물의 과다 섭취와 활동량 부족에서 오는 결과이다. 쥐에 대한 실험 결과 케이신과 옥수수기름을 급여한 대조군이 돼지고기, 쇠고기 및 닭고기와 이들의 지방을 같이 급여한 군들에 비해 평균 90%의 체중 증가를 나타내 육식군이 대조군보다 대단히 작은 체구라고 하였다. 유영(遊泳)시험에 있어서는 식물성 대조군 18분 25초보다 쇠고기와 돼지고기 급여군에서 13%와 77%의 연장효과가 나타났다.

2.1.9 건강 장수식품으로써의 식육

우리가 한평생 살아가면서 건강하고 장수하기를 바라는 마음은 누구나 한결같을 것이다. 장수지역인 오끼나와현의 주민들은 그 지역의 관습에 따라 오랜 옛적부터 돼지고기를 많이 먹었다. 이들이 고혈압이나 뇌졸중이 극히 적었던 것은 돼지고기를 많이 이용하고 소금을 1일 10g 이하로 섭취하며, 해초인 다시마를 다른 지역보다 많이 이용하면서 연중 밭에 나가 열심히 일을 한 것에 기인한 것이라 생각된다. 일본이 세계 최장수국이 된 것도 동물성 단백질의 공급원인 육류의 섭취가 늘어나고, 부지런히 일하는 덕택이다.

뇌졸중이 발생되기 쉬운 쥐(Stroke-prone spontaneously hypertensive rat, HSRSP)에다가 식물성 보통 쥐사료, 쇠고기분말 그리고 돼지고기 분말을 임의로 각각 섭취시킨 군들과의 실험결과는 돼지고기 투여군은 투여 후 8주에 대조군과 유의적으로 혈압의 강하가 보였다. 연명(延命)하는 경향은 육류 투여 후, 50%의 생존율이 대조군 121일, 쇠고기 140일, 돼지고기 155일로 나타났다. 따라서 육류의 섭취는 식물성보다 고혈압질환 예방과 건강장수에 효과적인 경향이 인정된다.

미국 조지아대 노인의학센타에서 1백세 이상 건강 · 장수하고 있는 157명을 포함 총 350명을 10년 동안 추적 조사한 결과, 이들이 즐겨 먹는 음식으로는 베이컨, 버터, 삼겹살과 전유 등으로 일반적으로 지방이 대단히 많은 축산식품 등이었다고 한다. 그리고 이들의 공통점은 매사에 적극적이고 쾌활한 성격들로 신앙심이 높았다고 하였다. 또한 일본의 100세 장수노인들은 고기와 치즈를 즐겨 먹고 있으며, 80세 노인보다 고기 및 우유의 섭취량과 섭취회수가 훨씬 많다고 한다.

특히 오끼나와 주민의 육류섭취량은 일본 평균 섭취량보다 30g 더 많은 100g 이상이며, 평균 수명 또한 3세 가량 높다고 한다.결과적으로 식육류는 건강식품이며 기능성 식품으로 장수식품이다. 식육류와 채소류 · 과일류를 과부족함이 없이 적절히 이용하고 항상 즐겁게 그리고 적극적으로 열심히 일을 할 때 비로소 활력이 넘치는 심신의 건강과 장수하는 행복한 생활이 될 것이다.

3. 육축의 처리

- 오 홍 록 -

육축(肉畜, meat animal)이라 함은 식육생산에 보편적으로 이용되고 있는 가축으로, 그 가운데에서도 일정한 절차를 거쳐 도살의 대상으로 선정된 가축을 도축(屠畜)이라 한다.

양질의 식육을 생산하기 위해서는 우선적으로 식육의 원료가 되는 도축의 올바른 선정과 이어서 적절한 도살전후의 취급 · 처리가 요구되며, 도살처리는 필요한 시설을 설비한 일정한 장소, 곧 도축장(屠畜場, slaughter house, abattoir)에서 이루어진다.

3.1 도 축 장

3.1.1 도축장의 업무와 가축의 범위

생축의 근육을 식육으로 전환시키기 위한 제반 절차 및 처리작업이 이루어지는 곳을 도축장이라 부른다. 즉 식용으로 제공할 목적으로 가축을 도살, 해체하기 위한 시설을 갖춘 장소로, 가축을 도살, 해체하고, 이 과정에서 얻어진 식육과 내장, 가죽 등 부산물을 적절히 처리, 보관하는 데 필요한 시설을 갖추며, 아울러 공중위생적인 검사기능과 도체등급심사체제까지 겸비한 곳이 도축장으로, 위생적인 양질의 식육을 생산하여 소비자에게 공급함이 그 목적이다. 따라서, 도축장은 가축으로부터 식육을 생산하고(생산적 기능), 공중위생상의 안전성을 확인하며(검역적 기능), 식육품질의 평가(육류 등급판정) 및 경락절차를 통하여 가격이 결정(도매시장-유통적 기능)되며, 생산된 지육에 대한 일 · 이차 가공 및 저장보관이 이루어지고(가공 및 물류센터적 기능), 도축의 등록과 실적이 집계되고, 수수료 및 세금이 부과되는(행정적 기능) 업무가 집행되는 곳이라고 요약할 수 있다.

가축의 도살처리는 법적으로 허가를 받은 작업장에서 행하여야 하지만, 절박한 상황

(부상, 난산, 산욕마비, 급성고창증 등)의 발생으로 즉시 도살이 불가피한 경우와 학술연구용의 도살 그리고 소, 말을 제외한 가축을 자가소비에 사용하기 위한 도살은 소정의 작업장 밖에서도 처리가 가능하다.

여기에서 가축이라 함은 축산물가공처리법에서 가축으로 정한 소・말・양(산양)・돼지(사육 멧돼지 포함)와 닭・오리 그리고 기타 식용을 목적으로 하는 동물로, 대통령령이 정하는 동물을 말한다. 대통령령으로 가축의 범위에 포함시킨 동물은 칠면조・거위・메추리・꿩・사슴・토끼이며, 식육용의 개와 타조 등은 아직 축산물가공처리법상의 가축의 범위에 포함되지 않고 있다. 또한 식육이라 함은 식용을 목적으로 하는 가축의 지육(枝肉, dressed carcass), 정육(精肉, deboned meat), 내장(內臟, viscera) 및 기타 부분을 말한다.

그 동안 우리나라의 도축장은 지극히 영세하고 낙후된 시설과 전 근대적인 작업방식을 답습하여 식육을 생산하는 위생의 사각지대로 인식되었으나, 근래에는 축산물종합처리장(Livstock Packing Center, LPC)을 설립하여 식육생산처리의 현대화를 꾀하고 있다. LPC는 선진국 위생수준의 도축・가공(일・이차 가공), 보관시설(냉장, 냉동)을 동일한 장소에 갖추고 자체상표(브랜드)로써 판매망을 구축하는 일련의 축산물의 종합유통시설을 의미하며, 현재 전국적으로 5개소가 운영 중에 있고, 5개소가 설립 추진 중에 있다.

또한 최근에 우리나라에서는 식육의 안전성을 국제적 수준으로 높이기 위하여 도축장을 위해요소분석 및 중점관리기준(Hazard Analysis and Critical Control Point, HACCP)의 적용대상으로 지정하였고, 도축사업자는 국제식품규격위원회(CODEX)의 지침에 따라서 HACCP를 운용하도록 규정하고 있어, 앞으로 처리규모가 큰 도축장부터 점차로 이의 시행이 확대될 전망이다.

3.1.2 입지조건

도축장은 도축 및 그 생산품의 운송과 급・배수 등의 기능적인 측면이 양호하고, 환경과 정서상의 문제가 없는 곳에 설치되어야 한다. 우리나라에서는 큰 소비지인 대도시 근교에 도축장이 위치하고 있기 때문에, 산지에서 수집되어 도살에 이르기까지 생축의 상태로 취급되는 시간이 불필요하게 길어지고 있다.

따라서, 생축의 유통단계는 짧게 하고, 도체나 부분육의 형태로 유통시킴이 바람직하다고 생각된다. 이제 우리나라는 도로사정과 냉장차량 등 운송수단이 좋아졌기 때문에 앞으로 도축장은 생산지의 중심에 위치함이 유리할 것이다.

3.1.3 구조 및 설비

대규모 도축장은 계류장, 생체 검사실, 병축격리사, 작업실, 내장 및 도체 검사실, 소독실, 냉동·냉장실, 보일러실, 소각장 및 오물 처리시설 이외에 갱의실, 목욕실, 휴게실 등을 갖추도록 규정되어 있으며, 최근에 와서는 우리나라 전지역에서 도체등급심사가 이루어지고 있기 때문에 도체등급심사 및 경매가 원활히 이루어질 수 있도록 그리고 소음, 악취 발생 등에 대한 효율적인 대처가 가능하도록 설계되어야 할 것이다.

생체 검사실에는 보정틀과 우형기, 작업실에는 도체를 절단하는 전기톱과 지육을 계량할 수 있는 전자자동계량기 등을 설치하도록 되어 있다.

작업실은 도살실, 내장처리실 및 원피처리실로 구획되고, 바닥과 내부벽은 내수성의 콘크리트와 타일 등으로 축조되어 청소하기 쉬우며, 배수가 잘 되는 구조로 되어야 한다. 특히 작업장은 위생적인 수세가 가능하도록 충분하고도 편리한 냉·온수 공급체계에 의한 각종 수세설비를 갖추어야 하며, 박피 또는 탈모된 도체는 운반이나 작업시에 바닥에 닿지 아니하도록 설비되어야 한다.

최근, 대규모 도축장은 도축처리의 전과정이 일관작업이 가능하도록 설계되어 있으며, 가능한 한 기기에 의한 자동화가 추구되고 있다. 현재, 세계적으로 널리 보급되어 있는 처리방식은 on-the-rail-system으로, 이 방식은 전자동식의 floor 및 over head conveyor의 운송방식을 도축처리라인에 도입하여 각종 기기를 적절히 혼합 사용하면서, 작업대상물을 순서에 따라서 연속적으로 이동 및 회전시키며 작업을 진행시킨다. 때문에

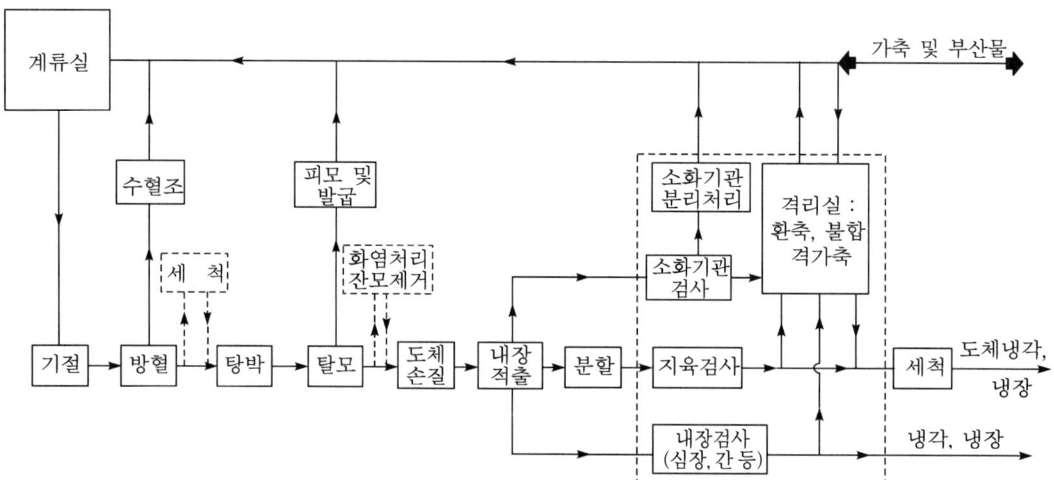

그림 3-1. 도축처리 라인의 기본공정 배치도(돼지)

그림 3-2. 도체처리용 각종 전동식 절단도구

이 방법은 처리 도중 지육, 내장 등 가식부분이 바닥에 닿는 일이 없으며, 작업원은 자기 앞에 이동해 온 도체에 대하여 고정된 위치에서, 또는 작업대상과 같이 이동하면서 할당된 작업만을 단순 반복하게 된다.

이 방법은 위생적이고 연속적이며, 전문화된 작업이 특징으로 대량처리에 적합하며, 시간당 처리속도는 소는 350~500마리, 돼지는 600~1,000마리 정도이다. 최근에는 이러한 도축라인에 마이크로 컴퓨터와 감응장치가 부착된 도체자동해체기, 절단기와 로봇의 활용이 시도되고 있다.

3.2 도축의 선택

육축은 동일한 품종이라 할지라도 사양관리의 상태에 따라서 식육원료로써의 가치는 개체별로 많은 차이가 날 수 있다. 우량한 육축은 바로 양질의 식육과 우수한 육제품의 생산으로 이어지기 때문에, 자질이 훌륭한 육축을 도축으로 선정하는 일은 매우 중요하다.

3.2.1 건강상태 및 도살금지 육축

도축의 건강은 식육과 가공품의 품질뿐만 아니라, 소비자의 건강에 영향을 미치기 때문에 건강한 도축의 선택은 중요하다. 지난 2010년 말에 불어닥친 구제역 발생으로 인하여 축산기반이 흔들렸고 돈육의 대일 수출마저 전면 중단되는 등 우리나라의 양돈산업이 큰 타격을 입게 되었다. 구제역뿐만 아니라, 최근에 전국적으로 발생하고 있는 조류인플루엔자 (Avian Influenza, AI)로 인하여 폐사되거나 매몰되어 큰 타격을 입고 있다.

도축은 먼저, 법정전염병과 기생충에 감염되지 않아야 한다. 돼지의 경우 돈콜레라와 결핵이 일반적이며, 기생충으로는 선모충(旋毛虫, *Trichinella spiralis*)에 특히 유의하여야 한다. 그 밖의 가벼운 질병으로 치료 중에 있거나, 외상이 뚜렷한 개체는 특히 가공용으로는 사용하지 않는 것이 안전하다. 환축(患畜)의 식육을 일반 소비의 생육용으로 사용할 경우는 공중위생상의 안전성 문제와, 가공원료용으로 사용할 경우는 보수성, 유화성 등 가공적 성상의 문제가 추가로 제기되며, 이러한 환축은 장, 단기간에 걸친 치료약의 투여로 항생물질 등의 잔류 가능성도 우려된다.

건강한 육축이라 할지라도 중량을 부정하게 늘리기 위한 강제급수 등 학대행위를 당하였거나, 임신한 모축 그리고 종축이나 후보종축으로 등록된 가축의 도살은 금지되어 있다. 최근에는 수육 중 항생물질, 합성항균제, 호르몬제, 농약 및 중금속 등에 대한 잔류물질 허용기준을 제정하여 규제하고 있으므로, 이들 물질이 투여된 가축은 적어도 7일 이상이 경과된 후에 출하, 처리되어야 할 것이다.

3.2.2 수출용 돼지

우리나라의 돼지고기 수급량은 1975년도에 109,000톤에 불과하였으나 2000년도에 약 780,000톤을 그리고 2014년도에는 1,122,500 톤을 생산 및 소비하여 연평균 7.60%가 증가하였다. 돈육의 경우 인기부위인 목심과 삼겹살은 불티나게 팔리지만 비인기부위등심과 후지부위는 일부 육가공의 원료로 사용되거나 수출이 점차 확대되어가고 있다.

한국 돼지는 물돼지 (pale, soft, exudative, PSE) 발생률이 높은 편이고, 출하체중(요구출하체중 105~120 kg)과 균일도에 문제가 많으며, 육색이 엷고, 비거세육의 혼입이 자주 발견된다. 또한 단기비육으로 인한 탄력성이 떨어지고 연지돈의 출현이 많으며, 휴약기간의 준수 등이 철저하지 못한 경우가 종종 있다.

따라서 수출용 출하돈은 초기부터 철저히 비육 프로그램에 따라서 사육하며, 출하시에는 출하일령, 체중, 거세 등 출하규격에 맞추도록 할 것이고, PSE 발생을 억제하기 위한 전문가의 지도를 받도록 하여야 할 것이다. 또한 이제는 냉장육 수출이 대종을 이루고 있으므로 위생관리도 사육단계에서부터 철저히 하지 않는다면 대일 냉장돈육 수출에 가장 유리한 입지조건을 살리지 못할 것이다.

3.3 도살전 취급

우수한 자질을 가진 육축이라 할지라도 양질의 식육을 차질없이 생산하기 위해서는 생축의 근육이 식육으로 전환되는 과정, 즉 도살의 전후과정이 생리적으로나 생화학적 원리에 무리없이 진행되어졌을 때 비로소 가능하다. 이는, 도축이 도살 전에 처한 환경과 최종상태에 따라서 생체 내의 생리적, 화학적인 동적변화(動的變化)를 계속하게 되므로, 이로 인해서 도살 후 식육의 최종 품질에 나쁜 결과가 초래될 수 있기 때문이다.

따라서, 도축은 운송에서부터 도살에 이르기까지 항상 온화하게 다루어야 한다는 점을 기본원칙으로 하여, 일정한 요령과 주의 하에 도살 전 취급(prehandling)을 하여야 한다.

3.3.1 수　　송

가축의 산지로부터 도축장까지의 수송 과정 중, 생축에 가하여지는 제일 큰 부담요인은 상·하차(loading·unloading) 과정이고, 그 밖에 수송의 소요시간, 온·습도, 수송 중의 공간 및 환기상태 그리고 도로사정 등으로, 이러한 여건들이 열악하게 되면 도축의 흥분과 피로는 커지게 된다.

특히 고온다습한 여름철에는 한낮의 수송은 피하며, 개체간의 공간도 다른 계절보다는 조금 커져야 할 것이고, 장시간 수송시에는 5~6시간마다 급수시켜야 한다. 또한, 가축의 수송시에는 축종, 성별, 연령을 구분하여 가능한 같은 종류의 무리끼리 적재시켜야 하며, 차량운행 중 급발진, 급제동 등 무리한 운전을 해서는 아니 된다. 출하에 따른 가축이 받는 스트레스는 상·하차에서 가장 많이 받는 것으로 알려지고 있으므로, 이에 대한 적절한 방법이 강구되어야 한다.

수송거리가 멀게 되면 경비도 커질 뿐 아니라, 자연히 생축의 피로와 스트레스의 누적도 커지게 되고, 수송 중 체중감량도 늘어나게 되는데, 수송에서 도살처리까지 대략 2~5% 정도의 체중감소가 발생한다. 수송 중 체중감소는 소, 양, 돼지의 순서로 커지는 것으로 알려져 있으며, 특히 돼지는 각종 수송충격에 가장 예민하게 반응한다.

3.3.2 계　　류

도축장에 반입된 도축은 불안, 흥분된 상태로 피로와 갈증을 느끼게 되어 곧 물을 찾게 되므로, 급수시설이 충분히 완비된 조용한 계류장(繫留場, lairage area)에서 휴식을 취하도록 하면서 안정을 되찾도록 도와주어야 한다. 계류장은 도축장 내에 위치하면서도 작업소음과 자극적인 냄새로부터 차단되어야 하고, 계류장 내의 조명은 약간 어둡게 하는 것이 도축의 안정상 좋다.

축종별, 개체별의 적당한 계류시간은 수송상태 등에 따라서 다르겠지만, 돼지는 대략 6~12시간 정도, 소는 24시간 전후로 하여 계류의 목적을 달성하도록 하며, 지나치게 긴 계류는 이차적인 문제를 발생할 우려가 있다.

계류 중에는 도축에 수분을 충분히 공급함으로써 안정과 피로회복의 효과를 높일 뿐 아니라, 도살 후 방혈(放血, bleeding)을 보다 완전하게 하여 육색을 좋게 하기도 한다. 또한, 충분한 급수는 박피와 전격효과를 촉진하기도 한다.

출하 직전과 계류 중에는 도축에 먹이를 주지 않음으로써 소화기관과 배설기관의 체적을 보다 작게 하여, 도체의 해체 작업시 내장적출(evisceration)을 용이하게 하고, 내장 파열시에 내용물에 오염될 우려를 줄일 뿐 아니라, 내용물 중의 세균이 혈액 중에 침투할 가능성을 적게 한다. 그러나, 반추가축의 경우 절식이 길어져 기아상태에 빠지게 되면, 소화기관 중의 세균이 혈류 중에 침투하게 되어 고기에 나쁜 영향을 주게 된다.

이상과 같이 계류의 목적은 반입된 도축이 안정한 곳에서 급수·절식의 상태로 휴식을 취함으로써 피로를 회복하고, 스트레스로부터 정상을 되찾아 도살 후 PSE나 DFD육과 같은 육질의 저하를 예방하며, 계류 중 개체의 건강상태 등을 점검함과 아울러 도살 처리작업도 용이하게 하는 데에 있다.

3.3.3 생체검사

생체검사란 절식·안정을 취한 가축이 식육생산에 적합한 개체인지 아닌지의 여부를 가리는 검사과정이다. 따라서 생체검사는 도살되기 직전에 시행되어지며, 이 검사에서 합격판정을 받지 못하면 도살될 수 없다. 이에 관해서는 도축검사(3.6)에서 기술하기로 한다.

3.3.4 수세 및 계체중

생체검사에서 합격한 도축은 도살되기 전에 체 표면에 붙어있는 오물 등을 물로 세척하여 도살·해체시의 미생물과 오물의 오염을 예방한다. 동시에, 기온이 높은 하절기에는 살수장치(撒水裝置)로 수세와 아울러 더위를 식혀주는 일에도 유념하여야 한다. 도축의 체중은 개체의 경제적 가치를 평가하는 기본적 요소가 되므로, 도살되기 전에 생체중을 측정하게 된다. 소와 같은 큰 가축은 우형기(牛衡器)를 이용하여 개체별로 계체중하게 되지만, 돼지나 닭과 같은 중소동물의 대량입하 때에는 집단계량(bulk weighing)의 방식으로 신속하게 처리한다. 최근에는 전자장치를 이용한 전자동 디지털식 저울의 보급으로 더욱 신속, 정확한 계체량이 가능하게 되어 신용거래에 도움이 되고 있다.

3.4 도축의 실신법

도축의 실신(失神, immobilization) 방법은 축종이나 풍습에 따라서 달라질 수 있으나, 도축장에서의 도살은 도축의 고통을 최소화할 수 있고, 작업의 능률과 육질의 개선을 도모할 수 있는 방법이라야 할 것이다. 그렇게 하기 위해서는 도축의 심폐기능을 유지시킨 상태에서 의식을 순간적으로 마비시켜 방혈을 촉진시키고, 스트레스도 최소화할 수 있는 적절한 실신법이 강구되어야 한다.

우리나라에서는 가축의 도살은 타격법, 전살법, 총격법, 자격법 그리고 탄산가스법을 이용하도록 규정하고 있다.

3.4.1 타 격 법

타격법(打擊法, knocking)은 도축의 전액부(前額部)를 도축용 해머(sledge hammer)나 배트(stunning bat)로 강타하여 실신시키거나, 때에 따라서는 도축의 후두부(後頭部)를 압축공기로 가격, 실신시키는 방법이다. 전액부의 타격점(stunning point)은 두 눈과 양 각근(兩 角根) 부위를 대각선으로 연결하였을 때 얻어지는 교차점으로, 이 부위가 뇌의 내부 급소조직에 도달하기 쉬운 곳으로 되어 있다. 이 방법은 소, 말, 돼지로부터 토끼에 이르기까지 모든 동물에 손쉽게 시행될 수 있는 단순한 방법이다.

3.4.2 전 격 법

전격법(電擊法, electrical stunning)은 도축의 머리에 강한 전류를 통하여 그 충격에 의해서 도축을 실신시키는 방법으로, 주로 돼지와 닭에서 많이 사용되며, 양과 어린 소에 이용되기도 한다. 이 방법은 시행에 있어서 동물의 비명 등이 없고 순간적으로 작업이 진행되며, 방혈도 양호하기 때문에 특히 돼지의 도살에는 적합한 방법으로 되어 있으며, 도계장(屠鷄場)의 대량처리에도 적합한 방식이다.

표 3-1. 각종 육축의 전격 조건

축 종	중량(kg)	소요전류(교류)		통전시간	실신시간
		전압(V)	전류(A)		
소	300~500	90~100	0.6~1.0	10~15 초	
	200 이하	70~90	0.6~1.0	10~15 초	약 3분
말	350~500	90~100	0.05~0.5	10~15 초	
	350 이하	70~90	0.05~0.5	10~15 초	약 3분
돼지	80 이상	70~90	0.5~0.7	10~15 초	
	50~80	70~80	0.3~0.5	10~15 초	
	50 이하	50~70	0.3	10~15 초	약 1~2분
면・산양		25~35	0.01~0.1	3~5 초	약 1~2분

3.4.3 총 격 법

총격법(銃擊法, shooting)은 도축의 전액부에 도축용 피스톨을 대고서 발사하여, 돌출되는 철간(鐵桿, captive bolt)이나, 망치가 뼈를 뚫고서 뇌조직을 파괴하여 실신시키는 방법으로, 주로 소와 같은 대동물에 이용되나 양, 돼지에도 사용되기도 한다. 총격의 위치는 타격 위치와 동일한 전액부 윗쪽의 중앙으로 되어 있다.

3.4.4 자 격 법

자격법(刺擊法, sticking)은 도축을 고정시킨 상태에서 예리한 칼로써 도축의 경동맥(頸動脈, carotid artery)이나, 경정맥(頸靜脈, jugular vein)을 절개, 방혈시켜 그대로 빈혈사에 이르게 하는 방법으로, 양이나 닭과 같이 온순한 동물에 사용된다.

3.4.5 가스 마취법

가스 마취법(gas anesthetization)은 도축을 탄산가스실에 밀어 넣어서 탄산가스에 의해서 점차로 단순 수면상태로 빠지게 하는 실신방법으로, 주로 돼지에 사용되고 있다. 가스실의 탄산가스 농도는 65~68% 정도로, 15~45초 동안 실시하게 되면 1.5~3분간 실신상태를 유지하게 된다.

이 방법은 다른 실신도살법에 비해서 인도적이며 방혈량도 많고, 근육 내 출혈(blood splash) 현상도 없을 뿐 아니라, 근육의 pH도 낮게 나타난다. 특히 돼지에 주로 적용되는 전격법에 비한다면 근육의 이완상태가 완전하여 전문가라면 그 차이를 육안에 의해서도 식별이 가능할 정도라고 한다.

3.4.6 교살 및 기타 방법

교살법(絞殺法, hanging)은 동물의 목을 줄로 졸라서 실신시키는 방법으로, 개, 고양이 등 사나운 중소동물에 적용하게 된다.

이제까지 기술한 방법 이외에도 중동지방 같은 곳에서는 종교적 관습으로 면·산양 등을 실신시킴이 없이 바로 참수하는 경우도 있다.

3.5 주요 가축의 처리

3.5.1 돼지의 처리

(1) 실신·방혈 및 도체 수세

절식·안정시킨 돼지는 도살 전에 전신을 수세하여 체 표면의 오물을 제거한 다음 도살실에 유도한다. 우리나라에서는 앞에서 기술한 실신법 중 돼지는 주로 전격법을 사용하고 있다.

실신한 돼지 뒷다리의 경골(脛骨, hind shankbone)과 아킬레스건(Achilles tendon)

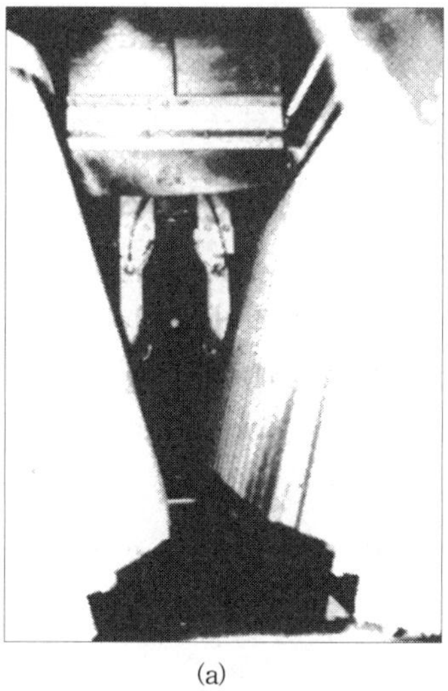

(a)

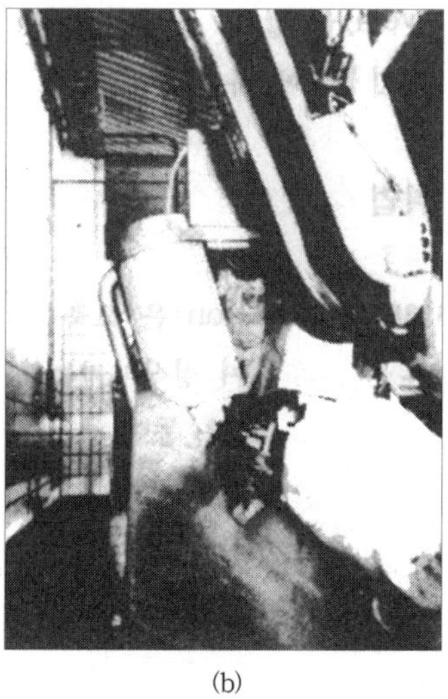

(b)

그림 3-3. 돼지의 전격 실신공정

(a) 전격장치(전극), (b) 보정터널(restrainer) 중의 돼지 및 실신돼지의 이동

사이에 족쇄(shackle)를 걸어 천장의 레일에 매달아 고정시킨 다음, 양날이 선 청결한 자도(刺刀, sticking knife)를 경부의 중앙, 즉 가슴(brisket)과 인후(咽喉, throat)의 중간지점에 직각으로 삽입하여 경동맥(頸動脈, carotid)을 절단하여 방혈(放血, bleeding)하게 된다. 이때에 칼을 너무 깊숙이 넣어 절개함으로써 심장, 식도, 기관지 및 신경이 손상될 경우 심장의 박동이 빨리 정지되어 혈액의 방출이 조기에 멈추게 되어 방혈이 불량하게 되고, 견갑골(肩胛骨, blade bone) 아래에 혈액도 고이게 되어, 이것이 조기 분해됨으로써 악취와 더불어 근육 부패를 유발시키는 원인이 되므로 자도(刺刀)의 삽입에는 숙달이 요구된다.

돼지는 실신・방혈 개시 후 평균 9분 정도 심장이 계속 움직이는 것으로 알려지고 있다. 따라서 방혈 작업시 혈액 중에 오염된 세균은 혈류를 타고 전신에 퍼지게 될 위험이 있으므로, 자도(刺刀)는 철저히 소독되어야 하며, 매 개체마다 소독절차를 거쳐 교차오염(cross contamination)이 되지 않도록 하여야 하며, 절개부위도 가능한 한 7~8 cm 이내로 작게 하여 탕박(湯剝, scalding) 작업시에 그 곳으로부터 물의 체내 유입을 적게 하여 오염의 가능성을 축소시켜야 한다.

방혈량은 체중과 실신방법 등에 따라서 달라지게 되지만, 생체량 120 kg의 경우 대체로 3.4~4.3 kg(2.8~3.6%) 정도이고, 소요시간은 6~9분 정도이다. 실신 후 곧 바로 방혈하여야만 방혈량이나 방혈 상태도 좋아지지만, 현재로써는 그 어떤 방식이든 전 혈액량의 50% 정도는 체내에 잔류하는 것으로 되어 있다.

도축의 방혈상태가 양호하지 못하였을 경우 근육조직 중의 모세혈관이 파열하여 출혈로 인한 조그만 암적색의 얼룩무늬, 즉 출혈성 혈반(血斑, blood spots, ecchmymosis)이 발생하는데, 특히 전격법에서 나타나기 쉬운 현상으로, 배최장근(背最長筋, *Longissimus dorsi*)과 후지(後肢, hind limb)의 여러 근육에서 많이 관찰된다. 이러한 현상은 전격에서 방혈 개시까지 25초 이상 초과시에 많이 발생하고 있으므로, 이를 예방하기 위해서는 전격 실시 후 가급적 5초 이내에 신속히 방혈을 개시하는 것이 무엇보다도 중요하다.

방혈이 완료된 도체는 다음 과정에 들어가기 전 레일에 매달려 천천이 이동되면서 체표면의 오물을 세정하게 되는데, 세정효율을 높이기 위하여 회전식 솔로 체표면을 솔질하면서 살수하고 있으며, 세정된 물은 오염원이 될 수 있으므로 작업장 내에 비산되지 않도록 그 배수 관리에 유의하여야 한다.

⑵ 박피・탈모

방혈이 끝난 돼지는 박피기를 이용하여 가죽을 벗기거나, 아니면 탕박조(湯剝槽,

그림 3-4. 돼지의 터널식 연속탈모장치

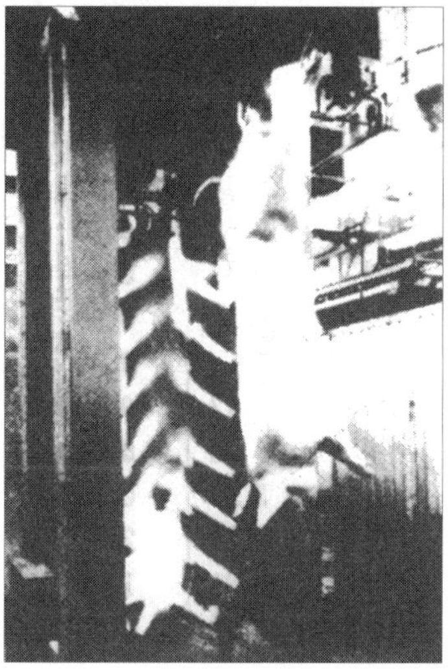

그림 3-5. 돼지도체 잔모의 화염처리

scalding tank)와 탈모기(dehairing machine)를 사용하여 털만을 제거하게 된다.

박피(剝皮, skinning) 또는 탈모(脫毛, dehairing) 처리 여부는 관습과 용도에 따르게 되는데, 근래에는 박피법이 많이 시행되고 있는 경향이다. 탕박법은 껍질을 벗기지 않기 때문에, 외부의 오염원과 냉장 중 감량에 대한 보호방벽의 역할을 껍질에 기대할 수 있어서, 도체를 보호포로 둘러싸지 않아도 되고, 지육률도 박피도체보다는 당연히 높아지게 된다. 또한 작업능률이 박피법보다는 월등히 높아서 연속식 대량처리에 적합한 방법으로 채택되고 있다. 그러나 탕박법은 도체에 가온처리를 하기 때문에 도체의 체온이 높아지게 되어 근육의 pH 하강속도가 빠르게 되고, ATP 농도가 낮아져, 보수력 등 육질면에서는 박피법보다 불리한 것으로 보고되고 있다.

1) 박피처리

박피처리는 방혈이 끝난 돼지의 머리 및 네 다리를 절단한 후, 사지(四肢)의 내측과 복부를 박피기에 물릴 만큼 절개하여 박피기에 물려서 실시하게 되는데, 가급적 가죽에 상처를 내지 않고, 지방이 부착되지 않도록 처리하여야만 제혁원피(製革原皮)로써의 가치가 높아진다. 가죽의 중량은 가죽에 부착된 피하지방량에 따라서 다르게 되지만, 대략 생체량의 3~8% 정도이다.

2) 탈모처리

탈모처리는 먼저 방혈이 완료된 돼지를 탕박조에 넣어서 탈모가 잘 되도록 가온시킨다. 이때 물의 온도는 60℃ 정도를 유지하며, 담그는 시간은 5~7분 가량이다. 수온과 담그는 시간은 계절에 따라서 조절하는 수도 있는데, 소위 경모계절(hard-hair season)인 9, 10, 11월에는 약간 온도를 올리거나 시간을 길게, 그리고 연모계절(soft-hair season)인 2, 3, 4월에는 조금 온도를 낮추거나 시간을 짧게 하여 실시할 수 있다.

탕박이 완료된 도체는 탈모기에 올려 기계적으로 탈모하거나, 수동식 탈모도구인 bell scraper를 사용하여 탈모하기도 한다. 탈모기를 사용할 경우 다리의 내측이나 귀, 안면, 턱 등은 깨끗이 탈모되지 않으며, 몸체에도 아주 미세한 잔털이 남아 있게 된다. 이러한 잔모는 예전에는 칼로 다듬어 제거하였으나, 지금은 대체로 가스 불꽃으로 태워(singeing) 제거하고 있으며, 수세터널을 거치는 동안 도체표면에 부착된 털이나 오염물 및 혈액이 제거된다.

(3) 해 체

박피 또는 탈모, 수세된 도체의 해체(carcass dressing)는 두부 및 사지절단, 항문적출, 복부절개, 흉골분할, 복강장기(viscera) 적출, 흉강장기(plucks) 적출, 2분체 분할의 순서로 진행하게 된다. 분할에 사용되는 작업도구는 오염방지를 위해서 매개체 처리 후 소독되어야 하며, 특히 장기 취급시는 내용물이 누출되지 않도록 주의하지 않으면 안 된다. 레일에 거꾸로 매달고 수세한 후, 뒷다리 사이에 벌림대(gambrel stick)를 끼워 넣은 상태에서 해체 작업을 진행한다.

머리는 후두골 하단과 제일경추(1st cervical vertebra) 사이를 절단하며, 사지 중 앞다리는 전완골(foreshank bone)과 앞 발목뼈(forefoot bone) 사이를 절단하며, 뒷다리는 하퇴골(hindshank bone)과 뒷발목(hindfoot bone)사이를 절단한다. 꼬리는 제 3~4 미추골(coccygeal vertebra) 사이를 절단한다.

이어서 도체 복부의 전면에 직각으로 서서 뒷다리 사이로부터 턱에 이르기까지 복벽의 정중선에 따라서 칼로써 약간 절개하여 내린 후, 고환, 음경, 경산유방을 도려 놓는다. 흉골은 전기톱을 이용하여 절개한다. 다음 칼날을 밖으로 향한 자세로 상부복벽에 칼을 삽입하여 아래쪽으로 절개하여 내려가되, 칼날에 장기가 다치지 않도록 주의한다. 계속해서 취골봉합부(pelvic symphysis) 중앙관절의 중심을 절단하여 햄을 이등분하고, 항문주위(bung)를 고리모양으로 도려 낸 후, 내용물이 새어 나오지 않도록 끈으로 묶어 직장(rectum)과 분리하며, 직장은 복강(abdominal cavity) 아래쪽(머리쪽)으로 잡아 당겨 내린다. 이때 쏟아져 내리려는 장기를 왼쪽 손과 팔뚝으로 지지하면서, 오른 손으로는 간에 연결된 혈관과 위장에 연결된 식도를 절단하여 복강장기(viscera)를 끌어낸다. 다음으로 횡격막 근주(skirt and pillar of diaphragm)를 체벽 부착부로부터 잘라내고, 척추 대동맥(dorsal arota)을 절단하여 흉강(thoracic cavity)의 장기류(plucks)를 끌어낸다. 이때 신장과 신장지방(leaf fat)은 습관상 체벽에 붙여 놓는다.

(4) 도체의 수세, 냉각 및 지육률

도축의 처리작업에서 얻어진 도체를 지육(枝肉, dressed carcass)이라고 부른다. 즉 지육이란 도축을 도살, 방혈하고, 박피 또는 탈모한 다음 머리와 네 다리의 끝 및 꼬리를 절단하고, 내장을 적출한 체구로써, 뼈와 지방을 포함하게 된다. 지육의 전도체(whole carcass)는 냉각과 취급상의 편이를 위해서 전기톱으로 척추의 정중선을 종단하여 이분체(side)를 만들며, 보통 돼지는 이분체 지육의 형태로 유통되고 있다. 도체는 지체 없이 수세과정을 거쳐 안전한 온도까지 냉각하게 된다.

1) 도체의 수세

해체 완료된 도체는 곧바로 청냉수로 절단 부위의 혈액 덩어리를 비롯한 도체 표면의 오물을 씻어내게 되는데, 이때 살균효과를 얻기 위해서 10~20 ppm 정도의 염소수를 사용하기도 한다. 또한, 구미에서는 88℃ 정도의 열수를 고압살수기를 사용하여 7 kg/cm^2 정도의 압력으로 단시간에 세척함으로써 도체 표면에 부착된 오염물이 효과적으로 제거됨과 동시에, 온도체의 표면건조도 촉진되고, 식육의 발색상태도 냉수살포의 경우보다 좋아진다고 한다.

또한 최근에는 초산, 젖산, 프로피온산, 구연산 등 유기산의 희석용수(3% 이내)로 세척함으로써 도체표면의 pH를 낮추어 미생물의 증식을 억제하고, 효소 등을 불활성화하는 세척방식을 채용하는 경우도 있는데, 이는 대부분의 미생물이 pH 4.5 이하에서 증식이 중지되기 때문이다. 그러나 유기산의 농도가 너무 높으면 지육표면의 육색을 변색시키고 풍미가 손상될 우려가 있다.

2) 도체의 냉각

돼지의 도체는 이상적인 조건 하에서 청결하게 처리된 도체라 하더라도 대략 100~1,000 개/cm^2 정도의 세균이 검출되고 있으며, 실제로는 그 보다 100여배 정도 많이 검출된다고 한다. 일반세균은 대체로 10℃ 이하에서 증식이 억제되기 시작하여, 5℃ 이하가 되면 증식이 중지된다. 그러므로 세균의 증식을 억제하고 신선도를 유지하기 위해서는 도체의 표면은 물론 내부까지 신속히 냉각시켜야 한다.

도체의 냉각은 냉각실에서 실시하게 되는데, 우리나라에서는 냉각실의 평면 평당 소 지육은 4마리, 돼지 지육은 8마리를 초과하여 수용할 수 없도록, 또한 냉각실에서 12시간 이상의 냉각으로 지육 심층부(deep muscle)의 온도가 0℃이상~5℃ 이하가 되도록 규정하고 있다. 이를 위해서 냉각실의 온도는 대개 0~4℃ 정도이고, 효과적인 열 전달을 위해서 송풍식 냉각장치를 갖추어야 한다. 냉각실 내 상대습도는 90% 정도에서 냉각시키되 도살 후 12～16 시간 경에 도체의 심부 온도를 10℃ 이하로, 24시간 경에는 5℃ 이하로 내리는 것이 바람직하다.

표 3-2. 각종 육축의 해체 성적

			소	말		돼 지		면 양		토 끼	
생체중(100%)	지육 53.775%	정육	42.24	41.49		49.12		21.80		34.70	
		지방	0.97	1.10				2.00		–	
		뼈	8.45	8.20	51.25	7.96	57.16	15.50	45.50	13.70	49.04
		신장	0.11	0.24		0.08		0.20		0.64	
		감량	1.97	0.22		–		6.00		–	
	두부 3.764%	정육	1.53	1.90		4.16		2.40		5.09	
		뼈(뇌)	1.36	2.04	4.08	1.50	5.66	2.00	4.40		6.47
		감량	0.10	0.14		–		–		1.38	
	꼬리		0.18	0.22		0.01		–		0.61	
	생피		8.72	5.37		2.23		13.30		12.18	
	털		–	–		0.64					
	혈액		3.01	3.23		3.56		4.30		2.34	
	지단		1.43	2.47		–		1.30		2.78	
	육내장 29.878%	식도	0.08	0.12		2.41		0.20		–	
		인두기관	0.18	0.17				0.30		–	
		횡격막	0.68	0.70		1.66		0.40		–	
		심장	0.42	0.65		0.34		0.50		0.32	
		폐장	0.52	0.93		0.76		1.00		0.66	
		간장	0.73	0.99		1.69		1.20		2.58	
		췌장	0.12	0.24		0.19		0.50		–	
		비장	0.16	0.11	31.11	0.12	28.20	0.20	28.20	–	22.79
		위	3.37	0.51		0.95		4.00		5.70	
		대장	0.54	2.63		1.99		5.00		13.50	
		소장	0.98	1.23		1.58					
		생식기	0.17	0.25		0.43		0.50			
		방광	0.04	0.10		0.07		0.10		0.14	
		지방	2.39	–		2.03		2.90		0.52	
		위장내용	6.63	22.43		2.89		11.10		–	
	감량		12.54	2.00		3.66		3.20		0.72	

3) 지 육 률

지육의 수량(yield)은 지육률로 나타내고 있는데, (냉도체의 중량÷생체량)×100의 수식에 의해서 구하게 된다. 돼지의 정상적인 지육률의 범위는 68～77% 안팎이다. 도살 직후의 온도체(溫屠体)를 냉각시키면 약 1.5% 가량 도체중량이 감소하므로 온도체의 중량에 0.985를 곱하면 냉도체(冷屠体)의 무게가 산출된다.

표 3-3. 탕박과 박피법에 의한 돼지의 해체성적비교

구 분	생산량 (kg)	수 율 (%)	탕박도체 대비수율(%)	박피도체 대비수율(%)
생 체 중	90.0	100.0		
도 체 량				
탕박처리	65.1	72.3	100.0	
박피처리	57.9	64.3	88.9	100.0
정 육 중				
탕박처리	53.5	59.4	82.2	–
박피처리	47.7	53.0	–	82.3
거래정육중	42.4	47.1	65.1	73.2
지 방	6.6	7.3	10.1	11.4
뼈	7.9	8.8	12.1	13.6

3.5.2 소의 처리

(1) 실신 및 방혈

소의 실신은 도축을 계류사로부터 노폭이 0.83 m 정도로 좁은 경로를 통하여 실신실(stunning pen)로 유입시킨 다음, 타격법과 총격법 또는 전격법에 의해서 실시한다. 우리나라에서는 소의 도살은 타격법과 총격법이 가장 널리 사용되고 있다. 도축장에 따라서는 불완전하게 실신한 소가 작업도중 의식을 회복하여 버둥거릴 위험을 없애기 위해서 타격구 또는 총격구에 철제봉이나, 플라스틱봉을 삽입하여 뇌척수를 파괴하는 행위(pithing)를 시행하는 경우가 있으나, 이 과정에서 뇌혈관을 통한 전신오염이 우려되므로 최근에는 이를 시행하지 않고 있다.

실신한 소는 즉시 뒷다리에 족쇄를 걸어 방혈레일에 매단 후, 소독된 칼로 경추에 대하여 45 각도로 가슴 아래에 삽입하여 가슴과 인후 사이를 30 cm 전후 절개하면서 경부의 동맥과 정맥을 절단, 방혈하게 된다. 방혈에는 6～10분 정도가 소요되고, 방혈량은 소 체중의 3～3.5% 가량이다. 소의 혈액 함량은 생체량의 8% 정도이나 방혈방법을 개선한다고 하여도 그 절반 정도는 체내에 잔류하게 된다고 한다.

(2) 박 피

소의 박피처리는 도축장의 처리규모에 따라서 몇 가지 종류의 박피설비를 이용하게 되는데, 가장 단순한 방법은 바닥에 깔려진 물결모양의 박피판 위에 방혈이 완료된 도체를 올려놓고 실시하는 판상(板上, bed system)방식이다. 이 방법은 작업이 바닥에서 이루어지기 때문에 능률과 위생상의 문제가 있다. 이보다 약간 진보한 방법이 요람형상의 박피틀에 고여 놓거나, 이동식의 박피틀 위에 도체를 올려놓고 박피하는 방식이다. 그러나 근래에는 상하, 좌우로 사용이 가능한 전기 칼이나, 편리한 전동식 박피기(hide puller) 등을 사용하여 연속작업이 가능한 on-the-rail 방식을 도입하고 있다.

박피의 순서나 요령은 지역에 따라서 다소 다르지만, 완전한 박피를 위해서는 머리와 네다리의 끝으로부터 박피를 시작한다. 우선, 박피된 머리 및 다리와 꼬리는 돼지에서와 같은 요령으로 절단하여 제거한 다음, 다리는 내측으로부터, 복부는 정중선에서 절개하여 박피하며, 이때 고환, 음경, 유방 및 항문 주위는 칼로 도려 놓아 박피 및 내장적출을 원활하게 한다.

(3) 내장 적출

박피된 도체는 해체레일에 중간 정도 매달린 상태에서 내장적출 작업을 시작한다. 좌골(aitch bone)에서 약 10~15cm 아래의 복벽으로부터 복부의 정중선을 따라서 절개하고, 골반의 치골봉합부를 톱으로 절단하여 복강을 열고, 위장의 분문부를 잘라서 복강내장이 쏟아져 나오도록 유도한다. 이어서 톱으로 흉골을 절개하고, 횡격막근주를 체벽으로부터 절리시킨 다음 흉강장기를 끌어내게 된다. 소의 내장적출의 순서는 돼지의 경우와 비슷하나, 장기의 크기가 거대하므로 절취하기가 힘들어 부위별로 떼어내게 된다.

(4) 절단, 수세, 냉각 및 지육률

내장이 적출된 도체, 즉 지육은 척추의 중앙을 전기톱으로 이등분(halving)하여 이분체(sides)를 만들고, 뒷다리에 설치된 벌림대(spreader)는 제거한다.

이등분된 도체는 냉수 또는 온수로 절단부위의 응혈과 톱질에 의한 뼈가루(bone dust) 등을 완전히 제거한다. 이어서 도체를 식염과 열수로 처리한 면포로 둘러싸 외관을 좋게 하고, 도체의 혈액을 흡수하며, 냉장 중 감량을 억제하고 도체를 외부의 오염원으로부터 보호한다.

도체의 냉각은 위생적 견지에서는 빠를수록 좋으나, 냉각속도가 너무 급속하게 되면 지육부위 중 특히 고급부위에 저온단축(cold shortening)이 발생할 위험이 있으며, 너무 완만하면 엉덩이(round)와 같은 심부 근육에서는 장시간의 높은 온도로 인해서 변패(bone-taint)가 발생할 우려가 있다. 따라서 소도체는 도살 후 28~36 시간경에는 심부근육의 온도가 10℃ 이하로, 48시간경까지는 5℃ 이하가 되도록 냉각속도를 조절하여야 한다.

실내습도는 85~95% 정도로 하는데, 저온하에서는 시간이 경과함에 따라서 상대적 습도는 낮아지므로 지육의 상태로 장기간 냉장하게 될 경우는 표면건조로 인한 냉각감량에 대비하여야 한다.

소의 지육률은 개체와 품종 등에 따라서 상당한 차이를 보이는데, 고기소의 경우 평균 생체중이 520 kg으로, 그 지육률은 평균 62%(55~67%) 정도이나, 한우의 경우 평균 생체중 430 kg에, 평균 지육률은 53% 정도를 보이고 있다.

3.6 도축검사

현재 가축에 의해서 사람에게 전염될 수 있는 인축공통전염병은 무려 200여종에 달하는 것으로 알려지고 있다. 도축장에서 도살·해체되는 수축은 반드시 검사원의 검사를 받아서 합격하여야만 비로소 그 생산물은 식육으로써 시중에 유통될 수 있다. 이와 같이 도축검사를 통하여 소비자를 보호하고, 검사된 식육에 적합한 표찰을 부여하여 안전성을 공적으로 보증하며, 전염병을 검색, 파악하게 된다.

도축검사에는 일반적인 검사항목 이외에 종교적인 관습을 반영시키는 경우도 있는데, 대표적인 실례가 유태인들의 "Kosher inspection"이다. 이는 모세와 탈무드의 율법에 어긋남이 없이 정결하게 도살처리 되었다는 뜻의 히브리 용어로, 유태인들은 식육유통에 이를 철저하게 적용시키고 있다. Kosher에서는 도살시 도축을 실신시키지 않으며, 방혈을 철저하게 행하는 것이 특징이다.

도축검사는 생체검사, 해체검사, 특수검사 및 시설검사가 있으며, 필요에 따라서 실험실검사를 실시하게 된다.

생체검사(antemortem inspection)는 개체별로 망진, 촉진, 타진, 직장검사 등을 실시하게 된다. 검사원은 먼저 도축신청서에 기입된 내용을 도축과 대조하여 확인하고, 안색, 체표면상태, 보행상태 등의 일반 관찰로부터 검사를 시작한다. 이때 가축전염병에 감염된 것으로 판정된 개체는 격리되어 살처분될 수도 있다.

해체검사(postmortem inspection)는 먼저 혈액 및 박피된 가축을 검사하고, 이어서 각종 조직, 기관과 관련 임파절을 차례로 관찰하며, 지육의 근육도 살펴 기생충 등에 감염된 여부를 확인한다. 이 검사에서 불합격 판정의 원인 중 발생빈도가 높은 질병은 돼지의 경우 농상(膿傷), 관절염, 폐렴, 황달 그리고 패혈증 등으로 되어 있다.

3.7 지육의 분할

냉각이 완료된 지육은 유통의 단계나 용도에 따라서 부위별로 분할하게 된다. 우선 도매분할육(wholesale cut meat)으로 절단하고, 이어서 소매분할육(retail cut meat)으로 다시 절단한다. 도매분할육은 2분체를 주요 부위별로 크게 나누는 대분할(primal cut)과 작은 부위별로 세분하는 소분할(sub-primal cut)이 있다.

3.7.1 돼지 지육의 분할

(1) 가공원료육의 분할요령

돼지 지육의 대·소분할의 형태는 나라마다 조금씩 다르게 되지만, 가공 원료육에 대한 분할은 거의 동일한 방식으로 절단되고 있으며, 그 요령은 다음과 같다.

1) 어　깨

어깨(shoulder)부위를 크게 할 경우는 제5흉추와 제6흉추 사이를 절단하고, 작게 할 경우는 제3, 4흉추 사이를 절단하게 된다. 도체가 클 경우는 어깨부위를 상하로 나누게 되는데, 견갑골 아래 1～2cm 부근에서 등선에 평행되게 절단하여 상부는 어깨 등심(boston butt), 하부는 어깨 삼겹살(picnic shoulder)이라 부른다. 미국에서는 어깨 등심의 피하지방은 clear plate fat로 불리운다.

2) 뒷 다 리

퇴부(腿部, leg)의 분할법도 두 가지가 있는데, 제4요추와 제5요추 사이를 다리의 장축방향에 대해서 수직으로 절단하는 방법과 장골(腸骨)과 요추 사이를 절단하는 방법이 있다. 전자를 long cut ham, 후자를 short cut ham이라고 부른다.

3) 등심과 삼겹부

이분체로부터 shoulder와 ham이 분리된 나머지 부위, 즉 몸통(middle)에 있어서 견갑골의 복강쪽 늑골이 제일 만곡된 선단으로부터 안심(tender loin 또는 fillet)의 아래쪽 끝을 향하여 배선에 평행되게 절단하여 등심(loin)과 삼겹부(belly)를 분할한다. 이때 등심부위는 대체로 몸통부의 1/3에 해당된다. 갈비(spare ribs)는 삼겹부에서 흉골 전체를 들어낸 것을 말한다.

(2) 생육용의 대·소분할 요령

이에 관한 설명은 그림 3-6, 3-7과 표 3-4, 3-5로 대신한다. 대분할 중 고기를 많이 생산하게 되는 ham, loin, boston butt 그리고 picnic shoulder를 미국에서는 primal cut라 부르고, 나머지는 minor cut로서 저급부위로 분류한다.

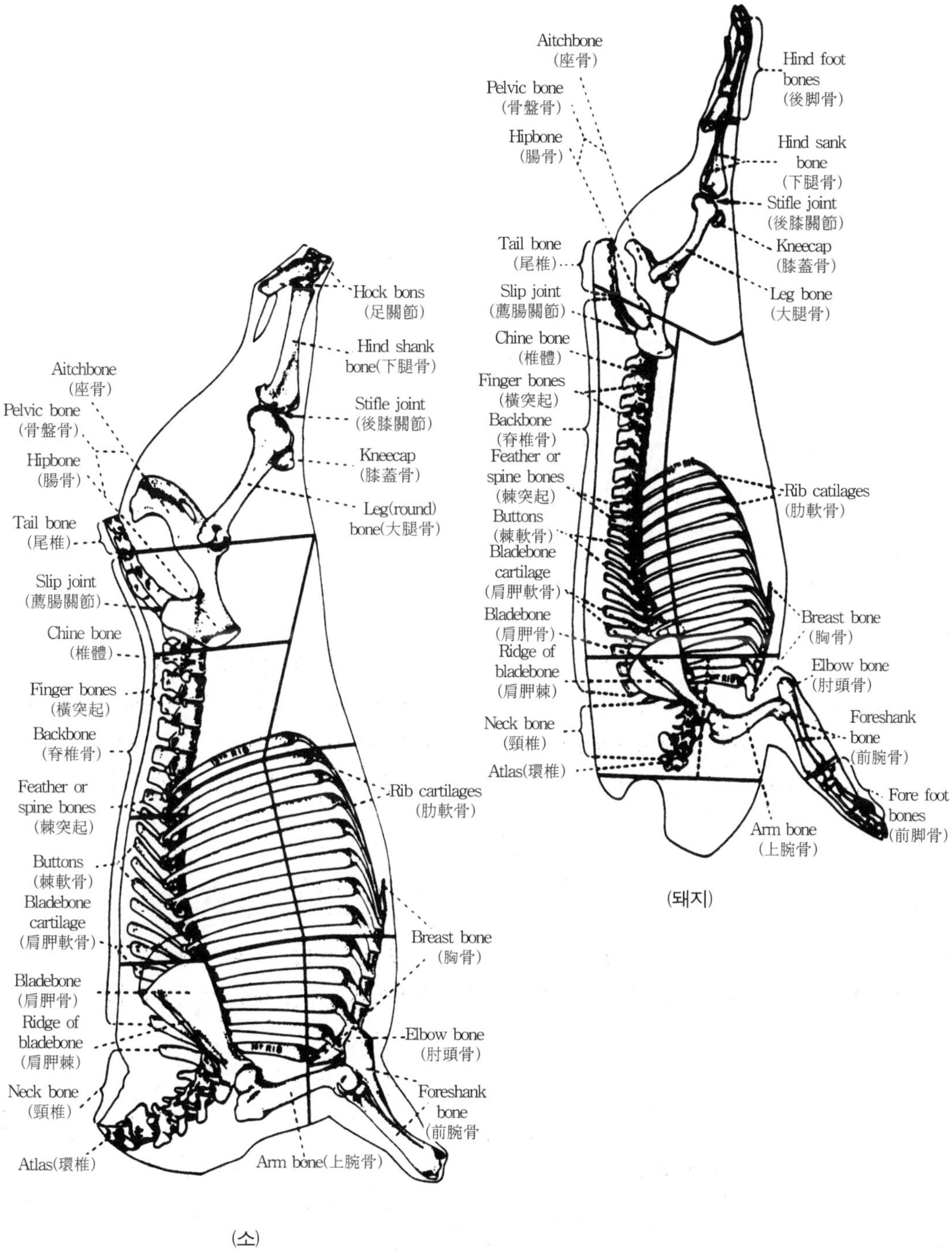

그림 3-6. 소 및 돼지 도체의 골격 명칭

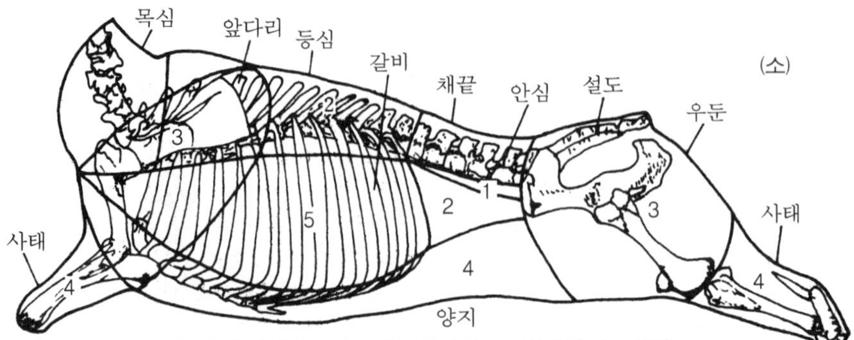

1 : 스테이크, 2 : 구이, 3 : 불고기, 4 : 국거리, 5 : 갈비

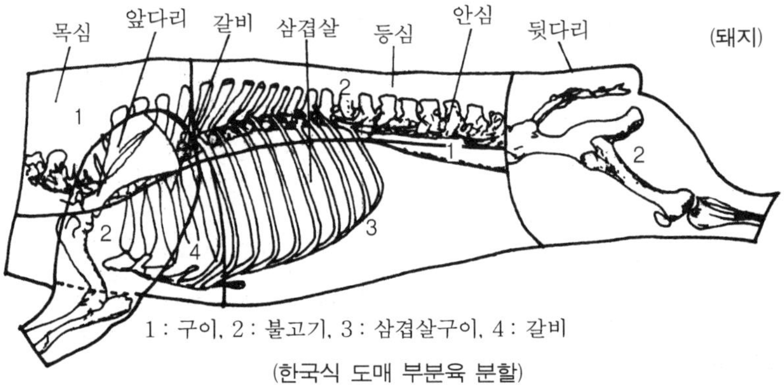

1 : 구이, 2 : 불고기, 3 : 삼겹살구이, 4 : 갈비

(한국식 도매 부분육 분할)

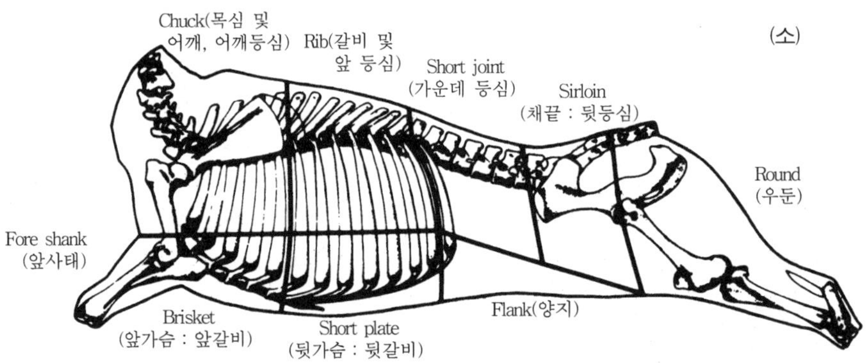

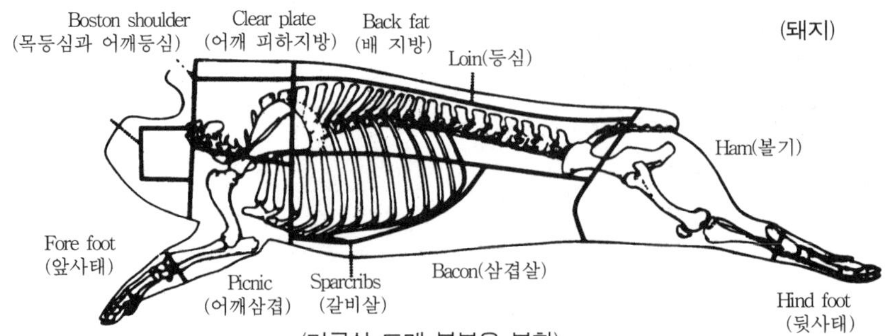

(미국식 도매 부분육 분할)

그림 3-7. 도체(소, 돼지)의 한국 및 미국식 도매 부분육 분할

3.7.2 소 지육의 분할

소 지육의 분할방법은 돼지의 경우와는 달리 세분되어 있다. 우리나라에서 소 도체는 대분할 10개 부위 그리고 소분할 29개 부위로 나누고 있다(그림 3-6). 미국에서는 그림 3-7에서와 같이 대분할 중 고기량의 생산이 많은 round(볼기), loin(등심), rib(등심 및 갈비), chuck(어깨, 목심)의 4개 부위를 특히 primal cut라 하여 중요시한다.

표 3-4. 소 및 돼지 도체의 대 · 소분할 표준(한국) 부위명칭 (축산물 품질평가원)

<table>
<tr><th colspan="2">쇠 고 기</th><th colspan="2">돼 지 고 기</th></tr>
<tr><th>대 분 할
(10개부위)</th><th>소 분 할(39개 부위)</th><th>대 분 할
(7개부위)</th><th>소 분 할
(25개 부위)</th></tr>
<tr><td>1) 안 심
(tender loin)</td><td>① 안심살
(소요근, 대요근, 장골근)</td><td>1) 안 심
(tender loin)</td><td>안 심 살</td></tr>
<tr><td>2) 등 심
(rib loin)</td><td>① 윗등심살 ② 꽃등심살
③ 아래등심살 ④ 살치살</td><td>2) 등 심
(pork loin)</td><td>등심살, 알등심살,
등심덧살</td></tr>
<tr><td>3) 채 끝
(sir loin, end loin)</td><td>① 채끝살
(요최장근, 장늑근,중둔근, 배다열근)</td><td>3) 목 심
(boston but)</td><td>목 심 살</td></tr>
<tr><td>4) 목 심
(chuck roll)</td><td>① 목심살(제1~7경추부위의
7개 근육으로 구성)</td><td>4) 앞 다 리
(picnic and shank)</td><td>앞다리살,사태살,항정살,
꾸리살, 부채살, 주걱살</td></tr>
<tr><td>5) 앞다리
(chuck and clod)</td><td>① 꾸리살 ② 부채살 ③ 앞다리살
④ 갈비덧살 ⑤ 부채덮개살</td><td>5) 뒷 다 리
(ham and shank)</td><td>볼기살, 설깃살, 도가니살, 홍두깨살, 보섭살, 사태살</td></tr>
<tr><td>6) 우 둔
(round top, inside)</td><td>① 우둔살 ② 홍두깨살</td><td>6) 삼 겹 살
(pork belly)</td><td>삼겹살, 갈매기살, 등갈비, 토시살, 오돌삼겹</td></tr>
<tr><td>7) 설 도
(round)</td><td>① 보설살 ② 설깃살 ③ 도가니살
④ 설깃머리살 ⑤ 삼각살</td><td>7) 갈 비
(pork spare ribs)</td><td>갈비, 갈비살, 마구리</td></tr>
<tr><td>8) 양 지
(brisket and flank)</td><td>① 양지머리 ② 업진살 ③ 업진안살
④ 차돌박이 ⑤ 치마살 ⑥ 치마양지
⑦ 앞치마살</td><td colspan="2" rowspan="3"><돼지고기 일부지방 관행명>
○ 앞다리살, 사태살 : 쫄데기, 쫀드기
○ 볼기살, 뒷다리 : 박살
○ 갈매기살 : 간바지, 후리살
○ 목 심 : 어깨등심</td></tr>
<tr><td>9) 사 태
(shank)</td><td>① 앞사태 ② 뒷사태 ③ 뭉치사태
④ 아롱사태 ⑤ 상박살</td></tr>
<tr><td>10) 갈 비
(beef rib)</td><td>① 본갈비 ② 꽃갈비 ③ 참갈비
④ 갈비살 ⑤ 마구리살 ⑥ 토시살
⑦ 안창살 ⑧ 제비추리</td></tr>
</table>

우리나라에서는 쇠고기나 돼지고기의 동일 부위에 대한 명칭을 지역에 따라서 달리 부르는 경우가 많으므로, 농림부에서는 이 표에 제시된 명칭을 표준으로 사용하도록 고시하여, 식육판매 업소에서는 일반 소비자가 쉽게 알아 볼 수 있도록 부위별 구조도를 게시하도록 규정하고 있다.

표 3-5. 쇠고기 특정부위에 대한 통속 명칭

명 칭	부 위 설 명
갈매기살 (pork skirt meat)	돼지 횡격막근(pork diaphrages muscle)으로 소의 안창살에 해당하며, 가로막살이라고도 부름.
토 시 (beef thick skirt)	소 후횡격막근(복강내 제9 흉추와 제1 요추사이의 횡격막 연결 근육)으로, 안심추리(hanging tender)라고도 불린다.
안 창 살 (beef thin skirt)	소의 부횡격막근(횡격막 바깥 쪽 가늘고 긴 근육)으로, outside skirt라고도 부름.
제비추리(neck chain)	소의 경추에서 제6 흉추 사이의 안쪽 늑골과 연접하고 있는 가늘고 긴 근육
차돌박이 (brisket, deckle off)	소의 앞가슴 양지머리뼈(흉골자루, manubrium) 주위의 백색 지방이 단단하게 잘 발달된 고기
낙 엽 살	앞다리살 중 견갑골부위의 꾸리살(chuck tender), 부채살과 갈비덧살을 일컫는다.
LA 갈 비 (LA short rib/plate)	갈비 중 늑골폭이 좁고 근육층이 두터운 1~6번 부근의 늑골을 전기톱으로 가로로 절단한 것. 떡갈비(boneless rib)
아롱사태	소의 하퇴부 뭉치사태속의 단일 근육으로 양단은 인대와 연결되어 있다.
양(paunch)	소의 제1위(rumen). 제1, 2위를 식용으로 하기 위해 세척 손질한 것을 tripe-scalded(미국)라고도 한다.
벌집 위(honey comb)	소의 제 2위(reticulumn, tripe-scalded)
천 엽(manyplies)	소의 제 3위(omasum), 백엽
홍 창(true stomach)	제 4위, 주름위, 진위(abomasum)
곱 창(small intestine)	소의 소장 중 주로 십이지장과 공장
막 창 및 대 창	맹장(cecum), 대장(large intestine)
선 지	신선한 소의 피(cattle blood)
기 타	갈비에서 뼈를 빼낸 살코기만의 갈비는 떡갈비, 앞, 뒤 사골 중 윗마디(상완골, 대퇴골)를 왕사골, 짧은 아래마디(전완골, 하퇴골)는 쪽사골이라 부른다. 등심의 속심은 속등심, 알등심, 갈비심, 꽃등심(well marbled loin)으로도 불리며, 속심 이외의 근육은 덧살(살치살)로, 덧살근육층 사이에 황색의 목덜미 인대판을 떡심 그리고 첫째 흉추의 가시돌기 부분으로 옛날에 멍에를 올려 놓았던 곳의 등심을 쇠악지 또는 멍에살이라고도 부른다. 곤자소니는 직장 팽대부의 지방이 많은 살코기를, 목정은 목덜미살, 다리 내측의 고기를 달기살, 갈비에 붙은 살을 제복살로, 갈비사이의 고기는 늑간근(finger meat)으로 부르기도 한다.

표 3-6. 소, 돼지 도체의 미국식 대분할과 수율

소 도 체[1]		돼 지 도 체[2]	
부위별 명칭	수율(%)	부위별 명칭	수율(%)
1. Hind shank(뒷사태)	3	1. Ham(볼기)	19
2. Cushion round(우둔)	17	2. Loin(등심)	17
3. Rump(설도)	4	3. Picnic shoulder and boston butt	17
4. Sir-loin(뒷등심:채끝)	9	(어깨 삼겹살 및 어깨등심, 목심)	
5. Short-loin(가운데 등심:등심)	8	4. Belly(삼겹살)	18
6. Flamk(양지)	4	5. Spare ribs(갈비살)	3
7. Kidney knob(신장)	3	6. Jowl(협육)	3
Hind quarter(후사분체)	48	7. Feet, tail, neckbone	5
8. Rib(갈비 및 앞등심:갈비)	9	(다리, 꼬리, 경골)	
9. Chuck(견육:목심 및 어깨, 등심:앞다리)	26	8. Collar, back fat and clear plate	18
10. Brisket(앞가슴:앞갈비)	6	(ham과 shoulder 부위에 너덜거리는	
11. Shot plate(뒷가슴:뒷갈비)	7	껍질과 지방, 배지방, 어깨의 피하지방)	
12. Fore shank(앞사태)	4		
Fore quarter(전사분체)	52		

* 소 도 체 : 2, 3, 4, 5, 8, 9는 major cut, 나머지는 minor cut에 속함.
* 돼지도체 : 1~5까지 major cut, 나머지는 minor cut에 속함.
1) U.S. Choice beef carcass
2) U.S. No. 2 hog carcass

표 3-7. 도체의 한국식 소매 부분육의 생산비율과 그 용도

쇠 고 기			돼 지 고 기		
용 도	부위명칭	생산비율(%)	용 도	부위명칭	생산비율(%0
스테이크용	안 심	2.9			
구 이 용	등 심	13.2	구 이 용	안 심	2.1
	채 끝	6.1		목 심	10.1
불고기용	우 둔	8.8	불고기용	등 심	13.3
	설 도	13.3		뒷다리	32.5
	목 심	8.1		앞다리	18.1
	앞다리	10.0			
국거리용	양 지	10.7	삼겹살용	삼겹살	16.0
	사 태	6.5			
갈 비 용	갈 비	20.4	갈 비 용	갈 비	7.9

4. 도체등급

- 오동환, 황인호 -

4.1 우리나라의 도체등급제도

4.1.1 등급의 정의와 목적

축산물 등급제란 동일한 품종 내에서 도체를 경제적으로 중요한 특징인 육량과 육질에 기초하여 차등적으로 분류하는 것으로 도체의 가치를 명확하게 정의된 용어로 설명할 수 있다.

등급제도의 목적은 품질에 따라 도체를 객관적으로 구분함으로써 생산자에게는 하나의 생산 기준이 됨으로써 고품질 가축 생산으로 소득 향상을 기대할 수 있고, 유통업자에게는 통일된 거래규격의 확립으로 유통의 공정성을 기할 수 있으며, 소비자들은 구입하고자 하는 식육의 품질을 쉽게 판별할 수 있어 생산자, 유통업자, 소비자 모두에게 이로우면서도 확립된 기준을 제시하기 위함이다.

4.1.2 등급제도의 필요성

국민 소득의 증가에 따라 소비자들의 육류 소비구조가 양에서 품질로 전환되어 고급육의 선호도가 점차적으로 높아졌다. 동시에 축산물 수입 주요국과의 FTA 협상에 따라 다양한 수입산 쇠고기 브랜드의 한국 시장 진출이 불가피한 추세로 한우고기의 품질 국제경쟁력 강화가 요구되었다. 한편 육류 시장에 있어 객관적인 기준에 따라서 생산자, 유통업자, 소비자 간에 거래의 공정성을 이룰 수 있는 거래지표의 필요성이 제기되었다.

결과적으로 등급제도 확립으로 인해 균일화된 고급육 생산과 유통 형태의 선진화 그리고 소비자들에게는 식육 식별을 용이하게 하여 선택의 폭을 증대시키는 결과를 가져오게 되었다.

4.1.3 도체의 등급판정

끊임없는 경제 성장으로 인해 국민 식생활이 양보다는 질적인 면이 주요시됨에 따라 국내 소비기반의 확보를 위하여 1989년 한국종축개량협회가 축산물등급사업에 관한 업무를 개시하였다. 1992년 농림수산부로부터 소·돼지도체 등급판정기준(안)을 승인 받아 7월 축협중앙회 서울공판장이 등급판정제도를 시범적으로 실시하였다.

1993년 축산법 43조에 법적 근거를 마련하고 1994년 6월 축산물의 등급화 거래 시행규칙을 공포하였다. 1999년 축산물등급판정 업무가 한국종축개량협회에서 농협중앙회로 이관되었다. 2001년 축산물등급판정 업무의 공정성을 확보하기 위하여 축산물등급판정소를 농업중앙회로부터 분리하여 별도의 법인으로 설립되었다. 2004년 3월 정부산화관리기본법이 제정·시행되고 축산물등급판정소가 정부산하기관으로 지정되었으며, 2007년 4월을 기점으로 준정부기관으로 지정되었다.

2001년 6월 등급 판정 대상 축산물에 닭 도체를 추가하였으며, 같은 해 계란등급판정 시범사업을 실시하였다. 2003년 닭고기 등급판정 시범사업을 실시하였다. 2004년 축산법 시행규칙 개정으로 등급판정 대상품목을 소·돼지·닭 도체에서 계란까지 확대하였다. 같은 해 쇠고기의 육질등급을 1^{++}등급을 신설하여 4개 등급에서 5개 등급으로 확대하였다. 2005년 닭고기 등급판정 시범사업이 중단되었다가 2007년 3월 등급판정사업이 재개되었다. 2007년 돼지도체의 등급판정기준을 규격등급(A, B, C, D, E)과 육질등급(1^{+}, 1, 2, 3등급) 판정기준으로 분리하였다. 유통과정중 소비자들의 선택을 용이하게 하기 위해 돼지의 등급제도는 2013년 4단계표시 (1+, 1, 2, 등외)로 단순화 되어 시행되고 있다.

소도체 등급판정의 경우 근내지방도(마블링)에 편중된 방법에서 소비자들의 의견을 반영하고 한우고기 수출경쟁력 강화하기 위한 소도체 등급판정 기준 개정에 대한 논의 가 2015년부터 농림축산식품부를 중심으로 2018년 개정을 목표로 논의가 시작되었다. 개정을 위한 논의의 중점은 육량지수산식 및 육량등급 기준을 재 설정하는 것과 근내지방도외 다른 평가요소를 강화하고 근내지방도에 있어서 지방의 섬세도에 따른 최종 등급조정에 있다. 지방의 섬세도에 따른 등급조정은 섬세도가 우수한 개체는 근내지방의 함량이 조금 낮아도(예. NO. 7) 1^{++}상승시켜주고, 근내지방의 함량이 조금 높아도(예, NO. 9) 섬세도가 좋지 않으면 최종등급에서 1^{+} 등급으로 판정한다는 것이다. 한편 등급 등급별 특성을 반영하는 명칭으로 개선하고 소비자의 관심정보를 제공하는 방안등을 모색하고 있다. 하지만 이러한 논의들은 공청회 등을 통한 한우 농가들과 소비자들의 최종적 의견이 반영된 형태로 결정될 것으로 전망된다.

[소도체등급]

쇠고기의 등급은 육질등급과 육량등급으로 구분하여 판정한다. 육질등급은 등급판정부위에서 측정되는 근내지방도(Marbling), 육색, 지방색, 조직감, 성숙도에 따라 1^{++}, 1^{+}, 1, 2, 3등급으로 판정하며, 육량등급은 등지방두께, 배최장근단면적, 도체의 중량을 종합하여 A, B, C등급으로 판정한다.

표 4-1. 소도체 등급표시

육 량 등 급	육 량 지 수
A	67.20 이상
B	63.30 이상~67.20 미만
C	63.30 미만

육량지수 산정(소숫점 셋째자리 이하 절사)

(1) 육량등급

등지방두께, 배최장근단면적, 도체의 중량을 측정하여 산정된 육량지수에 따라 다음과 같이 A, B, C의 3개 등급으로 구분한다.

$$\text{육량지수} = 65.184 - [\ 0.625 \times \text{등지방두께(mm)}\ ] + [\ 0.130 \times \text{배최장근단면적}(cm^2)\ ] - [\ 0.024 \times \text{도체중량(kg)}\ ]$$

[단, 한우의 도체는 3.23을 가산하여 육량기준 지수로 한다]

1) 등급판정부위

소를 도축한 후 2등분할된 왼쪽 반도체의 마지막 등뼈(흉추)와 제 1 허리뼈(요추) 사이를 절개한 후 등심쪽의 절개면으로 한다.

2) 등지방두께

등급판정부위에서 배최장근단면의 오른쪽면을 따라 복부쪽으로 3분의 2 들어간 지점의 등지방을 mm단위로 측정(등지방두께가 1 mm 이하인 경우에는 1 mm로 판정)한다.

3) 배최장근단면적

등급판정부위에서 가로, 세로가 1 cm 단위로 표시된 면적자를 이용하여 배최장근의 단면적을 cm^2 단위로 측정(배최장근 주위의 배다열근, 두반극근, 배반극근 제외)한다.

4) 도체중량

도축장경영자가 측정하여 제출한 도체 한 마리 분의 중량을 kg단위로 적용한다.

5) 육량등급의 최종판정

도체의 비육상태가 매우 나쁜 경우, 산출된 등급에서 1개 등급을 낮추고 도체의 비육상태가 매우 좋은 경우, 산출된 등급에서 1개 등급을 높인다.

(2) 육질등급

등급판정부위에서 측정되는 근내지방도(marbling), 육색, 지방색, 조직감, 성숙도에 따라 1^{++}, 1^{+}, 1, 2, 3의 5개 등급으로 한다.

1) 근내지방도 기준

배최장근단면에 나타난 지방분포도로 하며 다음과 같다.

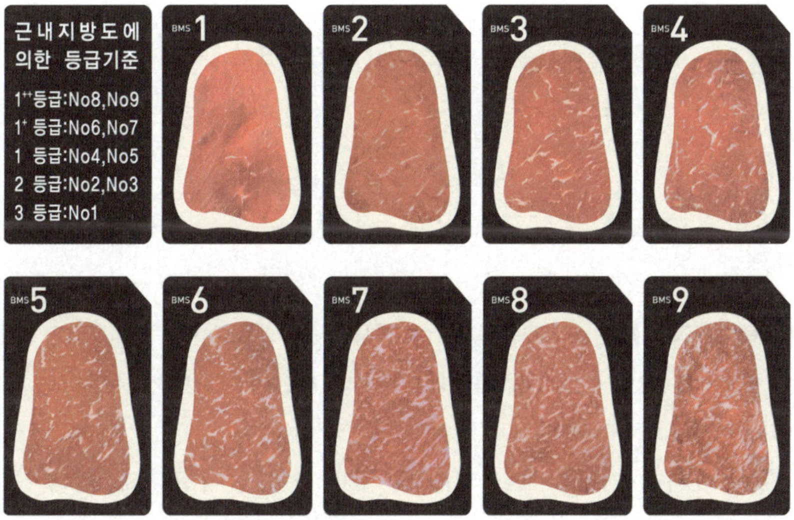

그림 4-1. 근내지방도(marbling) 기준(제5조제2항제1호 관련)

2) 육 색

배최장근단면의 고기색으로 하며 다음과 같다. 정상범위는 No.2~No.6 이다.

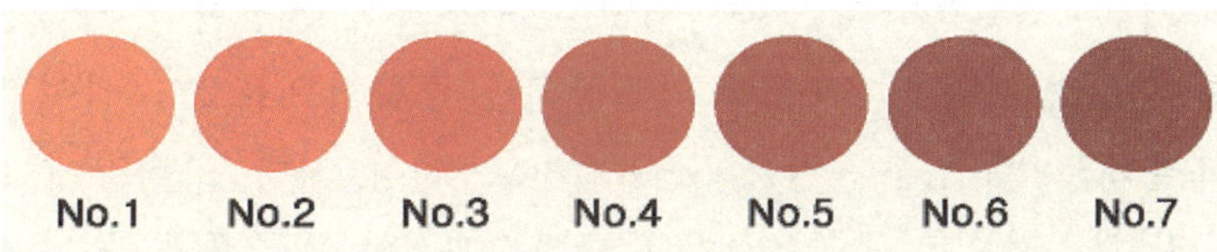

그림 4-2. 육색의 판정(제5조제2항제2호 및 제3항제1호 관련)

3) 지 방 색

배최장근단면의 근내지방, 주위의 근간지방과 등지방의 색깔로 한다. 정상범위는 No.1~No.6이다.

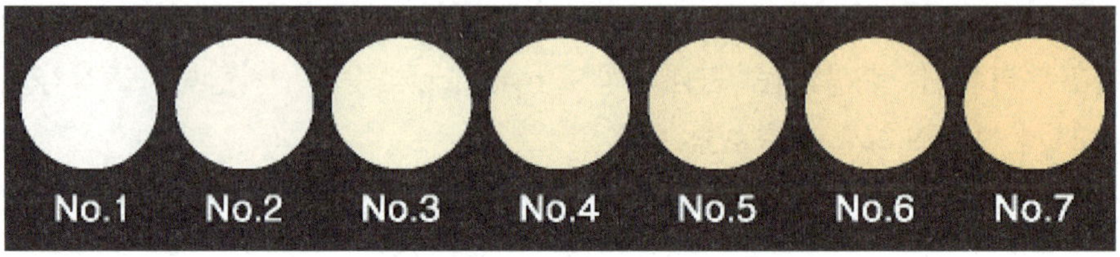

그림 4-3. 지방색의 판정(제5조제2항제3호 및 제3항제2호 관련)

4) 조 직 감

등급판정부위에서 배최장근단면의 보수력과 탄력성으로 한다.

5) 성 숙 도

왼쪽 반도체 척추 가시돌기에서 연골의 골화정도로 한다.

(3) 등외판정

다음에 해당하는 경우에는 육량등급과 육질등급에 관계없이 등외로 판정한다.

① 늙은 소 중 비육상태가 매우 불량한 도체이거나, 비육상태가 불량하여 육질이 극히 떨어진다고 인정되는 도체

② 방혈이 불량하거나 외부가 오염되어 육질이 극히 떨어진다고 인정되는 도체

③ 상처 또는 화농 등으로 도려내는 정도가 심하다고 인정되는 도체

④ 도체중량이 150 kg 미만인 왜소한 도체

⑤ 재해, 화재, 정전 등으로 인하여 특별시장·광역시장 또는 도지사가 냉도체 등급판정 방법을 적용할 수 없다고 인정하는 도체

[돼지도체등급]

돼지고기의 등급은 육질등급과 규격등급으로 구분하여 판정한다. 규격등급(1차 등급판정)은 도체중, 등지방두께 및 비육과 외관상태를 종합적으로 고려하여 1^+, 1, 2등급으로 판정하며 육질등급(2차 등급판정)은 근내지방도, 육색, 지방, 조직감에 따라 1^+, 1, 2등급으로 판정한다. 최종적으로 등급은 1차 등급판정과 2차 등급판정 중 낮은 등급으로써 1^+, 1, 2등급으로 판정한다.

(1) 1차 등급판정

인력등급판정 또는 기계등급판정을 통해 도체 중량, 등지방 두께 및 등심직경(기계등급판정만 해당)을 측정하여 표 4-5에 따라 1⁺, 1, 2등급으로 1차 등급을 부여한다.

1) 도체의 중량

도축장경영자가 측정하여 제출한 도체 한 마리 분의 중량을 kg단위로 적용한다.

2) 인력등급판정방법에 따른 등지방두께

왼쪽 반도체의 마지막 등뼈와 제1허리뼈 사이의 등지방두께와 제11번 등뼈와 제12번 등뼈 사이의 등지방두께를 품질평가사가 측정자로 측정한 다음, 그에 대한 평균치를 ㎜ 단위로 적용한다.

3) 기계적등급판정방법에 따른 등지방두께 및 등심직경

등급판정 보조장비인 초음파기계(Ultrafom, A-mode)를 사용하여 왼쪽 반도체의 제12등뼈와 제13등뼈 사이의 2분할단면에서 복부방향으로 6 ㎝지점 들어간 도체표면에 기계를 밀착시킨 상태에서 등지방두께와 등심직경의 최단거리를 ㎜단위로 측정한다. 기계적 등급판정방법의 수율 측정은 다음의 산식에 적용하여 산출한다.

수율산식 = 57.8661 - [0.4147 × 등지방두께(㎜)] + [0.1443 × 등심직경(㎜)]

표 4-2. 돼지도체 중량과 등지방두께 등에 따른 1차 등급판정 기준(제9조제3항 관련)

1차 등급	인 력 판 정				기 계 판 정		
	박 피 도 체		탕 박 도 체		탕 박 도 체		
	도체중 (kg)	등지방두께 (mm)	도체중 (kg)	등지방두께 (mm)	도체중 (kg)	등지방두께 (mm)	수 율 (%)
1⁺ 등급	이상 미만 74 ~ 83	이상 미만 12 ~ 20	이상 미만 83 ~ 93	이상 미만 17 ~ 25	이상 미만 83 ~ 93	14.0이상	56.0이상
1등급	71 ~ 74 74 ~ 83 74 ~ 83 83 ~ 88	10 ~ 23 10 ~ 12 20 ~ 23 10 ~ 23	80 ~ 83 83 ~ 93 83 ~ 93 93 ~ 98	15 ~ 28 15 ~ 17 25 ~ 28 15 ~ 28	80 ~ 98	12.0	54.0
2등급	1⁺·1등급에 속하지 않는 것		1⁺·1등급에 속하지 않는 것		1⁺·1등급에 속하지 않는 것		

(2) 2차 등급판정

외관과 육질상태(비육상태, 삼겹살상태, 지방부착상태, 지방침착도, 육색, 육조직감, 지방색, 지방질)를 종합하여 1^{+}, 1, 2, 등외등급으로 판정한다. 결함판정은 방혈불량, 이분할불량, 골절, 척추이상, 농양, 근출혈, 호흡기불량, 피부불량, 근육제거, 외상 등으로 판정하고, 결함이 확인되는 경우 등급을 하향(최대 2등급까지)하거나 등외등급으로 2차 판정한다.

표 4-3. 돼지도체 외관, 육질 2차 등급판정 기준(제10조제1항 관련)

판정항목		1^{+}등급	1등급	2등급
외관	비육 상태	도체의 살붙임이 두껍고 좋으며 길이와 폭의 균형이 고루 충실한 것	도체의 살붙임과 길이와 폭의 균형이 적당한 것	도체의 살붙임이 부족 하거나 길이와 폭의 균형이 맞지 않은 것
	삼겹살 상 태	삼겹살두께와 복부지방의 부착이 매우 좋은 것	삼겹살두께와 복부지방의 부착이 적당한 것	삼겹살두께와 복부지방의 부착이 적당하지 않은 것
	지방부착 상 태	등지방 및 피복지방의 부착이 양호 한 것	등지방 및 피복지방의 부착이 적당한 것	등지방 및 피복지방의 부착이 적절하지 못한 것
육질	지 방 침착도	지방침착이 양호 한 것	지방침착이 적당 한 것	지방침착이 없거나 매우적은 것
	육 색	그림 4-4의 No. 3, 4, 5	그림 4-4의 No. 3, 4, 5	그림 4-4의 No. 2, 6
	육조직감	육의 탄력성, 결, 보수성, 광택 등의 조직감이 아주 좋은 것	육의 탄력성, 결, 보수성, 광택 등의 조직감이 좋은 것	육의 탄력성, 결, 보수성, 광택 등의 조직감이 좋지 않은 것
	지방색	그림 4-5의 No. 2, 3	그림 4-5의 No. 1 2, 3	그림 4-5의 No. 4, 5
	지방질	지방이 광택이 있으며 탄력성과 끈기가 좋은 것	지방이 광택이 있으며 탄력성과 끈기가 좋은 것	지방이 광택도 불충분하며 탄력성과 끈기가 좋지 않은 것

(3) 최종 등급판정

1차 등급판정 결과와 2차 등급판정 결과 중 가장 낮은 등급으로 한다. 기계등급판정의 2차 등급판정 및 최종 등급판정은 인력등급판정과 동일하게 적용한다.

(4) 냉도체 육질판정기준

돼지 냉도체 육질측정은 도축한 후 0℃내외의 냉장시설에서 냉장하여 등심부위 내부온도가 5℃이하가 된 이후에 반도체 중 좌반도체의 제4등뼈와 제5등뼈 사이 또는 제5등뼈와 제6등뼈 사이를 절개하여 15분이 경과한 후 냉도체 육질측정부위를 보고 다음 항목으로 측정한다.

1) 근내지방도

배최장근단면에 나타난 지방분포 정도를 측정한다.

2) 근간지방두께

넓은등근과 몸통피부근 사이의 근간지방 1/2지점을 측정자를 이용하여 mm단위로 측정한다.

3) 육 색

배최장근단면에 나타난 육색을 측정한다.

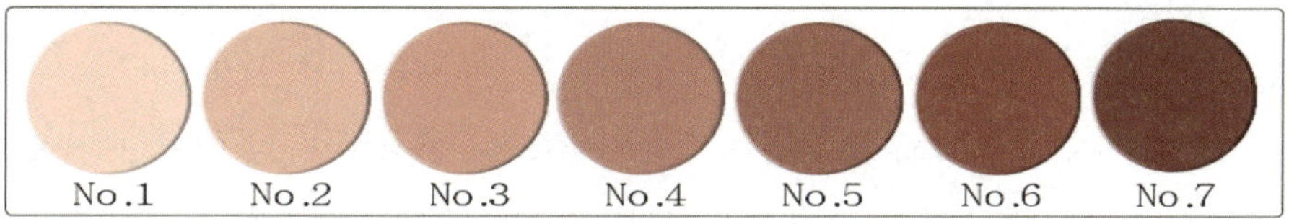

그림 4-4. 돼지도체 육색기준(제10조 제1항제1호, 제11조 제3호 관련)

4) 육조직감

배최장근, 등세모근, 넓은 등근 등에 대하여 탄력도와 수분삼출도 등을 종합하여 1, 2, 3으로 구분하여 측정한다.

5) 지 방 색

근간지방과 등지방의 색을 측정한다.

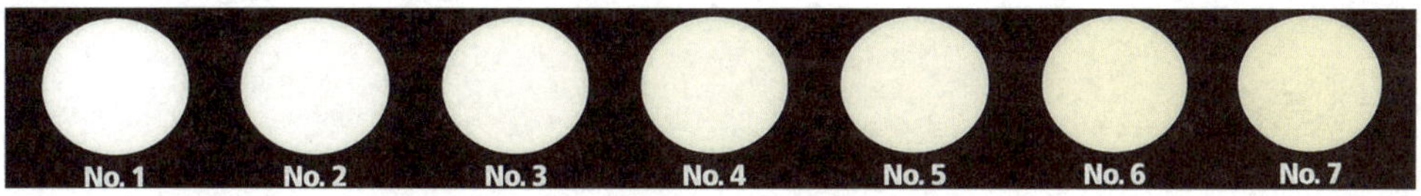

그림 4-5. 돼지도체 지방색기준(제10조 제1항제1호, 제11조 제5호 관련)

6) 지방조직감

근간지방과 등지방의 탄력도와 광택 등을 종합하여 1, 2, 3으로 구분하여 측정한다.

7) 지방분리도

지방과 근육간의 분리정도를 측정자를 이용하여 mm단위로 측정한다.

(5) 등외판정

다음에 해당하는 경우에는 최종 등급에 관계없이 등외등급으로 판정한다.

① 돼지도체 근육특성에 따른 성징 구분방법에 따라 "성징 2형"으로 분류되는 도체

② 결함이 매우 심하여 등외등급으로 판정된 도체

③ 도체중량이 박피의 경우 60 kg미만(탕박의 경우 65kg미만)으로서 왜소한 도체이거나 박피 100 kg이상(탕박의 경우 110kg이상)의 도체
④ 새끼를 분만한 어미돼지(경산모돈) 도체
⑤ 육색이 그림 4-4 No.1 또는 No.7 이거나, 지방색이 그림 4-5 No.6 또는 No.7인 도체
⑥ 비육상태와 삼겹살상태가 매우 불량하고 빈약한 도체
⑦ 고유의 목적을 위해 이분할 하지 않은 학술연구용, 바비큐 또는 제수용 등의 도체
⑧ 검사관이 자가소비용으로 인정한 도체
⑨ 좋지 못한 돼지먹이 급여 등으로 육색이 심하게 붉거나 이상한 냄새가 나는 도체

[닭도체등급]

닭도체의 등급은 품질등급과 중량규격으로 구분하여 판정한다. 롯트의 크기에 따라 적정수의 표본을 무작위로 추출하는 표본판정방법 적용을 원칙으로 하되, 품질평가사가 필요하다고 판단한 경우에는 전수판정방법을 적용한다.

(1) 품질등급판정 방법

1) 전수등급판정

등급판정 신청된 닭도체를 한 마리씩 개체별로 등급판정

2) 표본등급판정

등급판정 신청된 롯트의 크기에 따라 적정수의 표본을 무작위로 추출하여 등급판정

(2) 품질등급

외관, 비육상태, 지방부착, 잔털, 깃털, 신선도, 외상, 변색, 뼈의 상태를 종합하여 닭도체 품질기준에 따라 A, B, C급으로 판정한 뒤 1^{+}, 1, 2등급의 품질등급을 부여한다.

1) 닭도체 품질기준

표 4-4. 닭도체 품질기준(제15조제1항 관련)

항 목	품 질 기 준		
	A급	B급	C급
외 관	날개, 등뼈, 가슴뼈 및 다리가 굽지 않고 좋은 외형과 피부병 등 질병의 흔적에 따른 도체외관의 손상이 없는 것	날개, 등뼈, 가슴뼈 및 다리가 외관을 손상시키지 않는 범위에서 약간 휘거나 피부병 등 질병의 흔적에 따른 도체외관의 손상이 약간 있는 것	날개, 등뼈, 가슴뼈 및 다리가 비정상적으로 휘거나 피부병 등 질병의 흔적에 따른 도체외관의 손상이 많이 있는 것

비육상태	충분한 착육성을 지니며 특히 가슴과 다리에 고기의 부착이 잘 된 것	보통의 착육성을 지니며 특히 가슴과 다리에 고기의 부착이 보통 인 것	빈약한 착육성을 지니며 가슴과 다리에 고기의 부착이 적은 것
지방부착	피부의 지방층이 매우 잘 발달된 것	피부의 지방층이 충분히 발달된 것	피부의 지방층이 빈약한 것
잔털, 깃털	깃털은 아래의 허용기준치를 넘어서는 안 되며 약간의 잔털이 있다. -깃털 2개 이하	깃털은 아래의 허용기준치를 넘어서는 안 되며 잔털이 일부분만 퍼져있다. -깃털 4개 이하	깃털은 아래의 허용기준치를 넘어서는 안 되며 잔털이 넓게 고루 퍼져있다. -깃털 6개 이하
신 선 도	피부색이 좋고 광택이 있으며 육질의 탄력성이 있다.	피부색, 광택 및 육질의 탄력성이 보통이다	피부색이 불량하고 광택이 없으며 육질의 탄력성 도 없다
외 상	피부가 상처로 인해 노출된 살이 가슴과 다리부위에는 없어야 하고, 기타 부위는 노출된 살의 총면적의 지름이 2㎝를 초과해서는 안 된다.	피부가 상처로 인해 노출된 살이 가슴과 다리부위에는 없어야 하고, 기타 부위는 노출된 살의 총면적의 지름이 4㎝를 초과해서는 안 된다.	피부가 상처로 인해 노출된 살이 총면적의 지름이 가슴과 다리부위는 2㎝, 기타부위는 6㎝를 초과해서는 안 된다.
변 색	가벼운 상처나 멍, 피부의 변색은 허용하나 색이 분명한 것은 총면적에 대해 장축의 지름이 아래의 허용치를 초과해서는 안 된다.	가벼운 상처나 멍, 피부의 변색은 허용하나 색이 분명한 것은 총면적에 대해 장축의 지름이 아래의 허용치를 초과해서는 안 된다.	가벼운 상처나 멍, 피부의 변색은 허용하나 색이 분명한 것은 총면적에 대해 장축의 지름이 아래의 허용치를 초과해서는 안 된다.
중량규격	가슴과 다리부위	기타부위	가슴과 다리부위
13호미만	1.5㎝	3㎝	2.5㎝
13호이상	2.5㎝	4㎝	4㎝
	상처로 인한 응혈이 있어서는 안된다.		
뼈의 상태	골절 및 탈골된 것이 없어야 한다.	골절된 것이 없어야 하고, 1개의 탈골된 뼈는 허용한다.	1개 이하의 골절 및 2개 이하의 탈골은 허용한다.

2) 닭도체 품질기준 부여방법

가. 전수 등급판정

표 4-5. 전수등급판정의 품질등급 부여방법(제15조제1항 관련)

등 급	등급판정 결과
1⁺등급	닭도체 품질기준의 모든 항목이 A급 이상이어야 함
1등급	닭도체 품질기준의 모든 항목이 B급 이상이어야 함
2등급	닭도체 품질기준의 모든 항목이 C급 이상이어야 함

나. 표본등급판정

표본 닭도체 등급판정 결과의 구성비율에 따라 신청물량 전체에 품질등급을 부여한다.

표 4-6. 표본등급판정의 품질등급 부여방법(제15조제1항 관련)

등 급	등급판정 결과
1^+등급	A급의 것이 90% 이상이고 C급의 것이 5%이하이어야 함(나머지는 B급)
1등급	B급 이상의 것이 90% 이상인 경우(나머지는 C급)
2등급	B급 이상의 것이 90% 미만인 경우

(3) 중량규격

1) 닭도체 중량규격

닭도체의 중량규격은 신청인이 제시한 닭도체 중량에 따른 호수를 기준으로 구분한다. 표 4-11의 규정(벌크포장의 수에 따른 표본의 크기)에 따라 표본추출된 닭도체에 대하여 중량을 칭량하여, 중량범위에서 2%이상 미달하는 닭도체의 수가 5%를 초과하는 경우에는 해당 롯트에 대하여 중량규격의 재선별을 신청인에게 요구한다.

표 4-7. 닭·오리도체 호수별 중량범위(제16조제1항 및 제30조제1항 관련)

(단위: g/마리)

중량규격	5호	6호	7호	8호	9호	10호	11호	12호	13호	14호	15호	16호	17호
중량범위	451 ~ 550	551 ~ 650	651 ~ 750	751 ~ 850	851 ~ 950	951 ~ 1,050	1,051 ~ 1,150	1,151 ~ 1,250	1,251 ~ 1,350	1,351 ~ 1,450	1,451 ~ 1,550	1,551 ~ 1,650	1,651 ~ 1,750
중량규격	18호	19호	20호	21호	22호	23호	24호	25호	26호	27호	28호	29호	30호
중량범위	1,751 ~ 1,850	1,851 ~ 1,950	1,951 ~ 2,050	2,051 ~ 2,150	2,151 ~ 2,250	2,251 ~ 2,350	2,351 ~ 2,450	2,451 ~ 2,550	2,551 ~ 2,650	2,651 ~ 2,750	2,751 ~ 2,850	2,851 ~ 2,950	2,951 이상

표 4-8. 벌크포장의 수에 따른 표본의 크기(제14조제4항, 제16조제2항, 제17조제2항, 제28조제4항, 제30조제2항 및 제31조제2항)

(단위: 상자)

벌크포장 수	표본의 크기
1 ~ 4	모두
5 ~ 50	4
51 ~ 100	5

101 ~ 200	6
201 ~ 400	7
401 ~ 600	8
601개 이상은 매 100단위 증가시	1 추가

※ 닭부분육의 경우 표본추출된 상자당 부위별로 30개 이상의 닭부분육을 판정하되, 일정단위로 소포장된 경우에는 소포장단위 10%에 대해 전량을 판정한다.

2) 닭도체의 등급표시

닭도체의 등급표시는 품질등급과 중량규격을 속포장지와 겉 포장지에 등급판정일자, 평가기관명 등과 함께 표시한다. 다만, 밀봉하지 않는 운반용기를 사용하여 속포장의 등급표시가 확인 가능한 경우 겉포장의 등급표시 사항을 생략할 수 있다. 또한 중량규격 및 등급판정 일자는 신청인이 속포장지와 겉 포장지에 별도로 표시하는 경우에는 생략할 수 있다.

[닭부분육등급]

닭부분육 등급판정은 일정수의 표본을 추출하여 판정하는 표본판정방법을 적용한다.

(1) 표본판정방법

1) 롯트(Lot)단위 판정

등급판정 신청된 롯트의 크기에 따라 적정수의 표본을 무작위로 추출하여 등급판정

2) 생산공정별 판정

원료육의 선별·정선·포장 등 일련의 작업과정에서 표본을 추출하여 등급판정

(2) 닭부분육의 등급기준

닭부분육의 등급은 1등급, 2등급으로 구분한다.

1) 등급판정 대상 닭부분육 기준

① 냉동 또는 해동된 제품을 원료육(닭도체)으로 사용하여서는 안 되며, 끈적거리는 점액질의 물질과 산패로 인한 이상취가 없어야 한다.

② 닭부분육의 원료육은 도축완료 후 48시간 이내의 것이어야 한다.

③ 골절 등으로 인한 출혈성 외상이나 각 부위의 1/3이상을 초과하는 멍(혈반)은 등급판정 이전에 제거되어야 한다.

④ 위 내용물, 분변, 혈액 등에 오염되지 않아야 한다.

⑤ 금속물질·플라스틱 등 이물질이 포함되지 않아야 한다.

2) 닭부분육 품질기준

표 4-9. 닭분할육의 품질기준(제20조제3항 관련)

<table>
<tr><th colspan="3" rowspan="2">항 목</th><th colspan="2">품질 기준</th></tr>
<tr><th>A급</th><th>B급</th></tr>
<tr><td rowspan="2">외 관</td><td colspan="2">다리·날개</td><td>질병이나 상처로 인한 외관의 손상없이 고유의 형태를 유지해야 한다.</td><td>질병이나 상처로 인한 약간의 외관 손상은 허용한다.</td></tr>
<tr><td colspan="2">가슴</td><td>과도한 근육의 제거없이 기본형태를 유지하고 안심의 힘줄은 허용한다.</td><td>고유근육의 1/3이상의 근육제거는 없어야 하나, 안심의 힘줄은 허용한다.</td></tr>
<tr><td colspan="3">비육상태</td><td>충분한 착육성이 있어야 한다.</td><td>적당한 착육성이 있어야 한다.</td></tr>
<tr><td rowspan="2">지방부착</td><td colspan="2">다리·날개</td><td>잘 발달된 지방층이 고르게 부착되어 있어야 한다.</td><td>잘 발달된 지방층이 적당히 부착되어 있어야 한다.</td></tr>
<tr><td colspan="2">가슴</td><td>불필요한 지방은 깨끗이 손질되어야 한다.</td><td>불필요한 지방은 적당히 손질되어야 한다.</td></tr>
<tr><td>잔털,깃털</td><td colspan="2">다리·날개</td><td>깃털은 아래의 기준 허용치를 초과해서는 안되며, 약간의 잔털은 허용한다.
- 깃털 1개 이하</td><td>깃털은 아래의 기준 허용치를 초과해서는 안되며, 약간의 잔털은 허용한다.
- 깃털 2개 이하</td></tr>
<tr><td rowspan="2">신선도</td><td colspan="2">다리·날개</td><td>피부색이 좋고 광택이 있으며 근육의 탄력성이 있다.</td><td>피부색, 광택 및 육질의 탄력성이 보통이다.</td></tr>
<tr><td colspan="2">가슴</td><td>육색이 좋고 광택이 있으며, PSE발생이 없어야 한다.</td><td>육색, 광택 탄력성이 보통이며, 약간의 PSE발생 부분이 있는 것은 허용한다.</td></tr>
<tr><td rowspan="4">외 상</td><td rowspan="2">다리</td><td>윗다리</td><td>피부상처로 인해 노출된 살의 총면적에 대해 장축의 지름이 1.5cm를 초과해서는 안되며, 작업과정에 기인한 약간의 손상은 허용한다.</td><td>피부상처로 인해 노출된 살의 총면적에 대해 장축의 지름이 3cm를 초과해서는 안되며, 작업과정에 기인한 약간의 손상은 허용한다.</td></tr>
<tr><td>아랫다리</td><td>피부상처로 인해 노출된 살이 없어야 하며, 작업과정에서 기인한 약간의 손상은 허용한다.</td><td>피부상처로 인해 노출된 살의 총면적에 대해 장축의 지름이 2cm를 초과해서는 안되며, 작업과정에서 기인한 약간의 손상은 허용한다.</td></tr>
<tr><td colspan="2">날개</td><td>피부상처로 인해 노출된 살의 총면적에 대해 장축의 지름이 1.5cm를 초과해서는 안되며, 작업과정에 기인한 약간의 손상은 허용한다.</td><td>피부상처로 인해 노출된 살의 총면적에 대해 장축의 지름이 3cm를 초과해서는 안되며, 작업과정에 기인한 약간의 손상은 허용한다.</td></tr>
<tr><td colspan="2">가슴</td><td colspan="2">절단이나 찢김으로 인한 근육의 과도한 손상은 없어야 하며, 약간의 찰과상은 허용한다.</td></tr>
<tr><td rowspan="2">변 색</td><td colspan="2">다리</td><td>옅은 변색은 허용하나 색이 분명한 것은 총면적에 대해 장축의 지름이 1.5cm를 초과해서는 안된다.</td><td>경미한 변색은 허용하나 색이 분명한 것은 총면적에 대해 장축의 지름이 3cm를 초과해서는 안된다.</td></tr>
<tr><td colspan="2">날개·가슴</td><td>옅은 변색은 허용하나 색이 분명한</td><td>옅은 변색은 허용하나 색이 분명한 것</td></tr>
</table>

		것은 총면적에 대해 장축의 지름이 1cm를 초과해서는 안된다.	은 총면적에 대해 장축의 지름이 2cm를 초과해서는 안된다.
뼈의 상태	다리·날개	골절이 없어야 한다.	

표 4-10. 추가 닭가공육의 품질기준(제20조제3항 관련)

구 분	A급
발골육	육색과 탄력성이 좋은 신선한 닭고기를 원료육으로 하여 발골로 인한 뼈조각과 주변 근육의 심각한 손상 없이 충분한 착육성을 가지고, 껍질(피복지방)이 잘 정돈되고, 깃털, 연골, 힘줄 및 1cm 이상의 색이 분명한 변색은 없어야 하며, 부분육의 1/3이상이 손상되지 않고 남아 있어야 한다.
껍질 제거육	육색과 탄력성이 좋은 신선한 닭고기를 원료육으로 하여 피복지방을 깨끗이 제거하고, 충분한 착육성을 가지고, 골절 및 1cm 이상의 색이 분명한 변색은 없어야 하나 피복지방 제거로 나타나는 경미한 변색은 허용한다.
발골 및 껍질 제거육	발골육 및 껍질제거육의 품질기준에 부합되어야 하며, 근육의 가장자리를 따라 껍질(피복지방)은 손질하고, 뼈 조각, 연골조직, 힘줄은 없어야 하나 안심의 경우 힘줄은 허용한다.
절단육	육색과 탄력성이 좋은 신선한 닭고기를 원료육으로 하여 약간의 외상이나 약한 멍은 허용하나, 색이 분명한 변색이나 응혈된 부위와 복부지방 및 깃털은 제거되어야 하나 약간의 잔모는 허용하며, 작업과정에서 나타나는 약간의 결점은 허용한다.
세절육	발골육 및 껍질제거육의 품질기준에 부합되어야 하나, 근육 손상을 야기하지 않은 방법으로 근육의 크기를 변형하되, 연골조직이나 색이 분명한 변색, 과도한 근육손상은 없어야 한다.

3) 닭부분육 품질기준 부여방법

가. 분할육의 품질등급

표본 닭부분육에 대한 등급판정 결과 품질기준의 구성 비율에 따라 신청물량 전체에 등급을 부여한다.

표 4-11. 표본 닭부분육 등급판정 결과에 따른 품질등급 부여방법(제20조제3항 관련)

등 급	등급판정 결과
1등급	A급의 것이 80%이상이고, B급이상의 것이 90%이상이어야 함(나머지는 최소기준 이상)
2등급	A급의 것이 70%이상이고, B급이상이 것이 90%이상이어야 함(나머지는 최소기준 이상)

나. 추가가공육의 품질등급

표본 닭부분육에 대한 등급판정 결과 품질기준의 구성 비율에 따라 신청물량 전체에 등급을 부여한다.

표 4-12. 표본 닭부분육 등급판정 결과에 따른 품질등급 부여방법(제20조제3항 관련)

등 급	등급판정 결과
1등급	A급의 것이 80%이상이고 나머지는 최소기준 이상
2등급	A급의 것이 70%이상이고 나머지는 최소기준 이상

(3) 닭부분육의 등급표시

닭부분육의 등급표시는 등급을 속포장지와 겉포장지에 등급판정일자, 평가기관명 등과 함께 표시한다. 다만, 밀봉하지 않는 운반용기를 사용하여 속포장의 등급표시가 확인 가능한 경우 겉포장의 등급표시 사항을 생략할 수 있다. 또한 등급판정 일자는 신청인이 속포장지와 겉포장지에 별도로 표시하는 경우에는 생략할 수 있다.

표 4-13. 롯트크기별 표본 추출률(제23조제3항, 제25조제2항 및 제26조제2항 관련)

롯트의 크기	표본 추출률
3,000개 미만	롯트의 7%이상
3,000이상 15,000미만	롯트의 5%이상
15,000이상 30,000미만	롯트의 3%이상
30,000개 이상	롯트의 2%이상

(1) 표본추출된 계란중 100개 이상의 계란에 대하여 외관 및 투광판정을 실시하여야 한다. 단, 표본수가 100개 미만인 경우에는 전량의 계란에 대하여 외관 및 투광판정을 실시한다.
(2) 외관 및 투광판정이 실시된 계란 중 20개 이상에 대하여 할란판정을 실시한다.

4.2 외국의 도체등급제도

미국, 캐나다, 호주 등 축산물 수입 주요국의 축산물 등급판정은 우리나라보다 비교적 오래 전부터 실시된 제도이며, 그 목적은 하나의 상품으로써 균일한 품질을 갖춘 축산물을 시장에서 보다 합리적으로 거래하기 위하여 명확한 품질 기준을 제공하기 위함이다. 따라서 각국에서는 거래되는 소, 돼지, 닭 도체 및 계란에 대한 등급 제도를 설정하고 실시하기에 이르렀으며, 시대의 변화에 따라서 개정을 하여 왔다(김, 2010).

4.2.1 미국의 도체등급제도

(1) 미국의 축산물 등급제

미국은 1916년 농산물 유통법을 도입을 시작으로 축산물의 등급판정에 대해 법령으로 규정하여 시행하였다. 축산물 등급판정의 적용대상은 쇠고기, 돼지고기, 가금고기, 양고기, 계란, 가공계란, 유제품, 토끼 등으로 자율적으로 운용 중이다. 등급판정 업무는 정부기관인 USDA/AMS(Agricultural Marketing Service; 농업마케팅서비스)에서 담당하고 있다. 최근 개정된 등급판정기준의 세부내용은 다음과 같다.

(2) 소의 도체등급(USDA, 1997)

미국의 소 도체는 성숙도와 성별에 기초하여 거세우(Steer), 육성수소(Bullock), 미경산우(Heifer), 경산우(Cow), 수소(Bull)로 분류한다. 도축된 어린 송아지(Slaughter veal)와 중송아지(Slaughter calves) 도체는 육질 등급만 판정하며, 수소 도체는 육량 등급만 판정한다. 소 도체 등급은 육질 등급과 수율 등급을 기준으로 하여 판정한다.

육질등급은 근내지방도의 정도와 성숙도의 정도에 기초하며, 육색과 조직감 등이 복합적으로 고려되어 판정된다. 육질등급 명칭은 Prime, Choice, Select, Standard, Commercial, Utility, Cutter, Canner로 한다. 근내지방도의 경우 10개의 등급으로 표시되며, 0~100% 사이에서 10% 단위로 세분화되어 표시된다. 성숙도는 A, B, C, D, E 5개의 등급으로 표시되며, 근내지방도의 정도와 마찬가지로 0~100% 사이에서 10% 단위로 세분화되어 표시된다. 성숙도 A, B의 소 중에서 근내지방도 정도를 따져 Prime, Choice, Select, Standard 등 상위 4개 등급으로 판정하며, 42개월령 이상은 Commercial, Utility, Cutter, Canner 등급으로 판정한다.

표 4-14. 소 도체 근내지방의 정도

등 급	근내지방의 정도
Prime +	Abundant $^{00\text{-}100}$
Prime °	Moderately Abundant $^{00\text{-}100}$
Prime -	Slightly Abundant $^{00\text{-}100}$
Choice +	Moderate $^{00\text{-}100}$
Choice °	Modest $^{00\text{-}100}$
Choice -	Small $^{00\text{-}100}$
Select +	Slight $^{50\text{-}100}$
Select -	Slight $^{00\text{-}49}$
Standard +	Traces $^{34\text{-}100}$
Standard °	Practically Devoid $^{67\text{-}100}$ to Traces $^{00\text{-}33}$
Standard -	Practically Devoid $^{00\text{-}66}$

표 4-15. 생체 추정 나이에 기초한 도체의 성숙도

도체 성숙도	추정 나이
A	9 ~ 30개월
B	30 ~ 42개월
C	42 ~ 72개월
D	72 ~ 96개월
E	96개월 이상

육량등급은 이용할 수 있는 육의 양을 표시하기 때문에 소매상이나 도매상인에게는 매우 중요하며, 도체의 우둔(round), 갈비(rib), 목심(chuck), 등심(loin) 부위 육을 발골하고 지방을 0.3 인치 정도 부착시킨 정육을 기준으로 1등급부터 5등급까지 5개 등급으로 구분하였다. 5등급이 가장 낮은 등급이다.

표 4-16. 소 도체 육량등급 판정방법

육량 등급	거래정육률(%)
1	52.3% 이상
2	52.3 ~ 50.0%
3	50.0 ~ 47.7%
4	47.7 ~ 45.4%
5	45.4% 이하

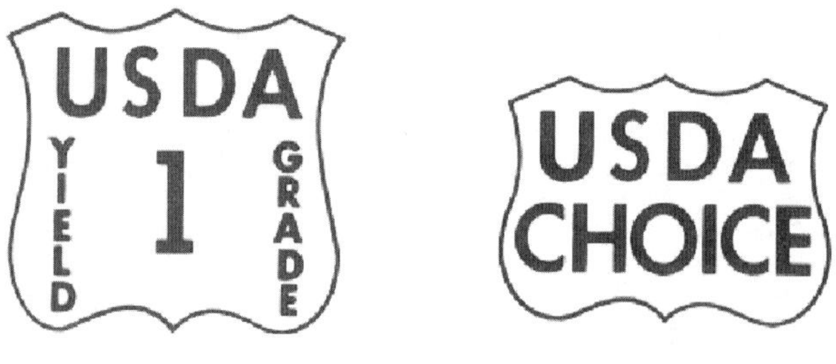

(A) (B)

그림 4-8. 소, 양의 USDA 육량등급(A)과 USDA 육질등급(B)

(3) 돼지의 도체등급(USDA, 1985)

돼지 분류는 성별에 따라서 세분하며 거세돼지(barrows), 미경산 암돼지(gilt), 경산 암돼지(sows), 수돼지(stage 또는 boars)로 분류하였다. 거세돼지, 미경산 암돼지, 육성·비육돈은 성별에 상관없이 판정하였고, 경산돈 도체는 거세돼지와 미경산 암돼지와 다른 기준으로 판정하였으며, 수퇘지 도체는 등급판정을 실시하지 않았다.

돼지 도체 등급은 “Acceptable” 등급과 ”Utility” 등급으로 구분되며, “Acceptable”은 U.S. No.1, No.2, No.3, No.4로 세분되어 신선냉장육으로 판매되며, ”Utility”는 주로 육가공품 원료로 사용되며 일반 소비자에게 신선냉장육으로 판매되지 않는다.

육질등급은 근육과 지방경도, 근내지방도(marbling), 육색, 복부 두께로 평가하였다.

표 4-17. 돼지 도체 육질등급 판정방법

특　성	최소기준
근육과 지방경도	다소 단단하다
근내지방도	다소 있음
육　색	회분홍에서 적당한 진홍색
복부두께	모든 부위가 0.6 inch 이상

* “근내지방도”는 없거나 너무 많으면 낮은 등급으로 평가됨.

육량등급은 햄, 등심, 보스톤, 피크닉 부위의 정육함량(수율)과 등지방두께를 기준으로 하여 U.S. No.1～4 등급으로 등급판정 하였다.

그림 4-9. 돼지 도체의 등급표시. USDA 1등급

표 4-18. 돼지 도체 육량등급 판정방법

등　급	수　율	등지방두께(예비 도체등급)
U.S. No. 1	60.4% 이상	1.00 inch 이하
U.S. No. 2	57.4% ~ 60.3%	1.00 ~ 1.24
U.S. No. 3	54.5% ~ 57.3%	1.25 ~ 1.49
U.S. No. 4	54.4% 이하	1.50 inch 이상

* 수율은 냉도체중 대비 대분할 4개 부분육 생산율임.
* 1.75 inches 이상의 최종 늑골부위의 등지방 두께를 가진 도체는 두꺼운 근육을 가진 것이라도 U.S. No.3 등급 판정을 받을 수 없음.
* 등지방두께는 예비 도체등급 판정결과에 대해 최종 늑골부위의 등지방두께와 근육발달지수(얇고 두꺼운 근육의 정도; 예, 1등급 등지방두께라도 근육발달지수가 떨어지면 2등급으로 하락)와의 관계에 따라 최종 도체등급이 결정됨.

(4) 닭의 도체등급(USDA, 2002)

미국의 닭 도체등급은 품질에 따라 A, B, C 3개의 등급으로 나뉘며, A 품질의 기준은 다음과 같다.

1) 형 태

도체 또는 부분육은 살코기의 정상적 분배에 영향을 미치거나 외관을 떨어뜨리는 결함이 없음. 흉골이 약하게 파이거나 굽고 등이 약하게 굴곡진 경미한 결함은 존재함.

2) 살 붙 임

도체는 살코기가 종류과 구분, 부분을 고려하여 잘 발달되어 덥혀 있음.

가. 가슴은 적당하게 길고 깊이가 있으며 전체 길이를 따라 흉골의 꼭대기까지 주변의 살코기를 상당히 보유함.

나. 다리는 무릎과 엉덩이 결합부위에 적당하게 두껍고 넓찍하게 살찌워져 있고, 둥근 모양을 잘 유지하며 엉덩이 결합부위 위쪽으로와 발목을 향한 아래부위로 살붙임이 통통한 외관을 가지고 있음.

다. 북채는 무릎 부위에 적당하게 두껍고 넓찍하고 잘 살찌워져 있으며, 발목을 향한 아래부위로 둥근 모양을 잘 유지하며 통통한 외관을 가지고 있음.

라. 넓적다리는 적당한 살붙임이 있음.

마. 날개는 적당한 살붙임이 있음.

3) 지방 부착

종류와 부분을 고려하여 도체 및 부분육은 피부에 잘 발달된 층을 가지고 있음. 지방은 큰 깃털 사이 부위에 두드러질 만한 양의 지방이 잘 분포되어 있음.

4) 깃털제거

도체 및 부분육은 (특히 가슴과 다리에) 깨끗한 외관을 가지고 있으며, 삐져나온 깃털과 잔털이 없어야 함. 도체와 부분육의 삐져나온 깃털은 다음 표에 기술된 오차 허용 범위를 고려해야 함.

표 4-19. 닭 도체 A등급의 깃털 허용 범위

A 등급	깃털 허용		
	길 이	도 체	부분육

칠면조	3/4인치 미만 또는 동일	4	2
오리와 거위	1/2인치 미만 또는 동일	8	4
타 가금류	1/2인치 미만 또는 동일	4	2

* 도체 및 부분육 위의 털과 잔털은 허용되며, 길이가 3/16인치 미만이어야 하고, 도체와 부분육은 (특히 가슴과 다리 부위) 깨끗한 외관을 갖기 위해 털과 잔털이 산발적으로 분포해야 함.

5) 노출된 살코기

이 섹션에 포함된 요구사항들은 잘리고, 찢겨지고, 손실된 피부로부터 노출된 살코기에 적용함.

가. 도체는 잘리고, 찢겨지고, 손실된 피부 때문에 노출된 살코기가 있음. 노출된 살코기의 총면적이 다음 표에 명시된 직경의 원과 동일한 크기를 초과하지 않음.

나. 큰 부분육들 특히 반마리, 앞 반마리, 등쪽 반마리는 잘리고, 찢겨지고, 손실된 피부 때문에 노출된 살코기가 있음. 노출된 살코기의 총면적이 다음 표에 명시된 직경의 원과 동일한 크기를 초과하지 않음.

다. 다른 부분육들은 잘리고, 찢겨지고, 손실된 피부 때문에 노출된 살코기가 있음. 노출된 살코기의 총면적이 다음 표에 명시된 직경의 원과 동일한 크기를 초과하지 않음.

라. 모든 부분육에 대해 부착되어 남아있는 일반적으로 결합된 피부는 최소한 75%, 더 나아가 부분육의 외관을 손상시키지 않은 방법으로 외부 표면에 한결같이 남아 있다면 껍질 가장자리의 마무리는 가능함.

마. 추가적으로, 도체 및 부분육은 절단 및 찢겨짐의 총 길이가 다음 표에서 명시한 면적을 사용하여 길이 오차허용을 초과하지 않는다면 상당히 살코기를 노출하거나 확장시키지 않는 절단 및 찢겨짐을 가지고 있을 수 있음.

표 4-20. 닭 도체의 노출된 살코기 허용 면적

도체 무게		허용된 최대 총 면적	
최 하	최 고	가슴과 다리	타 부위
-	2파운드	1/4인치	1인치
2파운드 이상	6파운드	1/4인치	1 1/2인치
6파운드 이상	16파운드	1/2인치	2인치
16파운드 이상	-	1/2인치	3인치

표 4-21. 닭의 큰 부분육(반마리, 앞 반마리, 등쪽 반바리)의 노출된 살코기 허용 면적

도체 무게		허용된 최대 총 면적	
최 하	최 고	가슴과 다리	타 부위
-	2파운드	1/4인치	1/2인치
2파운드 이상	6파운드	1/4인치	3/4인치
6파운드 이상	16파운드	1/2인치	1인치
16파운드 이상	-	1/2인치	1 1/2인치

표 4-22. 닭 부분육의 노출된 살코기 허용 면적

도체 무게		허용된 최대 총 면적
최 하	최 고	부분육
-	2파운드	1/4인치
2파운드 이상	6파운드	1/4인치
6파운드 이상	16파운드	1/2인치
16파운드 이상	-	1/2인치

표 4-23. 닭 도체 및 부분육의 찢겨짐에 의한 노출된 살코기 허용 면적

도체 무게		허용된 최대 총 면적	
최 하	최 고	가슴과 다리	타 부위
-	2파운드	1/4인치	1/2인치
2파운드 이상	6파운드	1/4인치	1 1/2인치
6파운드 이상	16파운드	1/2인치	2인치
16파운드 이상	-	1/2인치	3인치

6) 탈골, 골절 및 손실 부분

가. 부분육은 골절이 없음. 부분육은 등 부분, 다리 및 다리 쿼터의 엉덩이 접합부로부터 탈골된 대퇴부를 제외하고 탈골이 없음. 도체는 골절이 없고, 하나 이상의 탈골도 없음.

나. 날개 끝은 접합부에서 제거됨. 오리와 거위의 경우에 접합부가 제거되고 양쪽 날개가 그렇게 처리 되었다면, 두 번째 접합부를 지난 날개 부위가 제거 됨.

다. 흉골로 부터 분리된 연골은 탈골이나 골절로 고려되지 않음.

7) 변 색

이 섹션에 포함된 요구사항은 가금류의 살과 피부의 변색, 껍질이 제거된 가금류의 살코기에 적용 됨.

가. 제품의 외관을 떨어뜨리지 않는다면 도체 혹은 큰 도체의 부분육으로 부터 생산된 도체 및 부분육은 약간의 변색이 있음.

나. 전체 변색 부위의 총면적이 다음 표에 명시된 직경과 동일하거나 초과하지 않는다면 도체의 변색 부위가 약하게 들어날 수 있음. 산발적으로 불거진 모낭 보다 심하고 불완전한 출혈 흔적의 현상은 허용되지 않음.

표 4-24. 가금류 살코기의 허용된 변색 부위의 총면적

도체 무게		허용된 최대 총 면적	
최 하	최 고	가슴과 다리	타 부위
-	2파운드	3/4인치	1 1/4인치
2파운드 이상	6파운드	1인치	2인치
6파운드 이상	16파운드	1 1/2인치	2 1/2인치

다. 도체는 살코기 타박상에 기인한 변색과 변색의 어두운 부분이 약하게 있을 수 있음.

i) 발목 접합부분의 이접 부위를 제외하고 가슴 또는 다리에 있지 않고

ii) 덩어리져 있지 않고

iii) 표에 명시된 총면적이 다음 표에 명시된 직경과 동일하거나 초과하지 않아야 함

라. 다음 표에 명시된 총면적이 다음 표에 명시된 직경과 동일하거나 초과하지 않는 다면 큰 도체 부분육이 아닌 부분육은 약하게 변색 부위가 있을 수 있음. 산발적으로 불거진 모낭 보다 심하고 불완전한 출혈 흔적의 현상은 허용되지 않음.

표 4-25. 가금류 살코기 타박상에 기인한 변색 허용 면적

도체 무게		허용된 최대 총 면적	
최 하	최 고	가슴과 다리	타 부위
-	2파운드	1/4인치	5/8인치
2파운드 이상	6파운드	1/2인치	1인치
6파운드 이상	16파운드	3/4인치	1 1/4인치
16파운드 이상	-	1/2인치	1 1/2인치

표 4-26. 가금류 부분육의 변색 허용 면적

도체 무게		허용된 최대 총 면적
최 하	최 고	부분육
-	2파운드	1/4인치
2파운드 이상	6파운드	1/4인치
6파운드 이상	16파운드	1/2인치
16파운드 이상	-	1/2인치

마. 큰 도체 부분육이 아닌 부분육은 살코기 타박상에 기인한 변색과 변색의 어두운 부분이 약하게 있을 수 있음.

i) 발목 접합부분의 이접 부위를 제외하고 가슴 또는 다리에 있지 않고

ii) 덩어리져 있지 않고

iii) 표에 명시된 총면적이 다음 표에 명시된 직경과 동일하거나 초과하지 않아야 함.

표 4-27. 가금류 부분육의 살코기 타박상에 기인한 변색 허용 면적

도체 무게		허용된 최대 총 면적
최 하	최 고	부분육
-	2파운드	1/4인치

바. 큰 도체 부분육, 특히 반마리, 전면 반마리, 등쪽 반마리는 전체 변색 부위의 총면적이 다음 표에 명시된 직경과 동일하거나 초과하지 않는다면 도체의 변색 부위가 약하게 드러날 수 있음.

사. 큰 도체 부분육, 특히 반마리, 전면 반마리, 등쪽 반마리는 살코기 타박상에 기인한 변색과 변색의 어두운 부분이 적당하게 있을 수 있음.

표 4-28. 가금류 큰 도체 부분육(반마리, 전면 반마리, 등쪽 반마리)의 변색 허용 면적

도체 무게		허용된 최대 총 면적	
최 하	최 고	가슴과 다리	타 부위
-	2파운드	1/2인치	1인치
2파운드 이상	6파운드	3/4인치	1 1/2인치
6파운드 이상	16파운드	1인치	2인치
16파운드 이상	-	1 1/4인치	2 1/2인치

표 4-29. 가금류 큰 도체 부분육(반마리, 전면반마리, 등쪽반마리)의 살코기 타박상에 기인한 변색 허용 면적

도체 무게		허용된 최대 총 면적	
최 하	최 고	가슴과 다리	타 부위
-	2파운드	1/4인치	1/2인치
2파운드 이상	6파운드	3/8인치	3/4인치
6파운드 이상	16파운드	1/2인치	1인치
16파운드 이상	-	5/8인치	1 1/4인치

8) 냉동 결함

소비자에게는 실례하지만 포장된 가금류, 부분육, 명시된 가금류 식품은 냉동 및 저장하는 동안 발생했거나 운송의 결과에 기인한 결점은 허용됨. 명시된 가금류 식품 또는 도체, 부분육의 외관이 매우 약한 결점이 하나 혹은 복합적이라도 다음의 결점은 허용됨.

가. 냉동 조류 및 부분육은 일반적으로 반짝이는 외관을 가졌지만 등과 북채에 약하게 짙은 색이 있는 것

나. 피부 내부의 건조에 기인해 작은 구멍(하지만, 6파운드 이하에서는 직경 1/8인치, 6 파운드 이상에서는 1/4인치를 초과하지 않음)

다. 산발적으로 핑크색을 띤, 불그스레한 작은 얼음 부분

라. 껍질을 제거한 살코기, 부분육, 명시된 가금류 식품에서 산발적으로 작은 탈수 현상, 회백색은 변색의 허용 직경을 초과하지 않음

9) 기 타

A 품질 등 부위는 이 섹션에 부속하는 적용 가능한 조항에 모두 해당됨. 부위는 장골에 포함된 고기, 골반 고기와 껍질, 척추 늑골과 고기와 껍질을 포함한 견갑골 임.

4.2.2 일본의 도체등급제도(日本食肉格付協會, 1988)

(1) 일본의 축산물 등급제

일본은 1964년 축산물의 가격안정에 관한 법령 도입을 시작으로 축산물의 등급판정에 대해 법령으로 규정하여 시행하였다. 축산물 등급판정의 적용대상은 쇠고기(도체·부분육), 돼지고기(도체·부분육), 닭고기, 계란에 대해 자율적으로 운용 중이다. 등급판정 업무는 쇠고기와 돼지고기의 경우 일본식육격부협회에서, 가금고기는 일본식조협회에서 담

당하고 있다. 최근 개정된 등급판정기준의 세부내용은 다음과 같다.

(2) 소의 도체등급

육질 등급 판정부위는 제6번과 제7번 갈비뼈 사이의 절개면으로 하였다. 육질등급은 근내지방도, 조직감, 육색, 지방색과 질로써 평가하고, 육질등급 명칭은 5, 4, 3, 2, 1로 하였다. 근내지방도, 육색, 조직감은 등급 판정부위에 있어 흉최장근과 배반극근 및 두반극근의 단면으로 하며, 지방색과 질의 판정부위는 절단면의 피하지방, 근간지방, 지육의 바깥쪽 및 안쪽지방으로 한다. 육질등급의 결정은 4개의 항목 별 등급내 가장 낮은 등급으로 결정해서 판정한다.

표 4-30. 소도체 육질등급 판정기준

항목 등급	지방교잡	육색과 광택	육의 조직감 및 결	지방색과 질
5	흉최장근, 배반극근 및 두반극근에 있어서 지방교잡이 꽤 많은 것 (B.M.S. No. 8~ 12)	육색 및 광택이 매우 좋은 것	조직감이 매우 좋고, 결이 매우 섬세한 것	지방색, 광택 및 질이 매우 좋은 것
4	흉최장근, 배반극근 및 두반극근에 있어서 지방교잡이 약간 많은 것 (B.M.S. No. 5~ 7)	육색 및 광택이 약간 좋은 것	조직감이 약간 좋고, 약간 섬세한 것	지방색, 광택 및 질이 약간 좋은 것
3	흉최장근, 배반극근 및 두반극근에 있어서 지방교잡이 표준인 것 (B.M.S. No. 3~ 4)	육색 및 광택이 표준인 것	조직감 및 결이 표준인 것	지방색, 광택 및 질이 표준인 것
2	흉최장근, 배반극근 및 두반극근에 있어서 지방교잡이 약간 적은 것 (B.M.S. No. 2)	육색 및 광택이 표준에 준한 것	조직감 및 결이 표준에 준한 것	지방색, 광택 및 질이 표준에 준한 것
1	흉최장근, 배반극근 및 두반극근에 있어서 지방교잡이 거의 없는 것 (B.M.S. No. 1)	육색 및 광택이 떨어진 것	조직감이 나쁘거나 결이 거친 것	지방색, 광택 및 질이 떨어진 것

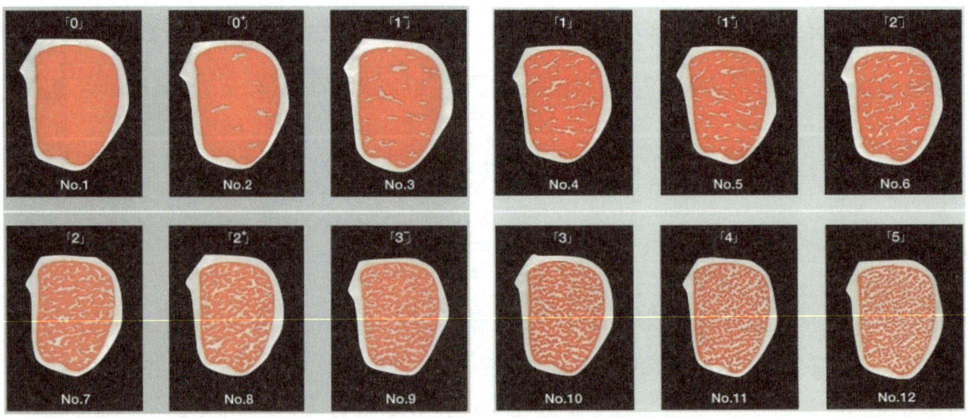

그림 4-10. 소도체 지방교잡 기준(B.M.S)

그림 4-11. 소도체 육색기준(B.C.S)과 지방색기준(B.F.S)

표 4-31. 소도체 육색 및 광택의 등급구분

등 급		육색 (B.C.S. No.)	광 택
5	매우 좋은 것	No.3~No.5	매우 좋은 것
4	약간 좋은 것	No.2~No.6	약간 좋은 것
3	표준인 것	No.1~No.6	표준인 것
2	표준에 준한 것	No.1~No.7	표준에 준한 것
1	떨어진 것	등급 5~2 이외의 것	

표 4-32. 소도체 육의 조직감 및 결의 등급구분

등 급	조직감	결
5	매우 좋은 것	매우 섬세한 것
4	약간 좋은 것	약간 섬세한 것
3	표준인 것	표준인 것
2	표준에 준한 것	표준에 준한 것
1	나쁜 것	거친 것

표 4-33. 소도체 지방색과 질의 등급구분

등 급		육색 (B.C.S. No.)	광 택
5	매우 좋은 것	No.1~No.4	매우 좋은 것
4	약간 좋은 것	No.1~No.5	약간 좋은 것
3	표준인 것	No.1~No.6	표준인 것
2	표준에 준한 것	No.1~No.7	표준에 준한 것
1	떨어진 것	등급 5~2 이외의 것	

육량등급은 육량수율 기준치를 구하여 A, B, C 3개 등급으로 하였다.

표 4-34. 소도체 육량등급 판정기준

등 급	육량기준값	육 량
A	72이상	부분육 수율이 표준보다 좋은 것
B	69이상 72미만	부분육 수율이 표준인 것
C	69미만	부분육 수율이 표준보다 나쁜 것

(3) 돼지의 도체등급

돼지의 등급판정은 박피, 탕박 도체(반도체)를 대상으로 중량 및 등지방 두께, 외관, 육질을 기준으로 하여 극상, 상, 중, 병, 등외 5개 등급으로 한다.

표 4-35. 돼지도체 지육 반도체중량과 등지방두께에 의한 등급판정 범위

등 급	박 피		탕 박	
	중량 (kg)	등지방 (cm)	중량 (kg)	등지방 (cm)
극상	35.0 이상 ~ 39.0 이하	1.5 이상 ~ 2.1 이하	38.0 이상 ~ 42.0 이하	1.5 이상 ~ 2.1 이하
상	32.5 이상 ~ 40.0 이하	1.3 이상 ~ 2.4 이하	35.5 이상 ~ 43.0 이하	1.3 이상 ~ 2.4 이하
중	30.0 이상 ~ 39.0 이하 39.0 이상 ~ 42.5 이하	0.9 이상 ~ 2.7 이하 1.0 이상 ~ 3.0 이하	33.0 이상 ~ 42.0 미만 42.0 이상 ~ 45.5 이하	0.9 이상 ~ 2.7 이하 1.0 이상 ~ 3.0 이하
병	30.0 미만 30.0 이상 ~ 39.0 미만 39.0 이상 ~ 42.5 이하 42.5 초과	0.9 미만 ~ 2.7 초과 1.0 미만 ~ 3.0 초과	33.0 미만 33.0 이상 ~ 42.0 미만 42.0 이상 ~ 45.5 이하 45.5 초과	0.9 미만 ~ 2.7 초과 1.0 미만 ~ 3.0 초과

표 4-36. 돼지도체 외관 등급판정기준

등 급	극상	상	중	병
균칭	길이, 폭이 적당하게 두텁고, 햄, 등심, 삼겹, 목심의 각부가 매우 충실하고 균형이 특히 좋은 것	길이, 폭이 적당하게 두텁고, 햄, 등심, 삼겹, 목심의 각부가 매우 충실하고 균형이 좋은 것	길이, 폭, 두께, 전체의 형, 각부의 균형에 있어서 어느 것도 우수한 것이 없고, 또한 큰 결점이 없는 것	전체의 형, 각부의 균형에도 결점이 많은 것
비육	두텁고, 미끈하고 비육이 특히 좋고 도체에 대한 적육의 비율이 지방과 뼈보다 많은 것	두텁고, 미끈하고 육이 특히 좋고 도체에 대한 적육의 비율이 대체로 지방과 뼈보다 많은 것	특히 우수한 것이 없고 적육의 발달도 보통이고 큰 결점이 없는 것	얇고, 부착상태가 나쁘고 적육의 비율이 떨어진 것
지방 부착	등지방 및 복부지방의 부착이 적당한 것	등지방 및 복부지방의 부착이 적당한 것	등지방 및 복부지방의 부착에 큰 결점이 없는 것	등지방 및 복부지방의 부착에 결점이 인정되는 것
마무리	방혈이 충분하고 질병등에 의한 손상이 없고 취급부주의에 의한 오염, 손상 등의 결점이 없는 것	방혈이 충분하고 질병등에 의한 손상이 없고 취급 부주의에 의한 오염, 손상 등의 결점이 없는 것	방혈이 보통이고 병등에 의한 손상이 적고, 취급 부주의에 의한 오염, 손상 등의 결점이 없는 것	방혈이 약간 불충분하고 다소 손상이 있고, 취급 부주의에 의한 오염 등의 결점이 인정되는 것

이외에 이상의 등급 어디에도 해당하지 않는 것, 외관 또는 육질이 특히 나쁜 것, 황돈 또는 지방질이 특히 나쁜 것, 웅취 그 외 이취가 있는 것, 위생검사에 의한 제거부위가 많은 것, 현저하게 오염되어 있는 도체를 등외 등급으로 판정한다.

표 4-37. 돼지도체 육질 등급판정기준

등 급	극상	상	중	병
육의 조직감 및 결	조직감이 특히 좋고, 결이 섬세한 것	조직감이 좋고, 결이 섬세한 것	조직감, 결 모두 큰 결점이 없는 것	조직감, 결 모두 결점이 있는 것
육색	육색은 담회홍색으로서 선명하고 광택이 좋은 것	육색은 담회홍색이고 또는 그것에 가깝고 선명하며 광택이 좋은 것	육색, 광택 모두 특별하게 큰 결점이 없는 것	육색은 매우 진하거나 과도하게 엷고 광택이 좋지 않는 것
지방색과 질	백색이고 광택이 있고, 조직감, 끈기 모두 특히 좋은 것	백색이고 광택이 있고 조직감, 끈기 모두 좋은 것	색택이 보통이고, 조직감, 끈기 모두 큰 결점이 없는 것	약간 이색이 있고, 광택도 불충분하고 조직감, 끈기 모두 충분하지 않는 것
지방 침착	적당한 것	적당한 것	보통인 것	너무 적거나 또는 너무 많은 것

4.2.3 캐나다 도체등급제도

(1) 캐나다의 축산물 등급제

캐나다는 1929년 캐나다 농산품법 도입을 시작으로 축산물의 등급판정에 대해 법령으로 규정하여 시행하였다. 축산물 등급판정의 적용대상은 쇠고기, 돼지고기, 가금고기, 가공계란, 벌꿀, 유제품에 대해 자율적으로 운용 중이다. 등급판정 업무는 CFIA(Canada Food Inspection Agency; 캐나다 식품위생 기관)에서 담당하며, 쇠고기와 양고기의 경우 CBGA(Canada Beef Grading Agency; 캐나다 쇠고기 등급판정 기관)에서 운용하고 있다. 최근 개정된 등급판정기준의 세부내용은 다음과 같다.

(2) 소의 도체등급(CAPSA, 1985)

소 도체의 육질등급 판정기준은 좌반도체 12~13번째 갈비뼈 지점의 배최장근 절개면으로써 근내지방도, 육색, 지방색, 성숙도 및 육조직으로 한다. 육질등급은 13개 등급(Prime, AAA, AA, A, B1, B2, B3, B4, D1, D2, D3, D4, E)으로 하고, 육량등급은 거래정육률에 따라 1, 2, 3으로 한다. 고급육은 Prime, AAA, AA, A로 구성되며, 나머지는 Commercial 등급으로 분류된다.

표 4-38. 소 도체 품질 등급판정기준

등 급	성숙도	체 형	배최장근 상태	근내지방도 최저기준	지방색과 조직	등지방 두께
CANADA PRIME	어린 소	약간의 결핍 있는 양호 내지 우수	선홍색 단단함	Slightly abundant	백색 또는 유백색 단단함	2mm 이상
CANADA A, AA, AAA				A-trace AA-slight AAA-Small		
B1	어린 소	약간의 결핍있는 양호 내지 우수	선홍색 단단함	기준없음	백색 또는 유백색 단단함	2mm 이하
B2		결핍내지 우수	선홍색		황색	기준없음
B3		결핍내지 양호			백색 또는 황색	
B4		A등급과 동일 결핍내지 우수	암적색		기준 없음	
D1	성숙우	우수	기준없음	기준없음	백색 또는 유백색 단단함	15mm 이하
D2		중간수준 내지 우수			백색 내지 황색	
D3		결핍			기준 없음	
D4		결핍 내지 우수				15mm 이상
E	어린소 및 성숙우	지나친 근육 경직				

표 4-39. 소 도체 품질 등급판정기준 (Canada Prime, AAA, AA, A)

Coulum I 등급	Coulum II 등급	성숙도	비육상태	육 색	피하지방
Canada A	최소한 흔적이 있는 것	I형	좋은것(다소 빈약 포함)~우수한 것	선홍색	단단하고 백색, 약간 홍조, 호박색 측정위치에서 두께 2mm 이상
Canada AA	약간 경미한 양			선홍색	
Canada AAA	소 량			선홍색	
Canada Prime	약간 풍부한 양			선홍색	

표 4-40. 소 도체 품질 등급판정기준 (Canada B1~B4, D1~D4, E)

등 급	성숙도	비육상태	육 색	피하지방
Canada B1	I형	좋음(다소 빈약 포함) ~ 우수	선홍색	단단하고 백색, 약간 홍색, 호박색
Canada B2	I형	좋음 ~ 우수	선홍색	노란색
Canada B3	I형	다소 빈약 ~ 좋음	선홍색	백색, 약간 홍조, 호박색

Canada B4	I형	다소 빈약 ~ 좋음	암적색	백색~노란색
Canada D1	II형	우수	-	갈비와 허리에 잘 분포, 엉덩이와 목주위에 약간 분포 단단하고 백색, 약간 홍조, 호박색 측정위치에서 15mm 이하
Canada D2	II형	중간정도 (다소 빈약 포함) ~ 우수	-	갈비와 허리에 잘 분포, 엉덩이와 목주위에 약간 분포 단단한 것~연한 것 백색~노란색 측정위치에서 15mm 이하
Canada D3	II형	마른 것 ~ 빈약한 것	-	측정위치에서 15mm 이하
Canada D4	II형	빈약한 것 ~ 우수한 것	-	측정위치에서 15mm 이하
Canada E	황소나 거세우의 도체, 소도체가 확연하게 수컷 형질을 나타내는 것			

(3) 돼지의 도체등급(CAPSA, 1985)

캐나다 돼지의 도체등급은 Canada A, B, C, D, Light, Heavy, Extra Heavy, Ridgling, Stag, Sow-Class 1, Sow-Class 2의 11개로 분류한다.

표 4-41. 돼지 도체 등급판정기준

등급기준	특 성
A	- 좋은 품질과 형태, 길이, 전체적으로 지방이 없음 - 매끄러운 어깨와 비교적 가벼운 무게 - 삼겹은 두꺼운 옆구리와 균일한 폭의 근육이 발달 - 근육과 살코기가 두툼한 엉덩이 - 등지방은 두께가 비교적 균일하고 결함이 없어야 함 - 등지방 규격에 충족하고, 도체는 지방이 두껍지 않아야 함 - 살이 단단하고, 결이 곱고 밝은 색깔 - 희고 단단한 지방 - 매끈한 피부와 검은 모근 또는 색소의 범위가 넓지 않음
B	- 약간 무거운 어깨 또는 약간의 지방 - 삼겹은 약간 균일하지 않고, 다소 얇고, 주름지고, 두툼하거나 넓고 스펀지 현상이 없음 - 약간 빠지거나 조금 두툼한 엉덩이 - 등지방은 약간 균일하지 않거나 약간 부족 - 살은 적당히 단단하고, 결이 곱고, 밝은 색 - 피부는 조직이 거칠지 않는 것
C	- 짧고, 두껍고, 두툼한 어깨와 둥근 늑골 정도 - Canada B와 비교하여 피복지방이 더 울퉁불퉁하고 살코기보다 지방이 많은 정도 - 약간 연하거나 약간 부족한 지방 - 약간의 유발 발달이 포함되는 좋은 품질의 어린 암돼지 도체
D	- 90파운드 이하 무게 또는 얇고 마무리가 덜되고, 또는 심각한 물리적인 피해 또는 상처를 가지고 있거나 살이 어둡고, 거칠고, 부드럽거나 지방이 많음

Light	- 매우 얇거나 거칠지 않은 적당하게 좋은 품질을 가진 도체
Heavy	- 매우 얇거나 거칠지 않은 적당하게 좋은 품질을 가진 도체
Extra Heavy	- 매우 얇거나 거칠지 않은 적당하게 좋은 품질을 가진 도체
Ridgling	- 하나 또는 더 많은 잠복정소를 가지고 있거나 간성인 도체

표 4-42. 돼지 도체 등급을 위한 체중과 치수

등급기준	도체중 (1)	최소 길이 (2)	최대 어깨 지방 (3)	최대 등심 지방 (4)
A	135파운드 초과 150파운드 이하	29.0~29.5인치	1.75인치	1.25인치
	150파운드 초과 175파운드 이하	29.5~30인치	2인치	1.5인치
B	125파운드 초과 150파운드 이하	28~28.75인치	체중에 따라서 1.75~2.25인치	체중에 따라서 1.5~1.75인치
	150파운드 초과 180파운드 이하	29~30인치	체중에 따라서 2.25~2.5인치	체중에 따라서 1.75~2인치
C	125파운드 초과 180파운드 이하	-	-	-
D	모든 체중	-	-	-
Light	90파운드 초과 125파운드 이하	-	-	-
Heavy	180파운드 초가 195파운드 이하	-	-	-
Extra Heavy	195파운드 초과	-	-	-
Ridgling	모든 체중	-	-	-
Stag	모든 체중	-	-	-
Sow-Class 1	모든 체중	-	-	-
Sow-Class 2	모든 체중	-	-	-

(4) 가금고기의 도체등급(CFIA,1985)

캐나다 가금고기의 등급은 Canada A, Utility, C 3개의 등급으로 분류하며, 각 등급 별 충족해야 하는 조건은 다음과 같다.

1) Canada A

① 닭, 수탉(capon), Rock cornish hen, 성숙한 닭, 늙은 수탉(종계), 젊은 칠면조, 성숙한 칠면조의 경우에, 날개팁과 꼬리 이외의 부위가 도체에서 제거되어서는 안 됨.

② 어린 오리, 성숙한 오리, 어린 거위, 성숙한 거위, 어린 뿔닭(guinea), 성숙한 뿔닭의 경우에는 날개팁과 깃털 이외의 부위가 도체에서 제거되어서는 안 됨.

③ 고기의 정상 위치에 영향을 주지 않는 약하게 구부러진 용골뼈(keel bone)를 제외하고, 도체에는 기형이 없어야 함.
④ 도체는 용골뼈 앞쪽 끝의 양쪽에 적당히 살찐 가슴을 가지고 있고, 뒤쪽 끝의 살코기가 적당히 감소되고, 앞쪽 끝의 용골뼈가 고기쪽으로 3㎜이상 튀어나오지 않음
⑤ 가금류의 경우, 칠면조 외에, 가슴, 넓적다리, 등은 지방으로 덮여 있어야 함
⑥ 칠면조의 경우, 가슴 양쪽에 중심깃털 부분에 지방이 과다하고, 양쪽면적의 중심에서 확실히 증가되는 것이 보여짐.
⑦ 도체는 지나치게 눈에 띄는 변색을 가지고 있지 않아야 함.
  - 가슴살 총면적의 1.6 ㎠, 그리고
  - 가슴살 외의 도체의 다른 부위에서 6.5 ㎠
⑧ 무게가 5.5 ㎏보다 적게 나가는 도체에서, 가슴살의 껍질(skin)의 길이가 6 ㎜를 초과하여 찢겨지면 안되고, 도체의 다른 부위에서의 껍질 찢어짐의 길이 합이 2.5㎝를 초과해서는 안 됨.
⑨ 무게가 5.5 ㎏보다 더 나가는 도체에서, 가슴살의 껍질의 길이가 1.2 ㎝를 초과하여 찢겨지면 안 되고, 도체의 다른 부위에서의 껍질 찢어짐의 길이 합이 3.5 ㎝를 초과해서는 안 됨.
⑩ 도체는 골절 또는 탈골된 뼈를 가지고 있지 않음.
⑪ 도체는 용골뼈의 앞쪽 끝에서 노출된 살이 3 ㎝를 초과하지 않음.

2) Canada Utility

① 도체는 아래에 제시된 것 이상으로 도체로부터 제거되어서는 안 됨.
  - 날개, 넓적다리를 포함한 다리 한쪽이나 양쪽 북채, 꼬리, 고기의 작은 면적, 가슴살 1/2면적을 초과하지 않는 껍질
② 제거된 정육이 없을 때, 도체의 가슴은 앞쪽에서 엉덩이 쪽으로 살코기가 줄어드는 것을 막기 위해 용골뼈 양쪽에 충분하게 가득한 살을 가지고 있고, 용골뼈는 고기를 초과하여 3 ㎜ 이상 돌출하지 않음.
③ 도체는 고기가 껍질에서 눈에 띄게 보이지 않도록 적어도 최소한의 지방으로 덮여 있어야 함.
④ 도체는 지나치게 눈에 띄는 변색을 가지고 있지 않아야 함.
  - 가슴살 총면적의 6.5 ㎠, 그리고
  - 가슴살 외의 도체의 다른 부위에서 8 ㎠
⑤ 도체는 날개 또는 다리 외에 변색된 뼈를 가지고 있지 않아야 함.

⑥ 도체는 골절된 뼈를 가지고 있지 않아야 함.

※ 아래와 같은 가금의 도체는 Canada Utility 등급이 될 수 없음.

- 날개 또는 날개의 일부가 결합부위와 다른 부위에서 제거된 경우
- 북채의 일부분만 제거된 경우

※ 가금도체가 Canada A의 등급에 충족된다면 Canada Utility등급으로 판정되지 않음.

※ Canada Utility 규정에도 불구하고, 성숙한 닭이 아래와 같은 도체라면 Canada Utility로 판정됨.

- 도체중이 1.8 kg 이하인 경우
- Canada C 등급기준에 부합되는 경우
- Canada Utility 등급기준 ①에 따라 손질되어진 경우

3) Canada C

① 성숙한 가금도체의 경우

② 도체가슴은 앞쪽에서 엉덩이 쪽으로 급격하게 살코기가 줄어드는 것을 막기 위해 용골뼈 양쪽에 충분한 살집을 가지고 있고, 용골뼈는 고기를 초과하여 5㎜ 이상 돌출하지 않음.

③ 도체는 면적의 14.5 ㎠의 부분을 초과하는 눈에 띠는 변색을 가지고 있지 않음.

※ 성숙한 닭이 Canada A의 등급 또는 Canada Utility에 부합된다면 Canada C등급으로 판정되지 않음.

4.2.4 EU의 도체등급제도(HDB, 2008)

(1) EU의 축산물 등급제

EU는 1972년 농산물 시장의 일반적인 조직 설립과 특정 농업제품에 대한 특정조항에 관한 의회규정 도입을 시작으로 축산물의 등급판정에 대해 법령으로 규정하여 시행하였으며, 2007년 통·폐합 되었다. 축산물 등급판정의 적용대상은 쇠고기, 돼지고기, 가금고기, 계란, 양고기, 우유 및 유제품 등에 의무적으로 운용 중이며, 일부 자율적으로 허용되고 있다. EU의 등급판정 업무는 주로 공공기관에서 맡고 있다. 구체적으로 프랑스는 쇠고기, 돼지고기, 양고기에 대해서 Elevage Office(축산물업 사무소), 덴마크는 쇠고기, 돼지고기, 양고기에 대해서 DMA(Danish Meat Association), 영국은 쇠고기, 돼지고기 및 양고기는 MLCSL(Meat and Livestock Commercial Services Ltd)에서, 가금고기는 MHS(Meat Hygiene service)에서, 계란 및 알가공품은 EMI(Egg Marketing Inspectorate)에서 담당하고 있다. 최근 개정된 등급판정기준의 세부내용은 다음과 같다(Russo et al., 2003).

(2) 소의 도체등급

EU의 소 도체는 거세하지 않은 2세 이하의 젊은 수소도체(A), 거세하지 않은 성우 수소도체(B), 거세한 수소도체(C), 송아지를 생산한 암소도체(D), 기타 암소도체(E)를 표시함으로써 성별(categories)을 구분한다. 또한 등급을 구분하기 위하여 외관(Conformation)에 따라 S, E, U, R, O, P 6개의 등급, 지방(Fat cover)에 따라 1, 2, 3, 4, 5의 5개 등급으로 구분한다. 외관 구분은 필수부위(Round, Back, Shoulder)를 중심으로 도체 외관의 발달정도를 다음과 같이 판단한다.

표 4-43. 소 도체등급 판정을 위한 외관 구분

구분, 표시	설 명
S Superior	○ 모든 부문이 극히 볼록함, 특별한 근육발달(이중근육 도체타입) ○ 엉덩이 : 매우 많이 살찐 이중근육으로 분리선을 볼 수 있음 - 허벅지살(Topside)이 골반결합 위에 매우 뚜렷이 퍼짐 - 우둔(Rump)이 매우 살찐 ○ 등 : 어깨까지 매우 넓고 매우 두꺼움 ○ 어깨 : 매우 많이 살찐
E Excellent	○ 모든 부문이 볼록한 것에서 매우 볼록함, 특별한 근육발달 ○ 엉덩이 : 매우 살찐 - 허벅지살(Topside)이 골반결합 위에 뚜렷이 퍼짐 - 우둔(Rump)이 매우 살찐 ○ 등 : 어깨까지 넓고 매우 두꺼움 ○ 어깨 : 매우 살찐
U Very good	○ 부문이 전체적으로 볼록함, 매우 좋은 근육발달 ○ 엉덩이 : 살찐 - 허벅지살(Topside)이 골반결합 위에 퍼짐 - 우둔(Rump)이 살찐 ○ 등 : 어깨까지 넓고 두꺼움 ○ 어깨 : 살찐
R Good	○ 부문이 전체적으로 곧음, 좋은 근육발달 ○ 엉덩이 : 잘 발달된 - 허벅지살(Topside)과 우둔(Rump)이 약간 살찐 ○ 등 : 어깨부분에 두껍고 약간 넓은 ○ 어깨 : 보통으로 잘 발달된
O Fair	○ 부문이 곧은 것부터 옴폭함까지. 평균적인 근육발달 ○ 엉덩이 : 평균 발달부터 부족한 발달까지 - 우둔(Rump)이 곧음 ○ 등 : 평균 두꺼움부터 부족한 두꺼움까지 ○ 어깨 : 평균 발달부터 거의 편평함까지
P Poor	○ 모든 부문이 옴폭함부터 매우 옴폭함까지, 빈약한 근육발달 ○ 엉덩이 : 빈약한 발달 ○ 등 : 뼈가 보이고 좁음 ○ 어깨 : 뼈가 보이고 편평함

표 4-44. 소 도체등급 판정을 위한 지방 구분

구분, 표시	설 명
1 Low	○ 없거나 적게 지방이 덮혀 있음 ○ 흉강 내 지방이 없음
2 Slight	○ 지방이 약간 있고, 거의 모든 부위에서 살이 보임 ○ 흉강 내 근육이 갈비 사이에서 선명하게 보임
3 Average	○ 엉덩이와 어깨를 제외하고 살이 있고, 거의 모든 부위가 지방으로 덮힘, 흉강 내 약간 지방 침전물이 보임 ○ 흉강 내 근육이 갈비 사이에서 여전히 보임
4 High	○ 살이 지방에 덮혀 있으나 엉덩이와 어깨 부분에는 부분적으로 약간 살이 있음, 흉강 내 약간 특유하게 지방 침전물이 보임 ○ 엉덩이 위에 지방의 경계선이 뚜렷함, 흉강 내 갈비 사이 근육이 지방에 침윤됨
5 Very high	○ 전체 도체가 지방에 덮힘, 흉강 내 무거운 침전물이 있음 ○ 엉덩이는 거의 완벽하게 지방에 덮혀 있고, 지방의 경계선이 더 이상 보이지 않음, 흉강 내 갈비 사이 근육이 지방에 침윤됨

(3) 돼지의 도체등급

EU의 돼지 도체 등급은 정육량(수율)에 기초하여 S, E, U, R, O, P 6개 등급으로 구분한다. 정육량은 두 가지 방법으로 아래와 같이 계산된다.

1) 일부 부위로 정육량 계산

주요 4가지 부위(앞다리, 등심, 뒷다리, 삼겹살) 기준

$$Y = 0.89 \times 100 \ \frac{\text{안심무게 + 앞다리,등심,뒷다리,삼겹살무게}}{\text{안심무게 + 정형된 부위 무게}}$$

2) 전체 부위로 정육량 계산

$$Y = 100 \times \frac{\text{부분육무게}}{\text{도체중}}$$

표 4-45. 돼지 도체등급 구분

등 급	도체중의 정육률(%)
S	60 이상
E	55 이상
U	50 이상, 55 미만
R	45 이상, 50 미만
O	40 이상, 45 미만
P	40 미만

(4) 가금고기의 도체등급

EU의 가금고기 등급은 닭 도체와 부분육의 형태, 외관에 따라 Class A와 Class B로 구분한다. Class A는 A 1과 A 2로 구분할 수 있으며, A 등급의 요구조건은 다음과 같다.

1) 도체는 좋은 외관을 가지고 있어야 함. 착육은 잘되어야 하는데, 가슴육은 잘 발달되고, 넓고, 길고 그리고 살집이 좋아야 함. 그리고 다리살은 살집이 좋아야 함. 닭, 오리새끼 그리고 칠면조에서 가슴과 등과 다리에 규칙적인 지방층이 있어야 함. 수탉, 암탉, 오리, 어린 뿔닭에서 더 두터운 지방층이 있어야 하며 뿔닭에서 적당히 두터운 지방층이 도체 전체를 덮고 있어야 함.
2) 작은 날개, 우간 끝의 돌출부 그리고 깃털은 가슴살과 다리살과 둔부, 다리 접합부, 날개 끝에 거의 없어야 함. 육계, 오리, 칠면조, 뿔닭의 경우에는 다른 부위에도 거의 없어야 함.
3) 상처, 손상 그리고 변색은 정도가 작거나 기준을 초과하거나 가슴육과 다리살에 존재하지 않도록 규정되어 있음. 날개끝은 절단될 수 있음. 약한 혈반은 날개 끝과 소낭부위에서 허용될 수 있음.
4) 냉동이나 급속냉동 가금의 경우에서 동결소의 흔적이 없어야 하는데 그것이 중요하지 않고, 작고 그리고 기준을 초과하지 않고 가슴육과 다리살 위에 존재하지 않는다면 허용됨.

4.2.5 호주 도체등급제도

(1) 호주의 축산물 등급제(MLA, 2013, 2016)

호주는 1987년 호주 식육 및 축산업에 관한 법령 도입을 시작으로 축산물의 등급판정에 대해 법령으로 규정하여 시행하였으며, 1997년 통·폐합 되었다. 축산물 등급판정의 적용대상은 쇠고기, 돼지고기, 가금고기, 계란, 양고기, 사슴, 유제품, 토끼 등이다. 수출용은 쇠고기의 지방등급, 체형조건 등 의무적으로 판정해야 하며, 쇠고기 MSA 등급은 자율이다. 등급판정 업무는 Authority for Uniform Specification Meat and Livestock(AUS-Meat Ltd)에서 쇠고기, 돼지고기, 양고기를 담당하며, Meat and Livestock Australia(MLA)에서 쇠고기의 MSA 등급판정을, AEC Ltd에서 계란의 등급판정 업무를 담당하고 있다. 최근 개정된 등급판정기준의 세부내용은 다음과 같다.

⑵ 소의 도체등급

소도체는 가축이 성숙함에 따라 생기는 영구치의 범위(0~8)를 이용하여 V(송아지), A(쇠고기), B(수소) 3가지의 기본 부류 또는 쇠고기의 경우 Y계열(YS, Y, YGS, YG, YPS, YP), PRS·PR, S·SS, C등급과 수소의 경우 Y계열(YE, YGE), BYG의 선택 부류로써 성별을 구분한다. 또한 전국 비육장 인증제도(NFAS)를 통해 곡물비육 쇠고기의 최소 표준 인증과 명세 관리를 실시하고 있다. 호주의 등급제도는 도체에 대한 육질·육량 평가결과를 도체에 할당하여 개별 계약명세에 따라 도체 선택 시 이용하므로 '기준등급' 표시가 없으므로 냉장 등급평가기준을 따르고, 다만, 1999년부터 MSA 등급체계를 도입하여 MSA 등급평가기준에 따라 MSA 3, 4, 5로 구분하여 표시하였다. 냉장 등급평가기준은 다음과 같다.

1) 등심 단면 육색, 지방색, 마블링 양, 늑골지방 두께, 성숙도를 측정하여 도체에 할당
2) 지방등급(Fat Class) : 'P8' 지점의 지방량에 따라 1, 2, 3, 4, 5, 6 등 6개로 구분
3) 중량등급(Weight Class) : 4, 7, 9, ... 44, 46 등 22개로 구분

MSA 등급 판정 항목은 품종, 성장, 성별, 현수방법, 절개방법, 등심 단면의 마블링, 육색, 지방색, 조직감, 성숙도/경도, 최종 pH, 육봉높이, 늑골지방(우리나라의 등지방두께에 해당), 숙성기간, 요리방법 등으로써 MSA 3(연하다), MSA 4(매우 연하다), MSA 5(대단히 연하다) 등 3개로 구분한다.

등급 판정 항목은 주요국에 비해 품종, 성별, 현수방법, 근내지방도, 육색, 성숙도, 늑골지방, pH/Temp으로써 다양하며, 판정방법은 다음과 같다.

1) 품종 : 열대산 품종(Brahman, Brahman의 교잡종인 Brangus, Santa Gertrudis 등)
2) 성별 : 송아지, 쇠고기, 수소 등
3) 현수방법 : 일반현수(Achilles Tendon), 골반현수(Tender Stretch)
4) 근내지방도 : MSA와 AUS-Meat 측정방법 모두 사용(MSA; 등심 단면적의 마블링 분포, 크기, 양에 대해 평가하며, 범위는 100～1,100 사이에서 10단위로 평가, AUS-Meat; (마블링 양의 척도로 활용, 범위는 0～9등 10개)
5) 육색 : 기준번호 1A(매우 창백)에서 7(매우 암적색) 범위에서 3~4가 적당 (등심 단면의 육색평가, 쇠고기 범위는 1A, 1B, 1C, 2~7 등 9개이며, 송아지는 V1~V5 등 5개이다)
6) 지방색 : 등심 단면의 지방색 평가 (범위는 0~9 등 10개)
7) 성숙도 : 도체의 골화도 측정 (척추의 가시돌기 연골 골화정도로 평가, 범위는 100~590 사이에서 10단위로 평가)
8) 늑골지방(Rib fat; 우리나라의 등지방두께) : 최소 3mm 이어야 함 (피하지방의 두께를 mm로 측정

9) pH/Temp. : (pH) 5.3~5.7, (Temp.) 12℃ 이하 이어야 함 (pH 기기로 측정)

10) 육봉높이 : 열대산 품종의 특징 판별

11) 등심 단면적 : 등심 단면적의 넓이를 ㎠로 측정

MSA 등급판정결과 최종 부여방법은 항목별 등급판정결과와 숙성기간을 입력하면, MSA 등급산식에 의해 쇠고기 부위별 요리방법별로 최종 등급(점수)이 산출된다.

(3) 돼지의 도체등급

호주의 돼지 도체는 P(돼지고기), SP(암돼지), BP(거세하지 않은 수돼지)의 3가지 기본 부류, SUK, G계열(GP, GLP, GHP), B계열(BAP, BLP, BAHP), M계열(MLP, MHP)의 선택부류로써 성별을 구분한다. 등급은 중량과 지방에 따라 구분하는데, 중량등급은 A, B, C, D, … M 등 13개로 구분하고, 지방등급은 'P2' 지점의 지방량에 따라 0, 1, 2, 3, 4, 5 등 6개로 구분하며, 등급표시 방법은 A1, A2, A3, … B1, B2, …등 78개가 있다.

5. 식육의 조직학적·화학적 성상

- 김언현, 문윤희 -

5.1 식육의 조직학적 성상

5.1.1 식육의 조직구성

식육으로 이용되는 가축의 체조직은 근육이라고 불리우며 근육은 횡문근(橫紋筋, striated muscle), 평활근(平滑筋, smooth muscle) 및 심근(心筋, cardiac muscle)로 크게 나누어진다. 횡문근에는 골격에 연결되어 있는 골격근(骨格筋, skeletal muscle)과 심장을 구성하는 심근(心筋, cardiac muscle)이 있으며, 평활근은 소화기관, 혈관, 자궁 등 가운데가 비어있는 기관의 벽에 분포하여 각기 다른 기능과 구조를 갖고 있다. 그러나 육가공분야에서는 생체량의 30~40%를 차지하는 골격근이 주요한 대상이 된다.

(1) 골 격 근

골격근은 횡문근으로 일명 수의근(隨意筋, voluntary muscle)이라고도 불리우며 근육의 수축과 이완에 의해 동물의 운동을 수행하는 기관인 동시에 운동에 필요한 에너지원을 저장하고 있기 때문에 식품으로써 대단히 귀중한 영양소를 함유하고 있다. 골격근 조직은 수많은 근섬유와 그 사이에 존재하는 비교적 소량의 결합조직, 혈관, 신경섬유, 지방세포, 힘줄 및 임파절, 임파선 등으로 되어 있다.

그림 5-1은 골격근의 횡단면을 모식적으로 나타내고 있지만 개개의 근섬유는 근내막으로 불리우는 결합조직에 둘러싸여 있으며 여기에는 모세혈관이나 신경이 분포하고 있다. 50~150본의 근섬유는 다발로 묶어져 제1차 근섬유속을 형성하고 제1차 근섬유속이 수십본 모여서 다시 제2차 근섬유속을 형성하고 있다. 이들 크고 작은 근섬유속간에는 결합조직이 있고 근섬유속의 주변을 둘러싸고 있기 때문에 근주막이라고 한다. 제1차~제2차 근섬유속은 단면적의 크고 작은 육질판정 기준의 하나인 [결]의 조밀도와 관계가 있으며, 운동량이 많고 큰 힘을 낼 수 있는 근육은 결이 거친 데 반해서 비육된 가축의

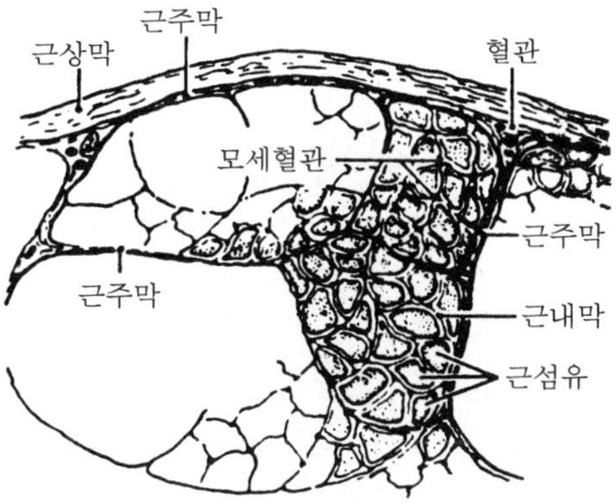

그림 5-1. 골격근 조직의 횡단면 (Ham, 1974)

근육은 결이 가늘고 그 식육은 부드럽다. 잘 비육된 소의 근내지방(상강육, marbling)은 근섬유속을 둘러싼 근주막에 지방이 침착해서 지방조직을 형성하고 있다. 근섬유속의 집합체로써 근육의 외층을 감싸고 있는 결합조직은 근상막이며 이것은 근육과 근육간을 막는 격벽 역할을 하여 튼튼한 근막을 만들기도 한다.

그림 5-2는 골격근 조직의 입체상이다. 골격근의 무늬 양단에는 모든 결합조직이 모여서 힘줄로 연결되어 골막에 부착해 있다. 식육에 있어서는 질겨서 식용에 적합하지 못한 근막이나 힘줄 등의 결합조직은 제외된다. 이와 같이 골격근 조직의 주체는 근섬유이고, 결합조직은 근섬유 사이에 배열해서 근섬유를 지지하는 역할을 수행하고 있다.

골격근 세포는 다핵세포로써 발생과정에 수백 내지는 수천의 세포가 장축방향으로 융합한 것이기 때문에 실모양을 나타내고 있어서 근섬유라고 한다. 보통 길이는 2～5㎝, 두께는 0.01～0.1㎜이다.

그림 5-3은 근섬유를 확대한 입체상이다. 근섬유는 세포막에 의해서 덮혀 있고 그 외측에 기저막(基底膜)이 있으며 가장 바깥층은 결합조직의 근내막이다. 이들 3층의 막구조를 합쳐서 근초(筋鞘)라고 부른다.

근섬유 내부의 세포질에는 근섬유의 장축과 평행하게 배열한 근섬유가 가득 차 있고, 핵은 근섬유의 주변 가장자리에 박혀 있다. 근원섬유를 적시고 있는 세포질에는 소기관으로써 ATP를 생산해 내는 미토콘드리아(mitochondria)가 근원섬유의 사이에 있고, 신경자극을 전달하는 T관계(管系)는 근섬유막을 횡단해서 근원섬유 주변을 감싸고 그물조직의 근소포체와 접속하고 있다. T관계는 세포막이 빠져 들어와서 된 미세기관으로 근섬유의 장축에 대해서 수평방향으로 가지를 나누어 나가면서 근섬유 속을 달리고 있기 때문에 세포막에 전달된 신경의 홍분은 T관계에 의해서 근소포체에 전파된다.

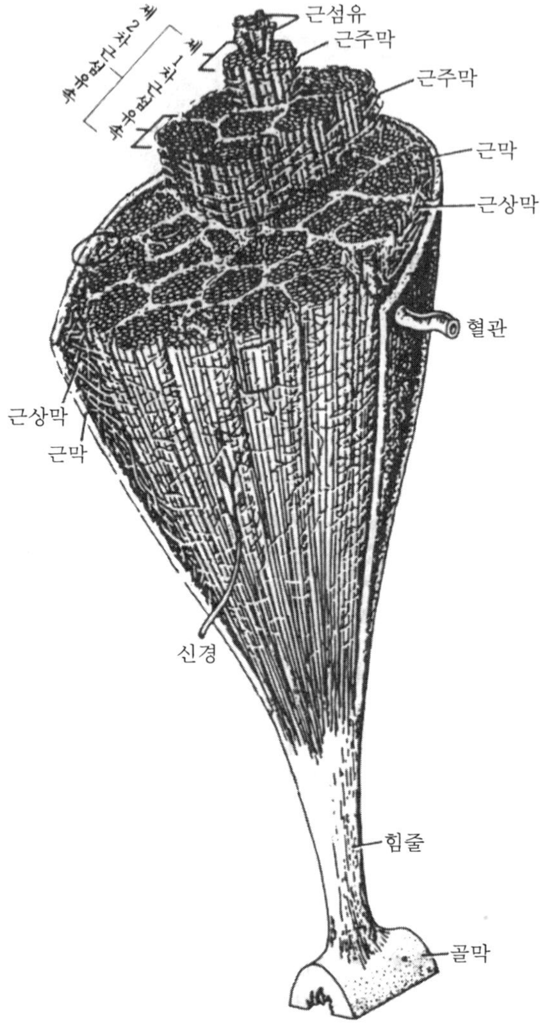

그림 5-2. 골격근의 구조 (沖谷明紘. 1996)

그 자극에 의해서 근소포체로부터 Ca^{2+}이 방출되어 근원섬유는 수축한다. 자극이 제거되면 Ca^{2+}은 근세포체 내에 되돌아 들어가기 때문에 세포질의 Ca^{2+}의 농도가 저하되기 때문에 근원섬유는 이완한다. 이와 같이 근소포체는 Ca^{2+}의 방출과 회수에 의해서 근육의 수축과 이완을 제어하는 역할을 한다.

(2) 평 활 근

평활근은 혈관벽, 림프관, 소화기관과 생식기관에 많이 함유되어 있다. 평활근 섬유는

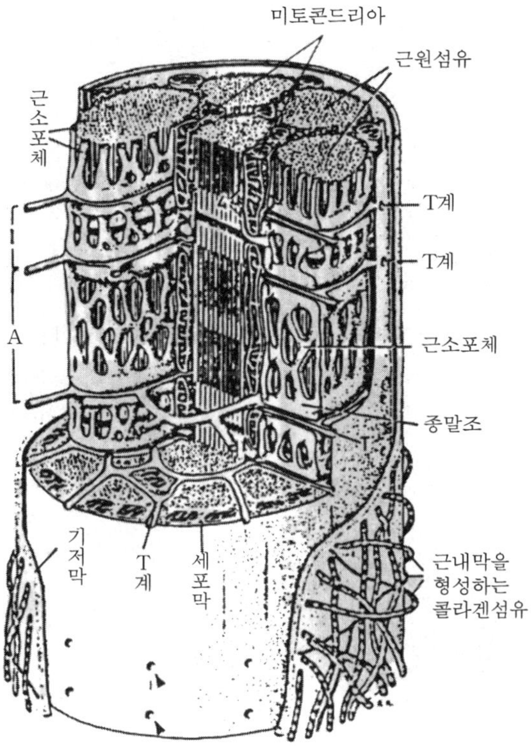

그림 5-3. 근섬유의 내부구조 (沖谷明紘. 1996)

길이가 약 100~200 μm, 직경이 약 3~5 μm이며 구성체에 따라 다양한 크기와 모양을 나타낸다.

평활근 섬유의 횡단면은 편평한 타원형에서 삼각형과 다면체에 이르기까지 다양하다. 장관계(腸管系)의 평활근은 많은 층을 이루면서 뻗어나가 있으며 바깥쪽에는 종주막이, 안쪽에는 수상근이 달려 있다. 세포는 골격근에 비하여 단순한 구조를 이루고 있다. 전체는 근형질막에 둘러싸여 있고 중심부에 1개의 핵을 가지며 미토콘드리아, 근소포체, 라이소좀, 글리코겐 및 근섬유가 세포 내를 메우고 있다. 근소포체는 골격근보다 더 발달되어 있으며 근섬유의 미세구조는 골격근처럼 잘 정리되어 있지 않으나 섬유의 종축에 나란히 배열되어 있다.

평활근은 골격근에서와 같이 횡문을 구성하지 않으며 전자현미경을 위한 절편에서 굵은 필라멘트(thick filament)와 가는 필라멘트(thin filament)의 존재양식이 간단히 변하는 것으로 미루어 근섬유 필라멘트가 세포 내에서 고정되어 있지 않아 자유롭게 움직이기 때문인 것으로 인식되고 있다. 그러나 평활근의 수축메카니즘은 골격근에 비해 확실하게 밝혀져 있지는 않다. 콜라겐 섬유와 엘라스틴 섬유관련 기질물질이 이들 섬유 사이의 좁

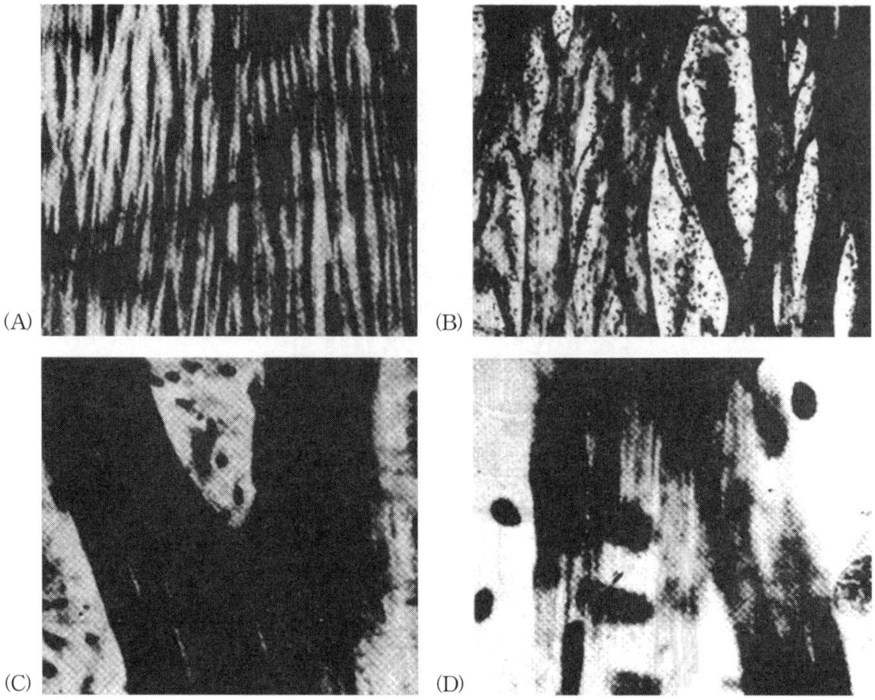

그림 5-4. 평활근의 구조 (Aberle 등, 2012)
각기 다른 배율[(A) : ×12, (B) : ×75, (C) : ×300, (D) : 1,000)의 토끼 자궁벽의 종단면

은 공간을 차지하고 있으며, 신경섬유는 결합조직과 연결되고 있다. 평활근은 골격근에 비교하여 혈액의 공급이 적다.

⑶ 심 근

혈액순환의 원동력이 되는 심장은 그 벽을 구성하는 심근(cardiac muscle)의 수축에 의해 혈액을 혈관으로 내보낸다. 심근은 초기 배아기에서부터 생명이 끝날 때까지 끊임없이 규칙적인 수축성을 가진 근육이다. 심근은 골격근 및 평활근과도 유사한 성질을 가지고 있다. 평활근과 마찬가지로 중앙에 위치한 한 개의 핵을 가지고 있으며 자율신경계의 지배를 받고 있다. 골격근보다 직경이 작고 길이가 짧기 때문에 같은 배율의 현미경상에서 골격근과 같은 미세구조의 구분이 불확실하다.

심근의 미토콘드리아는 크고 수가 많으며 근장에는 많은 글리코겐 입자를 가지고 있다. 심근의 종단면을 볼 수 있는 근원섬유의 무늬모양은 골격근과 거의 같아서 그림 5-5에서 보는 바와 마찬가지로 장축을 따라서 규칙적인 간격으로 횡문을 나타내며 장축방향으로 수축력을 전달한다.

(A)

(B)

그림 5-5. 심근의 구조 (Fawcett, 1968)

(A) : 핵이 존재하는 근섬유의 배열
(B) : 미토콘드리아와 글리코겐 입자가 존재하는 전자현미경

근원섬유의 미세구조 가운데 A, I, Z 및 M대의 경우 명확히 구분되나 H대는 일반적으로 잘 보이지 않는다. 근절의 길이는 약 2.2 μm이며 심근의 수축 · 이완의 메카니즘은 골격근과 같다. 심근의 근소포체는 골격근에 비해 발달이 나쁘고 근섬유 사이의 좁은 공간에 거칠고 가는 망막을 만들어 근섬유를 둘러싸고 있다. 근소포체의 기능은 골격근의

경우와 같은 칼슘의 저장부위나 골격근과 같은 종말조는 없고 작고 편평한 팽대부가 T 관계에 접하여 있으나 삼연구조(triad)가 아닌 이연구조(diad)결합을 하고 있다. 심근층의 섬유는 콜라겐 섬유와 레티쿨린(reticulin) 섬유에 의하여 고정되어 묶음을 형성하고 있다. 혈관, 림프관, 신경섬유들이 근섬유 사이에 결합조직을 경유하여 심근층을 출입하게 된다. 심근은 기본적으로 산화적 대사를 주로 하게 되므로 광범위한 모세혈관이 분포되어 있다.

5.1.2 근육조직의 미세구조

(1) 근 섬 유

근섬유(muscle fiber)는 1개의 근육세포로 근육조직의 대부분을 차지하며 그림 5-6에서 나타내는 것처럼 긴 원통모양이다. 직경은 약 10～100 μm 길이는 짧은 것이 20 μm 서 긴 것은 10 cm가 넘는 것도 있다.

근섬유의 주위에는 '근초'라고 하는 얇은 세포막으로 둘러싸여 있으며 그 속에는 종축에 평행하게 배열되어 있는 밝은 부분[명대]과 어두운 부분[암대]이 규칙적으로 횡문을 가진 다수의 근원섬유가 들어 있다. 그 외에 소수의 핵, 미토콘드리아, 근소포체 등이 근초의 안쪽이나 근섬유 사이에 있고 그 틈 사이에 콜로이드용액성의 근막이 채워져 있다.

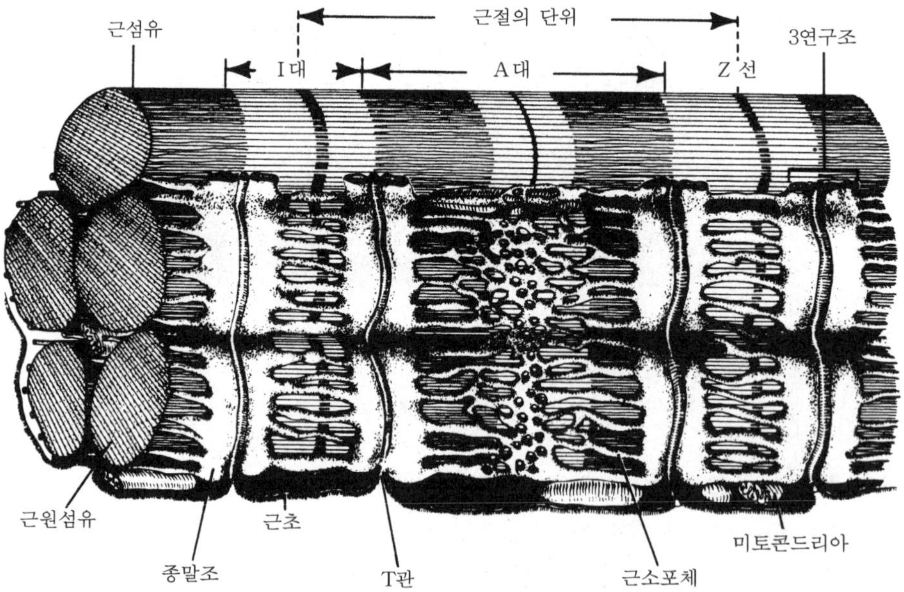

그림 5-6. 근섬유의 구조 (Peachery, 1965)

(2) 근원섬유

근원섬유(myofibril)는 직경이 0.5~2 μm의 가늘고 긴 섬유로써 주기적인 횡문구조를 가지고 있으며 근육의 수축에 주도적인 역할을 하고 있다(그림 5-7).

근원섬유는 근장으로 채워진 공간속에 존재하며 전자현미경에 의해 복잡한 횡문구조가 해명되어 초원섬유(myofilament)로 불리우는 미세한 섬유구조로 구성되어 있음이 밝혀졌다(그림 5-7의 E 이하 참조).

초원섬유의 직경은 100~200Å으로 상호간 300~400Å의 간격을 유지하면서 횡문을 관통해서 종축에 평행하게 배열하고 있으며 400Å의 주기를 갖는 구조를 하고 있다.

근원섬유의 횡문은 일정한 규칙적인 주기가 반복되어 구성되어 있으며 주기의 한 단위를 근절(sarcomere)이라고 부르고 있다(그림 5-8).

휴지근의 근절은 길이가 약 2~3 μm으로 양단은 가는 끈모양으로 보이는 어두운 Z 선(Z line)으로 되고 또 중앙부에 폭 약 1.5μ의 어두운 A대(anisotropic band)가 있고, A대와 Z선 사이에 폭 약 0.4 μm의 밝은 I대(isotropic band)로 되어 있다.

A대의 중앙에는 폭 약 0.4 μm의 약간 밝은 H대(Hensen's zone)와 H대의 중앙에 복굴절성의 어둡고 좁은 M선(middle line)이 위치하고 있다.

H대와 M선의 명암은 전자현미경사진에서 염색이나 혹은 절편의 두께에서 오는 차이에 의해 반대로 보이는 경우도 있다.

휴지근에서는 A대와 I대의 폭은 거의 2 : 1의 비율이나 잡아 당겨서 늘어난 근육에서는 I대의 폭이 늘어나게 되며 수축한 상태의 근육에서는 I대의 폭이 감소해서 M선은 휴지근상태보다 약간 밝아진다. A대, I대 등의 횡문은 그림 5-7(E)에서 나타낸 것처럼 두 종류의 필라멘트에 의해서 구성되어 있다. 즉 굵은 섬유의 thick filament와 가는 섬유의 thin filament가 한 근절의 기본적인 골격을 이루고 있다. 굵기 약 110~120Å, 길이 약 1,400Å의 나선형 코일(α-helix coil)구조의 미오신 분자구조가 집합하여 형성된 굵은 필라멘트는 근절의 암대인 A대에 존재하며 그 형상은 그림 5-9와 같다(그림 5-7의 (L)참조).

미오신 분자의 구조는 콩나물의 머리 모양을 한 머리부분과 코일형태의 꼬리부분으로 형성되어 있는데 단백질분해효소인 트립신(trypsin)으로 처리하면 분자량이 각기 다른 머리부분의 heavy meromyosin(HMM)과 꼬리부분의 light meromysin(LMM)으로 분해된다(그림 5-7(M), (N) 참조).

미오신 필라멘트에는 C-단백질이 존재하며 미오신 필라멘트를 묶어주는 역할을 하고 있다. 가는 필라멘트는 명대인 I대와 암대인 A대의 일부에 존재한다.

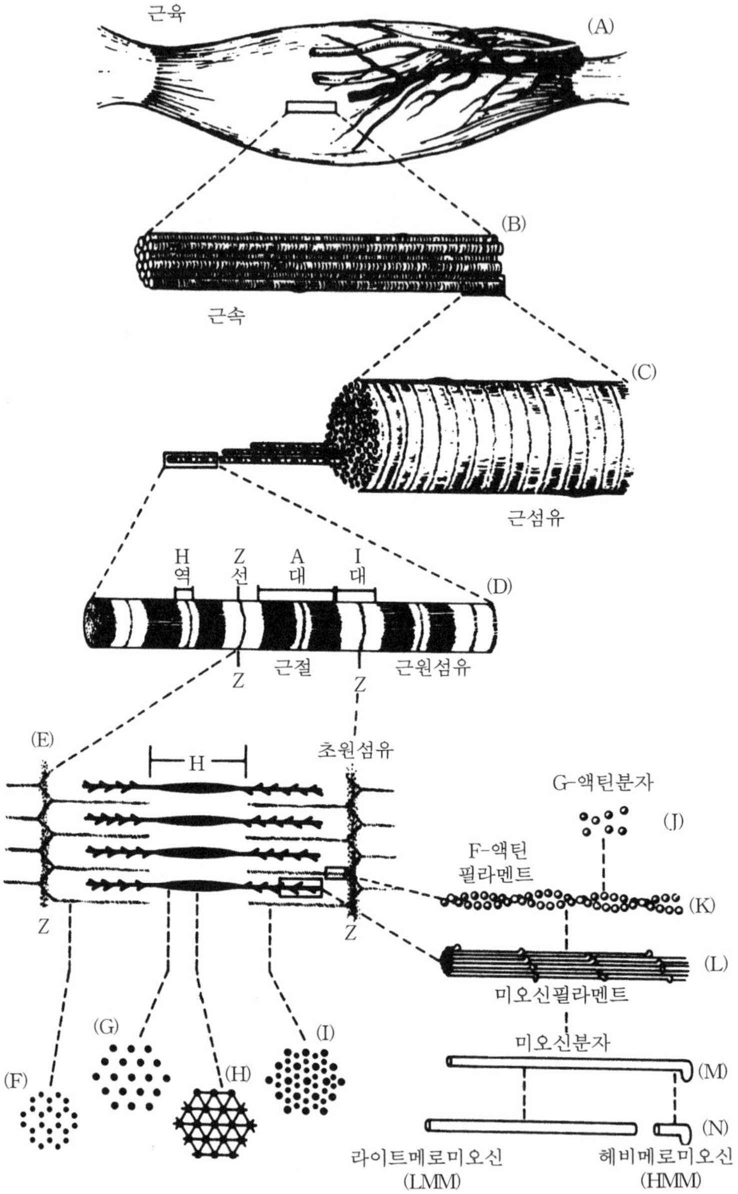

그림 5-7. 골격근의 구조 (Fawcett, 1968)

(A) 골격근, (B) 근속, (C) 근섬유, (D) 근원섬유, (E) 근절(Z선에서 Z선까지)
(F)~(I) 근절 내의 여러 위치에 있어서의 횡단면(굵은 섬유와 가는 섬유의 배열을 나타냄)
(J) G-액틴 필라멘트(G-액틴의 중합에 의해 생체 내에 존재하는 형태)
(L) 미오신 필라멘트(미오신분자의 중합으로 형성된 필라멘트 구조)
(M) 미오신분자(머리부분과 꼬리부분으로 됨)
(N) 미오신분자의 HMM과 LMM(trypsin에 의해 myosin분자에서 분리됨)

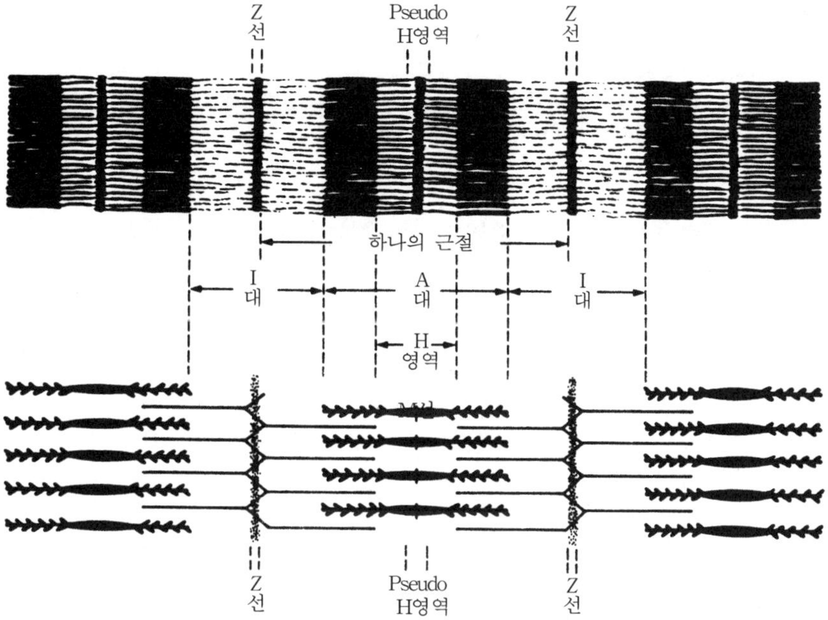

그림 5-8. 근원섬유의 구조 (Huxley, 1965)

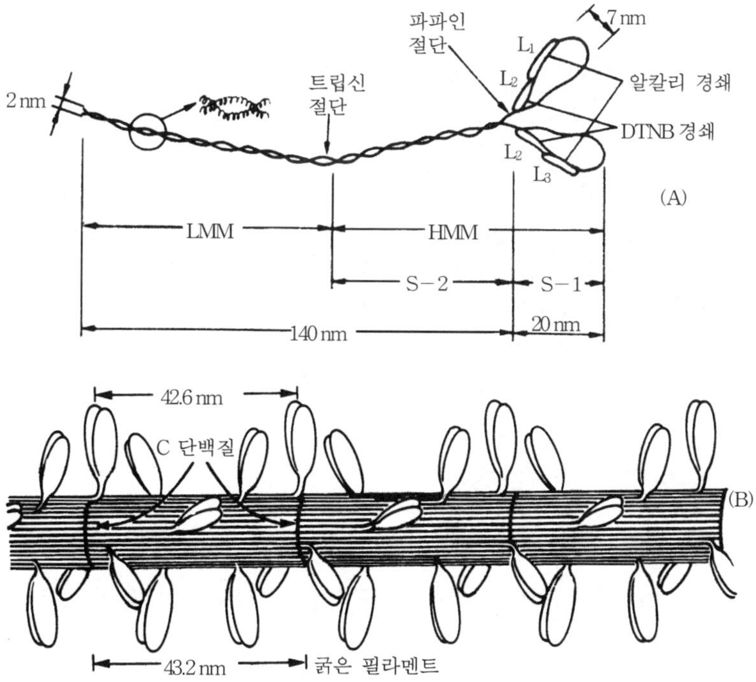

그림 5-9. 굵은 필라멘트 (Murray and Weber, 1974)

(A) 미오신 분자의 모형 (B) 미오신 분자의 집합체인 굵은 필라멘트 모형

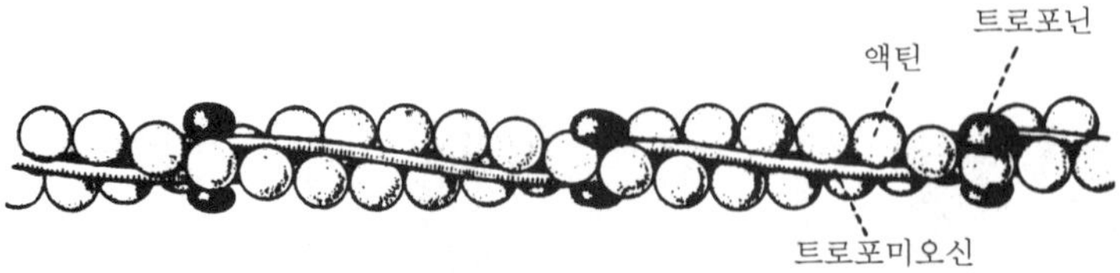

그림 5-10. 가는 필라멘트 모식도 (Murray and Weber, 2012)

가는 필라멘트는 직경이 약 50~60Å의 G-액틴(구형 actin)이 중합하여 이중 나선구조를 형성한 F-액틴(섬유상 actin)이 주를 이루고 있으며, 약 365Å주기마다 구상단백질인 트로포닌(troponin)이 존재하고 트로포미오신(tropomyosin)도 액틴(actin)과 함께 이중나선형을 이루고 있다(그림 5-10, 그림 5-7(K)). 근수축의 메카니즘에 있어서는 두꺼운 근섬유소(thick filament) 사이에 얇은 근섬유소(thin filament)가 미끄러져 들어가서 근절의 길이가 짧아지며, 그 후 결합한 각 근섬유소(filament)가 원위치로 되돌아가는 반복작용에 의해 근운동이 일어난다는 Huxley의 미끄럼(sliding)학설은 유명하다. 이는 HMM에 존재하는 myosin의 머리부분이 ATP를 분해하기 위하여 actin과 결합함으로써 굵은 필라멘트와 가는 필라멘트가 상호결합하여 가교결합(cross-bridge)을 형성하기 때문이다(그림 5-11, 5-12).

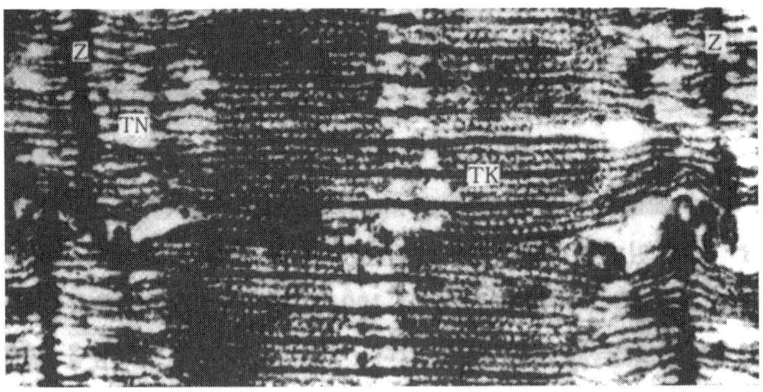

그림 5-11. 굵은 필라멘트(TK)와 가는 필라멘트(TN)의 연결가교결합 (Smith,1972)
그림 좌 · 우로 Z선이 있고, 한 근절 단위로 가교결합이 형성된다.

근섬유는 조직학적인 차이에서 백색근섬유와 적색근섬유로 구별되며 대부분의 근육에서 양쪽 모두 발견된다. 백색근의 근섬유는 근원섬유가 풍부하고 미토콘드리아가 적으며 적색근에는 근장의 비율이 많고, 근장 중에는 미오글로빈 함량이 높다. 백색근과 적색근에서는 근수축의 성질이나 효소활성 등의 생리학적 성질에 차이가 있으며 이들의 중간적 성질을 띠는 중간형도 존재한다.

그림 5-12. 굵은 필라멘트와 가는 필라멘트가 결합하는 부위의 횡단면을 나타내는 전자현미경사진(질서 정연한 정육각형 구조를 관찰할 수 있다. (Smith, 1972)

(3) 근　초

근섬유를 둘러싸고 있는 세포막을 일컬어 근초(筋鞘, sarcolemma)라 한다. 이 막은 단순한 1매의 막이 아니고 3층 구조로 되어 있다. 내층은 두께 약 100Å의 균일한 구조를 하고 있고, 중간층은 두께 약 200~300Å의 망상구조를, 외층은 두께 약 100~300Å의 과립상구조를 하고 있다. 외층과 중간층은 긴밀하게 결합하여 복합막으로 되어 있다. 신선육에서는 각 층을 관찰하기가 어려우나 숙성과정에서는 관찰이 가능하다. 근초는 Na^+, Cl^-, K^+ 등에 대해서 특수한 보전성을 소유하고 있는 것으로 생각되며 또 탄성이 풍부하여 정상의 2.2배까지 신장이 가능하다(그림 5-13).

근초는 근원섬유와 핵을 둘러싸고 있으며 늘어났다가 원래의 위치로 돌아올 수 있도록 탄력성이 있는 탄성섬유로 끝부분이 연결되어 있다.

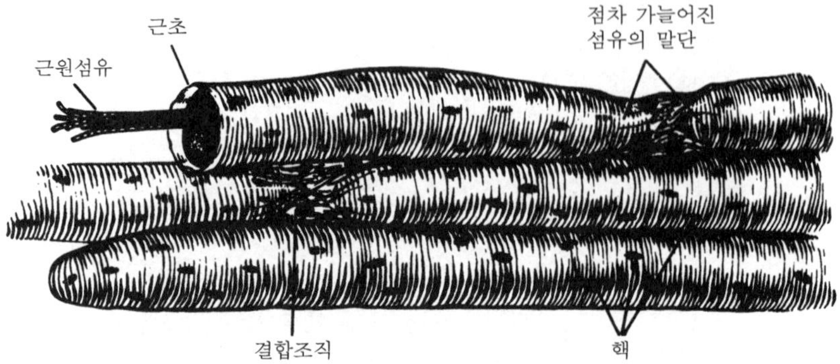

그림 5-13. 골격근섬유의 구조 (Brodel, 1937)

(4) 근 장

근원섬유의 사이를 가득 채우고 있는 교질용액이 근장(筋漿, sarcoplasm)이다. Myogen 으로 불리우는 단백질의 혼합물과 글리코겐, 지질 등을 함유하고 근원섬유에 운동을 위한 에너지를 공급하는 중요한 작용을 하고 있다. 가열하거나 약품처리 했을 경우 섬세한 섬유상 혹은 입자상의 모양으로 바뀌며 상호 결합하기 쉬운 성질이 있다. 적색근섬유는 백색근섬유에 비해 근장을 많이 함유하고 있으며 근원섬유가 많이 모여져 있어 각 섬유속 사이에 근장이 가득 차 있어서 근섬유의 횡단면에 일정한 모양을 만든다. 이것을 Cohnheim field라고 부른다.

그러나 백색근에서는 근원섬유가 균일하게 근장에 분산하고 있기 때문에 이와 같은 모양은 볼 수 없다.

(5) 근소포체

근원섬유는 근소포체(sarcoplasmic reticulum)로 불리는 망상의 미세한 구조로 둘러싸여 있다(그림 5-6 참조). 근소포체는 3가지 부분, 즉 종주관(longitudinal tubule), 삼연구조의 측포체(laternal vesicle of triad), 횡단T관계(transverse of T system)로 되어 있다. 종주관은 폭이 200~300Å으로 근원섬유의 전체 길이에 걸쳐서 종방향으로 뻗혀 있으며 근초와 같이 근원섬유를 둘러싸고 있다. 집토끼의 골격근에는 종주관은 A band 와 I band 경계면에서 갈라지고, I band에 접해 있는 곳에서는 폭 1,000Å의 측세포가 되어서 근원섬유를 둘러싸고 있다. A band 와 I band의 경계면에는 근원섬유에 가로로 존재하는 직경 350Å의 가는 관이 바로 횡단관계이다. 이들은 세포막이 내부로 밀려 들어와서 만들어진 것으로 근섬유 중에 상당히 먼 거리에 걸쳐 연속적으로 많은 근원섬유와 연결되어 있다. 측세포와 횡단관계가 만나는 A-I band 접합부분에는 측세포가 양측에 있고 횡단관계가 한가운데 있는 삼연구조(triad)를 만들고 있다. 근소포체의 생리적 기능은 근육의 수축 · 이완을 제어하는 것으로 생각된다. 즉 신경의 흥분이 세포막에 존재하는 신경종판(end plate)을 중개로 근세포막에 전해지면 세포막과 연속해 있는 횡단관계를 통해서 삼연구조에 도달한다. 계속해서 측세포 종관에 자극이 전달되어 그곳에 저장되어 있는 높은 농도의 Ca^{2+}이 방출되게 된다.

근원섬유 가운데는 ATP, Mg^{2+} 등 수축에 필요한 요소들이 갖추어져 있고 여기에 Ca^{2+}이 방출되면 미오신 필라멘트와 액틴 필라멘트 사이에 미오신의 ATPase 역할을 통해서 상호작용을 일으키고 근육의 수축이 일어난다. 신경계로부터 자극이 멈추면 근원섬유 내의 유리 Ca^{2+}은 다시 소포체속으로 되돌아 들어가 버린다. 이와 같이 근소포체의 측포체와 종주관은 Ca^{2+}을 방출하거나 흡입하는 기능을 갖고 있다.

⑹ 골격근섬유의 종류

골격근섬유의 어떤 근육에 있어서도 마찬가지로 조직학적인 차이에서 백색근섬유(white muscle fiber)와 적색근섬유(red muscle fiber)의 두 종류로 나누어진다. 양적으로 어느 쪽 근섬유가 많은 비율로 함유되어 있는가에 의해서 근육은 백색근과 적색근으로 나누어진다. 가축에 따라서 어느 한 종류의 근섬유를 많이 함유하고 있기는 하나, 백색근과 적색근이 임의의 비율로 섞여 구성되어 있는 경우가 많으며, 일반적으로 식육가축은 적색근섬유의 비율보다 백색근섬유의 구성비율이 높은 편이다. 한편, 백색근섬유와 적색근섬유의 중간적 특성을 지닌 섬유를 중간근섬유(intermediate fiber)라고 부르며, 이들 세 가지 근섬유의 생리적, 구조적, 기능적 특성은 조금씩 다르며 몇 가지를 요약하면 표 5-1과 같다.

백색근의 운동은 민첩하지만 피로하기 쉽고 적색근의 온동은 완만하지만 쉽게 피로하지 않으며 백색근보다도 수축의 활성을 오랫동안 유지할 수 있어서 산소의 소비량도 많은 특성을 지니고 있다. 이와 같은 특성은 그림 5-14에서 보여 주는 것처럼 양자의 조직학적인 차이에서 잘 설명할 수 있다. 즉 백색근에서는 근세포가 근원섬유로 많이 채워져 있으며 미토콘드리아의 수가 적고 모양도 작으며, 고에너지 인산화합물을 비롯한 글리코겐의 함량이 높아 해당능력(당분해 능력)도 크다. 적색근은 근원섬유에 비해 근장의 비율이 많고 근원섬유도 백색근에 비해 드물게 자리잡고 있으며, 미토콘드리아의 수도 많고 모양도 크다. 또 적색근이 붉은 것은 모세혈관이 많이 분포하기 때문이며 근장속에 myoglobin함량이 높은 데 기인한다. 적색근섬유는 산화적 대사에 관여하는 효소가 많으며 해당과정의 효소는 적은 반면, 백색근섬유는 해당과정에 관여하는 효소가 많은 특성

표 5-1. 가축의 근섬유별 특성

특 징	적색근섬유	중간섬유	백색근섬유
색깔(color)	red	red	white
미오글로빈 함량(myoglobin content)	high	high	low
섬유의 직경(fiber diameter)	small	small-intermediate	large
수축속도(contraction speed)	slow	fast	fast
수축성 운동(contractile action)	tonic	tonic	phasic
미토콘드리아 수(number of mitochondria)	high	intermediate	low
미토콘드리아 크기(mitochondrial size)	large	intermediate	small
모세혈관 농도(capillary density)	high	intermediate	low
산화적 대사(oxidative metabolism)	high	intermediate	low
혐기적 대사(glycolytic metabolism)	low	intermediate	high
지방 함량(lipid content)	high	intermediate	low
글리코겐 함량(glycogen content)	low	high	high

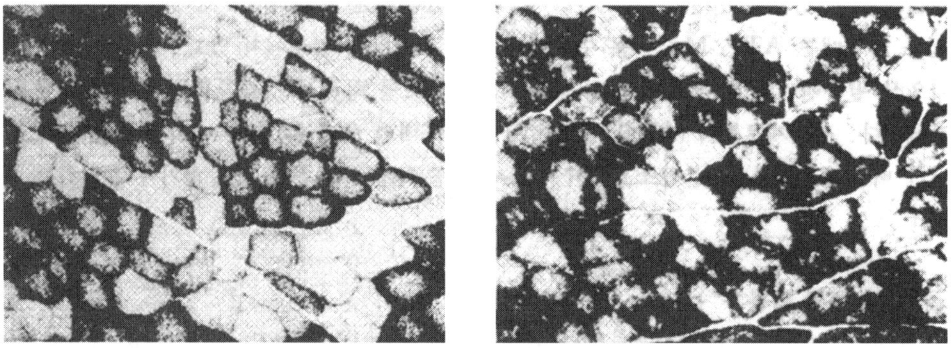

(A) (B)

그림 5-14. 백색근과 적색근의 구조 (Aberle 등, 2012)
(A) : 소의 배최장근, (B) : 돼지의 배최장근
※ 흰(밝은) 부분이 백색근, 검은(어두운) 부분이 적색근이며,
A에서는 중간정도(회색)의 종단섬유도 보인다.

을 보인다. 결과적으로 적색근섬유는 그 대사작용 때문에 기능적으로 대단히 중요하며 산소가 공급되는 한 쉽게 피로하지 않고 지속적인 활동에 관여할 수 있게 되며, 백색근은 쉽게 피로하기 때문에 순발력은 있으나 빈도가 낮은 활동에 관여하게 된다.

5.1.3 결합조직

결합조직은 동물체에 가장 광범위하게 분포하여 각 세포나 장기 등을 결합하는 기능을 갖는 강인한 조직으로 교원섬유, 탄성섬유, 세망섬유 등으로 구성되어 있다. 근육조직에는 근섬유 사이, 근주막의 내외, 근초, 혈관벽, 지방세포 사이 등에 분포하고 근육조직의 약

20% 이상을 차지하며 근육의 질기고 단단함과 관련되어 있다.

(1) 교원섬유

결합조직의 대부분을 차지하는 교원섬유(collagenous fiber)는 주성분이 콜라겐(collagen) 단백질로써 직경이 0.1～0.5μ의 가는 교원섬유(collagenous fibril)의 다발에 의해 구성되며, 각 교원섬유는 640Å의 규칙적인 주기의 횡문구조를 나타낸다(그림 5-15).

교원섬유는 대단히 유연하고 당기는 힘에 대하여 강하지만 신장성은 부족한 성질을 가지고 있다. 열에 대하여 심하게 영향을 받아서 60℃에 정상 길이의 1/3～1/4로 수축하여 고무처럼 된다. 또 물을 가하고 가열하면 풀기가 있는 젤라틴을 만들기 때문에 겔섬유로 불리기도 한다.

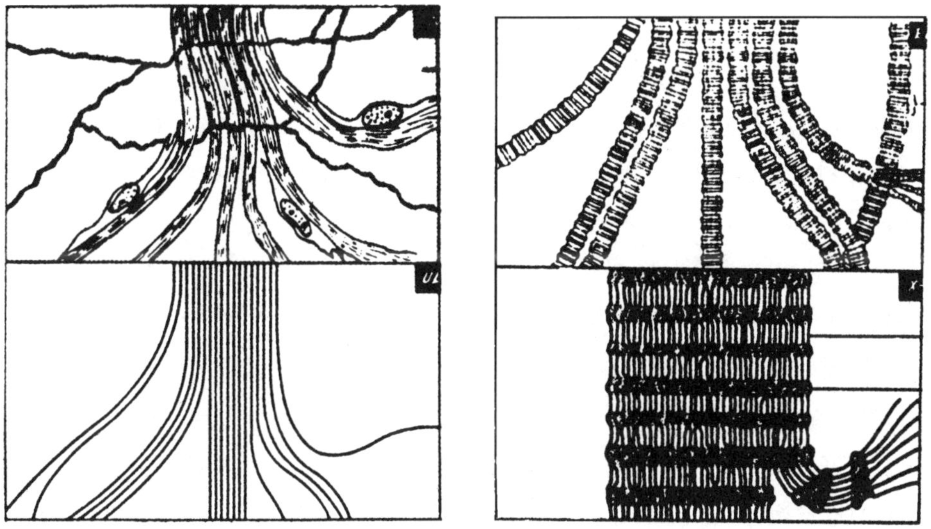

(A) (B)

그림 5-15. 교원섬유의 전자현미경사진

(A) : 소의 아킬레스 힘줄, (B) : 콜라겐 섬유의 미세구조

(2) 탄성섬유

탄성섬유(彈性纖維, elastic fiber)는 주성분이 elastin 단백질로 구성되어 있으며 황색을 띠고 있다. 구조로는 횡대가 없고 직경이 0.3～10 μm정도로 끝이 나누어져 있거나 합쳐져 있다. 교원섬유와 더불어 망상구조를 형성하고 있으며 근육조직의 외근주막이나 혈관벽에 많이 분포하고 내근주막과 근섬유 사이에는 적다. 이 섬유는 가축이 노령화함에 따라 증가하는 경향을 나타낸다. 산, 알칼리, 열에 저항성이 있으며, 육질을 경화시키는 요인으로 작용한다. 분해효소인 pepsin에 의해서는 서서히 그리고 식물성 분해효소인 ficin, papain, bromelein 등에 의해 용이하게 분해되며, 췌장액에도 분해효소(elastase)가 분비되는 것으로 알려져 있다. 신장성이 큰 반면 이 섬유의 가역성이 식육의 유연성을 감소시키는 요인이 되기도 한다.

(3) 세망섬유

세망섬유(細網纖維, reticular fiber)는 격자모양의 섬유(latticed fiber)로써 대단히 가늘고 끝이 여러 갈래로 나누어져 있어서 교원섬유와 비슷하다. 근초, 혈관, 신경, 교원섬유와 상호결합하고 있으며 성질은 교원섬유와 유사하다. 알칼리액 중에는 거의 침투되지 않고 묽은 산 용액에서도 팽윤하지 않는다. 또 물과 함께 가열하여도 젤라틴을 생산하지 않는다.

5.1.4 지방조직

지방조직(adipose tissue)은 피하, 장기의 주위, 복강 등에 다량으로 부착하고 지방의 축적, 체온의 유지, 장기의 보호 등의 역할을 하며 근육 내에도 침착하여 맛, 연도, 식육의 결 등 육질에 영향을 미친다. 지방조직은 지방세포로 되어 있지만 지방세포는 원래 결합조직성 세포의 원형질 내에 지방 방울이 다량으로 침착한 것으로 되어 있다. 직경은 약 60~100 μm 구상으로 주위는 두께 약 250Å의 얇은 원형질성 막으로 둘러싸여 있다. 이 막의 일부에 한 개의 핵을 가지며 세포의 주위에는 모세혈관이 많이 분포되어 있고 내부에는 지방질이 채워져 있다. 지방세포의 대부분은 교원섬유로 서로 결합되어 있으며, 다수의 세포가 모여서 결합조직성 막으로 둘러싸인 작은 가지를 구성하고 작은 가지가 모여서 지방조직을 이루고 있다. 이 결합조직성 막은 큰 혈관이나 신경 등에 분포하고 있다.

지방세포의 막은 외부의 강한 압박에도 견디며 비교적 부서지기 어려우나 pepsin이나 trypsin 등의 효소에 극히 취약하다. 신선한 지방조직은 70℃로 가열하여도 세포밖으로 나오지 않는 등 안정성이 있다.

5.2 식육의 화학적 조성

가축을 포함한 대부분의 동물체에는 모든 화학원소(약 100개) 중 대략 3분의 1 정도가 함유되어 있다. 이들 중 약 20개가 생명을 유지하는데 필수적이고, 30~35개의 원소가 포유동물과 가금류 조직에서 발견되어 있다.

체내에 가장 풍부하게 함유된 원소는 산소이고, 산소(65%)와 탄소(18%), 수소(10%) 및 질소(3.0%)를 합하면 약 96%가 된다. 그러므로 산소와 수소가 결합된 수분 함량은 높을 수 밖에 없다. 단백질 분자는 탄소, 수소, 산소원자 외에 질소, 유황, 인 및 소량의 다른 원소를 함유한다. 지질과 탄수화물은 주로 탄소, 수소, 산소원자의 조합이다. 무기물은 전체 중량에 비하여 많지 않은 양이지만 다양하게 함유되어 있으며 Ca의 경우는 거의 없는 편이다(표 5-2).

표 5-2. 동물체의 원소조성

주요 원소	체중에 대한 함유율(%)	미량원소	
O	65.0	A	Li
C	18.0	As	Mn*
H	10.0	Ba	Mo*
N	3.0	B	Ni
Ca	1.5	Br	Rb
P	1.0	Cd	Se*
K	0.35	Cr	Si
S	0.25	Co*	Ag
Na	0.15	Cu*	Sr
Cl	0.15	F	Ti
Mg	0.05	I*	V
		Fe*	Zn*
		Pd	

* 필수미량원소

식육에는 많은 양의 수분이 들어 있으며 수분을 제외한 고형분에는 단백질 함량이 제일 많고, 지질, 무기질, 탄수화물, 비타민 그리고 비단백태 질소화합물 등이 있다. 이러한 성분들의 함량은 가축의 종류, 연령, 성별, 영양상태 및 근육의 부위 등에 따라 변동이 있으며, 또한 도축 후 저장상태 및 분석법에 따라서도 영향을 받기 때문에 일률적으로 비교할 수가 없으나 일반적인 식육의 화학 조성은 표 5-3과 같다. 그리고 여러 식육들의 화학 조성분 함량은 표 5-4에서 보는 바와 같다.

5.2.1 수 분

식육에 함유되어 있는 수분은 일반적으로 약 70% 이상을 차지하고, 영양적 가치가 거의 없다. 그러나 식육의 중량에 직접적인 영향을 미치고 여러 성분을 잘 용해시키는 성질이 있어서, 그 함량과 존재상태를 무시할 수가 없다. 특히 수분은 식육의 보수성, 다즙성, 연도 및 색 등과 저장성은 물론 식육제품을 만들 때의 가공적성 그리고 가열육의 맛에

표 5-3. 포유류 골격근의 조성

(%: 신선중량기준)

조 성 분	함 량
수 분	75.0
단백질	18.5
근원섬유단백질	9.5
수축단백질(contractile protein)	
Myosin	5.0
Actin	2.0
조절단백질(regulatory protein)	
Tropomysin	0.8
Troponin(complex)	0.8
α-actinin	0.2
β-actinin	0.1
Eu-actinin	
세포골격단백질(cytoskeletal protein)	
Titin	
Nebulin	
C-protein	0.2
Myomesin(M-protein)	0.4
Desmin(skeletin)	
Filamin	
Vimentin	
Synemin	
Z-protein	
I-protein	
F-protein	
Creatine kinase	
근형질 단백질(sarocplasmic protein)	6.0
Soluble sarcoplasmic and Mitochondrial enzymes	0.5
Myoglobin	0.3
Hemoglobin	0.1
Cytochromes과 flavoprotein	0.1
육기질 단백질(stromal protein)	3.0
Collagen과 reticulin	0.5
Elastin	0.1
기타 불용성 단백질	1.4
지 방(1.5~13.0)	3.0
중성지질(0.5~1.5)	1.0
인지질	1.0
Cerebrosides	0.5
Cholesterol	0.5
비단백태 질소화합물	1.5
Creatine and creatine phosphate	0.5
Nucleotide류	
Adenosine triphosphate(ATP)	
Adenosine diphosphate(ADP, etc.)	0.3
유리아미노산	
Peptide(anserine, carnosine, etc)	
기타 비단백태 질소화합물 [creatinine, inosine monophsate(IMP), nicotinamide adenine dinucleotide(NAD), 요소, nicotinamide adenine dinucleotide phosphate(NADP)]	0.1
탄수화물	1.0
글리코겐(0.5~1.3)	0.8
포도당	0.1
기타 중간 및 최종 대사산물 (hexose and triose phosphates, 젖산, 구연산, furmaric acid, 호박산, acetoacetic acid 등)	0.1
무기물질	1.0
칼륨	0.3
총인 (인산염, 무기인산)	0.2
황(황산염 포함).	0.2
염소	0.1
나트륨	0.1
기타(마그네슘, 칼슘, 철, 코발트, 구리, 아연, 닉켈, 망간 등)	0.1

표 5-4. 식육 부위의 성분

(가식부분 100 g당)

		수 분 (%)	단백질 (g)	지 질 (g)	탄수화물		회 분 (g)	칼 슘 (mg)	인 (mg)	철 (mg)	총비타민(IU)
					당질(g)	섬유(g)					
소	고기	75.8	22.8	3.7	0	0	1.0	19	142	4.8	15
	간	73.1	19.8	3.4	2.1	0	1.6	5	368	10.1	4,500
	골(뇌)	80.4	8.7	8.8	0.8	0	1.3	20	531	4.0	0
	곱창	69.0	18.1	10.8	1.2	0	0.9	5	212	4.8	100
	꼬리	40.7	11.6	47.1	0	0	0.6	7	85	2.0	65
	대장	64.8	5.1	28.8	0.5	0.6	0.2	138	25	1.0	0
	신장	81.7	15.6	1.7	–	–	0.9	22	168	6.4	160
	심장(염통)	79.2	15.8	4.2	0	0	0.8	5	137	4.5	150
	양(위)	86.8	9.3	2.0	1.2	0.4	0.3	112	79	4.2	6
	양지머리	75.9	22.6	1.9	–	–	1.2	5	169	3.8	–
	업진	74.5	20.1	5.4	–	–	1.0	0	148	2.3	–
	천엽	86.2	11.4	1.9	0.2	0	0.3	84	17	2.4	–
	피	92.7	4.0	0.5	1.3	0	1.5	23	–	12.2	0
	허파	80.4	15.8	0.9	1.6	0.4	0.9	106	193	6.6	1,918
	혀	59.4	20.3	19.3	–	–	1.0	5	320	9.8	–
돼 지	고기	72.4	20.7	4.6	0.2	–	1.1	4	218	3.0	10
	간	72.5	19.3	4.4	2.4	0	1.4	23	642	16.4	22,50
	대장	58.7	10.4	30.2	0.5	0	0.2	164	138	1.4	0
	소장(곱창)	63.9	13.0	22.1	0.1	0.5	0.4	132	102	1.6	0
	신장	77.2	16.7	3.7	0.8	0.4	1.2	76	247	4.5	0
	심장	76.9	16.3	4.6	0.9	0.2	0.9	65	185	3.1	0
	뒷다리	63.6	18.5	16.5	0.3	0	1.1	1	179	1.7	7
	등심	60.3	15.3	23.1	0.2	0	1.1	2	187	1.9	5
	삼겹살	55.4	17.8	25.6	0.3	0	0.9	1	180	1.2	4
	안심	70.8	14.1	13.2	0.5	0	1.4	2	227	1.6	6
	앞다리	70.4	16.0	12.3	0.3	0	1.0	1	239	2.0	8
	어깨등심	61.4	17.1	20.1	0.6	0	0.8	2	179	1.8	6
	족발	60.3	22.5	16.8	0	0	0.4	12	32	1.4	20
	지방육	33.4	9.1	57.0	0		0.5	5	88	1.4	0
닭	고기	73.5	20.7	4.8	–	–	1.3	4	302	–	40
	가슴	44.0	13.5	42.1	0	0	0.4	13	100	2.0	330
	간	75.7	18.9	3.1	0.6	0	1.7	5	300	9.0	47,00
	내장	75.8	15.5	5.8	1.9	0	1.0	14	67	1.7	0
	넓적다리	39.8	14.5	45.3	0	0	0.4	14	110	2.1	826
	모래주머니	76.2	19.0	2.3	1.7	0	0.9	17	140	6.9	370
	소장	65.8	14.4	18.9	0.1	0	0.8	30	110	1.7	926
	심장	69.0	14.5	15.5	0	0	1.0	5	170	5.1	200
											2,300
양	고기	74.4	16.4	8.0	0	0	1.2	7	210	2.0	0
	갈비	64.2	17.9	17.0	0.1	0	0.8	5	120	2.3	40
	다리살	65.0	18.8	15.3	0.1	0	0.8	4	140	2.5	23
	어깨살	64.2	16.9	18.0	0.1	0	0.8	5	130	2.2	33
산 양	고기	69.0	19.5	10.3	0.2	0	1.0	7	170	3.8	10
오 리	고기	54.3	16.0	28.6	0.1	0	1.0	15	85	1.8	500
칠면조	고기	72.9	19.6	6.5	0.1	0	0.9	8	140	1.1	0
산토끼	고기	74.4	16.7	7.7	0	0	1.2	7	350	0.9	10
집토끼	고기	72.3	21.6	4.9	0	0	1.2	8	254	2.7	0

크게 관여하기 때문에 중요하게 취급된다. 신선육의 수분은 근원섬유 중에 약 70%, 근장 중에 약 20% 그리고 결합조직 중에 약 10%가 함유되어 있으며, 이 중 근원섬유 중의 수분이 보수성에 크게 관여하고 근장 중의 수분은 보수성에 약 3% 밖에 관여하지 않는다. 식육의 수분 함량은 지방의 축적정도에 따라서 달라지는데, 지방 함량이 많은 식육이 상대적으로 수분 함량이 적어지게 된다. 또 가축의 나이가 많아질수록 지방 함량이 많아져서 수분 함량은 줄어든다.

식육 중 수분의 존재 상태는 결합수(bound water)와 자유수(free water)로 크게 나누어지는데 그 중간에 고정수도 있게 되어 3 종류가 있다. 결합수는 식육의 구성성분 특히 단백질 분자와 매우 강하게 결합한 상태의 것이고, 자유수는 열역학적인 운동이 자유로운 상태의 것으로 세포 조직간의 모세관 현상에 의해 식육 속에 존재하게 된다. 이 둘의 비율은 식육의 물성에 관계할 뿐만 아니라, 건조를 할 때도 영향을 미친다. 고정수는 결합수 표면의 수분분자들과 수소결합을 이루고 있다.

결합수는 보통의 체액수와는 달리 다른 성분과 결합되어 있으므로 0℃ 이하로 냉각하여도 얼지 않는 물이라고 풀이되고 있으나, 자유수와 결합수의 한계를 엄밀히 구별하기는 힘들고 편의상 Toledo 등이 주장한 것처럼 －18℃(0°F)를 기준으로 하여 그 이하의 온도에서도 액상으로 존재하는 물을 결합수라고 하는 것이 보통이다. 결합수는 용매로써의 작용을 하지 않으며, 미생물의 번식이나 포자의 발아에도 이용될 수 없는 수분이다. 결합수의 결합력은 식품 구성성분의 극성기의 종류에 따라 달라지므로 식품별로 그 결합력에 차이가 있다. 식육의 수분량에 대한 결합수의 비율은 측정방법에 따라 차이가 있다. 결합수의 측정법에는 열역학적 측정법 외에 nuclear magnetic resonance(NMR)법 등이 있다.

식육 중의 미생물의 번식은 수분 함량에 좌우된다고 할 수 있지만 엄밀히 말하자면 주위의 습도가 높고 낮음에 따른다고 할 수 있다. 즉 대기가 건조하여 습도가 낮으면 식육은 수분이 증발함에 따라 건조하게 되므로 수분 함량이 점차 적어지게 되고 반대로 식육 주위의 대기습도가 높으면 수분을 흡수하여 수분 함량이 증가한다. 이와 같이 식육 중의 수분 함량은 대기 중의 상대습도에 영향을 받기 때문에 결국은 평형을 이룰 때까지 수분을 흡습 또는 탈습하는 과정이 진행된다. 그러므로 식육의 수분 함량을 백분율(%)로 나타내는 것보다 식육 중의 수분을 정적(靜的)인 것으로 보지 않고, 동적(動的)인 것으로 취급하여 대기 중의 상대습도까지 고려한 수분활성도(water activity : a_w)로 나타내기도 한다. 수분활성도(a_w)에 대한 자세한 사항은 19.3.1을 참조하기 바란다.

5.2.2 단 백 질

식육에는 단백질이 약 20% 내외가 함유되어 있다. 이 함량을 고형분으로 환산하면 약 70% 이상이 된다. 우리의 인체는 성장과 유지를 위하여 계속적으로 단백질의 섭취를 요구하게 되고, 인체의 구성단백질을 이루고 있는 아미노산들은 20종류가 된다. 식육을 구성하는 단백질도 아미노산의 종류와 그 조성이 인체 단백질과 유사하기 때문에 식육의 단백질은 가장 품질이 좋은 단백질로써 영양학적으로 완전단백질로 취급된다. 몇 가지 축산물들의 필수 아미노산 조성은 표 5-5에서 보는 바와 같으며 이것은 일반적인 농산식품이나 수산식품보다 높은 편이다.

단백질의 아미노산 조성은 가축의 성장 정도와 부위에 따라서 차이를 나타낸다. 나이가 많아짐에 따라 arginine, valine, methionine, isoleucine 및 phenylalanine의 함량이 많아진다.

식육의 단백질은 용해성에 따라 염용성인 근원섬유단백질, 수용성인 근장단백질 그리고 육기질단백질로 분류할 수 있다.

표 5-5. 축산식품 중의 필수 아미노산 조성

(mg/100 g)

	쇠 고 기	돼지고기	닭 고 기	우 유	계 란
His	21	26	18	17	15
Ileu	28	27	31	39	39
Leu	49	49	45	62	55
Lys	52	59	51	51	42
Met + Cys	23	21	25	22	35
Phe + Tyr	45	44	44	62	61
Tyr	27	27	26	27	31
Tyr	7	7	7	9	10
Val	30	30	30	43	45

(1) 근원섬유단백질

근원섬유단백질(myofibrillar protein)은 근원섬유를 구성하는 단백질인데, 특유의 근수축 기능을 담당하는 한편, 식육의 특성과 가공성에 크게 관여하는 중요한 단백질이다. 총단백질의 약 50%를 차지하고, 그 중에 약 70%는 수축단백질이다. 근원섬유단백질은 식육의 구조를 형성하고 있으므로 구조단백질이라고도 한다. 고농도의 염용액, 예를 들면 0.6 M KCl용액에서 추출된다. 이 단백질에는 미오신(myosin), 액틴(actin), 트로포미오신(tropomyosin), 트로포닌(troponin), 알파액티닌(α-actinin), 베타액티닌(β-actinin) 등이 있고 근육의 수축, 이완에 크게 관여한다. 미오신과 액틴을 수축단백질이라 하고, 나머지 것들은 근수축을 직접 또는 간접으로 조절하는 조절 단백질이라 한다.

근원섬유단백질은 표 5-6에 나타낸 것과 같이 미오신과 액틴 함량이 많으며 각각의 분자량, 존재부위 및 기능적 특징도 거의 밝혀지고 있으나 아직도 이에 관한 연구는 많은 결과를 기대하고 있다.

표 5-6. 토끼 골격근 근원섬유 구성 단백질

단 백 질	분자량 (킬로달톤)	함량(%)	위 치	기 능
수축단백질				
Myosin*	500	43	A대	액틴과 반응
Actin*	42	22	I대	미오신과 반응
조절단백질(주요)				
Tropomyosin*	33×2	5	I대	액틴과 결합
Troponin*	70	5	I대	칼슘조절
Troponin C*	18			칼슘과 결합
Troponin I*	21			액틴·미오신 반응저해
Troponin T*	31			트로포 미오신과 결합
조절단백질(미량)			M선	
M-protein	165	2	M선	미오신을 묶는다.
Myomesin	185	–	A대	미오신과 결합
C-Protein	135	2	A대	미오신과 결합
F-Protein	121	–	A대	미오신과 결합
H-Protein	74	–	A대	미오신과 결합
I-Protein	50	–	Z선	미오신과 액틴·미오신 반응저해
α-Actinin	95×2	2	액틴의 끝부분	액틴을 젤화
β-Actinin	35+32	–	분	액틴의 말단인자
γ-Actinin	35	–	?	액틴의 중합저해
Actinin	42	–	Z선	액틴과 결합
Filamin	240×2	–	Z선	액틴을 젤화
p-Tropomyosin	34×2	–	A-I경계	액틴·미오신 반응저해
Gelsolin	93×2	–	I대	액틴 절단작용
골격단백질				
Connectin	2,800	10	A, I대	미오신을 Z선에 연결
Nebulin	800	5	N_2선	?
빈클린	130	–	세포막 하부	세포막 연결
Desmin*	53	–	Z선 주위	Z선 연결
Vimentin*	55	–	Z선 주위	Z선 연결
Synenin	220	–	Z선 주위	Z선 연결
Z-Protein	50	–	Z선	Z선 연결
소이그만틴	500	–	Z선	?

* 아미노산 배열 결정 완료. 함량의 (–)는 0.1% 이하.

1) 미 오 신(myosin)

근원섬유단백질의 약 48%는 미오신이다. 미오신은 도살 직후의 골격근을 시료로 하여 3배량의 Guba-Straub용액(0.3 M KCl, 0.09 M KH_2PO_4, 0.06 M K_2HPO_4, pH 6.5)을 가하고 저온에서 15분간 추출한 다음 원심분리하여 얻을 수 있다. 미오신의 모양은 마치 콩나물 모양으로 생겼으며, 그 분자는 2개의 둥근 머리부분(분자량 각각 12만 정도, 직경 64Å)과 꼬리부분(분자량 약 22만, 길이 1,360Å의 α-helix구조)으로 되어 있다. 이 단백질은 분자량이 약 50만, 분자길이는 약 1,400Å의 비대칭성이 높은 섬유상단백질로 2개의 사슬로 되어 있다. 이 사슬의 폭은 약 20Å이다.

미오신은 세 가지의 중요한 생물학적 기능을 갖고 있다. 그 첫째 기능은 ATP를 ADP와 무기인산으로 분해하는 ATPase로써의 작용이고, 둘째로 액틴과 결합하여 액토미오신을 형성하는 것, 그리고 생리적 이온강도(0.1~0.2 KCl)에서 미오신 분자가 서로 결합하여 근원섬유의 굵은 필라멘트 구조를 형성하는 것이다.

미오신은 초침전 분석에 의하여 빨리 침강하는 머리부분인 heavy meromyosin(HMM)과 늦게 침강하는 꼬리부분인 light meromyosin(LMM)으로 되어 있는데, 머리부분은 ATPase 활성점 및 액틴과의 결합기능을 가진 것이고, 꼬리부분은 필라멘트를 형성하는 기능 및 용해성을 나타낸다. 그리고 HMM을 papain으로 분해하면 ATPase 활성과 actin과의 결합능력을 지닌 성분인 HMMS-1(subfragment-1)과, 80%가 α-helix로 HMM의 꼬리부분에 해당하는 성분인 HMMS-2(subfragment-2)로 나뉘어진다(그림 5-9 참조). 미오신이 가지고 있는 가장 중요한 생물학적 특성은 ATPase활성이다. 미오신 ATPase는 ATP + H_2O → ADP + H_3PO_4의 반응을 일으킨다.

이때 미오신은 화학적 에너지를 기계적 에너지로 변환시킴으로써 근육의 수축을 일으킨다. 미오신 ATPase활성은 칼슘이온에 의하여 활성화되고, 마그네슘이온에 의해 억제되지만 액틴과 결합하여 액토미오신이 되면 ATPase는 마그네슘에 의해 활성화된다. 근원섬유의 굵은 필라멘트는 길이가 1.5 μm로써 약 400개의 미오신 분자가 화합되어 있다. 미오신에는 글루탐산 등의 산성아미노산과 염기성 아미노산이 많아 칼슘이나 마그네슘 등에 강한 친화력을 나타낸다.

2) 액 틴(actin)

액틴은 근원섬유단백질의 약 22%를 함유한다. 액틴은 1941년 Straub에 의하여 추출, 정제된 단백질로써 G-액틴(globular actin)과 F-액틴(fibrous actin)의 형태로 존재한다. 근육에서 미오신을 추출하고 남은 잔사(殘渣)를 약알칼리용액으로 세척하여 탈염시킨 다음에 아세톤 처리에 의해 근육의 구조를 파괴하여 만든 분말(아세톤 건조분말)에서 물로써 추출하는 것이 일반적이다. 액틴분자의 형태는 최근까지 거의 구형이라고 생각되어 왔지만 어느 정도 타원형을 하고 있음이 알려지고 있다.

단분자의 액틴은 용액의 점도로 보아서 구상의 형태를 하고 있다고 생각되므로 G-액틴이라 한다. G-액틴에 중성염이 첨가되어 생리적 이온강도가 되면 G-액틴이 중합하여 섬유상의 F-액틴으로 변환된다. 그러므로 생체 내에서는 F-액틴의 형태로 존재한다. G-액틴은 분자량이 약 45,000, 직경이 55Å, 약 450개의 아미노산 잔기를 가진다. 그리고 마그네슘 이온과 ATP가 한 개씩 결합하고 있다.

F-액틴의 2중 나선구조는 그 주기가 360~365Å으로 되어 있으며, 근원섬유의 가는 필라멘트의 골격으로 되어 있다. 그러나 가는 필라멘트로써의 구조와 생리적 기능은 F-액틴만으로써는 충분치 못하며 트로포미오신과 트로포닌이 결합되어야 만족될 수 있다. G-액틴에 결합한 ATP는 용액 중의 ATP와 자유로이 교환될 수 있지만 F-액틴 중의 ADP는 외부의 ATP 또는 ADP와 교환될 수 없다. 이것은 G-액틴이 F-액틴으로 될 때에 ATP 결합부위 근처에 많은 구조변화가 일어나면서 ATP가 분해되는 것이라고 생각할 수 있으나 그 기작은 아직 확실치 않다.

3) 액토미오신(actomyosin)

액토미오신은 미오신과 액틴이 결합하여 형성된 복합단백질로 근육의 수축, 또는 식육의 사후경직시 형성된다. 이 단백질은 근육에서 직접 추출될 수도 있고(natural actomyosin), 서로 달리 정제된 미오신과 액틴을 시험관 내에서 결합하여 조제할 수도 있다(artificial actomyosin 또는 synthetic actomyosin). 신선한 근육에 5~6배의 Weber-Edsall 용액(0.6 M KCl, 0.01 M Na_2CO_3, 0.04 M $NaHCO_3$, pH 9.3)을 가하여 24시간 추출한 후 원심분리하여 상징액을 취하고 희석, 침전을 반복해서 정제한다. 이렇게 하여 얻어진 액토미오신은 Myosin B 또는 천연 actomyosin이라고 부르며, 실험적으로 미오신과 F-액틴을 혼합해서 얻은 합성 액토미오신과 구별한다. 합성 액토미오신은 미오신과 F-액틴만으로 이루어지지만, 미오신 B에는 tropomyosin과 troponin을 포함하고 있다.

액토미오신의 분자량은 정제조건에 따라 다르지만 약 $4 \sim 60 \times 10^6$이며 분자의 길이는 약 11,600Å이다. 그 형태는 이중 나선형을 이루고 있는 F-액틴에 미오신 분자가 일정 방향의 화살모양으로 결합한 것이고, 미오신 B의 경우 F-액틴의 길이는 1 μm 내외이다. 이 같은 구조를 가진 액토미오신의 용액은 점도가 대단히 높다.

액토미오신은 그 구성성분인 미오신의 효소작용으로 ATP를 ADP와 무기인산으로 분리시킨다. 그리고 ATP에 의해 미오신과 액틴간의 결합상태 또는 액토미오신 분자 상호간의 집합상태의 변화 등을 일으킨다. 액토미오신은 저이온강도에서(약 0.1 M) 저농도의

ATP가 첨가될 때 단백질 분자들이 응집되어 탈수된 상태와 같이 변형되어 침전현상이 일어나는데, 이것을 초침전(superprecipitation)이라 하며 시험관 내의 근수축이라고 한다. 반대로 저이온강도에서 고농도의 ATP가 첨가될 때에는 액토미오신이 액틴과 미오신으로 해리되어 맑게 보이게 되는데, 이것을 투명화현상(clearing phenomenon)이라 하며 근육의 이완에 해당된다. 시험관 내에서의 액토미오신의 초침전은 Ca-chelating 물질인 ethyleneglycol-bis-(β-aminoethylether)-*N,N,N,N'*-tetraacetic acid(EGTA) 또는 ethy-lene-diaminetetraacetic acid(EDTA)에 의하여 저해를 받는다.

4) 트로포미오신(tropomyosin)

트로포미오신은 섬유의 가는 필라멘트에서 트로포닌 1분자가 결합되어 400Å의 주기로 분포되어 있으며, 용해성, 아미노산 조성 및 등전점이 미오신과 비슷한 단백질이다. 물속에서 근육의 가용성 단백질을 추출한 후 잔사를 알코올, 에테르로 탈수 건조시켜 1 M KCl로 추출한다. 이 추출액의 등전점인 pH 4.6에서 침전시킨 후 물에 현탁하여 황산암모늄을 가해서 포화도를 40%로 하여 불순단백질을 제거한 다음에 황산암모늄의 포화도를 70%로 하면 트로포미오신은 결정으로 석출된다. 근원섬유 내에서 트로포미오신과 액틴의 함량비는 1 : 7이다. 트로포미오신의 분자량은 약 70,000 달톤이며 그 모양은 직경이 20Å, 길이가 490Å의 막대모양으로 분자의 94%가 α-helix구조를 하고 있다. 아미노산 조성은 특징이 있어서 proline과 tryptophan은 거의 함유하지 않으며 glutamic acid와 lysine을 많이 함유한다. 트로포미오신은 미오신과 달리 ATPase활성이 없고, 체내의 cathepsin D에 의하여 쉽게 가수분해 되지 않으며, 산 또는 유기용매에 의해 쉽게 변성을 일으키지 않고 액틴과는 달리 염농도의 증가에 의하여 점도가 저하한다.

5) 트로포닌(troponin)과 기타 단백질

트로포닌은 트로포미오신과 강한 친화성을 갖고 근원섬유의 가는 필라멘트에 존재하는 분자량이 약 80,000 달톤인 구상단백질이다. 가장 중요한 조절단백질로 칼슘이온과 결합하여 액틴과 미오신의 상호작용을 조절하는데, 이 조절 기능은 트로포미오신과 결합된 경우에 일어난다. 그러므로 트로포닌 단독으로는 아무런 생물학적 활성을 나타내지 않는다. 그러나 트로포미오신과 1 : 1의 비율로 결합하면 그것들이 F-액틴과 결합해서 복합체를 형성한다. 그래서 형태적으로는 근원섬유의 가는 필라멘트와 같이 되고, 생리적으로는 근육의 수축과 이완을 지배하는 조절인자로써 역할을 하게 되는 것이다.

트로포닌은 트로포닌-C(분자량 18,000 달톤), 트로포닌-I(분자량 24,000 달톤) 그리고 트로포닌-T(분자량 37,000 달톤)와 같은 3개의 구성 단백질을 갖는다. 이들은 1 : 1 : 1로 굳게 결합하여 트로포닌의 독특한 기능을 발휘하는 단백질로써 기능적으로 아미노산 조성이 전혀 다르고 구조적으로도 아주 다르다.

트로포닌-I는 칼슘농도에 관계없이 합성 액토미오신의 Mg^{2+}-ATPase활성을 억제하는 기능을 갖고 있으면서 액틴에 직접 결합할 수도 있고 미오신과 액틴과의 상호작용을 저해하기도 한다. 액틴상에 트로포미오신이 있으면 트로포닌-I의 작용은 더욱 강하게 된다.

트로포닌-C는 칼슘이온과 결합하는 성분으로 트로포닌-I에 의한 저해 효과를 없애는 작용을 한다. 그러나 트로포닌-C가 트로포닌-I에 의한 저해작용을 없애는 것은 이 성분에 칼슘이온이 결합한 때 뿐이다. 따라서 근형질 내의 칼슘이온 농도가 낮을 때에는 액틴과 미오신의 상호작용은 트로포닌-I에 의하여 저해되어 근육수축이 일어나지 않는다. 그러나 칼슘이온농도가 상승하면 트로포닌-C에 칼슘이온이 결합되고 이 저해작용을 해제하기 때문에 근육은 수축한다.

트로포닌-T는 트로포미오신 및 액틴과 강하게 결합하는 성질을 갖고 있다. 트로포닌-T는 259개의 아미노산으로 구성되어 있으며, N말단에서부터 71～175번째의 α-나선이 트로포닌-I 및 트로포닌-C와 결합하는 부위가 있다.

지금까지 설명된 근원섬유단백질 이외에도 몇 가지 단백질이 더 있다. α-액티닌은 구상단백질로써 수용성이며 분자량이 100,000 달톤 정도이고 Z선을 구성하는 물질이다. 그 기능은 F-액틴의 응집과 액토미오신의 초침전을 촉진시키고 액토미오신의 Mg^{2+}ATPase활성을 증강시킨다. β-액티닌은 I대에 존재하고 분자량이 71,000 달톤으로 F-액틴의 측면회합을 억제하는 한편, F-액틴의 길이를 1～2 μm 정도로 한정시키며, 미오신 B의 초침전을 억제하는 단백질로써 동물의 발생초기 및 근육세포가 형성되는 시기에 그 함량이 많다.

M-단백질은 분자량이 약 160,000 달톤으로, 근원섬유의 근절 중앙부위인 A대의 한가운데 있는 M선에 존재하여 A대를 안정하게 하고 미오신 필라멘트끼리를 접착하는 성질을 가지고 있다.

C-단백질은 근원섬유단백질 중 2～2.5%를 함유하고 미오신 필라멘트를 일정 간격으로 묶고 있으며, 저이온강도에서 액토미오신의 ATPase활성을 저해한다. J-단백질은 A대의 양쪽에 I대와의 경계부위에 존재하며, 액토미오신의 초침전을 지연시키고 Mg^{2+} ATPas 활성을 저해한다.

코넥틴(connetin)은 미오신 필라멘트와 Z선을 연결하는 역할을 하고, 높은 탄성을 갖는 단백질이다. 이 단백질은 그물눈 모양으로 근원섬유를 싸고 있어서 지나치게 신장될 때에 서로 흐트러지지 않도록 한다. 도살 후 근육의 탄성 저하와 코넥틴 함량의 감소는 일치한다는 보고가 있다.

⑵ 근장단백질

근장단백질(sarcoplasmic protein)은 물 또는 낮은 이온강도의 염용액(0.06 M)으로 추출되므로 수용성단백질이라 한다. 근장단백질은 근원섬유 사이의 근장 중에 존재하는 단백질이며, 근장은 근원섬유 사이를 채우고 있는 세포질로 그 속에는 해당계 효소 등 각종 효소를 비롯하여 미오글로빈과 헤모글로빈 등 많은 종류의 단백질이 들어 있으나 여기에서는 색소단백질을 중심으로 설명하고자 한다.

식육에 함유되어 있는 색소단백질은 포피린(porphyrin)과 철의 착염인 헴(heme)에 단백질이 결합한 것으로 대표적인 것은 미오글로빈과 헤모글로빈이다. 미오글로빈은 근육에 들어 있고, 헤모글로빈은 혈액에 들어 있는 것이 대부분으로, 가축을 도축한 후 곧바로 방혈시키기 때문에 적육 중의 함량은 아주 적게 된다. 그러므로 식육의 색깔은 미오글로빈이 좌우하게 된다. 물론 도축 후 방혈이 불충분한 식육은 헤모글로빈 함량도 많게 된다. 미오글로빈은 한 개의 헴이 결합되어 있고 분자량이 17,000 달톤이며, 근육세포에 존재하여 산소의 저장고 역할을 한다. 생체 내의 미오글로빈은 전체 철 함량의 10%를 차지하는데, 도살시 방혈에 의해 혈액이 유실한 뒤에는 헤모글로빈에 유래하는 철이 없어지기 때문에 70~80%가 된다. 방혈된 정육의 미오글로빈 함량은 전체 육색소의 약 90%를 차지한다. 식육의 미오글로빈 함량은 가축의 나이에 의해 크게 차이가 있다. 예를 들면 어린 소는 근육에 1 g당 1~3 mg이 함유되어 있지만 성숙한 소는 4~10 mg, 늙은 소는 16~20 mg 정도가 함유된다. 근육의 부위에도 차이가 있어서 산소 필요량이 높은 부위에는 그 함량이 높아지며 적색근이 된다. 또 가축의 운동량에 따라서도 차이가 있는데 집토끼보다 산토끼, 보통 말보다 경마용 말, 암소보다 수소에 그 함량이 많다.

헤모글로빈은 적혈구 중에 존재하는 적색단백질이고 효소와 가역적으로 결합해서 산소를 필요로 하는 조직까지 운반하고 또 불필요하게 된 탄산가스를 운반해 낸다. 분자량이 67,000 달톤으로 4개의 프로토힘(protoheme)과 결합되어 있으며, 분자상 산소에 대한 친화성은 미오글로빈보다 적다.

(3) 육기질 단백질

육기질 단백질(肉基質, stroma protein)은 결합조직단백질이라고도 하며 근육단백질의 약 20%를 차지한다. 물 또는 고농도의 염용액에 추출되지 않는 잔류물에 포함되어 있고 콜라겐, 엘라스틴 및 레티쿨린 등이 있다. 체내의 조직, 기관은 결합조직에 의해 지탱되고 있다. 결합조직은 동물체의 각 세포, 조직, 장기 등을 연결시키거나 둘러싸서 보호하는 역할을 하고 있으며, 근육조직은 물론 내장, 피부, 혈관벽 및 골격 등 동물체 전체에 널리 분포되어 있다. 콜라겐과 레티쿨린은 매우 비슷한 성질을 가지고 있지만 엘라스틴은 이것들과는 다르다. 콜라겐의 분포는 넓고 결합조직 중에는 어디라도 있지만 레티쿨린은 결합조직이 경계를 이루고 있는 부위에 한하여 존재한다. 즉 근육세포의 주위, 혈관의 내피 등은 레티쿨린으로 이루어져 있다. 콜라겐과 레티쿨린은 현미경상에서 모양이 다르고 염색성도 다르지만 본질적인 차이에 대해서는 명확하지 않다.

1) 콜 라 겐(collagen)

콜라겐은 진피조직, 연골, 인대 등에 많이 함유되어 있는 교원섬유를 구성하는 백색의 섬유단백질이며, 육기질단백질 중 함유량이 가장 많다. 결합조직을 생리적 식염수로서 추출하면 콜라겐의 일부가 용출하고, 잔사를 pH 3.8의 약 초산액으로 처리하면 프로콜라겐(procollagen)이라 부르는 단백질이 유출된다. 콜라겐 섬유는 직경이 약 20 μm로서 그 섬유를 확대하여 보면 직경 2~5 μm의 섬유가 집합되어 있음을 알 수 있다. 콜라겐 섬유는 640 Å의 주기로 규칙 정연한 무늬로 되어 있으며 직경 20~100 μm의 필라멘트의 집합체이다.

콜라겐을 구성하는 분자를 트로포콜라겐(tropocollagen)이라 부른다. 콜라겐의 분자량은 약 282,000 달톤이며 분자의 길이는 2,800 Å 이고, 나선형 폴리펩티드 3개가 서로 꼬인 구조(triple helical coil)를 한다. 등전점은 pH 7~8이지만 산 또는 알칼리로 처리하면 그것이 pH 5 부근이 된다. 열에 의해 수축하고 산 또는 알칼리용액 중에서는 팽윤하는 성질을 가지고 있어서 콜라겐 섬유를 물과 함께 끓이면 62~63℃에서 불가역적인 수축을 일으키고 원래의 길이의 1/3~1/4로 되는데, 이것은 폴리펩티드 사슬간의 수소결합 등이 개열해서 일어나는 것으로 단백질 분자의 입체구조가 파괴되기 때문이다.

콜라겐을 80℃에서 물과 함께 장시간 가열하면 수용성의 젤라틴으로 변한다. 콜라겐에서 볼 수 없는 N말단이나 카르복실기가 젤라틴에서 나타나는 것은 콜라겐 중의 불안정한 펩티드결합이 가수분해 되어서 생기기 때문이다. 젤라틴 용액은 대단히 점조하며, 2% 용액을 실온에 방치하면 겔화 된다. 이 겔화는 가역적으로 습도를 올리면 용액상으로 된다.

콜라겐은 일반적인 단백질 분해효소로는 잘 분해되지 않으며 *Clostridium historiticum*에 의해 분비되는 콜라겐 분해효소에 의해 특이적으로 분해된다. 콜라겐은 표 5-7에서 보는 바와 같이 구성아미노산 중에서 glycine이 약 1/3, proline과 hydroxyproline을 합하여 약 1/3정도 차지하고 있으며, tryptophan과 황을 함유한 아미노산(cysteine, cystine 및 methionine)은 거의 함유하지 않아서 영양학적 의의가 없는 것이 큰 특징이다. 콜라겐의 아미노산 조성에서 극성아미노산과 비극성아미노산의 비율은 대략 40 : 60이다. 콜라겐은 1942년까지만 해도 변성시키지 않으면 어떤 용매에도 녹지 않는 불용성 단백질로 알고 있었으나 요즈음은 용해도에 따라 중성염 가용성, 묽은 산 가용성, 묽은 알칼리 가용성 및 불용성 콜라겐 등으로 분류한다. 가축의 나이가 많아질수록 알칼리 가용성 및 불용성

표 5-7. 콜라겐의 아미노산 조성

(단백질 100 g 중 아미노산의 g 수)

아미노산	함 량	아미노산	함 량	아미노산	함 량	아미노산	함 량
Gly	26.6	Pro	14.4	Thr	2.3	Lys	4.0
Ala	10.3	Phe	2.3	Cys	–	Asp	6.9
Val	2.5	Tyr	1.0	Met	1.0	Glu	11.2
Lea	3.7	Trp	–	Arg	8.2	Hyp	12.8
Ileu	1.9	Ser	4.3	His	0.7		

콜라겐의 함량비가 늘어난다. 콜라겐은 대사적으로는 불용성인 단백질로 동물의 나이가 많아짐에 따라 결합조직 중의 뮤코이드(mucoid)나 다당류가 감소하고, 반대로 콜라겐 양은 증가하여 망상구조를 만들어 식육의 질긴 요인이 된다.

2) 엘라스틴 및 레티쿨린

엘라스틴(elastin)은 황색의 망상구조의 탄성섬유를 구성하며 반추동물의 목 부분을 차지하는 인대는 전형적인 엘라스틴 조직이다. 콜라겐과 함께 존재하고 피부의 모공부에는 건조중량의 2% 정도 함유되어 있다. 동물의 나이가 많아짐에 따라 그 함량이 많아진다. 열, 알칼리 및 단백질가수분해효소에 대해서 콜라겐보다 저항성이 강하다.

엘라스틴의 아미노산 조성은 표 5-8에서 보는 바와 같이 glycine과 proline 함량이 많은 것은 콜라겐과 유사하고 콜라겐에 많이 들어있는 hydroxyproline 함량은 미량으로 들어있을 뿐이며 valine 함량은 콜라겐보다 몇 배가 많다.

표 5-8. 엘라스틴의 아미노산 조성

(단백질 100 g 중 아미노산의 g 수)

아미노산	함 량	아미노산	함 량	아미노산	함 량	아미노산	함 량
Gly	26.7	Pro	13.5	Thr	1.1	Lys	0.5
Ala	21.3	Phe	6.2	Cys	0.4	Asp	1.1
Val	17.7	Tyr	1.5	Met	–	Glu	2.4
Leu	9.0	Trp	–	Arg	1.3	Hyp	1.6
Ileu	3.8	Ser	0.9	His	–		

레티쿨린(reticulin)은 결합조직의 경계부위와 세포 주위의 혈관, 상피조직 등에 존재하는 것으로 콜라겐과 비슷한 것이지만 그 형태나 조직이 차이가 있으며, 물과 함께 가열하여도 젤라틴으로 되지 않는 점이 콜라겐과 다르다. 레티쿨린도 근육에 소량 함유되어 있으며 동물의 성장에 따라 증가된다.

5.2.3 지 방

지질(지방)은 유지 및 이들의 유도체의 총칭으로써 그 구성 비율은 식육의 품질에 큰 영향을 미친다. 식육의 성분 중 지방 함량의 변화는 가장 크게 나타나며, 도체 또는 지육에는 약 20%, 정육에는 약 10% 그리고 적육에는 2~5%가 함유되어 있다. 도체에 함유된 지질은 축적지방과 조직지방으로 나눌 수 있다. 피하, 신장주위, 근간지방 등을 축적지방이라 한다.

식육의 지방 함량은 가축의 영양상태, 특히 비육의 정도에 따라서 차이가 크게 된다. 가축을 비만하게 키우면 내장 주위, 피하 등에 지방이 축적되면서 근육 사이나 2차 근속 사이에 있는 결합조직에 지방이 침착하게 되고, 뒤이어 1차 근속 사이까지 지방이 침착하여 근내지방(marbling)을 생기게 한다. 피하지방은 등지방을 측정하여 산정하므로 등지방이라고 한다. 피하지방은 돼지의 경우 어깨부위, 소의 경우 등심과 갈비부위에 많이 축적되어 가축의 종류에 따라 많이 축적되는 부위가 다르다. 근내지방은 1차 근속 사이에 축적된 지방으로 등심근의 단면적에서 측정하고 있으며, 소 도체의 육질등급 판정에 중요하게 이용된다. 근간지방은 2차 근속 사이에 축적된 지방으로 그 함량을 측정하기가 어려우나 대분할육을 소분할육으로 나눌 때에 어느 정도 제거되므로 소분할육의 수율과 상관이 크다고 할 수 있다. 일반적으로 근내지방도는 1, 2차 근속 사이에 있는 지방을 모두 포함하여 표시하고 있으며 마블링(marbling), 상강도 또는 지방교잡도라고도 부르고 있다. 이를 측정함에 있어서 우리나라와 일본은 제 6~7 늑골 사이를 절개하여 측정하고, 미국은 제 12~13 늑골 사이를 절개한 등심근 단면적에서 측정한다. 한편 내장지방은 정육량 추정 요인으로 이용될 수 있으나 육질에는 크게 관여치 않는다. 축적지방을 형성하는 지방조직은 약 90%의 지질 외에 7~8%의 수분 그리고 2~3%의 단백질로 되어 있고, 주로 중성지질로 되어 있어서 비만의 정도가 높은 가축의 지방에는 중성지질의 비율이 높다. 근육과 장기 등의 조직에 있는 지방을 조직지방이라 한다. 조직지방은 세포의 구성성분을 만드는 것으로 중성지방은 적고 주로 인지질, 콜레스테롤 및 당지질이 상대적으로 많으며 외적요인에 의한 변동은 적다. 간지질은 간장의 기능이 보통일 때는 약 50%가 중성지방이고 조직지질과 축적지질과의 중간 성질이다.

(1) 중성지질

중성지질은 대부분 3가 알코올의 글리세롤(glycerol)과 고급지방산으로 이루어진 트리글리세리드(triglyceride)이고, 그 외에 소량의 디글리세리드, 모노글리세리드, 유리지방산, 콜레스테롤 및 콜레스테롤 에스터(ester)를 함유한다. 중성지질의 성상은 트리글리세리드의 지방산 조성의 차이에 따르게 된다.

$$
\begin{array}{lclcll}
CH_2OH & & R_1-COOH & & CH_2O\cdot CO-R_1 & \\
| & & | & \xrightarrow{\text{Lipase}} & | & \\
CHOH & + & R_2-COOH & \longrightarrow & CHO\cdot CO-R_2 & +3H_2O \\
| & & | & & | & \\
CH_2OH & & R_3-COOH & & CH_2O\cdot CO-R_3 & \\
\text{(Glycerol)} & & \text{(Fatty acid)} & & \text{(Triglyceride)} &
\end{array}
$$

식육의 중성지질의 특성은 가축의 종류에 따라 다소 다르며, 중요한 지방산은 표 5-9에서 보는 바와 같이 palmitic acid, stearic acid, oleic acid 및 linoleic acid이다. 소의 지방은 극히 적은 양의 지용성 비타민이 들어있으며, 융점이 44~55℃, 요오드가 30~60, oleic acid 40%, palmitic acid 30% 그리고 stearic acid가 20~40% 함유되어 있다. 돼지의 지방은 비타민 A와 D를 극히 미량 함유하고, 융점이 30~50℃, 요오드가 50~90, oleic acid 50~60%, palmitic acid 25~30% 그리고 stearic acid가 10~15% 함유되어 있다. 양의 지방은 융점이 45~55℃, 요오드가는 35~60정도이며 지방산은 oleic acid 40%, stearic acid 28%, palmitic acid 25% 그리고 소량의 myristic acid, linoleic acid로 구성되어 있다. 닭의 지방은 융점이 30℃, 요오드가는 70 정도이며, 지방산은 oleic acid가 가장 많고 palmitic acid도 다량 함유한다.

지방산은 분자 내에 이중결합이 없는 포화지방산과 이중결합을 갖는 불포화지방산으

표 5-9. 식육의 중성지질의 지방산 조성(%)

지 방 산	쇠 고 기	돼지고기	면양고기	말 고 기	토끼고기	닭 고 기
12 : 0	–	0.1	–	–	–	–
14 : 0	2.3	2.2	2.3	4.2	5.4	0.4
14 : 1	0.9	–	0.1	0.3	0.2	0.21
15 : 0	0.3	–	0.2	0.1	0.3	–
15 : 1	0.1	0.1	0.1	–	–	–
16 : 0	24.7	29.4	24.7	37.4	32.3	26.8
16 : 1	4.4	5.0	2.1	3.5	6.5	4.3
17 : 0(iso)	0.9	–	0.8	–	–	–
17 : 0	0.9	0.2	1.0	0.2	0.4	–
17 : 1	0.8	0.3	0.5	0.3	0.3	–
18 : 0	13.4	10.8	18.2	9.8	8.4	5.9
18 : 1	47.1	45.6	47.2	33.3	24.1	42.9
18 : 2	3.4	5.5	1.8	6.3	16.0	18.8
18 : 3	0.5	0.4	1.0	4.3	1.2	0.8
20 : 1	0.2	0.5	–	–	–	–
포 화	42.6	42.7	47.3	51.8	51.7	33.0
불포화	57.4	57.3	52.7	48.2	48.3	67.0

로 구분된다. 포화지방산은 융점이 높고(palmitic acid 62.7℃, stearic acid 71℃), 물에 녹지 않는 백색의 고체로, 소지방에 비교적 많다. 불포화지방산은 융점이 낮고(oleic acid 14℃, linoleic acid 9℃, linolenic acid 11℃), 상온에서 액체이며 돼지지방에 많다.

소나 양 등과 같은 반추동물의 체지방은 돼지지방보다도 stearic acid가 많고 linoleic acid가 적기 때문에 융점이 높고 단단하다. 반추동물에서는 불포화지방산이 많은 사료를 공급해도 체지방의 지방산 조성은 변하지 않지만, 사양조건이 근육의 지질에 전혀 영향을 주지 않는 것은 아니다. 돼지의 체지방은 소와 양보다도 사료의 영향을 받기 쉽다.

소를 비육하면 근육 중의 지방이 증가하는데, 이때 근육의 인지질 함량에는 큰 변화가 없고 중성지방 함량이 크게 증가한다.

(2) 인지질 및 기타 지질

인지질은 복합지질에 속하며, 글리세롤과 2분자의 지방산으로 된 디글리세리드에 인산이 결합하고, 이 인산에 다시 콜린(choline), 에탄올아민(ethanolamine), 세린(seine) 등의 염기성 유기 화합물이 결합된 것이다. 중요한 인지질로는 레시틴(lecithin)과 세팔린(cephalin)

표 5-10. 식육의 인지질의 지방산 조성(%)

지 방 산	쇠 고 기	돼지고기	면양고기	말 고 기	토끼고기
14 : 0	0.1	2.0	0.1	0.1	0.4
15 : 0	0.2	–	–	–	0.2
15 : 1	–	–	–	0.3	–
16 : 0	16.7	20.9	13.3	23.1	24.9
16 : 1	1.5	0.9	1.3	0.7	1.5
17 : 0(iso)	–	–	0.7	–	–
17 : 0	0.5	0.4	0.8	0.3	0.5
18 : 0	12.0	16.1	17.7	13.0	11.6
18 : 1	25.0	15.9	35.6	9.3	16.6
18 : 2	26.5	35.0	16.8	39.9	24.9
18 : 3	0.8	0.7	4.8	0.9	0.2
20 : 1	0.1	0.4	1.2	0.1	–
20 : 2	–	0.2	–	0.4	–
20 : 3	3.4	0.7	–	0.5	0.7
20 : 4	9.9	7.5	4.9	7.6	14.9
22 : 1	0.1	0.4	2.9	0.2	–
22 : 2	–	0.5	–	–	1.6
22 : 3	1.5	–	–	–	0.1
22 : 4	–	–	–	3.7	2.0
22 : 5	1.4	–	–	–	–
포 화	29.3	37.7	32.7	36.5	37.5
불포화	70.6	62.3	67.3	63.5	62.5

등이 있다. 레시틴은 2 mole의 지방산과 1 mole의 콜린 및 1 mole의 글리세린산으로 되어 있다. 근육 중의 인지질의 지방산 조성은 표 5-10과 같다.

인지질의 지방산 조성은 근육의 운동량에 관계하고 운동량이 많은 근육에는 인지질이 많이 함유된다. 즉 운동량이 많게 되면 palmitic acid와 oleic acid가 적게 되며 stearic acid, linoleic acid 및 arachidonic acid의 함량은 증가하고 고도 불포화지방산의 총량도 많아진다.

당지질은 분자 내에 당을 가지고 있는 복합지질로써 뇌와 신경조직에 들어 있으며, 주로 뇌에 존재하므로 세레브로시드(cerebroside)라고도 부른다. 그 구성 당분은 거의 갈락토오스이지만 포도당, 자당, 유당 등을 함유하는 세레브로시드도 발견되었다. 지방산은 lignoceric acid, phrenosinic acid, nervonic acid 및 hydroxy nervonic acid 등이 며 이들 구성 지방산의 종류에 따라 세레브로시드를 kerasin, phrenosin, nervon, hydroxy nervon 등으로 나눈다.

지질 중에는 콜레스테롤이 함유되어 있어서 고급지방산의 대사, 운반에 관여한다. 지질 중의 콜레스테롤 함량은 표 5-11과 같다.

표 5-11. 식육의 콜레스테롤 함량

(mg/100 g)

	식 육	함 량		식 육	함 량
소	우둔살	57~125	산 양	산양고기	61~71
	앞다리	69~100	돼 지	햄	40~83
	plate	83		베이컨	51~670
	상강육	38		로인	31~204
	mince	56~100		간	225~467
	간	190~383		신장	268~420
	심장	108~150	닭	닭고기	20~261
	신장	285~337		백색육	38~136
	혀	80~382		내장	95~421
	꼬리	52~72	칠면조	칠면조고기	60~82
	위	120~174	오 리	오리고기	70~91
	뇌	2,100~2,400	토 끼	집토끼고기	65~117
말	말고기	70		들토끼고기	66~80
면 양	면양고기	28~71			

콜레스테롤과 에스터를 형성하고 있는 지방산은 대부분이 linoleic acid이다. 스핑고지질(sphingolipid)은 뇌, 신경조직에 많이 함유되어 있는 지질이고, 그 대표적인 것으로는 스핑고미엘린(sphingomyelin)이 있으며 palmitic acid, stearic acid, lignoceric acid 및 nervonic acid 등 고급 포화지방산이 많아서 공기 중에서 산화에 대하여 안정한 편이다.

5.2.4 탄수화물

탄수화물은 탄소와 물과의 결합비율이 2 : 1인 $C_m(H_2O)_n$의 일반식으로 이루어져 있다는 뜻에서 탄수화물 또는 함수탄소라고 하고 있으나 acetic acid($CH_3 \cdot COOH$), 즉 $C_2(H_2O)_2$, lactic acid($CH_3 \cdot CHOH \cdot COOH$), 즉 $C_3(H_2O)_3$ 그리고 inositol, 즉 $C_6(H_2O)_6$과 같이 $C_m(H_2O)_n$의 식이면서도 당이 아닌 화합물도 있으며, 한편 rhamnose, 즉 $CH_3 \cdot (CH \cdot OH)_4 \cdot CHO$와 같이 당이면서도 그 일반식에 맞지 않는 것도 있어 근래에는 탄수화물 대신에 당질(glucide)이라고도 한다.

당질은 포도당으로 흡수되며 대부분 글리코겐으로 간장에 저장되다가 필요할 때에는 혈액에 의해 근육이나 다른 조직에 운반되어 산화에 의해 에너지를 공급한다. 글리코겐의 구성단위는 포도당만으로 되어 있으며 그 구조는 아밀로펙틴과 비슷하지만 가지가 더 많고, 길이가 짧은 점이 다르다. 글리코겐의 분자형태는 구형에 가깝고 요오드에 의하여 적색～적갈색을 나타내며 맛과 냄새가 없고 찬물에 녹아 콜로이드용액이 된다.

당질은 그 자체만을 위해서만이 아니라 지방질의 산화에도 필요하며, 단백질에 의해 대치될 수 있다. 당질이 부족하게 되면 단백질의 분해가 현저하게 증가되고 지방이 불완전 산화로 인해 케톤체(ketone body)가 늘어난다.

식육의 당질은 구조물질로 존재하는 것과 에너지원으로 존재하는 것으로 분류할 수 있으나, 도살 후 그 함유량이 적어 영양가치는 무시될 정도이다. 에너지원으로 존재하는 것은 글리코겐과 혈당 정도로, 글리코겐은 간장에 약 6%, 적육 중에는 약 1% 이내 들어 있으나 도살 후 경직이 완성되기 전에 해당작용에 의하여 대부분 또는 완전히 유산으로 분해되어 버린다. 그러므로 숙성육에는 당질이 매우 적어지거나 없어져 버리게 되고 이것은 식육의 pH를 저하시키는 중요한 역할을 하게 된다.

이렇게 글리코겐은 도살 후 점차 없어져 버리기 때문에 식육이나 식육가공품의 영양가에 거의 영향이 없다. 글리코겐의 분해속도와 양은 식육의 보수력, 색 및 결착력과 같은 물리적 특성을 좌우한다. 돼지에 있어서 근육의 온도가 높은 때에 급속한 해당작용은 PSE근육의 발생원인이 된다.

5.2.5 무 기 질

무기질은 체성분으로써 필수적이나 화학적 에너지는 가지고 있지 않다. 식육에는 단백질, 지방, 탄수화물을 구성하고 있는 C, O, H, N이 약 96%를 차지하고, 그 외에 여러 가지 무기원소(Ca, Mg, P, K, Na, S, Cl, Fe, Cu, I, Mn, Co, Zn 등)가 함유되어 있다.

식육의 무기질 함량은 1% 내외이고, 비교적 함량 변동은 적은 편이다. 그 함량은 표 5-12에서 보는 바와 같이 가축의 종류에 따라서 차이가 있고 품종, 근육부위 등의 요인에 의해서도 차이가 있다. 무기질은 세포액의 염류농도를 유지하고, 효소작용에 관계하기도 하여 생체의 구성과 대사에 중요한 역할을 한다. 또 식육의 보수성과 지질의 산패 등에도 영향이 있기 때문에 근육의 이용에 있어서 영양상 또는 가공면에서 중요하다.

표 5-12. 식육의 무기물 함량

(mg/100 g)

	돼지고기	쇠고기	송아지고기	양고기	어린양고기	말고기	토끼고기	닭고기
Na	63.0	39.5~64.2	90	91	75	100	24.5	46
K	326	336~436	320	350	295	–	196	407
Mg	23.0	17.09~23.13	15	27.2	15	–	28.8	17.8
Ca	6.0	3.26~4.4	11	12.6	10	4	18.4	5.8
Zn	2.25	2.83~7.37	–	–	–	–	–	1.1
Fe	2.1	2.16~3.51	2.9	1.7	1.2	2	2.8	2.2
Cu	0.11	0.1~0.3	–	0.16	–	–	–	–
Mn	0.03	0.2	–	–	–	–	–	–
P	248	154~184	193	195	147	200	144	339
Cl	54.2	40.3~72.9	–	84	–	–	51	144
S	201	–	226	208	–	–	199	129

무기물은 체내에서 요구되는 정도에 따라서 구분할 수 있는데 많이 요구되는 것에는 Ca, P, Mg 등이 있고, 적게 요구되는 것에는 Fe, Cu, Zn, Co 등이 있다. 무기물은 식육 내의 단백질과 물에 결합되어 있어서 지방보다 적육에 더 많이 함유되어 있다. 동결육을 해동할 때에 발생하는 드립에 의해서 아주 적은 양이지만 Ca, P, K 등이 감소된다.

무기물 중 Ca과 Mg은 대부분 뼈와 치아의 구성성분이 되는 동시에 이들을 단단하게 하지만 적육에는 많이 함유하지 않는다. 그러나 P은 약 20%가 적육에 존재한다. 그래서 식육은 P와 Fe의 좋은 공급원이 되지만 Ca의 공급원은 되지 못한다. 또 P, K, Cl, Fe, S 등은 여러 가지 생리기능을 갖는 유기화합물의 성분이 되고, 근육, 혈색소 등 연조직의 주요한 고형분을 이룬다. 그리고 Na^+, K^+, PO_4^{3-}, CO_3^{2-} 등은 완충작용을 하는 무기물이고, Mg^{2+}, Mn^{2+}, Ca^{2+} 등은 대사에 관여하는 여러 효소를 활성화시켜 주고 그 반응을 촉진시킨다.

5.2.6 비 타 민

비타민은 적은 양으로 동물의 생리기능을 조절하며 완전한 물질대사가 일어나도록 하는 유기화합물이다. 비타민은 동물체에서 합성되지 않으므로 체외에서 섭취해야 한다.

식육은 표 5-13에서 보는 바와 같이 비타민 B복합체의 훌륭한 공급원이며, 특히 돼지고기의 비타민 B_1 함량은 다른 동물의 근육보다 상대적으로 상당히 높아서 하나의 특징으로 되어 있다. 돼지고기의 비타민 함량은 사료 중의 비타민 함량에 영향을 받지만 소 및 양과 같은 반추동물의 근육에서는 제 1위(胃) 중의 미생물이 합성하기 때문에 비교적 변동이 적다.

표 5-13. 식육의 비타민 함량

(신선육 100g 중 단위)

비 타 민	쇠고기	송아지고기	돼지고기	양고기	닭고기	
					가 슴	다 리
A(I.U.)	미량	미량	미량	미량	–	–
B_1(thiamin)(mg)	0.07	0.10	1.0	0.15	0.05	0.08
B_2(riboflavin)(mg)	0.20	0.25	1.20	0.25	0.16	0.20
Nicotinic acid(mg)	5	7	5	5	10.7	5.2
Pantothenic acid(mg)	0.4	0.6	0.6	0.6	–	–
Biotin(mg)	3	5	4	4	–	–
Folic acid(μg)	10	5	3	3	–	–
B_6(mg)	0.3	0.3	0.5	0.5	0.68	0.32
B_{12}(μg)	2	–	2	2	–	–
C(ascorbic acid)(mg)	–	–	–	–	–	–
D(I.U.)	미량	미량	미량	미량	–	–

표 5-14. 장기류의 비타민 함량

(신선육 100g 중)

장 기 류		B_1 (mg)	B_2 (mg)	니코틴산 (mg)	B_6 (mg)	판토텐산 (mg)	비오틴 (μg)	엽산 (mg)	B_{12} (μg)	A (I.U)	C (mg)
소	심장	0.24	0.84	6.6	0.29	2.3	7.3	0.110	9.7	30	6
	간장(소)	0.23	3.3	14	0.74	7.3	100	0.081	65	44,000	31
	혀	0.16	0.28	3.9	0.13	2.0	3.3	–	–	–	–
	간장(송아지)	0.21	3.1	16	0.30	–	–	–	–	22,000	36
	간장(처녀소)	0.52	3.3	16	0.30	6.0	75	0.046	–	–	–
돼지	심장	0.31	0.81	7.3	0.35	2.5	18	–	2.4	–	18
	간장	0.25	3.0	14	0.51	6.6	85	0.074	23	14,000	23
자양	심장	0.31	0.86	4.6	–	3.0	–	–	5.2	–	–
	간장	0.26	3.9	12	0.37	8.1	130	–	35	50,000	33

지용성 비타민(A, D, E, K)은 근육에 많이 함유되어 있지 않으며 주로 근주막과 근육사이의 근내지방과 근세포 내 지질에 들어 있어서 저장 중 일어나는 지방의 자동산화나 불쾌한 냄새의 발생을 억제한다. 식육은 지용성 비타민 함량이 낮아서 그 공급원으로서는 미흡하지만 프로비타민 A인 β-카로텐(carotene)의 공급원으로써는 중요하다.

수용성 비타민(B복합체와 C 등)의 함량은 비타민 C를 제외하고는 상당히 높은 편이나 그 함량은 동물의 종류, 연령, 사양방법, 비육정도 및 근육의 부위에 따라 차이가 있다. 수용성 비타민의 정확한 존재부위는 아직도 확실하지 않으나 대부분 근세포 내의 세포질에 존재하고, 비타민 B_1, B_2, B_6, 및 B_{12}, 비오틴, 엽산 그리고 판토텐산 등은 효소 등 생리활성물질의 보효소이지만 구조성분으로 존재하거나 유리상태로 존재한다. 식육에 들어있는 비타민 A, C, E, D 및 K는 그 함량이 많지 않으면서 그것도 조리 또는 가공과정에서 대부분 파괴되어 버린다.

여러 가지 장기, 특히 간장은 각종 비타민 함량이 높아서 영양적인 가치가 크다.

5.2.7 비단백태 질소화합물

단백질 침전제로써 침전하지 않는 부분에 함유되는 질소화합물로, 단백질은 아니지만 조단백질 중에 함유되고 생체의 생리, 생화학적 기능의 면에서 중요한 역할을 가진 물질이 많다. 이 물질들은 고에너지 인산화합물을 비롯하여 엑기스 성분으로써 추출되는 물질도 많이 있다. 여기에는 암모니아, 요소, 유리아미노산, 펩티드, 핵산관련물질 및 아미이드 등이 있다. 근육을 더운물로써 추출하면 여러 가지 성분이 용출되는데 이 성분을 넓은 의미의 엑기스분(extractives)이라 하고, 이것에서 단백질, 지질, 무기질, 비타민을 빼고 남은 유기화합물을 협의의 엑기스분이라 한다.

뉴클레오티드(nucleotide)는 핵산의 구성성분으로써 뿐만 아니라 유리상태로서도 근육 중에 존재하며, 그 종류는 아미노산이나 단당류의 종류보다도 많다. 핵산관련물질 중에서 ATP는 잘 알려져 있는 것으로, 가수분해시에 1 mole당 약 8 Kcal의 자유에너지를 방출한다. 이 에너지로써 ATP는 핵산의 합성을 비롯하여 단백질, 지질, 당질 등의 대사에 관여한다. 동물체 내에서 뉴클레오티드의 함량은 활동량에 따라서 다르며 운동이 심할수록 뉴클리오티드 특히 ATP 함량은 감소한다. 근육 중의 ATP는 ATPase의 작용에 의하여 인산을 1개 방출해서 ADP가 되고 다시 AMP로 되며 이것에서 아미노기가 떨어져 생긴 것이 IMP로써 이노신산이라 하며 식육의 풍미성분으로써 중요하다. 근육 중의 핵산관련물질에 대하여 분석한 예를 표 5-15에 나타내었는데 가축의 종류에 따른 차이를 보인다.

크레아틴(creatine)은 생체 근육 중에서 인산과 결합하여 크레아틴인산으로 되며, 고에너지 인산 결합을 하여 ATP와 함께 근수축에 중요한 역할을 담당하고, 산성에서 가열하면 크레아티닌이 생기게 된다.

유리아미노산 함량은 가축의 종류, 근육, 도살 후의 경과시간 등에 따라 차이가 난다. 펩티드로써는 carnosine 및 anserine 등이 있는데, 유리아미노산과 마찬가지로 함량 차이가 있게 된다.

표 5-15. 식육 중의 핵산 관련물질 함량

(mg, %)

<table>
<tr><th></th><th>ATP</th><th>ADP</th><th>5′-AMP</th><th>5′-IMP</th><th>5′-GMP</th><th>5′-UMP</th><th>5-CMP</th><th>inosine</th><th>hypo-xanthine</th></tr>
<tr><td>쇠 고 기</td><td>7.6</td><td>9.8</td><td>6.6</td><td>106.0</td><td>2.2</td><td>1.6</td><td>1.0</td><td colspan="2">7.8</td></tr>
<tr><td>돼지고기</td><td>4.1</td><td>8.1</td><td>7.6</td><td>122.2</td><td>2.5</td><td>1.6</td><td>1.9</td><td colspan="2">75.1</td></tr>
<tr><td>닭 고 기</td><td>21.3</td><td>6.2</td><td>11.5</td><td>75.6</td><td>1.5</td><td>1.3</td><td>2.6</td><td colspan="2">56.3</td></tr>
<tr><td>부로일러</td><td>8.1</td><td>22</td><td>5.2</td><td>212</td><td>3.6</td><td>3.6</td><td>2.3</td><td>51.8</td><td>10.8</td></tr>
<tr><td>양 고 기</td><td>8.1</td><td>7.3</td><td>6.6</td><td>82</td><td>0.6</td><td>0.6</td><td>1.9</td><td>86.9</td><td>3.4</td></tr>
<tr><td>말 고 기</td><td>5.1</td><td>23</td><td>2.4</td><td>107</td><td>1.9</td><td>1.9</td><td>1.3</td><td>64.4</td><td>13.7</td></tr>
</table>

6. 근육의 사후 변화와 숙성

- 강종옥, 김언현 -

6.1 생체근육의 수축 및 이완기구

생체근육의 생화학적 기능, 즉 수축과 이완 현상을 이해하는 것은 식품으로써의 고기의 성질을 이해하고 이용하는 데 필수적인 사항이다. 예를 들면 사후 근육의 연도, 보수성, 육색, 풍미 등의 육질에 관련되는 요인과 밀접한 관계가 있기 때문이다.

이러한 사항을 충분히 이해하기 위해서는 앞장에서 설명한 근섬유와 근원섬유의 미세구조를 충분히 이해하고 있어야 한다. 근육은 그 독특한 구조 때문에 가역적으로 수축이완하고 있기 때문이다.

6.1.1 근수축 이론 및 분자기작

(1) 활 주 설

근원섬유는 미오신(myosin)을 주성분으로 하는 굵은 섬유와 액틴을 주성분으로 하는 가는 섬유의 2종류로 구성되어 있다. 굵은 필라멘트(thick filament)는 약 1.6㎛의 길이이며, M선에 있는 M 단백질에 의해 유지되는 규칙적인 6 각형 격자구조이다. 가는 필라멘트(thin filament)는 Z선을 기점으로 좌우의 A대쪽으로 향하고 있으며, 그 일부는 굵은 필라멘트 사이로 들어가 있다. A대 중에서 가는 필라멘트 섬유가 들어가 있는 부분은 단백질의 밀도가 높기 때문에 전자현미경으로 보면 다른 부분보다 짙게 보인다. H대 부분은 가는 필라멘트가 들어가 있지 않는 굵은 필라멘트만의 부분이다. 따라서 Z선에서 H대 끝까지의 거리가 가는 필라멘트의 길이가 되며, 약 1㎛이다. 또 미오신 필라멘트와 Z선을 연결하는 코넥틴(connectin)이라는 탄성 단백질이 그물모양으로 근원섬유를 싸서, 과도하게 신장되었을 때에 부서지지 않도록 하고 있다(그림 6-1).

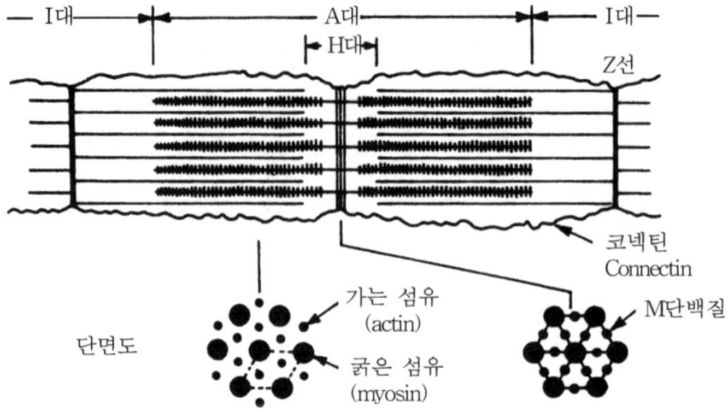

그림 6-1. 근원섬유구조의 모식도

근원섬유에서 하나의 Z선에서 다음의 Z선까지를 근절(sarcomere)이라고 하며, 이것이 수축의 기본단위가 된다. 근원섬유가 수축하는 것은 각 근절이 동일하게 짧아지기 때문이다. 수축할 때에 A대의 폭은 변하지 않고, I대의 폭만이 좁아진다. 이때 흥미로운 것은 H대의 폭도 I대와 마찬가지로 좁아진다는 점이다. 전술한 바와 같이 H대는 가는 필라멘트가 들어가 있지 않을 부분이다. 이 폭이 I대와 마찬가지로 좁아진다는 것은 수축시 가는 필라멘트가 보다 안쪽으로 들어간다는 것을 의미하고 있다. 즉 근절이 단축하는 것은 가는 필라멘트가 구부러지는 것이 아니라, 그 길이는 일정하게 유지된 채 굵은 필라멘트 사이로 미끄러져 들어가기 때문이다. 이것이 근수축의 기본이 되는 활주설(sliding theory)이다(그림 6-2).

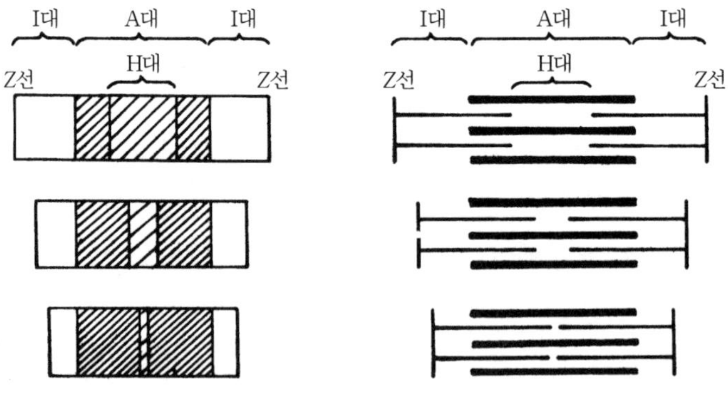

그림 6-2. 활 주 설

수축에 따른 A대, I대, H대 내부의 변화는 thin filament의 활주에 기인하고 있다.

(2) 머리 운동설과 부동설

곤충의 날개근이 이완상태에 있을 때와 ATP가 고갈되어 경직상태에 있을 때를 전자현미경으로 관찰해 보면 그림 6-3에 나타낸 것과 같이 보인다. 이완시의 가교(cross-bridge)가 풀리는 과정을 보면 ① ATP가 결합하면 미오신 머리는 액틴에서 해리하고 (a), ② 그 상태에서 ATP는 ADP와 Pi로 분해된다(b), ③ 미오신 머리는 액틴과 직각으로 결합한다(c), ④ ADP와 Pi를 방출하면서 머리의 회전이 일어나고, 각도가 직각에서 45로 변한다(d). 이때 S_2(스프링) 부분이 늘어나서 활주력이 발생한다. 이때 1회전에서 최대 약 8 nm가 활주된다.

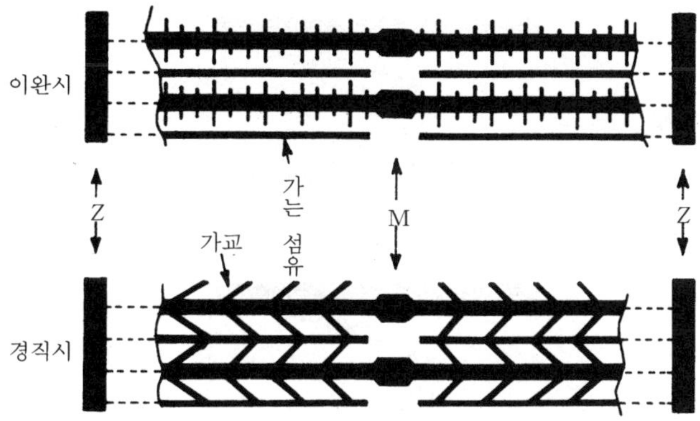

그림 6-3. 곤충날개근의 경직시 및 이완시의 가교결합의 각도

가교결합은 굵은 필라멘트에서 거의 수직으로 돌출하고 있지만, 액틴과는 결합하고 있지 않은 것처럼 보인다. 이에 대하여 강직의 가교결합은 굵은 섬유의 표면에서 약 45도의 각도로 돌출하여 가는 필라멘트에 결합된 것처럼 보인다. 이완시의 가교결합은 액틴과 결합하여 인산을 방출하면서 약 45도 머리를 굽힌다고 생각할 수가 있다. 이것은 특수한 조건 하에서 고정된 상이라 할지라도, 실제로 미오신 분자를 관찰해 보면 2개의 머리부분이 만드는 각도는 분자마다 달라 머리부분의 유연성을 엿볼 수 있다. 이러한 배경 때문에 가는 섬유가 활주할 수 있도록 하는 힘은 머리운동에 있다고 극히 자연스럽게 생각하게 되었다(그림 6-4).

지금까지 일반 교과서에서는 명확한 증거를 갖지 못한 채 이 머리운동설이 활주분자 메카니즘으로써 소개되어 왔으나 최근에는 이것을 부정하는 부동설(머리부분의 각도는 변하지 않는다.)의 연구보고가 계속 나와 주목을 받고 있다. 즉 미오신 특히 머리에는 SH1이라는 아주 반응성이 높은 cystine 잔기가 있다. 이것을 형광화합물 또는 spin 화합물로 표시하여 조사한 결과 머리의 각도는 등척성 수축을 행할 때나, ATP가 없는 강직 상태에서도 마찬가지로 동일방향이었다. 다시 말해서 subfragment-1의 구조변화보다는 F-actin 중의 액틴 분자가 연속적으로 구조변화를 일으켜 이에 따라 subframent-1의

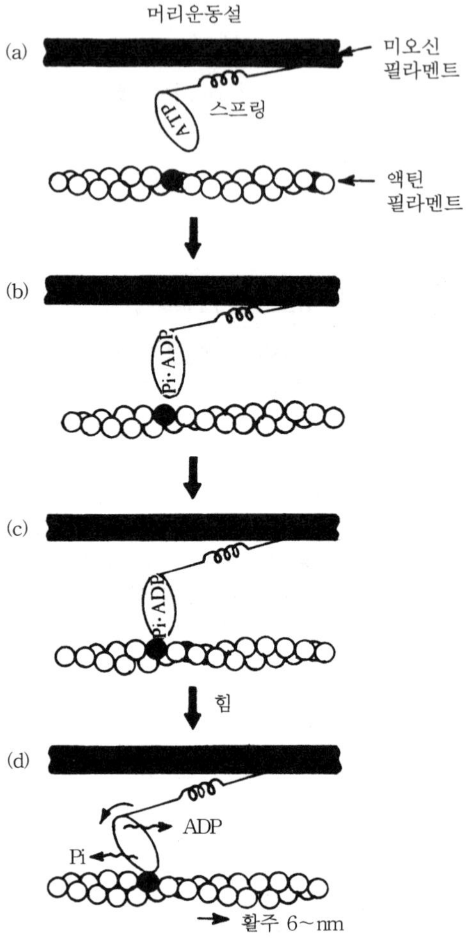

그림 6-4. 머리운동설

위를 활주한다는 액틴 필라멘트(actin filament)의 구조변화에 중점을 둔 모델로서 수축 중의 가교에는 머리의 운동을 볼 수 없었다는 것이다(그림 6-5).

또한 머리운동설을 믿고 있을 때는 1개의 ATP가 분해될 때마다 1회의 머리운동이 일어나며, 가는 필라멘트가 활주하는 거리는 약 10 nm로 생각하고 있었다. 이에 반해 머리부동설은 ATP가 1개 분해될 때 움직이는 액틴 필라멘트의 거리는 약 60 nm로 이는 액틴 필라멘트에서 actin 분자 10개에 상당한다.

위에 언급한 두 설은 모두 1 cm의 1/100만의 변화의 크기를 말하고 있어서 근수축 메카니즘을 분자수준에서 해명하는 데는 좀 더 시간이 걸릴 것 같다.

다만 활주설 그 자체는 사실로서 확립되고 있으나, 머리운동설은 재조명되고 있다.

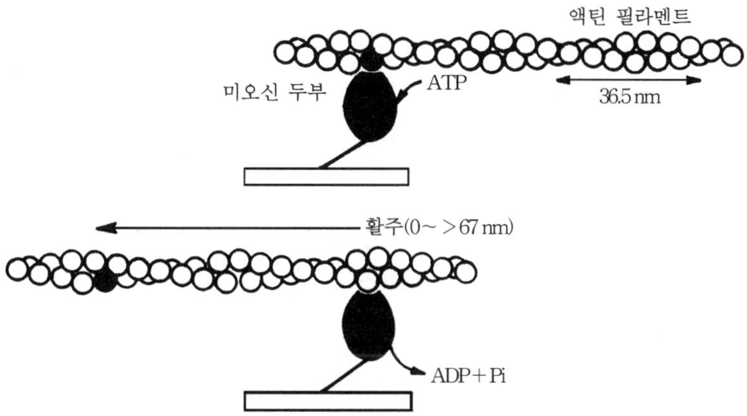

그림 6-5. Myosin 두부 활주 모델
1분자의 ATP가 분해(ATP→ADP+Pi)되는 사이에 미오신 머리는
액틴 필라멘트를 따라 부하(負荷)에 의해 0에서 83 nm 이상 활주한다.

6.1.2 운동단위 및 골격근의 수축특성

골격근은 척수에서 나온 운동신경의 지배를 받고 있다. 하나의 운동신경은 그 말단에서 몇 개의 가지로 나누어져서 다수의 근섬유와 근세포와 접하고 있다. 따라서 1개의 운동신경의 흥분으로 다수의 근섬유가 동시에 수축한다(그림 6-6). 이것을 운동단위(motor unit)라고 한다.

손의 근육이나 안구를 움직이는 근육에서는 1개의 운동단위에 3~6개의 근섬유 밖에 없지만, 팔이나 다리의 근육에서는 운동단위 중에 100~300개의 근섬유가 있다.

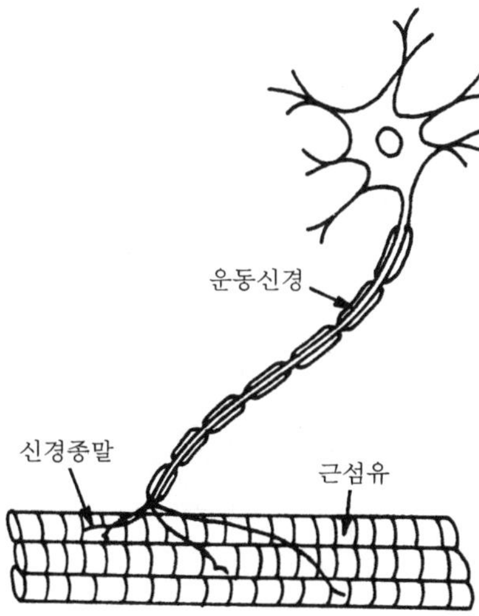

그림 6-6. 골격근의 운동단위

골격근의 수축 특성은 구성된 근섬유의 성질에 의해 결정된다. 골격근 섬유에는 빠르게 수축하는 속근과 천천히 수축하는 지근이 있는데, 대부분의 근육에서는 양자가 섞여 있다. 전자는 심한 운동을 위한 근섬유로 표면에 가까운 부위에 많고, 일과성이 빠른 수축에 적합하다. 후자는 가벼운 운동이나 자세조절을 위한 근섬유로 심부에 많고, 천천히 지속적으로 수축을 한다. 하나의 운동단위에 속하는 근섬유는 이 중 어느 쪽인가에 속하고 있기 때문에 가벼운 운동시는 천천히 수축하는 근섬유를 지배하는 신경이 흥분하고, 강한 힘이 필요하게 되면 빨리 수축하는 근섬유를 지배하게 된다. 우리들의 등쪽에 있는 긴 근육은 자세유지를 위하여 항상 장력을 발생하고 있어서 거의 느린 근섬유로 되어 있다. 이와 같은 근육은 미오글로빈 함량이 많아 색이 암적색이기 때문에 적색근이라고도 한다. 한편, 빠른 근섬유는 수축의 지속시간도 짧아서 세심한 운동에 적합하다. 안구를 움직이는 근육과 손의 근육 중 일부는 빠른 근섬유만으로 되어 있다. 이들 근육은 미오글로빈 함량이 적어 색이 엷기 때문에 백색근이라고도 한다.

6.1.3 막 전위 변화와 근수축

생체 근섬유의 수축을 일으키는 것은 최초의 단계의 형질막에서의 전위 변화이다. 생체 내에서 근육은 운동신경에 의해 지배되고 있으며 근운동은 운동신경의 명령(활동전위)에 의해 조절되고 있다. 신경섬유나 근섬유의 형질막은 정지상태에서는 막 내외의 K^+ 농도에 의존하는 정지전위 내측이 외측에 대해 부(−)가 존재하고 있다. 외측으로부터 전류를 통하면 Na^+이 내측으로 투과하면서 전위가 반전하여 내측이 정(+), 외측이 부(−)가 되는 정지전위의 감소(탈분극)가 일어난다(그림 6-7, 6-8).

세포의 일부에 이런 변화가 생기면 변화하지 않는 부분과 전위차가 생겨 국지적인 전류회로가 생기게 된다. 다시 생성된 전류회로는 인접 부분을 자극하게 되고, 이번에는 이 부분에 전위차가 생성되면서 처음 변화된 부분은 원래의 상태로 되돌아 가는 일과성의 변화가 계속되는데 이것을 막의 이온화에 대한 투과성의 변화, 즉 활동전위라고 한다(그림 6-9).

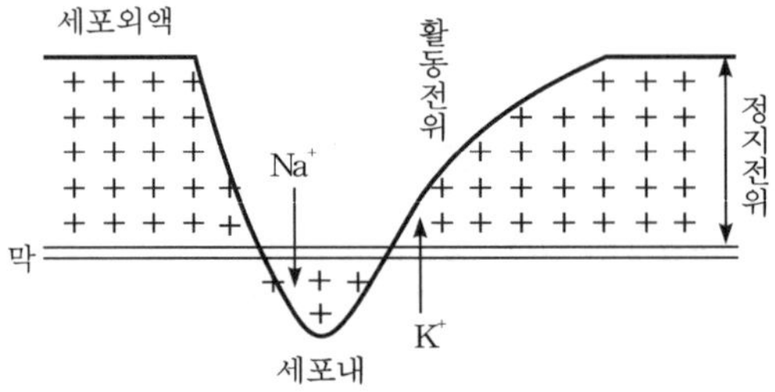

그림 6-7. 활동전위의 경과 중 NA^+유입과 K^+의 유출

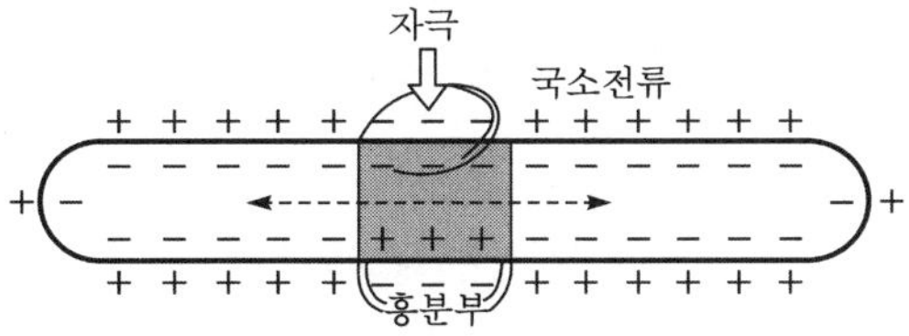

그림 6-8. 흥분전도의 기작
점선은 흥분의 진행방향을 나타낸다.

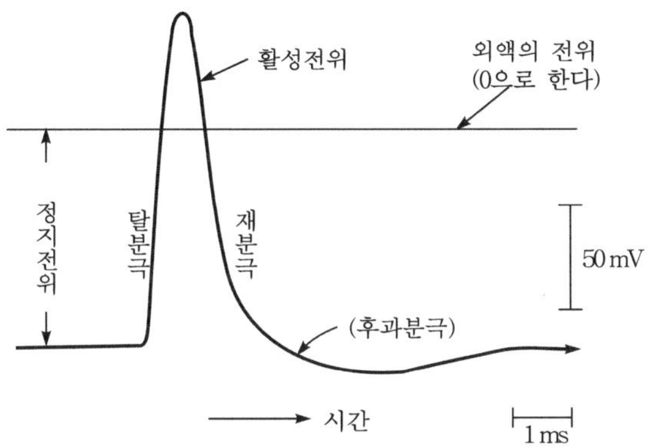

그림 6-9. 세포내 미소전극에 의한 활동전위의 기록

활동전위는 신경섬유를 따라 쇠퇴되지 않은 채 전달되어가며, 그 지속시간은 1 msec(1/5,000초)내외이다. 따라서 활동전위의 최대빈도는 매초 약 1,000회가 한도이다. 형질막이 활동전위를 발생하는 것을 일반적으로 흥분(excitement)이라 하고, 신경섬유를 따라서 활동전위가 전해지는 것을 흥분전도라고 한다.

형질막으로부터 전류가 흐르는 곳에서 탈분극(위에서는 탈분극과 활동전위를 구별하여 서술하였으나 같은 것으로 생각하는 편이 이해하기 쉽다)이 일어나고, 이때 근섬유 전체가 수축하게 되는데 그 과정은 다음과 같다.

운동신경에 자극이 전해져서 운동신경말단에 도달하면 틈 사이로 acetyl choline이라고 하는 전달물질이 방출되어 근섬유의 형질막에 있는 수용체를 자극하게 된다. 이때 형질막에 전기적 흥분이 일어나고, 흥분은 T관계(횡행소관계)를 따라 근섬유 내부에 이르러 접해 있는 근소포체의 종말조부분을 자극하게 된다. 자극받은 종말조부분의 막은 Ca^{2+} 투과성이 급격하게 증대되어 내부에 축적하고 있던 Ca^{2+}이 원형질로 방출된다.

이와 같이 신경자극의 도달정보는 원형질의 Ca^{2+} 농도가 상승함으로써 근섬유 내부에 전달되어 근원섬유를 수축시키는 일련의 화학반응을 일으킨다.

신경자극이 단지 1회 때 신경말단과 근섬유의 틈 사이에 방출된 acetylcholine은

acetylcholine esterase라는 효소에 의해 곧 분해되어 버리기 때문에 근원섬유 형질막의 흥분도 동시에 가라앉는다. 흥분이 가라앉으면 근소포체(sarcoplasmic reticulum, SR)의 Ca^{2+} 투과성도 원상태로 회복되고 Ca^{2+} 펌프(근소포체 표면의 분자량 약 10만의 단백질)가 작동하여 원형질로부터 Ca^{2+}을 흡수하여 근소포체 내부에 축적하게 된다. 동시에 원형질의 Ca^{2+} 농도가 저하되면 트로포닌에 결합한 Ca^{2+}도 해리되어 구조가 원상태로 되면서 이완이 일어난다(그림 6-10).

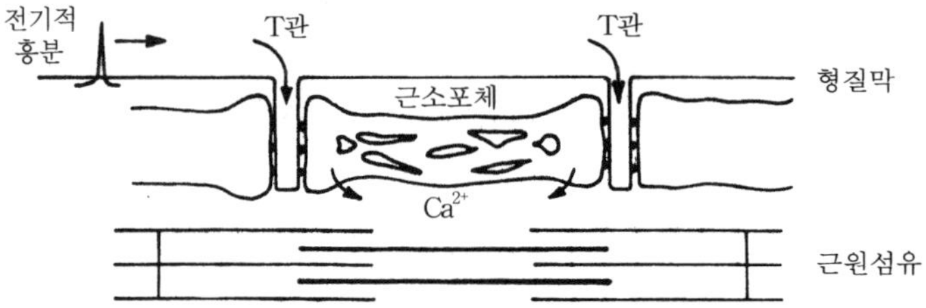

그림 6-10. 신경자극이 근세포 내부로 전해지는 과정

6.1.4 미오신과 액틴에 의한 ATP분해

근육의 수축은 ATP가 ADP와 인산으로 가수분해될 때 발생하는 화학에너지에 의해 일어난다. 여기서는 미오신과 액틴에 의한 ATP분해 과정과 그 특성에 관하여 설명하고자 한다.

세포 내에는 언제나 2~3 nM 농도의 Mg^{2+}이 있어서, ATP의 인산부분에는 그림 6-11과 같이 Mg^{2+}이 결합하고 있다. 따라서 근이 수축할 때 미오신 머리의 활성중심에 들어 있는 기질은 Mg^{2+}이 결합된 ATP이다.

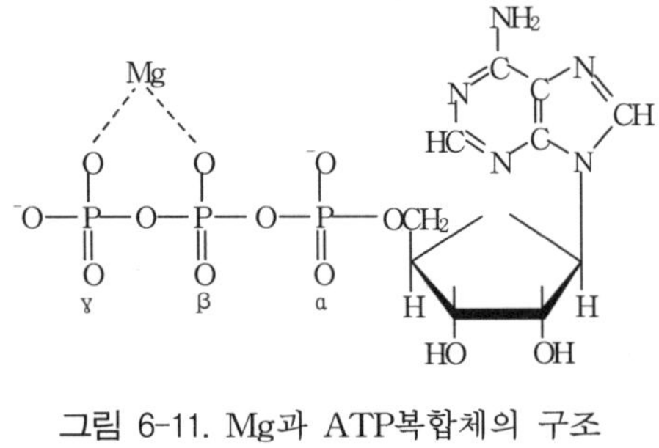

그림 6-11. Mg과 ATP복합체의 구조

미오신에 의한 Mg·ATP의 분해는 다음 5단계에 의해 일어난다(그림 6-12). 식이 너무 길어지기 때문에 이 그림에는 Mg^{2+}을 생략한다. 또 미오신 분자는 2개의 두부를 갖고 있어서 여기에서의 M은 미오신 머리 부분 1개를 나타낸다. 제 1단계는 용액 중의

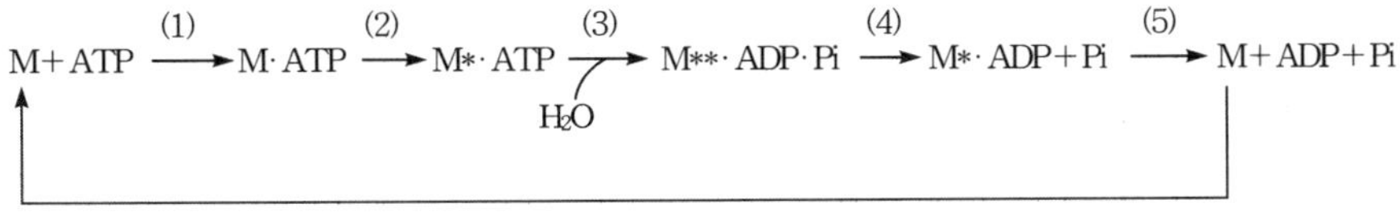

그림 6-12. 미오신에 의한 Mg, ATP의 분해과정

ATP가 미오신의 활성중심으로 들어오는 과정을 나타내고 있다. ATP가 활성중심으로 들어오면 미오신은 ATP와 결합하여 구조변화를 일으킨다. 제2단계에서 미오신에 *표가 붙어있는 것은 이 구조변화에 의해 미오신의 tryptophan 형광이 10% 정도 강해지는 것을 나타내고 있다. 다음 단계에서 ATP는 ADP와 인산으로 분해된다. **표는 tryptophan 형광이 다시 수 % 강해지는 것을 나타내고 있다. 제4단계에서 활성중심으로부터 먼저 인산이 방출된다. 최후로 ADP가 활성중심에서 벗어나고, 미오신은 원상태로 회복된다.

M** · ADP · Pi에 actin이 상호작용하면 인산과 ADP의 방출은 촉진되고, 액틴과 미오신의 복합체가 형성된다(그림 6-13). 이 복합체를 형성한 미오신에 Mg · ATP가 결합하면 actin과의 결합은 약해져서 해리하게 된다. ATP는 미오신에서 분해되어 다시 M** · ADP · Pi가 되고, 여기에 이번에는 액틴이 결합하여 인산과 ADP의 방출을 촉진한다. 이완 시에는 액틴 필라멘트의 tropomyosin · troponin 복합체의 형성이 방해하기 때문에 미오신은 액틴과 상호작용을 할 수 없는 상태이다. 그 때문에 미오신만에 의한 Mg · ATP분해 밖에 할 수 없어, ATP소비량은 적다. 수축 시에는 트로포닌에 의한 조해가 풀려서 미오신은 액틴과 자유롭게 상호작용할 수 있고, Mg · ATP의 분해량은 증가한다. 전술한 바와 같이 인산의 방출단계는 에너지 변화가 큰 곳이기 때문에 미오신의 머리부분이 가는 필라멘트의 액틴 섬유를 끌어들인 S-1은 Mg · ATP의 결합에 의해 다시 가는 필라멘트에서 떨어져 ATP를 분해한 후에는 또 액틴에 결합하여 힘을

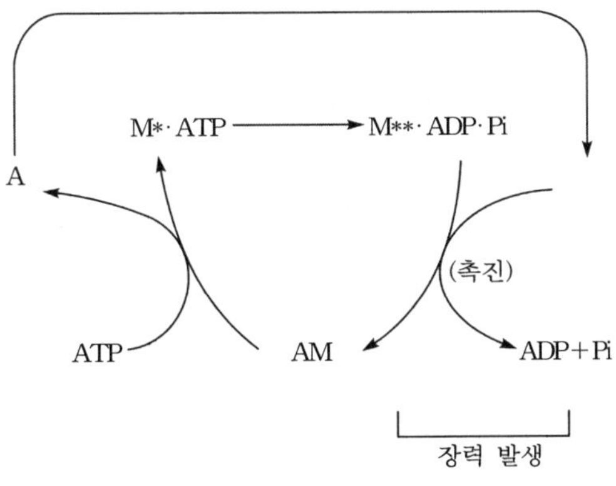

그림 6-13. 액틴 존재 하에서의 ATP분해(A는 액틴을 의미한다.)

발생하는 회로가 반복된다고 생각되고 있다.

(1) 근수축의 조절

1) Ca^{2+}에 대한 고찰

근육뿐만 아니라, 많은 다른 세포에서도 외부로부터의 자극을 세포 내로 전하는 전달물질로써 Ca^{2+}이 사용되고 있다. 생체 내에는 다른 이온이 있는데도 왜 Ca^{2+}이 사용되고 있을까?

Ca^{2+}은 생체 중에서 수소, 산소, 탄소, 질소에 이어 5번째로 많은 원소이다. Ca^{2+} 중 90%는 뼈와 이에 사용되고 있으므로 자유롭게 활용될 수 있는 것은 10%에 불과하다. 자유롭게 움직일 수 있는 Ca^{2+}의 대부분은 혈장, 조직액 등의 세포 외액에 있으며, 세포 내부의 Ca^{2+} 농도는 그 1/10,000로 아주 낮아서, 통상 0.1 ㎛ 이하이다. 세포 내의 Ca^{2+} 농도가 이처럼 낮게 유지되고 있는 것은 세포막에 Ca^{2+} 펌프(calcium pump)라고 하는 단백질이 ATP를 분해하면서 그 에너지를 사용하여 Ca^{2+}을 적극적으로 외부로 방출하고 있기 때문이다. 이와 같이 세포 농도는 아주 낮기 때문에 극소량의 Ca^{2+}의 유입에 의해서 농도를 크게 변화시킬 수가 있다. Mg^{2+}처럼 세포 내에 수mM이나 존재하고 있는 것에는 그 농도를 몇 배로 변화시키기가 쉽지 않지만 Ca^{2+} 농도는 간단히 수십배로 변화시킬 수가 있으므로 대단히 명확한 신호로써 세포 내로 전달된다. 따라서 세포는 외부로부터의 자극을 정확히 내부로 전하기 위하여 내부농도의 저 Ca^{2+}을 선택하였으며 그 변화를 감지하기 위하여 ㎛전후의 농도 변화에 의해 Ca^{2+}을 결합 해리하여 구조변화를 일으키는 특수한 단백질을 내부에 갖도록 진화해 왔다고 생각된다. 그러면 세포가 ATP의 에너지를 사용하면서까지 철저하게 내부의 Ca^{2+}을 배출하려고 하는 이유는 무엇일까?

X선 결정해석에 의하면 Mg^{2+}에 배위된 물질은 반드시 일정한 구조를 취하고 있는데 Ca^{2+}에 배위된 것의 구조는 일정하지 않는다. 이것은 이들의 물질을 대사하는 효소의 입장에서 보면 Mg^{2+}에 배위된 대사물질은 일정구조를 취하고 있기 때문에 상호작용하기 쉽지만 Ca^{2+}에 배위된 것은 잡히지 않아 대단히 상호작용하기 어렵다.

ATP에서도 Mg^{2+}과 배위된 것과는 달리 Ca^{2+}에 배위된 것은 잡히지 않아 대단히 상호작용하기 어렵다. ATP와 인산으로 분해는 되나, 미오신의 활성 중심 내에서 불안정하기 때문에 금방 방출되어 버려서 그 에너지를 근수축에 이용할 수는 없다. 이처럼 Ca^{2+}은 결합의 자유도가 크기 때문에 여러 가지 대사물질에 배위하면서도 도움은 주지 못하므로 세포에 있어서는 이온상태인 것이다. 그래서 세포는 Ca^{2+}을 적극적으로 배제하도록 진화되어 왔다고 하는 것이 세포 내의 Ca^{2+} 농도가 대단히 낮은 이유로 생각된다.

2) 근소포체(sarcoplasmic reticulum, SR)

대부분의 세포의 막에는 ATP의 에너지를 사용하여 Ca^{2+}을 배출하는 단백질(Ca^{2+}-activated factor, CAF ; 최근에는 calpain이라고 함)이 존재한다. 그러나 빈번하게 자극을 받고 흥분하는 세포에서는 그 단백질로는 충당할 수 없어서 다른 경로로 Ca^{2+}을 배출한다. 그 중에서 잘 알려지고 있는 것이 Na^+/Ca^{2+} 교환에 의한 Ca^{2+}배출이다(그림 6-14). 생체의 세포 내액에는 K^+이 많고, 외액에는 Na^+이 많다. 외액에 많은 Na^+이 세포 내로 들어오려고 하는 힘을 이용하여 Ca^{2+}을 세포외로 방출하는 단백질이 존재한다. 이 단백질은 3개의 Na^+이 유입될 때마다 1개의 Ca^{2+}을 밖으로 내보낸다. 이 과정 그 자체는 Na^+과 Ca^{2+}의 교환이므로 에너지를 필요로 하지 않지만 세포내외의 Na^+과 K^+의 농도차는 Na · ATPase라는 단백질이 ATP분배의 에너지를 이용하여 만들고 있기 때문에 결국은 에너지를 나누어 가짐으로써 Ca^{2+}을 배출하고 있는 셈이다.

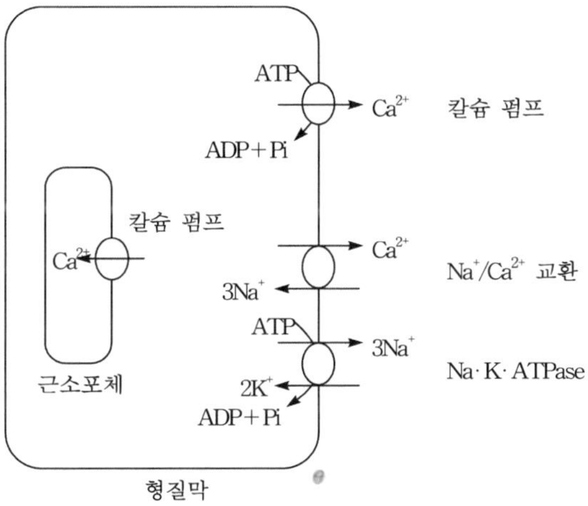

그림 6-14. 세포 내 Ca^{2+}농도를 저하시키는 기구

근육에서는 여기에 덧붙여 세포 내부의 근소포체에 Ca^{2+}을 흡입함으로써 신속히 세포 내의 Ca^{2+} 농도를 내리고 또 필요한 때에는 곧 공급할 수 있게 하고 있다. 이것이 근소포체이다. 근소포체는 특수하게 분화된 세포 내 막구조로 건조중량의 65%를 단백질이 차지하고 있으며(나머지 지질) 거의 전체가 칼슘 펌프이다. ATP의 분해와 Ca^{2+}의 수송은 그림 6-15와 같은 순서로 일어난다고 생각되고 있다. 여기서 ATP가 분해되는데, 이때 효소의 aspsragine산 잔기가 인산화 된다. 이 인산화에 의해 효소에 구조변화가 일어나며 원형질측을 향하고 있던 Ca^{2+} 결합부위가 근소포체의 내측으로 향하게 되어 Ca^{2+}에 대한 친화성이 떨어진다. 그 때문에 Ca^{2+}은 근소포체 내부로 방출되고, 여기서 있는 calsequesterin 등의 Ca 결합 단백질과 결합하여 축적된다. 효소는 다음에 인산을 방출하여 다시 원래의 구

조로 되돌아가고, Ca^{2+} 결합부위는 높은 친화성을 회복하여 원형질측으로 향하게 된다. 여기에 2개의 Ca^{2+}이 결합하여 다음의 회로로 들어간다.

이완시의 근육에서는 근소포체 내부에 이렇게 하여 축적된 Ca^{2+}의 농도는 수 mM이나 된다. T-관계(횡행소관계)를 전기적으로 흥분시키면 근소포체의 막에 구조변화가 일어나 Ca^{2+}이 방출된다. 그 결과 근원섬유의 Ca^{2+} 농도는 0.1 μM에서 10 μM로 상승하게 된다.

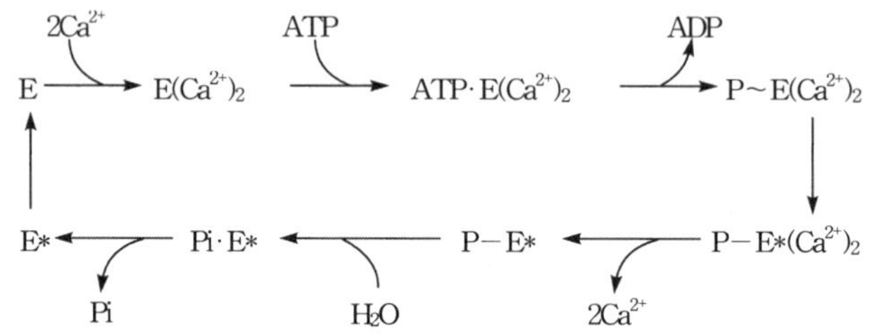

그림 6-15. 칼슘펌프에 의한 ATP분해와 Ca^{2+} 수송의 과정

E는 칼슘펌프를 나타내고, E*는 Ca^{2+} 결합부위가 근세포체의 내측으로 향해 있는 상태임을 나타낸다.

⑵ 근수축의 조절기구

척추동물의 골격근이나 심근에서는 미오신의 액틴에 대한 친화성은 대단히 높은데, Ca^{2+}의 농도가 낮은 때에는 액틴에의 상호작용 부위가 미오신을 받아들이지 않고, Ca^{2+}의 농도가 높아지면 결합할 수 있는 상태로 된다. 이러한 경우의 미오신과 액틴의 수축반응은 액틴 필라멘트에 있는 Ca^{2+} 조절단백질인 트로포닌과 트로포미오신에 의해 조절되고 있다(그림 6-16). 여기서는 트로포닌의 3성분과 수축반응에 대한 Ca조절에 관하여 언급하기로 한다.

트로포닌(troponin)의 3성분 중 troponin-I(TN-I)은 그 자신이 액틴과 결합하여 Ca^{2+}

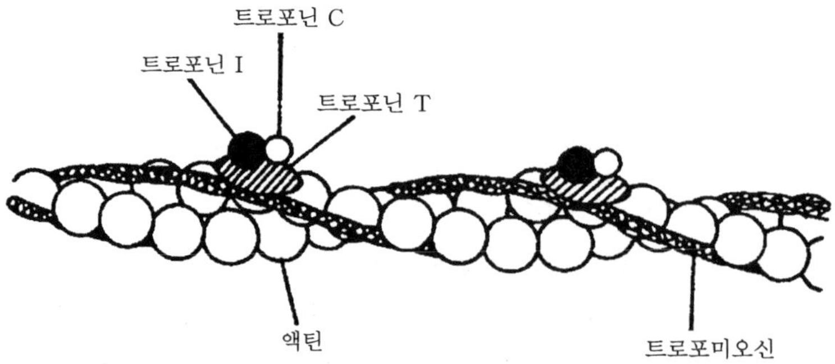

그림 6-16. 가는 섬유의 구조 (Muuray and Weber, 2012)

농도에 관계없이 미오신과의 반응을 저해하는 성질을 가지고 있다. 실험적으로 F-actin에 tropomyosin(TM)이 있으면 TN-I의 작용은 더욱 강해진다. TN-I 뿐이면 actin 당량 또는 그 이상 첨가하지 않으면 미오신과의 상호작용을 완전히 저해할 수는 없고, TN이 존재하면 액틴의 1/4~1/7로도 저해할 수 있다. 따라서 TM은 TN-I 결합을 강하게 할 뿐만 아니라 그 작용을 증폭하여 몇 개의 액틴에 전달하는 역할도 하고 있음을 알 수 있다. 이 TN-I의 저해작용을 해결하는 기능을 가진 것이 트로포닌-C(TN-C)이다. 단, TN-C가 이 기능을 발휘할 수 있는 것은 이 성분에 Ca^{2+}이 결합하였을 때뿐이기 때문에 Ca^{2+} 농도에 의존되는 조건이 이루어지고 있는 것이다. TN-I과 TN-C의 복합체가 TM에 붙은 F-actin이 Ca^{2+} 농도 의존성의 결합을 나타낸다는 것은 그 탈저해의 기구를 생각할 때 대단히 흥미있는 일이다. 즉 TN-I과 TN-C의 복합체는 Ca^{2+} 농도가 낮은 때에는 TM에 붙은 F-액틴에 결합하지만 Ca^{2+} 농도가 높아지면 결합할 수 없게 되는 것이다.

Ca^{2+} 농도의 상승에 의해 F-actin에 대한 TN-I~TN-C 복합체의 결합력이 약해졌을 때 여기서 떨어져 나가지 않도록 TM의 중개로 F-액틴에 연결하는 역할을 하는 것이 트로포닌-T(TN-T)이다. 트로포닌 성분은 단리 재구성이 쉽기 때문에 Ca^{2+} 농도변화에 의해 각 성분간의 상호작용에 어떻게 변하는가에 관하여 잘 연구되고 있다. 그림 6-17에 그 결과를 정리하였다.

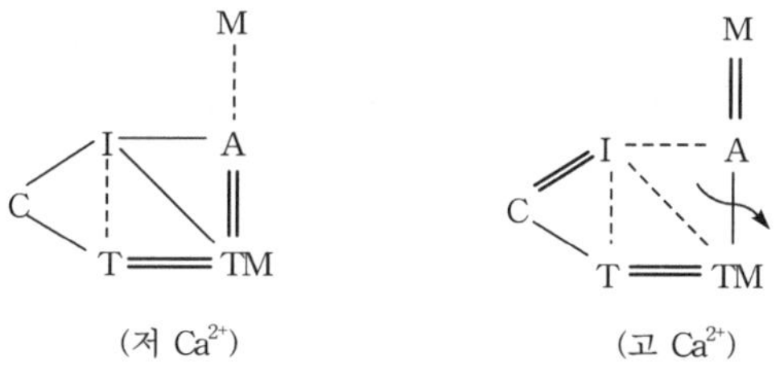

그림 6-17. Ca^{2+}농도 변화에 의한 트로포닌의 3성분과 트로포미오신, 액틴의 상호작용의 변화와 미오신과의 반응

굵은 실선은 상호작용이 강함을 나타내고, 파선은 상호작용이 약함을 나타낸다.
M : myosin, A : actin, TM : tropomyosin, I : troponin 1, T : troponin T, C : troponin C

(3) 수축-이완 메카니즘의 요약

이상에서 살펴본 수축-이완 메카니즘을 요약하면 다음과 같다(그림 6-18).

1) 수　축

① 근원섬유 형질막에 있어서의 탈분극(활동전위)
② T-관계막의 전위변화
③ 근소포체막의 전위변화

④ 근소포체의 Ca^{2+}의 방출

⑤ 트로포닌과 Ca^{2+}의 결합

⑥ 액틴과 미오신의 화학반응(수축)

2) 이　　완

① 근원섬유 형질막의 탈분극(활동전위)의 완료(형질막의 재분주)

② T-관계막의 재분극

③ 근소포체에서 Ca^{2+} 방출의 정지

④ 근소포체에 의한 Ca^{2+}의 능동흡수 개시

⑤ 조절단백질 트로포닌으로부터 Ca^{2+}의 분리

⑥ 액틴과 미오신의 화학반응 정지(이완)

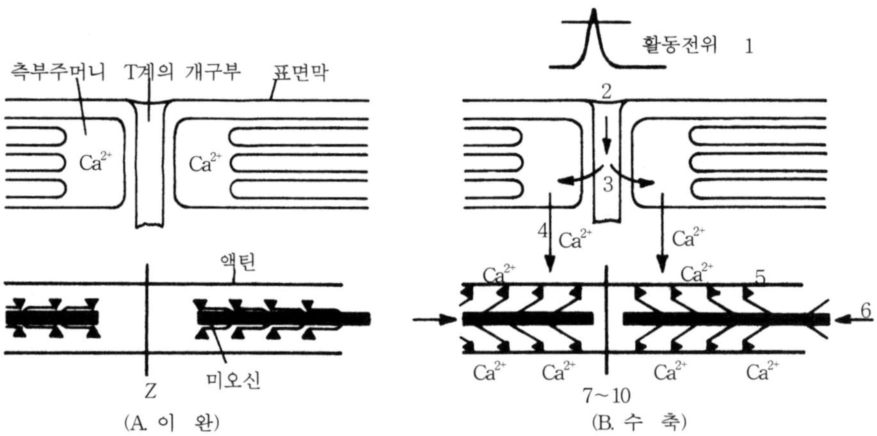

그림 6-18. 흥분과 수축 연결순서의 단계

(1) 활동전위는 근섬유의 표면막을 따라 전파되고 T-계를 따라 안으로 내려간다(2). 신호는 SR의 측부 저장조(cisternae)로 전달되고(3), 이어서 격리된 Ca^{2+}이 방출된다(4). Ca은 트로포닌과 결합하고 액틴과 미오신은 상호작용한다(5). 미오신 교차결합체는 액틴단섬유에 부착되어 활주가 일어난다(6).

6.2 근육의 사후 생화학적 변화

6.2.1 당의 분해(glycolysis)

당의 분해속도는 품종, 근육의 부위, 온도, 도축전의 스트레스(stress)에 따라 다르게 나타난다. 다당류(polysaccharide)인 글리코겐은 단당류(monosaccharide)인 포도당으로 분해되어 1분자의 포도당은 최종적으로 2분자의 젖산(lactic acid)을 생성하며, 그 결과로 pH는

저하하게 된다.

(1) 글리코겐의 분해

근육에서는 글리코겐(glycogen)은 주요 저장 탄수화물이다. 글리코겐의 함량은 근육 중량의 약 1%이다. 도살 직후 글리코겐의 함량은 표 6-1에서 보는 바와 같이 휴지상태와 비슷한 수준의 농도를 함유하고 있다. 돼지의 경우는 사후 10분 경과시에 30~50%까지 감소하며 3~5시간에 최종 농도에 달한다. 소의 경우는 돼지 보다 더욱 느리게 진행되는데, 이것은 적색근이 많은 초식동물이 농후사료 위주의 백색근 동물보다는 대사가 완만한 지근형(slow-type)이기 때문이다.

도살 후 근육에 산소공급이 중단되면 혐기상태에서 해당작용에 의하여 글리코겐으로부터 ATP 만이 재생될 수 있다(그림 6-19). 글리코겐과 해당작용의 대사 중간체(10단계의 효소반응물)는 에너지원으로써, 고에너지 화합물인 ATP, ADP나 CP는 에너지 운반체(energy transformations)로써 사후대사 작용에 관여하나, 시간이 경과함에 따라 모든 에너지원은 고갈된다. 한편 도살직후 신전성(extensibility)이 풍부하던 근육은 에너지원의 고갈과 함께 actomyosin의 형성으로 수축되어 있으며 신전성이 없는 경직된 상태를 보이게 된다. 이 상태를 사후경직(또는 강직)이라 하며 경직전의 부드럽던 근육은 이윽고 경직과 함께 딱딱한 상태가 된다. 그 후 숙성에 의하여 근육은 다시 부드러워진다.

(2) 젖산의 생성

젖산(lactic acid)의 생성은 그림 6-19에서 보는 바와 같이 1분자의 포도당이 10단계의 효소반응을 거쳐 2분자의 피르브산(pyruvic acid)을 만든 다음에 최종 생성물로써 2분자의 젖산을 만들어 낸다. 그 반응식은 다음과 같다.

$$\text{Glucose} + 2\text{ADP} + 2\text{Pi} = 2\ \text{lactate} + 2\text{ATP} + 2\text{H}_2\text{O}$$

소, 돼지, 염소, 토끼 등의 휴지근의 유산농도는 일반적으로 6~10 μmol/g이나, 도살직후 소는 이 범위이지만 돼지는 적어도 30~40 μmol/g이며, 시간이 경과하면서 점진적으로 증가한다. 사후 24시간 경과시 소는 80~100 μmol/g으로 최종 농도를 나타내나(표 6-1), 돼지근육의 유산 수준은 더 빨리 증가하여 사후 3시간에 이미 80 μmol/g 이상 도달하며 최종 수준은 130 μmol/g이다.

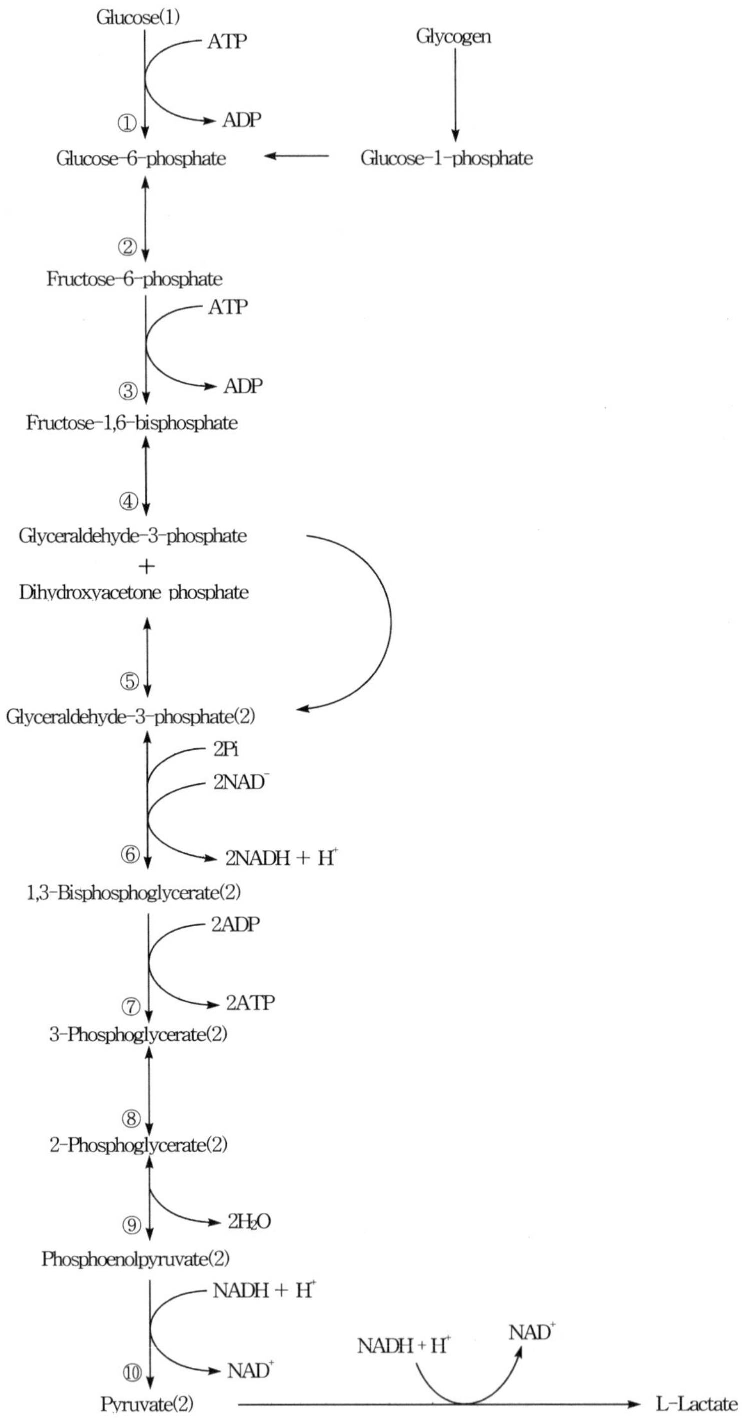

그림 6-19. 해당과정 (glycolysis)

표 6-1. 우육의 pH 및 화학적 성분의 경시적 변화

(Bodwell 등, 1965)

사후 경과시간 (시간)	pH	글리코겐	포도당	젖 산	ATP[a]	ATP[b]	CP	TSP[c]	정인산
초기	6.99	56.7	7.9	13.1	6.4	10.9	9.1	54.9	22.1
6	6.57	41.6	6.3	44.8	5.0	10.0	2.0	55.2	23.2
12	5.96	30.4	12.2	58.0	3.9	5.3	1.5	54.9	25.9
24	5.74	10.1	18.1	71.2	1.7	0.0	–	53.6	21.6
48	5.57	10.0	15.9	82.4	1.1	–	–	54.2	27.5
72	5.46	–	–	–	–	–	–	–	–
96	5.36	–	–	–	–	–	–	–	–
102	5.42	12.7	12.1	80.9	–	–	–	53.6	30.3
126	5.50	–	–	–	–	–	–	–	–
151	5.53	–	–	–	–	–	–	–	–
173	5.54	–	–	–	–	–	–	–	–
198	5.63	–	–	–	–	–	–	–	–
288	5.59	9.9	16.8	82.7	–	–	–	54.9	33.6
480	5.46	1.4	17.9	84.6	–	–	–	54.2	35.5

[a] 산가수분해
[b] 효소에 의한 측정
[c] 총산-용해성 인산염

(3) pH의 저하

pH는 젖산의 생성결과로 젖산이 생산되는 만큼 pH는 반비례적으로 저하하게 된다(그림 6-20). 식육의 최종 pH는 5.6 부근에 이르게 되는데 이를 식육의 산성화(acidification)라고 한다. pH는 사후 해당의 속도와 정도를 측정하는 지표로 이용되어 왔다. 근육의 사후 pH 저하속도와 그 정도는 가축의 종류, 근육의 종류 개체간의 차이 등의 내적 인자에 의해 영향을 받을 뿐만 아니라 도살 전의 투약, 약제의 주사, 환경온도 등의 외적 인자에 의해서도 영향을 받는다.

내적 인자에 의한 영향은 그림 6-21과 6-22에 나타내었다. 외적인자에 의한 영향에서는 환경온도가 높을수록 pH 저하속도가 현저히 빠름을 알 수 있다(그림 6-23). 그러나 10℃ 이하에서는 정체하거나 약간 증가할 뿐이다. 이밖에 약품의 영향으로는 황산마그네슘을 도살 전에 정맥주사하여 근육을 이완시켜 놓으면 사후 해당속도가 늦어짐에 따라서 pH 저하속도도 늦어진다. 반대로 칼슘염, adrenalin, noradrenalin 등을 주사하면 빨라진다. 또 insulin, adrenalin, tuberculin, tremorin 등을 피하 주사하면 제각기 메카니즘은 다르지만, 저장 글리코겐 함량을 감속시키기 때문에 그 결과 최종(극한) pH를 높이는 경향이 있다.

그밖에 가축을 도살 직전에 운동을 시키거나, 피로하게 하면 근육 중에 글리코겐 함량이 감소되기 때문에 최종 pH는 높아진다. 반대로 불충분한 휴식이나 사료를 급여하면 글리코겐 함량은 높아져서 최종 pH는 낮아진다.

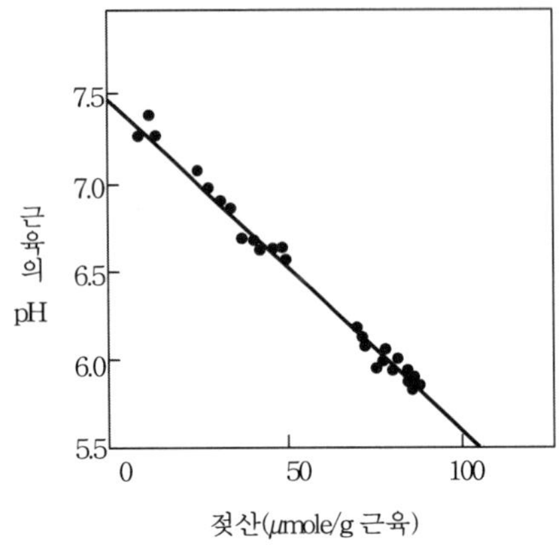

그림 6-20. 우수(牛首) 근육의 젖산과 최종 농도와 최종 pH와의 관계

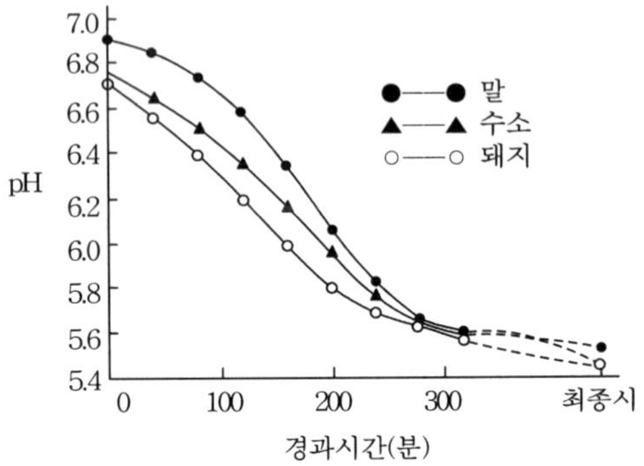

그림 6-21. 가축의 종류에 따른 37℃에서의 pH의 저하속도(그림의 0분은 사후 1시간째)

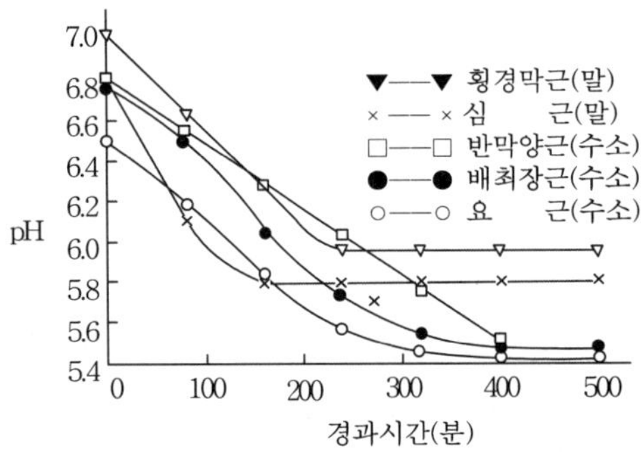

그림 6-22. 근육의 종류에 의한 37℃에서 사후 pH 저하속도(그림의 0분은 사후 1시간째)

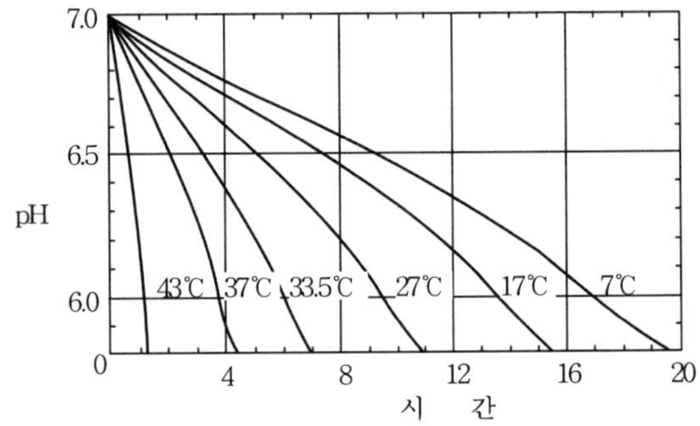

그림 6-23. 온도에 의한 소의 배최장근의 사후 pH 저하속도 (Marsh, 1954)

6.2.2 ATP의 분해

(1) ATP, ADP 및 CP의 분해

근육의 사후과정을 이해하기 위하여 고에너지 인산화합물인 adenosine triphosphate(ATP)가 분해되는 과정을 알지 않으면 안된다. ATP는 세포 내에서 주요한 고에너지 화합물로써, 이온수송을 포함한 많은 대사반응을 수행하는 데 이용되고 있으며, 세포 생존을 위해 필수적인 물질이다. 따라서 사후 근육세포에서도 가능한 한 ATP수준을 일정하게 유지하려고 한다.

사후에 소비되는 글리코겐의 에너지는 ADP에서 재생되는 ATP로 옮겨진다. ATP는 ATPase에 의해 ADP와 인산(Pi)으로 가수분해되어 에너지를 방출한다. 글리코겐이나 ATP의 에너지는 전부가 화학적 반응이나 운동에 사용되는 것은 아니고, 많은 부분이 열로 전환된다. 따라서 도살 후는 호흡에 의한 방열이 없기 때문에 도체온도가 상승하여 경직열이 발생한다.

세포는 자신의 생화학적 반응을 수행하기 위한 주에너지원으로써 ATP를 이용하지만, 또 다른 고에너지 화합물인 creatine phosphate(CP)도 상당한 농도로 존재하며, 다음과 같은 반응으로 ATP수준을 유지하는데 기여한다.

$$\text{ADP} + \text{creatine phosphate} + \text{H}^+ \xrightarrow{\text{creatine kinase}} \text{ATP} + \text{creatine}$$

따라서 근세포가 일을 하게 될 때 ATP 분해속도가 빠르더라도 세포의 ATP 농도는 안정되어 있다. 동일한 과정이 사후 근육에서도 일어난다. CP의 70%가 분해될 때까지 ATP 농도는 어느 정도 일정하게 유지되며, 이 시점에서 ATP 수준은 급격히 그리고 최종적으로는 거의 0까지 떨어진다. 또 이러한 감소가 시작되는 시기는 글리코겐 분해가 정지하는 시기보다도 빠른 것으로 보아 ATP의 소비속도는 글리코겐에 의한 재생속도보다도 빠르다는 것을 알 수 있다.

한편 근육과 품종에 따라 ATP 감소율의 폭 넓은 변이가 있음에도 불구하고 사후 특정 pH에서 원래의 ATP 농도에 대한 비율은 오히려 일정하다. 근육의 pH가 6.3으로 떨어질 때까지 대략 ATP의 1/8이 분해되며 pH 5.6~5.7에서 거의 90%가 분해된다.

다음은 ATP 분해산물에 대하여 고찰하고자 한다. ATP는 ATPase에 의하여 ADP와 무기인(Pi)으로 분해된다. ADP는 통상 CP와 함께 또는 해당에 의하여 재인산화 된다. 그러나 사후 기간이 경과함에 따라서 CP는 감소하고 해당과정에 의한 ATP의 재합성을 유지할 수 없게 된다.

$$\text{ATP} \longrightarrow \text{ADP} + \text{H}_3\text{PO}_4$$

$$2\text{ADP} \xrightarrow{\text{myokinase}} \text{ATP} + \text{AMP}$$

$$\text{AMP} \xrightarrow{\text{AMP deaminase}} \text{IMP} + \text{NH}_3$$

그림 6-24처럼 사후 ATP가 감소함에 따라 ADP는 거의 변화하지 않지만, inosinic acid(inosine monophosphate, IMP)가 ATP의 감소량만큼 증가하고 동시에 암모니아도 증가한다. 이것은 ATP가 위 반응식에 나타난 바와 같이 분해되어 가기 때문이다. ADP나 AMP가 증가하지 않는 것은 myokinase와 AMP deaminase의 활성이 ATPase 활성보다도 훨씬 높은 것을 의미한다. 사후 근육에서 암모니아 생성과 adenine nucleotide 소실과의 사

이에는 상관계수가 0.99에 이른다는 것이 확인되었다. 또한 inosine diphosphate(IDP)와 inosine triphosphate(ITP)도 사후근육에서 발견되는데 다음과 같은 반응으로 생성된다.

$$2ATP + 2IMP \longrightarrow 2ADP + 2IDP$$
$$2IDP \longrightarrow ITP + IMP$$
$$ADP \longrightarrow IDP + NH_3$$

IMP는 다음과 같은 경로로 더욱 분해된다.

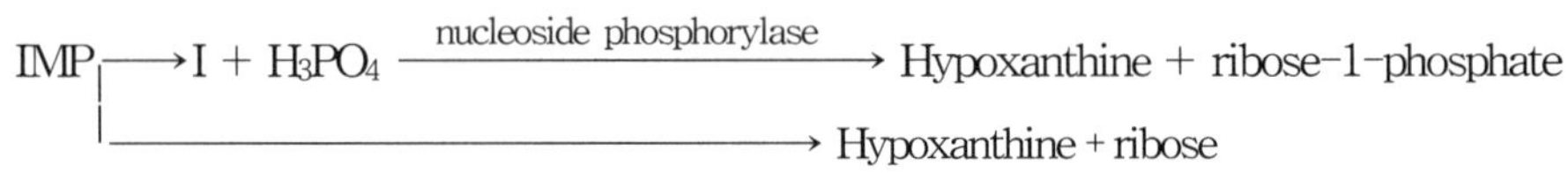

IMP는 단맛을 내는 중요한 nucleotide로 숙성에 의한 고기의 풍미향상에 기여하고 있다. 이 IMP는 그림 6-24와 같이 숙성 중 일단 최대농도에 달한 다음 점차 감소한다. 최대농도는 생체 중에서의 ATP 농도를 초과할 수 없다는 것이 위의 반응에서 명백해진다.

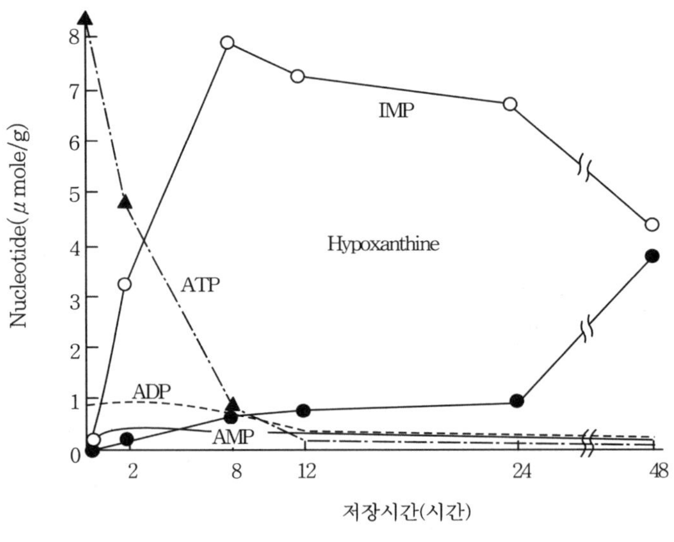

그림 6-24. 4℃에 둔 닭 흉근의 nucleotide 함량의 변화

(2) ATP 가수분해효소(ATPase)

3개의 다른 ATPase(미토콘드리아의 ATPase, 원형질막의 Na^+-ATPase, K^+-ATPase 및 Ca^{2+}-ATPase)가 있다 할지라도, 정상적인 휴지근(resting muscle)에서 가장 중요한 2개의 ATP 분해효소는 myosin-ATPase와 Ca^{2+}-ATPase이다.

근육에서 가장 높은 ATPase 활성을 가진 효소는 myosin ATPase이다. 근수축의 에너지는 액틴에 의해 활성화된 미오신의 ATPase에 의해 발생한다. 이때 액틴에 의한 활성화는 근소포체에서 방출되는 Ca^{2+}이 트로포닌에 결합하여 일어난다. 근이완은 Ca^{2+}이 다시 근소포체로 흡수되면 일어나는데, 이 흡수는 Ca^{2+} 농도 기울기에 따라 일어나는 반응으로 ATP의 에너지를 필요로 한다. 이완상태, 즉 휴지근(休止筋)에서의 myosin ATPase 활성은 액틴에 의한 활성화를 받지 않기 때문에 낮은 수준이지만 전혀 없는 것은 아니다. 도살 직후의 근육은 휴지근과 같은 상태에 있기 때문에 ATP는 활성화되어 있지 않은 미오신이나 근소포체에 의해 주로 소비된다고 생각되고 있다. 이 밖에 근소포체 이외의 막이나 미토콘드리아 ATPase에 의한 분해도 있을 수 있지만, 이들의 기여에 관해서는 생략한다.

6.3 근육의 사후 물리적 변화

6.3.1 사후경직

(1) 신전성의 소실

도살 후의 근육은 하중(荷重, load)을 걸면 늘어나고, 하중을 제거하면 원래의 길이로 되돌아간다. 그림 6-25에서 보는 바와 같이 신장성은 ATP의 농도와 반비례적으로 점차 감소하여 최후에는 소실된다. 물리적으로는 신장성이 소실된 시점이 사후경직으로 보면 된다. 도살 후의 근육에서는 ATP가 충분히 존재하고 근소포체로 Ca^{2+}이 회수되어 있기 때문에 myosin과 actin과의 결합은 억제되고 있다. 여기에 외부의 힘이 작용하면 액틴을

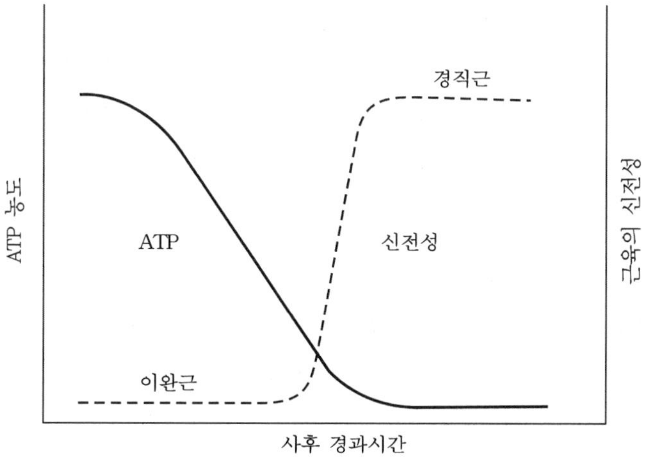

그림 6-25. ATP소모, 신전성 및 사후강직 개시와의 관계

함유하는 가는 필라멘트는 굵은 필라멘트 사이에서 미끄러져 나와 근육은 길어지고 외부의 힘이 사라지면 원래의 위치로 미끄러져 들어간다. 미끄러져 들어가는 것은 원래 근육에는 코넥틴 등의 탄성단백질이 근육의 섬유방향으로 나란히 붙어 있어서 이 단백질의 수축력에 의한 것으로 생각되고 있다.

이와 같이 Ca^{2+}이 없는 상태에서 ATP가 존재하면 근육은 자유롭게 이완 수축이 되며, ATP는 가소제(plasticizer)의 역할을 하고 있다. ATP가 없으면 Ca^{2+}의 유무에 관계없이 미오신과 액틴이 결합하여 외부의 힘에 의해 떨어지는 일은 없기 때문에 가는 필라멘트는 미끄러져 나올 수 없게 되므로 신장성을 잃게 된다. 이와 같은 상태를 강직이라 한다. 신장성의 소실이 ATP나 글리코겐의 소실처럼 사후 유지온도가 높을수록 빨리 일어난다.

(2) 사후경직과정의 형태

전술한 바와 같이 근육의 사후경직(rigor mortis) 과정에는 여러 원인이 있을 수 있는데 실제로 나타나는 것을 분류하면 다음과 같다.

1) 산 경 직(acid rigor)

안정을 유지하면서 거의 운동을 시키지 않은 상태에서 도살한 동물의 사후 근육에서 일어나는 경직현상으로 지체기가 길고 급속기가 대단히 짧다. 체온 정도의 온도에서는 강직 중에 단축이 일어난다. 경직은 산성측에서 일어나고 경직 후의 pH는 5.7 또는 그 이하이다. 산경직 중에서도 스트레스를 받은 동물의 근육은 지체기가 짧은 특징이 있다.

2) 알칼리 경직(alkaline rigor)

피로한 상태에서 도살된 동물의 근육에서 일어나는 경직으로 지체기 및 급속기가 대단히 짧고 급속히 일어난다. 체온 및 실온에서도 심한 근육 단축이 일어난다. 경직은 생근(intact muscle)과 거의 비슷한 약알칼리 또는 중성에서 일어나고, 경직 후의 pH도 거의 변화 없이 7.2 부근이다.

3) 중간형 경직(intermediate type rigor)

절식시킨 상태에서 도살된 동물의 근육에서 일어나는 경직인데 지체기가 짧고 급속기는 비교적 긴 편이며 근육의 단축이 약간 일어난다. 경직은 중성 또는 약산성에서 일어나고 경직후의 pH는 6.7~7.0 정도이다.

6.3.2 경직(근섬유 단축)의 종류

(1) 경직단축(rigor shortening)

생화학적, 물리적 메카니즘에서 이미 언급하였으나, 부연하여 설명하면 도살 후에 근육을 잘라내어 방치해 두면 단축된다. 표 6-2처럼 근절의 길이가 짧아지고, 전자현미경하에서 관찰하면 A대(암대)의 길이는 변하지 않지만 I대(명대)가 짧아져 있다. 한편, 잘라낸 근섬유의 양끝을 고정시켜 두면 경시적으로 장력(張力, tension)이 발생한다. 이것은 사후의 근육에서도 생근과 마찬가지로 가는 필라멘트가 굵은 필라멘트 사이로 미끄러져 들어가기 때문에 발생하고, 그 이후 ATP가 남아 있지 않기 때문에 미끄러져 들어간 상태가 그대로 유지된다. 미끄러져 들어가는 데 소요되는 에너지는 ATP로부터 얻어진다. 그러나 발생하는 장력은 생근의 수축 때보다도 훨씬 적다. 도살 후의 근육에서 Ca^{2+}은 근소포체에 회수되어 있기 때문에 전기자극 등을 주어 Ca^{2+}을 방출시키지 않는 한 수축하지 않는다. 사후 ATP가 감소하고 pH가 저하되면 근소포체가 기능이 저하되어 Ca^{2+}을 방출하기 때문에 수축하고 있을지도 모른다. 이때 ATP의 잔류량이 적고 pH도 낮으므로 장력은 낮을 수밖에 없을 것이다.

표 6-2. 도살 직후에 절취한 소의 반건양근을 각종 온도에 저장했을 때의 근절의 길이

도살후의 시간과 저장온도	근절의 길이의 평균(μ)	도살직후의 시간과 저장온도	근절의 길이의 평균(μ)
도살직후	2.4±0.06	24시간, 2℃	2.3±0.05
4시간, 2℃	2.0±0.07	24시간, 6℃	1.7±0.03
4시간, 37℃	2.2±0.07	24시간, 25℃	1.8±0.03
8시간, 2℃	2.0±0.03		
8시간, 37℃	0.5±0.04	24시간, 37℃	1.7±0.06

또한 근섬유는 Ca^{2+}이 없어도 ATP가 존재하는 상태에서 없는 상태로 옮겨지면 수축을 일으켜 장력을 발생한다. 따라서 사후 Ca^{2+}이 근소포체에 유지된 채 ATP가 감소하여 수축한다고 생각된다. 어느 기구가 사후의 수축에 관여하고 있는지 아직 정확히는 알지 못하고 있지만, 여하간 계속 감소하는 ATP가 사후 수축을 수반하여 ATP의 소실과 동시에 수축상태로 고정되는 것이다. 이때 도체는 최대경직기에 달한다. 수축한 고기를 가열하면 경도(硬度, toughness)도 증가된다. 강경직수축은 pH가 중성에 가까울수록 강하게 일어나지만, 사후 근육을 가열했을 때의 경도는 최종 pH(ultimate pH)가 낮을수록 심

하다. 따라서 pH 저하에 의한 수축단백질의 상태변화, 즉 보수력(保水力, water holding capacity)의 저하는 사후 가열육의 경도 증가에 크게 관여하고 있다.

(2) 저온단축과 해동경직

사후 근육의 단축속도는 온도가 높을수록 반드시 큰 것은 아니고 오히려 저온에서 심하게 수축되는 현상이 소, 양, 닭 등에서 인정되고 있다. 이 현상은 백색근보다 적색근에서 더 잘 나타나며 소의 경우 가장 현저하다. 이것을 저온단축(cold shortening)이라고 하고, 보통 11℃ 이하의 온도에 둔 근육에서 발생한다. 도살 후 도체에서 잘라낸 소머리의 고기조각을 1~37℃에서 방치하면 그림 6-26에서처럼 1℃에서 가장 빠르고 심하게 단축하며, 15℃에서 단축이 가장 느리고 작다. 발생하는 장력도 단축량에 비례하고 있다. 또 늙은 소의 경우가 60% 단축함에 비하여 어린소의 흉골하악근은 20%만 단축한다.

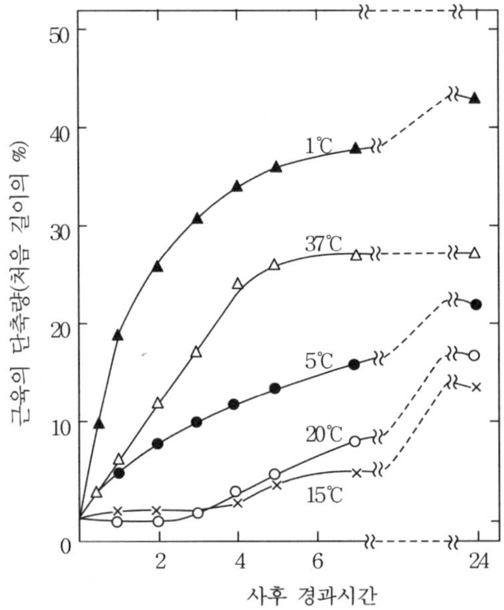

그림 6-26. 우수근을 각종 온도에 방치하여 자유로이 수축시켰을 때의 단축량

소의 흉골하악근은 경직전 상태에서 6~18℃사이에 두었을 때 근절의 길이가 10% 단축되지만, 6℃ 이하에서는 70%까지 단축되고, 20~38℃에서는 40%단축된다. 저온단축은 높은 pH(보통 6.7 이상)와 높은 ATP수준(5~6 mM)에서 더 빨리 나타나는데 반하여(낮은 온도에 도달한 후 몇 분 이내), 사후경직에 의한 단축은 낮은 pH(보통 6.0 이하)와 낮은 ATP 수준(1 mM 이하)에서 서서히 나타난다. 또한 ATP의 소비는 고온일수록 빠르다는 관점에서 저온 단축은 ATP가 감소하기 때문에 일어나는 경직단축과는 구별되

고 있다. 근소포체의 기능은 저온에서 저하되기 때문에 이때 방출된 Ca^{2+}과 아직도 충분히 남아있는 ATP에 의해 생근(生筋)과 같은 단축이 일어난다고 생각되어 왔다. 그러나 최근 저온단축은 근소포체가 아니고 미토콘드리아에서 방출되는 Ca^{2+}에 의해 일어난다고 생각하는 것이 타당하다는 실험결과가 나왔다. 이에 의하면 저온단축은 혐기적 조건하에서 일어나고, 산소가 충분히 있으면 일어나지 않는다. 그러나 미토콘트리아의 산소소비를 저해하는 시약을 첨가하면 충분히 통기(通氣)하여도 단축이 일어난다. 이것은 적색근에 보다 많이 함유되어 있는 미토콘트리아가 사후의 혐기적 조건하에서 저온에서 기능이 저하되어 Ca^{2+}를 방출하게 된다. 이 Ca^{2+}은 저온에서 기능이 저하되어 있는 근소포체로 회수되는 것이 아니기 때문에 단축이 일어난다는 것을 의미하고 있다. 이때 충분히 산소를 공급하면 미토콘트리아의 기능저하를 막을 수 있을 것이라고 생각되고 있다. 따라서 ATP가 충분히 존재하고 있는 한 1~15℃에 옮기거나 혐기적 조건하에서 호기적 상태로 옮김으로써 단축을 가역적으로 일으키기도 하고 되돌리기도 하는 현상도 잘 설명된다.

골격에서 절취하여 저온단축시킨 고기는 15℃에서 단축시킨 고기보다도 가열 후의 경도는 크지만, 골격에서 절취하지 않고 저온에 두면 단축이 억제되어 경도의 증가도 억제시킬 수 있다. 따라서 일반적으로 행해지고 있는 것과 같이 골격에 부착된 상태로 숙성시키는 경우는 그다지 저온단축은 문제되지 않는다. 그러나 냉각시 도체의 일부를 저온상태에 급격하게 두면 그 부분이 수축되고 다른 부분은 이완되므로 주의하지 않으면 안된다.

최대경직기에 도달하지 않았을 때 동결한 근육은 해동함에 따라 남아있던 glycogen과 ATP의 소비가 다시 활발해져서 최대경직에 이르게 된다. 경직에 도달하는 속도는 동결하지 않은 근육을 해동시와 같은 환경온도에 놓았을 때보다도 훨씬 빠르다. 수축도 심하여 경도도 높고 다량의 drip을 발생한다. 이것을 해동경직(thaw rigor)이라고 하며, 도살 직후의 것을 동결 후 해동했을 때 가장 심하다. 이것을 피하기 위해서는 최대경직기 후에 동결하면 된다. 해동경직 상태와 드립과의 관계는 그림 6-27과 6-28에 나타내었다.

해동경직도 저온단축과 마찬가지로 ATP 존재하에서의 수축이라는 점에서 저온에 의한 미토콘트리아와 근소포체의 기능저하에 따른 유리 Ca^{2+}의 증대에 기인된다고 생각된다.

(3) 고온단축과 기계적 자극

근육 내 젖산이 축적된 상태에서 열을 가하면, 즉 산과 열의 복합작용으로 근육의 과도한 수축을 나타낼 때 이를 고온단축이라 하며, 또한 기계적으로 해당작용을 가속화해도 열을 발생하여 수축을 일으킬 수 있다. 이를 기계적 자극에 의한 단축이라 한다.

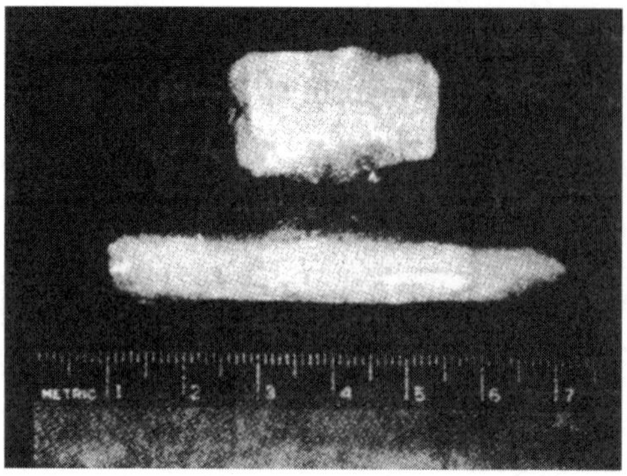

그림 6-27. 근육의 단축에 의한 해동강직

상부의 근육은 사후즉시(강직전) 동결하였다가 급히 해동한 것. 하부의 근육은 강직 후에 동결하여 해동한 것. 근육은 본래의 길이에서 42%나 단축하고 있다 (Aberle 등, 2012).

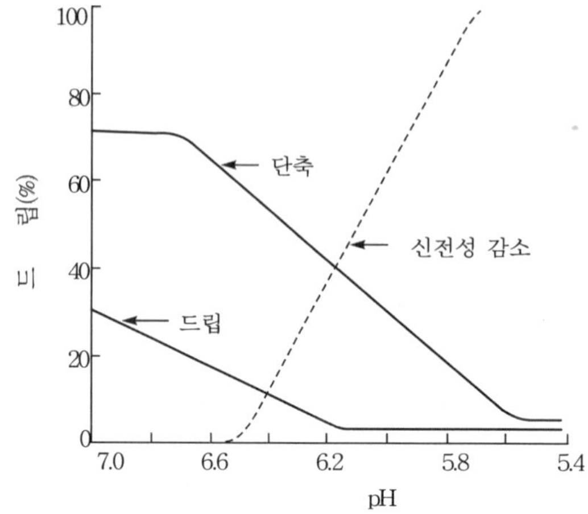

그림 6-28. 해동단축과 드립과의 관계

(pH 값과 신장성의 감소는 강직전, 후의 상태를 잘 반영해주고 있다.)

6.4 숙성 및 연도

식육의 연도는 일반적으로 도살 전 요인으로 가축의 종류, 품종, 근육의 종류와 보수성 또는 다즙성과 근내지방도(marbling)의 상태에 따라서 그리고 도살 후 요인으로 사후경직과 숙성 과정 중 육의 생화학적 변화와 열처리에 따라서 달라진다.

근육은 저장 중 사후경직을 완료하면 그 후 경직은 서서히 풀려 결과적으로 고기는 부드러워지고, 그 때문에 맛이 좋아진다. 이것을 사후경직해제(resolution) 또는 숙성(aging, conditioning)이라고 하며, 부드러운 정도를 말할 때 연도(tenderness)라는 표현을 쓰고 있다.

경직해제에 필요한 시간은 경직이 완료할 때까지 요하는 시간과 마찬가지로 동물의 종류, 근육의 종류, 기타 조건에 의해 다르다.

2～4℃의 온도에 근육을 방치한 경우 닭에서는 3～4시간에 경직이 완료되고 2일 후에는 해경도 끝나지만, 다른 가축에서는 경직완료까지 1～2일 요하고, 해제는 돼지 및 말에서는 3～5일, 소에서는 7～10일을 요한다.

사후경직 해제 중에 ATP 재생은 전혀 일어나지 않기 때문에 경직기에 달하는 과정의 역순으로 연화(tenderization)된다고는 할 수 없다. 따라서 해경의 원인을 따로 해명하지 않으면 안된다. 경직해제 메카니즘은 현재까지도 완전히 해명되었다고는 할 수 없지만, 최근의 연구로부터 경직해제에 직접 관계되는 것으로써 주목되고 있는 메카니즘에 관하여 기술하고자 한다.

6.4.1 칼슘이론

(1) 근원섬유 구조의 약화

1) Z-line(z-disc)의 약화

도살 직후의 근육에서 분리한 근원섬유를 위상차현미경으로 관찰하면 근절이 매우 긴 규칙적인 횡문구조(橫紋構造)를 확인할 수 있다. 그런데 숙성된 식육에서는 모든 근섬유가 1~3개의 근절로 된 소편(fragment)으로 나누어진다(그림 6-29). 근절과 근절을 연결하고 있는 Z선의 구조가 식육 숙성 중에 약화되어 근섬유를 단리할 때 균질기(homogenizer)의 충격에 의하여 절단되기 때문이다. 이것은 사람이 음식을 씹을 때 받는 저항이 약화되는 것과 같은 것을 의미하고 있다. 또한 이것은 myosin의 추출성은 숙성 중에 그다지 변하지 않음에 비하여 actin은 추출되기 쉽다는 것으로도 설명되고 있다. 즉 Z선에 결합하고 있기 때문에 추출되기 어려운 actin도 Z선과의 결합이 약해지면 당연히 추출되기 쉬어지는 것을 의미한다.

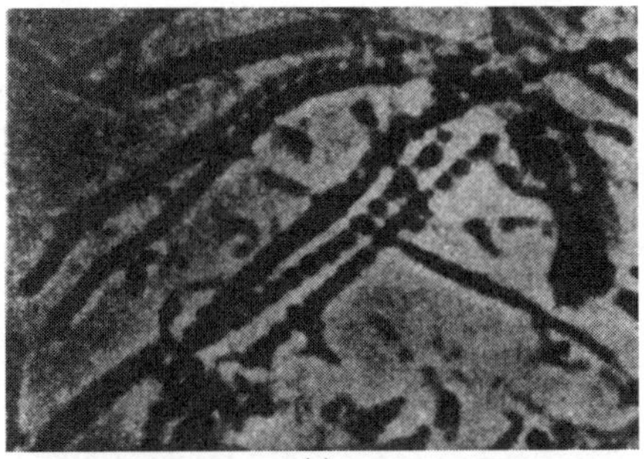

(a)

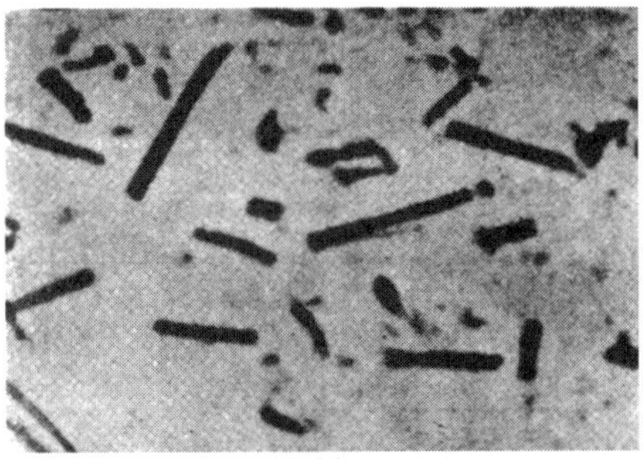

(b)

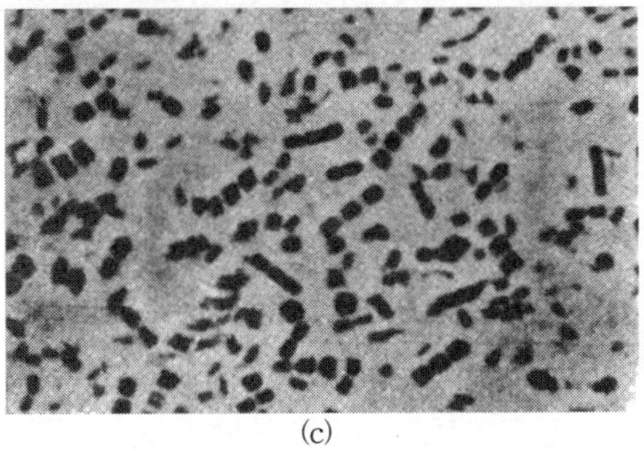

(c)

그림 6-29. 도살 직후(a), 도살 후 5℃에 9시간(b) 및 48시간(c), 저장한 닭 흉근에서 얻어진 근원섬유의 위상차현미경사진

2) 경직결합(rigor linkage)의 약화

도살 직후의 근육은 이완되어 있지만 사후경직 과정에서 근원섬유가 수축되어 근절은 짧아지게 된다. 그러던 것이 숙성이 진행됨에 따라 근절이 원래의 길이로 복원되어 결과적으로 도살 직후의 근육과 구별할 수 없을 만큼 길어진다(그림 6-30).

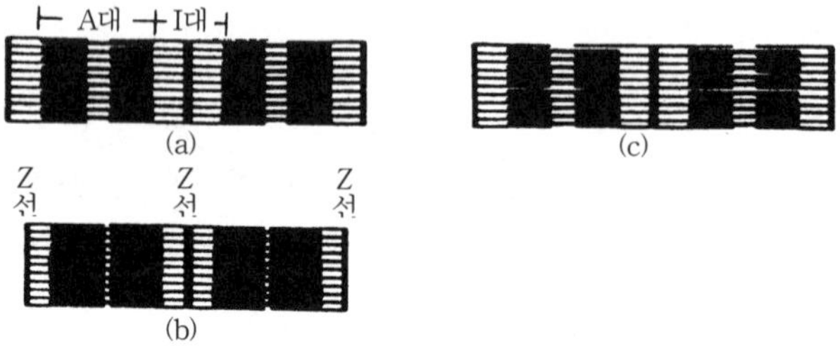

그림 6-30. 근절 길이의 변화를 나타내는 모식도
(a) 도살 직후, (b) 사후경직시, (c) 숙성 후

식육의 연도는 근절의 길이와도 관계하고 있는데 근절이 길고 액틴 필라멘트와 미오신 필라멘트가 이중으로 겹치는 부분이 적을수록 식육은 부드럽기 때문에 근절의 복원은 숙성에 다른 식육 연화의 요인으로도 되고 있다. 오랫동안 식육숙성 중에 일어나는 액틴 미오신 결합간의 약화를 증명할 수 없지만, 최근에 이르러 액틴 필라멘트와 미오신 필라멘트가 해리되는 양을 측정함으로써 가능해졌다. 도살 후 두 필라멘트의 해리량은 근원섬유의 전체 단백질량의 5%에 지나지 않지만, 그 후 증가하여 70%나 해리하게 된다. 또한 근절의 길이의 변화를 조사해 보면 도살 직후 2.3㎛였던 것이 경직기에는 단축하여 2.0㎛가 되고 그 후 복원되면 2.3㎛로 된다. 근절의 길이와 해리량의 증대는 일치하고 있다.

3) Connectin(titin)의 약화

코넥틴은 Maruyama 등(1976)에 의해 발견된 탄성단백질이다. 코넥틴은 필라멘트상으로 미오신 필라멘트와 Z선을 연결하고 있다(그림 6-31). 도살 직후의 근육은 생체시와 마찬가지로 높은 탄력성을 나타내지만, 사후의 근육은 저장시간이 경과함에 따라 탄력성을 잃고 숙성된 식육에서는 손으로 눌러서 형태를 변화시킨 다음 손을 떼어도 좀처럼 본래의 형태로 되돌아오지 않는다. 이러한 물성의 변화가 식육의 연도와도 직접 관계가 있다고 생각되고 있으며, 최근 이 분야의 연구가 상당히 이루어지고 있다.

코넥틴의 함량은 도살 직후의 근육에서 조제한 닭과 토끼의 근육에서는 각각 5.5%와 7.2%였지만 탄력성과 마찬가지로 물성에 따라 탄력성이 최저치에 이르렀을 때는 코넥틴의 함량도 각각 1%와 2%정도로 최저치가 되었다.

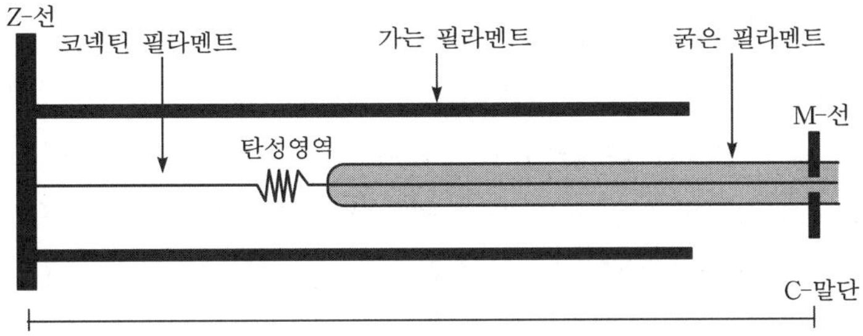

그림 6-31. 코넥틴과 칼슘이온 결합위치의 모식도

또한 도살 직후의 근원섬유에서는 Z선과 Z선을 연결하는 코넥틴의 그물상 필라멘트 구조가 존재하는 데 반하여, 저장된 근육에서 조제한 근원섬유의 경우는 그물상 필라멘트 구조는 확인할 수 없다(그림 6-31). 그러나 그물상 필라멘트 구조의 소실은 0.1 N NaOH의 최저단계에서 일어나고 있기 때문에 근육의 저장 중에 이미 코넥틴이 소실되는 것을 의미하는 것은 아니다. 다만 알칼리성에 대한 저장기간을 잃고 0.1 N 수산화나트륨으로 용이하게 가용화되는 것으로 이해해야 할 것이다. 따라서 식육의 숙성 중에 코넥틴의 내알칼리성이 상실되면 근육의 탄력성도 저하하게 된다(그림 6-32).

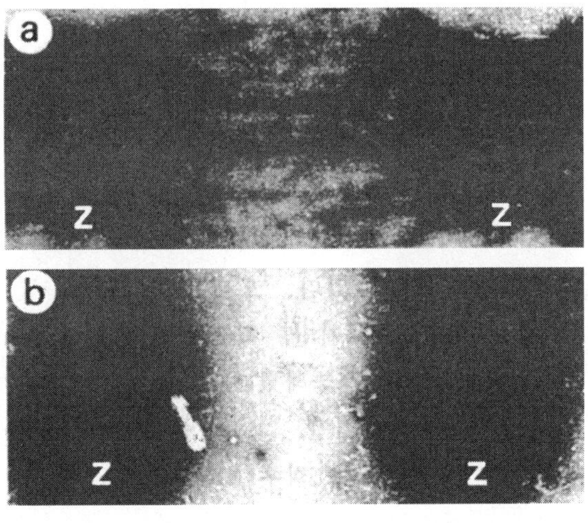

그림 6-32. 사후변화를 나타내는 connectin filament의 전자현미경사진
a : 도살 직후, b : 숙성 후

이상 숙성 중 경직해제요인에 관하여 살펴보았는데, 그 직접적인 원인에 대하여 고찰해 보면 다음과 같다.

신선육의 추출성을 조사한 결과를 보면 Ca^{2+}이 존재하면 Z선에서 가는 필라멘트를 유리시키기 쉽다. 따라서 F-actin의 추출성이 증대되는 것은 사실이며, in vitro의 실험에서도 Ca^{2+}이 Z선을 소실시켜 근원섬유의 근절 길이를 절단, 소편화(fragmentation)하기 쉽게 한다. 동시에 근육의 등장장력(等張張力, isometric tension)하기 인장강도(引張强度, tensile strength)의 감소 등 Ca^{2+}의 관여가 크게 주목을 받기에 이르렀다. 이 Ca^{2+}의 관여에 관해서는 Ca^{2+}이 직접적으로 Z선 또는 가는 필라멘트에 작용한다고 하는 비효소설과 Ca^{2+}에 의해 활성화되는 일종의 단백질가수분해효소인 CA(S)F (calcium-activated sarcoplasmic factor에 의한 효소설의 두 가지 이론이 나와 있다.

4) Nebulin filament의 소실

Z선에서 액틴 필라멘트쪽으로 또 하나의 보다 더 가느다란 필라멘트 구조적으로 존재하고 있는데(그림 6-33), 숙성 중 Ca^{2+} 존재하에서 단편화되며 소실되어간다.

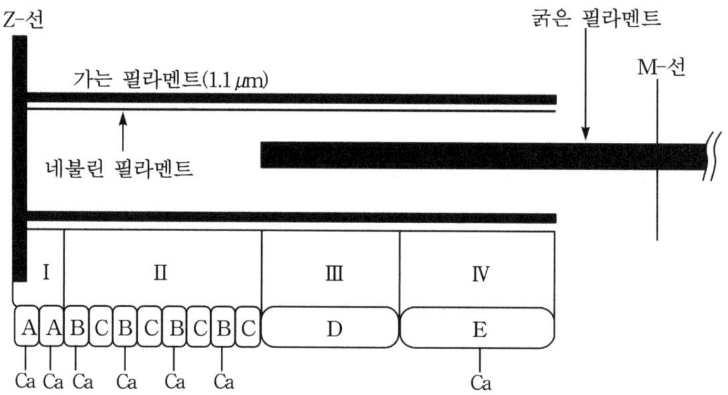

그림 6-33. Nebulin filament와 칼슘 결합위치의 모식도
A : 40-, B : 23-, C : 33-, D : 180-, E : 200-kDa

⑵ 데스민 중간 필라멘트의 약화

Z-선에 둘러싸여 세포막쪽의 근원섬유와 교차하고, 이는 데스민 중간 필라멘트(desmin intermediate-filament) 또한 Ca^{2+} 존재 하에서 숙성 중 약화되면서 단편화된다.

6.4.2 효소이론

해경이 끝난 식육을 저온에 보존하여 풍미를 증가시키는 것을 숙성이라고 한다. 숙성은 강직해제 중에도 이미 일어나고 있다고 보지 않으면 안되기 때문에 강직해제기와 숙성기는 반드시 구별하여 생각할 필요는 없지만 여기에서는 일단 구분하여 검토하고자 한다 (그림 6-34).

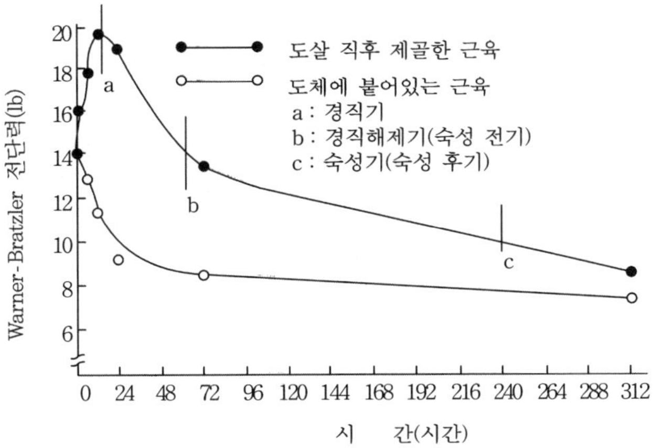

그림 6-34. 소의 반건양근을 4℃에 저장했을 때의 물성의 변화

(1) 단백질의 가수분해

숙성 중 진행되는 여러 반응 중 단백질가수분해가 가장 중요한 반응이다. 콜라겐 가교결합(cross-linkage)의 분해 및 구조적 변화와 같은 결체조직 성분의 변화가 없는 것은 아니지만, 근원섬유 단백질의 변화가 대부분으로 그 주요 변화에는 Z선의 약화를 비롯하며 troponin T의 분해산물인 30,000 탈톤 성분의 출현과 유리아미노산이나 올리고 펩티드의 증가 등이 포함된다.

또한 숙성 중에는 수용성의 비단백태 질소화합물도 증가하는데, 이들의 AMP의 분해에 따른 암모니아의 생성이나 가용성 nucleotide의 증가도 일부 기여하고 있지만, 대부분은 단백질의 가수분해에 따른 아미노산이나 peptide의 증가에 의한 것이다. 토끼의 배최장근을 3~4℃에 7일간 저장하였을 때 볼 수 있는 유리아미노산의 증가량은 표 6-3에 나타난 바와 같다. 그러나 근원섬유 단백질의 변화는 근육 중의 단백질가수분해효소의 작용에 의한 것이기 때문에 그 속도는 고기의 pH에 의해서 영향을 받는다. 근육 중에는 다수의 단백질가수분해효소가 있는데, 숙성 중 근원섬유·단백질을 분해할 수 있는 단백질가수분해효소는 크게 중성 protease와 산성 protease로 나눈다. 중성 단백질가수분해효소는 endopeptidase인 칼파인(calpain)이 있으며 이는 다시 1~2 mM에서 활성화되는 m-칼파인과 50~100 μm에서 활성화되는 μ-칼파인으로 나누고, 산성 protease는 cathepsin B, D, L 등으로 나누고 있다. 각각의 최적 pH는 CAF 7.0, cathepsin B 5.0, L 4.0, D 3.0 등으로 알려지고 있다. Calpain은 정상적으로 막에 결합된 것이 아니고, 식육의 숙성 중 근소포체나 미토콘드리아가 Ca^{2+}의 유지능력을 상실함에 따라 근원섬유 내 Ca^{2+} 농도가 충분히 증가하면 Calpain이 활성화되어 Z선을 공격하게 된다. 그 결과 Z선

표 6-3. 3~4℃에 저장한 토끼 배장근의 비단백태 질소화합물 중의 유리 및 결합형 아미노산 함량의 변화

아미노산	함 량(μmole 1,100 g 근육)					
	도살 후의 시간					
	0일 가수분해		3일 가수분해		7일 가수분해	
	전	후	전	후	전	후
Lys		19.8		38.4		65.6
His	1040.0	2205.0	1089.0	2766.0	1253.0	
Arg	1.6	5.1	4.7	10.1	15.1	29.9
Asp	0	38.9	0	42.4	18.1	102.3
Thr	0	19.1	0	25.8	0	64.6
Ser	*	30.6	*	43.8	*	96.5
Glu	0	324.5	8.9	255.0	29.0	359.5
Pro		30.0	6.4	47.1	25.1	80.8
Gly	113.8	***	123.4	***	162.0	***
Ala	89.5	137.8	87.5	138.2	128.2	204.2
Cys**	0	24.2	0	39.2	0	25.7
Val	21.5	20.8	16.8	39.2	32.9	0.9
Met**	6.5	0	7.8	0	22.6	80.9
Heu	9.4	8.5	10.9	17.2	20.6	39.2
Leu	12.6	15.0	17.2	27.6	34.4	62.9
Tyr**	6.9	1.8	8.2	8.6	17.1	17.4
Phe	6.2	6.3	7.5	9.1	15.3	30.8
β-Ala	28.4	2998.0	19.5	3238.0	26.4	3398.0
Taurine	0	83.8	0	44.2	0	51.2

* 피크의 중복으로 분리불완전
** 가수분해시에 일부 분해
*** nucleotide의 가수분해에서도 생성되기 때문에 정량불가

은 약화되고, 근원섬유 단백질의 결합성은 변하게 된다. 따라서 근원섬유는 소편화 되기 쉽고, troponin T의 분해산물도 출현하게 된다. 이와 같이 Calpain에 의해 약화 또는 파괴된 근원섬유의 입체구조는 다른 효소의 공격으로 쉽게 분해될 수 있다.

카텝신(cathepsin)은 생체내 조작 중의 리소좀(lysosome)이라는 미소립자(微小粒子) 중에 존재하고 있다. 이 미소립자는 지단백(lipoprotein) 막에 내포되고 있으며 정상적인 생체 pH에서는 내부의 카텝신도 불활성이지만, 사후 pH가 저하하거나 조직의 파괴가 심화되면 막의 파괴가 일어나 카텝신이 외부로 유출되어 활동을 개시하게 된다.

위에 언급한 Z선의 약화나 30,000 dalton 성분 등의 출현은 CAF의 작용양식과 부합되고 있어 이것을 숙성에 의한 연도와 단백질 가수분해의 주인자로 생각하고 있다. 그러나 숙성에 의한 단백질 가수분해가 고기의 연도나 보수성이 향상에 어느 정도 기여하고 있는지는 아직도 불분명하지만 적어도 유리아미노산 및 올리고펩티드의 증가와 유리 펩티드의 저분자화 등이 숙성에 의한 식육의 풍미향상에 기여하고 있다는 것은 분명하다.

(2) 기타 생화학적 변화

극한 최종 pH에 이르기까지 ATP는 대부분 이노신산, 무기인산, 암모니아 등으로 분해하게 된다. 다시 이노신산은 인산과 리보오스와 하이포크산틴(hypoxanthine)으로 분해되는데, 여기서 하이포크산틴의 함량이 1.5~2.0μmol/g이 되면 고기의 풍미는 가장 적당한 상태라고 한다. 이 상태가 되는 데 적합한 조건을 보면, 쇠고기의 경우 10~13일(0℃), 4~5일(10℃), 30~40시간(20℃), 10~11시간(30℃) 등으로 되어 있다.

(3) 연도증진 방법

상기에서 언급한 저온숙성 방법, 고온에서 24시간까지 지육을 놓아두어 칼파인의 작용을 촉진하는 고온숙성 방법, 사후대사작용을 촉진하여 저온단축을 방지하는 전기자극(electrical stimulation)법, 기계적으로 물리적인 힘을 가하는 기계적 방법, 파파인 등의 식용효소에 의한 화학적 방법, 발골하기 전 지육을 걸어 놓는 현수(tender-stretch)방법, 콜라겐 등의 결체조직을 용해하기 위한 고온가열 및 압력가열 방법 등이 있다.

6.5 신선육 가공기술과 육질조절

6.5.1 온도체 가공(Hot processing)

전통적인 식육가공 과정은 도살 후 도체를 24~48시간 동안 냉장시키는 것은 상당한 에너지와 냉장시설을 요구하므로 이러한 가격인상 요인을 줄이기 위해서 골발이 관심을 끌게 되었다.

온도체 가공은 도체온도가 아직 높은 상태, 즉 가축 도살 후 1시간 이내에 골발하여 온도체가공으로 만들거나 염지처리를 하여 가공육으로 이용하는 것을 말한다. 쇠고기, 돼지고기, 양고기의 온도체 가공방법을 그림 6-35에 나타내었다.

(1) 온도체 가공의 효과

1) 육　　질

① 원료육의 기능적 가공특성 증진

② 균일한 육색 및 발색

③ 냉장 중 수분증발의 감소 및 진공 포장육의 육즙손실(drip loss) 감소

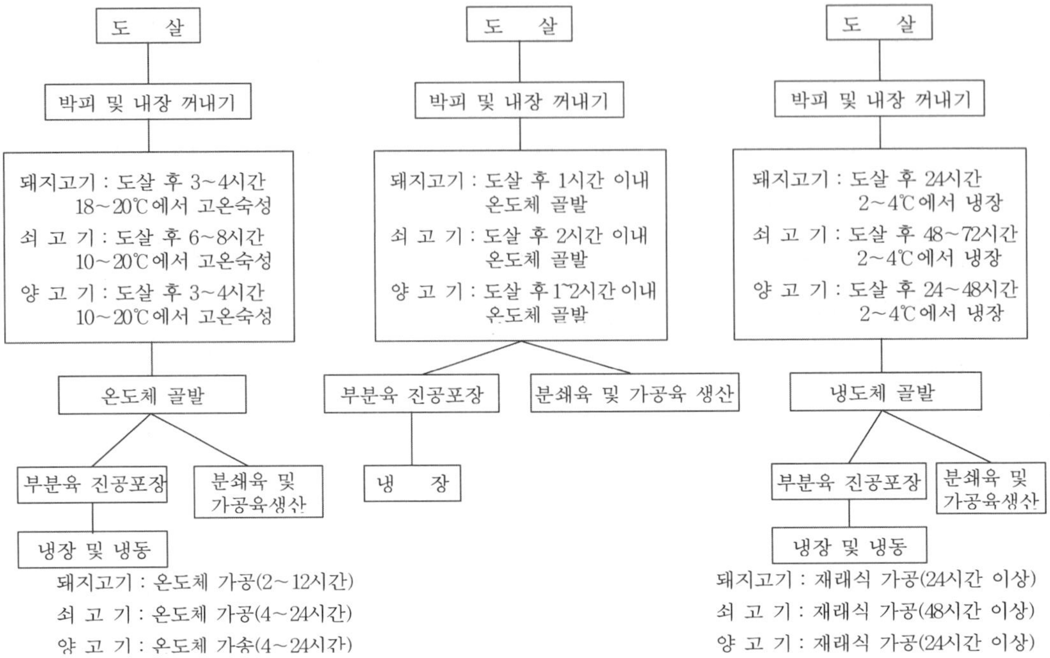

그림 6-35. 돼지고기, 쇠고기 및 양고기의 온도체 가공과 재래식 가공방법

위에 열거한 항목에 대하여 덧붙여 설명하면 가공육에 사용되는 원료육의 경우 경직 전 상태에서 온도체를 골발하여 이용하면 근육 pH가 높아 보수력, 결착력, 염용성 단백질의 추출성 및 유화력 등의 기능적 특성의 증진되어 높은 생산량을 기대할 수 있다.

온도체 골발 후 즉시 진공포장된 신선육의 경우 위와 같은 기능적 특성의 증진은 냉장 중이나 유통 중의 육즙손실을 감소시킨다. 또한 더 많은 고기 표면이 냉장온도에 노출되어 근육의 냉각이 균일하게 이루어질 뿐만 아니라 육색도 균일해진다.

2) 경 제 성

① 냉장실 공간 및 냉장비용의 감소

② 냉장시간 및 가공시간의 단축

③ 노동력 감소

소 도체를 냉장시키는 것보다 뼈나 과다 지방을 제거한 가식부분의 적색육(赤色肉)만을 냉장시킨다면 약 80%의 냉장실 공간을 절약할 수 있으며 아울러 냉장에너지도 약 50% 정도 절약할 수 있다.

또한 도살 후 전체 도체를 냉장실에서 2~5℃의 냉장온도로 냉각시키는 것보다 가식적 색육만을 냉장시킬 때 냉장시간이 훨씬 단축된다. 돼지의 경우 최종 산물로 생산되기까지 공장에 머무르는 시간이 신선육은 21시간이 절약되고, 염지육은 117시간이 절약된다고 한다. 경직전의 상태에서는 근육의 신장성(伸張性)이 있기 때문에 근육간의 절단이 용이하다. 또한 유통 과정에서는 반도체나 4분체로 운반하는 것보다 진공포장 후 상자에 넣어 운반하는 것이 훨씬 용이하다. 그 외 도체 등급을 매기는 데 요하는 시간이 필요없게 되어 노동력이 감소된다.

3) 온도체 가공의 문제점

① 등급조사의 곤란
② 기존시설의 이용곤란
③ 진공포장육의 육색이 재래식과 상이함
④ 고기의 연도 저하
⑤ 미생물 오염 방지 및 위생처리가 필요함
⑥ 레일에서의 골발이 필요함
⑦ 도체의 절단 및 절단육의 진공포장이 곤란함
⑧ 생산된 고기 모양이 재래식과 상이함

도살 후 48~72시간 냉장되는 동안에 실시되는 소 도체의 등급조사는 온도체에는 적용이 불가능하다. 아마도 이 점이 현재 미국 및 여러 나라의 많은 우육 가공업체에서 온도체 가공을 적용하지 못하는 가장 큰 이유로 생각되고 있다. 재래식 방법에서는 도축실→냉각실→골발라인→가공실 등의 단계로 이루어지나, 온도체 가공에서는 도축실→골발라인→가공실→냉각실의 단계로 이루어지기 때문에 기존시설로는 온도체 가공을 원활히 수행하기 힘들다. 재래식 방법의 절단육의 산소가 투과 될 수 있는 포장필름에 포장함으로써 고기의 색소가 산화되기 때문에 oxymyoglobin이 표면에 형성되어 밝은 적색을 띠게 된다. 반면에 온도체 골발육의 경우 산소가 투과될 수 없는 필름에 포장함으로써 표면의 고기 색소가 환원된 myoglobin(reduced myoglobin)으로 어두운 자적색(紫赤色)을 띤다.

경직전 상태에서 골발된 신선육을 급속냉장이나 냉동시킬 경우 저온단축이나 해동경직현상에 의해 고기의 연도가 저하된다.

미생물 오염방지는 고기의 저장실과 직접적인 관계가 있으므로 도살장의 레일에 도체가 현수되어 있는 상태에서 골발하는 것이 바람직하다.

재래식 방법에서는 뼈의 위치가 중심이 되어 각 부분육(wholesale cut)으로 절단하는데 비해 온도체 가공에서는 가식부분의 적육만을 골발하게 되므로 새로운 절단방법이 필요하게 된다. 또한 만들고 있으므로 그 모양이 재래식과는 상이하다.

진공포장시는 고기의 온도가 높은 관계로 진공포장 필름에 쉽게 달라붙어 기포가 완전히 제거되지 않는 어려움이 있다.

6.5.2 전기자극

전기자극(electrical stimulation, ES)은 돼지나 닭과 같이 농후사료 위주이며 운동량이 적은 백색근성 단위가축이나 가금류처럼 사후대사가 신속한 가축보다는 소나 양과 같이 조사료 위주이며 운동량이 많은 적색근 위주의 반추가축 다시 말해서 사후대사가 완만한 가축에 효과적으로 실용화되고 있다.

가축도살 후 육질개선의 목적으로 시도되고 있는 전기자극의 효과는 후에 언급하겠지만, 그 개요를 말하면 다음과 같다.

해당작용(glycolysis)을 가속화시켜 단시간 내 ATP 함량과 pH를 저하시켜 근수축을 억제함으로써 냉각저장시 저온단축(cold shortening)을 방지 또는 극소화하고 있다. 그 결과 육소비자에게는 부드러운 고기가 제공되고 있으며, 육가공업자에게는 숙성기간의 단축으로 에너지 소비절감의 효과를 주고 있다. 따라서 전기자극은 재래식 방법이나 온

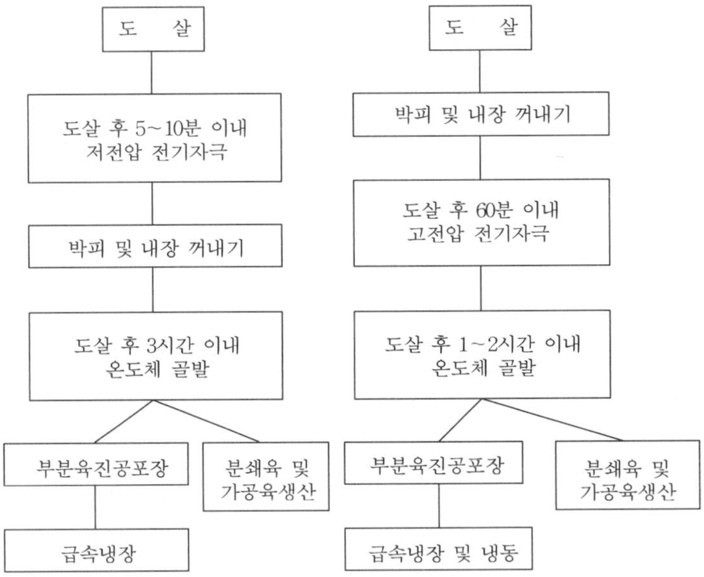

그림 6-36. 소나 양도체의 전기자극과 온도체 가공방법

도체 가공시 발생하는 육질저하 특히 연도 저하의 방지책으로 이용되고 있으며, 온도체 가공과 병행함으로써 그 효과가 더욱 발휘되고 있다. 전기자극 후의 가공방법은 그림 6-36에 나타낸 바와 같다.

(1) 전기자극 방법 및 고려해야 될 조건

그림 6-37. 사후 소의 지육에 전기자극하는 모습

전기자극은 2개의 전극 탐침(probe)을 코와 항문 또는 코와 다리에 연결하거나 그냥 도체가 매달린 레일을 한쪽 극으로 하고 다른 쪽 전극을 도체의 가슴이나 등 부위에 접촉시켜 전기자극을 실시하게 된다(그림 6-37).

1) 고전압 전기자극

직접 근육 세포막에 탈분극(脫分極)현상을 일으켜 전기자극 효과를 나타내는 방법으로 방혈 후 60분 이내면 가능하다. 보통은 500~700 V의 고전압(5~15 A)으로 도체를 1.5~2분간 자극한다.

2) 저전압 전기자극

이 방법은 근육 내의 신경조직을 이용하여 간접적으로 전기자극을 전달하여 자극효과를 기대하는 방법으로 가급적 방혈 후 빠른 시간(8분 이내)에 자극을 실시해야 한다. 보통은 30~80 V의 저전압(0.25~1 A)으로 0.5~4분간 자극한다.

3) 전 류

직류와 교류가 도체의 전기자극에 사용되고 있으며, 교류가 직류보다 근육의 pH 감소효과가 커서 주로 이용된다. 전류는 전자의 흐름을 뜻하는데 회로의 형태에 따라 전류의 방향과 세기가 달라지나 그 기본적인 성질은 같다. 전류의 세기는 옴의 법칙(Ohm's law)에 따라 전압과 전기저항에 의해서 달라진다. 고전압일수록 전류의 세기가 커져서 자극효과가 커지게 된다. 6가지의 전류형태를 참고로 나타내었다(그림 6-38).

(a) Sawtooth (b) Clipped sawtooth (c) Square wave (d) Common pulse (e) Sine wave

그림 6-38. 전기자극의 파형

이러한 전기자극 중 이러한 파형들은
오실로스코프(oscilloscope)의 화면에 나타난다.

4) 주 파 수

주파수(pulse frequency)는 일정 시간당 반복되는 파동수이다. 특히 매초당 반복되는 진동수를 헤르쯔(Hz)라고 한다. 일반적으로 적정 주파수는 동물의 종류에 따라 다르나 소나 양에서는 가장 큰 pH 감소를 가져오는 9~16 Hz가 적정선으로 알려지고 있다.

5) 전기파동 지속시간

전기자극을 가하는 동안에 전기파동이 지속되는 시간(pulse duration)은 초나 ms (millisecond)로 표시된다. 지속시간이 10초나 100 ms 사이일 때는 전기자극 효과에 큰 차이는 없는 것으로 알려지고 있다. 다만 지속시간이 너무 짧을 때는(2 ms 이하) 소 도체의 경우 모든 근섬유에 충분한 자극을 주지 못하여 고른 자극효과를 얻을 수가 없다.

(2) 전기자극의 효과

1) 육　　질 : 고기의 연도증진

가. 사후경직 과정

① 저온단축 및 해동경직 경감 : 가축을 도살 후 즉시 도체에 전기자극을 하면 혐기상태하의 해당작용이 가속화되어 pH가 저온단축(cold shortening)의 위험수준 (pH 6.0) 이하로 빨리 저하된다(그림 6-39).

동시에 화학에너지의 공급원인 ATP도 분해되어 소실됨으로써 저온단축 및 해동경직이 방지되거나 극소화되므로 경직강도가 저수준으로 억제되고 있다. 이 뿐만 아니라 해당작용의 가속화 또는 ATP의 신속한 분해는 사후경직을 촉진하고 그만큼 경직완료 시간도 단축되고 있다.

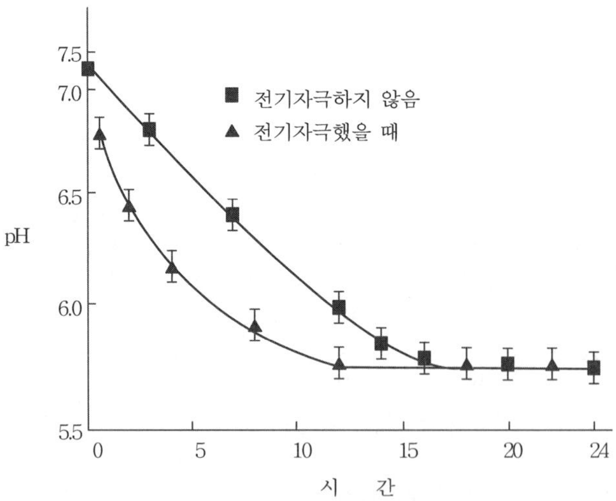

그림 6-39. 토끼 최장근의 pH 저하속도

② 근원섬유의 파손 : 전기자극조건에 따라 다소 다른 형태로 나타나나, 그 전자현미경상을 보면 극심한 수축상태를 나타내거나 잡아당겨서 끊어진 듯한 모양, 근원섬

유 Z선 부근의 파손, 지그재그로 구부러지거나 엉크러진 모양, 빈공간 등의 변화를 볼 수 있으며 전기자극을 가하지 않은 섬유는 명확한 구조를 보이는 데 비해 전기자극시는 불분명한 수축구조 등을 보여 주고 있다.

나. 경직해제

앞장에서 설명한 바와 같이 경직해제 메카니즘은 Z선의 약화, actin과 myosin간 결합의 약화, 코넥틴의 약화로 집약할 수 있다. 그러나 전기자극에 의한 경직 해제 메카니즘에 관한 연구결과는 현재까지도 나와 있지 않다. 다만 강(1983, 1987)의 연구결과에 의하면 비전기자극시의 경직해제 현상이 현저한데 비하여, 전기자극시의 경직해제 현상은 극히 적다고 보고함으로써 대산맥과 소산맥의 관계로 추론되고 있다(그림 6-40).

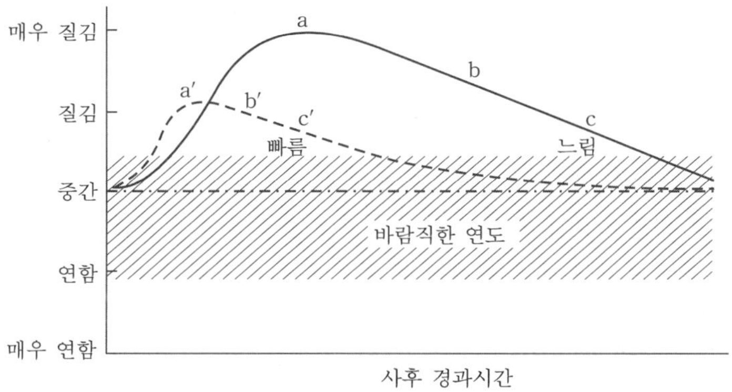

그림 6-40. 근육의 사후변화 및 전기자극에 의한 사후경직의 조절
실선 : 자연적 변화, 파선 : 전기자극에 의한 인위적 조절
a & a′ : 사후경직, b & b′ : 경직해제, c & c′, : 숙성

다. 숙성기간 단축 및 풍미개선

전기자극에 의한 pH의 급속한 저하는 주로 근원섬유 단백질의 자연적 변성을 가속화하고 있다고 할 수 있다. 도체의 온도가 내려가기 전의 전기자극은 세포막의 파괴 또는 근소포체의 Ca^{2+} 회수능력을 상실케 함으로써 초기에 다량의 Ca^{2+}을 유리시킬 가능성이 높고, 급격한 산성 pH로의 전환은 세포막에서는 칼파인(CAF)이 작용하고, 근소포체에서는 근육 내에 존재하고 있는 효소, 즉 cathepsin류의 작용에 의해 근원섬유 단백질의 가수분해가 촉진되기 때문이다.

2) 종합평가 및 경제성

육질개선을 목적으로 한 전기자극은 전기자극을 하지 않은 지육보다 18~30%가 더 부드러운 것으로 나타나고 있다. 그 외 세균상, 조직, 색조, 보존성, 관능평가 등에 걸쳐 종합적인 잇점도 큰 것으로 보고되고 있다(표 6-4).

한편, 육가공업에 있어서 전기자극은 온도체 가공의 단점인 저온단축현상을 막을 수 있기 때문에 온도체 가공과의 병행, 즉 도체의 온도가 내려가기 전에 골발하면 7~10%의 노력절감과 30~50%의 냉각에너지 절약, 70~80%의 냉장고 공간을 줄일 수 있는 효과가 있다.

표 6-4. 소 지육에 대한 전기자극의 효과

특 성	공시지육 및 시 료 수	개선된 비율	특 성	공시지육 및 시 료 수	개선된 비율
연화도	452	26%	가열반점	1,177	23%
절단치	656	23%	경 도	458	4%
풍 미	349	6%	지방교잡도	1,251	11%
살코기 숙성도	1,261	23%	USDA규격기준	1,086	8%
살코기 색조도	1,261	14%			

(3) 전기자극의 문제점

① 원료육의 기능적 가공특성의 저하가능성
② 전기자극시 안전장치 필요

전기자극시 도체의 온도가 높은 상태에서 급속한 pH의 감소가 일어나므로 이에 민감한 근육 단백질의 구조변화나 변성이 일어날 수 있으므로 원료육의 기능적 가공특성이 저하될 가능성이 있다. 두 번째의 문제점에 대해서는 80V 이하의 저전압에서는 인체에 아무런 해가 없지만, 그 이상의 고전압을 사용할 때에는 반드시 안전장치가 필요하다.

7. 식육의 이화학적 특성 및 육질

- 강종옥, 정승희 -

가축의 근육(muscle)은 도살 후 사후강직과 숙성과정을 거치는 동안 여러 물리화학적 변화가 일어나면서 식육(meat)으로 전환된다. 식육은 그대로 소비자에게 판매되거나 육가공 원료육으로 이용되는데, 이때 식육의 이화학적 특성인 보수성과 색상, 조직, 연도, 풍미에 의해 식육의 가치가 결정된다.

7.1 이화학적 특성

7.1.1 보 수 성

(1) 보수성의 화학적 이론

식육의 보수성(water holding capacity)이란 '고기를 세절, 압착, 열처리 등 물리적 처리를 할 때 고기가 함유하고 있는 수분을 잃지 않고 계속 보유할 수 있는 능력'을 말한다. 눈에 보이는 지방을 제거한 살코기는 약 75% 정도의 수분과 20%의 단백질, 3%의 지방 그리고 소량의 탄수화물과 무기질로 구성되어 있다. 이때 고기 속의 물은 육단백질과의 결합 상태에 따라 결합수, 고정수 및 유리수 3가지로 구분된다(그림 7-1).

물 분자(H_2O)는 극성(極性)으로써 산소원자(O) 쪽으로는 (－) 전하를 띠며, 상대적으로 두 수소 원자(H) 사이에는 (＋) 전하를 띠고 있어 육단백질의 전하를 띠고 있는 잔류기들과 전기적으로 결합할 수 있다. 고기가 함유하고 있는 수분 함량 중 4~5%는 육단백질의 잔류기들과 전기적으로 강하게 결합하고 있는데, 이것을 결합수라 부르고 있다. 이 결합수들은 물리적인 처리에 의해서도 유리되지 않으며 －50℃로 동결될 때에도 빙결정을 형성하지 않는다. 고정수의 물 분자들은 결합수 층 다음에 존재하며 결합수 층과 전기적 인력으로 안정되어 있으나, 결합수 보다는 결합력이 약하여 물리적 처리시 유리될 수 있다.

이러한 고정수들은 주로 미오신 필라멘트 사이에 존재하고 있으며 고기의 pH에 따라 결합력이 좌우된다. 유리수의 물 분자들은 고정수 층 다음에 존재하며, 표면장력에 의해 매우 불안정하게 결합되어 있기 때문에 고기의 표면으로 쉽게 스며 나올 수 있다.

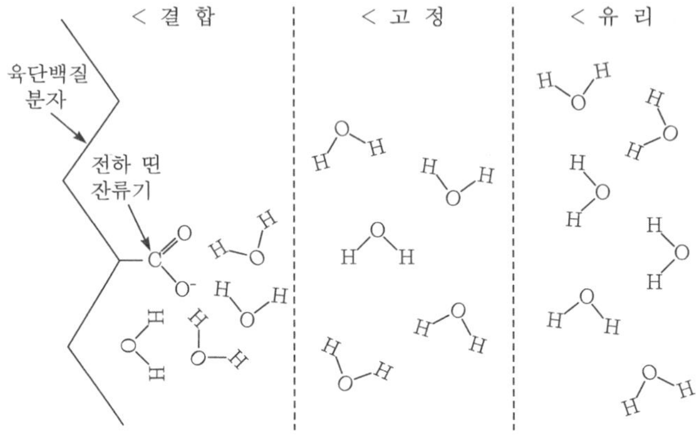

그림 7-1. 근육에 존재하는 물의 형태 (Aberle 등, 2012)

(2) 식육의 보수력에 영향을 미치는 요인

햄, 소시지를 생산할 때 육단백질은 고기가 함유하고 있는 자체 수분 외에도 고기 양의 약 25~50% 정도 되는 첨가수를 흡수, 결합하여야만 한다. 따라서 햄 소시지를 생산할 때 보수력이 떨어지는 고기를 원료로 사용하면 육단백질은 첨가된 물을 결합하기는 커녕 오히려 고기 자체가 가지고 있는 수분까지도 결합을 하지 못하고 뱉어내어 수율을 떨어뜨리므로 완제품의 식감이나 다즙성과 같은 관능적인 성질에도 나쁜 영향을 미쳐 품질저하가 야기될 수 있다. 이러한 햄 소시지의 보수력은

① 액토마이오신을 액틴과 마이오신으로 해리할 수 있는 근육 내 adenosine triphosphate(ATP)의 함량
② 고기의 pH
③ 육단백질의 총량
④ 살코기와 지방, 물의 배합비
⑤ 소금과 인산염의 농도
⑥ 세절 온도와 세절 정도
⑦ 열처리 온도와 시간 등의 가공의 조건에 따라 달라진다.

그 중에서도 보수력에 직접적으로 영향을 미치는 고기의 ATP 함량과 pH 등은 원료육을 선택할 때 중요한 고려요인이다. 지금까지 연구된 결과에 따르면 사후경직 때 육단백

질의 보수력이 현저히 감소되는데, 이 중 1/3은 pH 저하에 의한 것이고, 나머지 2/3는 근육 내 ATP의 고갈 때문인 것으로 보고되고 있다.

1) 근육 내 ATP 함량과 보수력

ATP는 살아있는 근육에서 근육의 수축 및 이온수송 등을 포함한 각종 대사작용을 수행하는 데 이용되는 에너지원이다. ATP가 보수력에 미치는 영향을 살펴보기 위해서는 먼저 살아 있는 동물 근육의 수축 이완과정을 이해하여야 하겠다. 살아있는 근육이 수축을 할 때 제6장(근육의 수축이완)에서 보는 바와 같이 미오신 필라멘트는 액틴 필라멘트와 결합하여 액토미오신으로 된다. 이때 ATP가 adenosine diphosphate(ADP)로 분해되면서 발생되는 에너지가 이 수축운동에 이용되어진다.

살아 있는 근육에서 소비된 ATP는 다음의 3가지 방법으로 다시 생성되는데,

① 근섬유 내에 존재하는 인산 크레아틴과 ADP의 반응에 의해서 생성되거나

② 산소 공급이 충분한 상태에서 일어나는 호기적 대사에 의하여 탄수화물, 지방, 단백질 등의 영양소가 탄산가스와 물로 분해되는데, 이때 발생된 에너지가 ATP의 합성에 이용되거나

③ 호기적 대사에 의한 ATP 생성이 중단되면 근육 내 저장되어 있는 글리코겐이 해당작용을 통하여 젖산으로 분해되면서 ATP가 생성된다.

살아있는 근육에서는 이 액틴과 마이오신이 ATP라는 에너지를 이용하여 가역적으로 결합과 이완을 반복하지만, 사후에는 산소 공급이 중단되면서 호기적 대사에 의한 ATP 생성이 중단된다. 따라서 일정 시간이 지나면 근육 내에 있던 인산 크레아틴이나 글리코겐도 모두 고갈되어 ATP 생성이 완전히 중지됨으로써 근육은 더 이상 이완할 수 없는 상태가 되어 사후강직 현상이 일어난다. 이때 근육은 최고로 단단하게 수축되고 단백질 구조는 수분을 함유할 수 있는 공간이 최대로 줄어들어 가장 낮은 보수력을 갖게 된다. 따라서 사후경직 상태의 육은 식육으로써 뿐만 아니라 햄, 소시지 생산을 위한 원료육으로도 적합하지 않다.

그러나 사후 일정시간까지는 근육 내에 있던 인산 크레아틴과 글리코겐에 의해 ATP가 생성되면서 살아있는 근육에서와 마찬가지로 액토미오신이 액틴과 미오신으로 해리될 수 있다. 이때의 단백질 구조는 느슨하여 많은 수분을 함유할 수 있는 공간이 형성되므로 보수력도 높게 나타나는데, 이러한 현상을 '단백질과 물 분자 사이의 공간효과' 라고 한다.

온도체의 고기는 높은 함량의 ATP와 pH를 가지고 있어 높은 보수력을 지니게 된다. 따라서 온도체 육을 이용하는 기술들이 고품질의 햄 소시지를 생산하기 위하여서 개발되

고 있다. 일반적으로 살아있는 근육 내의 ATP 함량은 고기 1g당 5μmol에 달하며 사후경직 현상을 억제할 수 있는 최저 ATP 함량은 1~1.5μmol이다. 그러나 사후경직 현상이 소에서는 4~6시간만에, 돼지에서는 1시간 만에 나타나기 때문에, 이렇게 짧은 시간 내에 온도체 육을 가공 처리하기는 쉽지 않다. 최근 독일의 한 회사에서 개발한 온도체 가공기술은 도살 후 45분 이내에 골발된 고기들을 사이런트 커터에서 세절하면서 소금을 첨가하여 단백질분자 사이의 전하에 영향을 주고 액화질소를 이용하여 동결시키면서 5mm 정도의 크기로 세절하여 냉동 유통시키는 것이다. 이렇게 함으로써 ATP 분해에 의한 근육수축 현상을 방지하고 온도체 육의 장점을 장기간 유지할 수 있다. 또한 냉동된 온도체 육은 햄 소시지를 제조할 때 해동과정 없이 그대로 사용할 수 있다.

그러나 모든 햄 소시지 생산에 온도체 육을 사용하기는 어렵다. 그러므로 냉도체 육을 사용할 때는 온도체 육에 존재하는 ATP의 기능과 같은 효과를 얻기 위해 인산염을 첨가한다. 인산염은 액토미오신을 액틴과 미오신으로 해리시켜 수분을 결합할 수 있는 단백질 구조 사이의 공간을 넓혀주고, 고기의 pH를 0.1~0.2 정도 증가시키고, 이온강도를 높여줌으로써 육단백질의 용해도와 물을 흡수하는 팽화력을 높여 보수력을 증진시킨다.

2) 식육의 pH와 보수력

육단백질들은 양전하군과 음전하군을 갖는데, 이 두 전하군은 자석의 성질처럼 같은 전하군은 서로 밀어내고 다른 전하군들은 서로 끌어당긴다. 따라서 육단백질에 음전하군의 수나 양전하군의 수가 많아지면 단백질 구조 사이의 물을 함유할 수 있는 공간은 넓어지게 되어 보수력이 증가한다. 그러나 육단백질의 등전점에서는 양전하군과 음전하군의 수가 같아 실제 전하는 0이 되고, 이들 두 전하군은 전기적으로 서로 끌어당긴다. 따라서 이때 물을 함유할 수 있는 단백질 분자 사이의 공간은 가장 좁아져 보수력은 최하로 떨어지게 된다(그림 7-2). 이렇게 식육의 보수력에 미치는 pH의 영향을 실제전하효과라고 한다.

도살 후 근육은 산소 공급이 중단되면서 혐기적 대사를 통하여 근육 내에 존재하는 글리코겐이 젖산으로써 분해되면서 ATP를 생성하게 되나, 이때 생성된 젖산은 근육조직 내에 축적됨으로써 육의 pH는 떨어지게 된다. 육단백질의 등전점은 pH 5.0~5.4로 나타나는데, 사후경직 때 육의 pH는 5.4까지 떨어져 단백질 분자 사이의 공간은 최소가 되고 보수력도 가장 낮아진다.

육은 pH가 증가할수록 음전하군의 수가 많아지고, 이로 인해 육단백질 구조 사이의 수분을 함유할 수 있는 공간이 넓어져서 보수력은 점차 증가하게 된다. 일반적으로 햄 소시지의 제조에 이용되는 원료육의 pH는 5.8~6.2 정도인데, pH가 5.7 이하인 고기를

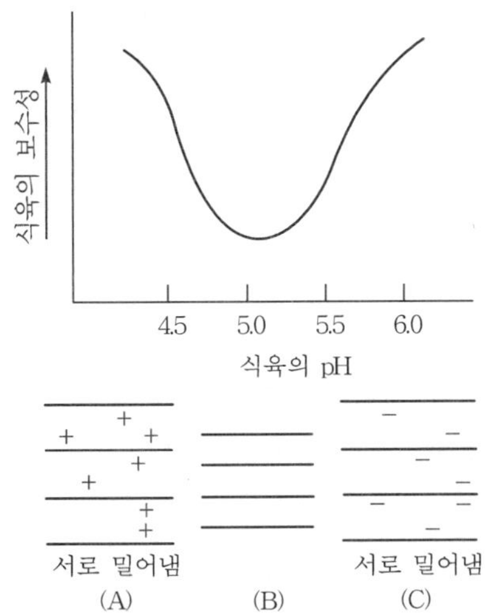

그림 7-2. 식육의 pH와 보수력 사이의 상관관계 (Wismer-Pedersen, 1971)

(A) 육단백질 분자는 양전하 상태
(B) 육단백질 분자는 양전하와 음전하가 균형을 이루고 있음
(C) 육단백질 분자는 음전하 상태

원료육으로 사용하게 되면 품질 면에서 만족할만한 제품을 생산하기가 매우 어렵다. 또한 햄 소시지를 제조할 때 같은 배합비로 제품을 생산할지라도 갑자기 많은 양의 유수분리 현상이 나타날 수 있다. 이것은 바로 pH가 낮은 고기를 원료육으로 사용하였거나, 또는 여름철 열처리 공정이 지연됐을 때 첨가된 당류가 미생물에 의해 분해되어 유산이 생성될 수 있는데, 이때 생성된 유산이 육의 pH를 떨어뜨려 육단백질의 보수력을 저하시키기 때문이다.

표 7-1은 동일한 배합비(60% 고기, 5% 지방, 35% 물)로 제조된 소시지에서 육의 pH에 따라 분리된 수분의 양이 크게 차이나는 결과를 뚜렷하게 잘 보여준다. pH가 5.85인

표 7-1. 육의 pH가 소시지의 보수력에 미치는 영향

육의 pH	분리된 수분의 양 (%)	
	인산염 첨가	인산염 무첨가
5.85 ± 0.03	12.0 ± 1.4	27.8 ± 0.8
5.83 ± 0.06	11.0 ± 1.3	
5.84 ± 0.04	9.9 ± 0.8	
5.86 ± 0.07	8.0 ± 0.6	
5.94 ± 0.06	5.3 ± 0.7	
6.11 ± 0.08	4.0 ± 0.5	
6.15 ± 0.05	0.5 ± 0.1	7.4 ± 0.6

고기를 원료육으로 사용하여 소시지가 제조되었을 때 수분의 양은 12.0%에 달하였으나, pH가 6.15인 육으로 제조된 제품에서는 수분의 양이 0.5%로 현저히 줄어들었다. 또한 pH가 높은 원료육에 인산염을 첨가시키지 않고 제조된 소시지가 pH가 낮은 원료육에 인산염이 첨가되어 제조된 소시지보다 낮은 수분이 분리되는 현상을 나타냈다.

7.1.2 식육의 색상

소비자들은 식품을 구입할 때 외관으로 그 식품의 맛과 품질을 판단하기 때문에 맛있게 보이는 그 식품 특유의 색상(color)이 유지되도록 제조된다. 고기의 색깔은 육색소 단백질인 미오글로빈(myoglobin)과 혈색소 단백질인 헤모글로빈(hemoglobin)의 양에 따라 결정되는데, 피에 들어있는 헤모글로빈은 도살 후 방혈과정 중 대부분이 방출되기 때문에 육색에 미치는 영향은 적으며, 주로 고기에 함유되어 있는 미오글로빈의 함량과 그 변화에 의하여 육색이 결정된다고 할 수 있다.

육색소의 함량은 미오글로빈이 80～90%로, 그 함량은 가축의 종류나 연령, 성별, 육의 부위 또는 근육의 운동량 등에 따라 차이가 있는 것으로 알려져 있다. 즉 쇠고기와 양고기는 1 g당 4～8 mg의 미오글로빈을 함유하고 있는 데 반하여, 어린 소의 고기는 2～4 mg, 송아지 고기와 돼지고기는 0.5～2 mg, 가금류의 백색육은 0.5 mg, 적색육은 2～4 mg의 미오글로빈을 함유하고 있다. 또한, 동물의 연령이 많아질수록 그리고 수컷이 암컷보다 미오글로빈의 함량이 높아 육색이 진하게 나타나며, 운동을 많이 한 부위일수록 산소의 요구량이 높아 미오글로빈의 함량이 높다. 예를 들어 목, 어깨, 사태, 꼬리 부위는 안심, 등심, 엉덩이, 배 부위의 육보다 미오글로빈의 함량이 높아 짙은 육색을 나타낸다. 사료도 부분적으로 육색에 영향을 미치는데, 조사료를 공급할수록 그리고 철분 함량이 많은 사료를 공급할수록 육색이 짙어진다.

(1) 육색소의 화학적 구조

생체에서 헤모글로빈은 산소 운반체로써 그리고 미오글로빈은 산소 저장체로서 기능을 수행하는데, 미오글로빈 분자는 헤모글로빈 분자 크기의 1/4 정도이나 그 구조는 비슷하며 글로빈이라고 하는 분자량 17,000 달톤의 단백질 부분과 헴링(heme ring)이라고 하는 철을 함유한 비단백질 부분으로 구성되어 있고, 헴링 한 가운데에 철원자(Fe^{2+})가 존재하며 이 철원자의 다섯 번째 위치에 글로빈이 연결되어 있고 여섯 번째 위치에 물 분자나 산소분자가 연결될 수 있다(그림 7-3).

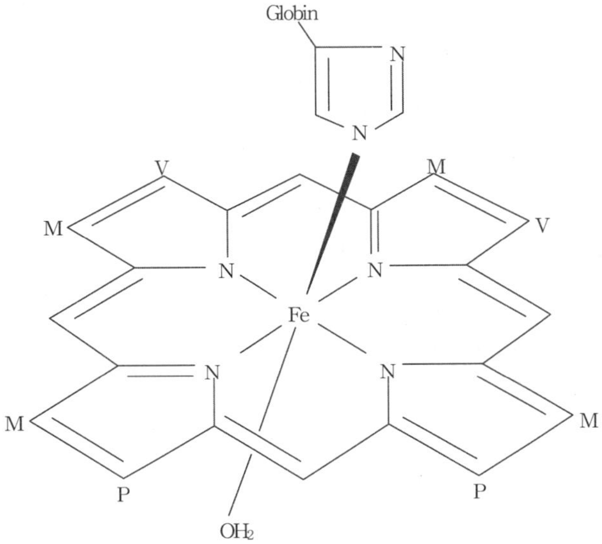

그림 7-3. 미오글로빈 분자의 구조 (Bodwell and McClain, 1971)
M : methyl, V : vinyl, P : propyl기

고기의 색깔은 헴링 내에 있는 철원자의 원자가에 의해 결정되는데, 미오글로빈의 철은 2가 형태의 환원형(Fe^{2+})과 3가 형태의 산화형(Fe^{3+})으로 존재하며, 환원형을 헤모크롬(hemochrome), 산화형을 헤미크롬(hemichrome)이라고 한다.

고기를 절단하면 절단면은 미오글로빈에 의하여 적자색을 띠는데 이것은 미오글로빈의 철이 2가 형태의 환원형인 헤모크롬 상태에 있는 것을 나타낸다. 그러나 잠시 방치하여 두면 절단면이 선명한 적색을 나타내는데, 이것은 미오글로빈이 공기 중의 분자상 산소와 결합하여 옥시미오글로빈(oxymyoglobin)으로 변한 것이며, 이렇게 미오글로빈의 환원형 철원자의 여섯 번째 위치에 산소가 결합하는 반응을 산소화(oxygenation)라고 한다. 그러나 고기를 장시간 공기 중에 더 방치하면 옥시미오글로빈의 철원자는 2가철(Fe^{2+})에서 3가철(Fe^{3+})로 산화되어 산화형 철인 메트미오글로빈(metmyoglobin)으로 변화되며, 이때의 육색은 갈색을 나타낸다.

⑵ 변색에 관계하는 요인

육색은 공기 중의 산소농도에 따라 다르게 나타나는데, 탈기과정을 거쳐 산소농도가 매우 낮은 진공포장 육에서는 대부분의 육색소가 환원형으로 존재함으로써 암적색으로 나타난다. 이 상태에서는 변색(discoloration)이 장기간 지연되는데, 예를 들어 냉장 보관된 진공포장 우육은 약 3~4주간 육색의 보존이 가능하다. 진공포장육이 개봉되면 육색은 선홍색으로 발색되는데 신선육일수록 이 현상은 단시간에 일어난다.

신선 냉장육의 옥시미오글로빈 층은 일반적으로 표면으로부터 약 2mm까지 유지되는데, 일부 포장육에서 시도되는 바와 같이 포장 내 산소농도를 높이면 선홍색 육층의 두께가 깊어지고 선홍색이 강하게 나타난다. 변색과 산소 분압은 서로 밀접한 관계를 나타내는데, 냉장육의 경우 표면에서 약 2~3mm 깊이에서는 육표면보다 산소 분압이 낮아 저장중 이 부분에서부터 적자색의 메트미오글로빈 층이 형성되기 시작하여 점차 표면으로 확산된다. 육 표면이 산소 투과성이 낮은 필름이나 알루미늄으로 덮여있을 때 혹은 쟁반과 닿은 육 부위에서는 산소 분압의 저하로 다른 부위에서보다 변색이 빨리 일어난다.

냉장고의 온도가 낮을수록 육 표면에 용해되는 산소의 양이 증가되고 화학적 산화반응 속도도 늦어져 선홍색이 오래 유지된다.

냉동온도에서는 산화반응이 냉장온도에서보다 천천히 일어나므로 변색속도가 늦다. 생육은 오래 저장할수록 육 자체의 환원능력의 약화와 미생물의 번식으로 육 표면의 변색이 빨리 일어난다.

이 외에도 변색을 촉진하는 요인들로는 가열, 소금, 철과 구리 같은 금속이온, 자외선 등이 있으며, 낮은 pH도 메트미오글로빈 형성을 촉진시키는 역할을 한다. 그러나 환원제인 아스코르브산(Ascorbic acid, 비타민 C)은 메트미오글로빈 형성을 억제한다.

7.1.3 식육의 풍미

식육의 풍미(flavor)는 냄새(odor)와 맛(taste), 조직(texture), 온도와 pH 등이 복합적으로 작용하면서 나타나는데, 풍미를 객관적으로 측정하기는 어렵고 일반적으로 혀에서 느끼는 맛과 코에서 느끼는 냄새 그리고 입안에서의 느낌 등에 의하여 종합적으로 판단한다. 식육은 열처리에 의해 고기 특유의 풍미가 생성되는데, 피라진(pyrazines)과 유황, 산소를 함유하는 여러 가지 복합물질들이 열처리된 고기의 풍미에 영향을 준다.

살코기를 조리할 때 나타나는 휘발성 물질들로는 황화수소(H_2S), 암모니아(ammonia), 아세트알데히드(acetaldehyde), 아세톤(acetone), 디아세틸(diacetyl)과 미량의 개미산(formic acid), 초산(acetic acid), 프로피온산(propionic acid), 낙산(butyric acid)과 디메틸설파이드(dimethylsulfide) 등이 있다.

식육의 풍미는 가축의 종류, 품종, 성별, 연령, 사양방법 등에 따라 다르다. 쇠고기, 양고기, 돼지고기, 닭고기 같이 가축의 종류에 따라 고기 맛이 다른데, 이것은 지방이 그 가축의 독특한 냄새를 함유하고 있기 때문이다. 또한 같은 동물이라도 암수 성별과 가축의 성숙도 또는 나이에 따라 풍미가 다르다. 특히 수퇘지의 경우 암퇘지에 비하여 성취(sex odor) 또는 웅취가 심하게 느껴지나 소나 양에서는 차이점이 거의 없다. 이것은 돼지

지방이 소나 양의 지방에 비하여 불포화지방산 함량이 높기 때문에 땀이나 오줌냄새 같은 웅취나 지방 산패취가 더 빨리 나타나며 고기를 가열할 때 이 냄새가 더 강하게 나타난다. 그러나 사양방법의 개발로 수퇘지를 어릴 때 거세시킴으로써 웅취 발생 가능성이 거의 사라졌다. 다만 나이를 먹은 모든 수컷 동물의 고기는 풍미가 떨어진다. 가축은 나이가 먹을수록 그 고기 특유의 풍미를 갖는데, 성숙된 소의 고기가 송아지 고기에 비하여 쇠고기 특유의 풍미가 더 강하나 6개월 정도 된 송아지 고기에서는 쇠고기 풍미를 거의 느낄 수 없다.

사료도 고기의 풍미에 영향을 미치는데, 목초사료로 사육된 소와 건초사료로 사육된 소의 고기 맛은 틀리게 나타나며, 사료에 함유되어 있는 방향성 물질은 지용성 물질로써 소화기관에서 변화하거나 변화하지 않고 그대로 지방조직에 축적되기 때문이다.

고기의 풍미는 숙성 또는 저장 중에도 산화, 화학적 분해 그리고 미생물이 증식되면서 풍미가 변한다. 미생물들은 단백질을 분해하여 부패취를 발생시키거나 지방을 분해하여 유리지방산을 생성함으로써 산패를 발생시키기도 한다. 또한 고기를 냄새가 심한 다른 식품과 동일한 장소에 보관하면 다른 식품의 냄새가 고기에 쉽게 흡착되어 상품가치를 떨어뜨린다. 고기를 가열한 후 다시 보관하였다가 먹어보면 처음 조리하였을 때보다 떨어지는 풍미가 느껴지는데 이것을 '가열후취(warmed over flavor, WOF)'라 부른다.

7.2 육 질

육질(meat quality)의 주요성분을 보면 표 7-2와 같이 요약할 수 있다. 숙성 및 연도는 앞장(6.4.)을 참조하기 바라며 다즙성, 풍미 및 육색에 관하여는 전항(7.1.)을 참고하여주기 바란다.

7.2.1 육량 및 조성

대량생산 위주에서 소비자의 요구에 따라 품질위주의 생산으로 옮겨지면서 생산자나 소비자는 지방이 많은 것보다는 살코기가 많은 것을 원하고 있다. 그러나 지방은 풍미에 관여하는 성분이기 때문에 지방이 전혀 없으면 맛이 없다. 또한 근육의 형태에 있어서도 얇고, 평평한 것보다는 토실토실하고 둥그런 형태의 근육을 더 선호하고 있다.

7.2.2 외관 및 기술학적 특징

육색은 외관과 구매력 및 기술적 가치로써의 보수력과 함께 주요 결정 인자이다. 육색

표 7-2. 육질의 주요성분

육량 및 전체조성	판매가능 수량 살코기와 지방 비율 근육의 크기와 모양
외관 및 기술적 특징	지방조직과 지방색 근육 내 지방 함량 살코기의 색과 보수성 살코기의 화학적 조성
기 호 성	연도와 조직 다즙성 풍미, 냄새
건 강 성	영양적인 육질 화학적 안전성 미생물학적 안전성
윤리적 과제	동물복지(사양관리, 도축)

은 축종에 따라 조금씩 다르나, 일반적으로 암갈색이라기보다는 선홍색이다. 살코기의 육색과 보수력의 문제는 PSE육과 DFD육에서 잘 강조된다. 지방색과 화학적 조성도 중요한데, 일반적으로 황색보다는 하얀색 지방을 선호하는 편이다. 황색지방은 청초의 카로틴 성분에서 유래되는 것으로 건강상에는 아무런 문제가 없다. 또한 일반적으로 부드러운 지방(연지)보다는 딱딱한 지방(경지, firm fat)이 선호된다. 아이베리안(Iberian) 햄을 만드는 데는 스페인 종(Spanish breed)의 연지돈이 유익하지만 살코기형의 돼지에서는 실제로 문제가 된다. 그러나 연지방이 경지방보다 불포화지방산은 더 많다.

7.2.3 기 호 성

기호성(palatability 또는 eating quality)은 표 7-2에서 보는 바와 같이 조직(texture), 다즙성(juiciness), 풍미(flavor)와 냄새(odor)를 말한다. 안심 스테이크는 가장 부드럽고, 값이 비싸다. 다즙성이 떨어지는 고기는 가열시 건조하고 수분이 모자라 맛이 없다. PSE육이나 근내지방이 모자란 고기에서 많이 볼 수 있다. 풍미는 수용성 성분에 의해 그리고 냄새는 지방의 지용성 성분에 의해 결정된다. 웅취(boar taint)는 좋은 예이다.

7.2.4 건강상태

식육은 기생충, 식중독균, 살충제, 항생물질, 기타 유해잔류물질로부터 안전해야 한다. 또한 광물질, 비타민, 고단백질, eicosapentaenoic acid(EPA)과 docosahexaenoic acid(DHA)과 같은 필수지방산을 공급함으로써 건강에 유익하여야 한다. 식육은 단백질과 지방 이외에도 철, 아연, 인, 칼륨, 마그네슘을 포함하여 비타민 B와 광물질의 중요한 자원이다.

7.2.5 윤리적인 과제

식육은 가축에서 유래되고 있기 때문에 가축은 동물 복지 차원에서도 건강하게 사육되어야 함은 물론 친환경적으로 사양, 도축되어야 한다.

8. 신선육의 저장

- 박창일, 하정욱 -

8.1 냉장저장

식육은 다량의 수분과 여러 가지 영양소를 함유하고 있어 미생물의 작용에 의해 변패되기 쉬우므로 도축장에서부터 식육가공장 또는 식육판매점을 거쳐 최종 소비자에 이르기까지 특별한 주의와 완벽한 취급이 요구된다. 특히 도살공정이 끝난 직후의 도체온도는 대개 30~39℃에 이르고, 도체의 부위나 위치에 따라 냉각 전 지육의 온도는 상당한 차이를 나타낼 뿐만 아니라 도체의 종류, 비열, 중량, 형태 등의 여러 가지 요인에 따라서도 냉각속도에 많은 차이를 보이므로 냉각공정상 매우 주의를 기울여야 한다.

저온을 이용하여 신선육을 저장할 때 그 저장온도에 따라 냉각저장법과 동결저장법으로 대별하게 되는데, 이 중 냉각저장법은 일반적으로 식육을 동결되지 않은 저온범위에서 저장하는 것으로 대체로 0~10℃에서 취급하는 것을 말하며, 동결저장법은 식육을 빙결점 이하의 매우 낮은 온도범위에서 동결하여 저장하는 것으로 관능적으로 동결상태에 있다고 볼 수 있다.

이와 같이 저온을 이용하여 식육을 저장할 때 식육의 취급과 냉장설비의 운용에 특별한 주의가 요구됨은 물론 여러 가지 요인들이 식육의 품질수명에 많은 영향을 끼치므로 이러한 관점에서 먼저 식육의 냉각 및 냉장에 대하여 알아보도록 하자.

8.1.1 냉각 및 냉장의 원리

신선육의 냉각 및 냉장은 최소한 인체 병원균을 예방하거나 성장을 지연시킴으로써 식육의 미생물학적 안전성을 유지함과 아울러 생물학적 또는 화학적 변질에서 초래되는 변패(spoilage)를 지연시키는 데서 기본적인 원리를 찾을 수 있다.

일반적으로 식육의 냉각 중 열이 제거되는 속도는 여러 가지 요인에 따라 달라진다.

즉 식육소재의 무게, 밀도, 수분 함량, 비열용량, 열전도, 잠열 함량 및 초기온도 등에 의해 냉각속도가 영향을 받고, 포장시에는 그 형태와 크기에 의해서도 영향을 받게 되며, 냉각 공기의 온도와 속도에 의해서는 결정적인 영향을 받는다.

특히 식육의 냉각시스템은 여러 가지 열전달방식 중 주로 대류(convection)에 의해 열이 제거되는데 근거를 두고 있는데, 열은 식육의 표면으로부터 냉매 속으로 흐르게 된다. 가장 흔히 쓰이는 냉매는 공기나 물이며, 이 밖에 다른 냉매가 사용되기도 한다. 식육으로부터의 열 제거속도는 열 흐름에 대한 유효 표면적, 육 표면적과 냉매 사이의 온도 차이 및 표면 열전달계수에 따라 달라진다. 표면 열전달계수는 식육의 형태와 표면상태에 좌우되며, 아울러 냉매의 열특성치와 냉매의 속도에 의해서도 크게 영향을 받는다. 그리고 식육 자체의 크기를 생각해보면 열이 제거되려면 내부에서 표면으로 열이 전도되어야 하는데, 식육은 열전도도가 낮으므로 냉각시간에 많은 제약이 따르게 된다.

(1) 냉각방법

식육의 냉각방법에는 여러 가지가 있는데, 그 중 대표적인 몇 가지를 요약하면 다음과 같다.

1) 유동공기냉각법

유동공기에 의한 냉각법(moving air chilling)은 경제적이고 위생적일 뿐만 아니라, 설비에 대해 비교적 부식성이 덜하기 때문에 가장 널리 쓰이고 있다. 그러나 유동공기냉각법에서는 포장되지 않은 식육을 냉각할 때 표면건조현상이 지나치게 나타날 우려가 있고, 표면동결을 피하기 위해서는 유동공기의 최저온도를 설정할 필요가 있다. 그리고 공기의 유속도 매우 중요한 요인이 되는데, 공기의 유속변화에 의한 상대적인 영향은 냉각시키고자 하는 식육의 크기에 좌우된다. 쇠고기 도체의 냉각시 공기의 속도를 증가시키면 낮은 공기속도에서 냉각시간을 단축시킬 수 있지만 그 영향은 공기속도가 높아질수록 감소한다.

2) 수냉법/침지식 냉각법

수냉법(hydrocooling)은 작은 도체를 가장 경제적으로 신속하게 냉각시킬 수 있는 방법인데, 대개 주위온도 또는 0℃에 가까운 냉수에 침지(immersion)하거나 냉수를 분무하여 냉각시킨다. 이 물은 흔히 염소제와 같은 부드러운 소독제로 처리하여 사용하며, 실제 사용되고 있는 시스템은 물탱크를 진탕시키지 않거나 진탕시키는 경우에도 도체를 진탕 중인 탱크나 분무장치 속으로 컨베이어 시스템에 의해 이동시키는 방법 등에 이르기까지 다양한 방법이 이용되고 있다.

3) 가속냉각법과 분무냉각법

소와 같은 큰 지육의 냉각시간 단축과 더불어 증발감량도 비교적 낮게 조절할 수 있는 냉각법으로 최근에 가속냉각법과 분무냉각법이 실용화되고 있다.

가속냉각법에서는 초기 냉각공정 중 −70℃에서 5시간 동안 냉각하고, 다음 단계부터는 차츰 온도를 높여 최종 단계에 이르러 0℃나 이보다 약간 높은 온도에서 계속 냉각시켜 심부온도가 0~−2℃가 되도록 처리하는 것으로 일부 동결이 따른다.

분무냉각법의 초기에는 공기냉각과 분무냉각을 병행하다가 공기냉각 단계로 마무리되는데, 대개 분무는 처음 8시간 동안만 30분 가격으로 90초씩 실시하는 경우와, 처음 12시간 동안만 30분 간격으로 30초씩 실시하는 경우 등이 있다. 분무되는 물은 2~3℃로 냉각된 것을 사용하며, 30초씩 11개의 노즐에서 분출되도록 하여 이용한다. 이러한 분무냉각법에 의해 소의 도체를 냉각해본 결과 24시간째 측정시 종래의 방법에서의 냉각감량 1.46%에 비해 0.32%에 지나지 않은 것으로 나타났다.

(2) 냉 장

이론적으로 볼 때 식육으로부터의 열 제거 및 온도저하가 포함된 냉각공정에 요구되는 환경조건과 일정한 온도를 유지한다는 냉장(chilled storage) 사이에는 뚜렷한 차이가 있지만, 냉각과 냉장이 같은 실내에서 이루어지거나 설혹 다른 시설에서 이루어지더라도 냉각상태에서는 모든 열이 제거되지는 않는다. 이 까닭으로는 충분한 시간이 허용되지 못하거나 냉각시키고자 하는 식육의 초기부하량이 높은 경우 냉장용량이 불충분하거나 또는 과부하 상태, 지육 크기의 불균일 및 환경조건 설정이 부정확한 경우 등을 들 수 있다.

대부분의 축육과 닭고기는 포장되지 않은 채 대규모의 공기순환식 냉장실에 저장되고 있다. 미포장상태이므로 건조공기의 유동에 따른 감량과 외관의 변화를 방지하기 위하여 최소한 온도유지가 필수적이다. 그런데 포장육을 냉장하는 경우에는 공기를 낮은 속도로 유동시킴으로써 에너지 소비를 줄일 수 있다. 그러나 실제 냉장실의 설계 및 시공단계에서 공기의 분포나 편재현상에 대해서 거의 염두에 두지 않는 사례가 너무나 많은 실정이다. 보조천장을 설치하든지 또는 다른 형태의 배관설비에 의해 냉장실 전반에 걸쳐 공기 분포를 고르게 하면 공기의 유동속도와 온도 변화를 상당히 줄일 수 있다.

한편, 소매 포장 규모로 각종 축육, 닭고기 및 육제품의 냉장저장과 품질수명의 연장을 위해 기체조절냉장법이 이용되고 있는데, 이 시스템에서는 정상적인 온도조절 시설과 함께 정상적인 수준보다도 산소는 낮고 탄산가스와 질소는 더 높은 환경을 유지할 수 있는 특별한 기밀성의 밀봉설비가 필수적이다. 이때 균일한 품질 유지를 위해서는 포장 전에 예비냉각을 반드시 한 다음 적당히 포장하여 밀폐상태로 냉장하는 것이 바람직하다. 보기를 들면, 냉장실 내의 공기 중 10% 정도를 탄산가스로 치환하면 쇠고기는 60~70일간의 저장이 가능하여 특히 원거리 수송할 때 실용적으로 활용되기도 한다.

⑶ 냉장수송

오늘날 온도조절 수송방식이 발달함으로써 냉장식품 시장에 일대 변혁이 일어나고 있다. 냉장육이 세계 각국 사이의 무역에서 다른 지역의 시장까지 해상수송 또는 육로 수송되고 있고, 심지어는 항공수송방식도 육류수송에 이용되고 있는 실정이다.

특히 1970년 이전까지는 육로나 철도를 통한 대용량의 냉장컨테이너가 이용되고, 지역간 또는 소매점까지의 수송 시에는 절연되지 않은 소형차량이 활용되어 왔으나, 오늘날에 와서는 대부분의 수송차량이 기계적인 방식이나 저온금속판 또는 액체질소를 이용하여 냉장상태를 유지하도록 하고 있다. 국제표준기구에서 허용하고 있는 식품수송용 컨테이너의 규격은 길이가 6~12 m이고 무게는 26톤까지이며, 냉각된 공기는 전 공간에서 균일하게 유지되어야 하고, 송출공기와 반송공기 사이의 온도 차이는 0.8℃ 이하여야 하며, 컨테이너 내부의 모든 식육은 지정온도에 대해 ±1℃ 안에서 유지되어야 한다.

⑷ 식육 소매점에서의 냉장

냉장식품의 저온유통시스템에서 식육 소매점에서의 진열상태가 가장 취약한 사례가 많고, 식육이 진열된 냉장고에 따라 －6.7~＋6.0℃ 그리고 입구와 출구 사이에도 －0.3~＋7.8℃의 평균온도를 보이는 것으로 알려져 있다.

일정한 지점에서의 공기 온도가 5~20℃의 변이를 보임에 따라 냉장고 내부에 있는 식육의 온도는 6~12℃ 범위에서 온도 차이를 보인다는 것이다. 소매점에서 냉장고에서의 진열기간은 포장 여부에 따라 상당히 다른데, 포장육의 경우에는 수일간으로부터 수주간에 걸쳐 가능하지만 주로 미생물의 성장에 의해 좌우된다. 미포장상태의 편육은 대략 6시간정도 진열 가능하다.

소매점에서 냉장용 포장육을 수일간 또는 수주간 진열하고자 할 때 온도는 되도록 처음의 동결점(－1~0℃)에 가까운 온도를 유지하는 것이 바람직하다. 일반적으로 7℃ 이하에서는 *Salmonella*가 성장할 수 있으나, *Listeria monocytogenes*는 냉장상태에서 성장은 지연되지만 pH 5.0 이하가 아닌 경우에는 1℃에서도 매우 느리게 성장한다. 결과적으로 신선육을 1~3℃ 범위에서 냉장 진열하면 품질유지에 상당히 도움이 될 것이다.

8.1.2 지육의 냉각 및 냉장

(1) 냉각속도에 관련되는 요인

1) 도체의 상태

도살 공정이 완결되었을 때 도체의 내부온도는 대개 30~39℃이다. 그러나 냉각 전 지육의 온도는 도체의 부위 및 위치에 따라 상당한 차이가 있을 뿐만 아니라 도체별 비열, 중량, 형태 등에 의해서도 냉각속도에 많은 차이를 보이게 되는데, 주요 도체의 도살 전 체온과 비열 및 체중 등을 보면 표 8-1과 같고, 냉각 전 지육의 종류에 다른 표면온도와 내부온도를 보면 표 8-2와 같다.

지육의 냉각은 일반적으로 이분체(halves) 또는 사분체(quarters)로 분할하여 행하는데, 냉각은 대개 지육의 온도를 0℃ 부근까지 떨어뜨리고 표면의 수분을 어느 정도 제거하여 함수율이 낮은 보호피막을 형성시키며, 육표면의 색깔을 상품가치가 높은 선홍색(bloom)으로 하고 지방을 경화시켜 외관상의 품질을 향상시킴과 아울러 신선육의 절단작업을 쉽게 하는 등의 목적이 있다.

표 8-1. 도체별 체온 · 비열 및 체중

가 축 별	소	돼 지	송아지	양
체온(℃)	38~41	38~41	38~40	36~38
비열(kcal/kg · ℃)	0.70~0.75	0.51~0.57	0.77~0.70	0.66~0.74
체중(kg)	140~300	40~135	30~50	9~50
평균체중(kg)	180	60	40	20

표 8-2. 냉각 전 지육의 온도

	볼기살	업진살 · 옆구리살	목정살
표면 온도(℃)	24	24	15
내부 온도(℃)	40.5	29.5	39.4

일반적으로 송풍식 냉각장치를 이용하는 경우 냉각에 소요되는 시간은 송풍의 온도, 상대습도 및 유속에 따라 다르며, 도체의 종류와 크기별로 최종 온도에 차이가 있다.

냉각소요시간을 보면 축종에 따라 다른데, 일반적으로 대동물(소 · 말)은 48~72시간 이내에 그리고 소동물(돼지 · 양)은 24시간 이내에 0℃ 부근까지 냉각되는 것을 표준으로 하고 있다. 그러나 돼지 지육은 10℃ 정도로 냉각되었을 때 분할 절단하는 것이 좋으며, 소 지육은 4~5℃로 예비 냉각된 다음 0℃의 냉장실로 옮겨 나머지 냉각작업을 완결함이 바람직하다.

2) 공기의 온도

공기의 온도는 도체의 냉각시간과 가장 밀접한 관계를 가지고 있다. 유럽지역에서 널리 쓰이는 터널식 냉각실에서는 냉각기 출구의 온도가 처음 −3℃ 정도로부터 −1℃로 조절되며, 미국에서 행해지는 표준적인 냉각실의 공기온도는 표 8-3에서 보는 바와 같이 온도체를 수용한 직후의 최고온도가 3.3℃를 넘지 않도록 하고 있다. 또한 350kg 이상의 대형 지육에 대해서는 수용 전 −3∼−4℃에서 표준온도 −1.1∼−1.6℃로 하고, 냉각 중 2.2℃를 넘지 않도록 하고 있다.

표 8-3. 지육냉각실의 공기온도

구 분	공 기 온 도(℃)		
	소·말	돼 지	송아지·양
지육 수용 전	−0.5∼0	−0.5∼0	0.5∼1.1
냉각 중의 표준온도	0	0	0.1∼1.1
냉각 중의 최고온도	2..2∼3.3	3.3	3.3

3) 공기의 유속

소의 지육을 72시간 동안 냉각시키는 경우 지육 표면의 온도가 냉각실의 공기의 온도에 근접하는 시간은 10∼12시간 정도 소요되며, 그 후 24시간까지는 공기의 유속을 0.75m/sec, 상대습도는 85%로 유지하는 것이 적당하다. 때로는 냉각실 안에 걸려있는 지육의 표면에 포화습도의 공기를 2.5m/sec의 고속으로 송풍하여 냉각시키는 고속송풍냉각법(turbo-chill)이 쓰이기도 한다. 이때의 감량은 1.9% 수준에서 1.3% 정도로 감소한다.

그러나 경제적인 측면에서 도체의 지육냉각 중 공기의 유속을 증가시키면 낮은 공기유속에서는 냉각시간이 상당히 감소되지만 공기의 유속이 높아지면 약간의 문제가 따른다. 즉 송풍기에 의해 공기를 유동시키는 데 소요되는 동력은 속도의 세제곱으로 증가하는 문제점이 있으며, 더욱이 유속을 3.0m/sec로 증가시키더라도 냉각시간의 감소율은 불과 6∼8%에 지나지 않는다. 따라서 공기의 유속을 1m/sec 이상으로 높이는 것은 경제적인 관점에서 비현실적이라 하겠다.

4) 상대습도

지육 수용 전에 냉각실의 상대습도가 90%인 경우 일시적인 표면증발에 의해 95%까지 증가되나, 냉각이 진행됨에 따라 지육 표면의 온가 공기의 온도에 근접함에 따라 공기의 습도는 냉각속도에 영향을 미치기 시작하므로 습도가 낮을수록 지육의 건조가 촉진된다.

상대습도를 감소시키면 냉각시간이 약간 줄어드는 것으로 보이나 이것은 도체 표면에서 증발에 따른 냉각에 기인한 것에 지나지 않는다. 그러나 도체의 표면에 물을 가하지 않으면 증발속도가 증가함에 따라 감량이 더욱 커지게 되므로 보다 낮은 상대습도가 가능하게 하면서도 경제적인 면을 충족시킬 수 있는 증발기의 최소-최대 온도 차이를 설정할 수 있어야 한다.

5) 지육의 무게

지육의 무게는 냉각시간에 영향을 크게 미치므로 냉장실의 설계와 운전에 특히 주의해야 한다. 실제로는 전적으로 무게 기준으로 다루기는 어려운 점이 있으므로 가벼운 도체의 과대냉각 현상과 무거운 지육이 과소 냉각되는 현상 사이에서 타협점을 찾아야 한다. 곧 과대냉각 현상은 감량을 지나치게 증가시킬 수 있고, 과소냉각 현상은 품질수명을 단축시킨다. 또한 수송차량에서 냉각이 느려지면 저장수명이 더욱 줄어들게 된다(표 8-4).

표 8-4. 0℃, 0.75 m/sec 또는 0℃ 1.0 m/sec의 공기 중 쇠고기 다리 지육(50~220 kg)을 7℃까지 냉각시의 소요시간(시간)

조 건	지육의 무게(kg)					
	50	75	100	140	180	220
0℃, 0.75 m/sec	13.0	17.6	21.6	27.4	–	–
0℃, 1.0 m/sec	–	–	25.6	30.9	36.0	42.1

6) 냉각실의 수용밀도

냉각실에 수용하는 지육의 형태는 우리나라의 경우 대개 이분체로 하고 있으나, 외국에서는 사분체를 이용한다. 냉각실의 표준적인 수용밀도는 표 8-5와 같은데, 대동물과 소동물 사이에 단위면적당 수용되는 지육량이 차이를 보이는 것은 지육의 표면적이 소동물일수록 상대적으로 큰 데 기인한다.

표 8-5. 냉각실의 수용밀도

식 육 별	1두당의 평균중량(kg)	수 용 밀 도/3.3 m²	
		두 수	중 량(kg)
소 · 말	260	5	1,300
돼 지	60	10	600
양 · 송아지	50	10	500

7) 지방층의 두께

지방층의 두께에 의한 영향을 도체의 무게에 의한 영향과 뚜렷하게 구분하는 것은 매우 어려운 일인데, 그 까닭은 대체로 가벼운 동물은 지방 함량이 낮고, 무거운 동물은 지방층이 두껍기 때문이다. 따라서 제한된 무게 범위 안에서 비교하는 것이 타당할 것으로 생각하여 실험결과 지육(140 kg)을 0℃, 0.5 m/sec 조건으로 냉각시킬 때 냉각시간은 가장 지방층이 두꺼운 도체에서 평균 소요시간보다 20% 더 걸리는 것으로 알려졌으며, 0℃, 0.75 m/sec 조건에서 지육(100 kg) 냉각시에는 지방층의 부착정도에 따라 각각 24.5시간 및 19.0시간이 소요되고, 125 kg인 경우에는 각각 27시간 및 22시간이 소요되는 것으로 알려지고 있다.

(2) 닭고기의 냉장

도계공장에서는 기계적인 냉장법이 도입됨에 따라 인공적으로 조절되는 냉장실을 활용하여 도살 직후 털을 벗긴 도체의 내부온도가 주변의 대기온도와 평형에 이를 때까지 보관하게 된다. 이러한 자연대류에 의한 공기냉각시 －1～2℃의 냉장실에서 평균 크기의 분할 전 도체로부터 열이 제거되는 데는 24시간이 걸린다. 따라서 터널을 이용하는 강제 공기냉각법과 탱크를 활용하는 침지 물냉각법의 개발필요성이 대두하게 되었다. 근래 닭고기의 냉장과 관련하여 주로 연구 검토되고 있는 방법을 요약하면 다음과 같다.

1) 역류침지냉각

유럽 지역에서는 냉동용 도체 처리시에만 허용되어 있으나, 미국에서는 엄격한 통제하에서 역류 침지냉각법이 활용되고 있다. 도체들이 갈쿠리, 패들 또는 오거(auger) 등에 의해 순환펌프의 도움을 받으면서 냉각설비의 물을 관통하여 이동하게 되어 있다. 침지냉각법은 기존의 유수냉각법에 비해 도체의 체류시간이 균일하고, 에너지 경비가 절감되며 냉각효율이 증가됨과 아울러 위생상태가 개선되는 등의 이점이 있다. EEC 규정에 따르면 다음과 조건이 지켜져야 한다. 즉,

① 냉각용 도체는 하나 이상의 물 또는 얼음물 탱크를 통과시켜야 한다.
② 브로일러(2.5 kg 이하) 한 마리당 물 사용총량은 최소한 2.5 ℓ 여야 한다.
③ 도체의 입구와 출구 온도가 각각 16℃ 및 4℃를 초과해서는 안 된다.
④ 최종부에서 브로일러 한 마리당 물의 사용량이 최저 1.0 ℓ 가 사용되어야 한다.
⑤ 물의 흡수량은 적당히 조절되어야 한다.
⑥ 냉각전 도체의 분무 세척에는 브로일러 한 마리당 최저 1.5 ℓ 가 권장되고 있다.

2) 심온 냉각 - 2단계 냉각법

브로일러나 닭고기 부분육은 −2~0℃로 심온 냉각된 채 신선육의 상태로 시판되고 있다. 이 방법은 종래의 얼음포장법에 비해 품질수명을 연장시키기 위하여 미국에서 처음 개발된 것이다. 이 2단계 냉각설비는 일반적으로 동결조작과 같은 목적으로 사용되고 있는데, 심온냉각 후 도체는 언제나 −2~−4℃에 냉장보관되어야 하며, 시판과정 전반을 통하여 품질 유지가 가능하도록 이 온도가 지속적으로 유지되어야 한다. 최근에 2단계 냉각법으로 자주 활용되고 있는데, 주로 나선형 동결장치나 벨트형 동결장치 등 여러 가지 장치가 개발되어 있다. 도체는 2단계 냉각전 대부분 포장된 다음 냉각시간을 연장시키면서 표면으로부터의 증발감량을 예방하여야 한다.

8.1.3 냉장육의 미생물

(1) 신선육의 냉장 중 미생물 성장의 특징

미생물의 성장과 미생물의 대사산물인 산, 가스, 효소 및 독소 등의 생성 등이 냉장육 변패의 가장 주요한 원인이라 할 수 있다. 개별적인 미생물의 분류법에는 여러 가지 방법이 있으나, 냉장육의 저장과 관련하여 냉장육과 가장 관련성이 깊은 것은 최저 성장온도이다. 배양온도를 낮추면 미생물의 성장이 느려지면서 유도기가 길어지고 증식기가 증가하게 된다. 최저 성장온도는 유도기나 증식기가 무한대로 길어질 때의 값으로 정의되며, 이 온도 이하에서는 성장에 필수적인 생화학적 과정이 지연된다. 따라서 미생물은 '저온 충격'을 받게 되어 점차 사멸하게 되지만, 온도가 이 최저온도 이상으로 올라가면 다시 성장이 시작된다.

미생물의 최저 성장온도는 일련의 내부적 요인과 외부적 요인에 의해 영향을 받게 된다. *Salmonella*속과 *Listeria monocytogenes*는 둘 다 최저 성장온도에 가까워짐에 따라 성장에 대한 최저 pH가 산성쪽을 벗어나게 되며, 저장온도와 pH가 상호작용하여 유도기와 증식기의 성장시간을 증가시킨다. 이들 외에도 수분활성도, 가스 환경, 염류 함량, 보존제 등도 영향을 미치며, 열에 의한 손상과 경쟁적인 미생물에 의해서도 영향을 받는다.

(2) 식육의 미생물에 대한 냉장의 영향

신선한 축육이나 닭고기에는 여러 가지 미생물이 함유되어 있는데, 15℃ 정도의 따뜻한 온도에서 저장할 때는 *Coliform*과 *Micrococci*가 변패미생물의 주류를 이루는데 비해 4℃에 저장할 때는 이들 미생물은 매우 낮은 수준에 머물러 있다. 4℃의 저온에서는 *Pseudomonas*속이 주요 미생물로 등장하게 되는데, 냉장 축육과 닭고기의 변패미생물 중 *Pseudomonas*속과 다른 그램 음성의 간상세균(*Acinetobacter/Moraxella*속)의 존재가 다양한 연구를 통해 밝혀지고 있다. 특히, 진공포장육의 냉장시에는 호기성의 *Pseudomonas*속의 성장이 예방되므로 품질수명의 연장이 가능하다.

냉장육의 변패형태는 원래 존재하던 미생물의 수, 다른 오염 미생물, 냉장육의 내재적 성질(영양상태, A_w, pH 등), 외부적 요인(기체 환경, 상대습도, 저장온도) 등의 다양한 요인의 영향을 받게 되며, 이들 요인들은 상호작용의 결과 변패속도와 변패형태(가스 생성, 산패, 산성발효)에 영향을 미친다.

(3) 냉장육에 존재하는 주요 미생물

신선육은 병원성 미생물이나 변패성 미생물이 성장함으로써 미생물학적으로 부적합한 상태가 된다. 병원성 미생물은 신선육을 불안전하게 만들고, 변패성 미생물은 관능특성상 좋지 못한 변화를 일으킨다.

1) 병원성 미생물

신선육의 안전상 문제가 되는 미생물에는 신선육 자체를 통하여 옮겨지는 세균(*Salmonella*속, *L. monocytogenes, Cl. perfringens, Yersinia enterocolitica* 및 *Aeromonas hydrophila*)과 독소 생성균(보기 : *Staphylococcus aureus, Clostridium botulinum*)이 있는데, 독소들은 살아있는 미생물들이 가공공정을 거치면서 제거된 이후에도 식육에 남기 때문에 변패 여부가 안전의 기준이 될 수 없다.

2) 변패성 미생물

변패성 미생물은 편의상 그램음성 간균(보기 : *Pseudomonas*속), 대장균군/장내세균, 그램양성 포자형성균(보기 : *Bacillus*속), 젖산균(보기 : *Streptococcus*속), 그램양성균(보기 : *Brocothrix thermophacta*), 효모 및 곰팡이로 분류된다. 그 외 냉장 중 신선육에서 성장할 수 있는 그램음성 간균으로는 *Acinetobacter, Aeromonas, Alcaligenes, Alteromonas, Flavobacterium, Morazella, Vibrio* 및 *Acromobacter*속 등이 있다. 그리고 그램양성·포자형성균에는 *Bacillus*속과 *Clostridium*속 등이 있으며, 특히 진공포장육에 대한 주요 변패요인이 될 수 있는 대표적인 젖산균에는 *Lactobacillus, Streptococcus, Leuconostoc* 및 *Pediococcus*속 등이 있다.

일반적으로 효모와 곰팡이는 세균들에 비하면 성장속도가 느린 편이며, 대부분의 효모와 곰팡이들이 저온성이어서 0℃ 이하에서도 성장할 수 있다. 냉장 중 신선육을 흔히 변패시키는 효모에는 *Candida*속과 *Torula*속이 있고, 곰팡이에는 *Cladosporium, Geotrichum, Mucor, Rhizopus, Sporotrichum, Thamnidium*속 등이 있다.

8.1.4 냉장육의 변화

(1) 육색의 변화

식육 표면의 미려한 선홍색(bloom)은 신선육의 상품 가치를 높이는데 중요한 몫을 차지한다. 신선육의 냉장 중 주로 근육색소인 미오글로빈이 일차적으로 산화되어 옥시미오글로빈(MbO_2)으로 되면 일단 선홍색을 띠게 되나, 산소가 부족한 상태에서 연이어 산화되면 메트미오글로빈(MetMb)이 형성되어 갈색을 띠게 된다. 이러한 변화는 근육 표면의 지방의 변화와 수분의 감소 및 미생물의 분해작용 등에 의해 촉진되는데, 일반적으로 냉장 중 육색의 변색을 방지하기 위해서는 건조공기와의 접촉을 피하게 함과 아울러 식육 표면의 건조를 예방하고 가능한 한 저장온도를 낮게 유지하는 등의 대책이 강구될 수 있다.

냉장 중 신선육의 변색은 산소의 분압이 4 mmHg 내외의 낮은 상태에서 훨씬 쉽게 일어날 수 있기 때문에 투명도, 수증기와 기체에 대한 투과성 및 한계온도 등의 특성 면에서 우수한 폴리염화비닐리덴(polyvinylidene chloride, PVDC)계와 에틸렌 비닐알코올(ethylene vinyl alcohol, EVOH)계의 공압출(coextrusion) 포장재를 이용하면 미생물의 오염과 감량을 예방함과 아울러 변색을 최대한 방지할 수 있다. 또한 신선육을 진공상태에서 포장함으로써 메트미오글로빈의 생성을 억제하고, 미오글로빈은 환원상태로 적자색을 유지하다가 포장이 개방되면 몇 분 후에 공기 중의 산소와 결합하여 선홍색의 옥시미오글로빈을 형성하게 된다.

(2) 지질의 변화

식육 중의 지방은 수분과는 달리 냉장 중 그 함량이 감소하지는 않으나 그 질이 변함에 따라 신선육의 풍미와 밀접한 관계가 있기 때문에 육질에 영향을 미치게 된다. 냉장 중 곰팡이와 같은 미생물이 증식하면 중성지방이 유리지방산과 글리세롤로 가수분해되어 변질이 더욱 빨라진다. 이처럼 유리지방산이 증가하면 식육 자체에 함유되어 있는 효소, 금속이온, 헴 색소 등의 산화촉진물질들에 의해 지질이 산화됨으로써 더욱 많은 휘발성 물질이 생성되어 식육의 변패가 초래된다.

일반적으로 지방의 산화속도는 반추동물육보다는 돼지와 가금류의 비반추동물육에서 더 빠른 경향을 볼 수 있고, 가축의 연령과 부위에 따라서도 큰 차이를 보이는데, 대체로 가축이 어릴수록 심하며, 돼지고기의 배최장근(*Longissimus dorsi*)은 쇠고기와는 대조적으로 가슴부위보다 허리부위 고기가 더 빠르고, 특히 사료의 불포화지방산의 함량이 높을수록 산패의 가능성이 더 높다.

그리고 냉장 중 TBA가의 측정을 통해 지질의 산패도에 대한 저장형태의 영향을 비교해 보면 분쇄육(communited meat)이 슬라이스육(sliced meat)에 비해 훨씬 빠른 속도로 산패가 증가되고, 일정 pH범위(pH 5.62~7.68)에서 pH가 높을수록 낮은 산패도를 나타내는 것으로 보아 식육의 종류를 비롯하여 지방 함량과 조성, 헴 색소의 함량, pH 및 저장형태 등 여러 가지 요인이 영향을 미치게 됨을 알 수 있다.

⑶ 감 량

냉각냉장 중의 감량(loss)은 공기의 온도, 상대습도, 유속 등의 냉장실의 조건과 식육의 종류 및 존재상태 등에 따라 다르다.

냉각 중 공기의 온도가 증발에 의해 발생하는 감량에 미치는 영향은 냉각공정의 종말점(end point)으로 정의되기도 한다. 일정한 시간(18시간) 동안 냉각시 온도가 감소함에 따라 감량이 증가되고, 일정한 온도(다리고기 심부온도 10℃)까지 냉각시에는 공기의 온도가 낮아질수록 감량이 감소하는 경향을 보인다. 그러나 공기의 온도가 4℃에서 0℃로 낮아질 때처럼 감량에 대한 공기온도의 영향은 작아서 그 변화량이 0.1% 이하에 지나지 않는다.

공기의 유속이 감량에 미치는 영향을 보면, 소 다리지육을 심부 온도 10℃까지 냉각시 공기온도를 0.5 m/sec에서 3.0 m/sec로 증가시키면 감량의 차이는 공기의 온도에 의한 영향과 거의 비슷하게 0.1% 이하에 지나지 않는다. 그러나 냉각시간이 길어지면 많은 감량이 발생하게 되므로 예비냉각에 의해 도체의 열이 대부분 제거되고 난 뒤에 공기의 유속을 줄이면 경제적인 효과를 기대할 수 있다.

상대습도는 공기의 온도나 공기의 유속보다 감량에 대한 영향이 더 크다. 0℃에서 18시간동안 냉각시 상대습도를 95~80%로 줄이면 냉각감량이 거의 0.5% 증가한다.

지육의 무게도 감량에 대해 다소 영향을 미치는 요인이 되는데, 보기를 들어 소 도체의 무게가 증가함에 따라 냉각감량이 감소하게 되는데, 특히 100 kg 이하의 매우 낮은 무게에서 그 영향이 뚜렷하게 나타나며, 135 kg 이상인 경우에는 훨씬 더 냉각감량이 감소한다. 그리고 지방층은 18시간 냉각시 냉각감량에 실질적인 영향을 미친다. 지방층이 거의 없거나 전혀 없는 지육은 지방층이 두꺼운 지육에 비해 무게가 비슷한 경우 거의 1% 이상이나 냉각감량이 커진다.

4일간에 걸친 냉장보존시의 조건을 온도 1℃, 상대습도 80~90%, 유속 0.2 m/sec으로 하였을 때 지육의 감량은 표 8-6과 같은데, 도체에 따라 다르나 소동물일수록 비교적 증가하고, 도살 후의 경과시간에 따라 평균적으로 매일 0.3~0.4% 정도씩 증가하면서 냉장일수가 길어질수록 증가율은 둔화된다.

표 8-6. 보존냉장 중의 감량(%)

온도 1℃, 상대습도 80~90%, 공기의 유속 0.2 m/sec				
도살 후의 경과시간	소	송아지	양	돼 지
12시간	2.0	2.0	2.0	1.0
24시간	2.5	2.5	2.5	2.0
36시간	3.0	3.0	3.0	2.5
2일간	3.5	3.5	3.5	3.0
8일간	4.0	4.5	4.5	4.0
14일간	4.5	6.0	5.0	5.0

(4) Bone-taint

Bone-taint란 Haines(1937)에 의해 뼈에 가까운 지육의 중심부에서 부패취 또는 산패취를 생성하는 것으로 정의되었는데, 특히 요골의 관절(hip joint) 부근에 흔히 발생하는 부패형 변화이다. 이 원인은 도살시나 도살 후 요골부의 동맥에 인접한 장내세균이나 공기 중의 혐기성 세균이 이행하여 산패를 유발하여 유기산이 생성되기 때문인 것으로 보고 있다. 아울러 피로가 축적된 가축을 도살한 경우 특히 발생빈도가 높은 것으로 보아 혈액의 항균작용이 약화됨으로써 다수의 세균 오염시 저항성이 저하되기 때문이라는 설도 있다.

다만 bone-taint의 발생을 예방하려면 도살 전 충분한 휴식과 수분섭취에 의해 도살 후 방혈을 촉진하고 도살 직후 신속하게 육 중심부를 냉각하는 것이 효과적이다. 그리고 비육 말기에 유박(oil meal)보다는 양질의 목초를 충분히 급식하는 것도 좋은 예방책이라 할 수 있다.

8.2 식육의 동결저장

식육을 동결시킨 다음 −20℃의 저온에서 동결냉장하면 화학적 및 효소적 변화와 미생물의 증식을 억제하여 색, 풍미, 냄새, 다즙성 등의 기호적 특성의 변화를 최소화할 수 있기 때문에 고기 저장법으로 가장 널리 쓰이는 방법으로 인식되어 왔다. 그러나 동결저장 중에도 수분의 승화, 단백질의 변성, 조직적인 손상 등의 물리화학적인 불가역적 변화들이 계속해서 일어나기 때문에 이들 변화를 최소화하여 동결육이 일단 해동될 때 발생하는 드립의 양과 영양분의 손실을 관능적으로 식별할 수 없으리만큼 줄이도록 해야 할 것이다.

8.2.1 동결원리

식육은 동결시 수분과 지방의 함유율, 숙성 여부 또는 포장재의 종류 등에 따라서 동결속도에 차이가 있고, 동결될 때 식육의 형태에 따라서 많은 차이가 있다.

(1) 동결형태

동결될 때의 식육의 형태는 이분체 또는 사분체 형태의 지육, 정육(부분육, 소비자용 포장육), 반제품 및 조리제품(pre-cooked frozen foods) 등으로 나뉜다.

(2) 동결점과 공정점

식육 속의 용액은 수분을 용매로 하여 그 속에 여러 가지 용질이 녹아 있기 때문에 식육의 동결점은 0℃보다 약간 낮고 공정점은 이것보다 훨씬 더 낮다.

식육의 동결점은 부위마다 조금씩 다르나 대체로 −1∼−2℃의 범위에 있고, 동결점에 이르러 용액 중의 수분이 빙결정이 되어 석출하면 나머지 용액의 농도는 더욱 농후해져 동결점이 더욱 내려가기 때문에 특히 식육 중의 모든 수분이 동결되는 온도인 공정점은 상당히 저온이 되어야 한다. 일반적으로 식육의 공정점은 −55∼−65℃로서 평균 약 −60℃ 부근으로 알려져 있다.

(3) 최대빙결정생성대(zone of maximum ice crystal formation)

보통 식육의 동결점은 −1∼−2℃로서 −5℃가 되면 식육의 용액 중 60∼80%가 동결한다. 즉 동결점으로부터 −5℃ 사이에서 대부분의 수분이 빙결정으로 되어 석출하는데, 이 구간을 최대빙결정생성대라고 한다(그림 8-1).

식육을 동결할 때 구간의 경과에 따른 식육온도의 변화를 나타내는 곡선을 동결곡선(freezing curve)이라고 하는데, 이 구간에서는 많은 양의 동결잠열(latent heat)이 방출되므로 식육의 온도는 거의 내려가지 않고 완만한 곡선이 된다.

동결식육의 빙결정은 대부분 이 구간에서 생성되므로 근육세포의 기계적 손상, 식육 용액의 분리에 따른 손상, 근육단백질 콜로이드의 손상 등의 정도는 주로 이 구간을 통과하는 데 요하는 시간에 좌우된다.

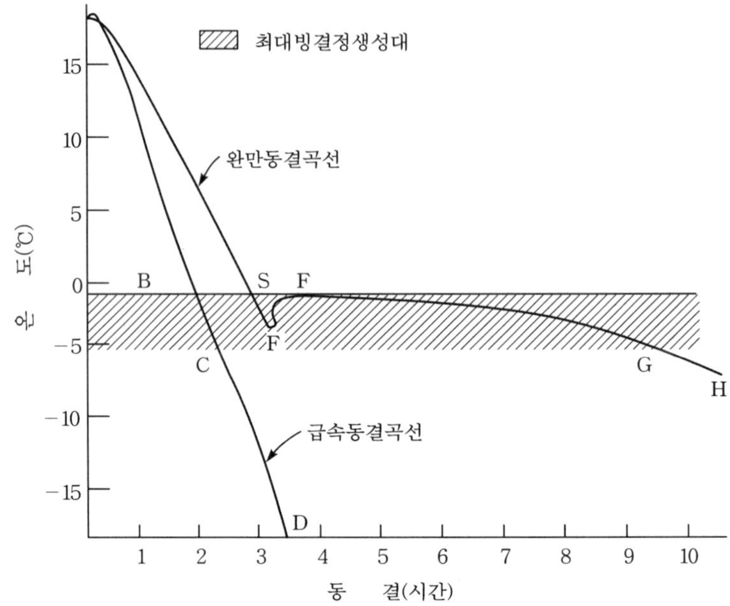

그림 8-1. 동결곡선

동결장치나 동결조작의 우열의 비교에는 보통 최대빙결정생성대가 사용되며, 특히 이 구간을 통과할 때의 동결속도를 유효동결속도라 한다. 최대빙결정생성대는 축육, 어육, 야채류, 계란, 우유 등에 대해서는 비교적 잘 적용되나, 동결점이 낮은 과실류나 수분 함량이 적은 가공식품에서는 별로 의의가 없다. 따라서 최근에는 최대빙결정생성대의 최종 온도를 −15℃로 취하는 것이 제안되어 동결시 중요한 품온의 범위가 동결점으로부터 −15℃까지로 확대되고 있다.

(4) 완만동결과 급속동결

식품의 동결에서는 완만하게 진행되는 것보다 급속히 진행되는 것이 능률적이며 생산력도 높아지는 동시에 보다 좋은 품질의 동결식품이 된다. 이 구분법에는 현재 두 가지가 있다.

그 중 하나는 어육을 동결할 경우 그 중심온도가 최대빙결정생성대를 통과하는 시간이 30분 이상인 것을 완만동결이라 하고, 그 이내인 경우를 급속동결이라 한다. 최대빙결정생성대를 통과하는 시간이 30분 이내이면 세포조직이 별로 변화를 받지 않으므로 이 30분은 최대빙결정생성대를 통과할 수 있는 최소의 동결속도란 뜻이다. 그 외에 일반식품의 경우 그 속에 생기는 빙결정의 크기가 70 μm 이상이면 완만동결 그리고 그 이하이면 급속동결로 구분하는 방법도 있다.

⑸ 빙결정의 상태

식육의 동결 속도가 빠를수록 빙결정의 크기는 작아진다. 그러나 동결률은 같으므로 빙결정의 수는 많아지게 된다. 급속동결에 의해서는 세포 안에 미세한 빙결정이 많이 형성되는 것이 일반적인데, 완만동결에서처럼 세포 밖에 커다란 빙결정이 형성되는 것보다 품질에 미치는 영향이 좋다는 것이 일반적인 견해이다. 빙결정의 형상과 크기는 육질의 구조에 제약을 받으므로 발생위치에 따라서 달라지며, 세포나 근육섬유의 길이에 따라서 침상(針狀), 판상(板狀), 봉상(棒狀), 불규칙한 형상 등 여러 가지이며, 빙결정의 횡단면 직경도 작은 것은 10 μm 정도이지만 큰 것은 500～800 μm에 이르기 때문에 육안으로도 식별이 가능하다.

식육이 동결될 때에는 식육의 성분과 조직이 균일한 것이라면 먼저 표면에 가까운 부분의 수분이 빙결하고 내부로 갈수록 동결속도가 늦어져 빙결정이 대형화하는 경향이 있다. 그리고 생성되는 빙결정의 크기, 모양, 생성위치 등은 사후경직 전후의 상태에 따라 달라진다.

동결육은 일반적으로 저장 중에 조직 중의 미세한 빙결정 사이에 어떤 차이가 있게 되면 미세한 빙결정의 수는 줄어들고 큰 빙결정에 부착하여 성장한다. 이러한 현상을 빙결정의 성장이라고 한다. 빙결정이 성장하는 것은 온도가 변동과 얼음결정 사이의 수증기압의 차이에 기인하는 것으로 알려져 있다. 즉 식육 중의 빙결정과 미동결의 액상부는 어느 온도에서는 평형을 유지하고 있으나 온도가 올라가면 미세한 빙결정은 녹아서 동결되지 않은 액상부에 합쳐지고, 다시 온도가 내려가면 녹지 않고 있던 큰 결정이 결정핵의 역할을 하기 때문에 온도가 변할 때마다 작은 결정은 소실되고 큰 결정은 더욱 대형화된다. 따라서 빙결정의 성장에 관련 깊은 것은 빙결되지 않은 채 남아 있는 수용액, 수증기, 얼음 등이다.

일반적으로 얼음결정의 크기가 미세한 것은 큰 것에 비하여 수증기압이 크므로 미세한 결정을 큰 결정과 가까이 두면 작은 결정이 승화되어 큰 결정에 합병하게 된다. 즉 수증기압이 높은 쪽으로부터 낮은 쪽으로 수증기가 이동되어 부착 동결되는 것이다. 이와 같이 저장 중 빙결정이 성장하는 것은 식육의 품질에 좋지 않으므로 빙결정의 성장을 막기 위하여 급속동결을 하여 빙결정의 크기를 될수록 작게 하고, 동결온도를 낮추어 동결률을 높임으로써 잔존하는 액상이 적도록 해야 한다. 또 저장온도를 낮게 함으로써 수증기압을 낮게 유지하고, 저장 중 온도의 변동이 없도록 관리하는 것이 필요하다.

8.2.2 동결방법과 동결장치

식육의 형태에 따라서 가장 적당한 동결장치를 사용하는 것이 좋은 품질의 제품을 얻는 비결이다. 동결속도는 동결육의 품질에 많은 영향을 끼치기 때문에 가능한 한 빨리 동결에 착수하여 급속하게 동결시키도록 해야 한다.

동결방법과 동결장치에는 여러 가지가 있으나, 식품의 종류와 작업공정의 형편에 따라서 적당한 것을 선택해야 한다.

(1) 공기동결법(sharp freezing process)

동결실은 벽과 천장, 바닥을 단열하고 내부에 선반모양의 냉각관을 배관하고 식품을 그 위에 올려놓아 동결시킨다. 이는 식품이 직접 냉각관에 접하고 있는 하부는 빨리 냉동되지만 나머지 부분은 느리므로 이 방법은 완만동결(slow freezing)로 취급된다.

동결 중 식품의 건조가 심하고 작업이 회분식이므로 동결에 많은 시간이 걸리고 품질도 나쁘기 때문에 근래에는 상업적으로 거의 이용되지 않고 있다. 그러나 한꺼번에 다량을 수용할 수 있고, 식품의 크기나 모양에 구애됨이 없이 냉동이 가능한 장점도 있다. 또 공기동결실 안에 송풍기를 장치하고 공기를 교반하여 동결을 촉진하는 방법도 있는데, 이것을 반송풍동결(semi-air blast freezing)이라 한다.

(2) 송풍동결법(air blast freezing)

동결실은 대부분 터널형이며 식품을 냉동수레 또는 컨베이어에 실어서 이동시킨다. 터널 내부는 −30∼−40℃의 냉공기가 흐르므로 동결은 급속도로 이루어진다. 송풍 때문에 식품의 건조가 심할 것 같이 보이지만 공기의 온도가 낮고 또 동결이 단시간에 완료되므로 걱정할 것이 없으며 켄베어식으로 하면 작업이 연속적이어서 편리하고 능률도 좋다.

송풍은 온도 −30∼−35℃, 유속 1∼5 m/sec의 범위에서 3 m/sec가 가장 널리 쓰이고 있으나, 스웨덴에서는 −50℃ 이하에서 처리하기도 한다. −30℃, 3∼4 m/sec의 조건에서 소의 이분체의 중심온도가 −18℃로 되는데 48시간이 소요된다.

지육보다 작은 것도 형상에 관계없이 이 동결장치를 이용할 수 있는데, 이때에는 트레이 랙(tray rack)을 이용하며, 햄버거 등과 같은 극히 작은 형태의 고기는 컨베이어식 송풍동결장치의 이용이 적당하다. 지육이나 큰 부분육과는 달리 작은 부분육의 경우에는 고기 표면의 탈수(dehydration)에 의한 냉동변질을 방지하기 위하여 적당한 포장재를 활용할 것을 권장하고 있다.

(3) 접촉동결법(contact plate freezing)

식품을 냉각된 금속판에 올려놓거나 또는 상·하에서 금속판을 밀착시켜 동결하는 방법으로 금속판의 냉각은 직접 팽창법 또는 소금물과 같은 2차 냉매에 의해서 행한다. 접촉냉동기는 캐비닛 속에 여러 단의 냉각판이 수직과 수평으로 오르내리게 되어 있다. 특히 얇은 소형육이나 즉석식품 등을 동결원판인 트레이(tray)에 담아 −10∼−30℃의 동결금속판과 접촉시켜 동결시키면 공기동결법보다는 동결속도가 다소 빠르다(표 8-7). 근래에는 골발한 부분육의 동결에도 이 방법이 널리 이용되고 있다.

표 8-7. 동결방식에 따른 동결속도

실내온도 (℃)	동결방식	3℃로부터 −12℃로 동결되는 시간(시간)	실내온도 (℃)	동결방식	3℃로부터 −12℃로 동결되는 시간(시간)
−17	송풍동결	12	−56	송풍동결	2
	접촉식동결	16		접촉식동결	3.5
	공기동결	19		공기동결	4

(4) 침지동결법(immersion freezing)

저온의 2차 냉매 중에 식품을 담가서 동결하는 방법으로 가장 유명한 것이 Ottesen의 장치이다. 이것은 냉식염수 중에 식품을 넣어서 급속냉동시키는 방법이다. 그러나, 염분이 식품 내부에 침투하고 소금물이 오염되었을 때는 거품이 일어나서 좋지 않다. 근래에는 내수방습성의 플라스틱 필름으로 식품을 진공 포장해서 침지동결시키면 이러한 결점은 해소되고 급속냉동의 결과를 얻을 수 있다. 이와 같이 포장한 것은 소금물 이외의 식품에 직접 접촉할 수 없는 물질인 염화칼슘, 염화마그네슘, 에탄올 등의 2차 냉매도 사용할 수 있게 되었다.

(5) 분무동결법(liquid spray freezing)

2차 냉매(소금물 또는 당액)를 분사시켜서 식품에 접촉케 하여 동결시키는 방법으로 분무상으로 되어 있는 2차 냉매는 표면적이 대단히 크기 때문에 열 교환이 빠르고 따라서 동결도 빠르다. 그러나 소금물이 직접 식품에 닿으면 침지동결과 같은 결점이 있으므로 플라스틱 필름으로 진공 포장한 식육에 한해서 응용하는 것이 좋다.

(6) 극저온냉매동결법(cryogenic freezing)

고기를 액체질소(b.p.−196℃), 드라이아이스(b.p.−78℃), 이산화질소(b.p.−98℃) 등과 각각 접촉시켜 급속동결시키는 방법으로 얼음의 결정이 미세하여 가장 이상적인 동결방법이지만 지육수준까지는 경제적인 이유 때문에 실용화되지 못하고, 크기가 작은 조리육과 세절육 등에 이용되고 있다.

최근에는 건조감량과 변색, 지방의 산화를 방지하고 취급 중의 오염을 피하기 위해 수축성 포장재에 의한 밀착포장방법이 권장되고 있으며, 동결된 식육을 냉수에 침지하거나 물을 분무하여 밀착포장과 같은 품질을 보호하는 글레이즈법(glazing)이 사용되기도 한다. 글레이즈법의 대용으로써 소형의 식육을 아세틸 모노글리세리드에 침지시키는 경우도 있다. 최근에는 대량생산체제로써 도축 후의 따뜻한 지육을 냉각공정을 생략한 채 직접 송풍동결시키는 온지육동결(warm carcass freezing)이 실용화되고 있다. 이 방법이 냉각 후 동결시키는 지금까지의 표준적인 방법에 비해 좋은 점은 감량이 적고 작업시간이 단축된다는데 있다. 쇠고기를 −35℃의 터널식 송풍동결장치에서 동결했을 때 냉각 후 동결시의 감량이 3.22%인데 비해, 온지육 동결의 감량은 1.34%에 지나지 않는다.

8.2.3 동결저장

동결육이 동결냉장실에 수용되는 형태를 대별하면 지육과 상자에 넣은 것의 두 가지가 있다. 지육 수용시 벽으로부터 30 cm, 유닛 쿨러 등의 냉각기나 공기 닥트(duct)로부터 30∼50 cm의 간격을 두어 공기의 순환을 좋게 할 필요가 있으며, 동결냉장실의 공기온도는 −20℃ 이하, 상대습도는 90∼95%가 표준적이다. 수용량의 표준은 지육에서는 냉장실의 높이 2.5 m 이상일 때 600 kg/m^3, 상자에 넣은 경우는 이것보다 약 20% 정도 많다.

동결냉장기간은 온도가 낮을수록 길어지는데, 같은 온도에서 돼지고기는 쇠고기나 양고기에 비하여 품질의 저하속도가 빠르므로 같은 냉장기간이라면 보다 낮은 온도를 필요로 한다. 또한 표 8-8에서 나타난 바와 같이 분쇄된 쇠고기는 공기에 의한 건조와 지방산화가 쉽기 때문에 냉장기간은 짧다.

표 8-8. 식육의 동결냉장온도와 기간

식 육 별	동결냉장의 온도와 기간(월)			
	−12℃	−18℃	−23℃	−29℃
쇠 고 기	4	6	12	12 이상
양 고 기	3	6	12	12 이상
송아지고기	3	4	8	12
돼지고기	2	4	8	10
쇠고기(분쇄된 것)	3	4	8	19
소의 간	2	2	−	−

동결기간 중 온도의 변동은 건조와 빙결정의 생성을 촉진하기 때문에 주의하여야 하고, 국부적으로 −6∼−8℃로 되는 경우 곰팡이가 번식할 우려가 있다.

공기의 순환은 쟈켓트식에서는 필요하지 않으나 보통 동결냉장실에서는 0.5㎧sec 이하의 저속순환으로 충분하다.

8.2.4 동결저장 중의 변화

(1) 물리적 변화

1) 건　조

동결저장 중 수분의 증발현상이 일어나고 일반적으로 냉동기간이 길어질 경우 건조에 의한 감량은 큰 편이다. 건조에 의한 감량뿐만 아니라, 건조결과 산화를 받기 쉽게 되므로 품질의 변화는 커지고 따라서 냉동 중의 건조현상은 중요한 문제가 된다. 이러한 건조현상에 영향을 미치는 요인들을 보면 동결저장실의 온도, 습도, 저장기간, 공기의 유동속도, 침입열이나 발생열의 상태, 포장상태 등이며, 특히 동결저장온도의 상하변동폭이 크거나 빈도가 많을 때 건조뿐만 아니라, 카텝신계 효소의 활성화에 의해서도 변질이 촉진되므로 주의해야 한다.

2) 냉 동 소

식육을 −20℃∼−30℃로 동결할 때는 미생물의 작용은 거의 무시해도 좋으나 장기간 동결저장할 때에는 변패가 온다. 동결저장 중 식육표면의 빙결정이 승화하는데, 승화한 빈자리는 미세한 구멍이 생기게 되고, 승화작용이 계속 진행되면 내부까지 공기가 접촉하게 되고 동시에 산화작용이 일어나게 된다. 이 때문에 표면은 다공질이 되고, 이 다공질로 인해 공기와의 접촉이 커지므로 유지의 산화, 변색, 단백질의 변성, 풍미의 저하 등을 초래한다. 이러한 변화를 냉동소(freezer burn, 冷凍燒)이라 한다. 냉동변질이 일어난 부분의 단백질은 탈수변성되기 때문에 나중에 물을 가해도 흡수되지 않는 불가역적인 품질의 변화를 일으킨다. 동결육의 냉동변질을 방지하는 방법으로는 밀착포장을 하거나 용액에 침지하는 방법이 있다.

3) 드　립

동결육을 해동하면 내부의 빙결정은 녹아서 물이 되지만 원래의 식품성분에 결합되지 않고 유출되어 흘러나오게 된다. 예를 들어, 고기를 동결저장한 뒤에 해동시키면 액즙이 유출되고 육질은 다공성이 되어 마치 물에 적신 스폰지와 같이 누르면 액즙이 삼출되는데, 이런 현상을 드립(drip)이라 한다. 이것은 동결에 의하여 식육내부에 변화가 일어난

것을 나타내는 것이며 드립의 발생률은 식육의 품질을 검정하는 하나의 척도가 되고 있다. 드립은 그 유출액 속에 무기질, 단백질, 비타민 등의 수용성 성분들이 들어 있어 식육의 향미 및 영양분이 감소할 뿐만 아니라 드립량 만큼 감량이 생기므로 식육의 가치와 중량의 손실이 있게 된다.

드립의 종류를 보면 해동하는 동안에 자연 발생적으로 흘러나오는 것을 유출 드립이라 하고, 유출 드립이 나온 뒤에 1～2kg/cm^{2}의 압력을 걸면 유출되는 것을 압출 드립이라 한다.

드립의 발생량은 원료의 전처리, 원료의 종류와 형태, 동결시의 선도, 동결속도, 동결저장의 기간, 습도, 관리상태, 해동방법 등에 따라서 달라진다. 일반적으로 원료가 보다 신선하고 동결속도가 빠르며 동결저장 중의 온도변동이 적고 동결냉장온도가 낮으며, 그 기간이 짧은 것은 드립의 발생량이 적은 것으로 알려져 있다.

4) 부피팽창에 의한 내압발생

물이 동결되면 8.7%의 부피팽창이 일어난다. 얼음은 1℃의 온도강하에 의해서 1/1,000～1/20,000의 부피가 수축되나, 동결시의 부피팽창에 비해 현저하게 낮기 때문에 동결의 결과 부피가 팽창된다. 일반적으로 식육은 표면으로부터 내부로 향하여 동결이 진행되므로 내부의 수분이 동결되어 팽창하려면 이미 동결고화된 표면층의 동결부에 의해 방해를 받기 때문에 내압이 발생한다. 내압은 동결속도가 빠를수록 큰데, 액체질소에 의한 극저온동결시에는 내압이 크게 나타나 식육의 파손이 따르므로 5～10mm 이상의 식육을 동결하는 것은 어렵다.

(2) 화학적 변화

동결저장 중의 화학적 변화에는 고기표면의 탈수건조에 의한 냉동변질의 발생과 변색, 지방의 산패에 의한 풍미의 변화, 단백질의 변성에 의한 보수력과 유화특성의 변화, 해동 후의 드립 손실 및 효소에 의한 변화 등을 지적할 수 있다.

냉동 변질은 간과 같은 지방 함량이 풍부한 조직에서 심한데, 앞서 지적한 바와 같이 동결작업에 앞서 기밀포장에 의해 예방될 수 있다. 육색소의 산화에 의한 변색은 완만하게 진행되어 1년간의 저장시 쇠고기 표면의 메트헤모글로빈의 비율은 －12℃에서 80～90%, －34℃에서 40～50%이나, －50～－80℃에서는 거의 변색이 일어나지 않는다. 냉장온도를 －18～－24℃로 하면 육표면의 변색을 상당히 예방할 수 있고, 포장재의 이용에 의해 크게 감소시킬 수 있다. 가금육과 돼지지방은 소나 양고기지방보다 불포화도가 높아 산패의 위험이 크므로 같은 온도에서라도 저장기간을 단축하여야 하며, 가공육의 경우 소금이 산화축진제(prooxidant)로 작용하므로 가공육의 저장기간은 극히 짧고, 염지·훈연된 제품은 가급적 동결저장하지 않는 것이 좋으며, 특히 슬라이스된 베이컨이나 런천미트는 산패의 우려가 많다.

(3) 미생물의 변화

냉각냉장과는 달리 동결냉장의 정상적인 온도(－18℃ 이하)에서는 곰팡이의 발생이 불가능하나, 세균은 －12℃ 이상, 곰팡이는 －7～－8℃ 이상에서도 성장하는 경우가 있기 때문에 냉장 중 온도가 부분적으로 상승하는 일이 없도록 주의하여야 한다. 저온에서 발생하는 세균과 그 종류를 열거하면 표 8-9와 같다.

표 8-9. 저온에서도 번식 가능한 세균과 곰팡이

세 균	곰 팡 이
Bacillus proteus, B. vulgaris, B. subtilis, B. prodigiosus, Staphylococcus albus	*Thamnidium elegans, Mucor mucedo, Rhizopus nigricans*

8.2.5 동결육의 해동

동결육을 가온하여 얼음을 녹게 하고 식용으로 할 수 있는 상태로 전환시키는 과정을 해동(thawing/defrosting)이라 하는데, 가장 적절한 해동법이란 동결전의 상태와 가장 가깝게 재현시키는 것이라 할 수 있다. 다시 말하면 동결육을 해동하면 드립이 유출되며 이로 인하여 감량과 영양가, 맛이 떨어지므로 가능하면 드립의 발생이 적은 것이 가장 좋다고 할 수 있다. 따라서 해동방법은 식육의 크기, 형태, 종류, 형상 등에 따라 달라지게 된다.

(1) 해동시의 변화

해동에 의해서 육질은 연해져 조리하기 쉬운 상태로 되나 식육은 열을 흡수하여 온도가 올라감에 따라 여러 가지 변화가 일어나게 된다. 즉 빙결정에 의한 조직의 손상으로 미생물이나 효소의 작용을 받기 쉬워지고 표면건조, 드립에 의한 감량과 영양손실, 산패, 일시적인 부피와 팽창내압의 증가현상 등이 나타나며, 육질이 연해지는 경향이 있다.

(2) 해동곡선

해동 중 식품의 온도변화를 나타낸 것이 해동곡선(thawing curve)인데, 동결곡선과는 반대모양으로 되어 있다. 최대빙결정생성대 부근의 온도범위에서는 곡선 중에 수평부가 나타나는데, 이는 식품의 내부로 갈수록 수평부가 길어진다. 곡선의 모양을 보면 어느 것이나 수평부의 온도보다 낮은 부분에서는 경사가 급하게 나타나며, 이것은 초기에 온도상승이 빠른 것을 의미하는데, 이 부분에서는 수분의 대부분이 빙결정상태이므로 열전도도가 크고 비열이 작기 때문에 온도의 상승이 빨라지는게 당연하다. 수평부의 온도는 대략 −5∼−1℃인데, 이때 온도의 상승이 늦어지는 것은 가해진 열량의 대부분이 얼음을 녹이는 융해잠열로 이용되고 온도상승에 이용되는 열량은 적어지기 때문이며, 특히 이 온도범위를 유효해동온도대(effective thawing temperature zone)라고 한다.

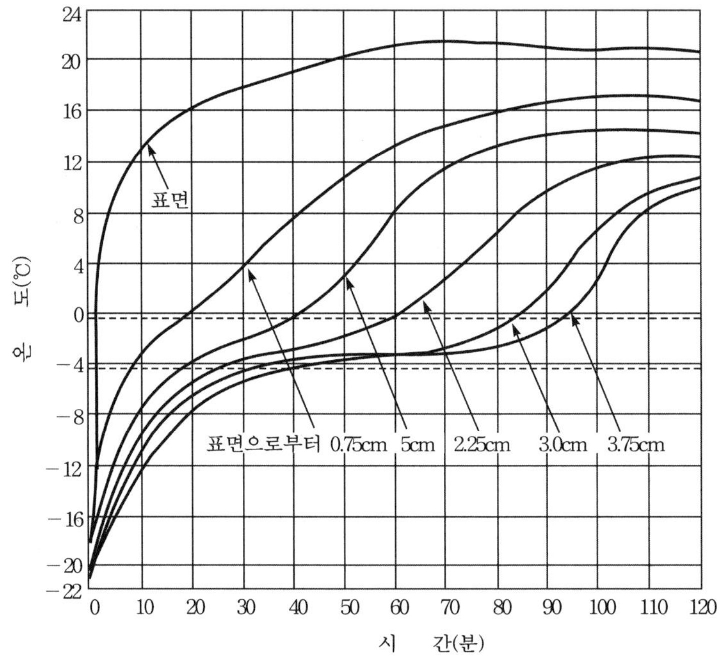

그림 8-2. 해동곡선의 형상

이 곡선은 구리로 만든 원통(직경 15 cm) 속에 있는 −20℃의 소의 동결혈액을 약 20℃의 물속에서 해동한 것으로, 원통에서 멀어질수록 온도상승이 늦어지는 것을 볼 수 있다.

그림에서 나타나는 해동곡선 중 온도중심점 온도가 t_o(식품의 동결점)에 도달했을 때가 동결률이 0이 되는 완전해동상태로써 신선한 어육, 식육, 가금육, 알 등의 동결제품을 해동한 후에도 보존할 필요가 있는 경우에는 동결이 일어나지 않을 정도로 낮은 온도가 좋다. 또한 품온이 t_f와 t_o사이에 있는 것은 반해동상태로써 이 상태에서는 동결률이 적어져서 식육을 칼질하기에 알맞은 경도(hardness)이며, 그 후의 해동은 가열조리 중에 진행시키면 된다. 이 상태에서 조리하는 것이 간편하며 드립도 피할 수 있고, 특히 신선한 상태에서 이용되는 식육은 이런 상태의 것이 더 적합하다.

(3) 해동속도와 품질

1) 완만해동

일반적으로 고기는 저온의 해동매체 중에서 완만해동시키는 것이 본래의 육질에 가까운 상태로 된다는 것은 1930년경에 이미 Richardson에 의해 알려졌는데, 그 이유는 빙결정이 녹아서 육질에 흡수되기 때문이며 완만한 것은 흡수되는 시간이 길어지므로 드립의 발생량이 줄어들어 육질이 원래의 상태에 가깝게 회복된다는 것이나 동결변성한 단백질의 보수력이 회복한다는 점에 대하여는 의문점이 있다. 단, 축육의 경우는 해동시간이 길어질수록 그 사이에 숙성이 진행되어 품질이 향상되는 수가 있다. 동결 돼지고기의 각 부위를 해동했을 때 드립의 양은 저온에서 장시간 행한 것이 적음을 알 수 있었음에 비추어 식육류는 저온에서 완만하게 해동하는 것이 좋다는 설이 보편적이다.

2) 급속해동

식품의 온도와 해동매체와의 온도 차이가 아주 클 때에는 급속해동에 속하게 된다. 두께가 얇아 해동속도가 균일한 제품은 품질에 미치는 영향이 적게 나타난다. 특히 고온에 의한 급속해동은 조작이 간편하고 해동시간이 단축되며 미생물이나 효소를 살균시키거나 불활성화시키고 산화를 받는 시간이 짧아서 육질의 손상을 적게 하기 때문에 유리한 경우가 많다.

마이크로파 해동은 보통 해동법이 외부가열이나 이는 내부가열이라 하여 식육의 안쪽에서 바깥방향으로 융해가 진행되므로 해동과정 중에서 내부는 녹아도 표면이 동결된 상태이므로 이 동결층이 방해되어 드립이 흘러나올 수 없는 특징을 지닌다.

(4) 해동방법

냉동식품을 다룰 때 해동은 냉장이나 동결에 못지않게 중요한 공정이다. 해동은 동결공정과는 반대방향의 과정이기 때문에 동결식품이 열을 흡수하면 얼음이 융해되어 품온이 상승하게 된다. 동결에서는 동결된 표층의 열전도도가 심부보다 높아 내외부 사이에 열전달이 잘 이루어짐에 반해 해동의 경우는 표층부터 녹아 열전도도가 낮아지므로 열전달이 잘 되지 않는다.

냉동육제품의 해동방법에는 여러 가지가 있는데, 주요한 방법에 대해 알아보자.

1) 자연해동법(공기 중 해동)

상온의 공기 중에서 해동하는 방법으로 경제적이나 해동이 완만하며 공기의 온도와 습도, 유속의 방향과 속도가 일정하지 않아 해동에 소요되는 시간도 달라진다. 또한 온도가 높으면 표면건조나 변색·변질이 일어나기 쉽다.

2) 냉공기 중 해동

소형의 포장동결식품을 0~10℃ 정도의 저온공기 중에서 해동하는 방법으로 해동시간이 길어도 품질에 미치는 영향이 적으며 자연해동법보다 무난하고 식육과 가금육 등에서 좋은 품질을 얻을 수 있다. 동일한 공기온도에서는 유속을 1 m/sec 정도로 유지시켜 주면 해동시간은 1/2 정도로 단축된다.

3) 침지해동(액체 중 해동)

상온의 물 또는 묽은 소금물에 담가 해동하는 방법으로 액체의 온도가 공기의 온도와 같으면 해동시간은 1/4~1/5 정도로 훨씬 빠르며, 해동매체를 유동시키면 시간은 1/10 정도로 단축된다.

4) 쇄빙 중 해동

쇄빙 또는 쇄빙에 약간의 물을 넣은 빙수 중에 동결식품을 넣어서 해동하는 방법으로 해동은 저온에서 진행되며, 해동 최종 온도가 −1℃ 정도에서 유지되는 장점은 있으나 15~16℃의 공기 중에서보다 몇 배 더 해동시간은 늦어지게 된다.

5) 조리해동

동결식품을 그대로 가열한 기름에 튀기거나 튀김 냄비에서 볶는 방법이다. 해동매체는 가열증기, 불, 열탕, 가열 튀김 냄비, 180℃ 정도의 기름 등이다. 드립이 적어서 성분의 유출이 거의 없는 경우, 또는 드립이 있어도 조미료를 넣으면 요리를 하는 것과 같이 되므로 성분의 손실이 없게 되는 경우에는 간편하다. 예로는 돼지고기의 스테이크나 햄버거를 얼린 그대로 가열한 튀김 냄비에 굽는 것을 들 수 있다.

동결 전에 미리 조리 또는 가공하여 익힌 조리동결식품은 가열하여 해동만 하면 곧 먹을 수 있기 때문에 급속해동시켜 적당한 온도까지 다시 가열하여 이용하게 된다.

6) 송풍해동(air blast thawing)

약 20℃의 다습공기를 4~5 m/sec 정도로 순환시켜 단시간에 해동하는 방법으로 회분식과 연속식이 있다.

7) 접촉해동

접촉동결기와 같은 장치를 하여 약 20℃ 정도로 가열한 금속판을 동결식품의 양면에 밀착시켜 해동하는 방법으로 식품의 형상이 편평하고 평활한 동결식품은 접촉면적이 넓고 금속판의 열전도율이 좋기 때문에 상당히 빠르게 해동이 이루어지는데, 열원으로 냉동시설에서 나오는 응축기의 냉각수를 이용하는 경우가 있다.

8) 마이크로파 해동

전자레인지를 해동에 이용하는 방법으로 이용되는 극초단파의 파장은 2,450 MC (mega-cycle)의 것이 많은데, 이는 1초간에 2,450×백만회 진동하는 전파이므로 식품에 닿으면 식품을 구성하고 있는 분자가 전파와 같이 빠르게 진동하므로 발열하게 되고, 식품의 온도가 상승되어 가열조리가 매우 짧은 시간에 이루어지게 된다. 전자레인지에 의한 고주파 해동법은 외부에서 가열되는 일반적인 가열방법과는 달리 식품의 내부에서 가열이 이루어지는 것이 특징이다.

이 마이크로파는 식품과 물, 플라스틱, 유리, 사기그릇은 투과되나 금속은 반사되므로 금속제 용기에 담겨있는 것은 가열이 되지 않는다. 그리고 식품의 내부로 들어감에 따라 그 힘이 약해지는 것이 결점이다. 장점은 해동이 내부에서 이루어지므로 부위에 따른 시간적인 차이가 없고 해동시간이 짧다. 금속 용기를 제외한 플라스틱 필름이나 용기에 포장한 상태로 해동이 가능하고 색, 맛, 냄새 등의 변화가 적고, 드립 유출이 적다.

냉동식육의 해동에서 일반적으로 조리해동, 가열해동, 마이크로파 해동을 제외한 다른 방법을 사용할 때는 다음 몇 가지를 주의해야 한다.

① 해동매체의 온도는 되도록이면 낮은 것이 좋다. 공기와 물의 경우는 최대 10℃까지이다.

② 표면에서 중심부까지의 해동시에 생기는 시간적인 간격을 최대한으로 적게 해야 한다.

③ 해동매체를 유동시키거나, 동결식품보다 해동매체량을 가능한 많이 사용한다.

④ 해동매체 중에 식품의 내부가 노출되어 있으면 가용성 성분이 용출되고, 물이 침투하며 공기 중에서는 증발로 인해 건조가 일어나거나 산화가 진행되며, 또한 오염되기 쉬워진다.

⑤ 해동 후 보존할 필요가 있는 경우에는 품온을 가능한 한 낮게 유지하기 위하여 0℃ 정도에서 냉장한다.

그리고 해동에 소요되는 시간은 여러 가지 요인에 따라 다른데, 여기서 식육(1.36 kg)의 해동시 해동방법별 해동시간을 보면 표 8-10과 같다.

표 8-10. 해동방법별 식육(1.36 kg)의 해동시간

해동방법	해동시간 (시간)	해동방법	해동시간 (시간)	해동방법	해동시간 (시간)
전기냉장고	24	실온에서 송풍	5~6	흐르는 물 (방수주머니)	3~4
실 온	10~12	온도 73℃의 오븐 중	3~4		

해동에 의해 발생하는 드립의 양은 여러 가지 요인별로 차이가 있는데, 이를 −33℃ 이하의 동결실에서 24시간 동결하고 −18℃에 냉동저장한 돼지고기를 다른 조건에서 중심부의 온도가 −1~0℃가 되도록 해동하였을 때 드립 발생률은 표 8-11과 같다. 이 표에서 급속해동은 공기온도 25℃, 해동시간 20시간, 중속해동은 공기온도 10℃, 24시간 후 25℃, 해동시간 25시간, 완만해동은 공기온도 0~1℃, 48시간 후 10℃, 해동시간 52시간을 각각 나타내며, 냉장 중이라 함은 1~3℃의 냉장실에서 24시간 냉장한 경우를 의미한다. 여기서 해동이 저온에서 완만하게 이루어진 경우에는 드립의 발생률이 낮아진다는 것을 알 수 있다.

드립의 발생률에 대한 pH의 영향을 살펴보면 pH 5.0~5.2일 때 가장 높은 반면에 pH 6.4에서는 거의 드립이 발생하지 않으며, 구체적으로 보아 pH 6.2~6.5에서는 0.7%에 지나지 않았으나 pH 5.7~5.9인 경우에는 4.3%에 달한다.

표 8-11. 돼지고기의 해동과 냉장 중의 드립 발생률(%)

식 육		급 속 해 동			중 속 해 동			완 만 해 동		
부위별	냉장일수	해동중	냉장중	계	해동중	냉장중	계	해동중	냉장중	계
앞다리	124	3.01	1.13	4.14	3.16	0.70	3.86	1.27	0.12	1.69
		2.56	0	2.56	1.95	1.62	3.57			
등 심	114	3.38	0.68	4.05	1.66	1.24	2.90	0	7.61	7.61
		1.65	1.10	2.75	3.11	2.50	5.50			
삼겹살	116	1.43	0	1.43	3.09	1.23	4.32	1.25	0.12	1.55
		1.71	0	1.71	1.12	1.12	2.23			
뒷다리	119	6.12	0	6.12	4.98	0	4.98	1.98	0	1.90
		2.21	0	2.21	3.42	1.28	4.70			
평 균	−	3.05	0.36	3.41	2.83	1.18	4.01	1.23	1.74	2.97

일단 해동된 고기는 그 변질 가능성이 신선육보다 더 높으므로 가급적 빨리 조리하여 급식하도록 해야 하며, 즉시 조리에 이용하지 않을 경우에는 신속하게 냉장하여야 한다. 또 동결과 해동이 반복될수록 조직이 파괴되고 다즙성과 풍미 등의 품질이 저하되므로 해동은 언제나 조리 직전에 하는 것이 가장 이상적이다.

9. 이상 돈육질의 성상

- 박 형 기 -

오늘날 생육 또는 가공원료육으로 가장 많이 이용되고 있는 돼지고기 중에는 여러 가지 바람직하지 못한 육질이 나타나고 있다.

일반적으로 생육 또는 가공원료육으로 가장 적합한 돼지고기는 육색이 담홍회색으로 선명하고 탄력성이 좋으며, 보수력(water holding capacity, WHC)이 좋아야 한다. 지방은 백색으로 단단하고 광택이 나며 연하거나 이취가 나지 않아야 한다.

그러나 돼지고기 중에는 육색이 담백하고 육조직이 연약하며, 다량의 육즙(drip)이 삼출(exudative)되어 식육의 보수성과 결착력, 유화력이 아주 열악한 PSE 돈육이 있다.

이와는 대조적으로 지나치게 육색이 검고, 육조직이 단단하며 고기가 건조한 상태의 것인 DFD육 등이 생성되어 이들은 생육 또는 가공육으로써의 많은 문제점을 야기하고 있다.

이 외에도 황돈육(黃豚肉) 연지돈육(軟脂豚肉), 한 부위에 육색이 다른육(two-toned meat) 그리고 웅취(雄臭)육과 질식육 등이 나타나 양질의 돈육생산 및 가공과 이용에 저해요인이 되고 있다.

9.1 이상돈육(PSE)의 성상과 대책

9.1.1 이상돈육(PSE)의 일반적인 성상

(1) 이상돈육(PSE)의 생성

돼지는 다른 동물과 달라서 땀샘이 발달되지 않아 일반적으로 고온 환경은 돼지의 생리에 좋지 않은 영향을 미치게 된다. 고온이 되면 돼지는 체온의 항상성(homeostasis)을 유지하기 위하여 물리적인 체온조절작용이 활발하게 일어난다. 더구나 돼지에게 강제적으로 운동을 시키거나, 무더운 여름철에 뜨거운 햇빛에 쪼이거나, 전기자극같은 스트레스를 가하게 되면 호흡, 맥박이 현저하게 증가하고 더욱 심한 스트레스를 받았을 때에는 산독증(acidosis) 증상을 나타내 결국 폐사되는 돼지가 많이 발생되고 있다.

이와 같이 돼지가 여러 가지 스트레스를 받았을 때에 감수성이 예민한 돼지를 스트레스 감수성돈(porcine stress susceptible, PSS) 또는 스트레스 증후군(porcine stress syndrome)이라고 하며, 이와 반대로 스트레스에 강한 돼지를 스트레스 저항성돈(porcine stress resistant, PSR)이라고 부른다. PSS는 도살 후 대부분이 PSE돈육질이 된다고 한다.

독일의 Ludvigsen(1954)은 처음으로 돼지의 PSE상태를 근육변성(muscle degeneration)이라고 하였다. Denmark의 Wismer-Pedersen(1959)은 생돈에서는 특정한 증상이 나타나지 않기 때문에 질병이라 할 수 없으며, 도살처리 후 취급과정에서 발생하는 것이라고 주장하면서, 이와 같은 돈육을 물퇴지(watery pork)라고 하였다.

Briskey(1964)와 Wismer-Pedersen(1961)은 사후 도체의 높은 온도와 낮은 pH와의 조합에 의해서 PSE돈이 발생한다고 하였으며, 최초로 pale, soft, exudative(PSE)돈이라는 용어를 사용하였다.

PSE돈의 생성에 관한 연구는 구미 각국에서 1960년 이후 많이 보고되어 Briskey(1964)와 Wismer-Pedersen (1960)등은 Danish-Landrace종 20마리의 지육에 대해서 냉각 중의 온도와 pH값의 변화를 계속적으로 측정하였다. 그 결과

① 사후의 근육 pH가 천천히 그리고 점진적으로 저하되어, 최종 pH가 6.0~6.5 또는 그 이상 이 되는 것은 암적색근(dark muscle)

② 서서히 그리고 점진적인 감소나 최종 pH가 5.7~6.0이 되는 것은 약간 암적색근 (slightly dark muscle)

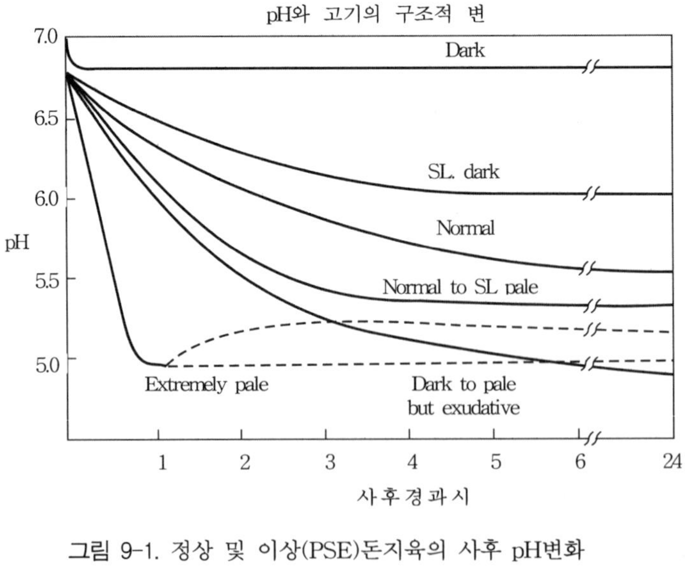

그림 9-1. 정상 및 이상(PSE)돈지육의 사후 pH변화

③ pH의 저하가 서서히 이루어지고, 도살 후 8시간이 지나면 pH가 5.7로 상승하는 것은 정상 근육색

④ 비교적 빨리 감소되어 3시간 뒤, pH가 거의 5.5에 도달해서 최종 pH가 5.3~5.6에 이르는 것은 가벼운 PSE(slightly PSE) 증상을 나타내고

⑤ 급격히 그러나 점진적으로 감소되어 최종 pH가 5.0으로 되는 것은 가벼운 PSE와 극단적인 PSE의 중간 상태, 즉 약간 암적색에서 극도로 창백한 것에 이르기까지 극단적으로 삼출성(exudative)인 것

⑥ 급격히 낮아져서 사후 30분에서 1.5시간 내에 pH의 변화가 5.1~5.4로 되어 그대로 유지되든가 또는 5.3~5.6으로 약간 상승되었을 때 중증(重症)의 PSE돈육이 된다고 하였다 이와 같이 생성된 이상돈육(異常豚肉)은 육색이 담백(淡白, pale)하다. 특히, 중증인 경우 지육 전체가 육색이 담백하게 나타나지만, 경증인 경우에는 퇴부(腿部)가 담백하고 배최장근(*M. longissimus dorsi*)의 최종 요추부위를 절단해서 보면 쉽게 알아볼 수 있을 만큼 육즙이 스며 나오고 있으며, 육색이 담백하게 나타나고 있다(그림 9-2).

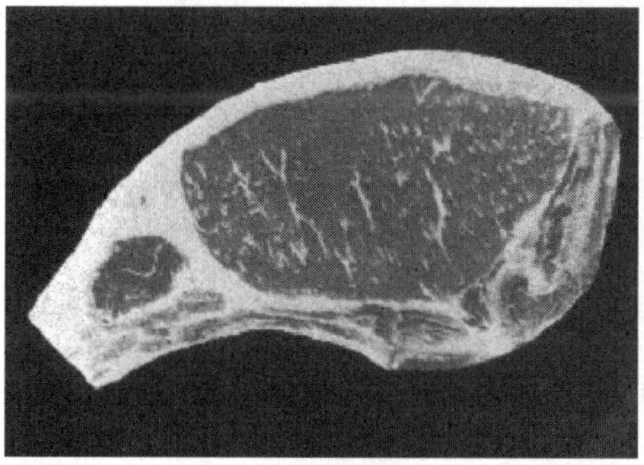

(a) 정상돈육

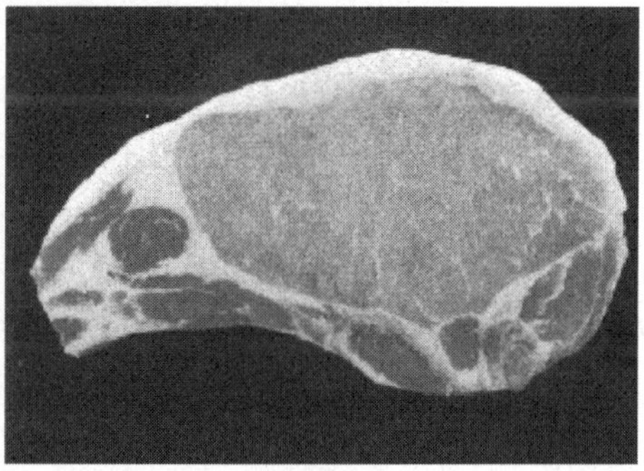

(b) PSE돈육

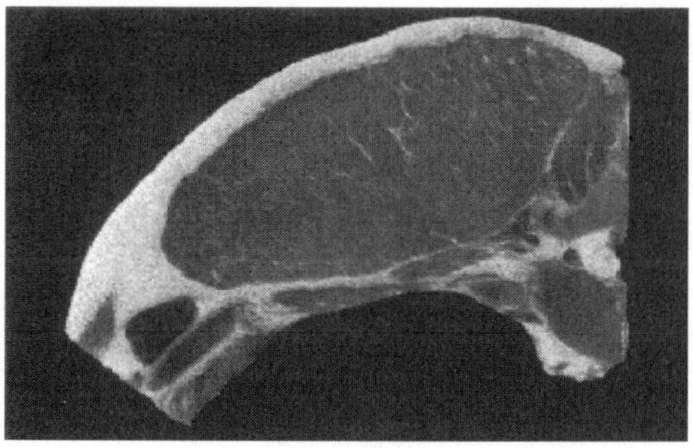

(c) DFD돈육

그림 9-2. 정상 및 PSE와 DFD돈근육의 배최장근 최종 요추근의 색택

돼지는 도살 직전에 각종 스트레스를 받았을 때, 자연히 생체의 체온이 높아지게 된다. 이것이 그대로 도살되면 도체의 온도는 자연 높아진다. 결국 높은 온도의 지육(carcass)은 해당작용이 빨라져 사후의 pH강하가 정상돈의 것보다 한층 더 급격히 나타난다. 따라서, 단백질이 변질되어 보수력이 떨어짐으로써 육즙이 삼출(exudative)하게 된다. 이것은 생육일 때나 가열시에 육즙이 많이 소실되며, 유화력(emulsifying capacity)도 정상근보다 훨씬 낮으며, 식육의 풍미도 나빠 생육 또는 가공원료육으로 적합하지 못하다(그림 9-3).

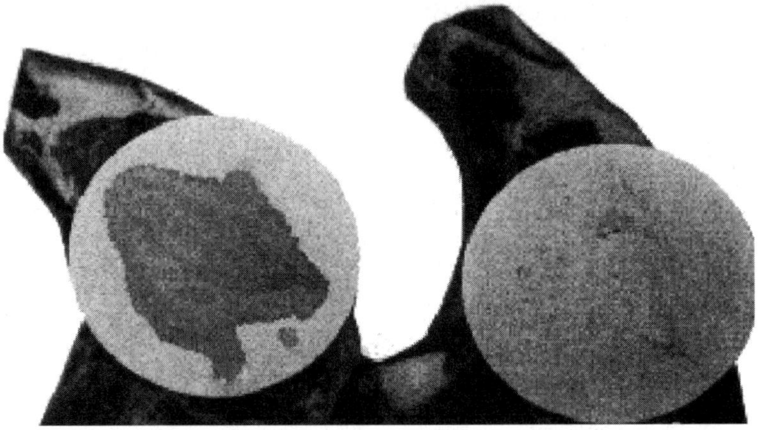

(a) (b)

그림 9-3. 돼지 근육의 다양한 삼출(滲出)의 예
(a) PSE근육을 덮은 육즙에 흠뻑젖은 여과지
(b) DFD근육을 덮은 거의 마른 상태의 여과지

PSE돈육의 가공특성은 이상돈육을 가지고 염지나 숙성을 할 경우 많은 중량 손실이 있으며, 가열처리 후 관능검사를 해도 가열한 육조직은 색, 맛, 조직 등이 동일하게 처리한 정상육에 비하여 열등하다. 제조된 햄 통조림 품질은 정상육으로 처리한 것보다 아주 열등하여 3~5% 이상의 많은 젤리(gelatin)가 생성된다. 이상돈육으로 제조한 훈제(燻製) 햄과 베이컨도 제품의 수율이 낮으며, 기호도도 떨어진다고 한다. 저자가 정상육과 PSE돈육으로 만든 소시지의 물성(物性)을 texturometer로 측정한 결과 경도(硬度, hardness)는 절반이하, 응집성(cohesiveness), 탄력성(springiness), 저작성(chewiness) 등은 모두가 정상육으로 만들어진 것보다 훨씬 열등하였다(그림 9-4).

그리고 육가공면에서 불가결한 요소로 되어 있는 액토미오신계 단백질의 염용액에 의한 미오신 B(MB)의 추출성은 PSE돈육에서 현저하게 낮으며, 그의 양적인 차이는 돈육의 pH에 크게 의존한다.

PSE근에서 추출 정제된 MB의 초침전활성 측정에 의한 생물학적 기능은 PSE돈육의 pH가 낮은 경우일수록 그것에 대응해서 초침전활성도 낮아진다. 특히, pH 4.97의 MB에서는 초침전활성이 전혀 나타나지 않고 있다. MB의 추출량이 적고 그의 생물학적 활성이 낮다고 하는 사실은 PSE돈육에 있어 보수성과 결착성이 낮은 것과 서로 잘 일치하는 것이 된다.

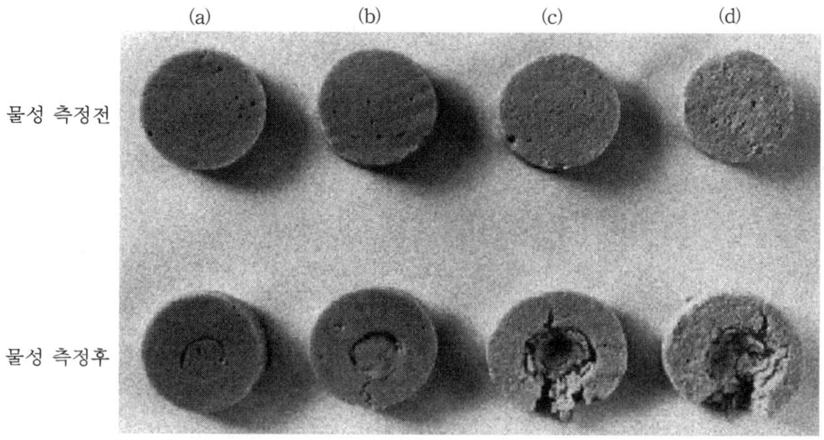

그림 9-4. 정상 및 PSE돈육 소시지의 물성 측정 외관
(a) 정상돈육(pH 5.67)에 인산염 첨가구, (b) a와 같은 돈육에 인산염 무첨가구
(c) PSE돈육(pH 5.27)에 인산염 첨가구, (d) c와 같은 돈육에 인산염 무첨가구

9.1.2 이상돈육(PSE)의 발생요인

돼지는 날 때부터 유전적으로 스트레스에 약한 스트레스 감수성 돈과 스트레스에 강한 스트레스 저항성 돈으로 구분된다. 그런데, 대부분의 학자들은 돼지의 도살 전후의 취급 여하에 따라 이상돈육질이 생성된다고 한다. 도축으로 예정된 돼지들이 도살전에 수송, 흥분, 싸움, 온도, 습도와 전기자극 등의 강한 스트레스를 받았을 경우 근육 중의 해당계 효소의 활성이 높아지고 연이어 일어나는 도살시의 고통과 경련에 의하여 당의 분해가 촉진되어서 젖산이 생성된다. 그 결과 pH는 급속히 낮아지고 그 위에 경련성의 강한 근수축과 경직열의 영향이 가해져서 근육이 고온경직을 일으켜 PSE 상태로 된다고 한다.

특히, 온도가 높거나 온도차가 심한 시기에 PSE돈육의 발생이 많으며, 도살 전에 견인, 계류되어 있을 때, 온도의 변동을 크게 받거나 도살 전에 각종 스트레스를 받은 돼지에서 많이 발생한다. 또한 도살 후의 지육의 냉각처리 여하가 무엇보다 중요한 것으로 나타난다. 생돈의 수송 중 받는 많은 스트레스에 의한 손실이 오늘날 더욱 심화되어 수송 도중 돼지가 사망하는 비율은 최근 10년간에 연간 0.2～0.6%의 비율로 증가하고 있다.

9.1.3 이상돈육(PSE)의 발생률

PSE돈육의 발생률은 나라마다 이들의 판정기준이 통일되어 있지 않으며 특히, 돼지고기 수출국에서는 PSE돈육의 발생률을 발표하지 않기 때문에 세계 각국에서는 어느 정도 PSE돈육이 발생하고 있는지 정확하게는 알 수 없다.

봄 가을철과 같이 낮과 밤의 기온차가 심한 계절에는 발생률이 30~40%나 된다고 하며, 특히 14~16파운드의 퇴육(腿肉)보다는 18~20파운드의 무거운 퇴육에서 PSE의 발생률이 높고 온도가 높을 때나 온도변화의 차가 심한 시기는 PSE의 발생률이 높다.

임의로 선정한 100마리의 도체를 가지고 24시간 후의 돼지지육을 Wisconsin법(color score 1 is very PSE, 2 is slightly PSE, 3 is normal, 4 is slightly dark and 5 is dark, firm and dry, DFD)에 의하여 평가한 바 그 분포는 color score 1(重症)이 8, 2(中症 및 輕症)가 35, 3(正常)이 45, 그 이외는 DFD로 나타났다. 그리고 일본에서는 1974년도 봄철에 34.2%, 여름철에 46%, 가을철에 41.3% 그리고 겨울철에도 26.4%의 발생률이었다고 보고한 바와 같이 이상돈육의 발생은 온도와 습도가 높은 시기에 많이 발생하고 있다.

우리나라에서는 1970년초 식육가공업계에서 이상돈육질에 대한 문제가 야기되었으나, 1980년에 이르러 전국적인 조사를 하게 되었다. 이 조사에 의하면 각각 다른 3개 조사지역의 발생률이 다르게 나타났다는 것에 주목된다. A지구는 34.9%의 높은 발생률이었으며, B지구는 14.6%의 가장 적은 발생률이었고, C지구는 25.7%의 발생률로써 전체의 평균은 27.3%이었다.

생체중량과 PSE발생과의 관계는 90 kg 전후인 규격돈에서 가장 적게 발생하고 106 kg 이상되는 돼지에서는 79.2%라는 높은 발생률이었다. 이것은 여러 가지 원인이 있다고 생각되지만, 도축 전후에 두터운 배지방층의 단열로 냉각이 지연된 요인이 큰 것으로 본다.

품종별로는 산육성인 Poland China나 Landrace의 순으로 PSE돈육의 발생이 높게 나타나는 것으로 알려졌다. 성별 발생률은 웅돈(雄豚)보다 자돈(雌豚)이 높게 나타나고 있다. 이것은 자돈이 웅돈보다 스트레스에 약한 것에 그 원인이 있는 것 같으며, 도축 후 지육의 온도가 웅돈보다 자돈이 더 높게 나타나고 있음과 적색육 중의 지방의 함량이 자돈육에서 더 높은 것에 원인이 있다.

9.1.4 이상돈육(PSE) 발생의 방지책

PSE돈육 발생의 방지는 완전하지는 않으나, 여러 가지 발생기구(發生機構)의 해명에 기대할 수밖에 없다. 돼지는 원래 체온의 조절기능이 열등하고 기후에 체온을 지탱하기 위한 적응력이 약하다. 따라서 환경생리면에서 돈육의 생산성을 높이고 PSE육의 발생을 방지하기 위해서는 수송과 계류, 생돈 및 지육의 냉각과 여름철의 방서(防暑) 및 겨울철의 방한(防寒)대책이 필요하다.

(1) 수송과 계류

좋은 돈육을 생산하기 위해서는 도축이 예정된 모든 돼지에 대해서 뿐만 아니라 일반 사양에 있어서도 가능한 한 돼지에게 최소한의 스트레스도 주지 않는 관리와, 특히 출하시의 계류장에서의 안정한 취급이 중요하다.

유럽의 모든 나라에서는 돼지를 수송 후 반드시 돼지가 휴식할 수 있는 시간을 주고 있다. 수송 중에 돼지가 폐사하는 중요한 인자의 하나는 환경온도이며, 특히 기온이 10℃보다 높은 때에 폐사율을 증가시키는 요인은 과밀, 한낮의 하역작업, 장거리 수송이다.

생돈의 수송은 될 수 있는 한 외기온이 높은 한낮의 수송을 피하고 서늘하고 조용한 시간을 택하되, 적어도 같은 우리의 것이 수용될 수 있는 칸막이나 콘테이너(container)에 수송하여야 한다.

장거리 수송일 경우 수송시간을 고려하여 약 11~15시간 정도 수송스트레스를 해소시켜 안정을 되찾을 수 있는 계류가 반드시 필요하다.

그리고 돼지를 출하시키기 전에 마그네슘이나 큐라리(Curare) 또는 황산마그네슘을 주사함으로써 당분해 속도지연의 극적인 효과로 PSE돈육의 발생률을 감소시키고 있다.

(2) 생돈 및 지육의 냉각

이상돈육질의 발생률을 감소시키기 위해서는, 무더운 여름철 외기온이 높을 때에는 도살 직전에 냉각수조나 샤워에 의하여 돼지를 냉각 수세한 다음, 신속하게 처리하여 이분체(side)로 한 후 청냉수로 충분히 수세하여 급속냉각을 하여야 한다.

생돈 및 돈지육의 신속한 냉각처리는 PSE돈육의 발생을 방지할 뿐만 아니라 육질을 개선하는 데 효과적이며, 또한 돈육을 급속 냉각시킴으로써 이상돈육을 방지할 수 있다.

그리고 도체의 지방층을 제거한 뒤에 냉각하여 그의 냉각효율을 높여 육질을 개선시킬 수 있다고 보며, 또한 내장 적출시 신장지방(leaf fat)을 신장과 함께 떼어낸 후 신속히 냉각시키는 것이 대단히 효과적이다.

따라서 도축 후 지육은 반드시 이분체로 분할하여야 한다. 청냉수에 급속히 냉각수세함과 동시에 칭량하여 −1~0℃의 냉장고에서 지육을 일정한 간격을 두고 급속냉각시켜 지육의 심층부가 20여 시간 후 5℃ 이하가 되도록 냉각 저장함이 필수적이다. 그리고 지육 및 육류는 반드시 냉장차에 의해 유통되어져야 한다.

(3) 스트레스 감수성 돈(PSS)의 예지법

PSE돈육질의 발생을 방지하기 위해서는 생돈에서 발생의 가능성을 진단하는 방법을 확립하는 것이 대단히 중요하다.

PSE돈육의 발생이 특정한 품종의 돼지에서 편중되어 일어난다는 사실이 분명하여짐과 동시에 PSE돈육의 특성이 어느 정도 유전과 관련하는 것이 밝혀졌다.

이러한 종류의 돼지에서는 스트레스 또는 할로탄(halothane ; 2-bromo-2-chloro- 1,1,1-trifluoro-ethane)과 같은 마취약 등에 의해 이상이 있는 대사를 나타내는 일종의 근질환(筋疾患), 즉 PSS 또는 MHS(惡性高熱症 症候群, malignant hyperthermia syndrome)와 관련성이 깊은 것이 실제로 증명되었다.

악성고열증(MH)은 사람이나 돼지에게 할로탄 마취를 시행하였을 때에 갑자기 체온이 40℃ 이상으로 상승하며 맥박 및 호흡수가 증가하고 근육의 경직이 나타나서 급기야는 사망하게 되는 갑작스런 증세이다.

따라서 돼지의 스트레스 감수성(感受性) 여부를 확인하는 데에 할로탄 검정과 CPK측정이 이용된다.

(4) PSS의 외관적인 증상

PSE돈육의 발생이 생시 가축의 유전적·생리적 조건에 의존하는 외관적인 것으로는

① 스트레스에 과민하여 신경질적이며, 이들 새끼들은 예외없이 다리가 짧고 체형이 탄탄하게 짜였다.

② 피부 표면에 붉은 반점이 나타나 있고 피부는 팽팽하다.

③ 스트레스를 받았을 때에 근육이나 엉덩이·꼬리에 경련이 일어나며, 현저한 것은 안정시에도 귀끝이나 꼬리가 떨린다.

④ 다리가 약하여 거동이 곤란하고 절름거린다.

⑤ 스트레스를 가하였을 때에 호흡 및 맥박수가 빨라지고 직장 온도가 41℃ 이상 상승하게 된다.

위와 같은 증상을 나타내는 돼지는 생전진단(生前診斷)과 도태를 계속하면 PSE돈육의 발생을 방지 또는 감소시킬 수 있다고 본다.

(5) CPK활성측정 및 할로탄 검정

CPK활성측정법은 생돈의 혈청 효소인 creatine phosphokinase(CPK)의 활성을 측정하여 PSS의 여부를 판정하는 방법이다.

돼지의 혈액을 채취하여 혈청 중의 CPK활성을 조사하여 400unit/㎖ 이상이면 PSS로 판정 도태시켜서 PSE돈육 발생을 방지하여야 한다.

할로탄 검정법은 흡입(吸入) 마취약인 할로탄을 흡입시킴으로써 발생하는 악성고열증(malignant hyperthermia, MH)을 PSS의 선별에 응용한 것으로 PSS의 판정법으로써는 물론 돼지의 육종선발에 보다 유용한 수단이 되고 있다.

검정방법으로는 10~15 주령의 돼지에다 2~4%의 할로탄을 함유하는 산소마스크로 3~5분간 흡입시켰을 때에 5분 이내에 호흡과 맥박이 빨라지고 근육의 경련과 경직이 일어나면서 네 다리를 쭉 뻗어서 MH의 증상을 나타내는 것은 할로탄 양성(陽性)이다. 그렇지 않고 약간 혼미상태에 있다가 깨어나는 것은 할로탄 음성(陰性)이다.

할로탄 양성돈(陽性豚)은 스트레스감수성돈 또는 악성고열증증후군으로 분류하고 미리 도태하여 번식돈으로 사용을 금지해야 된다. 할로탄 검정에 의한 스트레스감수성 개체의 품종별 출현율을 보면 Duroc, Large White, 북미 Yorkshire종은 조사두수 모두가 음성으로 나타났으나 그 이외의 품종들은 양성으로 출현율이 3~100%로 나타났다.

표 9-1. 할로탄 검정에 의한 스트레스 감수성 개체의 품종별 출현율

No	구 분	조사두수(두)	마취시간(분)	출현율(%)	연 구 자
1	Duroc 종	107	5	0	Minkema(1976) 등
2	프랑스 Large White 종	102	5	0	Olliver(1976) 등
3	북미 Yorkshire 종	50	3	0	Webb(1978) 등
4	네덜란드 Yorkshire 종	1,304	5	3	Eikelenboom(1976) 등
5	프랑스 Landrace 종	98	5	18	Olliver(1976) 등
6	네덜란드 Landrace 종	1,640	5	22	
7	Pietrain 종	53	5	100	Minkema(1976) 등
8	벨기에 Landrace 종	50	5	85	Minkema(1976) 등

따라서 종돈을 수입하게 될 경우 반드시 후대검정(後代檢定)을 거친 것으로써 스트레스감수성의 유전적 소질을 갖지 않은 품종을 수입해서 종돈으로 공급해야 한다.

가축의 육종번식 개량과 사양기술의 발달은 산자수 및 증체에 있어 그의 형질개선은 많은 진보를 이루어 왔으나, 육질문제에 대해서는 문제점이 크다.

특히 PSE돈육의 외관적인 것과 낮은 결착성, 보수성은 식육가공기술로도 해결할 수 없는 문제로 되어 있다. 그러므로 PSE돈육의 발생방지는 동물성 단백질 공급에 절대 불가결한 축육자원의 확보와 축육의 질적 향상을 가져올 것으로 본다. 그러나 PSE 돈육질은 현재에도 높은 발생률이 계속되고 있음을 잊어서는 안 된다.

9.2 DFD육

돼지고기나 쇠고기 중에는 PSE돈육질과는 대조적으로 육색이 지나친 자적(紫赤)색으로 검고(dark), 고기가 단단(firm)하며, 건조(dry)한 상태로 나타나는 것이 있다. 이것을 DFD육이라고 하여 생육 또는 가공육으로써 적합하지 못하다.

9.2.1 DFD육의 생성

DFD육의 생성은 PSE돈육질이 발생되는 것과 마찬가지로 도살전의 스트레스가 근본원인으로써 도축 후 해당작용의 부조(不調, disorder)에 의하여 나타나는 것이다.

도축 직후의 근육은 약 1%의 글리코겐을 함유하고 있으며 사후 시간이 경과함에 따라 해당작용에 의해 분해 소실되며, 유산이 생성된다. 이 같은 글리코겐의 분해의 속도와 양은 식육의 보수력, 색과 연도와 같은 식육의 물리적 특성을 지배한다. 가축이 도축되기 전에 근육 중의 글리코겐이 실질적으로 소모되어져서 도축 후 근육 중의 젖산형성이 감소되어지는 결과가 높은 pH의 상태로 있게 되는 것이다. 그 결과 높은 pH의 식육은 일반적으로 낮은 산소의 섭취기능을 지니게 되며 이렇게 되면 미오글로빈의 자적색이 우세하게 되어 육색이 검은 것이 되므로 “dark cutting”이라 불리워진다. 즉 DFD상태는 생시 장기간의 자극으로 도살시의 근(筋) 글리코겐의 보유량이 대단히 낮아져서, 사후 아직 pH가 높은 상태에서 근육 중 글리코겐의 완전한 소실에 의해 해당작용이 정지된다. 그 결과 DFD육이 나타나 상품가치를 저하시킨다.

9.2.2 DFD육의 특성

DFD육은 돼지고기나 양고기에서도 나타나지만 특히 쇠고기에서 많이 발생한다. 그 중에서도 수컷의 비육우에서 많이 발생하며, 암소에서는 볼 수 없다. 이것은 도축전의 육체적 활동과 감정적인 흥분이 특히 영향을 미치며, 기아(飢餓)도 영향이 있다. 그러나 PSE육과 같이 온도는 그렇게 영향을 미치지 않는다.

Dark cutting육은 최종 pH가 6.0 이상으로 대단히 높아 근단백질의 등전점(等電點, isoelectric point)보다 위에 있으며, 높은 보수력을 가지고 있다. 최종 pH가 높은 것은 세균의 최적 pH에 가깝기 때문에 균의 오염이 발생하기 쉽다. DFD육은 외관과 풍미의 관점에서 때로는 “비누와 같은” 맛을 지니고 있어 좋지 않다.

특히 DFD육은 육색이 어둡고 식육의 오염이 일어나기 쉽기 때문에 생육(生肉)은 물론 고급육제품인 햄류는 제조할 수가 없다. 유럽지역에서는 단미품(單味品)의 제조가 많기 때문에 DFD육의 문제는 보다 큰 것으로 되어 있다. 이 같은 DFD육은 PSE육과 마찬가지로 pH에 의해 판정이 가능하다.

9.3 기타의 이상육

9.3.1 황 지 돈

황지돈(swine with yellow fat)은 등지방이나 신장주위지방 등이 황색을 나타내고, 또한 이취(異臭)가 나는 것이 가끔 눈에 띠게 되는데, 이러한 돈지육을 황지돈(黃豚)이라 불리운다.

이와 같은 황돈은 양잠 또는 어촌지대에서 생산되는 비육돈 중에 많이 나타난다. 그 원인으로는 돼지에게 급여하는 사료 중에 누에번데기박(粕)이나 생선찌꺼기 등을 장기간에 걸쳐 계속하여 급여하게 되면 번데기박이나 생선찌꺼기 중에 함유된 유지 중의 불포화지방산이 체내의 지방조직에 축적되기 때문이다.

황지돈에서 지방의 융점은 배부외층지방이 22℃ 정도로 정상돈과 비교시 10℃ 이상이나 낮다. 번데기박이나 어유 황돈의 지방산은 어느 것이나 불포화지방산의 함량이 정상돈에 비교해서 15~20%나 많으며 특히, C_{20}~C_{22}에 이르는 지방산의 지방산(arachidonic acid~clupanodonic acid)의 함유율이 크게 증가되는 것이 특징이다. 이와 같은 불포화지방산이 많을 경우 융점이 대단히 낮다. 따라서 가열처리시 지방의 분리가 심하게 나타난다. 이와 같이 지방의 융점이 낮고, 지방의 색이 황색인데다 이취(異臭)까지 나는 황돈은 생육으로나 가공원료육으로 바람직하지 못하다.

9.3.2 연 지 돈(軟脂豚)

일반적으로 돼지의 지방은 단단하고 순백색의 지방으로 질이 좋으나, 연지돈은 지방이 연하고 고기의 견고성(firmness)이 나쁜 것으로써 황지돈의 지방과 비슷한 것이다.

연지돈의 발생방지책으로는 발육단계, 비육단계에 적합한 사료를 급여할 것과 박류는 피하고, 맥류나 감자류 등을 비육시기에 첨가 급여하는 것이 좋다.

이 같은 연성 지방은 산화 변패하기 쉬우며, 가공육으로 이용하였을 때에 가열처리시 지방의 유리가 현저하게 높아 결착력이 결여된 육제품이 생산되므로 생육이나 가공원료육으로는 좋지 않은 것이다.

9.3.3 Two-toning

일반적으로 신선한 돈육의 색깔은 담홍회색으로 붉은 색깔이 있는 것을 정상육으로 본다. 그러나 two-toning은 근육의 같은 표면에 육색이 극히 연하게 나타난 곳과 아주 짙게 나타나는 두 부분이 짝지어 나타나 있는 상태이다. 이와 같은 현상은 돈지육을 최초로 절단 분할시에 나타난다. 특히 가장 많이 나타나는 곳이 햄부위이다. Two-toning 상태는 염지한 단미품에서는 뚜렷하게 나타나지 않으나 균일한 cooked cured meat color(CCMC)를 형성하지는 못하므로 고급육제품인 햄류를 제조하는 데에는 부적당하다. 그러나 two-toning은 연도, 다즙성 그리고 풍미 등에 관한 문제는 없으나, 어디까지나 외관적이고 심미적인 관점에서 영향이 있다.

9.3.4 성 취 육

육류는 어느 것을 막론하고 나름대로의 특유한 냄새를 지니고 있다. 그러나 돼지고기를 식용으로 가열할 때 몹시 불쾌한 냄새가 발생하여 먹을 수 없게 되는 경우가 있다. 이것을 웅취라 하여 수컷에서만 나는 것으로 알고 있었다.

이 같은 냄새는 거세돈이나 암퇘지에서도 조금씩은 나는 것으로 알려졌다. 그렇지만, 이 같은 냄새는 거세하지 않은 90 kg 이상의 수컷과 특히 늙은 종모돈(種牡豚)에서 극히 심하게 나타난다.

성취(性臭, sex odor)는 지방 중에 존재하며 적육에는 존재하지 않는다. 이같은 사실은 지방을 고온으로 가열할 때 알 수 있다. 그러나 성취의 정확한 원인은 알려져 있지 않다. 적어도 하나의 원인 물질인 steroid(5α-androst-16-ene-3-one)이 알려졌다. 생육으로 성취를 낼 것으로 의심되는 것은 즉시 지방을 조금 떼어 고온으로 가열 후 발생하는 냄새를 맡아보면 알 수 있다. 성취가 나는 것은 생육으로나 가공원료육으로 적당하지 않다. 이와 같은 웅취는 조리가공시에 향신료로도 완전하게 없앨 수 없으므로 조기거세하는 것이 바람직하다.

9.3.5 질 식 육

생육인데도 불구하고 삶은 것과 같은 검푸른 외관을 나타내며, 심한 냄새를 내는 것이 있는데 이 같은 고기를 질식육(窒息肉, suffocated meat)이라고 한다.

원인으로는 도축 후 내장적출 및 이분체로 분할하기까지의 공정이 길어져 방냉이 지연되었을 때나, 이 같은 지육을 충분히 냉각하지 않은 채 퇴적하여 장시간 수송하거나, 수송 후 불충분한 저장으로 지육이 충분히 공기에 노출되지 않아 공기의 소통이 잘못되었을 때에 발생한다.

쇠고기에서도 도살 후 곧 냉각시키지 못하여 체내 온도가 계속하여 20~30℃에 머물러 있으면 내부에서 변질이 생기고, 고기 빛은 검푸른 색으로 변하는 질식육이 된다.

방지책으로는 도축 후 지육을 신속하게 －1℃ 전후에서 냉각시켜 사용할 때까지 동일한 온도에 냉장하여야 한다. 만약 5일 이내에 사용되지 않을 것이면, 바로 급속 냉동시켜 －20℃ 이하에서 저장하지 않으면 안 된다.

Ⅱ. 식 육 제 품

10. 식육가공의 역사와 전망

- 문 영 덕 -

10.1 식육가공의 목표

식육산업은 각종 육축으로부터 양질의 식육을 생산하는 것이 일차적인 목표이다. 그러나 생육상태 그 자체만으로는 아무리 고급육이라고 해도 인간의 다양한 욕구와 용도를 만족시킬 수는 없다. 다른 식품과 마찬가지로 식육가공의 발전도 주로 신선육의 저장수단을 모색하는 가운데서 비롯되어 식육제품의 가공기술이 하나씩 개발됨으로써 가능하게 된 것으로, 특히 지역에 따라서는 특색 있는 명품의 형태로 나타나 오늘날까지 전승되어 왔을 것이다.

먼저 식육가공의 목표와 그 목표의 달성과정에서 얻어지는 이점 등을 살펴보면 대략 다음과 같을 것이다.

① 식육의 생산 초기단계에서 적절한 온도관리나 처리로써 신선육의 육질을 개선한다.
② 냉장·가열·건조 및 소금처리 등으로 신선육의 저장성을 높인다.
③ 식육을 적절히 이화학적으로 처리함으로써 보수력과 결착성 등의 기능성과 육색·연도 및 풍미 등의 기호성을 향상시킨다.
④ 식육을 가공하여 제품화함으로써 식생활을 보다 윤택하게 하고, 소비자의 다양한 욕구를 충족시킴으로써 높은 부가가치를 창조한다.
⑤ 식육가공은 포장·운반·보관 및 판매 등에 걸쳐 유통상의 기능을 향상시킨다.
⑥ 식육제품은 소비자에게 단백질의 섭취기회를 확대하여 국민건강에 기여하는 계기가 된다.
⑦ 식육의 공급과잉시 식육가공을 통하여 저장성이 있도록 제품화함으로써 그 수급을 조절할 수 있다.

따라서 이상과 같은 식육가공의 목표 달성을 위해서 오늘날의 식육가공은 식육을 주원료로 하여 햄·베이컨 및 소시지 등의 육제품을 제조할 뿐만 아니라, 포장육(cut-meat)·상자육(boxed meat) 및 재구성육(restructured meat) 등과 같은 신선육의 생산처리도 취급하는 등 그 대상범위가 날로 넓어지고 있다.

10.2 식육가공의 역사

인류가 고기를 식용으로 이용한 역사는 원시인이 지상에서 채집과 더불어 수렵생활을 시작한 때부터였으리라는 것을 쉽사리 상상할 수 있을 것이다. 이집트나 중국의 고대문명기에 이르러서는 고기를 소금에 절이거나 일광 건조하여 저장하였고, 로마의 초기시대에는 얼음과 눈을 사용하여 고기를 저장하였다고도 전해지고 있다.

일부 지방에서는 오늘날의 소시지와 유사한 원시적인 가공품이 나타나기도 하였으며, 고기를 소금으로 처리할 때 사용한 암염 중에 불순물의 일종으로 우연히 함유된 질산염(nitrate)이 육색고정의 원인물질임을 깨닫게 되어 오늘날까지 질산염을 염지육의 발색제로 이용하게 된 계기가 되기도 하였다.

그러나 오늘날과 같은 개념의 식육가공이 발달하기 시작한 연대는 아무래도 서구에서 축산업이 발달하기 시작한 18세기 이후로 생각되고 있다. 이 무렵의 유럽에서는 축력(畜力) 일관방식의 기계화에 의해서 농업의 생산성이 급상승하면서 사료의 생산성도 높아져 축산물의 증산으로 이어졌다. 1920년경에는 농경에 트랙터가 도입되어 집약적인 초지의 개발이 가능하게 되어 축산은 다시 비약적으로 발전하게 되었으며, 일반인에게도 동물성 식품이 위주가 되는 식생활 패턴이 정착되기 시작하였다.

근래에 와서는 식품의 살균처리법이 발전하게 되어 가공식품의 개발을 촉진하는 계기가 되었는데, 특히 19세기초에 프랑스의 Nicholas Appert가 통조림을 개발한 사건은 가공식품의 보존과 유통에 획기적인 공헌을 하게 되었다. 또한 냉동기술·운반수단 및 식품가공기계산업의 발달 등은 대량 생산판매를 가능하게 하였으며, 농경법의 기계화도 역용(役用) 가축의 육용화를 촉진시켜 식육산업을 발전시키는 요인으로 작용하였다.

현대인의 식생활에는 예전에 비하여 분식과 즉석식품(fast foods)이 많아졌으며, 산업사회로의 발전과 여가생활의 추구 등은 모두 육제품과 같은 가공식품의 수요를 유발하여 식육가공산업을 발전시키는 요인이 되고 있다.

오늘날의 식육가공산업은 미생물학·생화학·기계공학·전자공학 및 컴퓨터 등의 도움을 받아 공정은 더욱 자동화되었으며, 제품은 더욱 위생적이고도 다양화가 진전되었고

기능도 향상되게 되었다.

10.3 외국의 식육가공

(1) 유 럽

현재 햄, 베이컨, 소시지 등으로 대별되는 식육가공품의 대부분은 유럽의 전통적인 식품의 일종이라고 말할 수 있다. 이들 제품들은 대부분 중세기 이후에 산업화의 과정을 거치면서 상품생산에 이르게 되었다. 특히 유럽 중에서도 독일은 육가공품의 본고장이라고 불릴 만큼 독특한 특성을 가진 전통적인 육제품이 1,500여종이나 된다.

유럽인들은 기후, 풍토 등 지역적인 특수성에 따라서 고기를 단순히 소금처리 하는 이외에도 건조 발효시키거나 훈연처리로써 보존성과 독특한 풍미를 부여하여 오늘날과 같은 각종 훈제품과 건조·발효육제품을 개발하게 되었다. 이러한 전통적인 식육제품은 그 생산에 있어서 수작업에 많이 의존하게 되는데, 산업화된 오늘날에도 주로 중소공장에서 생산을 계속하고 있다.

(2) 미 국

유럽에 비해서 미국은 그 사회 및 산업구조 등의 특성으로 인해서 식육가공은 더욱 산업화되어 대량생산체제를 갖추게 되었으며, 제품은 보다 단순화·규격화 및 실용화 되었다. 수동작업이 많이 요구되는 도축처리공정도 보다 기계화·자동화되고 있으며, 대형도축 처리업소는 이윤의 극대화를 위하여 식육가공업까지 겸하는 곳이 늘어나고 있다. 식육가공산업에도 컴퓨터가 도입되고 합리화와 에너지절약화가 진행되어 제품의 생산원가를 절감하고 있으며, 새로운 제품을 개발하여 양적인 욕구에서 질적인 변화를 추구하는 현대인의 소비성향에 대응하고 있다.

현재 미국인들의 식생활은 건강적인 측면을 보다 중시하게 되어, 저칼로리·저지방·저당 및 저염 등의 식품을 요구하게 되어 적색육(red meat)의 소비량은 정체 내지는 감소추세를 보이는 반면에, 가금육의 소비는 현저히 증가하고 있는 실정이며, 실용적이고 경제적인 면에서는 시간과 경비를 절약할 수 있는 즉석식품(heat-and-eat foods, ready-to-cook foods)인 간편식품(convenience foods)을 선호하게 되었고, 여가생활과 더불어 외식이 늘어나게 되었다. 따라서 식육가공업도 이에 부응하는 질적인 변화와 아울러 신제품 개발에 주력하고 있다.

식육가공의 원료육에는 대부분 돈육이 이용되어 왔으나, 근래에는 이용 가능한 모든 축육이 검토의 대상이 되고 있다. 특히 최근에는 도계(屠鷄)의 부산물로 잔뼈가 많은 기계골발가금육(mechanically deboned poultry meat, MDPM 또는 mechanically recovered poultry meat, MRPM)이 유화형 육제품의 원료로 활용되고 있으며, 대두단백질이나 소의 혈청 등의 값싼 동식물성 단백질이 고가의 적육단백질의 대체품으로 이용되고 있다.

(3) 일　본

일본은 중국과 마찬가지로 농경민족으로써 곡류위주의 식생활로 인하여 주로 돼지고기와 쇠고기를 섭취하고 있으나, 그 양적 정도는 극히 미약하였음은 주지하는 바와 같다. 그러나 최근에는 미국 못지않은 고도의 산업사회를 형성하게 됨에 따라 식생활의 패턴도 서구식에 많이 접근되어 육류와 식육가공품의 소비가 급증하게 되었다.

그러나 축산업의 밑받침이 취약한 일본은 자연히 식육가공품의 가격이 비싸게 되어 원가를 절감하는 방향으로 제품이 개발되었다. 즉 맛은 좋으나 값이 비싼 적색육의 대체품으로 구미에서는 사용하지 않는 값이 싸고 일본인에게는 거부감이 없는 어육(魚肉)을 원료육으로 하는 제품이 많이 생산되었고, 증량이나 보수력을 극대화하는 방향으로 생산기술이 개발되었다.

이러한 관계로 일본은 우리나라에서는 부정육시 되거나 아직은 식용하고 있지 않은 말고기·양고기 및 고래고기의 사용도 보편화되어 있어 원료육의 종류가 매우 다양한 편이며, 현재 육류소비 중 가공이 차지하는 비율은 15～20% 정도에 이르러 식육가공품이 어느 정도 안정적으로 일반 국민의 식생활에 정착되었다고 말할 수 있게 되었다.

10.4 우리나라의 식육가공

우리나라에서도 예로부터 식육가공품과 같은 것이 없었던 것은 아니나, 그 형태는 산적(散炙)·편족(片足)·육포(肉脯) 및 순대 등과 같은 단순한 조리품에 지나지 않았다.

근대적 의미의 식육가공산업은 1915년 조선축산(주)이 설립된 것을 계기로 하여 오늘날에 이르렀으나, 특히 8·15 해방과 더불어 주곡농업 우선정책과 6·25를 거치면서 대다수의 국민들이 동물성 단백질을 섭취할 수 없는 여건에서 육가공업의 사업성 자체가 존립할 수 없었기 때문에 기술의 발전이 단절되었다. 1968년 창업한 진주햄의 경우 어육소시지가 주력 생산품으로 국내시장의 50%를 상회하는 시장점유율을 가진 전문업체로서의 효시가 되었다고 볼 수 있으며, 이후 1970년에 한국냉장과 대한종합식품의 출현으로 소량이나마 축육가공품이 생산되었다.

우리나라의 식육가공산업의 대변혁은 1980년대에 제일제당(주)과 (주)롯데햄·우유의 참여로써 설비·제품 및 유통부문의 혁신을 이루었다. 대부분의 설비는 축육가공품 생산체제로 전환되었으며, 유통부분의 콜드체인을 시도함으로써 높은 신장률을 나타내는 발판을 구축하였다.

표 10-1. 우리나라 주요 육가공품 생산실적

(단위 : 총량/톤, %)

구분 연도	햄류		소시지		베이컨		캔류		축육소계		혼합소시지	
	총 량	전년비	총 량	전년비	총 량	증가율	총 량	증가율	총 량	증가율	총 량	증가율
1985	4,396	65.2	5,385	63.4	280	- 8.8	2,661	- 0.2	12,772	42.5	32,430	–
1990	23,013	40.5	27.698	31.1	601	15.1	7,179	67.0	58,491	38.2	37,589	- 6.1
1995	48.962	- 0.5	36.267	0.9	1,268	20.4	10,987	- 7.9	97.484	- 0.7	18,235	-15.9
2000	55.855	10.2	34.562	10.3	1,483	22.3	18,393	45.7	110.29	15.0	20.009	6.3
2005	54.242	- 3.4	42,988	- 2.4	2,352	13.9	28,260	5.5	127.84	- 0.9	31.909	3.8
2010	62.321	16.1	56,103	3.7	4,289	9.7	33,934	24.8	156,65	12.8	23,994	19,4
2014	59,778	- 4.1	67,512	2.8	7,268	8.3	50,885	9.1	185,44	2.3	25,666	- 6.9

자료 : 한국육가공협회(2015)

그러나 전체 육류소비량에 대한 육제품의 가공률은 아직 6～7%에도 미치지 못하고 있으며, 이것은 미국의 40% 그리고 일본의 14～15%에 비하면 너무나 현격한 차이라고 아니할 수 없다.

그 동안 우리나라의 식육제품은 크게 보아서 저장성과 가격 면에 중점을 두는 생산이었다고 볼 수 있으나, 앞으로는 시장개방화 시대를 맞이하여 우리 국민의 식성에 적합한 특성 있는 제품의 개발 등 질적 변화에 역점을 두어야 할 것이며, 원료육의 다양화로 생산원가를 절감하고, 유통과정의 보다 완전한 콜드체인화로 품질관리에 철저를 기하여야 할 것이다. 특히 최근에 등장하기 시작한 즉석판매제조가공업은 기존의 대량생산과 유통판매방식에 비해 자기 기호를 내세우는 소비자의 요구를 보다 더 충족시킬 수 있는 이점이 있는 시스템으로써 제조와 판매가 동일한 공간에서 이루어지기 때문에, 그 위치 선정시에는 판매여건을 우선 고려할 수 밖에 없을 것이므로 도심지의 상가가 적합할 것이고, 따라서 한정된 공간에서의 소량생산방식을 취하게 될 것이며, 소비자의 주문생산도 가능하게 된다. 앞으로 이러한 형태의 판매방식에 생산자조합이나 식육소매점은 물론 이 분야에 뜻을 둔 개인도 영세자본으로도 참여가 가능하게 될 것이며, 신제품의 개발도 촉진되리라 기대된다.

10.5 앞으로의 식육가공

식육과 그 가공품은 우리나라나 일본은 물론 구미지역에서도 가격 면에서 결코 만만한 식품은 아니다. 따라서 생산원가의 절감을 위한 생산성의 향상과 원료육의 다양성의 추구가 불가피한 실정이다.

식육의 생산공정에는 보다 탄력성이 좋은 로봇과 같은 자동기기에 의한 에너지절약화와 자동화가 가속될 것이며, 식육의 생산단계에서부터 육질을 개선하고, 경비절감을 위해서 도체에 대한 전기자극과 온도체 골발(hot boning, HB)이 보편화 될 것으로 추정된다. 육제품의 생산공정에는 물리적 · 화학적 및 생물학적인 각종 감지기(sensor)가 설치되어, 제품의 생산 및 품질관리가 향상 최적의 조건에서 수행되도록 표준화와 규격화가 더욱 발전할 것이다.

또한 제품의 유통기한을 연장하기 위한 무균포장기술이 더욱 일반화되고 진보될 것이며, 제품의 형태는 소비자의 요구에 따라서 기능성과 건강에 유리한 방향으로 변모하여 가리라 생각된다.

1. 과거 : 도체(carcass) ⟶ 소매점(retail store)

2. 현재 : 도체(carcass) ⟶ 집중해체처리(centralized fabrication)
⟶ 진공포장(vacuum packaging) ⟶ 소매점(retail store)

3. 미래 : 도체(carcass) ⟶ 전기자극(ES) ⟶ 온도체 골발(HB)
⟶ 진공포장(vacuum packaging) ⟶ 소매점(retail store)

그림 10-1. 도체처리와 식육 배급체계의 변화

앞서 언급한 것과 같이 우리나라의 육가공은 80년대부터 시작이 되었다고 해도 과언이 아니었고, 그에 따른 설비나 시설은 투자로써 형성될 수 있었으나 기술력 만큼은 아직까지 모방 및 응용수준이라고 할 수 있다. 향후 육가공의 한국화를 위해 대학교 · 연구소 및 기업체에서는 유기적인 산학협동체제를 구축하여, 다음과 같은 기술의 연구개발에 적극적으로 투자할 필요가 있다고 생각된다.

1) 미생물의 이용기술

발효육제품의 제조에 필요한 기능성 유산균 스타터의 개발 등 식육제품 생산에 이용가능한 미생물의 분리, 동정과 응용에 관한 연구가 필요하다.

2) 효소(transglutaminase)의 이용기술

최근 효소인 transglutaminase와 단백질의 복합첨가의해 비가열 생육의 접착·유화물의 겔화·식육가공품의 조직감 향상 및 인산염류의 대체효과 등이 입증됨으로써 커다란 관심을 불러일으키고 있음에 비추어 효소이용기술의 개발에도 관심을 가져야 한다.

3) 색조의 개선기술

식육 및 식육가공품의 변색 및 퇴색 방지와 착색기술에 걸쳐 특허의 출원 수는 많지만 대개 작은 기술에 불과하여 발색과 퇴색기구에 관한 근본적인 개선을 할 수 있는 기술이 필요하다.

4) 가열 및 조리기술

가열방법에 관한 특허가 연속식 가열장치와 이것에 관련된 케이싱의 개발에 집중되고 있는 것에 비해, 조리방법에서는 가압가열·진공 조리 및 원적외선 가열 등의 연구가 필요하다.

5) 보존기술

생육의 보존방법과 육제품의 보존성을 향상시키기 위해서 중간수분, 즉 건조육의 제조기술에 관한 것이 다루어지고 있으며, 그 내부적으로 생육보존기술에 관해서는 포장재료에 관한 것도 연구가 많이 진행되고 있다.

6) 식품소재의 개발 및 응용기술

이용자원의 식품재료화를 위하여 압출성형기의 이용 및 유화·산 처리·효소 처리·탈수·동결·가열조작 및 이들의 조합에 의한 식품단백질 및 이용성이 낮은 육류의 유용성의 증대를 위한 연구가 필요하다.

7) 식육의 재구성 기술

햄버거류의 제조기술을 포함해서 상강(霜降, marbling)상태의 식육제조에 관한 기술개발이 흥미를 끌고 있고, 특히 작은 고기덩어리를 접착 성형시켜 식감이 좋은 스테이크 모양에 가깝게 하는 재구성 육제품에 관심이 모아지고 있다.

8) 축육부산물의 이용기술

뼈로부터의 스프(soup) 소재화 기술 이외에 무기물 급원으로써의 내장 및 껍질을 활용한 건조식품의 제조 등에서 장기 특유의 냄새를 상쇄(masking)하는 기술이 여러 가지 개발되고 있으며, 특히 혈액 중 혈장의 이용을 위해서는 그 기능을 파손하지 않는 살균방법과 특유의 비린내(fishy odor)의 제거방법을, 혈구분에서는 혈색소의 탈색과 햄과 글로빈으로 분리 후의 보다 유효한 이용기술을 개발해야 한다.

9) 건강증진 육제품의 개발

저칼로리 및 저염화 식육가공품 개발기술이 도입되었으나, 근래에 와서 소시지가 비교적 고칼로리 식품이기 때문에 지방에 대체될 수 있는 저칼로리 소재가 기대되지만, 대용소재의 대부분이 물성면에서 대체가 가능하나 풍미면에서 떨어지므로 많은 연구가 필요한 실정이다. 저염화에 대해서는 풍미면에서 식염 및 나트륨의 대체방법이 연구되고 있는데, 특히 식염의 역할이 인산염의 첨가에 의해서 보충되고 있지만, 이것을 포함한 전반적인 대체기술은 아직 미흡한 실정으로 앞으로 이 분야에 대한 신기술이 요망된다.

10) 그 외의 가공기술 개발

초고압 이용기술·감지기 이용기술 및 종래의 각종 육가공 기계장치에 집적회로를 조립해 넣은 시스템화 장치 등이 연구되고 있다.

이상 여러 기술을 요약하면 다양한 소비자 욕구를 충족시키기 위한 품질고급화와 컴퓨터를 이용한 제품 시스템의 확립이 앞으로 육가공 기술의 신경향이라고 말할 수 있다.

11. 식육제품의 가공이론

- 김천제, 오동환, 신현길, 정구용 -

11.1 염　　지

11.1.1 염지의 유래

소금을 이용하는 염장법은 가장 오래된 식품저장수단으로써 식육과 같이 부패하기 쉬운 식품의 저장에 이용되어 왔다. 역사적 기록을 보면 기원전 3000년경 스메르 사회(Sumerian society)에서는 식육과 어류를 저장하는데 소금을 이용하였고, 기원전 3000~1200년경에도 유태인들이 사해에서 소금을 채취하여 식품의 저장수단으로 사용하였음을 알 수 있다. 그리고 고대 중국과 그리스 사람들은 식탁에 소금으로 절인 생선을 이용하였고, 로마사람들은 소금물에 식육을 저장하였다가 먹었다고 한다. 가장 구체적인 기록은 기원전 3세기경 로마학자 Cato가 쓴 문헌에서 찾아볼 수 있는데, 그 기록에 의하면 오늘날의 건염법과 비슷한 방법으로 햄을 제조하여 방충제로써 올리브기름과 식초를 혼합한 액을 표면에 도포하여 저장하면서 이용하였다고 한다.

이와 같이 오래전부터 고기를 저장하기 위해서 소금을 사용한 것은 분명하며 이러한 소금의 이용이 곧 초기의 염지법이라고 할 수 있다. 그러나 오늘날과 같은 염지 개념은 18세기 후반 소금 중에 불순물의 일종으로 혼입되어 있는 질산염이 육색발현의 직접적인 요인임이 드러남으로써 염지의 기능이 과학적으로 밝혀지면서부터 명백하게 이해하게 되었다.

냉장시설이 발달한 오늘날에는 염지가 햄, 베이컨, 소시지 등의 육제품의 풍미를 좋게 하거나 외관을 아름답게 하며 식중독균인 *Clostridium botulinum*균의 발생을 억제시키는 등의 목적으로 이용하게 됨으로써 오로지 저장수단으로 이용하던 시대에 비한다면 소금의 사용량이 훨씬 감소되었다.

11.1.2 염지의 효과

(1) 육제품의 발색작용

육제품의 색상은 제품의 미학적인 품질과 관련되기 때문에 매우 중요하다. 아질산염을 사용하지 않고 만든 육제품과 비교할 때 염지육제품의 선홍색은 아주 매력적이다. 육제품의 가장 이상적인 색은 제품 전체가 균일한 선홍색이어야 하며, 반점으로 제품의 색이 불균형을 보이지 않아야 한다.

육제품의 색은 염지공정을 통하여 결정되는데 육색에 영향을 미치고 육색을 유지하는 데는 육색소인 미오글로빈 함량, pH, 아질산염의 분포와 함량, 식육의 상태, 육제품의 노출, 육제품의 포장재질 등의 여러 가지 요인이 작용한다. 이들 요인이 어떻게 염지육의 육색에 영향을 미치는지를 이해하기 위해서는 염지공정과 관련된 화학적인 반응을 이해하여야 한다.

육색은 주로 유리되어 있는 이 6번째 위치의 화학적인 성분과 철 원자의 환원(Fe^{2+}) 또는 산화 (Fe^{3+}) 상태에 따라서 결정되는데, 특히 미오글로빈 단백질은 열처리될 때 변색되어 육색이 갈색에서 회색까지 다양하게 변화되는 요인이 되며, 염지육의 육색 변화는 미오글로빈의 6번째 위치에 결합하는 일산화질소의 양에 영향을 받는다. 즉 염지공정에서 첨가되는 아질산염(nitrite)은 식육 속에서 반응성이 매우 강한 일산화질소(NO)로 환원되어 육색소와 반응함으로써 염지육의 발색이 일어난다. 그런데 아질산기가 일산화질소로 환원되는 것은 식육 중의 환원성 성분 또는 아스코르브산염이나 에리소르브산염과 같은 환원성 첨가물에 의해 촉진된다.

한편, 염지육제품 생산에 아질산염과 함께 이용되는 질산염은 염지공정 중 육 내의 젖산에 의해 가수분해되어 질산으로 전환되고, 이 질산이 환원성 세균이나 환원제에 의한 환원작용의 결과 아질산으로 바뀌어 육의 발색에 관여하게 된다.

일산화질소는 헴(heme) 고리의 6번째 결합위치에서 물보다 더 강한 친화력을 갖고 있다. 6번째 위치에 일산화질소가 결합되면 미오글로빈이 니트로소미오글로빈(nitrosomyoglobin)으로 변화되어 염지 중일 때는 불안정한 상태로 남아 있다가 열처리공정을 거치면서 글로빈 단백질이 변성됨으로써 육색의 구조가 안정성을 갖게 되는데, 이때의 색소를 니트로소헤모크롬(nitrosohemochrome)이라고 하며, nitric oxide hemochromogen으로도 알려져 있다.

이 육색소는 가열공정을 거친 염지육제품에서 전형적인 선홍색을 띠기 때문에 이를 가열염지육색(cooked cured meat color, CCMC)이라고 한다. 위에서 언급한 염지육색의 발현에 관한 일반적인 반응식은 다음과 같다.

$$KNO_3 \xrightarrow{\text{환원성 세균}} NO_2$$

$$KNO_2 \xrightarrow{\text{젖산}} HNO_2$$

$$3HNO_2 \longrightarrow HNO_3 + 2NO + H_2O$$

$$NO + \text{myoglobin} \longrightarrow \text{nitrosomyoglobin} \xrightarrow{\text{가열}} \underset{\text{(가열염지육색)}}{\text{nitrosohemochrome}}$$

일단 형성된 염지육의 색소는 이론적으로는 변화하지 않는 구조를 이루고 있으나, 실제로는 니트로소미오글로빈과 니트로소헤모크롬 색소는 산소 분압과 빛의 영향을 받아 퇴색되어 간다.

염지육이나 염지육제품이 공기 중에 노출되든가 강한 형광조명 아래서 표면의 색은 약 1시간 이내에 바래진다. 이러한 원리는 빛에 의해 헴이 일산화질소로부터 분리되고 산소에 의해 산화되기 때문이다.

이러한 원인 때문에 햄, 베이컨을 비롯한 염지육제품들은 저장 중이거나 유통판매시 대기 중의 산소를 배제시키기 위해서 진공포장하며, 포장재질은 빛과 산소의 투과성이 낮은 것으로 하는 것이 좋다(그림 11-1).

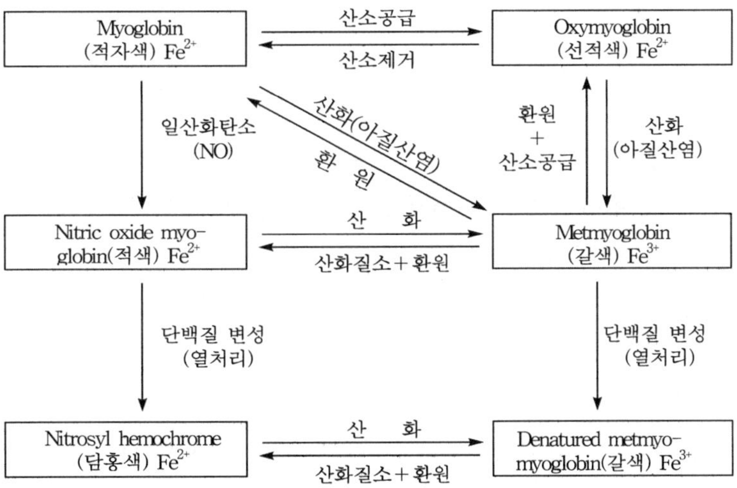

그림 11-1. 신선육과 염지육제품에서의 헴(heme) 색소의 변화

(2) 항균작용

대부분의 세균과 효모, 곰팡이들은 낮은 염 농도에서는 성장하지만 염이 탈수제로써

삼투압을 높게 하므로 염이 들어 있는 환경에서는 성장에 제한을 받게 된다. 그런데 염지육제품에 들어 있는 염의 농도 2~4%의 수준에서 호염성인 병원성 세균이나 포자들은 증식할 수 있으나, 염지육에 첨가된 아질산염이 이들 세균에 대한 문제를 어느 정도 해결하여 주고 있다. 특히 식중독균인 *Cl. botulinum*균의 성장과 아포 발생을 억제하는 것으로 알려지고 있다.

만약 아질산염을 사용하지 않고 식중독균을 사멸하려면 100℃에서 10분 이상 가열처리하여야 하나, 아질산염을 200 ppm 첨가할 경우 63℃에서 30분간 열처리하면 이 세균은 사멸되고 독소는 80℃에서 소실되는 것으로 알려져 있다. 일반적으로 *Cl. botulinum*균의 증식억제에 필요한 아질산염의 수준은 150 ppm으로 알려져 있다.

(3) 풍미 증진작용

염지육제품은 거의 일정한 풍미를 갖는데, 이는 아질산염의 사용으로 형성된다. 즉 식육에서 풍미와 관련된 물질은 헥산알, 펜탄알과 같은 알데히드와 불포화지방산의 산화로 불쾌한 냄새를 내는 유도체인 하이드로퍼옥사이드(ROOH) 같은 물질로 알려지고 있다. 아질산염의 첨가로 이들 풍미에 관련된 물질들의 생성이 지연되거나 생성되지 않는 것으로 보인다.

(4) 항산화작용

염지육에서 아질산염은 지질의 산화를 방지하여 산패생성물의 발생을 억제하기 때문에 고유한 풍미를 유지하게 된다. 이는 신선육과 염지육의 산화정도를 나타내는 지표인 thiobarbituric acid(TBA)가를 비교할 때 염지육의 TBA가가 현저하게 낮다.

항산화 기능은 주로 일산화질소가 헴색소 중의 철이온을 오랫동안 환원형인 Fe^{2+} 형태로 유지하기 때문이며, 이에 따라 지질의 산화는 매우 서서히 일어난다. 그리고 아질산염은 지방조직에 침투하여 불포화지방산과의 반응으로 지방의 산화를 방지하기도 한다.

(5) 보수력 증진

식육의 보수력은 염용성 단백질의 추출성과 밀접한 관계를 가지고 있으므로 pH 의존적 특성을 나타내며, 유화력, 유화안정성, 결착성 등의 기능성과 양의 상관관계를 가지고 있다. 즉 pH가 높아질수록 단백질 구조 중 음전하군의 수가 많아지고, 이로 인해 육단백질 구조 사이의 수분을 함유할 수 있는 공간이 넓어져서 보수력은 점차 증가하게 되어 식육제품의 물의 분리현상이 현저하게 감소한다. 그러나 pH가 5.7 이하인 고기를 원료육으로 사용하게 되면 물의 분리율이 10% 이상으로 나타나 품질 면에서 만족할만한 제품을 생산하기가 매우 어렵다. 따라서 염지공정에서 첨가되는 재료들 중 소금에 의한 염용성 단백질의 추출률 증가와 더불어 특히 인산염에 의해 pH가 상승함으로써 보수력이 크게 높아져 물의 분리율이 0.5% 이하로 줄어들게 된다.

11.1.3 염지재료의 기능

염지육제품 생산에 사용되는 주요 염지재료는 소금, 설탕, 아질산염과 질산염, 항산화제, 인산염, 향신료 등이 기본재료로 쓰이는데, 이들 성분들의 기능을 살펴보면 다음과 같다.

(1) 소 금

소금은 염지재료 중에서도 제품의 맛과 관련하여 중요한 재료 중 하나로 저장의 효과뿐만 아니라 식품의 맛을 소비자들의 기호에 맞게 바람직하게 낼 수 있다. 염의 육조직 내 침투는 삼투작용에 기인하므로 소금을 사용할 때에는 물에 용해하여 쓰는 것이 좋으며, 이때의 소금물을 특히 피클(pickle)이라고 한다. 피클 중의 소금은 식육에 침투하여 식육단백질과 복합체를 형성함으로써 높은 삼투압을 유지하므로 높은 흡습성을 나타내고, 또한 기능성 단백질인 염용성 단백질의 추출을 촉진하여 유화력을 증진시킨다.

발효소시지나 발효건조소시지에서는 특히 수분활성도를 낮추어 제품의 저장수명을 연장시키고, 부패성 미생물의 발육을 억제하며 내염성이 강한 젖산균의 증식을 도와 우수한 품질의 제품을 제조하게 한다.

소금의 사용량은 제품의 종류와 유통문제, 소비자들의 기호성 등에 따라서 다르겠지만 요즈음 소비자들의 일반적 추이는 저농도의 염첨가 제품을 선호하는 경향이다.

(2) 당 류

설탕은 염의 수렴성을 중화시키고 육제품의 맛과 색을 개선시킨다. 첨가시 염지육의 pH값을 낮게 하여 육색 발달을 촉진시키지만, 염지작업 중 육색을 안정시켜 주는 작용에 대해서는 크게 기대할 수 없다. 때로는 설탕 대신 자당, 포도당 또는 유당을 사용하기도 한다.

특히 발효건조소시지 제조에 첨가되는 당류는 미생물의 에너지원으로써 젖산균에 의하여 분해되어 젖산으로 변하고 이 젖산은 소시지의 pH를 저하시켜 소시지 조직을 단단하게 하고 발색과 풍미를 증진시키며 부패미생물의 증식을 억제시킨다. 즉 소시지의 pH가 젖산에 의하여 육단백질의 등전점 이하로 떨어지게 되면 육의 보수력은 낮아지고 이에 따라 건조는 더 쉽게 진행되며, 육 입자 사이에서 염용성 단백질이 응고됨으로써 소시지 조직이 단단하여지고 씹는 맛이 증진된다. 또한 낮은 pH는 아질산을 일산화질소 가스로 더 빨리 분해시키고 니트로소미오글로빈의 생성을 도와주어 발색을 증진시키며, 젖산 생성은 소시지에 부드러우면서도 새콤한 맛을 부여하는 등 향미를 증진시킨다. 그러나 당의 첨가량이 너무 많으면 젖산의 발생량도 많아져 신맛이 강해지고 불량 제품이 발생될 수 있다. 당은 이 외에도 소금의 짠맛을 다소 부드럽게 해준다.

(3) 아질산염과 질산염

질산염은 채소류와 물, 토양 중에 널리 들어 있으며 자연적으로 생성되는 물질로써 특히 소금 중에 불순물로 들어 있다.

질산염과 아질산염은 다 같이 강력한 독성 성분이므로 첨가할 때에는 법적 허용량을 지켜야 한다. 그런데, 염지육제품의 특성을 나타내는 것과 관련된 물질은 오직 아질산염뿐이고 700개 이상의 대체제를 시험하여 보았으나 아질산염을 대체할 수 있는 다른 어떤 물질도 현재로서는 찾아내지 못하고 있다.

미국 Food Safety and Inspection Service(FSIS) 당국에서는 컨트리햄, 컨트리베이컨, 건조소시지만을 제조할 때에만 질산염을 사용 허가하고 기타 제품에서는 다음과 같이 질산염과 아질산염의 첨가량을 규정하고 있다.

① 컨트리햄과 컨트리베이컨에서 질산염의 첨가 수준은 원료육 45.36 kg(100 파운드)당 99.225 g으로 한다.
② 피클용액 10%를 첨가할 때 물 378.541 ℓ (100 갈론)당 아질산염 907.2 g를 첨가한다.
③ 원료육 45.36 kg당 28.35 g의 아질산염을 첨가한다.
④ 분쇄육 45.36 kg당 7.0875 g의 아질산염을 첨가한다.

아질산염이나 질산염 또는 이 두 염을 혼합하여 사용할 때에는 최종 육제품에 아질산염 형태로 계산하여 200 ppm 이상 허용되어서는 안 된다.

베이컨을 제조할 때 첨가 아질산염은 120 ppm 이상 초과하지 않아야 하며, 염지 촉진제로서 에리소르브산염이나 아스코르브산염을 최소한 550 ppm 이상 첨가하여야 한다. 그리고 베이컨에는 아질산염 잔류량이 40 ppm 이상 들어 있어서는 안 된다고 규정하고 있다.

질산염과 아질산염은 염지제 중 가장 기본적인 물질인데, 발효숙성기간이나 사용하는 부재료에 따라 사용기준이 달라지므로 주의해야 한다. 즉 장기 발효건조소시지에는 아질산염 대신에 질산염이 주로 이용된다. 질산염이 첨가될 때에는 발색을 위하여 질산염이 아질산염으로 환원되어야 하는데, 이때 pH가 높아야 아질산염으로의 환원율이 높다. 그러나 질산염이 첨가될 때 글루코노델타락톤(glucono-δ-lactone, GdL)이 동시에 사용되거나 당류 첨가량이 높고 발효 초기 온도가 높을 경우, 소시지의 pH가 급격히 낮아져 질산염이 아질산염으로 충분히 환원되지 않아 발색불량 현상이 나타나게 된다. 따라서 질산염을 첨가할 때에는 GdL의 동시 사용을 금하여야 하며, 당류 첨가량도 감소시키고 저온에서 숙성 발효시켜야 한다.

장기 발효건조소시지가 제조될 때 아질산염을 직접 사용하여 얻은 육색보다 질산염 첨가 후 질산염을 아질산염으로 환원시켜 발색시킨 육색이 더 강하고 안정되며 염지 풍미도 우수하기 때문에 장기 발효건조소시지에는 질산염이 주로 이용되고, 독일에서는 300 ppm까지 질산염의 첨가를 허가하고 있다. 그러나 단기 발효소시지를 제조할 때에는 아질산염이 주로 사용되며, 이때에는 급격한 pH 저하를 염려할 필요가 없어 GdL 사용이 가능하고, 오히려 낮은 pH가 발색과 발색 후 육색 안정에 더 많은 기여를 할 수 있다.

⑷ 에리소르브산염과 아스코르브산염

염지시 에리소르브산염과 아스코르브산염을 첨가하면 아질산염과 육색소와의 반응에 관여하여 육색 발달을 촉진시키는 효과가 있는 것으로 알려지고 있다. 즉 이들 환원제들은 아질산염을 일산화질소로 분해되는 것을 촉진시키고, 또한 메트미오글로빈을 미오글로빈으로 환원시키는 작용을 한다.

예를 들면, 사용량은 염지액 379 ℓ 에 대하여 에리소르브산염이나 아스코르브산염 2481g을 첨가하든가 분쇄육 45 kg당 21 g(550 ppm)을 첨가한다.

제품을 포장하기 전에 5～10%의 아스코르브산 용액을 표면에 분무하면 빛에 의해 제품의 색이 바래지는 것을 방지하는 효과가 인정되고 있다. 아스코르브산염은 비타민 C로서 염지육의 육색촉진효과 이외에 발암성 물질인 니트로소아민의 생성을 억제시키는 효과도 있다.

⑸ 글루코노델타락톤(glucono-δ-lactone, GdL)

GdL은 음료나 사탕, 베이킹 파우더에 새콤한 맛을 부여시키기 위하여 오래 전부터 이용되어 왔는데 발효건조소시지의 pH를 저하시키기 위한 방법으로도 GdL이 사용되고 있다. 즉 GdL을 통한 pH 저하는 육이 세절되면서 겔을 형성한 염용성 단백질의 응고를 도와 특히 발효건조소시지의 조직을 단단하게 하고 발색을 증진시키며 부패미생물의 증식을 억제시킨다. 원래 GdL은 발효를 보조하기 위하여 이용되어 왔으나 많은 사람들은 스타터를 사용하지 않고 GdL만을 첨가하여 발효건조소시지를 제조하고 있다.

GdL은 약간의 단맛을 내는 백색의 결정성 분말로서 물에 잘 녹으며 수용액 상태에서 글루콘산(gluconic acid)으로 가수분해 되어 산으로 작용하는데, GdL의 가수분해는 낮은 온도에서는 완만하고 온도가 높아질수록 빨라진다.

⑹ 알칼리성 인산염

오래전부터 알칼리성 인산염이 육염지에 사용되어 왔으며, 오늘날에는 광범위하게 사용되고 있다. 인산염은 육제품의 풍미증진에도 기여하는 것으로 알려져 있는데, 미국에서는 햄과 같이 염지액을 사용하는 제품에는 인산염의 첨가가 인정되고 있으나, 소시지와 같은 제품에는 인정하지 않고 있다. 그러나 유럽의 여러 나라에서는 사용이 허용되고 있다.

염지육에서 인산염은 풍미증진 효과가 있을 뿐만 아니라, 육의 보수력을 증가시키기 때문에 육제품의 수분 손실이 적어 제품의 연도와 다즙성이 개선된다고 한다. 그리고 염지육 제품의 육색을 개선시키고 균일하게 하며 안정시킨다. 저장 중일 때에는 아스코르브산염과 함께 작용하여 저장 중인 육제품의 산화를 방지하기도 한다고 한다.

첨가하는 인산염의 양은 염지액의 5% 이상 초과하지 않도록 사용하고 최종제품 중에는 0.5% 이상 초과되지 않도록 한다.

⑺ 향신료와 풍미제

육제품의 독특한 풍미를 위해 사용되고 있는 향신료와 풍미제의 종류는 무수히 많고 용해성과 비용해성의 두 형태로 분류한다. 사용방법은 육에 주입하던가 표면에 문지른다.

일반적으로 많이 사용되고 있는 향신료로는 후추, 계피, 마늘, 육두구, 양파 등이고, 그 외 여러 가지 향신료가 포함된다.

⑻ 물

육제품 제조시 물의 첨가는 매우 중요하나 흔히 과대 첨가하기 쉽다.

염지작업에서 물의 일반적 기능은 다음과 같다.

① 소금, 아질산염, 설탕, 인산염 기타 다른 염지재료를 용해시킨다.

② 제품의 수분 함량과 다즙성을 유지한다.

③ 열처리 중 감소하는 수분을 보상할 수 있다.

④ 원료육보다도 더 많은 함량의 육제품을 제조함으로써 생산비를 감소시킬 수 있다.

지난날 미국에서는 육제품의 수분 함량을 규정하고 있는데, 그 내용을 보면, 10% 이상 물을 첨가한 햄일 경우 "ham-water added", 10% 이상 20% 이하일 때 "ham and 20 % added water"라고 제품포장에 표시하고 물을 첨가하지 않았을 때에는 어떠한 표시도 하지 않는다.

첨가할 물의 양(added water, AW)을 결정하는 공식은 다음과 같다.

AW = 최종 제품에 들어 있는 수분 함량 - (수분계수×단백질 함량)

수분계수는 제품에 따라서 다른데, 훈연햄 3.79, 통조림햄 3.83, 훈연피크닉햄 3.93, 그 외 모든 육제품은 4.0으로 한다. 그러나 미국 농무부는 가공육 제품에 수분 첨가량을 새로 규정하여 1985년 4월 15일부터 시행하였다.

개정한 규정에서는 protein fat-free(PFF)값을 기준으로 하고 있는데, 그 계산공식은 다음과 같다.

PFF = 육단백질 함량/(100 - 지방 함량)×100

다만, PFF값을 측정하지 않은 육제품은 "nontraditional"이란 표시를 한다.

두 공식의 차이점이라면 AW방식은 첨가할 수분량을 정하고, PFF는 수분 함량을 고려하지 않고 유리지방 함량을 기준으로 염지육 제품에 들어있는 최소한의 단백질 함량을 기준으로 하였다. 새 규정에 의한 몇몇 제품의 PFF값은 로인햄 20.5, 피크닉햄 20.0, 염지하지 않은 로인햄 18.0, 염지하지 않은 피크닉햄 17.5 등이다.

11.1.4 염지방법

장시간의 염지는 식육의 지나친 수축과 높은 농도의 염 침투를 초래하므로 염지방법에 따라 세심한 주의를 기울여 실시해야 한다.

염지방법은 크게 두 가지로 나눌 수 있다. 즉 옛날부터 전해 내려오는 방법으로 분말상태의 염지제를 혼합하여 직접 식육에 바르는 건염법(dry curing method)과 염지재료를 적당한 방법으로 용해시킨 염지액에 원료육을 침지하는 액염법(pickle curing method)의 두 가지로 대별되는데, 보통 이 액염법은 습염법 또는 침염법(wet curing method)이라고도 한다. 그러나 실제 이용방법에서는 이 두 가지를 변형한 여러 가지 방법이 사용되고 있다.

(1) 건 염 법

건염법(dry cure)은 식육의 본래 염지방법으로써 오래 전부터 이용되어 왔다. 이 염지방법은 염지시간을 고려하여 일정량의 질산염을 혼합한 소금 속에 식육을 파묻거나 소금으로 식육을 문지르는 방법이다.

오늘날 이 방법으로 만드는 육제품으로는 박피하지 않고 제조하는 salt pork, heavy jowls, heavy sow bellies 등이 있다. Salt pork는 "조미육"(seasoning meat)이라는 제품으로 소금 45.36 kg에 질산염 28.35 g을 혼합하여 식육 4.536 kg당 2.835 g을 첨가하여 2~8주 동안 염지한 것이다.

(2) 당첨가 건염범

당첨가 건염법(dry sugar cure)은 저온 염지실이 없고 염지액 주입기도 없는 곳에서 염지작업을 할 때 이용되는 가장 안전한 염지방법인데, 침지법에 비해 염지시간이 단축되고 높은 온도에서도 안전한 염지가 가능하기 때문에 미숙한 사람도 비교적 나쁜 환경에서도 작업을 할 수 있으나 종료시점의 구분이 어려운 단점이 있다.

염지제 배합례를 보면 소금 3.6 kg(8파운드), 설탕 1.4 kg(3파운드), 질산염 56.7 g(2온스), 아질산염 28.35 g(1온스)으로 혼합하는 것으로, 일반적으로 이 혼합법을 8-3-2-1식이라고 한다. 식육 0.456 kg당 혼합염지제 28.35 g을 첨가하되 5일 간격으로 3회에 나누어서 문지른다. 다만, 9.07 kg 이상일 때에는 햄 0.4536 kg당 42.52 g을 첨가하되 4회에 걸쳐서 첨가한다.

염지는 비금속 식탁에서 하고 흘러나오는 용액이 상자에 고이지 않도록 하고, 염지한 햄은 상자에 넣어 선반에 올려놓는다. 염지시간은 햄의 두께 2.54 cm마다 7일로 하되 두께가 12.7 cm이고 무게가 5~7 kg되는 햄일 경우 15일간 염지한다.

만약 장시간 염지상태로 저장하려면 염지성분을 더 이상 첨가하지 말고 훈연을 하여 두는 것이 좋다. 그리고 관절부위의 산패 냄새를 방지하기 위해서 신속히 염 침투를 하려면 염지온도를 10℃로 하는 것이 좋다. 염지온도를 높이면 염지성분의 흡수가 빨리 진행되고 염지시간도 단축되기 때문이다.

(3) 압 염 법

압염법(pressure, box cure)은 고도의 기계화가 이루어지기 전에 주로 베이컨 생산에 많이 이용되었는데, 특히 순한 염지육 제품을 생산하고자 하는 사람들에 의해서 실용화되고 있다.

염지제의 첨가량은 베이컨 0.4536 kg당 혼합염지제 21.26 g을 첨가하고 용기는 염지용 밧트나 단단한 상자가 좋으며 누르는 힘은 고기 자체 중량으로 충분하다.

(4) 온 염 법

온염법(hot salt cure)에서는 먼저 질산염으로 햄을 문지르고 즉시 설탕으로 햄이 완전히 덮히도록 문지른다. 수 시간 후에 충분히 가열한 소금으로 햄을 덮는다. 소금의 양은 햄 0.4536 kg당 21.26 g으로 하고, 소금이 흡수되도록 5~7일간 염지한다.

⑸ 당 염 법

소금을 물에 녹여서 사용하는 것으로 이 소금물을 염지액 또는 피클(pickle)이라고 하며, 특히 이 염지액에 설탕을 첨가하여 만든 용액을 당염지액(sweet pickle cure)이라고 한다.

물과 소금의 비율은 염 농도에 따라서 결정한다. 식육산업에서는 두 가지 형태의 염지액을 사용하는데 하나는 보통의 염지액이고, 다른 하나는 염화칼슘을 냉매로 이용하는 냉매 염지액이다. 일반적으로 당염지액의 염 농도는 75~85로 하는 것을 권장한다. 그리고 염지 용기로는 플라스틱통이나 스텐레스스틸통이 좋으며 다른 금속용기는 부적당하다. 그리고 염지액이 스며 나와서는 안 된다.

다음 표는 염 농도에 따른 소금, 설탕, 아질산염 및 물의 혼합비율이다(표 11-1).

표 11-1. 당염지액 배합표

소 금	설 탕	아질산염	물		염농도(40℉)**
(1b)		(oz)	(gal)	(1b)	
10	3	1/4	4	33⅓	95
9	3	1/4	4	33⅓	90
10	3	1/4	5	41⅔	85
8	3	1/4	4	33⅓	85
8	3	1/4	5	41⅔	75
6	3	1/4	4	33⅓	70
7	3	1/4	5	41⅔	65
6	3	1/4	5	42⅔	60

* 냉각수 1갈론당 8.33파운드, 더운물 8파운드, 염지액 3파운드는 1/4 gallon
** 40℉ 이상의 온도에서는 1℉ 마다 0.116 염도를 더한다.
*** 1갈론=3.7854파운드, 1파운드=453.6 g

염지실의 온도는 1~5℃로 하는 것이 가장 바람직하지만, 5~10℃에서도 성공적으로 염지를 수행할 수 있고, 10℃ 이상의 온도는 안전한 염지를 하기에는 너무 높으며, 염지 작업 중 특히 미생물이 오염되지 않도록 하는 것이 중요하다.

염지요령은 큰 햄은 밑에 놓고 작은 햄은 위에 놓는다. 아울러 염지시간을 결정하기 위해서는 햄의 두께를 알아두는 것이 좋다.

염지액의 염 농도와 햄 두께에 따른 염지기간은 다음과 같다.

① 85 염농도 : 햄 2.5cm 두께당 9일

② 75 염농도 : 햄 2.5cm 두께당 11일

③ 60 염농도 : 햄 2.5cm 두께당 13일

(6) 복합 염지법

복합 염지법(combination cure)이란 건염지법과 액염지법을 혼합하여 염지하는 방법으로써 더욱 빨리 염지성분이 침투되는 이점이 있으며, 따라서 미생물로부터의 위험이 줄어 든다.

예를 들면, 45kg당 배합 염지제 680~907g을 미리 20~48시간 전에 햄에 문질러 건염지한 다음 즉시 75 염지액에 침지하는 방법이 있다.

11.1.5 염지 촉진법

(1) 염지액 주사법

염지액 주사법(pump pickling)은 염지용 주사기를 이용하던가 자동 주입기 같은 기계를 이용하는 것으로 이러한 주입방법을 쓰면 염지가 빨리 진행되고 염지는 안쪽에서 바깥쪽으로 진행된다. 주입 염지액은 표면처리와 같은 염지액으로 주입량은 햄 무게의 8~10%로 하며, 9kg 햄일 경우 85 염지액 680g을 주입하되, 70~75 염지액일 때는 10%를 주입하고 7~14일 동안 염지한다.

염지액을 주입하고 표면에 건염지를 하면 염지가 매우 효과적으로 이루어진다(그림 11-2).

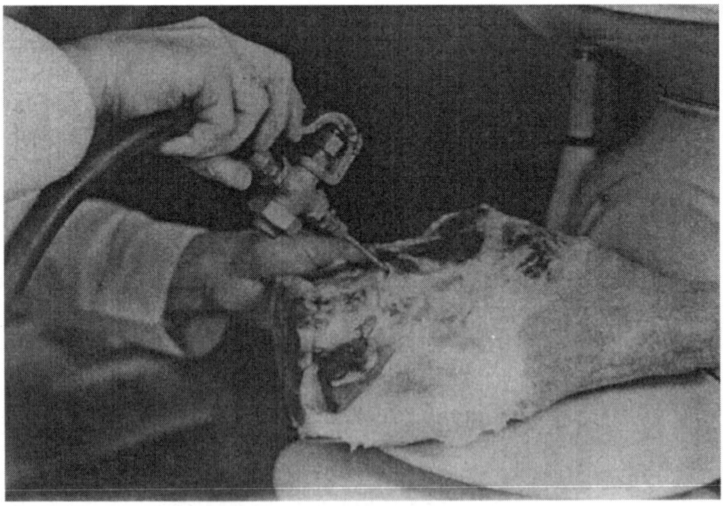

그림 11-2. 주입기에 의한 염지액의 관절부위 주입방법 (Roman 등, 1985)

염지액을 주입하면 햄의 중심부가 변질되기 전에 염지액을 주입할 수 있고, 염지성분이 빨리 확산되므로 염지기간이 거의 1/3로 단축될 수 있다.

⑵ 동맥 주사법

동맥 주사법(artery cure)은 18~27 kg의 압력주입기로 햄의 대퇴부 동맥속에 염지액을 밀어 넣는 것을 말한다. 그리고 주입한 햄은 건염지를 하든가 액염지를 한다. 염지기간은 사용되는 염농도와 염지환경에 따라서 결정한다.

동맥주입 염지햄은 염지속도가 빠르고 맛이 균일하게 되며 풍미가 매우 좋게 되는데, 일부 가공업자에 의해서 이용되는 관행의 염지방법이다. 햄이란 상표를 붙이려면 염지액을 주입한 햄은 주입하기 전 햄의 무게와 같도록 훈연실에서 수분 함량을 조절하여야 한다(그림 11-3).

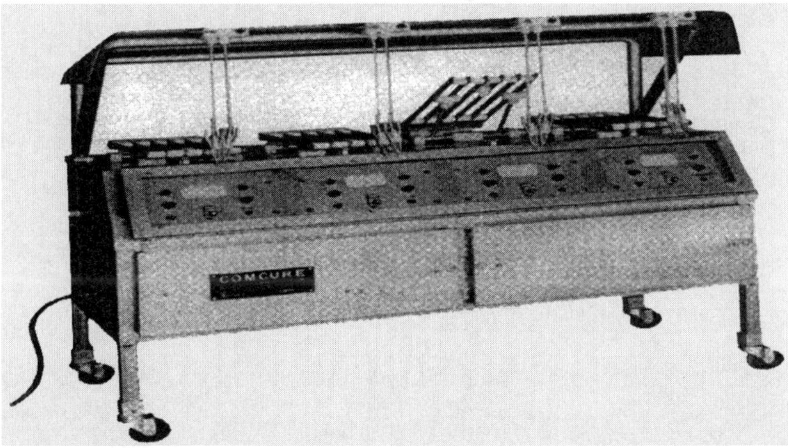

그림 11-3. 자동동맥주입기(주입량은 자동 조절됨) (Roman 등, 1985)

⑶ 기계적 방법에 의한 주입

육가공 공장에서는 염지액을 기계적인 방법에 의해 주입하며, 주입기로는 동맥주입기, 분무주입기, 다침주입기 등이 있다. 이들 주입기는 어느 것이거나 작업이 자동으로 처리되고 제품의 생산수율을 자동으로 조절할 수 있도록 설계되어 있다.

⑷ 마사지와 텀블링

염지액을 주입한 햄은 염지효과를 촉진시키기 위해서 마사지 또는 텀블링을 한다. 이 작업의 목적은 햄의 결착성을 증진시키기 위해 충분한 양의 육단백질을 추출시키고 염지효과를 촉진하여 염지시간을 단축하는 데 있다.

마사지(massaging)와 텀블링(tumbling)은 염지를 촉진시킨다는 목적에서는 같지만 작업상에서는 약간의 차이가 있다. 즉 마사지는 스텐레스스틸 회전통 내부벽에 무딘 칼날들이 통벽에 수직으로 달려 통이 천천히 돌아갈 때 육조직은 무딘 칼날에 의해 찢어진다. 그런데 텀블링은 중력 충돌에 의해서 이루어진다.

마사지와 텀블링을 함으로써 햄이 유연해지고 식육의 결착성과 보수력이 증진된다.

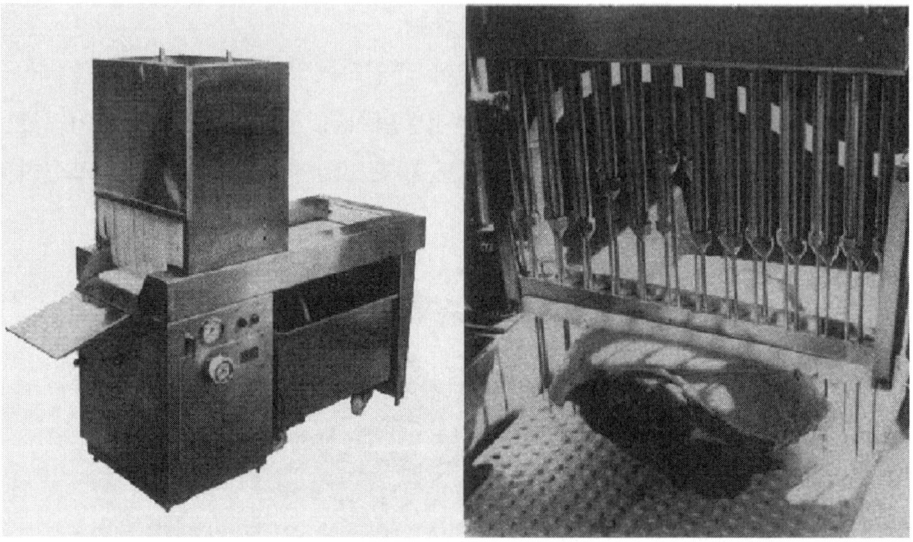

그림 11-4. 자동염지액 주입기 (Roman 등, 1985)

그림 11-5. 진공텀블러

11.2 세절·혼합 및 유화

원료육의 세절 · 혼합공정은 형태를 그대로 유지하는 육제품(whole muscle type)인 햄류나 베이컨류의 제조에는 불필요한 공정이나, 소시지류나 프레스햄류와 같은 제품에는 필수적인 공정이다. 세절공정은 각종 원료육을 균일하게 세절하여 혼합하거나 반죽하기 쉽도록 하는 공정으로, 분쇄기(grinder), 사일런트커터(silent cutter), 마이크로컷(microcut), 콜로이드 분쇄기(colloid mill) 등의 기계에서 세절되며, 혼합공정은 세절된 원료육과 부원료, 향신료, 조미료 등을 균일하게 혼합하는 공정으로, 소시지류는 사일런트커터에서, 프레스 햄류는 혼합기(mixer)에서 이루어진다.

세절・혼합공정의 중요성은 제품의 특성에 따라 달라 프레스햄류는 세절공정보다 혼합하는 공정이 중요시되고 있으나, 소시지류는 사일런트커터에서 세절 및 혼합공정을 통하여 콜로이드 상태로 되기 때문에 세절・혼합공정의 비중이 거의 같다.

11.2.1 분　　쇄

(1) 분쇄 목적과 이론

분쇄(grinding)는 사일런트커터에서 세절・혼합공정을 용이하게 하기 위하여 분쇄기로 육괴를 잘게 분쇄하여 전체 입자를 균일한 크기로 세절하는 공정이다(그림 11-6). 이렇게 함으로써 사일런트커터에서 세절・혼합시간을 단축할 수 있고, 전체가 고른 입자로 균일하게 혼합될 수 있다.

분쇄 공정은 원료육의 온도와 플레이트의 구멍 직경과 칼날의 수에 의하여 좌우된다. 즉 분쇄 후 식육 입자의 크기는 플레이트의 구멍 직경과 거의 비례하며, 원료육의 온도가 높거나 분쇄할 때 온도가 높아지면 보수력 저하의 원인이 된다. 따라서 분쇄 전 원료육은 분쇄기에 넣을 수 있도록 적당한 크기로 자른 후 0~5℃의 냉장고에 보관하여 세절 시 육온이 10℃ 이상이 되지 않도록 주의하여야 한다.

(2) 분 쇄 기

분쇄기(grinder)는 원료육을 운반하는 역할을 하는 스크류(screw), 분쇄하는 플레이트(plate)와 칼(knife)로 구성되어 있다. 스크류는 나선형으로 되어 있어서 회전함에 따라 쉽게 원료육을 운반할 수 있으며, 플레이트는 작은 구멍이 여러 개 뚫려 고정되어 있으며, 3~4개의 칼날로 되어 진 칼이 스크류축과 함께 회전함으로써 플레이트의 면을 문지르도록 하여 스크류에 의해 밀려나오는 고기를 절단하고, 절단된 식육은 플레이트의 구멍을 통하여 밖으로 빠져 나오게 되어 있다.

원료육의 분쇄 정도는 플레이트의 수와 구멍의 직경, 칼의 수에 의하여 결정된다. 플레이트의 구멍직경은 2, 3, 5, 8, 13㎜ 등의 여러 종류가 있는데, 큰 입자의 분쇄육을 만들기 위해서는 직경이 큰 플레이트를 끼우고 점점 직경이 작은 플레이트를 끼워 모두 3개의 플레이트와 2개의 칼을 끼워 사용할 수 있다. 최근에는 분쇄기의 종류가 다양해져 장착할 수 있는 플레이트와 칼의 수 또한 기기에 따라 다르지만 기본적인 분쇄원리는 동일하다.

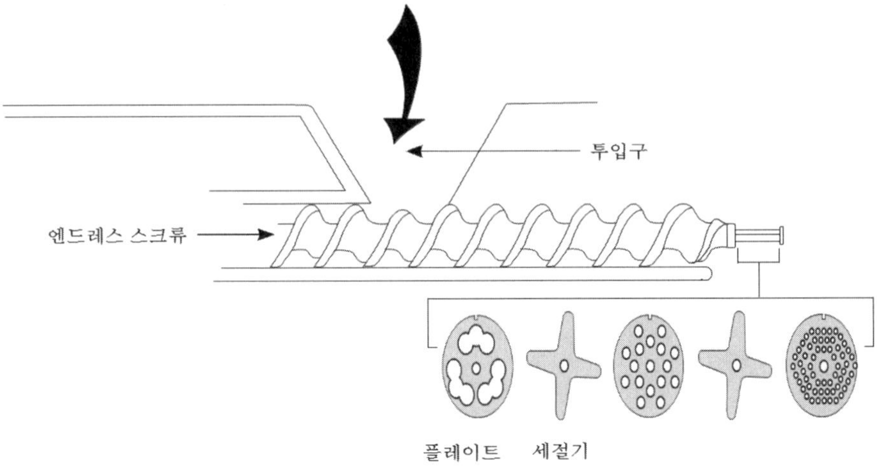

그림 11-6. 원료육 분쇄기

분쇄를 효과적으로 하기 위해서는 원료육의 종류, 성질 및 제조할 제품의 종류에 따라서 플레이트의 구멍 직경이 다른 것을 사용하여야 하며, 플레이트와 칼날이 잘 맞아야 한다. 플레이트와 칼날의 접착이 나쁘면 칼날에 결합조직이 쉽게 부착되어 식육의 절단을 방해한다.

분쇄할 때 육온의 상승은 결착성에 나쁜 영향을 주므로 원료의 세절정도와 육온에 특히 주의하여 육온이 10℃ 이상이 되지 않도록 유의하여야 한다. 지방은 분쇄할 때 식육보다 분쇄기에 주는 부담이 고기에 비해서 크다. 따라서 식육과 마찬가지로 다량 투입하면 회전이 곤란하게 되므로 소량씩 첨가하여 분쇄하여야 온도상승으로 인한 지방 용출을 막아 지방분리를 예방할 수 있다.

11.2.2 세절과 혼합

(1) 세절·혼합의 목적과 이론

세절과 혼합(cutting and mixing)은 적색육, 지방, 빙수(ice water)와 부원료를 배합하여 만들어지는 소시지류 제조의 중요한 공정으로 사일런트커터에서 이루어진다. 적육과 지방은 사일런트커터의 세절공정을 통하여 미세하게 세절되어 콜로이드상태의 안정된 반죽상태를 이루게 되는데, 이것은 용해된 단백질이 지방구의 표면에 안정제로 작용하여 지방구들이 분리되는 것을 막아주기 때문에 안정된 고기유화물을 형성하게 된다.

고기유화물의 유화상태, 결착성, 보수성 등은 최종 제품의 품질에 커다란 영향을 미치기 때문에 사일런트커터에서의 세절·혼합은 소시지 제조의 가장 중요한 공정이다.

세절은 소시지의 품질에 중요한 역할을 하는 식육의 보수력은 높여준다. 이것은 근원섬유단백질의 공간적인 배치에 의한 것으로서 식육이 세절됨에 따라 근형질막들이 파괴되어 근원섬유가 자유롭게 되며, 더욱더 미세하게 세절함에 따라 근원섬유는 초원섬유(myofilament)로 분해되어 액토미오신 단백질의 팽윤성이 증가하기 때문이다.

세절·혼합공정 중 사일런트커터 칼날의 운동에너지는 주로 세절·혼합공정에 이용되나, 일부는 열에너지 형태로 바뀌어 고기혼합물의 온도상승과 품질저하의 원인이 되기 때문에 칼의 형태, 회전속도와 시간, 세절온도, 수분첨가 등은 최종 제품의 품질에 영향을 미치게 된다.

1) 작업장의 온도와 세절시간의 영향

세절공정 중 고기혼합물의 온도측정은 품질관리를 위한 유일한 방법이다. 세절공정은 고기혼합물의 온도를 상승시키며, 온도상승이 적을수록 보수력이 감소하는 것을 막을 수 있다. 고기혼합물의 온도상승에는 원료육의 온도, 작업장의 온도, 세절시간, 칼날의 회전속도와 형태 등이 영향을 미친다. 세절 중 얼음과 소금의 첨가는 고기혼합물의 온도를 저하시키며, 인산염의 첨가는 단백질의 용해성 증가로 점도를 낮게 함으로써 마찰이 적게 되어 온도상승이 다소 지연된다.

세절시간이 경과함에 따라서 고기혼합물의 온도가 상승하게 되며, 작업장의 온도가 낮을수록 세절 중 고기혼합물의 온도가 서서히 상승하며, 세절완료 후 고기혼합물의 최종 온도가 낮다(그림 11-7). 작업장의 온도가 0℃ 상태에서 세절한 것은 20℃에서보다 고기혼합물의 온도가 약 10℃ 정도 낮았다. 세절 후 고기혼합물의 최종 온도가 13~15℃ 또는 18℃를 넘지 않도록 권장하고 있어 가능한 한 작업장의 온도를 10℃ 이하로 유지하는 것이 바람직하다.

세절 중 고기혼합물의 온도를 일정하게 유지할 때 세절시간에 의한 영향은 세절시간이 길어짐에 따라 세절 정도가 미세하게 되며, 지방조직에도 영향을 주어 세포막이 더 많이 파괴된다. 보수력은 세절시간이 길어질수록, 즉 식육이 미세하게 세절될수록 증가하게 된다. 고기혼합물의 최종 온도가 15℃ 이하에서는 세절시간이 길어짐에 따라 보수력과 유화력이 향상된다.

2) 원료육의 온도와 세절 정도의 영향

세절 정도가 균일할 때 고기혼합물의 최종 온도가 16℃까지는 보수력에 큰 영향을 미치지 않는 것으로 나타났으며, 16℃부터는 온도가 상승함에 따라 보수력이 감소하였다.

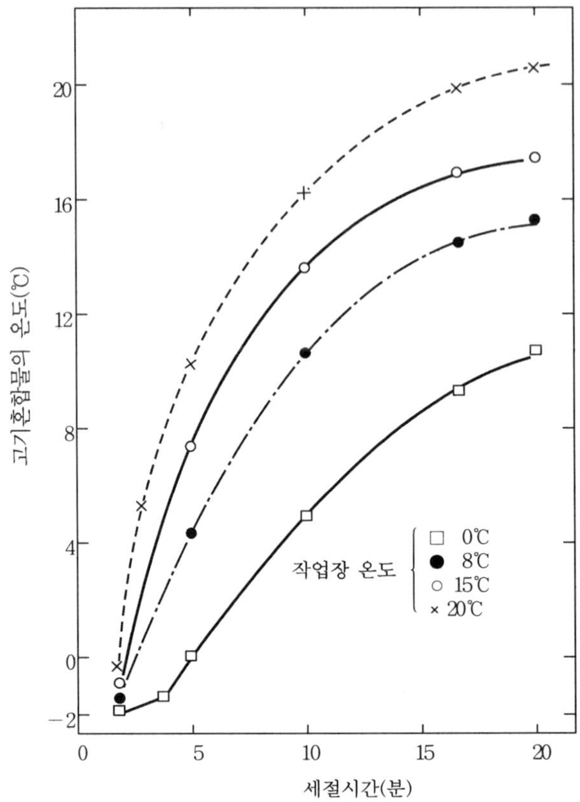

그림 11-7. 작업장의 온도와 세절시간이 고기혼합물의 온도상승에 미치는 영향

또한, 지방을 첨가하기 전 세절된 식육의 온도가 낮을수록 보수력이 증가하였으며, 세절시간이 길어짐에 따라 밝은 색을 띠었고, 붉은 색의 비율은 다소 감소하였다.

원료육의 온도를 낮은 온도로 유지하면서 세절하였을 때 높은 온도보다 보수력이 높은 것은 낮은 온도에서 단백질의 소수성 원자단의 상호작용이 높은 온도에서보다 떨어지기 때문에 단백질의 망상조직이 많은 수분을 보유할 수 있기 때문이다.

3) 회전속도의 영향

칼날과 볼의 회전속도가 증가할수록 식육은 미세하게 세절되나, 미세도와 회전수와의 관계는 정비례하지 않는다. 그러나 회전속도가 증가함에 따라 마찰이 커져, 온도상승은 회전속도가 증가하는데 따라서 높아졌으나 그 세절시간은 단축할 수 있는 것으로 나타났다(표 11-2).

보수력은 칼과 볼의 회전속도가 증가할수록 높아지며, 점도도 상승하게 된다. 또한, 회전속도가 증가할수록 제품은 부드러워지게 되며, 탄력성도 증가된다. 제품의 긴밀도와 견고도는 회전속도가 증가될수록 향상된다.

표 11-2. 칼과 볼의 회전속도가 프랑크푸르트 소시지의 품질에 미치는 영향

세절기의 속도		세절시간 (분)	조리감량 (%)	세절 후 최종온도(℃)	점 성 (p)
칼의 회전속도(rpm)	볼의 회전속도(rpm)				
1,200	9	10	4.09	12.67	3,647
		7.25	3.42	12.77	4,026
2,400	8	5.75	3.09	13.42	4,150
		5.25	2.53	14.75	4,546

4) 칼의 수와 형태의 영향

소시지를 만들 경우, 원료육을 보다 미세하게 세절할수록 그 보수력은 향상된다.

칼의 수와 형태는 고기혼합물의 온도상승과 품질에 영향을 미치게 된다. 칼의 수가 많을수록 그리고 각이 진 개량형 보다는 각이 지지 않은 반달형의 경우가 온도상승이 빠르게 된다(표 11-3).

칼의 수가 적을 때는 온도상승에 칼의 형태가 큰 영향을 미치지 않으나, 칼의 수가 많을 때는 각이 지고, 칼날이 한 면만 선 칼의 형태가 세절 중 고기혼합물의 온도상승이 늦어 세절 시간을 단축할 수 있어 효과적이다. 같은 시간 동안 세절하였을 경우 칼의 수가 많을 때 그리고 각이 지고 한 면만 날이 선 형태가 보수력이 우수하며, 같은 회전속도로 세절할 경우 칼의 수가 많은 것이, 또한 각이 지고 한 면만 칼날이 선 것이 효과적이다.

표 11-3. 칼의 수와 형태가 프랑크푸르트 소시지의 품질에 미치는 영향

칼의 수	칼의 형태	세절 후 고기혼합물의 온도가 12℃에 도달하는 데 걸리는 시간	점 성 (p)	수 분 (%)	지방분리 (%)	견고도 (N)
8	A_1	4.1	2,933	7.8	0.4	4.6
	A_2	3.9	2,905	9.9	0.5	4.5
	B_1	3.4	2,956	10.2	0.4	4.5
6	A_1	5.0	2,929	10.2	0.4	4.6
	A_2	4.8	2,838	10.8	0.5	4.5
	B_1	4.6	3,182	10.9	0.5	4.5
4	A_1	5.8	3,247	10.7	0.5	4.7
	A_2	5.0	2,942	11.8	0.5	4.4
	B_1	4.9	3,157	12.1	0.6	4.4

A_1 : 한 면만 날이 선 각이 진 형태의 칼, A_2 : 양 면만 날이 선 각이 진 형태의 칼
B_1 : 한 면만 날이 선 둥근형 형태의 칼

5) 세절조건의 영향

진공 상태에서의 세절은 대기상태에서보다 소시지의 붉은 색의 비율이 높다. 이것은 진공 상태에서 세절함으로써 산소의 침투가 제한되어 근육의 색소와 산소가 적게 반응함으로써 회색의 메트미오글로빈이 적게 생성되기 때문이며, 옥시미오글로빈이 계속 산화되는 것을 막아 붉은 색을 띠게 된다.

또한 진공 상태의 세절은 산소혼입을 막음으로써 소시지의 견고도가 높게 되며, 지방의 산화를 억제하여 맛의 변화도 막을 수 있다. 그러나 같은 중량에서 소시지의 부피가 작게 보이는 것이 단점이다.

6) 물 첨가의 영향

소시지의 보수력은 세절·혼합공정 중 첨가되는 물에 의하여 영향을 받는다. 세절 중 물의 첨가는 식육의 경도를 완화하고 칼날과의 접촉에 의한 마찰을 막아 세절 작업을 순조롭게 하는데 도움이 된다. 만약 적당한 양의 물을 첨가하지 않으면 소시지의 조직이 거칠고 단단해져서 부스러지기 쉽고 풍미도 떨어져서 품질이 저하된다. 물은 원료육의 10%~30% 정도 첨가하는데, 세절 중 얼음을 첨가하는 것이 동일한 양의 물을 첨가하는 것보다 온도상승을 막아주기 때문에 보수력이 좋아진다.

(2) 세절 및 혼합기

1) 사일런트커터

사일런트커터(silent cutter)는 동력부, 수평회전하는 볼(bowl), 그 위에 수평축에 고정되어 축의 회전과 함께 수직으로 고속회전하는 칼 등 3개 부위로 되어 있다.

볼 위에는 덮개가 있어서 원심력에 의해 원료가 튀어나가는 것을 막고 있으며, 덮개의 한쪽 끝에는 원료가 세절될 때에 볼 내에 분산된 고기혼합물을 접시의 중앙에 몰아서 다음의 세절을 쉽게 하기 위한 완만하게 굽은 철판이 부착되어 있다.

칼의 회전속도는 보통 1,200 rpm 정도이지만, 고속의 경우는 3,000 rpm 이상도 있다. 다른 형태의 커터는 볼을 깊게 하여 칼을 접시와 수평으로 고속 회전시킴으로써 고기혼합물의 볼 벽과의 소용돌이 작용을 반복하면서 세절되어 세절효율은 좋아지나, 단시간에 종료하지 않으면 온도상승이 커지는 것이 단점이다.

최근에는 세절·혼합 중 탈기를 하는 진공커터가 개발되어 진공 중에서 세절하게 되므로 제품단면의 외관에 생기는 다공성을 막을 수 있으며, 식육의 발색상태가 양호해지고 조직도 한층 단단해지며, 풍미가 다소 개선된 제품을 생산할 수 있게 되었다. 그러나 세절 중 진공도가 지나치게 높게 되면 제품의 조직이 지나치게 단단해지는 경우도 있다.

2) 콜로이드 분쇄기

콜로이드 분쇄기(colloid mill)는 고기혼합물을 더욱 미세하게 세절하여 유화를 촉진하거나 돈피, 결합조직, 내장 등을 초미립자로 세절하여 콜로이드 상태로 유화시키기 위하여 사용 된다(그림 11-8).

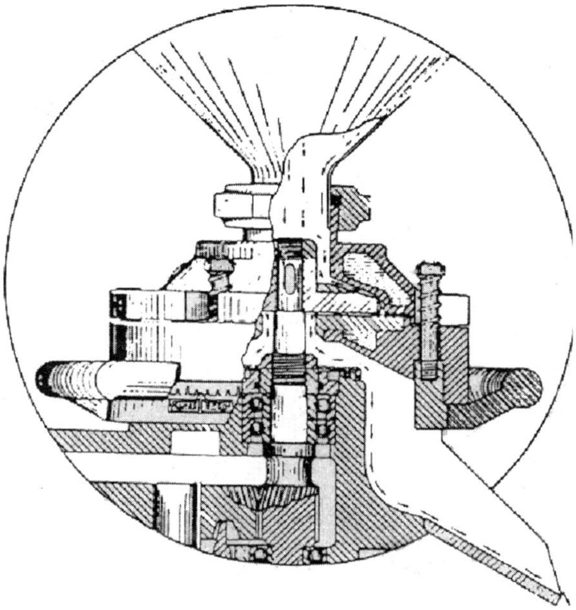

그림 11-8. 콜로이드 분쇄기

콜로이드 분쇄기는 프랑크푸르트소시지, 볼로냐소시지, 간소시지 등의 제조에 적당하다. 원료를 상부의 깔때기 모양의 투입구에 집어넣으면 5,000 rpm의 고속으로 회전하는 원추형의 회전자에 의하여 미립자화 되어 아래쪽 옆으로 나온다.

원료는 보통 분쇄기로 3 mm 플레이트를 이용하여 예비 세절한 것을 사용한다. 세절 시 연한 것은 한 번에 잘게 미립자화 할 수 있지만 단단한 것은 차례로 틈새조절기로 근절하면서 세절 · 유화한다. 실제 조작에서는 얼음이나 물을 넣어 원료에 유동성을 줌으로써 마찰 저하에 의한 온도상승을 막을 수 있다. 콜로이드 분쇄기는 다른 기계에 비해 처리능력이 낮다.

3) 마이크로컷

마이크로컷(microcut)은 직경 0.05~0.1, 0.2, 0.5, 0.7, 1.3 mm의 세절용 플레이트를 통하여 콜로이드 분쇄기와 마찬가지로 원료육을 초미립화 하는데 사용된다. 마이크로컷의 사용은 사일런트커터에 정육과 지방을 첨가한 후 완전히 세절하여 마이크로컷을 통과 시키는 것보다 먼저 정육만 1.5분 정도 사일런트커터에서 세절시켜 마이크로컷을 통과 시킨 후 지방을 첨가하여 사일런트커터에서 세절・혼합하는 것이 효과적이다(그림 11-9).

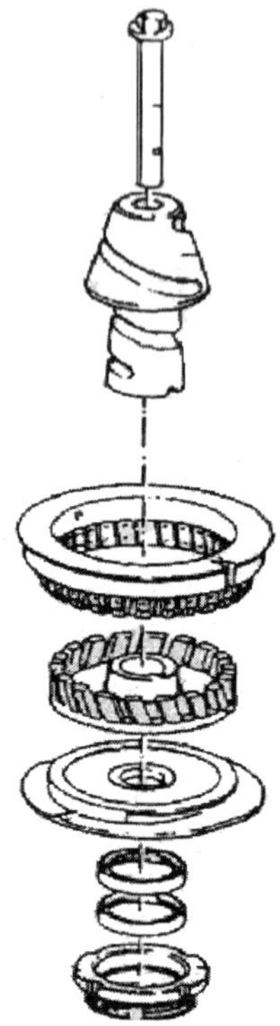

그림 11-9. 마이크로컷

(3) 세절・혼합 작업공정

1) 준비사항

커터의 칼날은 최종 제품의 품질에 커다란 영향을 미치므로 예리하고 매끄러워야 한다. 만약 마모된 칼로 세절하면 마찰력이 커져서, 온도상승이 높게 되며 지방 분리의 원인이 된다. 칼과 볼의 간격은 일정한 간격을 떠 회전축에 고정되어야 하며, 우리나라의 여름같이 기온이 높은 시기에는 작업 전 얼음으로 볼을 냉각시켜 세절・혼합 중 온도상승을 막아야 한다.

사용할 원료는 미리 세절기로 예비 세절하여 냉장고에 보관하여 가능한 한 낮은 온도를 유지하여야 하며, 첨가할 물은 식수를 얼음으로 얼려 쇄빙기로 눈과 같은 상태로 분쇄하여 이용하는 것이 칼의 마모를 막고, 식육의 팽윤성에 효과적이다.

2) 커터의 조작

커터의 용량에 따라 적당한 양의 원료육을 한 곳에 몰리지 않도록 볼 전체에 분산시키고 소금을 골고루 첨가한 후, 처음에는 칼을 저속으로, 나중에는 고속으로 작동시켜 충분히 결착성이 생기도록 세절한다. 다음에 눈송이 같은 얼음을 첨가하여 세절을 원활하게 하며, 온도를 낮게 유지하여 처음에는 식육이 점성이 없어 분산된 작은 입자상태로 되고, 점차로 점착성이 증가되어 전체가 하나의 덩어리처럼 된다. 이어서 향신료, 조미료, 부원료, 결착제 등을 한 곳에 모이지 않도록 전체에 분산시켜 첨가한다.

11.2.3 유 화

(1) 유화이론

유화형 육제품에서 유화(emulsification)는 제품의 품질을 결정하는 중요한 요인이다. 고기유화물은 수중유적형(oil in water, O/W emulsion type)으로 원료 중의 단백질이 용해되어 있는 액상에 지방을 분산시킨 것으로써 콜로이드 상태를 이루고 있다. 원래 물과 지방은 섞일 수 없는 상태이나, 유화제가 존재할 때 콜로이드 상태의 현탁액과 같은 안정된

혼합물을 이룰 수 있다. 고기 유화물에서 근육단백질은 우수한 유화제로 작용하여 안정화시키는 역할을 한다.

소시지유화물의 형성은 용해된 단백질과 물이 지방구를 둘러싼 망상구조를 형성하며, 이때 용해된 단백질은 유화제의 역할을 한다. 이것은 용해된 단백질에 의하여 안정된 콜로이드 상태를 이루어 지방구의 표면에 지방구들이 분리되는 것을 막아주며, 형성된 유화물은 열처리에 의하여 고정되어 가열단계에서 단백질의 망상구조가 지방구를 둘러싼 형태를 이루게 된다. 안정성이 높은 유화조직은 가열처리 중 지방과 수분의 분리가 거의 없으나, 불안정한 조직은 지방과 수분이 분리되어 나온다. 안정된 유화물을 형성하기 위해서는 단백질이 분해되거나 용해되어 유화제로 작용하여야 한다.

분쇄·세절공정에서 분해된 근원섬유단백질은 가열하는 동안 그물형태의 망상구조를 형성하여 수분을 고정시킬 뿐만 아니라, 지방구를 둘러싼 얇은 단백질막을 형성하여 유화력에 커다란 역할을 한다. 분해되지 않은 근원섬유단백질은 유화물의 형성에는 커다란 역할을 하지 않으나 소시지의 품질에는 중요한 역할을 한다.

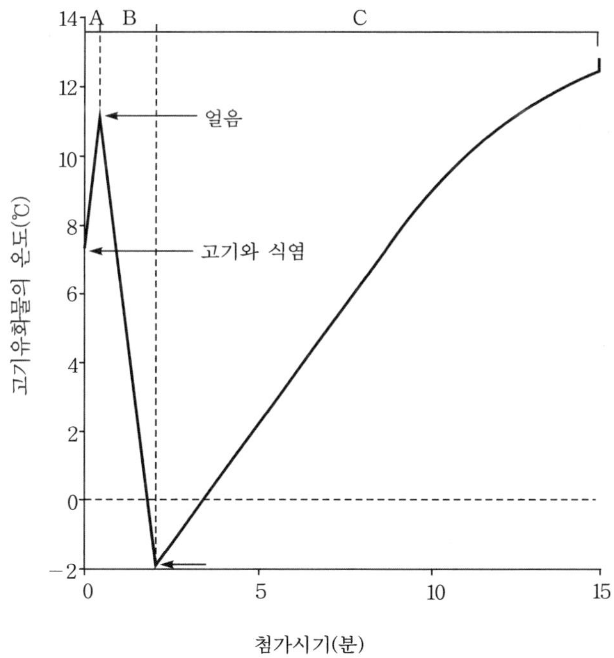

그림 11-10. 세절공정 중 고기유화물의 온도변화에 다른 주요 재료의 첨가시기

고기유화물 내의 지방입자들은 가열하는 동안 녹게 되지만, 녹은 지방입자들은 단백질과 필라멘트에 의하여 형성되어 응고된 망상조직에 둘러싸이게 된다. 즉 기계적 고정에 의해 흘러나오지 못하고 응고된 단백질 망상구조의 그물(matrix) 안에 안정하게 고정된

다. 망상구조의 공간이 넓을수록, 즉 단백질의 팽윤성이 클수록 더 많은 지방이 안정하게 고정된다. 고기혼합물의 보수성과 팽윤성을 증가시키는 대부분의 요인들은 최종 제품에서 지방의 결합력을 높여 준다. 이것은 수화도가 높을수록 점도가 높고 결합력이 좋은 망상구조를 형성하여 지방구를 움직이지 못하게 할 수 있기 때문이다. 육단백질의 주종을 이루고 있는 미오신의 머리부분, 즉 분자량이 높은 부분(Heavy meromyosin, HMM)은 소수성으로써 지방구를 향하고, 꼬리부분은 친수성으로써 물과 접하고 있으며, 지방구를 둘러싸고 있는 하나의 층은 거의 완전한 형태의 미오신분자들로 이루어져 있다. 그 위층은 단백질과 단백질이 서로 엉켜 망상구조를 형성하게 된다. 따라서 용해된 단백질은 지방구의 표면에 안정제로써 지방구들이 분리되는 것을 막아준다(그림 11-11).

근육단백질의 유화력을 높여 주는 요인들은 고기혼합물의 열안정성을 높여주며, 또한 고기혼합물의 팽윤성과 보수력도 높여준다.

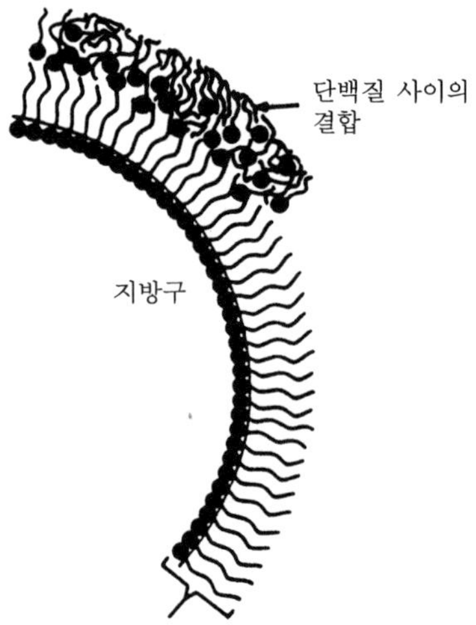

그림 11-11. 유화물 중 단백질의 상태

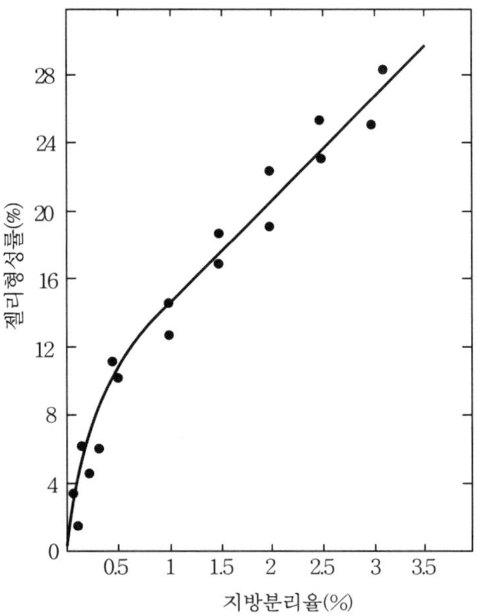

그림 11-12. 유화형 소시지의 수분 및 지방분리의 관계

(2) 고기유화물에 영향을 미치는 요인

1) 원료육의 보수력

고기의 팽윤성과 보수력을 높여 주는 대부분의 요인들, 즉 높은 pH, 높은 염의 농도, 사후경직 전의 가공 및 인산염의 첨가 등은 가열 중 지방의 보유력과 고정능력을 높여 준다.

근육의 pH, 소금농도, 이온 종류 및 강도, 용해도에 따라 보수력과 유화력은 달라지며,

이들은 고기혼합물의 유화력에 영향을 미친다. 따라서 안정된 유화물을 형성하기 위해서는 원료육의 보수력이 높아야 한다. 안정성이 높은 유화 조직은 가열처리 중 지방과 수분의 분리가 거의 없으나, 불안정한 조직은 지방과 수분이 분리되어 나온다. 일반적으로 유화안정성이 낮아 지방분리가 높을수록 보수력이 떨어져 분리되는 수분의 양이 증가한다. 즉 원료육의 보수력과 유화력은 서로 깊은 관련성이 있다(그림 11-12).

경직 전 근육은 높은 pH와 ATP에 의하여 단백질인 액틴과 미오신이 해리되어 팽윤이 쉽게 진행되고, 단백질 용해성도 높아 보수력을 유지할 수 있다. 온도체 가공의 이점은 ATP 농도에 의한 것이며, 근육 내 ATP 수준이 높을 때 염지를 한다면 나중에 ATP가 분해되더라도 높은 보수력과 유화력을 유지할 수 있다. 이것은 소금이 ATP의 분해에도 불구하고 근육 내의 높은 농도의 ATP, 높은 pH, 높은 이온강도 등의 복합적인 효과에 의하여 인접한 단백질 분자간의 강한 반발작용이 사후경직을 저지시키기 때문인 것으로 추측할 수 있다.

일반적으로 근육의 pH가 증가함에 따라 보수력도 증가하므로 안정성이 높은 제품을 생산할 수 있다. 이것은 등전점에서 멀어질수록 산이나 염기의 첨가에 따라 단백질의 순전하의 수가 늘어 반대 전하끼리 잡아당기는 힘이 감소하고, 같은 전하끼리 서로 미는 힘이 증가하여 식육의 미세구조가 헐거워져 수분 분자가 들어갈 공간이 커지기 때문에 고정수의 증가를 가져와 식육의 보수력이 증가한다. 최종 pH가 높은 DFD 육은 높은 보수력과 유화력을 나타내고 있다.

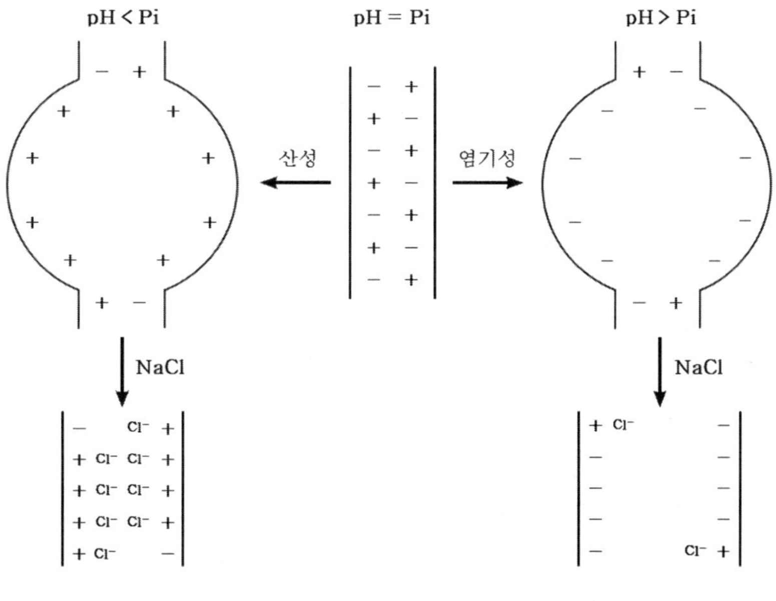

그림 11-13. pH와 식염이 식육의 보수력에 미치는 영향

고농도의 염의 첨가는 식육의 팽윤성을 증가시키므로 고기유화물의 안정성이 높아진다. 등전점보다 식육의 pH가 높을 때 염의 효과는 육단백질에 대한 결합력이 약한 Na^{+} 이온보다는 결합력이 강한 Cl^{-} 이온의 작용에 의한 것으로, 반대전하원자단 사이의 상호작용이 약하면 근원 섬유간의 공간이 넓어지게 된다(그림 11-13). 또한 염은 단백질로부터 Ca^{2+}, Mg^{2+} 등의 2가 금속이온을 분리시킴으로써 근육의 미세구조는 넓어지게 되어 보수력은 증가한다.

동결저장이 보수력과 유화안정성에 미치는 영향은 동결저장기간이 1년 이내 정도로 짧을 때는 저장기간에 따라 소시지의 보수성과 유화안정성의 차이가 인정되지 않았으나, 동결저장기간이 길어짐에 따라 유화형 소시지로부터 분리되는 젤리와 지방의 양이 증가한다고 한다. 동결저장기간이 1년이 넘을 경우, 보수력 및 유화안정성이 나빠지는 것은 장기간에 걸친 저온저장으로 인해서 단백질이 변성되어 보수력에 영향을 미치기 때문이다. 그러나 염용성 단백질은 동결 시에도 유화력이 감소하지 않는다.

온도체육을 동결 저장하여 가공육으로 이용할 경우, 높은 보수력을 유지하기 위해서는 도살 직후 근육 내 ATP 농도가 높을 때 분쇄한 후 2~4% 소금을 첨가하여 냉동시킨다. 이러한 식육은 후에 가공육으로 이용하였을 때 높은 보수력과 유화력을 유지할 수 있다. 염을 첨가하지 않았을 경우는 낮은 온도에서 급속 동결하고, 낮은 온도에서 저장하여 해동하지 않고 그대로 사용하는 것이 유리하다.

PSE 육은 정상육에 비하여 보수력과 유화력이 낮은데, 이것은 도살 직후 도체의 높은 온도와 낮은 pH에 의하여 근장단백질 뿐만 아니라 근원섬유단백질이 일부 변성되었기 때문이다. 일반적으로 적색육은 백색육보다 유화력이 높다. 돼지고기는 쇠고기보다 보수성이 높고 가금육에서는 브로일러가 칠면조, 오리고기보다 보수력이 높다고 하였으나, 그 이유에 관하여는 아직 정확히 설명되지 못하고 있다. 원료육은 근육에 따라 수분/단백질, 지방/정육의 비율이 다르며, 육색소의 함량과 지방과 수분 사이의 결합능력이 다르기 때문에 그 보수력 역시 달라지게 된다.

2) 세절온도와 세절시간

고기유화물 제조 시 세절 정도는 매우 중요하다. 세절시간이 짧으면 지방이 미세하게 세절되지 않아 지방입자가 크고 분산되지 않아서 근원섬유에 의하여 형성된 망상조직에 의하여 둘러싸이지 못하게 된다(그림 11-14). 이러한 고기유화물은 가열하는 동안 커다란 지방입자는 단백질의 망상구조형성을 저해하므로 지방입자의 세절 정도는 고기유화물의 열안정성과 소시지 품질에 영향을 미치게 된다. 작은 지방구는 큰 지방구보다 더 큰 표면적을 만들어 용해된 단백질에 의해 단백질 망상구조의 형성과 안정성을 높여준다.

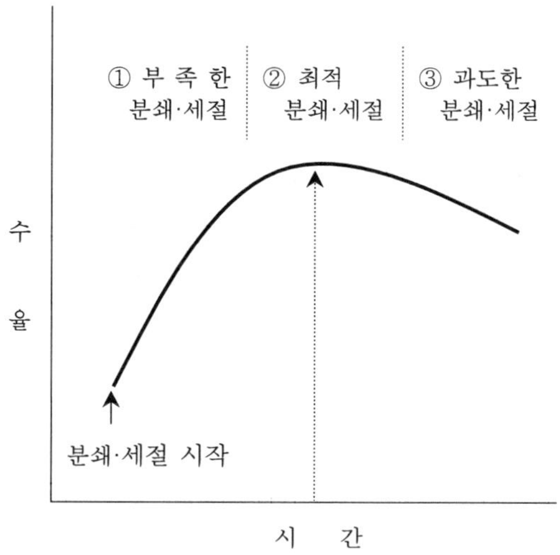

그림 11-14. 분쇄·세절 시간이 고기혼합물의 수율에 미치는 영향

소시지의 안정성에 적합한 최적의 세절・혼합시간은 고기유화물의 배합비, 지방조직의 형태, 원료육과 지방의 온도, 수분의 온도, 예비배합 등 여러 가지 요인들에 의하여 달라진다.

안정성이 낮은 유화조직은 지방과 수분이 쉽게 분리되어 나온다. 세절 후 고기유화물의 최종 온도에 따른 유화안정성은 인산염을 첨가하지 않은 시료의 경우는 18~20℃까지는 유화안정성이 높으나, 20℃를 넘으면 유화안정성이 낮아 지방분리가 증가한다. 이것은 세절 중 고기혼합물의 온도가 너무 높으면 지방이 용해되어 가열에 의하여 형성된 단백질 망상구조가 지방구를 고정시키기 어렵기 때문이다. 이때문에 대부분의 지방은 20℃ 이상에서 녹아 유화안정도가 떨어지기 때문에 녹였던 지방보다 생지방을 사용하는 것이 보수력과 유화력을 위해서 효과적이며, 포화지방산의 함량이 높은 것, 즉 융점이 높은 것이 지방이 세절 중 안정성이 높은데, 이것은 돼지지방이 소시지 제조에서 소 지방보다 많이 이용되는 이유이다. 일반적으로 유화형 소시지의 세절・혼합온도는 10~15℃를 넘지 않아야 한다. 인산염을 첨가한 고기유화물은 온도가 상승함에도 불구하고 높은 유화안정성을 나타낸다(그림 11-15).

인산염의 효과는 세절 중 육단백질의 액토미오신을 ATP와 마찬가지로 액틴과 미오신으로 해리하는 작용이 있어, 분해되어 수가 많아진 단백질은 그 계면활성작용에 의하여 육 중의 지방에 대하여 유화제로 작용하여 지방구의 분산을 도와준다. 또한 알칼리토류 금속과 착염을 만들어 제거하기 때문에 이온강도를 높여줌으로써 보수력과 유화안정성이 증가하기 때문이다(그림 11-16).

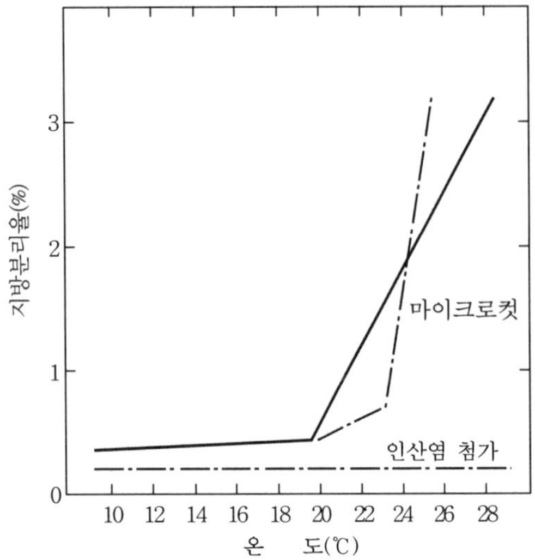

그림 11-15. 세절 후 고기유화물의 최종 온도와 지방분리와의 관계

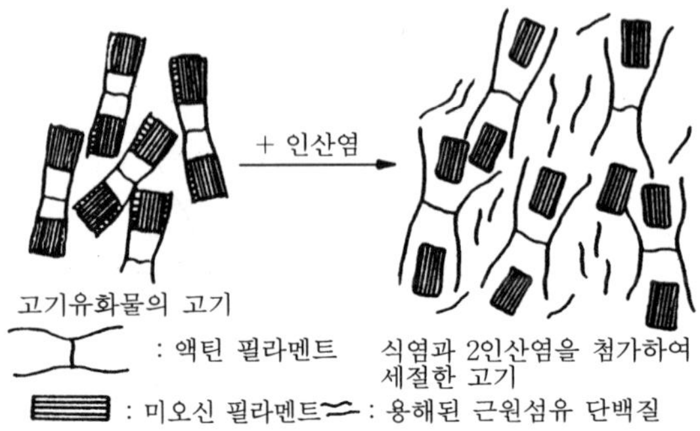

그림 11-16. 염을 첨가한 고기혼합물에 대한 인산염의 영향

인산염을 첨가한 시료와 첨가하지 않은 시료의 세절 정도를 동일한 조건으로 하고 최종온도가 다른 고기유화물을 현미경으로 살펴보면 인산염을 첨가한 고기유화물은 온도가 높음에도 불구하고 지방구는 미세하게 작은 입자로 분산되어 있으며, 단백질구조는 안정한 상태를 이루어 지방분리가 일어나지 않았다.

고기유화물은 세절시간이 길어질수록 온도가 상승하며, 지방 함량이 높을수록 세절 중 유화물의 온도상승이 높다. 세절 중 동결육, 동결지방, 물 대신 빙수 혹은 얼음을 사용하면 고기유화물의 온도상승을 막을 수 있다.

3) 배합성분과 비율

정육, 지방, 물, 염 등의 배합비율은 고기유화물의 열안정성에 영향을 미치게 된다. 원료육은 세절에 의하여 큰 섬유조각으로부터 액토미오신, 미오신, 액틴 등 작은 근원섬유 조각으로 분해되어 지방구를 둘러싸서 유화를 형성하고, 가열에 의하여 최종 제품의 긴밀도에 영향을 미치는 단단한 겔을 형성하게 되며, 이것은 지방, 물, 기타 성분을 고정시킨다.

고기유화물의 단백질 망상구조는 비교적 많은 양의 지방을 고정시킬 수 있으며, 단백질 망상구조의 특성은 제품에 따라 틀리나 조직과 품질에 영향을 준다. 단백질 망상구조를 이루는 근원섬유와 근섬유 등은 보수성을 통하여 유화안정성에 기여하며, 소시지 특유의 조직감을 준다. 단백질 망상구조와 지방의 비율이 적절할 때는 가장 안정한 제품을 생산할 수 있으나, 지방 함량이 적으면 비교적 두꺼운 단백질 망상구조를 형성하여 탄력도가 떨어져 유화안정도가 낮아진다.

반면에 지방이 과다하면 지방구의 표면적이 넓어져, 지방구를 둘러싼 단백질막이 얇아 물리적 강도와 탄력이 떨어지거나, 열안정성이 약해 유화안정성이 떨어진다.

이와 같이 유화안정도는 지방구를 둘러싸고 있는 단백질 막의 두께와 지방구의 크기에 의해 영향을 받게 되는데, 단백질 막의 두께와 지방구의 비율이 0.03~0.05 사이일 때 가장 안정도가 높다. 단백질 망상구조의 두께가 적절하고, 지방구 입자가 균일할 때 망상구조의 응집성이 가장 높다. 단백질 겔에 의하여 형성된 내부의 그물형태의 조직은 수분을 흡수하여 유지시킨다. 단백질 겔형성에 관여하는 중요한 요인은 pH, 염, 단백질 농도 등으로, 이온강도 0.6, pH 6.0일 때 가열 전 세절에 의하여 미오신의 용해성이 좋게 되며, 이로 인해서 가열단계에서 단단한 단백질 망상구조가 형성된다.

가열온도 60~70℃, pH 6.0, 이온강도 0.6일 때가 미오신 겔 형성의 최적조건이며, 이 경우 미오신의 분자형태가 완전할 때 그 기능적 적성이 가장 우수하다. 고기유화물의 안정도에 적합한 배합비는 식육 45%, 지방 25~30%, 빙수 25~30%일 때이며, 지방첨가량이 40%를 넘으면 안정도가 떨어져 지방분리가 증가한다고 한다.

4) 가 열

가열하는 동안 식육의 보수력과 고기유화물의 안정도는 감소하는데, 이것은 육단백질이 응고, 수축되기 때문이다. 이것은 단백질이 열변성에 의하여 펩티드사슬의 입체구조가 느슨해지고, 결합력이 약한 분자 내의 결합이 풀려 유리기의 수가 증가하기 때문이다. 이 유리기의 일부는 다시 분자내 결합을 하기도 하나, 다른 분자와 새로운 분자 간 결합을 형성하기 때문에 응집이 일어나고 응집이 커지는데, 이것을 단백질의 열응고라고 한다.

단백질의 열응고에 의하여 형성된 비규칙적인 치밀한 조직 내에 수분과 지방이 유지된다. 이것은 가열에 의하여 겔을 형성하는 근원섬유의 조각들이 결착제로 작용해서 응고된 단백질 부분들을 결속시키기 때문이다. 단백질의 열응고는 40℃와 70℃사이에서 일어난다. 열응고가 일어나면 단백질에 결합되어 있던 고정수의 일부는 자유수로 유리 되므로 보수력이 감소되며, 근원섬유도 40℃에서 열변성을 일으키기 시작하여 온도가 높아짐에 따라(60~80℃) 보수력이 급격히 떨어진다(그림 11-17).

이 온도 범위에서 새로운 가교결합이 형성되면서 아미노기가 감소되기 시작한다.

가열에 의하여 염기성기는 거의 변화가 없는 데 비해, 산성기의 수는 감소하기 시작하여 70℃에서는 처음의 약 2/3로 감소한다. 따라서 식육은 가열 후 pH가 다소 상승한다. 가열에 의하여 단백질 망상구조가 안정하지 못하면 물과 지방의 순서로 유리된다.

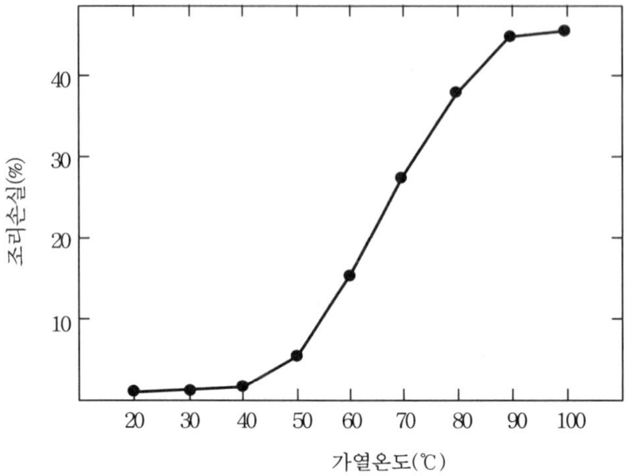

그림 11-17. 가열온도에 따른 가열감량의 변화

11.2.4 혼　　합

(1) 혼합목적과 이론

혼합(mixing)은 굵은 입자 또는 고기 덩어리를 소시지혼합물에 혼합하거나, 프레스 햄의 제조 시 고기 덩어리끼리 서로 결착 혹은 세절된 결착육과 부재료를 골고루 섞어주는 작업이다.

혼합시간은 원료육의 크기와 양에 관계되며, 원료육의 크기는 제품의 완성에도 영향을 주므로 적절한 크기로 처리되어 있는가에 주의하여야 한다. 프레스햄의 제조에서 결착육을 쓰지 않을 경우는 고기 덩어리 표면을 마찰하여 결착력을 증가시켜 연결육의 기능을 다할 수 있을 정도까지 혼합한다. 그러나 이것이 지나치면 마찰에 의한 온도상승을 일으키므로 오히려 품질의 저하를 가져온다. 지방을 첨가하는 경우에는 가장 뒤에 하지만 이것은 지방의 성질에 의해서 다소 달라진다.

지방이 단단한 경우는 혼합시간이 너무 짧으면 식육과의 결착상태가 나쁘고, 제품을 절단할 때 지방이 분리되는 경우가 있다. 이 때문에 지방의 성질에 따라서는 원료육과 동시에 지방을 혼합기에 넣는 경우도 있다. 혼합시간은 혼합기의 회전속도나 능력, 제품의 종류, 결착제의 첨가유무 등에 따라 다르지만, 5~10분 정도가 적당하다.

(2) 혼 합 기

혼합기(mixer)는 동력부분, 바닥이 깊고 둥글게 파인 통과 그 속에 2개의 평행한 서로 반대 방향으로 회전하는 축에 부착되어 있는 노 모양의 날개 등 3개의 주요 부분으로 되어 있다(그림 11-18).

혼합기는 그 용량에 따라 통의 크기나 날개의 수가 다르고, 또 날개의 형상에 따라서 처리 능력에 차이가 있다. 날개의 형상이 노 모양인 날개는 교반과 혼합능력은 높지만 고기 조각이 육편의 날개에 휘감기기 쉽다. 이에 반하여 소용돌이 모양의 날개는 고기 조각이 휘감기기 어렵지만 혼합능력이 낮다. 진공 혼합기는 작업 중 공기혼입을 막아 혼합 속도가 빠르고 제품에 기공이 형성되는 것을 막아주어 발색을 양호하게 한다.

그림 11-18. 육 혼합기

(3) 혼합작업공정

1) 준비사항

제품의 종류에 맞게 혼합 전 원료육의 크기를 적절히 조절하여야 한다. 왜냐하면 원료육의 크기와 용량은 작업 시간에 영향을 주기 때문이다. 만약 결착육을 사용할 경우는 고기를 갈아서 결착육으로써의 타당성을 미리 검토하여야 한다.

2) 혼합기 조작

혼합기의 용량에 맞게 적당한 양의 원료육을 골고루 넣은 다음 향신료와 조미료 등을 혼합기 날개의 중앙부에 분산시켜 넣는다. 혼합시간은 결착육을 넣지 않을 경우 육 표면이 마찰로 인하여 점착력이 발생할 때까지 혼합하며, 결착육을 사용할 경우는 고기덩어리 사이에 결착육이 잘 분포하여 점착력이 생기면 지방을 첨가한다. 지방덩어리의 혼합시간이 너무 짧으면 식육과의 결착 상태가 나빠 절단할 때 지방이 분리된다. 결착육을 첨가하지 않을 경우 회전속도가 느리고 회전시간이 짧으면 육표면이 붕괴되지 않아 결착력이 약해진다. 그러나 회전시간이 빠르고 너무 길면 마찰에 의한 온도상승에 의해 도리어 품질저하의 원인이 된다.

혼합기의 사용시간은 혼합기의 회전속도나 능력, 제품의 종류, 결착제의 첨가여부 등에 따라 다르나 보통 5~10분 정도가 적당하다. 고기혼합물에 다른 재료를 섞는 경우는 날개의 회전속도를 늦추어 단시간 혼합하여 첨가한 재료가 형태적으로 파괴되지 않는 한도에서 혼합한다.

11.2.5 예비혼합

예비혼합은 소시지 제조방법에서 최종 제품의 품질향상과 제품조성의 균일성을 유지하기 위하여 실시한다. 예비혼합은 최종 배합에 앞서 예비배합육의 화학적 조성을 분석함으로써 생산비용과 품질관리 등을 개선할 목적으로 최종 배합비를 조정할 수 있다. 즉 최종 배합하기 전 원료육과 염지제를 첨가하여 분쇄・혼합한 예비혼합물의 화학적 조성을 분석하여, 그 결과에 따라서 생산하고자 하는 제품의 조성에 맞추어 예비혼합하지 않은 원료육, 지방, 수분을 첨가하는 것을 말한다. 예비혼합시 염지제와 함께 조미료를 첨가하기도 하지만 다양한 제품을 만들기 위해서는 염지제만 첨가하는 것이 바람직하다.

예비혼합은 다음과 같은 이점이 있다.

① 예비혼합육의 지방과 수분 함량을 분석함으로써 최종 배합을 조절하여 제품의 화학적 조성과 품질규격을 조정할 수 있다. 예비혼합의 주된 이점은 고기혼합물의 분석에 의하여 제품의 화학적 조성을 정확하게 조정할 수 있다는 점이다. 신속한 분석방법에 의하여 서로 다른 예비혼합물의 지방과 수분 혹은 단백질의 함량이 분석 되었을 때 원하는 조성으로 각 혼합물을 정확히 배합할 수 있다.

지방 함량은 개체나 부위에 따라서 차이가 많고, 단백질과 수분은 서로 반비례 관계가 성립하기 때문에 예비혼합에 있어서 가장 중요한 요소가 된다. 그러므로 지방 함량은 서로 다른 조성의 고기혼합물을 배합함으로써 원하는 지방 함량 수준으로 맞출 수 있다.

예를 들면 예비혼합물의 지방 함량이 각각 20%와 40%일 때 두 혼합물을 1 : 1 비율로 혼합하면 혼합물의 지방 함량이 30%로 될 것이다. 그러나 최종제품의 정확한 지방조성은 가열감량을 고려하여야 정확히 산출할 수 있다.

한 제품의 최종 배합에 4~5가지의 서로 다른 조성의 식육이 사용되므로 복잡한 계산은 컴퓨터를 이용함으로써 손쉽게 적절한 배합표를 작성할 수 있다.

② 예비혼합시 염지제의 첨가에 의하여 부패를 지연시켜 저장기간을 연장시킬 수 있다. 예비혼합은 신선육 상태로는 저장수명이 수 시간이나 수일에 그치게 될 것을 예비혼합시의 염지처리의 효과로 인해서 수 주일까지 연장시킬 수 있게 된다.

③ 온도체 가공에 있어서 예비혼합은 염용성 단백질의 추출률을 높여 결착성, 보수성, 유화안정성 등을 높여준다.

사후경직 전, 즉 근육 내의 ATP 수준이 높이 유지되는 동안은 미오신 필라멘트와 액틴 필라멘트는 상호결합이 가역적이어서 서로 이완된 상태로 되돌아 갈 수 있으므로 근육은 유연하게 염용성 단백질은 쉽게 추출된다.

온도체 가공의 이점은 ATP 농도에 의한 것이며, 근육 내 ATP 수준이 높을 때 예비혼합을 하여 염지를 한다면 나중에 ATP가 분해되더라도 높은 보수력과 유화력을 유지할 수 있다. 이것은 소금이 ATP 분해를 가속시킴에도 불구하고 근육 내의 높은 강도의 ATP, 높은 pH, 높은 이온강도 등의 복합적인 효과에 의하여 인접 단백질분자간의 강한 반발작용이 사후경직을 저지시키기 때문인 것으로 추측할 수 있다.

④ 예비혼합은 가공기계의 효율을 높일 수 있다. 골발실에서 예비혼합을 하여 각 가공단계, 즉 훈연실, 가열탱크, 레토르트로 이동하는 순간에 염지가 되므로 가공 기계의 사용효율을 높일 수 있다.

예비혼합 과정에서 지방 함량이 밝혀진 예비혼합육을 가공업자에게 판매함으로써 육가공을 분야별로 전문화시킬 수도 있다. 즉 한 업자는 원료육을, 다른 업자는 예비혼합한 염지육을, 그리고 나머지 다른 업자는 최종 제품을 생산함으로써 육가공업을 전문화시킬 수 있다.

⑤ 예비혼합시 아질산염의 첨가는 산패를 억제하여 풍미를 향상시킨다.

산패취는 식육산업에 있어서 중요한 풍미문제의 하나로 염지제를 첨가하지 않는다면 산화나 산패취의 피해를 입기 쉽다. 아질산염은 산패취의 방지에 밀접한 관계를 가져 풍미개선에 중요한 역할을 한다. 예비혼합이 소시지에 있어서 산패취를 감소시키는 것은 아질산염과 질산염에 의해 지방질의 산화가 억제되기 때문이다.

11.3 건조, 훈연 및 가열

11.3.1 건 조

햇볕이나 불을 이용하여 건조(drying)하는 것은 가장 오래된 식육제품의 저장방법 중의 하나이다. 건조가 저장수명의 연장에 미치는 영향 중 가장 뚜렷한 것은 병원성 미생물의 증식을 억제할 만한 수준까지 식육제품의 수분활성도(a_w)를 낮추는 것으로 적당한 수준의 수분활성도로 건조하면 저온에서 저장하지 않아도 안전하게 저장할 수 있다. 한편,

건조소시지나 반건조소시지는 일반적으로 숙성공정을 거치는 동안에 건조되는데, 이들과 같은 발효육제품에서는 숙성 중 pH의 저하로 인해 미생물들이 사멸될 뿐만 아니라, 증식이 억제되기 때문에 저장성의 증가가 가능해진 경우이다.

그리고 훈연육제품의 연기의 침투를 증대시키기 위해서는 훈연공정에 앞서 건조공정이 먼저 실시되어야 한다.

(1) 건조방법

식육제품의 생산현장에서는 고온공기에 의한 건조법과 저온에서의 건조, 즉 냉동건조법 등이 활용되고 있으므로 이에 대해 살펴보기로 하겠다.

1) 고온공기건조법

100℃ 이상의 고온공기를 이용하여 건조하는 것으로 주로 분쇄육제품의 생산에 적용되며, 가열처리되지 않은 고기나 가열 처리되더라도 큰 덩어리의 육제품은 표면건조로 인해 외관이 나빠지기 쉬우므로 적용하기가 어렵다. 고온공기건조법(hot air drying)에 의한 육제품 건조 시에는 가열공기의 온도, 제품의 크기 및 공기의 속도 등이 적당하게 조절되어야 한다. 고온공기에 의해 건조된 육제품은 대체로 수분의 함량이 5% 정도로서 단기간 저장에는 적합하나, 장기저장 시에는 지방질의 산패로 인해 품질의 저하가 일어날 우려가 높고, 또한 고온공기에 의한 건조공정 중에 육단백질의 변성이 일어나 재수화성(rehydration)이 저하될 수도 있다.

2) 냉동건조법

이 건조법은 건조공정 중 식육제품을 냉동상태를 유지하면서 건조하는 것으로 그 원리는 내부의 고체상태의 얼음이 열을 받으면서 액체상태인 물을 거치지 않고 승화(sublimation)되어 바로 증발되는 데 있다. 육제품으로부터 얼음이 빠른 속도로 승화됨으로써 이 승화열로 인해 육제품은 계속 냉각된 상태를 지속하고 특히 건조가 외부에서 내부로 진행되며. 건조가 끝난 외부의 열교환계수가 낮아 내부가 해동되기에 충분한 열이 차단되기 때문이다.

냉동건조법(freeze drying)은 진공동결방식을 겸하고 있는데, 이때의 진공도는 1.0~1.5 mmHg이며, 처리온도는 －40℃ 정도이다.

냉동건조율은 얼음의 승화속도에 영향을 미치는 열전도율에 따라 다른데, 이 건조율과 열전도율은 식육제품을 직화나 전자파 또는 적외선을 이용하여 증가시킬 수 있다. 특히 이들 중 적외선 가열법이 생산현장에서 가장 많이 이용되고 있다. 그리고 일반적으로 냉동건조육의 수분 함량은 2% 이하이며, 냉동 전에 가열 처리한 제품의 품질수명은 비가열

제품에 비해 2~4배 길어 가열 후 냉동건조한 쇠고기의 경우 저장수명이 24~48개월에 이르기도 한다.

냉동건조육의 저장 중 안정성은 건조방법, 잔류수분 함량, 포장방법, 저장온도 및 건조 전의 제품품질 등에 좌우된다. 식육제품을 장기간 저장하기 위해서는 방습성과 기밀성이 우수한 포장재를 이용하여 산소와 수분의 흡수를 차단해야 한다. 그리고 식육제품의 저장 중 식육제품의 안정성을 비롯하여 풍미와 재수화성 등에 가장 크게 영향을 미치는 요인들은 지질의 산패, 아미노카르보닐 반응에 의한 비효소적 갈변 및 단백질의 변성인데, 단백질의 영양적 가치는 거의 영향을 받지 않는다.

냉동건조 식육제품은 본래의 크기와 모양을 유지할 뿐만 아니라, 조직이 다공성이기 때문에 고온건조한 식육제품에 비해 재수화성이 매우 양호하다. 이때 재수화용 물에 소금 1~2%와 피로인산나트륨을 0.1~0.15% 첨가하면 기호성(palatability)이 크게 좋아진다. 특히 냉동건조 육제품은 분말상태로 제조되어 스프(soup)에 많이 이용되며, 군의 비상식량이나 야외용으로 널리 이용되고 있다.

⑵ 건조육제품의 저장 중의 변화

건조 및 저장 중 육질의 변화는 식육제품의 건조방법에 따라 다르게 나타나는데, 건조육의 재수화성에 가장 뚜렷한 영향을 미치는 요인은 식육의 미세구조와 물리화학적 성질의 변화로 건조시 칼륨이온이 건조된 근섬유 주위에 축적되어 재흡습을 방해하는 것으로 밝혀지고 있다.

식육의 보수력은 온도 의존적이라 할 수 있는데, 0~20℃에서 온도가 상승할수록 특히 근장단백질이 큰 영향을 받기 때문에 고기의 보수력이 감소하나 20~30℃에서는 큰 차이가 없고, 30~40℃에서는 단백질의 폴리펩티드 결합이 풀리면서 새로운 결합이 나타나며 등전점에서 보수력이 저하된다. 40℃ 이상으로 가열되면 보수력의 감소현상이 나타나기 시작하며 80℃까지 더욱 보수력이 감소된다. 가열에 따른 콜라겐의 변화에 의해 일부 보수력이 증가되나 근장단백질과 근원섬유단백질이 더욱 과민하게 영향을 받으므로 건조공정에서는 가열온도를 낮추는 것이 보수력의 감소를 완화하고 식육제품의 재수화를 촉진한다.

건조육은 미세한 다공성 조직이므로 산소와의 접촉면적이 넓어 산패의 우려가 있기 때문에 장기저장을 위해서는 특히 습기와 공기의 접촉을 차단하여야 한다. 대개 식육제품의 포장 안의 산소 함량을 낮추면 15℃에서 12개월 정도의 저장이 가능하지만, 37℃ 저장시에는 질소가 치환 충전된 혐기적 상태에서도 환원당과 아미노산에 의한 비효소적 갈변 반응에 의해 육색이 암갈색으로 되고 가열취(burnt flavor)가 나타난다.

그러나 냉동건조 식육제품에서는 근육단백질의 등전점이 거의 변화가 없고, 단지 등전점의 pH에서만 보수력이 저하되는데, 이러한 현상은 건조공정 중 열판온도에 기인한 것으로 보인다. 열판온도에 의한 영향을 보면 80~100℃ 범위에서 결합수가 현저하게 감소하고, 재수화액으로 유출된 총고형물량은 100℃에서 최저수준인데, 이것은 근장단백질의 열변성에 기인한 것으로 결합수의 급격한 감소경향과 일치된다(표 11-4).

표 11-4. 열판온도에 따른 냉동건조육 재수화시의 특성변화

특 성	대조(냉동)	온 도 (℃)				
		20	40	60	80	100
총수분(%)	77.2	75.4	75.9	75.5	76.8	75.3
결합수(%)	65.3	63.8	63.8	63.1	62.8	53.8
재수화액의 육고형분(%)	12.3	10.1	10.1	10.9	10.3	5.4

급속냉동건조공정에서 근육 중의 탈수량을 보면 건조단백질 100 g당 유리수 310 g과 결합수 37 g씩이 제거되기 때문에 냉동건조육제품의 수분잔류량은 건조단백질 100 g당 약 2.5 g이다. 이 수분 함량은 거의 Brunauer-Emmet-Teller(BET) 방정식에 의한 수분의 단분자막에 해당되므로 기밀성이 우수한 차단성 포장재에 의해 포장되지 않을 경우 지방질의 산패가 더욱 잘 일어날 우려가 있으므로 특히 주의해야 한다.

관능적인 특성면에서 특히 저장온도가 높은 상태에서 저장기간이 길어질수록 변색이 촉진된다. 그리고 냉동건조육은 연도와 다즙성 면에서 생육이나 냉동육에 비해 다소 떨어지는데, 이것은 아무리 얇게 절단하여 냉동건조한 것이라 하더라도 히스테리시스(hysterisis) 현상 때문에 처음 원료육의 수분 함량으로 재수화되지는 않기 때문이다. 그리고 원료육의 종류에 따라서도 냉동건조의 영향이 다르게 나타나는데, 보기를 들면 돼지고기의 근육은 쇠고기에 비해 냉동건조에 의해 조직의 손상이 더 크다.

11.3.2 훈 연

훈연(smoking)의 원리는 고대 유목민들이 고기를 불 가까이 걸어두었다가 먹어 본 결과 저장성과 풍미가 훨씬 좋아지는 것을 경험적으로 확인한 데서 비롯되었다. 훈연은 염지와 마찬가지로 인류의 역사와 함께 하는 것으로 그 유래가 깊고 더욱이 염지와 훈연은 매우 밀접한 관계가 있다. 훈연은 염지와 마찬가지로 식육의 보존효과를 부여하지만 오늘날에 와서는 냉장기술의 발달로 보존수단으로써의 훈연의 의미는 크게 줄어든 셈이다. 근래에 소비자들은 훈연취를 부드럽게 한 염지육을 선호하는 편이므로 훈연은 주로 식육

제품의 풍미를 다양하게 하는 데 주로 이용되고 있다.

(1) 훈연의 목적

식육을 훈연시키는 주된 목적은 ① 풍미의 증진, ② 저장성의 증가, ③ 새로운 제품의 개발, ④ 색택의 증진, ⑤ 유화형 소시지의 보호피막 형성, ⑥ 산화 방지 등이다.

훈연과 가열처리는 대개 동시에 실시되는 경우가 많은데, 이는 두 공정이 모두 식육제품의 색택 증진에 관여할 뿐만 아니라 염지육색의 발현에 밀접하게 관련되어 있기 때문이다. 더 나아가 식유제품의 표면이 갈색을 나타내는 것도 훈연과 직접적인 관계가 있다.

식육제품의 갈변은 비효소적 갈변반응인 아미노카르보닐반응, 즉 마이야르반응(Maillard reaction)에 기인하는 것으로 설탕을 비롯한 당질의 카르보닐기와 단백질 이외의 질소화합물에 포함되어 있는 아미노기 사이의 축합반응에 유래한다. 특히 각종 카르보닐 화합물들은 나무의 연기 속에 주요 성분으로 함유되어 있으므로 식육의 훈연 중 갈변반응에 주요한 역할을 한다.

훈연의 또 다른 중요한 특성은 미생물에 대한 영향이다. 베이컨을 훈연시키면 표면의 미생물 수가 뚜렷하게 감소하고 품질수명이 연장된다. 이것은 곧 훈연의 살균작용 또는 정균작용에 기인하는 것으로 훈연성분 속에 존재하는 페놀계 화합물들과 각종 유기산의 작용 때문이다. 그리고 훈연 중 식육제품의 표면으로부터 수분이 제거되는 것도 세균의 성장 지연 또는 억제에 기여한다. 훈연은 또한 항산화작용으로 인해 산패방지 효과가 있어 품질수명을 늘이고 선호도를 높이기도 한다.

(2) 훈연의 과학

1) 훈연재료

훈연재료는 여러 가지가 이용되는데, 주요 훈연재는 가축분, 옥수수속을 비롯하여 벗나무, 떡갈나무, 참나무, 오리나무, 호두나무, 밤나무, 포플러, 플라타나스 등의 여러 가지 나무들이다. 훈연재료의 조성은 다양하여 훈연성분도 각양각색이며, 이에 따라서 훈연성분의 생성반응도 훈연재와 그 조성에 크게 좌우된다.

나무의 화학적 조성을 보면 주로 셀룰로스, 헤미셀룰로스 및 리그닌 등으로 이루어져 있다. 나무에 열을 가하면 먼저 셀룰로스로부터 생성되는 포도당의 탈수반응에 의해 1,6-anhydrocellulose를 거쳐 열분해 결과 아세트산, 페놀 및 아세톤 등이 생성된다. 헤미셀룰로스는 주로 펜토산과 글루쿠론산으로 되어 있는데, 펜토산의 열분해에 의해 푸란, 푸르푸랄 그리고 유기산이 생성된다. 리그닌은 페놀류의 방향족 화합물들의 고분자 물질이므로 열분해에 의해 메탄올, 아세톤, 유기산류 이외에 각종 페놀 유도체들이 생성된다.

원래는 장작을 태워 얻어진 연기를 사용하였으나 최근에 와서는 톱밥이 취급하기가 쉽고 훈연기의 사용에 적당하기 때문에 훈연시 톱밥의 사용이 보편화되어 있다. 훈연재로는 연질나무보다는 경질나무가 적당한 것으로 알려져 있는데, 일부 소나무 같은 연질나무와 경질나무가 훈연액 생산에 이용되기도 한다. 히코리나무가 훈연에 가장 적당한 것으로 알려져 있으나 구하기가 어려워 훈연용 톱밥은 경질나무의 혼합에 의해 얻고 있다.

2) 훈연성분의 기능

나무의 훈연성분은 연소온도, 연소실의 조건 등에 따라 다르나 약 300여종의 성분들이 분리되며, 실제 이들 중 식육제품의 훈연효과와 직접 영향을 미치는 성분은 일부 성분에 지나지 않는다.

훈연 중 가장 흔히 검출되는 화학성분에는 페놀류, 유기산류, 알코올류. 카르보닐류, 탄화수소류를 비롯하여 이산화탄소, 일산화탄소, 질소, 일산화이질소 등의 기체가 포함되어 있다.

가. 페 놀 류

훈연성분 중 20여 종류의 페놀류(phenols)가 확인되고 있는데, 대표적인 페놀류에는 구아이아콜, 4-메틸구아이아콜, 4-에틸구아이아콜, 페놀, *o*-크레졸, *m*-크레졸, *p*-크레졸, 4-프로필구아이아콜, 유게놀, 4-비닐구아아콜, 바닐린, 2,6-디메톡시-4-에틸페놀 등이 있다.

이들 페놀류는 ① 항산화작용, ② 발색과 풍미 증진작용, ③ 정균작용 등을 하는데, 특히 항산화작용이 주요 작용의 하나로써 항산화작용은 주로 2,6-디메톡시페놀, 2,6- 디메톡시-4-메틸페놀 및 2,6-디메톡시-4-에틸페놀에 기인하는 것으로 알려져 있다. 발색과 풍미증진작용은 훈연육제품에 기호성을 부여하는 점에서 매우 중요한 특징인데, 발색은 훈연성분 중의 카르보닐 화합물과 육표면의 아미노기 사이의 상호작용에 의한 비효소적 갈변에 기인하며, 훈연취는 구아이아콜, 4-메틸구아이아콜, 2,6-디메톡시페놀 및 시린골, 바닐산 및 각종 유기산류의 혼합작용에 의해 발현된다.

훈연육제품에 대한 훈연성분의 살균작용은 훈연공정 중의 가열, 건조 및 훈연성분 사이의 복합작용의 의한 것으로 훈연으로부터 이행된 아세트산, 포름알데히드, 크레오소트 및 페놀류들이 미생물의 성장을 억제한다.

나. 알코올류

여러 가지 알코올들(alcohols)이 훈연성분 중에 함유되어 있으나, 가장 중요한 알코올류에는 메탄올을 비롯하여 1차 알코올, 2차 알코올 및 3차 알코올 등도 훈연향에 포함되지만 이들 알코올류는 훈연공정 중 가열산화에 의해 유기산류로 변화된다.

훈연공정에서 알코올류의 주요 기능은 다른 휘발성 물질들의 전구체로써의 역할이다. 일부 알콜올류는 살균작용을 나타내나 풍미증진에는 크게 기여하는 것 같지는 않다.

다. 유기산류

훈연성분 중 탄소수가 1～10개인 유기산류(organic acids)가 존재하는데, 수증기 증류분획에는 탄소수가 1～4개인 휘발성의 포름산, 아세트산, 프로피온산 및 부티르산 및 이소부티르산 등이 있고, 입자상에는 발레르산, 이소발레르산, 카프로산, 헵틸산, 카프릴산, 노닐산 및 카프르산 등이 존재한다. 이들 유기산류는 훈제육제품의 산성화에 기여하므로 약간의 저장효과가 있다. 그리고 휘발성의 수증기 증류분 중의 유기산류가 표면단백질의 변성을 촉진하기 때문에 피막이 없는 소시지류의 피막형성에 기여한다.

라. 카르보닐류

훈연성분 중 알데히드류와 케톤류를 포함하는 카르보닐 화합물들(carbonyl compounds)이 약 20여종 확인되어 있는데, 2-펜탄온, 발레르알데히드, 2-부탄온, 부탄알, 아세톤, 프로판알, 크로톤알데히드, 에탄알, 이소발레르알데히드, 아크롤레인, 이소부티르알데히드, 디아세틸, 3-메틸-2-부탄온, 피나콜론, 4-메틸-3-펜탄온, α-메틸발레르알데히드, 티글릭알데히드, 3-헥산온, 2-헥산온, 5-메틸푸르푸랄, 메틸비닐케톤, 푸르푸랄, 메트아크릴알데히드, 메틸글리옥살 등으로 구성되어 있다. 특히 수증기 증류분획 중에 함유되어 있는 저분자량의 휘발성 카르보닐류가 훈연육제품의 색택, 풍미 및 냄새 등에 가장 큰 영향을 미친다.

마. 탄화수소류

훈연육제품에서 다환탄화수소류(polycyclic hydrocarbons)가 상당수 검출되고 있는데, 이들 중 benz(a)pyrene과 dibenz(a,h)anthrathcene이 발암성 물질로 알려져 있다. 훈연식육제품에는 이 두 가지 물질이 극미량 함유되어 있으나 훈연송어와 훈연양고기에는 각각 1 kg당 2.1 mg 및 1.3 mg으로 비교적 많은 양이 함유되어 있는 셈이다. 다행히도 이들 다환탄화수소류는 훈연육제품의 저장성과 관능적 특성과는 무관하며, 훈연성분 중 입자상 부분을 제거하면 미량이나마 존재하는 이 성분들이 제거되므로 훈연액의 조제에 이 원리가 적용됨으로써 발암성의 우려를 씻어낼 수 있는 방법으로 이용되고 있다. 섬유성 케이싱으로 포장하면 식육제품의 훈연 중 탄화수소류의 침투를 방지할 수 있다.

바. 기　　체

훈연성분 중 몇 가지 기체들은 화학반응에 의해 육제품의 발색에 약간의 기여를 한다. 일산화탄소와 이산화탄소는 신선육의 표면에 쉽게 흡수되어 육색소와의 복합체인 카르복시 미오글로빈(carboxymyoglobin)과 일산화탄소-미오글로빈 복합체(carbonmonoxide-myoglobin)가 형성되어 밝은 적색을 나타내나 훈연 중 이 반응이 일어난다는 근거가 아직 확실하지 않고, 산소도 신선육에서 옥시미오글로빈이나 메트미오글로빈을 형성함은 잘 알려져 있는 사실이지만 훈연 중에도 이 반응이 일어나는지는 알 수 없다.

훈연 중 가장 중요한 기체성분은 일산화질소인데, 이 물질은 훈연식육제품에서 니트로사민(nitrosamine)과 아질산염을 형성한다. 니트로사민은 일산화질소가 식품 중의 2차 아민과 직접 반응하여 생성되든지 간접적으로 아질산염과 반응하여 생성된다. 식육제품의 pH가 산성쪽이므로 일산화질소와 2차 아민 사이의 반응에 의해 니트로사민이 생성되는 것은 매우 어려운데, 이 반응은 알칼리 상태에서 잘 일어나기 때문이다.

3) 식육제품의 영양가에 대한 훈연의 영향

페놀류와 다가페놀류는 단백질의 설프히드릴기와 반응하고, 훈연성분 중의 카르보닐류는 아미노기와 반응하기 때문에 단백질의 영양가가 일부 감소되는데, 특히 필수아미노산인 리진의 손실이 현저하다. 훈연은 비타민 B_1의 일부를 파괴하지만 니코틴산과 비타민 B_2에 대해서는 별다른 영향이 없다. 닭고기나 돼지고기를 훈연한 결과 단백질의 용해도가 감소하고, 전기영동상의 분석결과 단백질의 변화가 확인되었다. 훈연성분의 항산화성은 지용성 비타민의 안정성에 기여할 뿐만 아니라 훈연식육제품의 표면산화를 예방하기 때문에 결과적으로 식육의 훈연은 영양적으로 유리하다고 할 수 있다.

(3) 훈연방법

1) 연기의 생성

나무의 구성성분은 주로 셀룰로스(40~50%), 헤미셀룰로스(20~30%), 리그닌(20~30%)으로 되어 있다. 나무나 톱밥이 열분해(pyrolysis)되는 동안 표면과 중심부 사이에는 온도 기울기가 생겨 표면은 산화되는 반면에 중심부쪽으로 갈수록 산화반응보다 먼저 탈수반응이 일어난다. 표면의 온도는 탈수반응이 진행되면서 거의 100℃를 넘게 되며, 이때부터 탈수반응과 증발과정에 의해 일산화탄소와 이산화탄소 등의 기체와 아세트산과 같은 저분자의 휘발성 유기산이 유리된다. 톱밥 중심부의 수분이 거의 없어지면 온도가 급격하게 300~400℃에 이르게 되면서부터 성분의 열분해와 연기가 발생하기 시작한다. 실제 훈연기에서 일어나는 톱밥의 변화는 거의 200~400℃ 사이에서 일어나며, 특히 200~260℃ 범위에서 기체가 생성되고 아울러 휘발성 성분들이 나타나기 시작한다. 260~310℃ 범위에서 열분해 증류분과 일부 타르성분이 출현한다. 그리고 310℃를 넘는 순간부터 리그닌이 분해되기 시작하여 페놀과 페놀유도체들이 생성된다.

정상적인 훈연조건에서 온도는 거의 100℃로부터 400℃에 이르게 되는데, 이 과정에서 훈연성분을 검색한 결과 300개 이상의 훈연성분이 확인되고 있다. 훈연과정에서 산소의 유입이 훈연성분의 조성에 크게 영향을 미치므로 공기량을 극도로 제한하면 외관이 어둡게 나타나고 비교적 유기산의 함량이 증가한다. 따라서 훈연기의 설계시 연소과정에 적당량의 공기가 공급될 수 있도록 해야 한다.

가장 품질이 좋은 훈연의 생성조건은 연소온도 340~400℃ 그리고 산화온도 200~250℃로 차이가 있으며, 실제 훈연의 메카니즘이 발열반응이기 때문에 이 두 온도범위의 일치는 불가능하지만 유럽에서 연소온도와 산화온도를 거의 비슷하게 조절할 수 있는 훈연유동화제가 개발되어 활용되고 있다.

그리고 페놀이나 페놀유도체들의 생성에 가장 적당한 온도는 400℃로 되어 있으나 문제는 바로 이 온도에서 발암성 물질인 benzo(a)pyrene(BaP)과 기타 다환탄화수소류(polycyclic aromatic hydrocarbon, PAH)의 생성이 촉진되기 때문에 이들 유해성 물질의 생성을 피하기 위해서는 실제 연소온도를 343℃로 조절함이 바람직하다.

2) 훈연성분의 침착

식육제품을 훈연할 때 훈연성분의 침착량과 침착속도는 ① 훈연농도, ② 훈연실의 공기속도, ③ 훈연실의 상대습도, ④ 케이싱 사용시의 형태, ⑤ 훈연제품의 표면상태 등에 의해 영향을 받는다.

훈연농도와 훈연침착의 관계는 분명한 것으로 훈연농도가 높을수록 훈연침착량은 증가된다. 훈연실의 공기속도는 빠를수록 육표면과의 접촉을 촉진하여 침착을 돕지만 공기속도가 증가할수록 훈연농도가 묽어져 결과적으로 훈연농도와 공기속도는 서로 상반된다고 볼 수 있으므로 실제로는 이들 관계가 적절히 조절되어 최적화된 조건에서 실시되고 있다. 그리고 훈연실의 상대습도는 침착속도 뿐만 아니라 침착성분에도 영향을 미쳐 습도가 높을수록 훈연침착을 돕지만 육색형성을 억제한다. 따라서 이러한 요인들을 고려하여 훈연침착과 육색형성이 균형을 이룰 수 있도록 적절한 훈연방법을 택하여야 할 것이다.

3) 훈 연 실

훈연방법은 초기에는 비교적 간단하게 실시되었으나 최근에 와서는 식육가공산업이 기업화되면서 훨씬 복잡해지고 재활용성이 증가되었다. 즉 재래식 훈연실은 온도, 습도, 연소속도 등이 거의 조절되지 않은 채 사용되었지만 근래에는 첨단장비가 도입되어 위의 세 요인 뿐만 아니라 훈연농도까지 조절할 수 있게 되었다.

기본적으로 훈연실에는 세 가지 형태가 있는데, 곧 ① 자연공기순환식, ② 공기조절식 및 ③ 연속식이 쓰이고 있으며, 이들을 적당히 변형한 형태도 다양하게 이용되고 있다. 자연공기순환식 훈연실은 공기량이 일련의 개폐기 작동에 의해 조절되어 자연순환이 일어나도록 설계되어 있으며, 연소실은 통나무나 톱밥을 다 같이 쓸 수 있게 되어 있고, 보충적인 가열은 증기코일이나 가스로 공급되며, 대개 물분무기가 불꽃을 억제하기 위해 사용된다. 이 자연공기순환식를 변형한 훈연실인 회전식 훈연실(revolving smokehouse)이 현장에서 많이 쓰이고 있는데, 제품이 회전하는 체인에 연결되어 움직이므로 염지와 훈연이 다른 단계로 이루어지는 경우에 엘리베이터가 필요 없는 이점은 있으나 노동력의 소요가 큰 것이 문제점이다.

공기조절식, 즉 강제환기식 훈연실은 거의 자연공기순환식을 대체하고 있는 방식으로 가열조리된 것이나 일부 가열처리된 제품에 적용가능하며 보다 더 정확한 훈연조절을 요할 때 유용하다. 훈연공정 못지 않게 가열처리 온도관리와 가열처리시의 제품의 수축에 유의해야 한다. 공기순환은 선풍기에 의해 조절되어 재순환되거나 일부 공기가 탈기되면서 일부 공기가 재순환된다. 이 방식의 훈연실은 균일한 공기순환과 온도관리가 용이할 뿐만 아니라 공기속도와 훈연의 속도 및 습도의 조절도 쉬운 편이다.

연속식 훈연실은 연속공정의 일부로서 주로 프랑크푸르터 소시지제조에 이용된다. 이 방법은 시간당의 처리능력이 1.5~5톤에 이르며, 같은 용량의 재래식 훈연실에 비해 소요공간을 적게 차지하고 노동력의 소요도 적을 뿐만 아니라 제품의 수축도 막을 수 있다. 이처럼 공간절약, 가공속도, 온도 및 상대습도 등의 조절이 훨씬 쉽기 때문에 편리한 이점이 있으나 규모가 커서 처리량이 많고 자본의 소요가 과다한 문제점이 있으며, 별도의 훈연제조기를 설치하여 운전 중에도 청소와 수리가 가능해야 한다.

4) 훈연방법

가. 냉 훈 법(cold smoking process)

15~30℃의 낮은 온도에서 훈연하는 방법으로 별도로 가열공정을 거치지 않는 것이 일반적이다. 훈연시간이 길어 감량이 큰 결점으로 지적되고 있으나, 훈연이 진행되는 동안에 건조와 숙성이 동시에 일어나기 때문에 보존성이 좋고 풍미가 뛰어나다. 주로 발효소시지 및 생햄 제조에 이용된다.

나. 온 훈 법(hot smoking process)

30~50℃에서 훈연하는 방법으로 본레스햄, 로인햄 등 가열공정을 거치는 제품에 이용된다. 이 방법에 의해 처리된 식육제품은 미생물이 증식하기 쉬우므로 제품의 보존관리에 주의해야 한다.

다. 열 훈 법(high temperature smoking process)

50~80℃의 온도범위에서 실시하는 훈연법으로 단백질이 열변성되어 거의 다 응고되고 제품의 표면이 경화되어 내부에는 비교적 많은 수분이 남아있는 상태이므로 탄력이 있는 제품이 된다. 소요시간이 짧아 노동력이 적게 들고 작업이 합리적으로 이루어져 많이 이용되는 편이지만 풍미가 크게 좋아지지는 않는다.

라. 소 훈 법(roasting smoke)

80℃ 이상의 고온에서 훈연되는 방법으로 식육제품이 완전히 조리상태로 되므로 거의 실용성은 없다.

마. 액체훈연법(liquid smoke)

액체훈연법은 앞에서도 설명한 바와 같이 고온에서 발생한 훈연성분 중 위생적으로 유해한 성분분획을 제거함으로써 보다 안전한 식육제품을 생산을 위해 개발된 것으로 특히 다음과 같은 이점이 있다.

① 훈연제조기(smoke generator)를 별도로 설치할 필요가 없어 경제적으로 유리하다.
② 훈연액의 조성이 훨씬 일정하기 때문에 일정한 제품을 반복 생산할 수 있다.
③ 훈연액 중의 입자상을 제거할 수 있어 발암성 물질의 이행가능성을 줄일 수 있다.
④ 거의 대기오염을 일으키지 않으므로 인구밀집지역에서도 이용할 수 있다.
⑤ 재래식 훈연법보다 공정이 빠르기 때문에 생산성의 향상이 가능해진다.

자연훈연법에서는 타르와 다른 잔류물로 인하여 생산설비를 자주 청소해 주어야 하는데 비해 액체훈연법에서는 이러한 부담이 줄어 설비를 보다 깨끗하게 유지할 수 있다. 액체훈연법은 종래의 훈연공정과는 별도로 이루어지지만 식육제품의 발색을 촉진하기 위하여 가열공정이 필수적인데, 이것은 훈연액이 가열처리 직전이나 가열공정 중에 첨가되어야 하는 까닭이기도 하다.

요즈음에는 자연훈연법이 거의 액체훈연법으로 대치되고 있는 경향이며, 자동화와 발암성 물질로부터의 해방이 이를 뒷받침해 주고 있다.

① 훈연액의 제조 : 훈연액은 대개 경질나무의 톱밥을 열분해시켜 만드는데, 흡수탑을 통해 훈연을 물과 역류시키면서 포집하며 일정한 농도에 이를 때까지 훈연을 재순환시킨다. 이렇게 모아진 액을 일정시간 동안 숙성하여 다환탄화수소들 사이의 중합과 타르성분의 침전이 일어나도록 한다. 그리고 셀룰로스 펄프로 만든 여과장치를 통과시켜 아직도 훈연액에 녹아 있는 탄화수소들을 제거하고 나면 더 이상의 정제는 불필요하다. 최종적으로 얻어진 정제 훈연액 중에는 주로 페놀류, 유기산류, 알코올류 및 카르보닐류가 존재하며, 분석결과 다환탄화수소 특히 benzo(a)pyrene은 거의 함유되지 않았다.

일반적으로 훈연액은 사용하기 전에 희석하여 조제되는데, 상업적으로 이용되는 훈연액은 물이나 빙초산 또는 구연산액으로 희석된다. 대표적인 훈연액의 배합례를 보면 훈연액 20~30, 구연산 또는 빙초산 5, 물 65~75의 비율이 적용된다. 특히 빙초산과 구연산은 프랑크푸르터 같은 스킨레스 제품의 스킨형성을 촉진하며, 더구나 훈연액만 살포하면 훈연액이 많이 소요되나 빙초산이나 구연산을 첨가함으로써 그 사용량을 줄일 수 있다.

② 훈연액의 사용법 : 식육제품에 훈연액을 첨가하는 방법은 ① 고기유화물에 훈연액을 직접 첨가하는 방법, ② 훈연액에 식육제품을 바로 침지하는 방법, ③ 훈연액을 제품 표면에 분무하는 방법, ④ 훈연액을 짙은 안개상태로 분사한 다음 훈연실에 투입하는 방법, ⑤ 가열된 식육제품의 표면에 훈연액을 뿌려 증발시키는 방법, ⑥ 훈연처리된 케이싱을 이용하는 방법 등이 있으나, 주로 ③~⑥의 4가지 방법이 잘 이용되고 있으며, 특히 분무법이 식육제품의 연속가공법에 자주 이용되고 있다.

11.3.3 가열처리

식육이나 식육제품의 가열처리(cooking)는 바람직한 조직감을 부여하고 풍미를 생성시키며, 저장성을 향상시키는 등의 목적으로 행하는 것으로 직접 섭취를 위한 가열조리와 가공공정상 주로 식육제품의 안전성을 확보하기 위한 살균공정이 포함된다. 가열조리와 가열 살균처리의 목적 사이에는 근본적인 차이는 없지만 특히 살균공정에는 미생물의 사멸에 따른 메커니즘이 있기 때문에 이 장에서는 먼저 주로 기호성을 증진시키기 위해 실시하는 가열조리를 중심으로 알아보고, 곧 이어 살균이론을 중심으로 살펴보기로 하자.

(1) 가열처리의 목적

식육 가공시의 가열처리는 식육이나 식육제품에 대하여 다음과 같이 여러 가지 영향을 미친다.

1) 육단백질의 변성과 용해성의 변화

식육을 가열하면 물리적 변화로써 표면이 응고되면서 육색이 붉은 색으로부터 회색이나 회갈색으로 바뀐다. 육단백질의 응고에 이어 단백질의 변성이 일어나는데, 이는 단백질의 용해성을 측정하면 알 수 있다. 그러나 염지육제품에서는 가열시 회갈색 변화보다는 아질산염과 육색소와의 반응에 의해 오히려 밝은 선홍색을 띠게 된다.

이처럼 육즙의 응고와 변색은 쉽게 관찰될 수 있으며, 용해성의 변화와 밀접한 관계가 있다. 초기변화는 표면에만 국한해서 일어나지만 온도가 상승하면서 가열시간이 길어짐에 따라 육중심부까지 침투하게 되는 것은 잘 익은 고기의 중심부까지 응고에 의해 그 색깔이 회색을 띠게 되는 것을 볼 수 있다. 그리고 이러한 변화는 통조림육에서나 가열조리냉동육에서도 쉽게 찾아볼 수 있다.

변성과 응고는 단백질 분자의 변화에 따른 것으로 단백질 분자의 개열과 형태의 변화를 가져와 친유성 결합의 수와 친수성 결합의 수에 변화가 동반되기 때문이다. 특히 프랑크푸르터나 볼로나 소시지와 같은 유화형 소시지의 경우에는 변성과 이에 따른 용해성의 변화가 매우 중요한 요인이므로 세절공정 중 지방이 단백질의 망상구조에 의해 둘러싸이기 때문에 미오신이 가장 주된 역할을 한다. 지방이 일단 미오신으로 완전히 둘러싸이면 상당한 시간 동안 안정하나 이 유화물을 일단 가열하면 단백질이 겔화되므로 보호막을 형성하기 때문에 장기간에 걸쳐 에멀션을 안정화시킨다.

2) 기호성의 증진

가열처리는 식육제품의 기호성을 증진시키는 것이 무엇보다도 가장 중요한 목적이다. 즉 가열처리에 의해 식육의 풍미를 강화하고 신선육의 독특한 냄새를 먹음직스러운 풍미로 변화시키게 된다.

풍미란 맛과 냄새의 복합작용으로 ① 가축의 종류, ② 가축의 연령, ③ 가열처리의 방법과 염지제와 조미료의 첨가 여부, ④ 식육 중의 지방 함량, ⑤ 식육의 도살 후 숙성도, ⑥ 도살 전 사료의 배합 등의 요인에 따라 여러 가지 풍미를 나타내게 된다.

풍미의 본질 중 우선 가장 공통적인 특성은 설프하이드릴기, 디설파이드기, 트리설파이드기 등의 유도체인 황화합물에 기인하고, 축종에 다른 차이는 주로 지방산의 조성이 다름에 따라 가열처리 중에 발생하는 카르보닐류에 유래한다.

일반적으로 송아지고기와 쇠고기 또는 어린 양고기와 양고기에서처럼 어린 가축보다는 나이 든 가축의 식육이 훨씬 강한 풍미를 가지고 있고, 아울러 식육의 연도도 거의 비슷한 경향을 보인다.

가열처리의 방법에 따라 식육의 풍미가 가장 큰 영향을 받게 되는데, 이는 가열처리 중의 갈변이나 열처리 전의 갈변에 의해 여러 가지 풍미물질이 생성되기 때문이다. 로우스팅(roasting), 프라잉(frying), 브로일링(broiling), 브레이징(braising) 및 침수가열조리(boiling) 등의 가열처리법과 가열조리시 첨가되는 소금, 양파, 마늘, 토마토, 향신료 등의 첨가물에 따라서 풍미가 다름은 잘 알려져 있는 사실이다.

아울러 원료육 중의 지방의 함량과 종류도 식육제품의 풍미에 영향을 미치는데, 보기를 들면 양고기와 수소고기에서 특이한 냄새가 나기 때문에 가공육으로 사용시 특히 주의를 해야 하며, 도살 후 숙성에 의해 여러 가지 풍미물질이 생성되어 맛을 좋게 하지만 지방의 산패로 인해 이취가 발생할 우려가 있으므로 가공육으로는 대개 도살 직후의 도체가 사용되고 있다.

식육의 연도도 가열처리방법에 따라 다른데, 일반적으로 습열조리에 의한 것이 건열조리보다 더 연도가 양호하기 때문에 덜 연한 원료육을 가능한 한 습열조리할 것을 권장하고 있다. 소시지육은 대개 세절·유화로 인해 연도가 증가되어 있어 습열조리법이 잘 쓰이지 않으며, 현대적인 고속훈연실에서는 가열처리과정에서 생증기를 불어넣어 온도상승을 촉진하고 있다.

3) 미생물의 사멸과 안정성의 증진

가열처리에 의해 부패성 미생물이 사멸되는데, 사멸되는 미생물의 수는 시간과 온도에 의존적이다. 일반적인 로우스팅, 브로일링, 브레이징 또는 프라잉에서는 시간과 온도의 영향으로 미생물의 수가 뚜렷하게 감소하지만 완전히 멸균되는 것은 아니다. *E. coli* O157 : H7와 같은 병원균은 가열처리시 쉽게 사멸되어 식육제품의 안전성에 도움이 되며, 대부분의 병원성 미생물들은 65.6℃ 이상에서 가열시 사멸되며, 그 이후의 적당한 취급에 의해 세균의 재오염을 막고 냉장을 통해 세균의 증식을 저하시킴으로써 저장수명을 일주일 이상으로 연장시킬 수 있다.

통조림 제조시와 같이 식육제품의 상업적 멸균에서는 고온에서 장시간 열처리를 함으로써 생균(vegetative cell)은 물론 세균의 포자마저 파괴하여 상업적으로 무균상태의 제품을 만들고 있다.

소시지와 훈연식육제품의 제조에서는 가열처리가 주로 바로 섭취가능한 식품(ready to eat, RTE)을 생산하는 데 이용되며, 저장수명의 연장에도 크게 기여한다. 이들 제품은 취급과 포장상태가 양호한 경우에 냉장상태(0~4℃)에서 저장수명을 수주간까지 연장시킬 수 있다. 소시지와 염지육제품의 저장수명은 곰팡이에 의해 영향을 받기 쉬운데, 이는 곰팡이 포자가 열에 대한 저항성이 특히 강하기 때문에 자주 일어나므로 적절한 포장재의 사용에 의한 재오염의 방지와 가열처리에 의해 수분 함량을 저하시킴으로써 곰팡이로부터의 위해를 예방할 수 있다.

4) 자체 효소의 불활성화

원료육 자체에 존재하는 효소 그 자체에 의한 풍미변화가 완만하기 때문에 일상적인 저장조건에서 단백질의 가수분해에 의한 풍미변화보다는 미생물에 의한 변패가 더 우려되는 경우가 많다. 그러나 특히 방사선이 조사된 원료육은 15.6~37.8℃에서 장기간 저장되는 경우 효소작용에 의한 단백질의 가수분해로 인하여 풍미가 나빠지므로 방사선 조사 식육제품을 중심부 온도가 57.2~62.8℃에 이르도록 가열처리하면 더 이상의 풍미 악화를 예방할 수 있다.

5) 표면 건조

식육이나 식육제품의 가열처리에 의해 표면의 수분 함량이 감소함에 따라 수분활성도가 감소하면서 미생물의 성장이 줄어들게 된다. 가열처리시의 표면건조로 단백질이 응고됨으로써 프랑크푸르터 소시지와 같은 육제품의 피막형성에 결정적인 역할을 하고, 이들 식육제품에 독특한 외관을 부여하게 한다. 한편, 형성된 피막이 수축되거나 주름이 지지 않도록 세심한 가열처리가 필요하다.

6) 육색의 발현

가열처리는 미오글로빈 및 헤모글로빈과 아질산염 사이의 상호반응에 의해 형성되는 육색소를 안정화시키는 데 중요한 역할을 하는데, 자세한 사항은 염지편이나 각종 육제품의 가공과정을 참조하기 바란다.

(2) 가열조리방법

기본적으로 가열조리방법을 우선 크게 분류하면 건열조리법, 습열조리법 및 마이크로파 조리법 등이 있으나 실제 가열조리 시에는 이들 방법이 서로 중복되어 이용되는 경우가 많다.

1) 건열조리법

건열조리법은 오븐 로스팅(oven-roasting) 또는 브로일링(broiling)시 뜨거운 공기에 의해 식육이 처리되는 것으로 기름에 튀기는 (frying) 가열조리와 팬에 튀기는 경우도 사실상 건열조리법에 속한다고 볼 수 있다. 건열조리법은 주로 비교적 연한 식육의 처리에 적합하며, 보통 고속으로 공기량이 조절되는 오늘날의 훈연실에서는 상대습도가 거의 70% 미만이기 때문에 건열조리법에 전적으로 의존하고 있다.

2) 습열조리법

습열조리법은 뜨거운 액체나 증기에 의한 가열법으로 가열조리과정에서 물이 첨가되는 경우가 많다. 이와같은 조리법에는 스튜잉(stewing), 브레이징(braising), 포트로스팅(pot-roasting) 및 시머링(simmering) 등이 있으며, 닫힌 계를 이용하게 되면 고온처리가 가능해지므로 콜라겐을 젤라틴화 하기에 적합하다. 또한 이보다 더 높은 온도를 필요로 하는 경우에는 고압가열조리기(pressure cooker)를 이용할 수 있다.

3) 복합조리법

소시지의 가열조리 시에는 일차적으로 통풍조절기를 열어둔 채 행하는 건열조리에 의해 어느 정도 건조가 이루어진 다음에 통풍조절기를 닫고 생증기를 불어넣어 습열조리를 행한다. 건열조리와 습열조리를 병행하는 또 다른 보기로서는 브레이징을 들 수 있는데, 먼저 물을 가하기 전에 식육이 갈변화되고 난 후에 습열조리를 행함으로써 풍미와 연도를 다 함께 좋게 할 수 있는 방법이다.

4) 연속식 가열조리법

최근에 연속식 가열조리용 오븐이 여러 가지 형태로 개발되어 있는데, 간이식품이나 자동판매기용 식품 가열조리에 이용되며, 일반 식육을 비롯하여 재구성육, 분쇄육, 가금육 또는 해산물에 이르기까지 다양한 제품이 선보이고 있다. 이들 연속식 가열조리법은 프라잉, 브로일링, 그릴링 및 로스팅 등에 이용되고 있으며, 제품의 수율, 균일성, 안전성 및 저장성 등에서 많은 장점을 가지고 있다. 연속식 가열조리용 오븐에는 ① 자연대류식 오븐, ② 강제대류식 오븐, ③ 향류식 오븐 및 ④ 충돌식 오븐 등의 네 종류가 있다. 이 중 향류식 오븐은 연속적인 컨베이어 시스템에 의해 저온의 제품이 반대방향에서 열원을 향하고 뜨거운 공기가 제품을 향해 반대로 움직이므로 열전달속도가 증가되고 수축이 최소화되어 수율이 증가되고, 갈변이 쉽게 이루어지는 잇점이 있다.

5) 마이크로파에 의한 가열조리법

마이크로파에 의한 가열조리법은 전자파 중의 일부를 활용하는 것으로 일반적으로 915 MHz(파장 32.8 cm)와 2,450 MHz(파장 12.25 cm)의 마이크로파가 이용되고 있다. 우리나라에서는 2,450 MHz의 주파수를 가진 마이크로파 오븐이 이용되고 있으나 선진 각국에서는 주파수 915 MHz인 오븐에 대한 관심이 커지고 있는데, 그 까닭은 2,450 MHz인 오븐은 단 한 개의 표면피크를 나타내는 데 비해 915 MHz인 오븐에서는 표면과 중심부에 2개의 피크를 형성하므로 가열속도가 더 빠르고 균일한 가열이 가능하여 가열손실이 적기 때문이다.

마이크로파는 금속판으로부터 직진과 반사를 반복하면서 유전체(dielectric substance)인 식품의 전후를 관통할 때 식품이 전자기장으로부터 에너지를 흡수하게 되고, 이 흡수된 에너지가 분자간 충돌에 의해 열로 바뀌므로 식품을 오븐에 넣고 가열조리시에만 온도가 상승하게 되는 점이 특이하다.

마이크로파를 이용한 가열조리법은 기존의 가열조리법에 비해 몇 가지 장단점이 있다. 우선 장점으로는 ① 신속한 가열, ② 균일한 가열, ③ 광범위한 선택성, ④ 제어의 용이성, ⑤ 에너지의 절약 등을 들 수 있고, 단점으로는 ① 가열속도가 부하량에 좌우되며, ② 과도한 수증기를 발산시켜 제품의 조직이 물에 흠뻑 젖게 할 수가 있고, ③ 중심부가 아직 냉동된 상태임에도 불구하고 먼저 해동된 부위가 에너지를 흡수하여 온도가 지나치게 상승할 우려가 있고, ④ 오븐의 모든 영역에 걸쳐 가열상태가 균일하지 못한 경우가 있고, ⑤ 마이크로파가 금속용기를 투과하지 못하므로 다른 재질의 용기를 사용해야 하며, ⑥ 마이크로파 가열조리 시에는 갈변화가 불가능한 점 등을 들 수 있다. 최근에는 이러한 문제점을 보완하기 위해서 많은 개선이 이루어지고 있는데, 특히 갈변화에 대한 대책으로써 전기가열코일에 의한 갈변화장치를 설치하거나 미리 식육제품을 갈변화시킨 다음 마이크로파에 의해 가열조리하는 방법 등이 시행되고 있다. 일반적으로 마이크로파 가열조리법은 감량이 높고 연도, 다즙성 및 풍미가 다소 떨어지나 가정과 대형급식업소에 널리 보급되어 이용되고 있다.

⑶ 가열처리에 의한 이화학적 변화

1) 단백질 및 지방

가. 단 백 질

가열조리시 육단백질이 나타내는 중요한 기능적 특성은 ① 보수력, ② 유화성, ③ 결착력, ④ 바람직한 색택의 부여 등이다.

이들 특성은 바로 가열처리에 따른 단백질의 열변성과 밀접한 관계를 가지고 있으며, 특히 유화형 식육제품 제조에 중요한 역할을 한다. 유화형 육제품의 메카니즘은 기본적으로 세절된 염용성 단백질인 미오신과 액토미오신이 망상구조를 형성하여 지방입자들을 둘러싸는 데 기인하는 것이다.

가열에 의해 형성되는 미오신과 액토미오신의 망상구조(matrix)는 두 단계를 거쳐 일어나게 되는데, 각 단계마다 서로 다른 미오신분자의 분절(segment)들이 작용한다. 가열처리 온도가 첫 단계인 30~50℃에 이르면 구형인 미오신의 머리 부분이 응집되기 시작하여 결국 불가역적인 구조변화를 보이게 된다. 소시지의 혼합공정에서 지방구를 중심으로 이 머리 부분이 지방구를 둘러싸게 되는데 이는 미오신의 머리 부분에 소수성 결합요인인 방향족 아미노산과 지방족 아미노산이 많이 존재하기 때문이다.

50℃ 이상에서 일어나는 두 번째 단계에서는 미오신의 꼬리부분이 변화되는데 기인하는데, 이 부분은 상호간의 가교결합(cross-linking)을 통하여 단백질의 망상구조가 형성되며 특히 지방입자를 둘러싸고 있는 미오신 머리 부분 밖으로 결합함으로써 가열 중 지방의 유출을 막게 된다. 소시지 유화물 제조과정에서 물 10~20%와 소금 1.0~2.5%가 첨가되는데, 세절기에서 원료육이 세절될 때 근원섬유단백질들은 수화된 거대분자의 졸(sol) 상태가 된다. 현탁된 근원섬유의 양끝은 부분적으로 고이온강도에서 용해된 상태에서 가열처리되면 상호작용을 일으켜 겔화된다.

이처럼 근원섬유단백질들이 졸 상태에서 겔로 변하므로 삼차원적인 단백질의 그물망(network), 즉 망상구조가 형성된다. 이 망상구조는 모세관현상에 의한 물리적인 힘과 비공유결합에 의한 화학적인 힘에 의하여 물 분자들을 고정시키고 소시지 유화물 제조시 첨가되는 지방을 둘러싸게 됨으로써 가열 중 지방의 분리를 억제하게 된다(그림 11-19).

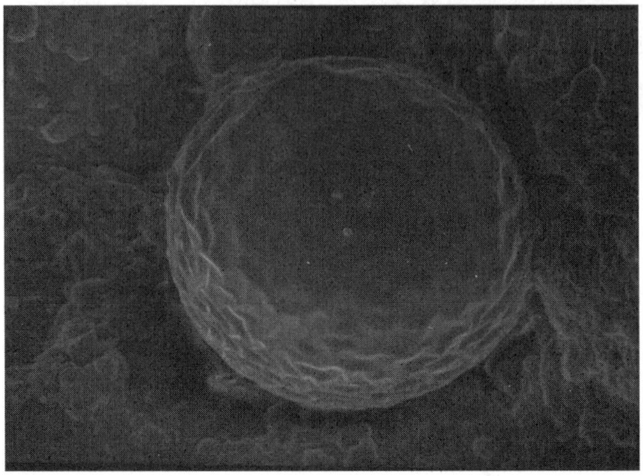

그림 11-19. 소시지의 지방입자를 둘러싸고 있는 단백질의 막

나. 지 방

육제품 중 햄류를 제외하면 식육 자체가 함유하고 있는 지방 이외에 20~30% 정도의 지방이 첨가되고 있는데, 특히 간 소시지를 제외하고는 대부분 돼지의 등지방이 첨가된다.

지방은 소시지의 조직과 기호성을 증진시키므로 지방의 첨가량이 적으면 건조하고 푸석거리는 소시지 조직이 된다. 가열처리에 의해 단백질의 망상구조에 둘러싸인 지방은 가열에 의해 용해되어 이 막을 뚫고 밖으로 용출되는 경우가 있는데, 이와 같은 현상을 지방분리라고 한다. 이러한 지방분리는 육제품의 품질을 저하시키므로 경제적인 손실을 끼치게 된다. 따라서 원료지방은 포화지방산을 많이 함유하고 있는 지방조직, 즉 융점이 높은 지방이 더 좋은 유화안정성을 부여하게 된다. 식육가공에서 유화작용은 염용성 단백질에 거의 의존하므로 염용성 단백질의 추출율을 높여 유화안전성을 증대시키는 것이 무엇보다 중요한 일이다. 여기서 가열과정에서 일어나는 지방분리의 요인을 보면 다음과 같다.

① 지방입자를 둘러쌀 수 있는 염용성 단백질의 양이 부족할 때(shorting-out)

② 지방이 과다하게 첨가되어 육단백질이 제대로 감싸지 못할 때(fat capping)

③ 지방이 지나치게 세절되어 지방의 표면적이 상대적으로 증가된 때(over chopping)

④ PSE육과 같이 단백질의 용해성이 나쁜 원료육을 사용할 때

⑤ 갑작스럽게 가열처리하거나 고온처리를 할 때

2) 육 조 직(meat texture)

염용성 단백질의 열에 의한 응고는 40℃에서 시작되며, 수용성 단백질은 이보다 조금 높아 50℃부터 응고되기 시작한다. 또한 육색소인 미오글로빈의 응고온도는 65℃ 내외이므로 식육이나 식육제품의 가열온도는 최소한 65~70℃ 이상으로 높여야만 바람직한 조직을 부여할 수 있다.

근육단백질을 가열처리하면 원래의 구조가 변하여 응고가 일어나는데, 이 응고현상은 단백질의 변성(denaturation)과 더불어 일어나게 된다. 가열 중에 근육이 굳어지고 색택이 변하는 것은 단백질의 용해성(solubility)의 변화를 관찰함으로써 쉽게 알 수 있다. 가열처리에 의한 단백질의 변화는 식육의 표면에서부터 시작되어 가열시간이 길어짐에 따라 점점 내부로 전파되면서 일어난다. 식육의 열변성에 의한 응고는 바로 단백질분자의 변화에 기인하는데, 이러한 변화는 단백질 구조 중의 펩티드 사슬이 풀리면서 이들이 상호결합에 의해 다시 새로운 구조를 만들기 때문이며, 이와 함께 육즙이 밖으로 삼출되기 때문에 외형적인 변형도 관찰된다.

표 11-5에서 알 수 있는 바와 같이 식육의 단백질 구조에 관계있는 결합에는 여러 가지가 있는데, 이들 결합들은 소금의 첨가나 pH의 변화에 의해 정전기적 상호작용(electrostatic interaction)과 수소결합이 약화되고 가열에 의해 더욱 구조의 변화가 촉진됨으로써 식육의 응고와 더불어 수분마저 빠져 나오므로 감량이 일어나게 된다.

식육을 가열처리한 후 그 조직을 전자현미경으로 관찰하면 근절의 기본적인 구조는 대체로 남아 있으나 단백질의 변성과 응고로 인하여 여러 미세구조가 사라지고 점차 무

표 11-5. 식육의 단백질 구조에 관계있는 결합

결 합 형 태	결합에너지 (kJ/mol)	기 능 기	결합력의 변화
공유결합	330~380	시스테인 : −S−S−	
수소결합	8~40	아미드 : −NH⋯O=C<	냉각에 의해 결합력이 증가되고, 가열에 의해 더욱 강화됨
소수성 결합	4~12	지방족 및 방향족 아미노산	가열에 의해 결합력 강화
정전기적 결합	42~84	카르복실기(COO^-) 아미노기(NH_3^+)	염용액하에서 결합력 약화, 등전점보다 높은 pH에서 결합력 증가
판 데르 바알스 결합	1~9		

정형상태로 된다. 즉 근육을 50℃로 가열하면 근절이 짧아지고, Z-선이 가장 먼저 붕괴되어 미세구조가 거의 없어지게 된다. 내부온도가 60℃로 올라가면 M-선이 없어지고, 가는 필라멘트의 미세구조는 거의 사라지며, 80~90℃에 이르면 굵은 필라멘트와 가는 필라멘트의 섬유상 구조가 완전히 소실되어 무정형상태를 나타낸다.

결합조직의 대부분을 차지하는 콜라겐은 50℃에서부터 단축이 일어나는데, 근내막의 결합조직에서 가장 먼저 단축현상을 볼 수 있으나 탄성섬유단백질이나 망상섬유단백질 등의 결합조직은 거의 변화가 없다. 내부온도가 60℃를 지나면서부터 이들도 단축현상이 일어나며, 근내막의 결합조직이 더욱 심하게 단축되고 일부는 소편화되기 시작한다. 80~90℃에 이르면 결합조직 중의 콜라겐이 소편화되면서 젤라틴(gelatin)으로의 용해현상이 일어나게 된다.

3) 연 도(tenderness)

식육은 가열에 의하여 전단력(shear value)이 높아지게 되는데, 가열처리 후의 전단력은 가열온도, 식육의 숙성도 및 냉장조건 등에 의해 좌우된다. 대개 근원섬유의 길이가 손상되지 않고 길면 가열 중에 수축이 더욱 심하게 일어난다. 다음 그림 11-20은 쇠고기의 가열처리시 가열온도와 전단력의 상호관계를 나타낸 것인데, 가열에 따른 전단력의 변화가 2단계로 진행됨을 알 수 있다. 즉 40~50℃와 65~75℃ 사이에서 전단력의 큰 변화를 보여주고 있는데, 40~50℃ 범위에서의 변화는 42~50℃에서 일어나는 수축근육의 변성에 기인하며, 65~75℃ 범위에서의 변화는 콜라겐과 엘라스틴 등의 결합조직 단백질이 65~72℃에서 가장 심하게 단축되는 현상과 일치됨을 알 수 있다.

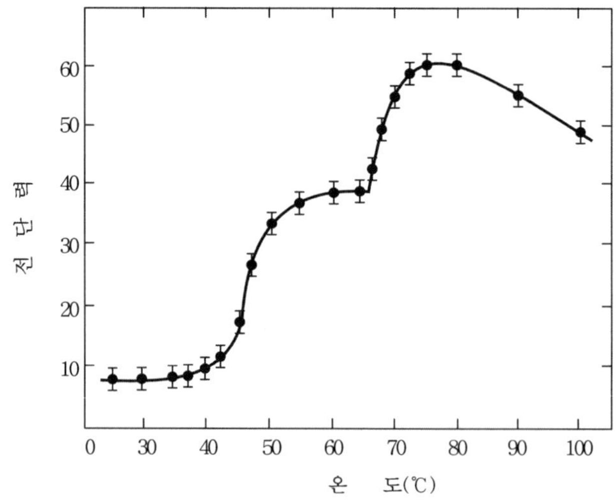

그림 11-20. 쇠고기의 가열온도와 전단력과의 관계

가열에 따른 콜라겐의 용해도는 가축의 나이에 따라 커다란 차이를 보이는데, 어린 가축일수록 결합조직에서 콜라겐 상호간의 결합이 비교적 열에 불안정하여 낮은 온도에서도 쉽게 용해되는 데 비해 가축이 늙어갈수록 이 결합의 열 안정성이 증가되기 때문이다.

가열방법에 따라서도 연도가 다름을 볼 수 있는데, 습열조리법이 건열조리법보다 연도가 더 높은 결과를 나타낸다.

4) 다 즙 성(juiciness)

식육이나 식육제품에서 연도에 못지않게 중요한 것은 다즙성으로서 지나치게 가열하여 탈수가 심하게 일어난 고기는 다즙성이 줄어 그 가치가 크게 상실된다. 가열조리 중에 일어나는 수분의 손실은 증발과 드립에 의한 것으로 그 손실정도는 식육의 보수력과 상강지방 및 피하지방에 의한 수분증발효과 등에 의해 영향을 받는다.

보수력이 낮거나 상강지방이 적은 고기는 가열조리에 의해 다즙성이 떨어져 건조한 상태가 된다. 또한 최종 가열온도와 가열속도도 다즙성에 많은 영향을 미치게 되는데, 가열처리온도가 높을수록 수분 함량이 낮아지게 되고 최종 내부온도가 같다 하더라도 높은 온도에서 빠른 속도로 가열하는 경우 낮은 온도에서 천천히 가열하는 것에 비해 감량이 심하게 나타나며 뚜렷한 건조상태가 나타난다.

5) 풍 미(flavor)

가열처리는 식육의 풍미를 강하게 하고 생육이 가지고 있는 피나 혈장의 냄새를 독특한 가열풍미로 바꾸어 준다. 식육과 식육제품의 맛과 향기가 조화된 풍미는 매우 다양해서 ① 식육의 종류와 숙성도, ② 가열방법과 염지 여부, ③ 원료육 중의 지방의 종류와 첨가량, ④ 동물의 종류와 급여사료의 종류, ⑤ 첨가된 조미료의 성분 등의 영향을 받는다.

동물의 종류에 따른 독특한 향미는 주로 지방의 가열변화에 의해 생성되는 카르보닐화합물들의 종류와 양에 좌우되는데, 나이든 가축의 식육이 어린 동물에서 생산된 식육보다 뚜렷하고 강한 풍미를 나타낸다. 따라서 어린 가축에서 생산된 식육은 연도가 양호하지만 풍미가 떨어지기 때문에 식육의 품질 면에서 서로 장단점이 있다.

가열방법은 식육의 풍미물질 생성에 결정적인 역할을 하는데, 가열에 의해 트리아실글리세롤로부터 분리된 유리지방산 중 특히 불포화지방산들은 쉽게 산화되어 각종 카르보닐 화합물을 생성하게 되며, 이들 카르보닐 화합물은 농도에 따라 가열육의 풍미에 영향을 미치게 된다.

가열조리 후에 냉각되었던 식육을 다시 가열하면 좋지 않은 맛과 냄새가 나타나게 되는데 그 까닭은 재가열에 의해 육색소인 미오글로빈으로부터 분리된 Fe^{2+}이온이 지방의 가열산화를 촉진하기 때문이다. 이러한 현상은 햄, 소시지 등의 식육제품에서보다 일반

가열육에서 뚜렷하게 나타나는 데 비해 식육제품에서는 첨가되는 인산염과 아스코르브산염이 유리된 Fe^{2+}이온과 결합함으로써 지방산의 산화가 억제되기 때문이다.

또한 식육의 가열 중 단백질의 아미노기와 당의 카르보닐기 사이의 마이얄반응(Maillard reaction)에 의해서 여러 가지 풍미물질들이 생성되므로 불고기나 갈비 등을 조미할 때 당의 첨가는 풍미물질 생성과 직결됨을 알 수 있다. 그리고 아미노산 중 함황아미노산인 시스테인이나 메티오닌 등도 풍미물질 생성에 관여하게 된다.

가열 중 탈아미노화 반응에 의해 암모니아가 생성되며, 시스테인에서는 황화수소 가스가 유리되기도 하고 메티오닌으로부터는 메틸메르캅탄(CH_3SH)이 생성되어 이취 생성의 요인들이 되기도 한다.

표 11-6에서 가열방법에 따라 대표적인 풍미물질인 2,6-디메틸피페라진과 노난알의 생성량이 다름을 알 수 있다. 여기서 향미성분인 피페라진유도체는 가열온도가 증가함에 따라 그 생성량이 증가하는 데 비해 불쾌취의 요인인 노난알은 그릴링의 경우 가열온도의 상승과 더불어 그 생성량이 감소함을 알 수 있다.

표 11-6. 가열방법에 따른 풍미물질 생성량의 변화

(mg, %)

가열방법 / 풍미물질	보일링	로우스팅	그릴링		
			저 온	중 온	고 온
2,6-Dimethylpyperazine	3	6	13	65	1,913
Nonanal	1,003	14,869	21,439	3,107	460

6) 육 색

육색소인 미오글로빈은 매우 불안정하여 산화나 환원에 의해 쉽게 변색된다. 가열에 의한 육색의 변화는 염지육제품과 비염지육에서 서로 다른 메카니즘으로 일어난다. 염지육색소인 일산화질소-미오글로빈(nitrogen monoxide-myoglobin) 복합체는 가열에 의해 변성이 일어나 일산화질소-헤모크롬(NO-hemochrome)으로 변화되어 가열염지육제품에 안정한 육색을 부여한다. 염지하지 않은 조리육이나 염지가 불충분한 육제품의 가열처리 시에는 염지육과는 달리 철이온이 Fe^{2+}에서 Fe^{3+}로 산화됨으로써 회갈색을 나타낸다.

가열에 의한 식육의 변색은 미오글로빈의 변색이 결정적인 요인이지만, 마찬가지로 당질과 아미노산의 상호반응에 기인하는 비효소적 갈변반응(Maillard reaction)도 변색의 주요한 원인이 된다.

(4) 가열에 의한 미생물의 사멸

가열처리에 의한 식육 및 식육제품의 보존방법은 냉장 및 냉동과 함께 가장 중요한 저장방법의 하나이다. 미생물을 사멸시켜 품질수명을 연장하기 위해서는 될 수 있으면 고온에서 처리하는 것이 좋으나 가열처리에 의한 감량증가, 영양소의 손실 및 풍미의 저하 등을 막기 위해서는 가열온도를 낮게 하고 가열시간을 짧게 하는 것이 유리하다. 따라서 이러한 관점에서 본다면 특히 육제품의 가열방법이 과학적으로 결정되어야 할 것이다.

1) 가열살균에 영향을 미치는 요인

가열처리에 따른 미생물의 사멸은 치사온도에 따라 단번에 사멸되는 것이 아니고 대수적으로(logarithmically) 사멸된다. 따라서 가열처리의 효과를 높이기 위해서는 원료육 중의 미생물의 오염을 최대한 방지해야 하며, 열에 의한 미생물의 사멸은 단백질의 응고 특히 미생물의 대사에 필요한 효소류의 불활성화에 의한 것으로 생각된다. 미생물의 내열성은 미생물의 특성과 환경조건에 따라 다른데, 이들 요인을 요약해 보면 다음과 같다.

가. 내적인 요인

미생물의 내열성은 비교하거나 가열살균조건을 설정하는 데 있어서는 내열성에 미치는 요인들에 유의하지 않으면 안된다.

① 균수와 포자수 : 균이나 포자는 그 수가 많을수록 살균효과가 적어지며 내열성이 늘어난다. 따라서 원료육의 미생물 오염도가 높으면 가열처리온도를 높이거나 가열시간을 연장해야 한다.

② 미생물의 성장조건 : 미생물의 세포는 늙은 세포, 즉 정체기(stationary phase)의 세포일수록 내열성이 높고, 생육에 적합한 조건에서 자란 세포일수록 내열성이 높다.

나. 외적인 요인

① pH : pH는 미생물의 내열성과 가장 밀접한 요인 중의 하나인데, pH 자체에 의해서 미생물의 증식이 많은 영향을 받지만 미생물의 내열성에도 커다란 영향을 미친다.

중성의 pH에서 미생물의 내열성이 가장 높고, 이보다 pH가 높거나 낮으면 미생물의 내열성이 급격하게 떨어진다. 원료혼합육의 pH는 대개 5.8~6.2에 이르지만, 가열정도에 따라 pH가 0.2~0.5 단위 정도 높아지므로 식육제품의 pH는 미생물의 증식뿐만 아니라, 가열처리에 대해서도 높은 내열성을 나타내는 범위라 할 수 있다.

② 수분활성도(water activity, aw) : 식품의 수분활성도도 미생물의 내열성에 많은 영향을 미치며 용질에 따라 차이는 있으나 일반적으로 수분활성도가 낮아짐에 따라 내열성이 증가한다.

③ 염류 : 염류에 의한 미생물의 내열성은 염류의 종류에 따라 다른데, 식육의 조직을 팽창시키는 1가의 양이온과 같은 전해질은 내열성을 감소시키는데 비해 식육의 수축에

관여하는 Ca^{2+}와 Mg^{2+} 등과 같은 2가 염류는 오히려 내열성을 증가시킨다.

인산염을 첨가하면 내열성이 감소하는 것도 이와 마찬가지 이유로 설명될 수 있다. 또한 염지식육제품에 사용된 아질산염은 가열처리에 대한 미생물의 내열성을 뚜렷하게 감소시키는데, 이는 아질산염 자체의 살균력에 기인하는 것으로 추정될 뿐 그 정확한 메카니즘은 명확하게 밝혀져 있지 않다.

12. 포 장

- 이 근 택 -

12.1 포장의 목적과 기능

생축을 도살하여 생육 또는 육제품으로 생산하는 최종 단계에서 포장화 작업이 이루어지는데 이를 통하여 생육과 육제품은 보관, 유통, 판매 그리고 조리되기 전까지 모든 과정에 있어서 포장식품으로서의 여러 가지 새로운 효과와 기능적 특성을 가지게 된다.

식육 및 육제품 포장의 목적은 식육의 저장성을 연장하고 편리성을 부여하고 상품성을 증대시키며 안전성을 보장하는 것이다.

식육 및 육제품을 포장하는 전통적인 목적은 제품의 품질에 나쁜 영향을 미칠 수 있는 제반 물리, 화학, 또는 생물학적 요인으로부터 품질을 보호하는 것이다. 제품의 품질 저하와 관련된 제반 환경적 요인들과, 이의 방지를 위한 포장재 및 용기의 기능적 특성(괄호 안에 기재)을 분류하여 보면 다음과 같다.

① 물리적 측면 : 수분 증발에 의한 중량손실과 이에 따른 표면건조 현상(방습성), 냄새성분의 유입과 향미성분의 유출(방향성), 기체의 유입 또는 유출(기체차단성), 물리적 힘 또는 압력에 의한 형태적 손상(내핀홀(pin-hole)성, 내충격성, 내압축성, 내절강도 등 기계적-물리적 강도), 저온 저장 또는 고온 가열(내한성, 내열성), 물기나 기름에 젖는 현상(내수성 및 내유성), 먼지 및 이물질의 오염(오염 방지성) 등.

② 화학적 측면 : 산소의 유입(산소차단성)과 광선의 영향(차광성)에 의한 산화반응, 이에 따른 지질과 색소성분의 산화 등.

③ 생물학적 측면 : 호기성 (미)생물의 성장 억제(산소차단성) 및 오염, 해충 등 생물에 의한 손상(방충성) 등.

근래에 와서는 이러한 보호적 차원 외에 포장식품으로서의 기능적 장점이 더욱 요구 또는 활용되고 있다. 제품을 생산하여 소비되기까지 포장의 기능적 효과를 살펴보면 다음과 같다.

① 생산 : 제품의 규격화 및 표준화 생산 가능, 다양한 형태 변형 가능.

② 유통 : 재고 관리 용이, 적재성과 창고 활용도 향상, 인건비 절약, 수송의 간편.

③ 판매 : self-service에 의한 자유로운 선택 구매, 휴대 간편, 보관 편리, 제품의 표기(중량, 가격, 제조회사 및 제조일자 등)에 의한 제품의 정보와 신뢰도 부여, 광고효과 등.

최근 포장의 기능은 단순히 기체나 수증기 또는 외부의 미생물이나 오염 물질 등을 물리적으로 차단하는 것에 그치지 않고 포장재 스스로가 능동적으로 식품의 보존성을 향상시키는 활성포장(active packaging), 포장물의 상태나 포장 내 공기 조성의 변화 또는 운송 중 압력과 온습도의 변화 등을 감지하여 정보를 제공하는 지능형포장(intelligent packaging)이나 스마트포장(smart packaging) 단계까지 발전하고 있다. 그 외 소비자 차원에서 더욱 요구되는 포장재 및 용기의 기능으로서는 개봉용이성(easy opening), 재밀봉가능성(reclosable), 재사용성(reusable), 조리 또는 섭취간편성(ready-to-cook; RTC, ready-to-eat; RTE) 등을 들 수 있다. 또한, 현대 식생활에서는 소포장, 무균포장, 대용량포장, 생분해성 포장재 및 가열 가능한 포장재 등 포장재와 형태의 다양화가 더욱 추진될 전망이다.

최근에는 포장재에 함유되어 있는 각종 단량체(monomers)와 첨가제에 의한 식품의 안전성 및 위생성 문제뿐만 아니라, 포장재와 식품과의 반응산물에 의한 이취(異臭) 또는 이미(異味)가 발생하는 관능학적인 품질 변화가 문제되고 있다. 그리고 포장재의 폐기에 따른 환경오염 문제가 심각하여지므로 이를 감안한 포장화가 이루어져야 할 것이다.

12.2 포장자재의 종류 및 특성

식육제품들은 다른 식품류와 비교하여 사용되는 포장재와 포장형태가 매우 다양하고 또한 상이한 점이 많다(표 12-1). 식육제품의 포장재에는 동물성, 식물성, 광물성 천연재질로부터 인공합성재질까지 매우 다양한 종류가 있으나 그 중에서 합성수지계가 가장 많이 이용되고 있다. 또한 포장재의 사용 위치에 따라 크게 내포장재와 외포장재로 구분된다. 또한 포장재의 식용 가능성 여부로 가식성(可食性)과 비가식성 포장재로 구분된다.

육제품의 포장에 필요한 부재료로 끈, 테이프 및 클립(clip)을 들 수 있다. 이러한 포장재들은 각기 원료적 기능과 성질이 다양하므로 포장되는 제품의 특성, 포장재의 단가, 유통망의 조건, 또는 목적하는 저장기간 등에 따라 포장 디자인, 포장재의 종류 및 조성, 포장 형태, 나아가서 포장재의 안전성까지 고려하여 결정하여야 한다.

12.2.1 케이싱(casing)류

케이싱은 소시지나 햄 같은 육가공품의 내용물을 충전하여 훈연이나 가열 등 후가공 처리를 용이하게 하며 형태를 유지하고 제품을 보존할 목적으로 사용되는 포장재를 말한다. 케이싱은 크게 천연 케이싱(natural casing)과 인조 케이싱(artificial casing)으로 나뉜다.

(1) 천연 케이싱

1) 정의 및 특징

국내 '축산물의 가공기준 및 성분규격' 상 천연 케이싱은 '돈장이나 양장 등 가축의 내장을 소금 또는 소금용액으로 염(수) 처리하여 식육이나 식육가공품을 담을 수 있도록 가공 처리한 것을 말한다' 라고 정의되어 있다.

2) 원　　료

천연 케이싱의 원료는 가축의 도축 부산물인 창자나 내장 기관이다(그림 12-1). 천연 케이싱의 원료로 국내에서는 주로 양이나 돼지의 소장(작은 창자)이 사용되지만, 외국에서는 양, 돼지, 소 또는 말 등의 창자뿐 아니라 식도 및 방광 등 다양한 내장 기관들도 사용된다. 케이싱 원료로 사용되는 양, 돼지와 소의 소장의 길이는 품종, 사육 국가 또는 사육 조건별로 약간씩 차이가 나나, 각각 약 17～24, 15～20, 40 m 정도이며 소의 대장(큰 창자)은 약 7 m 정도 된다.

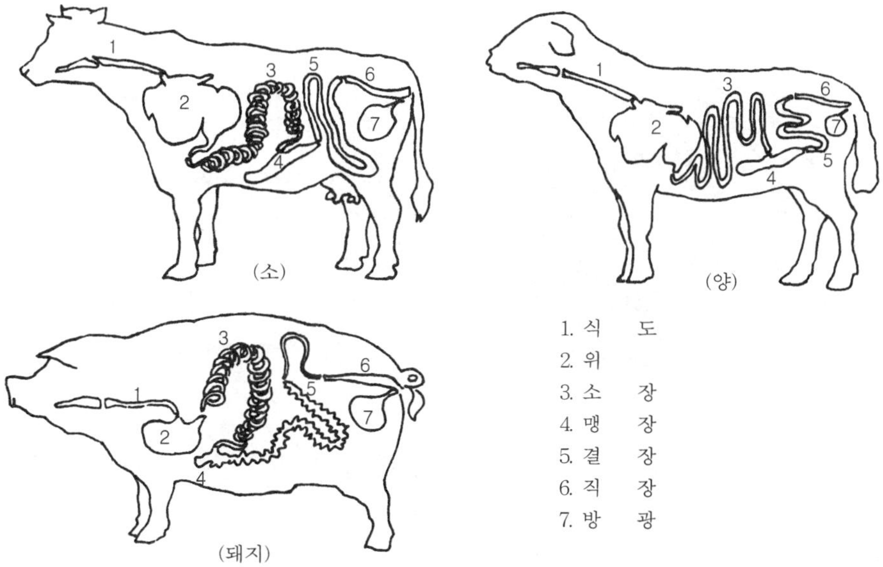

그림 12-1. 천연장의 부위 및 명칭

3) 특　징

천연 케이싱은 통기성이 좋아 훈연처리 시 연기 성분을 통과시켜 제품에 훈연취와 향을 부여한다. 또한 적절한 수분 투과성이 있어 특히 건조발효소시지의 제조에 유리하고 살균 성분을 통과시킴으로써 제품의 보존성을 향상시키는 효과를 준다. 또한 확장성과 수축성을 가지고 있어 내용물과의 밀착성이 우수하여 외형상 고급스러운 이미지를 준다. 그러나 제품의 형태나 직경이 다소 일정하지 않은 측면이 있고, 가격이 인조 케이싱에 비하여 고가이며, 저장 조건이 부적절할 경우 케이싱이 변질될 우려가 있는 것이 단점이다.

천연 케이싱의 주 생산국은 양장(羊腸)의 경우 뉴질랜드, 몽고 및 중동지역 국가, 돈장(豚腸)은 중국, 덴마크, 프랑스 및 미국, 그리고 우장(牛腸)은 남미지역 국가들이다.

4) 구　조

동물의 장벽은 크게 나누어 내층, 중간층 및 외층 등 총 3층으로 구성되어 있다(그림 12-2).

① 내층 : 점액층으로서 장융모층과 장선들이 존재한다. 내층은 케이싱으로 제조되는 과정에서 제거된다.

② 중간층 : 신축성이 있는 근육층으로서 환상근, 종수근 및 점막하층으로 이루어져 있는데 주성분은 콜라겐이다. 양이나 돼지 소장 케이싱에는 점막하층(submucosa)만이 최종 잔존하게 된다. 그 외 큰 창자나 소 창자류들 같이 두꺼운 창자들은 종류에 따라 다른 근육층들도 잔존하는 상태로 가공 처리된다.

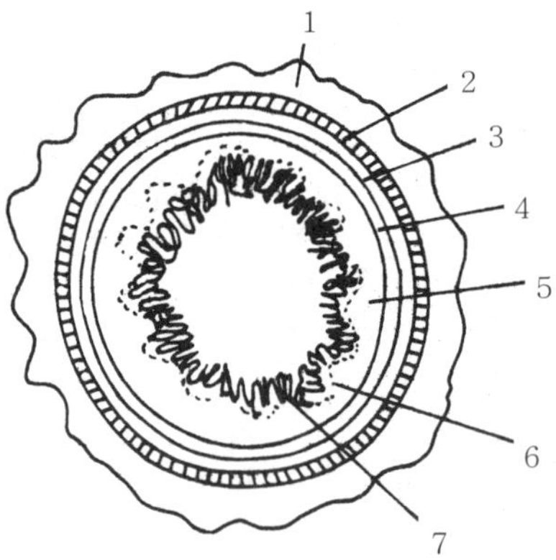

1. 장간막 지방(mesentery fat)
2. 장　막(tunica serosa)
3. 종수근(longitudinal muscle)
4. 환상근(circular muscle)
5. 점막 하층(submucosa)
6. 점막근(muscularis mucosae)
7. 점막상피(mucous epithelium)

그림 12-2. 창자와 casing의 단면도

③ 외층 : 케이싱 제조시 장간막 지방과 점막은 제거되나 그 외의 부분은 장의 종류에 따라 제거되는 층의 범위가 상이하다. 좋은 품질의 천연 케이싱은 점막과 지방이 잘 제거

되고 케이싱 중간에 구멍이나 찢어진 곳이 없어야 하며 충전압력을 잘 견디고 가열시에도 잘 터지지 않는 위생적으로 처리된 것을 말한다.

5) 제조공정

천연 케이싱의 제조 공정은 종류별로 다소 상이하나 돈 소장의 경우 다음 그림 12-3과 같이 제조된다.

장 원료 → 장간막과 지방의 제거 → 장 내용물 제거 → 세척 및 냉각 → 점막 또는 근육층 제거 → 점질물 제거 → 세척 → 냉각 → 품질검사 및 규격 결정 → 가염 → 저장

그림 12-3. 돈 소장의 제조 공정

6) 규 격

양장과 돈장 케이싱은 행크(hank, 약 90 m)나 번들 단위로 생산된다. 소 케이싱은 개별로 판매되지 않을 경우 소장은 18~30 m, 대장은 9~18 m 단위로 판매된다. 천연 케이싱은 상품화되기 위하여 직경별로 구분하여 다발로 묶여져 염장되어 공급된다. 이때 명시된 직경 범위에서 벗어나는 케이싱의 비율이 낮을수록 좋다. 표 12-2와 12-3은 각 천연장의 직경과 규격을 각각 나타내고 있다. 규격화 작업이 끝난 케이싱은 최종적으로 약 40% 농도로 가염하여 보관된다. 가염되었던 케이싱은 충전작업에 이용되기 전 물에

표 12-2. 천연장의 직경

천 연 장	직 경(mm)	천 연 장	직 경(mm)
양 장	14~28	우 소 장	30~46
돈 장	26~43	우 결 장	40~70

표 12-3. 천연장의 규격

천 연 장	종 류	직 경(mm)	식육충전량(kg/hank)
돈 소장	Extra narrow	29 이하	40
	Narrow	29~32	45
	Narrow medium	32~35	52
	English medium	35~38	56
	Wide	38~43	61
	Extra wide	43 이상	65
양 소장	Extra narrow	16~18	13
	Narrow	18~20	16
	Medium narrow	20~22	19
	Medium wide	22~24	24
	Wide	24~26	27
	Extra wide	26 이상	29

담가 소금기를 뺀 후 물기를 털어 내고 사용된다.

7) 저 장

원료장에는 *Enterobacteria, Streptococcus, Lactobacillus, Bacillus, Clostridium* 등의 균들이 존재하는데 소장에는 약 10^3~10^4/g, 대장에는 10^6~10^8/g의 수준으로 오염되어 있다. 처리되어 염장된 천연장에는 *Bacillus*와 *Clostridium*같은 포자형성균 뿐만아니라, *Pseudomonas, Micrococcus, Staphylococcus, Lactobacillus, Salmonella*와 같은 각종 부패 병원성 세균에 10^3~10^5/g 수준으로 오염되어 있다. 따라서 천연장을 사용 전에 다시 깨끗이 세척할 필요가 있다.

가공처리가 완료된 최종 케이싱은 냉암소(4~10℃)에 보관하는 것이 좋다. 건염한 상태로 30일 이상 경과하면 미생물의 증식이 억제되고 일부 사멸된다. 천연 케이싱을 냉동저장할 경우 탄력성과 조직감이 손실될 수 있다. 케이싱이 담긴 통은 뚜껑을 잘 닫고 보관하여야 한다. 염수에 보관될 장도 가염 한 당일에는 지방이 있기 때문에 건염을 우선한 다음 통속에 옮겨 보관한다. 천연장을 상대습도가 높거나 통풍이 잘 안 되는 곳에 저장하면 곰팡이 냄새가 나고, 장간막 지방을 잘 제거하지 못한 경우에는 단시간 저장 후에도 산패취가 발생할 우려가 있다. 광선은 산패를 촉진시키므로 천연케이싱은 어두운 곳에 보관되어야 한다. 산패가 일어날 때는 지방이 황색으로 변하는 경향이 있다. 천연케이싱의 저장 중 부분적으로 붉은 색이 나타나는 것은 '장(腸)이 녹슨다(rust stain)'고 하여 첨가된 소금에 혼입된 산화철(Ⅲ)에 의한 것이다. *Teracoccus carneus halophilus*같은 내염성 세균은 창자벽에 간혹 붉은 색 반점을 생성한다.

소시지 제조시 발색, 건조, 훈연과정이 부적절하게 처리되면 케이싱이 경화되는 경우가 있다. 특히 훈연시 상대습도, 온도, 시간에 유의하지 않으면 주로 콜라겐층으로 이루어진 점막하층(submucosa)이 훈연성분인 formaldehyde에 의하여 경화된다. 훈연처리조건이 적절하더라도 소시지의 조직이 너무 연할 경우 경화가 일어난다. 점막하층의 콜라겐은 초산, 젖산, 주석산, 구연산의 Na, K, Ca 염이나 sorbitol, 중탄산나트륨, 인산염의 저농도 용액에 담그거나 papain을 이용하면 연하여진다.

발효소시지류는 저장 중 포장재의 산소 및 수증기 투과도에 의하여 지방변화에 직접적 영향을 받는다. 발효소시지를 나일론 필름에 진공포장 하였을 경우 천연장에서보다 지방의 가수분해가 빨리 일어나는 반면 지방산화는 천천히 일어난다. 천연장에서는 fibrous casing에서보다 숙성 첫 주에 수분활성도의 저하가 천천히 일어나나 2주째부터는 더 빨리 일어난다. 또한 전체 숙성기간 중 중량감소는 천연장에서 더 심하게 일어난다. 따라서 천연장으로 포장 및 숙성된 발효소시지는 인공장에서보다 빨리 건조되어 상품화될 수 있는 장점이 있다.

8) 천연 케이싱의 사용 및 보관

가. 사용 방법

육가공품의 충전 작업 전 케이싱의 준비 작업으로 탈염을 위한 수침이 필요한데 이에 소요되는 시간은 케이싱별로 다소 상이하다(표 12-4).

표 12-4. 추천되는 수침 시간

건염 천연 케이싱			즉석 충전용(ready-to-fill) 천연 케이싱 (포화 염 용액에 보관)	
일반 천연 케이싱*	돼지의 큰 창자	소 창자	일반 천연 케이싱*	돼지의 큰 창자
10～12 시간	24 시간까지	5～10 시간	10～60 분	2～3 시간

* 돼지나 양의 작은 창자류

① 건염 또는 염수처리 케이싱 : 사용 전 깨끗한 흐르는 물로 표면에 묻어 있는 소금을 세척한 다음, 3～5 시간 정도 미지근한 물에, 또는 하루 전(12시간 이상) 찬물(10℃ 이하)에 담가둠으로써 케이싱을 부드럽게 만든다.

② 사전 플러싱된 케이싱(pre-flushed casing) : 미리 플러싱 처리된 케이싱이므로 물에 길게 담가둘 필요가 없다. 이러한 케이싱은 진공포장되어 유통되기도 한다. 따뜻한 물에 약 30분 정도면 족하다. 케이싱은 절대로 40℃ 이상 온도의 물에 닿지 않도록 한다.

③ 튜브 또는 파이프 타입 케이싱 : 튜브나 파이프 타입 케이싱은 번들이나 벌크 제품보다 가격적으로 고가이지만 사용자 입장에서 보면 충전 작업이 신속하고 효율적으로 이루어질 수 있게 준비되어 있어 매우 편리한 제품이다(그림 12-4).

국내 시장에서는 일반적으로 양 소장 케이싱은 파이프에, 돈 소장 케이싱은 튜브로 많이 공급되나 외국의 경우 꼭 그렇지만은 않다. 튜브 케이싱은 여러 가닥을 함께 끼워 사용할 수 도 있다. 이렇게 함으로써 작업이 빨라지고 충전시간도 절약된다. 수침 방법은 케이싱의 조건에 따라 차이가 난다. 많은 소시지 업체들은 튜브나 파이프 타입 케이싱을 하룻밤 동안 물에 담가 둔다.

9) 천연 케이싱의 종류별 사용 육가공품

표 12-5는 다양한 동물의 내장 기관에서 얻어지는 케이싱을 이용하여 생산되는 육가공품의 종류를 나타낸 것이다.

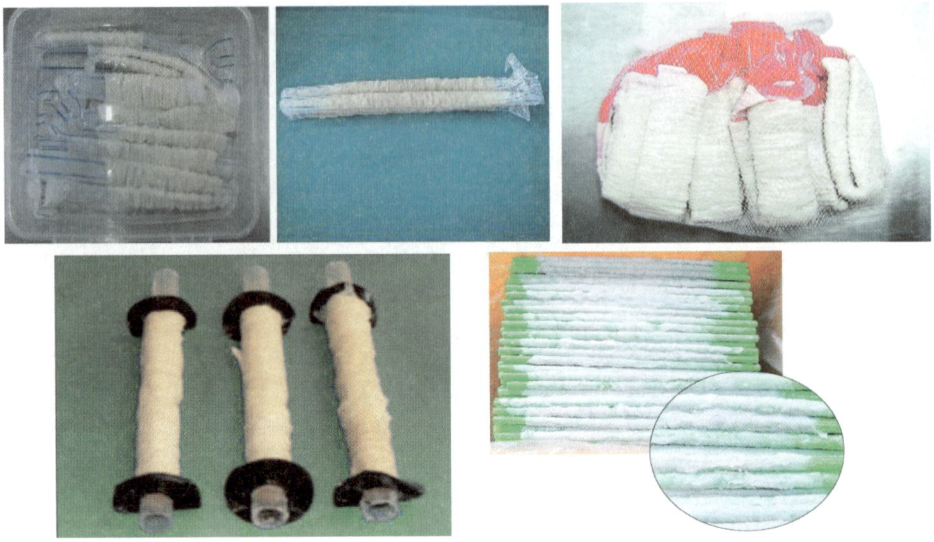

그림 12-4. 천연 케이싱(상 : 튜브 타입, 하: 파이프 타입)

표 12-5. 천연 케이싱에 사용되는 동물의 종류 및 생산되는 육가공품의 예

동물의 종류	내장 기관명	용　　도
소	식도	가열훈연 소시지, 간(肝) 소시지
	위(1위)	Saure Rolle
	소장	Fleischwurst, Krakauer, 피소시지, Mettwurst, 간 소시지
	맹장	슐쩨(Sülze), 모타델라
	맹장의 장막	락스햄, 등심햄
	결장	간 소시지, 가열훈연 소시지, 건조발효소시지
	직장	간 소시지, Cervelat 소시지
	방광	Sülze, 부산물소시지
송아지	맹장	가열소시지, Pariser
	소장	Fleischwurst
	방광	발효건조소시지
돼지	위	Sülze, 프레삭(Pressack)
	소장	가열훈연소시지, 그릴소시지, 간소시지, 피소시지, 란드예거(Landjäger)
	맹장	Sülze, Fleischwurst, 혀 소시지
	결장	간 소시지, Fleischwurst
	직장	간 소시지, 피소시지, Cervelat 소시지
	방광	Sülze, 피 소시지
양	소장	가는 직경 소시지(윈나), 그릴소시지
	맹장	Sülze, 살라미, 부산물 소시지
	방광	Sülze, 살라미
말	소장	건조발효소시지

12.2.2 인조 케이싱

천연장으로는 늘어나는 육제품의 수요를 충당하지 못함에 따라 여러 종류의 인공장이 개발되었다. 인조 케이싱의 종류로는 가식성 또는 비가식성 콜라겐 케이싱을 비롯하여 셀룰로스, 종이, 비단 및 플라스틱을 원료로 한 비가식성 케이싱이 있다. 인조 케이싱은 고속으로 작동되는 자동 충전기에 사용하기가 천연 케이싱보다 적합하고, 위생학적 관점에서 미생물 오염을 무시해도 될 정도로 저장성이 있으며 천연 케이싱보다 저렴하고, 직경 균일성에 따른 충전량의 안정성 등 여러 가지 장점이 있다. 근래에 공급되는 인조장은 천연장에 비하여 제품의 성질, 특성에 따라 다양하게 선택될 수 있으며 그 품질 또한 천연장에 뒤떨어지지 않는다. 일부는 천연장의 자연적 형태를 모방하여 유사하게 제조되거나 실로 재봉되기도 하고 여러가지 색으로 칠하여져 공급되기도 한다. 인공장의 주된 특징은 직경과 장벽 두께가 균일하고 충전시 내압성이 높고 제품의 감량이 적으며 취급과 보관이 간편하다는 점이다.

(1) 콜라겐 케이싱

콜라겐 케이싱(collagen casing)은 동물 진피층(眞皮層)의 콜라겐을 추출한 뒤 세척하고 산을 가하여 분쇄하면 슬러리 상태로 팽윤된다. 이를 성형, 경화, 건조 등의 과정을 거쳐 긴 롤의 튜브상으로 제조한다(그림 12-5). 이러한 가식성 콜라겐 케이싱은 주로 직경이 작은 비엔나나 푸랑크푸르트소시지용으로 이용된다. 이에 반하여 비가식성 콜라겐 케이싱은 직경이 큰 소시지류에 이용된다. 콜라겐 케이싱은 상온에서도 약 1년 이상 저장이 가능하며, 훈연성분의 침투가용이하여 천연 케이싱과 대등한 효능을 갖는다. 일반적으로 사용 전 물에 담글 필요가 없다.

원료(진피층) → 세척 및 석회 제거 → 젖산 용액에 분쇄 혼합 → 탈기 → 여과 → 압출 성형 → 염 용액 수침 응고 → 세척 → 글리세린 첨가 → 주름 잡기 → 품질 검사 → 포장

그림 12-5. 콜라겐 케이싱의 제조공정

콜라겐 케이싱은 일반적으로 주름이 잡힌 상태로 플라스틱 봉지에 넣고 카톤 박스에 포장되어 유통된다. 콜라겐 케이싱은 특별히 낮은 온도에 보관할 필요가 없다. 단, 직사광선이나 열이 없는 냉암소(5～15℃)가 적당하다. 콜라겐 케이싱은 약 2년 정도 보관 가능하다. 콜라겐 케이싱 박스는 사용 전까지 미리 개봉하지 않는 것이 좋고 사용 전 수침할 필요가 없다. 만약 포장을 개봉하였을 경우 다시 밀봉하고 냉암소에 보관한다.

직경이 큰 콜라겐 케이싱은 작업 안정성이 더 많이 요구되기 때문에 상대적으로 케이싱 벽이 두껍다. 가식성 케이싱의 장점은 표준 직경과 강도를 가지고 주름이 잡혀 있고 길이가 길어 물에 미리 담그지 않고 수작업이나 기기로 충전할 수 있다. 가식성 콜라겐 케이싱은 튀겨 먹는 소시지류(주로 breakfast sausages)와 beef sticks와 같이 직경이 작은 건조발효소시지에 사용한다. 콜라겐 케이싱의 직경이 32 mm 이상이면 식감이 나빠져 껍질을 벗겨 먹기도 하는데, 대부분 후레쉬 소시지(fresh sausages), 부산물 소시지, 가열훈연 소시지나 건조발효소시지류 등의 제조에 사용된다.

(2) 셀룰로스 케이싱

셀룰로스 케이싱(cellulsoe casing)이란 목재의 펄프나 목화의 식물성 셀룰로스를 비스코스 상태로 용해시킨 뒤 세정, 경화, 건조의 과정을 반복하여 재생한 다음 다양한 크기와 직경으로 고압에서 튜브형태로 사출시킨 비가식성 인공장을 말한다(그림 12-6). 셀룰로스 케이싱은 훈연성이 우수하다.

원료(wood pulp) → 비스코스화(viscose) → 사출(extrusion) → 건조(drying) → 주름잡기(shirring) → 포장(packaging)

그림 12-6. 셀룰로스 케이싱의 제조공정

셀룰로스 케이싱의 성분은 대략적으로 재생 셀룰로스(regenerated cellulose) 65%, 글리세린 18%, 물 15%, 백색 미네랄오일 2%의 비율로 구성되어 있다. 셀룰로스 케이싱은 상대습도가 낮을 경우 부스러지기 쉬우므로 글리세린 같은 습윤제를 첨가하여 부드러운 상태를 유지할 수 있도록 한다. 오일은 셀룰로스 케이싱의 압출 후 주름(shirring) 작업을 원활하게 만들기 위하여 첨가된다.

직경이 작은 셀룰로스 케이싱은 껍질을 벗기는 케이싱(peeling casing)이라 불리고 프랑크푸르터 타입의 핫도그용 소시지에 사용한다. 훈연과 조리 과정(중심 온도 약 74℃) 중에 케이싱의 단백질이 응고되어 단단한 층이 형성된다. 열처리 후 셀룰로스 케이싱을 제거하는데 이때 소시지는 단백질이 단단하게 응고된 외부 층 때문에 모양을 유지하게 된다. 즉석섭취(ready-to-eat) 타입의 소시지는 셀룰로스 케이싱을 제거한 후 포장되는데 '스킨레스 소시지; skinless sausages'라고 부른다. 셀룰로스 케이싱의 직경은 12~42 mm 범위로 생산된다.

셀룰로스 케이싱은 플라스틱 봉지에 넣은 후 카톤 박스에 담겨 유통된다. 박스를 개봉하면 낮은 습도에 의하여 건조가 되지 않도록 잘 보관하여야 한다. 셀룰로스 케이싱은 습도에 민감한데 상대습도가 낮아질 경우 케이싱의 신전성(伸展性)과 유연성이 떨어져 부스러질 우려가 있다. 적정 보관 습도는 60～70%이고 온도는 15～20℃ 정도이다. 박스를 개봉하지 않은 상태에서의 셀룰로스 케이싱은 약 2년 정도 보관이 가능하다.

셀룰로스 케이싱은 직경이 큰 소시지에 사용할 경우 파열되는 경우가 잘 발생하여 이 문제를 해결하기 위해 화이브러스 케이싱이 개발되었다.

(3) 화이브러스(fibrous) 케이싱

큰 직경의 육제품에 이용되는 화이브러스 케이싱은 그림 12-7과 같이 셀룰로스를 기재(基材)로 하여 내벽에 종이층을 입힌 후 동물성 콜라겐이나 식물성 섬유를 조합시켜 제조한다. 화이브러스 케이싱은 다양한 색상과 직경으로 생산이 가능하며 직경이 균일하고 인쇄, 결찰, 절단 및 주름 작업이 가능하다. 또한 냉장 보관이 불필요하며, 훈연과 수증기 투과성이 있는 장점이 있으나 비가식성인 단점이 있다. 수증기와 공기투과성을 낮추기 위해서는 PVDC(염화비닐리덴)와 같은 필름층을 케이싱 안쪽이나 바깥쪽에 도포하여 제

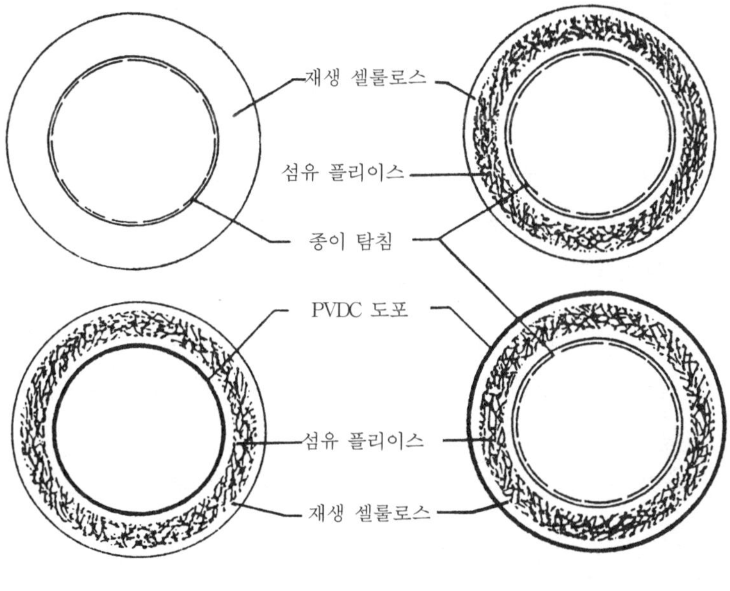

그림 12-7. Fibrous casing의 종류별 단면도

조한다. PVDC를 입히지 않은 화이브러스 케이싱은 훈연이 되어야 하는 발효육제품, 큰 직경의 domestic sausage 또는 햄류에 주로 이용되고 PVDC를 입힌 케이싱은 훈연이 안 되는 domestic sausage, liver sausage, blood sausage, Sülze나 Pressack 등에 이용된다. PVDC가 안쪽에 입혀진 케이싱은 차후 케이싱이 제품으로부터 쉽게 분리된다.

화이브러스 케이싱은 충전 작업에 앞서 케이싱의 상태에 따라 27～38℃의 물에 최소

30분에서 최대 8시간 정도 담근 후 사용하여야 한다. 일반적으로 주름 잡힌 형태의 케이싱(shirred casing)은 보통 27~38℃ 정도의 물에 약 1시간 정도, 낱개 케이싱은 30~60분 정도 침지시킨다. 케이싱은 뜨겁거나 일광이 비치는 장소는 부적당하며 4~24℃ 정도의 온도에 보관하는 것이 적당하다.

화이브러스 케이싱에 충전 후 가열 처리된 제품은 냉장 보관 전 실온에서 냉각시켜야 겉에 주름이 잡히는 현상을 방지할 수 있다.

(4) 플라스틱 케이싱

나일론, 폴리에스터와 염화비닐리덴 등의 플라스틱류로 제조된 인공 케이싱은 직경이 큰 소시지나 햄류에 이용된다. 이들 플라스틱 케이싱은 일반적으로 기체투과성이 낮아 훈연이 되지 않는다. 이러한 단점을 개선하기 위하여 최근 일본에서는 훈연성분은 투과시키지만 산소투과성이 낮은 특수 나일론계 플라스틱 케이싱이 개발 이용되고 있다.

플라스틱 케이싱은 비교적 열 저항성이 좋고, 훈연, 공기 및 수증기에 비투과성이며 기계적 강도가 높다. 플라스틱 케이싱은 특히 다음과 같은 육가공품류에 적합하다.

① 직경이 큰 제품
② 높은 산소와 수증기 차단성이 요구되는 제품
③ 천연 케이싱보다 상대적으로 높은 온도에서 조리되는 제품
④ 클립(clip)으로 결찰되는 제품
⑤ 맛과 향을 잘 보존하며 장기간 저장되는 제품

최근에 개발된 플라스틱 케이싱은 2~5개의 다층으로 이루어지며, 공기차단성이 좋고 사용 가능 온도가 -18°C에서 105/121°C에 이르는 폭 넓은 열적 특성을 지니고 있어 살균과 냉동 저장이 가능하다.

합성 케이싱은 공기 및 수증기에 비투과성 이기 때문에 건조발효소시지와 같은 건조, 숙성, 발효과정을 필요로 하는 제품에는 적합하지 않다. 또한 필름 제조나 제품 충전시 핀홀이 존재할 경우 가열할 때 파열될 우려가 있다.

플라스틱 케이싱류는 건조한 상태이지만 물에 담갔다가 사용할 수 있다. 물에 담가 두면 케이싱이 약간 팽창하므로 직경을 최대로 늘려 충전이 가능하다. 수침 조건은 약 25℃에서 20분 정도면 족하다. 단, 주름 상태의 케이싱(shirred casing)은 수침 시간을 약 45분 정도로 약간 연장하는 것이 바람직하다. 이 정도 시간 이상으로 수침시켜 놓아두어도 케이싱의 품질이 향상되거나 저하되지는 않는다. 수침 시에는 물에 완전히 케이싱이 잠기도록 해야 한다.

1) 재생 셀룰로스 필름

시장에서 셀로판 필름이라 불리는 필름은 듀퐁사에서 제조된 재생 셀룰로스 필름 종류의 브랜드 명칭이다. 이 필름은 훈연이 가능하고, 광택이 있으며 투명하고 인쇄가 가능하다. 셀로판 필름은 주로 프레스 햄의 내면 포장재로 사용되며 최근에는 인쇄가 가능한 특성을 이용하여 훈연되지 않은 제품도 훈연된 것처럼 보이도록 만들기 위하여 셀로판 필름에 훈연 색상을 인쇄시켜 열처리 후 제품 표면에 훈연 색상이 그대로 묻어나도록 만든 착색 필름이 개발되었다.

그림 12-8. 셀로판 필름

12.2.3 플라스틱 포장재

생육과 육제품에 이용되는 플라스틱 포장재는 중합(polymerization)이나 축합(poly-condensation)되어 튜브상이나 평판형태로 생산된다. 이와 같은 단체(單體)필름은 제품에 요구되는 성질에 따라 적층(lamination) 또는 공압출(coextrusion)되어 제조된다.

각 단체 또는 적층필름의 기체와 수증기 투과도 및 사용 가능 온도는 표 12-6, 12-7과 같다.

(1) 단체 플라스틱 필름

1) 폴리에틸렌(polyethylene, PE)

폴리에틸렌은 에틸렌을 중합하여 얻어지며 밀도에 따라 크게 저밀도 폴리에틸렌(low density polyethylene, LDPE), 중밀도 폴리에틸렌(medium density polyethylene, MDPE), 고밀도 폴리에틸렌(high density polyethylene, HDPE) 등으로 구분된다. 그 외 1976년부터는

LDPE보다 측쇄수가 적은 선상저밀도 폴리에틸렌(linear low density polyethylene, LLDPE)이 제조되기 시작하였다. PE는 압력을 높여 제조할수록 저밀도의 폴리에틸렌이 생산되며, 밀도가 높을수록 공기와 수증기차단성이 높아지고 기계적 강도, 내열성 및 내한성이 증가하는 반면, 유연성은 떨어진다. PE는 polypropylene과 함께 polyolefine계 고분자 화합물로써 수증기 투과성이 낮고 기체 투과성이 높으며 내한성과 열봉합성(heat sealing property)이 우수하여 LDPE와 LLDPE 필름은 생육의 랩 필름, 냉동육 필름, 진공 또는 기체조절용 포장재의 봉합면으로 이용된다. 이축 연신 PE는 수축포장으로 닭고기나 생육에 많이 이용되고 HDPE는 내열성이 좋아 레토르트용 포장재의 봉합면으로 이용된다. LLDPE는 stretch film으로 생육포장에 이용된다. 그러나 PE계 필름은 인쇄적성이 나쁜 것이 단점이다.

표 12-6. 각종 단층 필름의 투과도와 사용 가능 온도 범위

필 름	기체투과도*			수증기투과도**	사용온도(℃)
	탄산가스	질 소	산 소		
Cellophane					
unlacquered	250	240	70~700	–	−20~+190
lacquered	50~250	240	15~80	3~15	−20~+190
Polyethylene					
LDPE	42,500	2,800	7,900	24~48	−50~+90
HDPE	9,100	660	2,900	22	−50~+110
Polypropylene					
CPP	12,600	760	3,800	22~34	0~+120
OPP	8,500	310	2,500	3~5	−50~+120
Polyester	240~400	11~16	95~130	20~24	−60~+150
Polyamide	160~190	14	40	240~360	−60~+130
PVC	320~790	30~80	80~320	5~6	−20~+100
PVDC	40~100	2~5	10~25	3	−20~+140
PS	14,000	880	5,500	110~160	−60~+90
EVOH	–	–	2	30	–
PVOH	–	–	1	–	–

* $cm^3/m^2 \cdot day \cdot bar$, ** $g/m^2 \cdot day \cdot bar$

2) 폴리프로필렌(polypropylene, PP)

폴리프로필렌은 propylene을 중합시켜 제조한다. 이때 촉매의 선택에 따라 측쇄구조가 변화되며 따라서 필름의 재질과 특성이 달라진다. PP는 밀도가 0.90 정도로 가볍고 일반적 성질은 PP와 비슷하나 PE보다 기체 및 수증기 투과성이 약간 낮고 내열성이 좋으며, 투명성과 표면 광택성이 뛰어나고 경도가 크다.

성형법에 따라 무연신필름(無延伸, cast polypropylene, CPP)과 연신필름(延伸, oriented polypropylene, OPP)으로 구분된다. 연신 과정을 거침으로써 PP는 투명성, 내절강도(耐折强度), 기계적 강도가 우수하여지고 특히, 가로, 세로 두 방향으로 이축연신된 필름(biaxially oriented polypropylene, BOPP)은 무연신필름보다 산소, 수증기투과도가 1/2～1/3 정도 저하된다.

CPP는 레토르트용 포장재의 봉합면으로 이용되고 OPP는 랩포장, 수축포장, 냉동포장용 등 다양하게 이용된다.

표 12-7. 각종 적층 필름의 투과도와 사용 가능 온도 범위

필 름	두 께 (㎛)	투 과 도		사용온도 (℃)
		산 소*	수증기**	
Cellophane/NC/PE	35/75	15	1.5	0～+80
Cellophane/X/PE	35/75	15	1	0～+80
PET/LDPE	12/75	100	1.2	－60～+80
PET/MDPE	12/75	100	1.2	－60～+110
PET/HDPE	12/75	100	0.6	－60～+124
PET/HDPE	19/400	60	0.1	－60～+124
PET/PP	19/400	60	0.1	－60～+135
PET/X/PE	12/75	15	0.9	－60～+80
PA/PE	25/60	35	1.1	－60～+110
PA/PE	50/75	15	0.8	－60～+110
PA/HDPE	50/75	15	0.8	－60～+124
PA/PP	50/75	15	0.6	－60～+135
Cellophane/NC/Al/PE	35/12/75	-	-	0～+80
PET/Al/LDPE	12/12/75	-	-	－60～+110
PET/Al/HDPE	12/12/75	-	-	－60～+124

NC : nitrocellulose, X : PVDC, * cm^3/m^2 · day · bar, ** g/m^2 · day · bar

3) 에틸렌 비닐아세테이트 공중합물(ethylene vinyl acetate copolymer. EVA)

아세테이트 공중합물은 ethylene에 vinyl acetate를 공중합시킨 화합물로 중합시 초산비닐의 함량이 증가함에 따라 인쇄성, 투명성, 유연성이 증가한다. 가소제(可塑劑)가 첨가되지 않아도 유연한 성질이 있기 때문에 단독으로 또는 PE, PP 등과 공압출되어 생육용 스트레치 필름으로 이용된다. PE와 유사한 성질을 가지나 PE보다 용융점이 낮아 PE를 대체하여 복합 또는 공중합 필름의 열 봉합면에 많이 사용된다.

4) 에틸렌 비닐 알코올(ethylene vinyl alcohol, EVOH)

에틸렌 비닐 알코올은 에틸렌과 비닐알코올의 공중합체로 단체필름과 공압출필름이 있다. EVOH는 에틸렌이 27～48% 함유된 결정성 물질로 에틸렌 비율이 증가할수록 수지

의 밀도, 용융점, 유리전이온도, 산소 차단성이 증가하는 한편, 수분 투과율은 저하한다. 수증기에 약하여 일반적으로 PE나 PP와 공압출하여 사용하고 있다. 최근 산소 투과성이 매우 낮은 특성 때문에 PE나 나일론 등과의 공압출필름이 축산가공품을 중심으로 한 포장재에 사용되고 있다.

5) 폴리아마이드(polyamide, PA)

폴리아마이드는 아민과 키아복실산과의 아미드결합을 가진 고분자화합물로서 흔히 나일론(nylon)이라고 불린다. 폴리아미드는 탄소수에 따라 다양한 구조식과 이름을 갖는다. 종류로는 6-나일론, 7-나일론, 11-나일론, 12-나일론, 13-나일론, 6,6-나일론 및 6,10-나일론 등이 있다.

일반적인 성질로는 기체 차단성과 기계적 강도, 내열성, 내약품성, 내한성 및 성형이 우수하다. 그러나 흡습성이 있어 주위의 상대습도가 높을수록 기체투과도가 상당히 증가하는 경향이 있으므로 포장된 제품의 보관시 이점을 유의하여야 한다. 이러한 나일론의 단점을 보완하기 위하여 PE, PP나 EVA 등과 조합하여 사용한다.

무연신과 연신 필름이 모두 상업적으로 많이 이용되나 점차 기체 차단성이 우수하며 질기고 강인한 성질이 있는 연신 필름이 더 많이 이용되는 추세이다. 최근에는 차단성이 개선된 비결정 나일론 필름이 개발되었다. 일반적으로 나일론은 질기며 인장강도가 높고 내마모성이 좋고 내핀홀성이 우수하다. 나일론은 낮은 온도에서 유연하여 냉동식품용 포장재로 적당하며 내열성이 좋아 boil-in-bag이나 roast-in-bag으로 사용된다. 6-나일론은 가격이 저렴하여 일반적인 진공 및 기체조절포장용으로, 6,6-나일론은 융점이 약 250℃ 정도로 높아 고열살균용 포장재로 이용된다. 12-나일론은 습도에 무관하고 수증기차단성이 좋으며 내한성이 우수하여 냉동제품용으로 이용된다.

6) 폴리에틸렌 테레프탈레이트(polyethylene terephthalate, PETP)

Ethylene glycol과 테레프탈산을 축합시켜 제조된 폴리에틸렌 테레프탈레이트를 PET로 지칭하고 있다. PET는 인장강도가 대단히 높고 내열성, 내한성, 내약품성이 우수하며 흡수성이 낮고 인쇄성이 좋아 인쇄용 기재로 이용되며, 기체와 수증기 투과성도 낮은 편이다. 그러나 단체(單體) PET 상태로는 열 봉함 온도가 높고 점착성이 나빠 일반적으로 PE나 PP 등과 적층되어 이용된다. 기체 차단성을 높이기 위해서 EVOH나 PVDC 등과 접합하여 사용되기도 하며 PET를 기재(基材)로 하여 알루미늄을 증착시킨 필름은 완벽한 차단성을 갖는다. CPP와 조합되어 전자렌지용 용기나 레토트파우치로 많이 이용된다. 그 외 냉동육, 수축포장재 또는 생육 및 육제품용 진공 또는 기체조절포장용 포장재로서 이용된다.

7) 아이오노머(ionomer)

PE 중합물 중의 공유결합 분자구조 사이에 금속이온이 이온 결합된 에틸렌과 아크릴산의 공중합물로서 'Surlyn'이라는 상품명으로 DuPont사에서 최초로 개발되었다. LDPE에 비하여 투명하고 질기며 기계적 강도가 높다. 가격적으로 다소 비싼 편이나 내유성이 좋고 열 봉합온도가 약 85℃로 낮고 봉합면에 이물질이 오염되어도 열 봉합이 잘 되는 우수한 특성이 있다. PA와의 적층필름은 내(耐) pin-hole 성이 강하다. 생육 특히 냉동육의 포장과 진공포장, 수축포장, 스킨포장에 광범위하게 이용된다.

8) 폴리염화비닐(polyvinyl chloride, PVC)

폴리염화비닐은 흔히 비닐로 칭하여지는 필름으로서 염화비닐을 중합하여 얻어진다. 가소제의 첨가 수준이 높아짐에 따라 필름의 가소성(plasticity)이 증가되어 더욱 연질의 PVC가 된다. 시중의 연질 PVC 랩 필름에는 diethylhexyl adipate(DEHA) 등의 가소제가 약 20~30% 함유되어 있다. 가소제의 함량이 낮은 경질 PVC는 기계적 내성, 기체와 수증기 차단성이 우수하고, 산, 알코올, 기름에 대한 내성이 좋으나 가소제 함량이 높아질수록 위와 같은 성질은 떨어진다. 경질 PVC는 투명하고 열에 의한 성형성이 좋고 안정된 형태를 유지하므로 자동성형포장기의 하부 성형층의 재질로 PE과 적층되어 이용된다.

연질 PVC는 투명성과 산소투과성이 높은 편이고 적절한 수증기투과성을 갖고 있어 식육의 저장시 옥시미오글로빈 색을 유지시키고 수분증발을 방지하는데 적합하다. 그리고 자기점착성이 뛰어나기 때문에 랩 또는 스트레치 필름의 형태로 이용된다. 그러나 지방함량이 높은 식품에 장기간 접촉하거나 높은 온도로 가열될 때는 염화비닐 단량체와 가소제의 용출 문제로 위생상 논란의 소지가 있어 식품에 직접 접촉시키는 용도로는 최근 세계적으로 그 사용이 제한되고 있는 추세이다. 무연신 PVC는 0℃ 이하에서는 유연성이 떨어지므로 냉동용 제품의 포장에는 적합하지 않다.

9) 폴리염화비닐리덴(polyvinylidene chloride, PVDC)

일반적으로 폴리염화비닐리덴은 염화비닐과 중합되어 제조된다. PVDC는 공기와 수증기 차단성이 매우 높고 내유성, 내약품성, 투명성 및 열 수축성 등이 뛰어나나 제조단가가 높은 것이 단점이다.

튜브상으로 제조되어 어육연제품 및 훈연이 안 되는 소시지의 포장에 이용되고, 이때는 클립으로 봉하여진다. 평판으로는 진공 또는 가스포장재의 공기차단성을 낮추기 위하여 얇은 두께로 적층된다. 또한 PVDC와 EVA 공중합물 필름은 생육 또는 육제품의 수축포장용으로 이용된다.

10) 폴리스티렌(polystyrene, PS)

벤젠과 에틸렌을 촉매로 반응시킨 다음 탈수소화시켜 중합 제조한다. 폴리스티렌은 산, 알칼리, 염류 등 무기약품과 지방족 탄화수소 및 알코올에 내성이 있으며 전기 절연성과 인쇄성 및 내한성이 양호한 반면, 산소와 수증기 투과성은 높다.

용도에 따라 다양한 형태의 필름이나 용기형태로 이용될 수 있다. 용기형태로는 자동성형포장기에 의하여 성형되어 생육이나 육제품의 용기로 또는 발포성 polystyrene paper (PSP)의 경우에는 생육을 담는 용기(tray)로 많이 이용된다. 이축 연신된 PS 필름은 내열, 내한성이 양호하므로 냉동육이나 가열육제품의 포장재로 이용된다.

11) 셀 로 판(cellophane)

셀로판은 상품명으로 재질은 셀룰로스 수화물이며 튜브상과 평판상으로 제조된다. 셀로판은 글리세린, 글리콜류나 소르비톨 등이 유연제로 첨가되는데, 그 첨가량이 많아질수록 인열강도, 신장률은 증가하나 경탄성(硬彈性)은 떨어진다.

육류와 육제품에는 유연제가 적게 포함된 셀로판이 이용된다. 일반적 성질로는 광택이 있고 투명하여 기계적 작업성이 우수하고 대전성(帶電性)이 있고 인쇄적성이 우수하며 공기와 향기 투과성이 낮다. 그러나 수증기 투과성은 주위의 상대습도가 높을수록 상당히 증가한다. 또한, 열 접착성이 없는 것이 단점이다. 따라서 방습성을 부여하기 위하여 nitrocellulose, vinyl chloride, vinylidene chloride를 도포 또는 공중합시킨 방습셀로판(moisture-proof cellophane)이나 PE와 적층시켜 열 봉합성을 부여시킨 polycello의 형태로 개선되어 이용되기도 한다.

Cellophane film은 예전에는 육류나 육제품의 포장에 많이 이용되었으나 지금은 PP 필름으로 많이 대체되었다.

(2) 수축 필름(shrink film) · 스트레치 필름(stretch film)

연신 과정에서 배열된 상태로 장력을 걸어 냉각시키면 가역, 변형될 수 있는 용융물의 일부가 그대로 필름상태에 존재하게 됨으로써 가열시 내부구조가 풀어지며 필름이 수축하게 된다. 이 과정을 통하여 필름이 제품의 표면에 밀착 포장된다. 수축되면 필름의 두께가 증가되고 PP, PET, PVC를 제외한 나머지 수축필름의 경우에는 인열강도, 투명도가 감소한다. 수축도는 재질, 온도 그리고 최초 존재한 가역적 변형 수준에 따라 좌우된다.

수축 필름의 종류와 성질은 표 12-8에 나타나 있다. 수축온도 범위가 좁은 필름은 수축작업시 정확한 온도 조정이 요구된다. 스트레치 필름은 열처리를 별도로 할 필요가 없이 간단하게 스스로 점착된다.

표 12-8. 수축필름의 종류와 성질

필　　름	인장강도 (kg/cm²)	수증기 투과도 (g/m²·d·bar)	산소 투과도(cm³/m²·d·bar)	최대수축 (%)	수축온도 범위(℃)	터널온도 범위(℃)	봉합온도 (℃)
Polyester	1,670~1,810	15	80~120	45~55	71~121	107~154	135~204
Polyethylene							
regular	112~700	12~18	3,100~8,500	20~70	88~149	121~191	121~204
cross-linked	560~1,330	5~10	3,500~7,500	70~80	71~143	107~298	149~242
Polypropylene	1,050~1,880	4	1,700	70~80	104~177	149~215	159~204
Polystyrene	630~840	60	3,500	40~70	99~132	132~160	121~149
Polyvinyl chloride	700~1,330	50	300~8,000	50~70	66~149	107~154	135~174
Polyvinylidene							
chloride copolymer	420~1,400	3~20	15~300	30~60	66~99	93~135	93~157
Rubber hydrochloride	560~840	12~20	3,000	40~50	66~110	107~149	82~121

(3) 포장재의 조합 이용

플라스틱 필름, 종이, 알루미늄 등이 포장재끼리 서로 조합되거나 기타 적당한 물질을 도포시켜 단체 재질 포장재로서의 기능성을 개선시킬 수 있다.

조합시키는 방법은 크게 적층과 코팅으로 구분되고 공압출(coextrusion)은 새로운 다층 필름 제조방법으로 최근 각광을 받고 있다.

포장재로써 요구되는 제반 성질에 부합되게 이용 가능한 포장재의 종류를 분류해 보면 다음과 같다.

- 내열성 : PET, PA, HDPE, PP, aluminum
- 기계적 강도 : PET, PA, PP, PS, 이축 연신필름
- 방습성 : PVDC, HDPE, LDPE, PP, aluminum
- 기체차단성 : PVDC, PVC, PA, PET, aluminum, EVOH
- 열봉합성 : PE, PP, EVA, ionomer(예; Surlyn)
- 인쇄성 : 종이, cellophane, PP, PS

적층의 한 예로 그림 12-9와 같이 기체투과성이 높으나 수증기 차단성이 좋은 PE와 기체차단성은 높으나 수증기 차단성이 다소 떨어지는 PET를 적층시켜 PET/PE 복합 필름이 제조되면 기체와 수증기 차단성이 모두 낮은 포장재로서 이용될 수 있다.

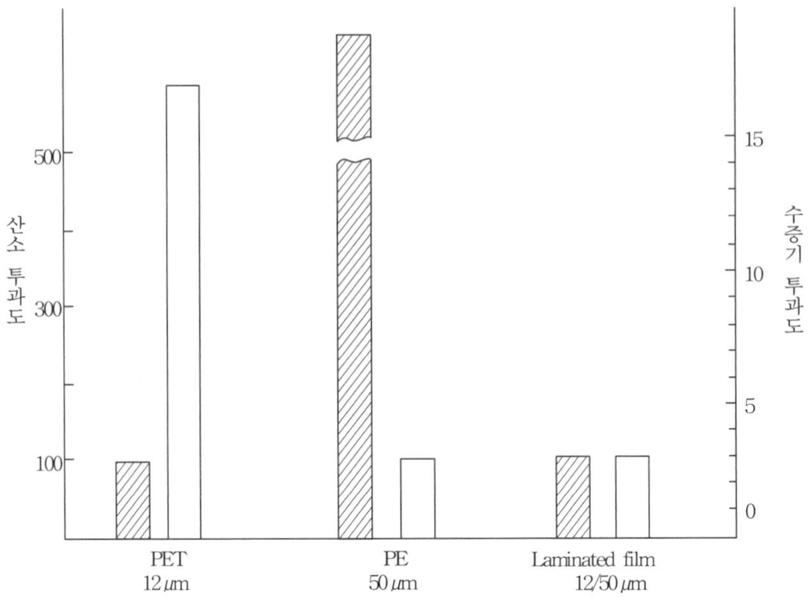

그림 12-9. PET와 PE의 적층시 산소와 수증기투과도

▨ 산소 투과도(cm^3/m^2 · d · bar, 20℃, 0% RH)

□ 수증기 투과도(g/m^2 · d · bar, 20℃, 0% RH)

공압출 방법은 2대 이상의 사출기에서 각 단체필름을 동시에 압출 조합시킴으로써 일반 적층필름보다 접착제의 사용 없이도 극히 얇은 필름(약 12㎛까지)을 제조할 수 있다. 이 방법에 의하여 7층까지의 공압출된 포장재의 생산이 가능하다. 공압출될 수 있는 필름은 열 가소성 플라스틱 필름류인데 종이, 알루미늄, 셀로판 등과는 조합될 수 없다. 대표적인 공압출 필름으로는 LDPE/LDPE, LDPE/PA/LDPE, PVDC/PVC/PVDC, MDPE/PP/MDPE, EVA/PE, PA/EVOH/LDPE, EVA/PVDC/EVA 등이 있다.

코팅방법은 이미 제조된 기재에 wax, paraffin, 셀룰로스, 질산염이나 그 유도체의 코팅, PVDC나 styrene copolymer의 용제에 의한 코팅, PVDC의 에멀젼 코팅(emulsion coating), PE, PP, PA, 아이오노머 등의 압출 코팅(extruded coating) 등으로 이루어지며, 플라스틱끼리 뿐만 아니라 종이와 알루미늄과도 코팅된다.

12.2.4 알루미늄

약 0.5 mm 정도의 알루미늄 판(aluminum sheet)을 압연기로 수차 압연시켜 원하는 두께의 얇은 두께(6~20 ㎛)의 호일(foil)로 제조된다. 최근의 알루미늄 호일 생산에서는 생산성 증가, 게이지의 균일성 개선 그리고 내핀홀성 및 차단성 향상분야에서 기술적 진보가 이루어져 왔다. 최근 전자렌지의 사용증가로 인하여 알루미늄 호일의 이용이 더욱 늘어날 것으로 예견되고 있다. 예전의 포장산업에서 얇은 두께로 이용되어 왔던 주석판이나 납판과 같은 금속재는 이제 거의 알루미늄으로 대체되었다.

또한 알루미늄 증착필름은 알루미늄을 고진공 상태에서 증기화시켜 PET나 PA의 기재에 증착시키는 방법으로 기체 및 수증기의 투과율을 약 1/20 이하로 감소시킴으로써 알루미늄을 절약하고 높은 차단성을 갖는 필름상으로 제조되기도 한다. 일반적 성질은 기체와 수증기 투과성이 낮고 광선 차단성이 좋으며 내열, 내한성 및 성형성이 뛰어난 장점이 있다. 그러나 알루미늄 자체는 열 봉함성이 없으므로 주로 PE이나 PP와 적층되어 이용된다. 그리고 제품의 염 농도가 높거나 산성, 알칼리성이 강하거나 고온으로 가열될 경우 알루미늄이 부식되고 이행될 가능성이 커지므로 이 경우 식품과 직접 접촉되지 않도록 해야 한다. 또한 알루미늄은 마이크로파를 반사하는 성질이 있으므로 전자렌지용으로 이용할 때는 뚜껑을 비금속성 재질로 제조하거나 조리 시에는 뚜껑을 개봉하여야 한다. 육제품에는 PET나 PP등과 적층되어 장기보관용 제품의 포장용기로 많이 이용된다.

12.2.5 금속용기(metal container)

금속류를 식품 포장용기로 사용한 것은 19세기 초 Appert가 양철판으로 캔을 제조한 것이 효시이다. 금속관에 사용되는 금속류에는 강철(iron), 주석(tin), 알루미늄(Al), 크롬(chromium) 등이 있다. 양철관(tinplate can)은 원래 양철판에 주석을 도금하여 제조하여 왔다. 그러나 주석 값이 상승함에 따라 주석대신 크롬을 도금한 TFS관(tin free steel)이 개발되어 통조림 제품에 많이 이용되고 있다.

금속관은 접합 부분이 몇 개로 이루어졌느냐에 따라 관동(罐胴), 뚜껑, 밑바닥으로 이루어진 three pieces can과 관동 및 뚜껑만으로 이루어진 two pieces can으로 구분된다. 그리고 외형상 타원관(oval can), 각관(square can), 원통관 등이 있으며, 개봉형태상 돌림띠에 의해 개봉되는 통조림(key opening can)이나 tab에 의한 개봉 통조림이 있다.

육가공품 통조림용으로는 주로 다음과 같은 5 가지의 기본적인 형태의 금속 캔이 이용된다(그림 12-10, 11).

① 사각형(square) :일반적으로 런천미트, 찹드(chopped) 햄, 본레스(boneless) 햄 등의 포장
② 서양배형(pear shaped) : 살균 햄 또는 피크닉 햄 포장에 사용되며 알루미늄을 양극산화시키고 에나멜로 코팅하여 제조
③ 원형(round) : 가장 일반적 형태로 모든 육가공품에 사용 가능

④ 타발형 알루미늄(drawn aluminum) : 윈나 소시지, 양념육, 미트 스프레드(meat spread)에 사용

⑤ 직사각형(oblong) : 일반적으로 무균 런천미트에 사용되며 양철 캔과 알루미늄 캔으로 제조 가능하다.

금속관은 공기와 수증기 및 광선 차단성이 좋고 내압성, 내열성 등 기계적 강도가 우수하나 무겁고 일부 식품에서는 부식되는 경향이 있는 것이 단점이다. 금속관은 내열성, 건조성 및 차단성이 우수하여 장기보관용 통조림 소시지, luncheon meat, corned beef나 장조림 등의 육가공제품에 이용된다.

통조림 캔은 개봉편이성을 향상시키기 위하여 주로 easy open end(EOE, 개봉용이 뚜껑)형 소위 '원터치 캔 뚜껑'을 갖춘 철 캔이 주종을 이루었으나 최근에는 개봉 시 날카로운 뚜껑의 단면에 의해 소비자들이 다치는 사고가 잦아 안전을 고려하여 알루미늄으로 만들어진 EOE 뚜껑들도 시장에 나와 있다(그림 12-10). 그리고 PET와 CPP 필름에 알루미늄이 적층된 차단성 필름 포장재를 이용한 제품도 있다(그림 12-11).

그림 12-10. EOE형 통조림 캔

그림 12-11. 알루미늄이 적층된 차단성 필름 포장

12.2.6 유리용기

유리는 규사, 석회석, 규석, 장석, 소오다회, 석회석 등의 원부재료를 규사, 소오다회, 석회석 등을 혼합하여 고온(800～1,400℃)에서 용융시킨 후 성형(moulding), 서냉(annealing), 재가열, 서냉, 검사/선별의 공정을 거쳐 제품화된다.

광선 투과도를 낮추기 위하여 유리용기는 여러 가지 양이온 무기질을 혼합하여 착색된다. 예를 들어 Ti^{3+}(자주색), Cr^{3+}(초록색), Cr^{5+}(노란색), Mn^{3+}(자주색), Fe^{2+}(푸른색), Fe^{3+}(노란색-갈색), Co^{3+}(푸른색) 등이 각 가지 색을 내기 위하여 혼합된다.

유리용기의 특성은 비활성이고 금속용기와 유사하여 완전한 기체와 수증기 차단성을 가지며, 내열성은 약 500℃ 정도로 높고 압축강도가 강한 반면, 무겁고 충격에 약한 단점이 있다.

유리용기는 금속용기와 같이 장기보관용 육제품에 이용된다.

12.2.7 종이와 카톤

종이나 판지는 펄프에서 섬유소를 화학제나 기계적으로 펄핑 추출하여 일정한 형태로 제조한다. 섬유소와 파지 비율에 따라 판지(골판지, 백판지, 황판지), 양지(인쇄용지, 포장용지, 신문지, 도화지), 화지(창호지, 선화지, 휴지), 가공지로 구분된다.

종이와 판지류는 포장재로서 가볍고 인쇄성이 좋으며 기계적 강도가 있고 형태 보존성, 자외선 차단성이 있으며 공해도가 적은 것이 장점이다. 그러나 수분과 기체의 차단성이 낮고 투명하지 못하고 열접착성이 없는 것이 단점이다. 이러한 성질을 보완하기 위하여 기타 재질 등과 접합하여 가공 제조되기도 한다.

합성수지가 개발되기 전에는 단순히 제품을 싸는 용도로 쓰이던 포장재였으나 현재는 glassine 또는 parchment paper로 가공되거나 wax나 paraffin을 도포, 또는 PE나 EVA외 기타 플라스틱 및 알루미늄과 적층 가공되어 생육의 포장에 주로 이용된다.

생육 포장용 carton 내벽은 수분과 지방의 침투를 차단하기 위하여 wax나 paraffin으로 도포되기도 한다.

최근에는 환경친화적인 포장재로 소비자용 소포장 생육 용기로 펄프 재질의 용기(pulp mould tray)의 이용이 점차 증가되고 있다.

육가공품 포장용 종이 포장재는 수분과 지방의 침투를 차단하기 위하여 내유성 종이, 왁스나 코팅용지 등을 사용한다. 종이보다 두꺼운 재질인 판지는 주로 베이컨의 받침, 육가공품 외포장용, 수송용 골판지 상자에 이용된다.

12.3 포장방법

1960년대 이후 많은 새로운 포장재와 포장방법의 개발이 이루어져 여러 가지 형태의 포장화가 가능하게 되었다.

포장할 때는 포장되는 제품의 성질, 형태, 종류, 저장기간 또는 경제성 등에 따라 이용되는 포장재 및 포장방법의 종류가 고려되어야 한다(표 12-9).

표 12-9. 생육의 저장 기간에 따른 포장재와 포장방법

		단기저장	중기저장	장기저장
포장방법		랩 포장	기체치환포장	진공포장 기체치환포장
저장 수명(0~5℃)		1 주일 이내	1~2주일	1~3개월
포장형태		트레이에 랩 포장	자동 성형된 용기에 산소, 탄산가스, 질소 등 충전 후 상부 필름 접합	Pouch 또는 용기 형태의 포장재를 진공 또는 진공 후 질소나 탄산가스 치환포장
포장재	재 질	랩 : 연질 PVC, LLDPE, EVA/PE, cellophane 등 트레이 : 스티로폼(PSP), PE 등	상부 : PA/PE, PET/PE 하부 : PVC, PET, PA/(EVOH)/PP, PE, PS 등의 복합 또는 공중합필름	-PA/PE, PA/PVDC/PE, PA/EVOH/PE, EVA/PVDC 공중합물 등 - 기체치환포장시 좌동
	가스투과도 ($cm^3/m^2 \cdot d \cdot atm$)	높다 (10,000~20,000)	낮다 (10~50)	낮다 (50 이하)
	수증기투과율 ($g/m^2 \cdot d$)	중간 정도 (15~800)	낮다(10 이하)	낮다(10 이하)
봉합방법		필름의 자기점착성 또는 열 봉합	열 봉합	열 봉합

12.3.1 생육의 포장

(1) 지육포장

전도체(全屠體) 및 대분할된 상태의 지육(carcass)은 냉장 또는 수송 중 외부로부터의 오염을 방지하고 수분증발에 의한 중량 손실을 줄이기 위하여 포장될 수 있다. 이에 이용되는 포장재는 얇은 두께의 PE, PP, 연질 PVC와 같은 플라스틱 필름이나 마대(jute sack) 등이다. 이와 같은 플라스틱 필름들은 기체 투과성은 높으나 수증기 투과성이 낮으므로 포장하기 전에 지육을 충분히 냉각시켜야 육 표면과 포장재 사이에 응축수의 생성을 방지할 수 있다. 응축수가 형성되면 +4℃에서도 세균의 성장이 촉진된다. 따라서 포장시 지육의 중심온도를 +7℃ 이하로 냉각시켜야 한다. 플라스틱 필름으로 지육을 싸서 저장할 경우 수분증발의 억제로 도체의 외관은 양호한 상태로 유지될 수 있다. 반면에 비포장 지육의 경우 장기간 냉장고에 저장되면 표면에서의 과도한 수분증발로 표면의 육색이 어두워지고 조직이 건조해져서 판매시 제거되어야 하기 때문에 경제적 손실이 커진다.

국제간 교역에서 저장기간을 더욱 연장시킬 필요가 있을 경우에는 플라스틱필름이나

마대로 싼 후 냉동 수송되고 경우에 따라서는 탄산가스가 혼합된 기체조절(modified atmosphere) 상태로 냉장 수송된다.

(2) 부분육의 숙성 및 장기저장을 위한 진공포장

고기의 진공포장 효과에 대하여는 1936년 프랑스에서 처음으로 냉동육을 고무라텍스 백을 이용하여 탈기포장하면 저장수명이 연장된다는 것을 확인하였다. 그 후 1942년에 Oscar Meyer사가 진공포장기법을 발명하여 1947년에 미국의 Grace사가 최초로 냉장쇠고기포장육을 생산하였고, 1960년대 후반부터 부분육으로 숙성시켜 유통시킬 목적으로 진공포장육이 생산되었으며, 1980년대에 상자육(boxed meat)의 형태로 자리 잡았다(그림 12-12). 80년대에 들어와서 생육의 유통은 상당 부분 지육유통방식에서 centralized packaging(중앙공급식 선포장)에 의한 부분육 유통방식으로 전환되었다. 미국에서는 이미 1980년대 초에 부분육 유통비율이 88%이었고 그 중 진공포장육이 90%를 차지하였다.

장기숙성포장방법은 크게 진공포장(vacuum packaging)과 기체치환포장(modified atmosphere packaging, MAP)으로 구분되어진다. 진공포장은 진공펌프를 이용하여 탈기함으로써 포장 내의 잔류기압을 10~20 mbar 정도로 낮춘 다음 열 봉합 또는 클립을 이용하여 결찰(結紮) 밀봉 포장한다.

진공포장기의 종류로는 크게 chamber type, nozzle type과 thermoforming(열 성형) type이 있다. Chamber type 포장기는 미리 제조된 포장지에 제품을 넣고 chamber내의 공기를 탈기시키는데, 생육 포장에 보편적으로 이용된다(그림 12-13).

그림 12-12. 진공포장된 상자육(boxed meat)

그림 12-13. Chamber type 진공포장기

Nozzle type 포장기는 노즐을 통하여 탈기시킨 후 가열 밀봉하거나 알루미늄 클립으로 밀봉하는 방법인데 진공이 충분하게 이루어지지 않는 단점이 있다(그림 12-14).

자동 열성형 진공포장기는 하부 필름이 가열 성형되어 만들어진 용기에 제품이 담긴 다음 상부 필름이 밀봉 접착되는 방법으로써 육제품과 기체조절포장제품에 많이 이용된다(그림 12-15).

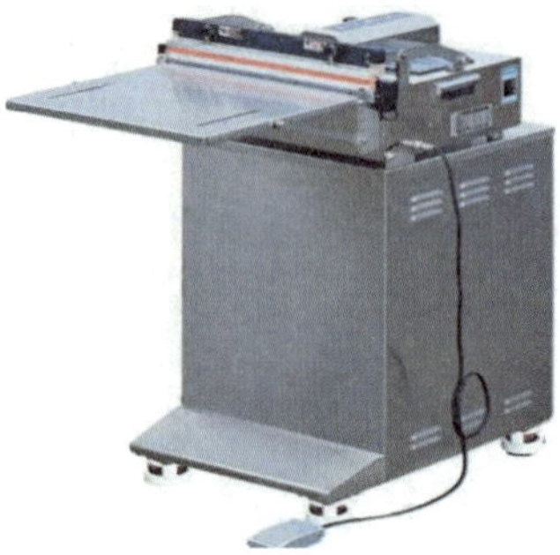

그림 12-14. Nozzle type 진공포장기

국내에서도 최근 수송비의 절감, 합리적 유통 그리고 저장시간 연장 등의 필요성에 따라 도체와 같은 지육상태에서 해체되어 부분육 상태로 유통되는 비율이 점차로 높아지고 있다. 이때 이용되는 포장재는 산소 투과도가 낮아 호기성 미생물의 번식과 변색 및 산화 반응을 억제시키며, 또한 수증기 투과도도 낮아 수분 증발에 의한 중량손실을 막을 수 있어야 한다. 따라서 나일론이나 PET에 PE를 적층시킨 복합필름(laminated film)이 일반적으로 이용된다. 일반적인 나일론계 복합필름의 산소 투과도는 약 30~60 cm^3/m^2 · day · bar 정도이고 PVDC층이 입혀질 때는 10 cm^3 이하로 떨어질 수 있으며, EVOH를 입힌 포장재는 산소 투과도를 1~2 cm^3 정도까지 낮출 수 있어 생육을 특별히 장기 보관시킬 필요가 있다.

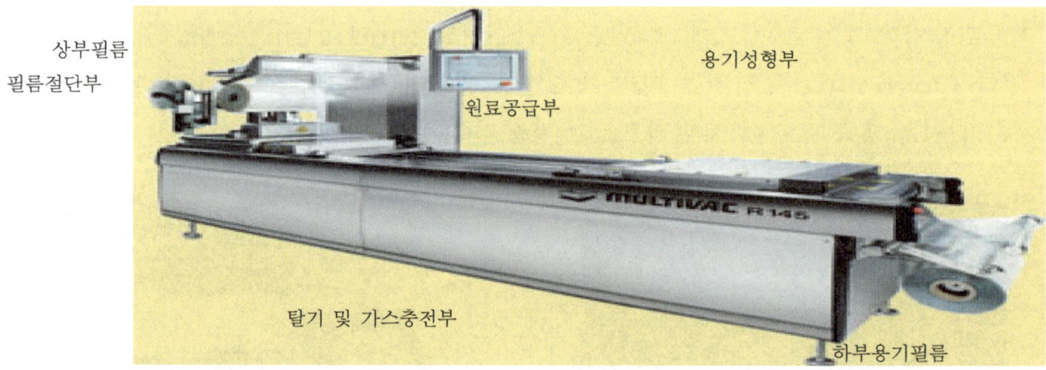

1. Tray용 하부 sheet: 열성형 필름이 롤에서 풀려 나옴
2. 트레이 성형다이
3. 성형된 트레이로 제품 투입(수동 또는 자동)
4. 제품
5. 상부 필름이 제품이 담긴 트레이를 덮음
6. 탈기, 필요시 가스 치환
7. 기계적 방향으로 팩 절단
8. 수평 방향으로 팩 절단-개별 포장제품 제조 완료

그림 12-15. 횡형 자동 열성형 진공포장기(horizontal thermoforming type)

탈기, 밀봉 후 120~180℃ 정도의 고온열풍터널을 통과시키거나 75~85℃ 정도의 열수에 2~5초간 담금으로써 필름이 수축되어 제품에 밀착되는 수축포장(shrink packaging)은 육즙이 빠져나오는 공간을 줄이는 효과가 있어 상품성을 향상시킴으로써 대규모 포장육 제조업체에서 가장 보편적으로 이용되는 진공포장방법이다. 수축포장은 깔끔한 외관, 취급 용이성과 제품의 밀착성 등의 장점이 있는데, PP, PVC, PVDC, EVA 등의 필름들이 사용된다. 수축필름을 이용할 경우에는 제품을 진공포장 후 열 수축시켜 밀착 포장시키는데, 이때 포장재가 40~50% 정도 수축함에 따라 포장재의 산소 투과도가 낮아지는 장점이 있다. 그러나 실제 육이 접한 부분은 육의 온도가 10℃ 이하로 낮고 수축시 가열 시간이 짧기 때문에 수축률은 20% 이내이다. 그 외, 필름이 수축은 안 되지만 제품 이외의 나머지 공간이 가열에 의하여 붙게 되는 융착필름을 이용한 포장도 수축포장과 유사한 효과를 나타낸다.

장기숙성 및 저장용 기체조절방법은 진공포장에서와 동일하게 탈기과정을 거친 후 탄산가스와 질소를 혼합하거나 또는 단독으로 주입하여 열 봉함 포장되는데, 기타 자세한 내용은 다음에서 설명되는 (3) 2) 기체치환포장을 참조하기 바란다.

(3) 소비자용 소포장

세계적으로 생육의 소매유통방법은 크게 세 가지로 나눈다. 첫째, 전통적인 호기적 조건의 랩포장, 둘째, 높은 농도의 산소가 주입되는 기체치환포장, 셋째, 혐기적 조건의 진공포장이나 skin포장이다.

1) 랩 포장(wrap packaging)

소비자용 셀프서비스 기능을 갖는 가장 보편적인 포장방법은 스티로폼과 같은 플라스틱 용기(tray)에 생육을 담고 10~12 μm 정도의 얇은 랩 포장재로 감싸는 방식을 취하고 있다. 소비자용 냉장육은 일반적으로 판매점에서 소비자 대면판매의 형태로 원하는 중량만큼 절단하여 황산지나 방습셀로판포장지에 감싼 후 플라스틱 봉지에 담아 판매되는 것이 일반적이다. 그러나, 포장하기 위해서는 부분육 가공장에서 직접 셀프서비스포장 형태로 가공 납품되거나(case-ready 제품) 판매처에서 그 날 그 날의 물동량에 맞추어 분할 포장된다.

소비자는 선홍색의 육색을 선호하는데 생육에 이러한 특성을 부여하기 위해서는 포장 내의 산소농도가 높게 유지될 수 있는 포장방법이 이용되어야 한다. 따라서 포장재는 +23℃를 기준하여 약 5,000 cm^3/m^2 · day · bar 이상의 산소 투과도를 가져야 한다. 또한 저장 중 수분증발을 막기 위하여 수증기 투과도가 낮고 자기점착성(self-adhesive property), 수축성, 투명성 그리고 내한성이 있는 포장재가 요구된다. 이러한 특성을 만족시키는 포장재로서는 10~20μm정도의 연질 PVC, LLDPE, PVDC, ,polybutadiene(PB)이나 EVA/PE 공중합물 등이 있다. 이러한 필름들 중에서 연질 PVC의 제반 특성이 가장 우수한 편이나 가소제의 이행으로 인한 위생학적 관점과 환경오염 차원에서 식품에의 사용이 점차 제한되어가고 있는 추세이다.

이와 같은 필름들은 자체의 자기점착성을 이용하거나 열판위에서의 가열로 용융되어 생육이 담겨진 밑받침(tray)에 밀착, 포장된다. 밑받침으로 이용되는 포장재료는 발포성 PS(expanded polystyrene, EPS), 경질 PVC 또는 펄프용기 등이 있다.

랩포장의 용기로 이용되는 것은 지금까지는 주로 EPS 종류였으나 유럽지역에서는 환경친화적 차원에서 펄프몰드의 사용이 증가하는 추세이다. 펄프몰드 용기는 스티로폼용기에 비하여 냉동온도에서도 내충격성이 강하고 보형성이 좋으며 열전달률이 높아 냉장용 용기로 적합함이 입증된 바 있으나, EPS 용기에 비하여 가격이 비싼 것이 단점이다. 육류의 저장성 차원에서 펄프몰드와 EPS 용기 사이에 차이는 없지만 펄프몰드는 플라스틱재질에 비하여 산소투과도가 높은 특징이 있고, 수분흡수가 많아 냉동육의 경우에는 달라붙는 단점이 있으나 열전달이 좋아 냉장시 온도가 EPS 용기보다 0.3~0.5℃ 정도 낮게 유지될 수 있는 장점이 있다. 랩 포장시 용기를 이용한 경우 저장기간이 길어짐에 따라 육즙이 삼출되어 용기에 고임으로써 미관상 불량해진다. 이를 방지하기 위해서는 흡수지(meat diapers)를 육 밑면에 깔아 육즙을 흡수하도록 하는 방법이 있다.

2) 기체치환포장

랩 포장상태에서는 육색이 선홍색으로 유지되는 대신 저장성이 짧은 단점이 있는 반면, 진공포장이나 기체포장에서는 저장성이 연장되지만 육색이 적자색(赤紫色)으로 나타나는 단점이 있는 것을 서로 보완한 기체치환포장이 개발되었다. 기체치환포장에서는 탈기 후 포장 내에 인위적으로 산소, 질소, 탄산가스를 혼합, 조절하여 주입시킨다. 이때 산소는 육색을 선홍색으로 유지시켜 주는 역할을 하고 탄산가스는 정균작용을 나타내며, 질소는 비활성기체로서 포장 내의 압력을 유지시켜 주기 위하여 첨가된다. 질소와 탄산가스를 주입할 경우에는 잔류 산소농도가 0.2% 이하가 되도록 고순도 가스를 이용하여야 한다.

일반적인 기체의 배합 비율은 2/3~4/5의 산소와 1/3~1/5의 탄산가스가 주로 이용된다. 산소농도가 높을수록 옥시미오글로빈(oxymyoglobin) 층이 두껍게 형성된다(표 12-10). 탄산가스는 온도가 낮을수록 용해도가 증가하므로 냉장상태에서 쉽게 육 표면에 용해되고 또한 산소나 질소가스보다 포장재에 대한 투과성이 높아서 포장용적이 감소되어 용기가 위축되는 현상이 나타날 수 있다. 이 현상을 막기 위하여 5~10%의 질소를 주입시키거나 기체차단성이 좋은 포장재를 이용할 필요가 있다. 따라서 기체치환포장 시에는 진공포장에 쓰이는 차단성 포장재 종류가 주로 이용된다. 예를 들어 열 성형 포장시 하부용기의 재질은 경질 PVC/LDPE, PET/LDPE, PS foam/EVOH/LDPE,PET/EVOH/PE 등의 재질이 이용되고, 상부 뚜껑으로는 PET/LDPE나 PET/PVDC/LDPE가 주로 이용된다. 뚜껑 재질은 수증기가 응축되어 내용물이 보이지 않게 되는 현상을 방지하기 위하여 방담제(antifogging agent) 처리를 하여야 한다.

표 12-10. 생육 저장 중 산소 농도에 따른 oxymyoglobin층의 두께

공기 조성	Oxymyoglobin 층 두께(mm)				
	1일	2일	5일	8일	12일
80% O_2+20% CO_2	11	14	14	*	*
60% O_2+20% CO_2 + N_2	9	8	*	*	*
40% O_2+20% CO_2 + N_2	8	7	*	*	*

노르웨이에서는 일찍이 일산화탄소를 0.3~0.5%의 농도로 가스치환포장과 케이스레디(case-ready)포장육에 사용하여 왔다. 일산화탄소는 미국 FDA에서는 현재 0.4% 농도 이하로 사용시 "GRAS(generally recognized as safe: 일반적으로 안전하다고 여겨지는)" 물질로 허가하고 있다. 일산화탄소를 주입한 케이스레디포장 돈육은 일반 고산소 가스치환포장육과 비교하여 육색이 더욱 선홍색으로 진하고 오랜 기간 유지시켜 줄 뿐 아니라, 육즙삼출량이 적지만 향미와 소비자 기호도차원에서는 큰 차이가 없다고 보고되고 있다.

탄산가스, 질소와 산소는 GRAS 물질로서 미국에서는 식품의 저장용으로 단독 또는 혼합하여 자유롭게 사용할 수 있도록 법적으로 허가되어 있다. 또한, 유럽연합에서도 상기 3가지 기체는 법적으로 EU번호가 부여되어 있고 식품용으로 사용 시에는 보존용 기체(preservative atmosphere)로 적절히 표기되어 있을 경우 자유롭게 사용할 수 있도록 허가되어 있다. 아르곤 가스는 GRAS물질로서 유럽연합에서 식품용으로 허가되어 있다. 일산화탄소는 미국에서는 GRAS물질로 구분되어 2002년부터 마스터팩(master pack)된 생육에 0.4%의 일산화탄소를 주입하는 것은 가공조제로 간주되어 의무 표기할 필요가 없는 것으로 간주되었다. 그럼에도 불구하고 일산화탄소로 치환포장한 포장육을 소매 판매하는 것은 허가되지 않은 상태이다. 유럽연합에서는 2004년부터 공식적으로 사용이 금지되었다. 이와 같이 일산화탄소를 식품에 사용하는 것은 아직까지는 전 세계적으로 많은 논란이 되고 있는 상태이다.

아르곤은 화학적으로는 질소와 마찬가지로 비활성이나 생물학적으로는 활성을 갖고 있다. 질소보다 약 1.43배의 높은 밀도가 갖고 있어 팩내 산소를 제거하는 효과가 질소보다 우수하다. 그리고 아르곤은 탄산가스와 혼합 패키징시 탄산가스의 농도를 낮추어도 정균효과가 우수하다.

아르곤은 질소보다 약 3배 이상 물에 대한 용해성이 높아서 액상식품에서 질소보다 빨리 산소를 제거할 수 있다.

표 12-11. 육류 및 육제품의 기체치환포장 예

제품		기체(%)		
		산 소	이산화탄소	질 소
쇠 고 기	일 반	70~80	20~30	0~10
	장기 보존형	-	25	75
		-	100	-
돼지고기		25	50	25
		20	80	-
		-	25~30	70~75
	생 육	60~80	20~40	-
가 금 육		5~10	60~75	20
		-	100	-
	가열제품	-	30	70
	튀긴 제품	-	-	100
		-	20~30	70~80
	훈연가열소시지	-	100	-
		-	-	100
육 제 품	햄	-	20~30	70~80
	가열소시지	-	20~40	60~80
	베 이 컨	-	20~40	60~80
	발효소시지	-	20~50	50~80

3) 진공포장

랩 포장 형태 이외에 1980년대 이후 미국에서 폴리올레핀 계열의 수축 포장재를 이용한 진공포장 형태가 시장에 선 보이기 시작하였다. 그러나 이러한 진공포장 형태에서는 육색이 암적색으로 나타남에 따라 소비자 선호도가 저하되는 단점이 있다. 일부 국가에서는 진공포장육의 냉장저장수명이 길고 유통과정 중 숙성이 가능하다는 차원에서 서서히 소비자용 소포장육으로도 자리 잡아 가고 있는 추세이다. 비록 진공포장 상태에서 육은 발색이 안 되나 미오글로빈(myoglobin) 함량이 낮은 돼지고기와 닭고기의 경우는 쇠고기에 비하여 영향을 적게 받는다. 1977년 이중포장기법(master pack 또는 mother bag system)이 개발되었는데, 이는 유통단계에서는 이중포장으로 유지되다가 소매점에서 이중포장층 중 기체차단층 재질을 벗겨내고 산소투과성 필름층만 남겨 놓는 방법으로 육색을 선홍으로 발색시키는 새로운 포장 기법이다.

진공포장의 변형으로서 스킨포장(skin packaging)은 편편한 포장재 위에 제품이 놓인 다음 가열된 필름이 덮여 제품을 제외한 나머지 부분이 밀봉되는 형태로서 마치 제2의 피부같이 밀착됨에 따라 상품적 미려함과 진열 효과가 돋보이는데, 최근 생육이나 고급 육제품의 진공포장용으로 많이 이용되고 있다(그림 12-16). 스킨포장에 쓰이는 필름은 윤곽선 포장이 잘 되도록 유연하여야 하며 대상물의 날카로운 부위에 찢기지 않도록 용융강도가 높아야 하므로 LDPE와 아이오노머가 많이 사용되나, 하중이 무겁거나 날카로운 모서리가 있을 때는 PVC 필름이 사용된다.

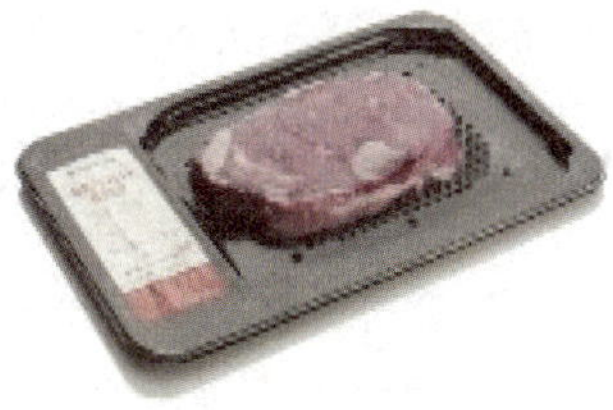

그림 12-16. 스킨포장육

4) 마스터팩(master pack)

1977년에 생육과 같이 산소가 존재하여야 육색이 발현되는 식품용으로 이중모포장(二重母包裝)기법이 개발되었다. 예를 들어, master packaging(multiple packages)방법은 산소투과성 필름에 랩핑된 여러 개의 포장육을 산소차단성이 우수한 알루미늄 라미네이트 필름의 큰 봉지에 담는다. 이 패키징은 산소를 제거하기 위하여 탈기한 후 원하는 조성의 기체, 일반적으로 100% 탄산가스로 주입한다. 그리고, MA기체가 생육포장으로 더 빨리 침투할 수 있도록 랩포장재 표면에 구멍을 몇 개 뚫기도 한다. 이러한 상태로 유통시키다가 소매점에서는 구멍 부분을 라벨로 막고 진열시키면 생육은 선홍색으로 30분 이내에 발색되게 된다. 이 기법은 최근 미국이나 유럽등의 대형유통점에서 벌크상태로 포장육을 유통시키는 데 많이 사용되고 있다.

마스터팩 시스템은 중간에 제품을 재포장하지 않아도 되어 이력추적시스템(traceability system)에 적합하며 인건비 절감과 위생성 향상에 기여할 수 있다는 장점이 있다. 그러나 포장비 및 기계 등 운용비용과 포장용적 증가로 인한 유통비용이 증가된다. 그리고 마스터팩 형태의 생육 MAP에 질소나 탄산가스가 사용될 경우 잔류산소 농도가 높으면 오히려 변색의 위험이 증가한다.

5) 케이스레디(case-ready; CR) 포장

기존의 육류 유통방식은 생산자가 벌크로 생산한 제품을 유통회사의 물류센타로 운송하여 소포장하거나 매장에서 직접 대면판매 또는 소포장하여 소비자에게 판매하는 형태를 취하여 왔다. 케이스레디(CR) 포장이란 생산자가 미리 제품의 정보와 기타 표기사항을 팩에 라벨링하고, 밀봉 포장함으로써 중간 물류센타에서 재포장하지 않고 그 상태로 소매점으로 유통되는 신개념 유통방식을 말한다. 이러한 CR 포장은 최근 미국과 유럽연합에서 급격한 성장세를 유지하고 있는데, 이는 포장비와 유통비용은 증가하는 대신 인건비의 절감, 이력추적 용이, 위생성 증대 등 여러 가지 장점이 있기 때문이다. 그리고 종래의 연질염화비닐 포장 방법시 발생되는 육즙의 누출이 없고 포장 형태가 취급과 운반에 편리하다. 또한 냉동할 경우에도 염화비닐포장육에 비하여 포장이 파손될 우려가 적다. 그밖에 케이스레디 포장은 일종의 변조방지포장(tamper-proof packaging)의 형태로 제조됨으로써 포장이 오염, 변조되거나 유해물질을 고의로 투입하는 일을 방지할 수 있다.

CR형 제품으로는 종래의 PS 폼 트레이에 연질 PVC랩 필름을 감싼 포장 형태도 가능하나 최근 대형할인점을 통한 유통채널의 확대로 인하여 유통기한의 연장이 필요한 제품들이 많이 요구되는 경향이라 용기형 MAP CR 제품이 주를 이루고 있다. 실례로 미국에서 신선육이 CR형태 포장으로 유통되는 비율은 2002년 49%에서 2007년 64%로 증가하였다.

12.3.2 냉동육 포장

냉동육의 포장재로는 내한성과 기계적 강도 및 유연성이 우선되는데 PE, PP, PVDC 같은 단체필름이나 나일론과 PVDC와의 복합필름이 적합하다. 연질 PVC 필름은 투명성과 자기점착성은 뛰어나나 내한성이 좋은 편이 아니어서 냉동온도에서 충격강도가 매우 낮아지는 단점이 있고 폴리올레핀계 필름에 비하여 수증기 투과도가 높다. 장기보관을 위하여 냉동시킬 경우에는 되도록 산소 투과도와 수증기 투과도가 낮은 필름을 이용하여 포장내 빈 공간이 없도록 밀착 또는 수축 포장하는 것이 바람직하다. 따라서 포장재는 신축성과 수축성이 있는 것이 바람직하다.

영하 20℃에서 3개월 미만 쇠고기를 보관할 경우에는 발색시킨 후 냉동 포장하는 것이 냉동육의 육색 보존 차원에서 바람직하고, 이때는 PE필름도 무방하다. 그러나 저장기한이 3개월 이상 될 때는 산소차단성 포장재에 진공 포장하는 것이 육색의 보존에 유리하다.

냉동소포장육은 우선적으로 건조에 의한 냉동손상(冷凍燒)이 일어나지 않도록 하는 것이 중요하다. 따라서 냉동육의 포장재는 수증기 차단성과 냉동온도에서도 물리적 강도를 갖는 것이 품질 보호차원에서 우선적으로 요구되는 요건이다. 닭고기는 살모넬라의 오염 및 성장 위험성이 많아 다른 육류에 비하여 냉장보다는 냉동된 상태로 포장 유통되는 비율이 높은 것이 특징이다.

12.3.3 육제품의 포장

직경이 가는 domestic sausage는 세절, 유화된 유화물을 cellulose나 collagen casing 또는 천연장에 낱개로 포장하여 가열 또는 훈연한 다음 PA/PE 등의 진공포장재에 진공 또는 기체치환 포장하거나 혹은 수축포장 한다. 굵은 축육제품은 fibrous casing이나 천연장을 이용하여 포장된 후 가열 또는 훈연과정을 거쳐 그대로 유통되거나 얇게 썰어 진공포장재에 진공 또는 기체치환 포장되어 유통된다. 어육 또는 어육혼합소시지는 PVDC 단체필름에 종형(縱形)자동포장기(그림 12-17)를 이용하여 알루미늄 클립으로 결찰하여 낱개 포장한 후 다시 PE나 PP 등의 필름으로 이차 포장한다. 햄류 중 프레스햄(pressed ham)은 내용물을 셀로판지를 씌운 성형틀(retainer)에 충전시킨 후 가열, 훈연과정을 거쳐 형태를 부여한 다음 진공포장재에 탈기 포장된다. 그 외 본레스햄(boneless ham), 로인햄(loin ham) 및 기타 고급 햄류는 진공포장용 필름이나 fibrous casing에 탈기 포장된다. 그리고 베이컨은 일반적으로 얇게 썰어 진공포장용 필름에 탈기포장 된다. 플라스틱 필름에 포장된 후 포장재로 제품이 가열되는 형태인 boil-in-bag은 주로 나일론계 필름으로써 햄류에 이용된다.

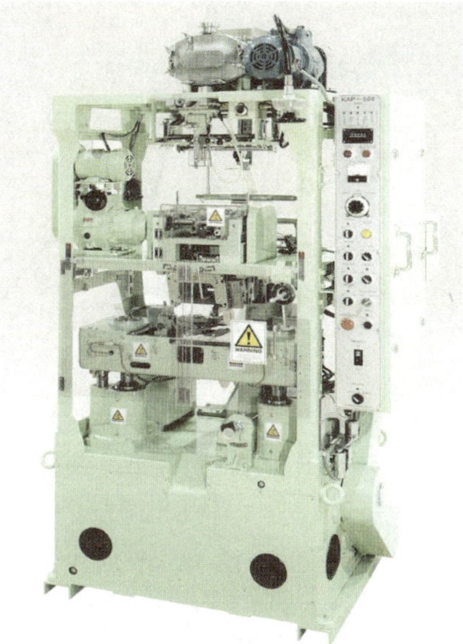

그림 12-17. 종형자동포장기

대량 생산되는 육제품은 자동열성형포장기로 많이 포장되는데, 이러한 용도로는 나일론과 PE로 조합된 두 겹의 복합필름이 보편적으로 이용된다.

조합된 두 겹의 복합필름이 보편적으로 이용된다. 최근에 와서는 포장재별 장점과 특성을 이용하고 제품의 유통기한을 연장시키기 위한 목적으로 포장재 단가가 상승함에도 불구하고 다층복합필름을 이용하는 추세가 늘고 있다.

이러한 재질의 포장재는 물리적 강도가 뛰어나고 산소 차단성이 매우 높으며 성형성이 우수한 장점이 있다. 예를 들어, 특수 나일론 포장재는 보일드햄(boiled ham)용으로 20 cm까지 성형할 수 있는 포장재가 시장에 나와 있다. 일반 나일론 포장재보다 산소 차단성이 높은 필름 중에서 PVDC층을 입힌 포장재보다 EVOH층을 가진 포장재가 성형이 깊게 될 수 있다. 그러나 하부층 필름을 성형할 때 성형 깊이가 3 cm 이상 되면 용기 모서리 부분의 산소 투과도가 눈에 띄게 높아지므로 제품의 포장시 이를 감안하여 포장재의 종류와 두께를 결정하여야 한다(그림 12-18).

육제품이 포장될 때 하부 필름이 과도하게 성형되면 모서리 부분 등의 필름 두께가 얇아져 산소의 유입량이 많아짐으로써 호기성 미생물의 번식이 왕성하여질 우려가 있다. 따라서 성형을 깊이 할 경우에는 3층 이상의 적층 필름이나 두꺼운 필름을 이용하는 것이 바람직하다.

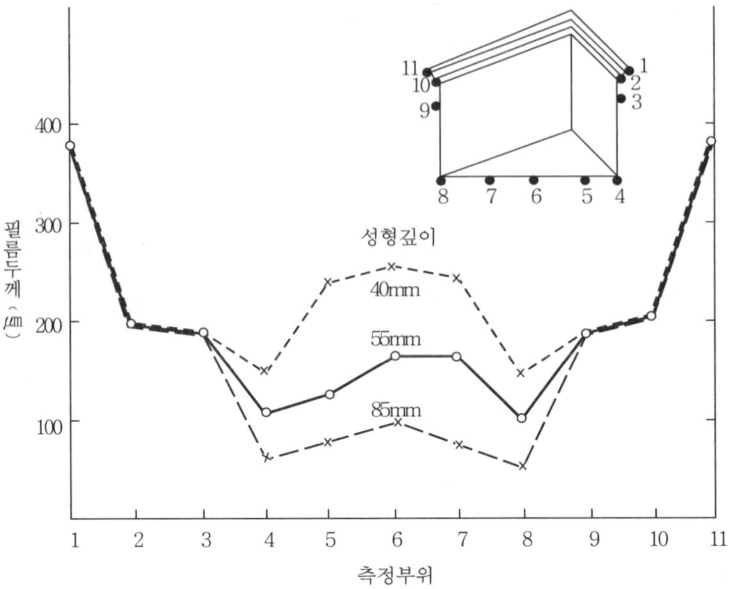

그림 12-18. 자동성형포장기에 의해서 성형된 하부 용기의 각 부분별 두께

장기저장용 축육제품은 주석이나 크롬이 도금된 양철 캔이나 유리병, 또는 CPP/알루미늄/PET로 적층된 레토르트 pouch에 넣어진 후 레토르트에서 멸균 처리된다. 따라서 110~125℃의 고온살균처리육제품에 이용되는 포장재는 우선 내열성이 강해야 되고 산소와 수증기차단성이 완벽하여야 한다.

국내 축육류 제품에 사용되는 포장재와 포장형태는 제조회사에 따라 일부 상이하나 대표적인 제품 종류별로 일반적으로 이용되는 현황을 살펴보면 표 12-12와 같다.

표 12-12. 국내 육제품 포장재 이용 현황

구 분	제 품	포 장 재	포장형태
<생 육> 소, 돼지고기	소비자용 소포장육	받침용기 : 발포폴리스티롤 경질염화비닐	랩 포장
	도매용	랩 필 름 : 연질염화비닐 염화비닐리덴공중합필름 나일론복합필름	진공수축포장 진공포장
닭 고 기	소비자용 냉장 또는 냉동제품	소, 돼지고기의 소비자용 폴리올레핀계복합필름 염화비닐리덴공중합필름	소포장육과 동일 진공수축포장
<육제품> 소 시 지	비엔나	셀룰로스나 콜라겐 케이싱 나일론복합필름 나일론복합필름+폴리올레핀계필름	내포장용 진공포장 또는 탈산소제 봉입 포장 기체치환포장 내포장+외포장

	프랑크푸르트	셀룰로스나 콜라겐 나일론복합필름	케이싱용 진공포장
	연　육	염화비닐리덴 폴리올레핀계 또는 알루미늄 증착 또는 판지	케이싱용 함기(含氣) 외포장 외포장 지함
프레스햄		염화비닐리덴 셀룰로스 fibrous casing 나일론 또는 일부 폴리에스터복합필름	충전용 내포장 충전용 내포장 충전용 내포장 진공포장
햄		나일론복합필름 또는 고차단성 공중합필름	진공포장
베 이 컨		나일론복합필름 판지	진공포장 외포장 지함

(1) 육 제 품

육제품은 대부분 아질산염을 첨가하여 제조되는데 이러한 경우 아질산염이 산화질소(nitric oxide: NO)로 분해되어 궁극적으로 미오글로빈과 결합하여 안정된 니트로소미오글로빈(nitrosomyoglobin)으로 변화한다. 그리고 가열되면 단백질이 변성하여 핑크색의 니트로실헤모크롬(nitrosyl hemochrome)으로 변하면서 산화에 매우 안정하게 된다. 그럼에도 불구하고 이 색소가 장기간 산소에 노출되면 산화가 일어나 변색이 일어난다. 그림 12-19에서 보는 바와 같이 메트미오글로빈(methemoglobin)은 산소 분압이 높을수록 많이 일어난다. 따라서 육제품은 포장내 산소를 제거하는 진공포장 형태로 주로 포장되고, 일부 제품들은 산소를 배제하고 질소와/또는 탄산가스를 이용하여 가스치환포장된다. 그리고 슬라이스제품의 내용물이 서로 붙지 않게 하거나 대용량으로 도매 유통하는 벌크제품의 경우 진공포장보다는 질소로 치환포장이 선호된다. 육제품에 사용되는 MA기체는 보편적으로 질소 80%, 탄산가스 20%, 또는 질소 100% 등의 비율로 산소를 제거한 상태로 사용된다.

12.4 포장재의 미생물 오염

미생물은 포장재의 표면에 실내 공기(먼지입자)나 기계 또는 작업자의 신체와 접촉시 오염되게 된다. 일반적으로 합성수지포장재는 고온에서 열처리 과정을 거치기 때문에 표면에 존재하는 미생물 수는 100 cm^2 당 5마리 이하이다. 반면에 천연장 케이싱은 g당 약

10^4 범위이고, 종이제 포장재는 원료에 따라 g당 10^1~10^6 정도의 미생물을 함유하고 있는 등 포장재에 따라 편차를 나타낸다. 미국에서는 일회용 종이 포장재의 경우 g당 250마리 이하의 미생물수 기준이 설정되어 있다.

미생물 수는 축육제품의 종류에 따라 저장성에 큰 영향을 미친다. 생육과 같이 대부분 합성수지제를 이용하여 포장하는 경우 포장되는 원료의 미생물 함량이 상대적으로 높기 때문에 포장재의 미생물 함량을 극한적으로 낮추기 위하여 노력할 필요까지는 없다. 그러나 멸균상태에 가깝게 열처리된 식품을 포장할 때는 포장재의 미생물 함량이 중요한 요소이다. 일부 육제품의 경우에는 포장재에 오염된 곰팡이가 제품의 유통기한을 단축시키기도 한다.

12.5 포장제품의 품질 및 저장성

12.5.1 포 장 육

(1) 냉장포장육

포장육의 저장성은 변색, 이취발생, 점액형성, 육즙삼출 등의 요인에 의하여 제한된다(그림 12-19). 도살되어 생산된 축육의 경우 일정 기간 동안은 생화학적 활동을 계속한다. 정육의 경우 농산물처럼 호흡은 하지 않더라도 효소나 색소단백질 또는 호기성(好氣性) 미생물의 번식에 의하여 산소의 소비가 일어남에 따라 탄산가스의 배출이 이루어진다.

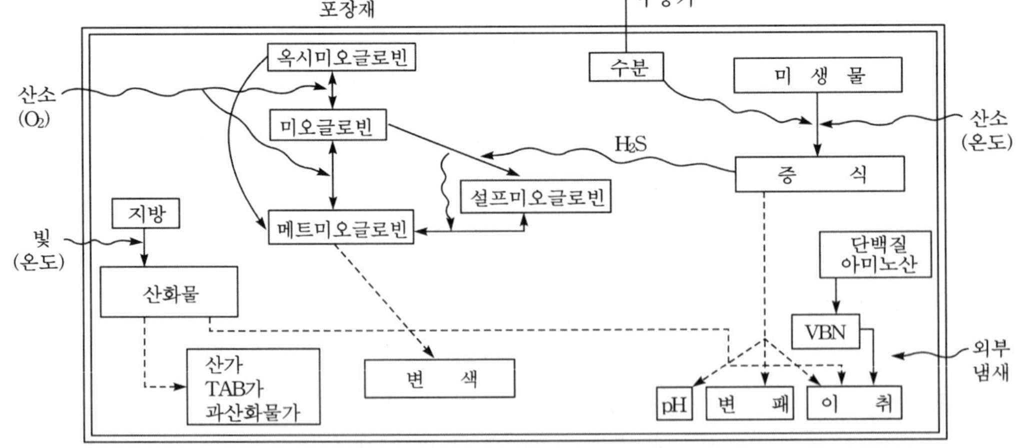

그림 12-19. 포장육의 품질 변화도

예를 들어 진공포장된 쇠고기는 4시간 이내에 포장 내의 산소농도가 1～3%로 떨어지고 대신 탄산가스 농도가 10～20% 정도로 상승하게 된다. 산소가 충분한 조건하에서는 호기성 미생물의 번식이 활발해져 결국은 고기성분 중의 단백질이 분해되어 암모니아 같은 썩은 냄새가 나서 저장성이 수일 정도로 매우 짧다. 이러한 단백질부패균의 성장을 억제하기 위해서는 결국 포장 내의 산소를 제거하는 방법, 즉 진공포장방법이 동원되거나 진공 후 다른 기체, 예를 들면 질소나 탄산가스를 대신 넣어줌으로써 생육의 저장성을 연장시킬 수 있다.

1) 미 생 물

산소투과성포장재에서의 주요 번식균은 *Pseudomonas*류의 호기성 간균이나 원료육의 종류나 처리 상태에 따라 간혹 *Brochothrix thermosphacta*균이 대두되기도 한다.

*Pseudomonas*균이 많이 증식하였을 때는 아미노산과 펩티드의 분해에 의한 암모니아, 아민류, H_2S, 휘발성 지방산 등이 생성되고 부패가 더 진행되면 phenol, indole, skatole, 탄산가스도 발생된다. 이때의 세균 수는 10^7～10^8/g이고 10^9정도 이를 때는 흑갈색의 변색과 점액층도 상당히 두꺼워진다.

한편, *B. thermosphacta*균의 수준이 높으면 통기성 포장재에서는 탄수화물의 분해에 의한 acetoin의 형성으로 독특한 이취를 발생하고, 진공포장육에서는 acetate나 butyrate 등의 저급 산취를 발생하여 낮은 균 수준에서도 변패를 야기시킬 수 있다. 진공포장육에서는 저장기일이 연장될수록 호기성 부패균의 성장이 억제되고 *Lactobacillus, Leuconostoc, Streptococcus* 등의 유산균이 주종을 이루게 되는데 pH의 저하와 함께 산취가 강하여진다. 포장재의 산소투과도가 높을수록 *Pseudomonas*와 *B. thermosphacta*균의 번식이 활발하여지고 변색되는 비율도 높아진다(그림 12-20). 또한 +6℃ 이상의 저장온도에서는 Enterobacteriaceae의 증식이 활발하여진다. 한편, *Pseudomonas*는 산소농도 0.8% 이하에서 서서히 증식이 억제되며 0.1% 이하에서는 성장이 중지된다.

탄산가스의 정균 효과는 1877년 Pasteur와 Joubert에 의하여 최초로 밝혀졌는데 저장온도가 낮을수록 탄산가스의 용해도가 높아져 그 효과가 상승하는 것을 알 수 있다. 탄산가스의 정균작용은 5% 이상부터 나타나는데 20%까지 그 효과가 증대되나 그 이상의 농도에서는 큰 차이가 없다(그림 12-21). 탄산가스 주입포장 내에서는 *Pseudomonas,* Enterobacteriaceae, *B. thermosphacta* 등의 세균들 및 곰팡이의 성장이 크게 억제된다. 유산균류들은 탄산가스에 덜 예민하나 100% 탄산가스 포장에서는 성장이 둔화되는 경향이 있다(그림 12-22). 100% 탄산가스 주입포장은 +2℃에서 뿐만 아니라, +6℃에서도 Enterobacteriaceae, *B. thermosphacta, Pseudomonas*균들의 성장을 억제시킬 수 있으며, 관능학적인 저장수명도 연장시킨다. 탄산가스의 이러한 정균작용 기작은 아직 정확히 밝혀지지 않고 있으나 decarboxylase와 dehydrogenase의 작용억제 효과, 탄산의 형성에 따른 세포 사이의 pH 하강 효과, membrane의 기능과 성질 변화 야기설 등이 제시되고 있다.

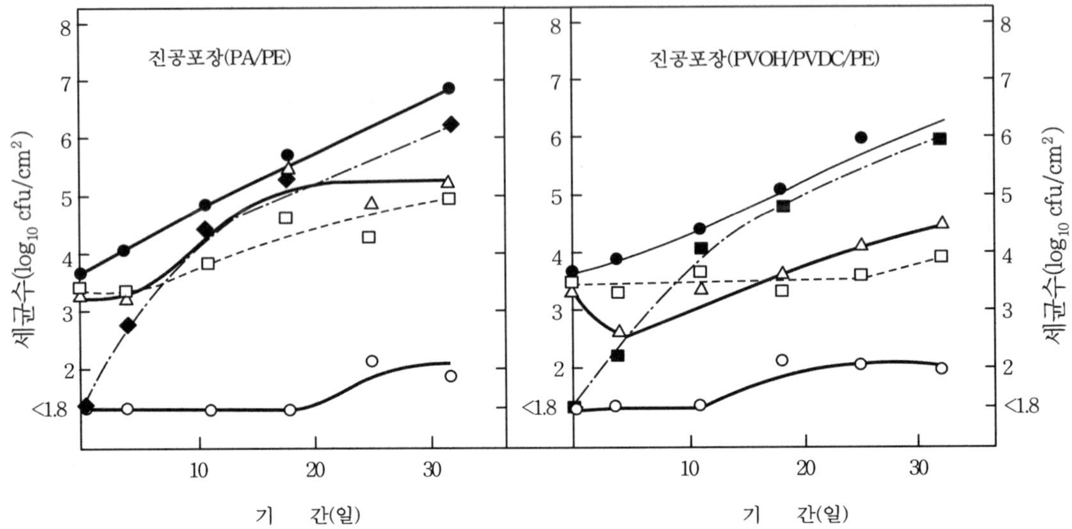

그림 12-20. 필름의 산소투과도에 따른 진공포장 우육의 저장 중 각종 세균수 변화(저장 온도 +2℃)

PA/PE의 산소 투과도 약 20 cm^3/m^2 · d · atm
PVOH/PVDC/PE의 산소 투과도 약 < 1 cm^3/m^2 · d · atm
●—● Total aerobic bacteria ◆—◆ Lactic acid bacteria
△—△ *Brochothrix thermosphacta* □—□ *Pseudomonas*
○—○ *Enterobacteriaceae*

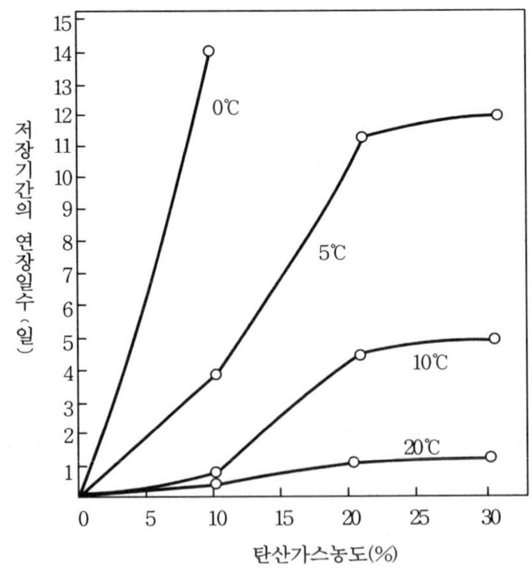

그림 12-21. 쇠고기 포장육에서의 탄산가스 농도 및 저장온도에 따른 저장성

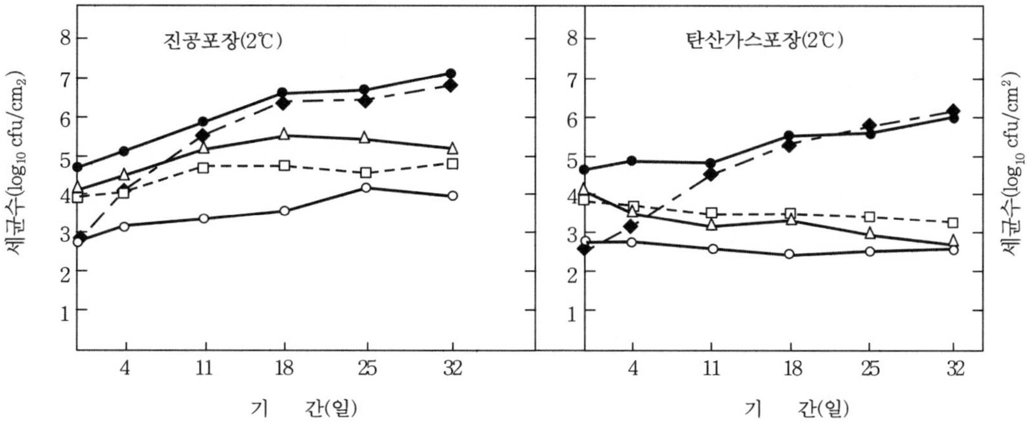

그림 12-22. 진공포장과 100% 탄산가스 포장된 쇠고기의 저장 중 세균변화

●——● Total aerobic bacteria　◆——◆ Lactic acid bacteria
△——△ *Brochothrix thermosphacta*　□——□ *Pseudomonas*
○——○ *Enterobacteriaceae*

이에 반하여 질소가스는 직접적인 정균 효과는 없으나 포장육에서의 변색의 발생을 다소 지연시킨다는 의견이 지배적이다. 그러나 산소가 제거된 상태에서는 혐기적 유해균의 번식이 문제가 될 수 있는데, *Clostridium botulinum*은 10% 산소 농도까지는 성장가능성이 존재한다. 저장온도가 10℃ 이상으로 높아지면 *Clostridium botulinum*의 증식에 의한 식중독의 우려가 제기된다. 또한, *Staphylococcus aureus*균은 포장된 육제품에서 탄산가스 농도가 10~20%로 될 경우 오히려 Enterotoxin의 생성이 증가된다고 보고되었다. 포장 내 기체조성에 따른 생육에서의 저장 중 총균수 변화를 보면 그림 12-23과 같다.

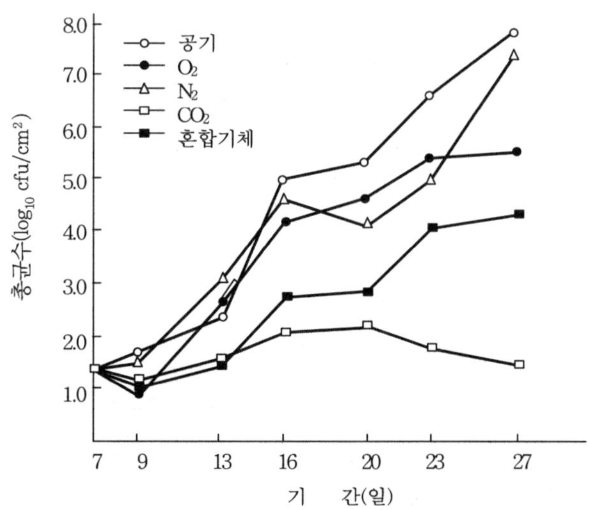

그림 12-23. 포장 내 공기조성 차이에 따른 쇠고기의 저장 중 총균수 변화(저장온도 +1℃)

진공포장육에서 미생물수가 변화하는 양상을 보면 0℃에서는 약 2~3주째 그리고 5.5℃에서는 1~2주째 미생물의 증식이 급격히 이루어진다. 진공포장육의 저장성을 연장시키는 방법으로 기체차단성이 높은 포장재를 사용하고 진공도를 높이는 방법이 보고되었다. 진공포장재의 산소투과도가 10 ㎖/m^2·day·atm 이하로 유지되면 *Enterobacteriaceae*와 *Pseudomonas*균의 성장억제 효과가 뚜렷이 나타난다. 진공포장재의 산소투과도가 높아지면 *Pseudomonas*균의 성장이 촉진되며, 진공포장재 필름과 접촉된 부분의 육에서는 *Pseudomonas*균의 수가 높게 나타난다.

진공포장육에서는 저장기간이 길어지면 혐기적 조건에서는 *Lactobacillus*와 *Streptococcus*, 호기적 조건에서는 *Pseudomonas*와 *Enterobacteriaceae*같은 균들이 증식하여 아미노산의 탈탄산반응이나 알데히드와 케톤의 아미노기 전이반응에 의하여 생체 유해의 아민과 같은 바람직하지 않은 물질이 생성되는 것으로 알려져 있다.

2) 육 색

육색은 미오글로빈, 옥시미오글로빈과 메트미오글로빈의 세 가지 형태의 육색소 비율에 따라 결정된다. 소비자들은 밝은 적색의 생육을 선호한다. 이러한 밝은 적색은 육색소 중 옥시미오글로빈에 의하여 형성되는데, 이 색은 산소농도가 충분한 상태에서 형성된다. 생육에 이용되는 랩 포장재는 20℃, 1기압 하에서 측정했을 때 하루에 포장재 1 m^2당 약 5,000 cm^3 이상의 산소투과도를 갖는 것이 육색을 밝게 유지하는 데 좋다고 알려져 있다. 진공포장육의 제일 큰 단점은 진공상태에서 육색이 암적색으로 보인다는 점이다. 환원형 미오글로빈 색인 암적색은 포장을 개봉하면 선홍색으로 변하는 과정에 의하여 선홍색의 옥시미오글로빈 색으로 바뀌는 현상이 일어난다. 그러나 육이 장기 보관되면 선홍색의 정도가 약해진다. 그러나 진공포장육과 탄산가스나 질소로 치환된 포장육에서는 육색이 암적색을 띠지만 포장을 개봉한 후에 산소와 접하게 되면 신선육의 경우 약 30분 이내에 선홍색을 띠게 된다. 진공포장된 쇠고기의 경우 0℃에서 8~10주정도 보관되면 포장을 개봉 후 선홍색으로의 발색이 불량하게 된다.

산소 투과도가 높은 랩 포장 내의 산소농도는 초기에는 대기 중에서와 같은 약 21%의 조성을 가지나 저장기간이 연장될수록 식육 자체의 효소, 미오글로빈의 산화, 미생물의 호흡 등의 요인으로 점차 산소의 소비량이 포장재를 통하여 유입되는 양보다 높아 포장 내의 효소분압이 떨어지게 된다. 식육표면에서 약 2~5 mm정도 깊이의 부위는 식육 표면보다 산소분압이 더욱 낮으므로 이 부분에서부터 메트미오글로빈이 형성되어 갈색의 변색 층이 생기게 된다(그림 12-24). 또한 산소공급이 제한되는 밑받침에 접한 식육 부위에서도 산소분압의 저하로 변색이 진행된다. 이와 같은 메트미오글로빈 형성률은 그림

12-25에서 보는 바와 같이 산소분압과 밀접한 관계를 갖는다.

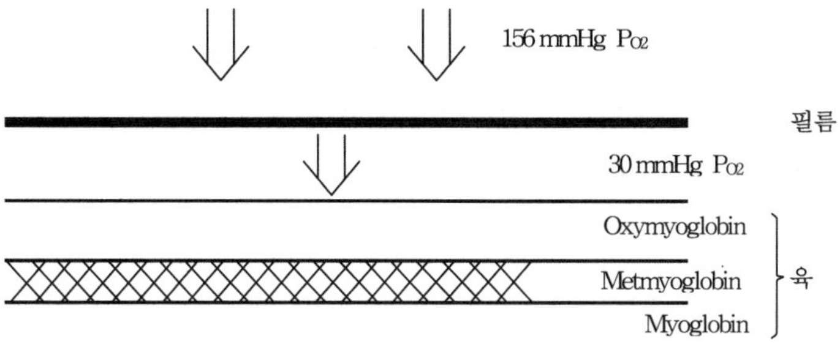

그림 12-24. 랩 필름에 포장된 생육에서의 메트미오글로빈의 형성

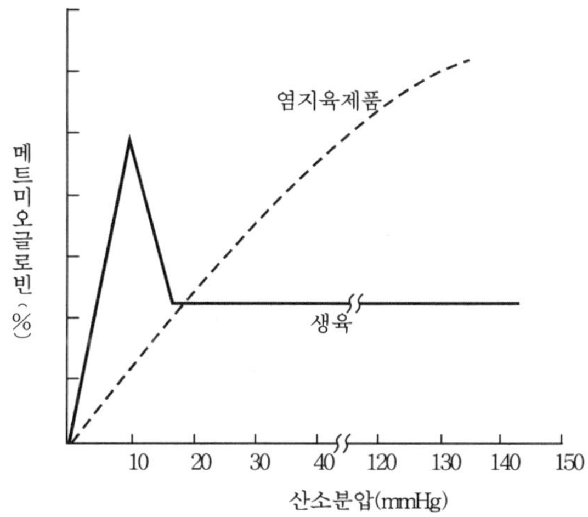

그림 12-25. 생육과 육제품에서의 산소 분압과 메트미오글로빈 형성률

메트미오글로빈의 형성은 고기가 신선할수록, 저장온도가 낮을수록 늦게 일어나며 산소분압이 약 6~7 mmHg 정도에 달할 때 최대로 이루어진다. 따라서 진공포장시 탈기작업이 불충분하게 이루어지거나 핀홀에 의하여 또는 포장재의 산소투과도가 높아 산소유입이 이루어져 포장 내의 산소분압이 적정수준에 이를 때는 갈변현상이 일어날 확률이 높게 된다.

그 외 생육에 있어서 원료육의 pH가 낮거나 저장온도와 미생물 오염수준이 높을수록, 금속염류나 소금 같은 촉매제가 존재하거나 냉동이나 분쇄 같은 조직변화가 일어날수록 메트미오글로빈의 형성률이 높아지게 된다. 일반적으로 메트미오글로빈 함량이 전 색소량의 50~60% 비율이 되면 갈색이 눈에 띄게 되고, 70% 이상 되면 육표면 전체가 갈색으로 변한 상태가 된다. 이러한 상태가 되었을 때는 일반적으로 육 표면의 미생물 수가 육 1 g 당 천만(10^7) 이상 되었다고 보면 된다.

진공포장육에 있어서 녹변(greening)현상은 pH가 정상인 경우에도 *Lactobacillus lactis, Lactobacillus acidophillus, Lactobacillus leichmanii* 같은 *Lactobacillus*균류의 수준이 10^6~10^7/g 이상으로 높을 때 발생되며, DFD육에서는 *Alteromonas putrefaciens, Pseudomonas mephitica*와 같은 H_2S 발생균류에 의하여 악취를 동반하고 설프미오글로빈(sulfmyoglobin)이 생성되어 녹변된다고 보고되고 있다.

3) 이취와 풍미

랩 필름 등 산소투과성 포장재에 포장된 생육에서 이취(off-odor)는 세균수가 대략 10^7/g 이상일 때 발생되나 진공포장육에서는 이보다 낮은 수준에서도 세균수가 변화 없이 일정시간이 지난 후에 이취가 감지되기도 한다(그림 12-26).

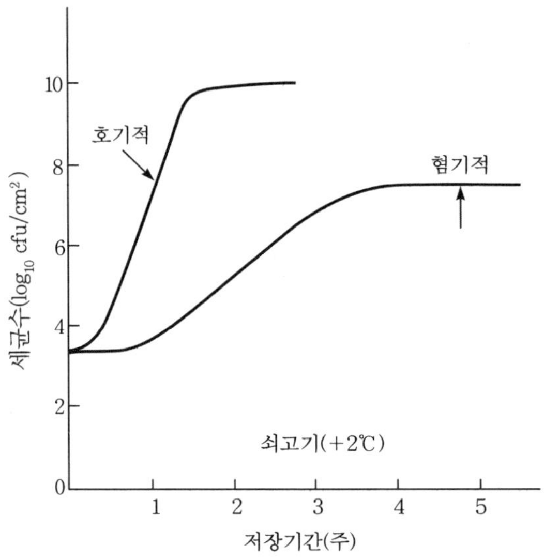

그림 12-26. 포장 방법에 따른 쇠고기의 저장 중 최초 이취 발생 시점

4) 저장 수명

표 12-13은 포장육의 저장수명을 나타내고 있다. 랩포장육의 저장 수명은 수일 정도로 짧으나 진공포장육은 수개월 정도 저장이 가능하지만 육색이 불량한 단점이 있다. 이의 절충 방법인 기체치환포장에서는 산소와 탄산가스가 약 8 : 2의 비율로 혼합된 쇠고기포장의 경우 육색이 선홍색으로 유지되는 상태에서 약 8~14일 정도의 저장성을 갖게 된다. 포장육의 저장수명은 0, 2, 5℃에서 −1.5℃와 비교하여 각각 약 70%, 50%, 30% 정도 된다. 육괴의 크기가 작을수록 칼질이 많을수록 저장온도의 편차가 심할수록 저장수명은 짧아진다. DFD육은 포장육, 특히 진공포장육의 원료로는 적합하지 않다. 포장작업시 DFD육을 선별하지 않으면 원료육 자체의 pH가 높아서 +2℃에 저장하는 중에도 쇠고기

의 경우 약 10일 만에 부패취와 변색이 야기되는 일이 발생된다. 그리고 고기 덩어리가 작을수록, 칼질하여 근막의 손상이 많이 될수록 육의 저장수명은 짧아진다. 종합적으로 신선냉장포장육의 저장성을 최대로 유지시키기 위해서는 원료육의 pH가 정상범위(약 6.0 이하)에 있어야 하고, 위생적 처리를 통하여 최초 세균 수를 최대한 낮추고 저장온도는 빙결점에 가깝게 유지할수록 유리하다.

표 12-13. 냉장 포장육 및 육제품의 저장 수명

제 품		온 도(℃)	포 장	저장수명*
소	4분체 지육	4	무 포 장	10~14일
		−1.5~0	무 포 장	3~5주
		−1.5~0	무 포 장, 10% 탄산가스	9주
	부 분 육	2	진공포장	4~8주
		−1.5~0	진공포장	8~12주
	정 육	4	랩 포 장	1~4일
		4	진공포장	2~3주
		2	기체치환포장(80% O_2+20% CO_2)	9~12일
		2	진공포장	3~5주
		0	진공포장	4~8주
		0	랩 포 장	3~6일
	분 쇄 육	4	랩 포 장	1일
		4	진공포장	7~14일
		2	기체치환포장(80% O_2+20% CO_2)	3~5일
돼 지	이분체 지육	4	무 포 장	8일
		−1.5~0	무 포 장	3주
	부 분 육	−1.5~0	진공포장	3주
	정 육	4	랩 포 장	3일
	분 쇄 육	4	랩 포 장	1일
양	지 육	4	무 포 장	1~2주
	지 육	−1.5~0	무 포 장	3~4주
	부 분 육	−1.5~0	진공포장	10주
송 아 지	지 육	4	무 포 장	6~8일
	지 육	−1.5~0	무 포 장	3주
내 장		−1.5~0	무 포 장	7일
가열훈연 제 품	일 반	5	진공포장	2~4주
	sliced	5	진공포장	1~2주
발효제품	장기숙성	10	진공포장	12개월
	일 반	10	무 포 장	1~2개월
	sliced	10	진공포장	4~5주
가열소시지		5	진공포장	1~3주
베 이 컨		4	무 포 장	3~5주
		4	진공포장	3개월

* 원료육의 미생물 오염 수준에 따라 차이가 남.

(2) 냉동포장육과 해동육

냉동육은 미생물보다는 물리, 화학적 요인에 의하여 변패가 일어난다. 지질과 색소의 산화에 의한 산패취의 발생과 변색은 냉동저장 중 가장 유의하여야 할 문제이다. 절단작업으로 근 조직이 많이 파괴된 식육뿐 아니라 냉동육은 해동시 육즙 발생률이 높아진다.

지방이 많은 돼지고기는 진공포장을 안 할 경우 －20℃에서 3개월 후에는 산패의 위험이 있다. 따라서 지질산패의 위험을 줄이기 위해서는 포장 내의 산소농도를 낮추는 포장방법과 산소투과도가 낮은 포장재를 이용하는 것이 바람직하다. PE필름은 생육의 경우 －20℃에서 3개월 정도까지 단기간 냉동저장하는 데는 색 유지의 관점에서는 좋은 포장재이나 약 2개월 후부터는 냉동손상(冷凍燒, freezer burn)을 입을 우려가 있고 또한 향미투과도(aroma permeability)가 높기 때문에 장기저장용 포장재료로는 적합하지 않다. 따라서 생육을 장기 저장할 때에는 식육의 절단 후 가능한 옥시미오글로빈이 형성되기 전에 신속히 진공포장 하는 것이 바람직하다.

일단 해동된 육은 가능한 한 빨리 조리되는 것이 바람직하다. 해동육은 해동시 삼출된 육즙과 조직의 파괴로 인하여 미생물의 증식 속도가 냉장육에 비하여 빨라 변패가 촉진된다.

12.5.2 육 제 품

염지, 가열된 육제품은 산소와의 접촉을 차단시키기 위하여 산소 차단성 포장재를 이용하여 진공포장하는 것이 좋다. 수축포장재에 햄 부위를 넣고 가열 살균시킨 제품은 냉장온도에서 6개월 정도 보관 가능하다. 그러나 장기간 건조되어 수분활성도가 낮은 발효육제품은 소비자용 소포장시 일반적으로 2차 오염을 방지하기 위한 위생적인 관점에서 신경을 쓰는 것으로 족하다. 서구에서는 이러한 건조소시지를 수증기 투과성이 높은 특수 셀로판에 통째로 포장함으로써 포장 내에 수증기가 응축되는 것을 방지하는 효과를 보고 있다. 한편, 미니 살라미(mini salami) 같은 발효육제품은 질소 충전한 후 알루미늄 적층필름에 포장하여 유통기한을 연장시킨다.

발효, 건조 육제품과 통조림류의 멸균된 육제품을 제외한 일반 살균 육제품은 냉장온도에서도 한달 이내의 짧은 저장성을 갖는다. 저장수단으로서는 가열이 가장 중요한 역할을 하고, 그 외 소금, 아질산, 질산염, 훈연성분, 방부제 및 향신료 등이 저장성 연장에 상승효과를 나타낸다.

진공포장된 육제품의 주요 번식세균은 *Lactobacillus*나 *Streptococcus* 등의 젖산균류로써 산취를 발생한다(그림 12-27). 진공포장육제품에서 최초로 이취(off-odor)가 발생되는 시점은 일반적으로 세균수가 $10^7 \sim 10^8$/g일 때이다. 그러나 *B. thermosphacta*는 낮은 균수에서도 자극성 치즈 냄새와 유사한 이취를 발생시켜 변패를 야기시키기도 한다. 진공포장육제품에서 *B. thermosphacta*균은 *Lactobacillus*에 의하여 생장이 억제된다. 그러나 포장재의 산소 투과도가 높을수록 *B. thermosphacta*의 생장은 촉진된다.

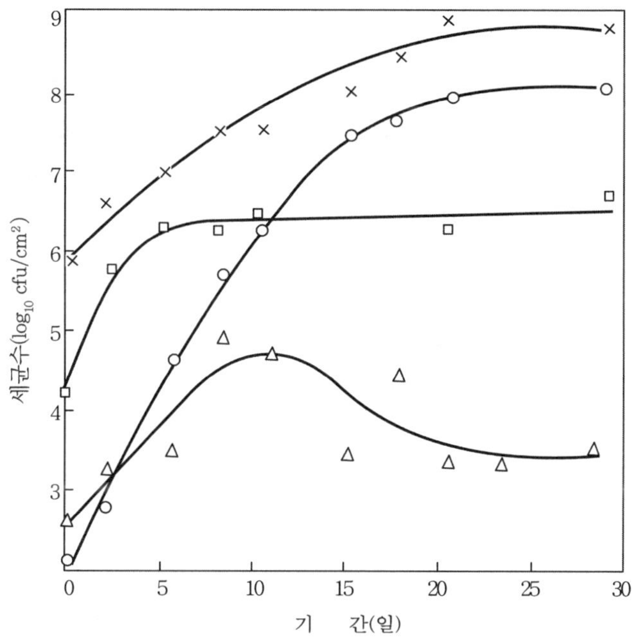

그림 12-27. 진공포장된 corned beef의 저장 중 미생물 변화

—×— Total aerobic count　—○— Lactic acid bacteria
—□— *Brochothrix thermosphacta*　—△— Yeasts

저장기간이 길어지며 점차 퇴색 또는 변색이 된다. 육제품의 변색률은 산소농도에 비례하여 증가된다(그림 12-24). 또한 *Lactobacillus viridescens*나 *Lactobacillus plantarum*같은 유산균은 과산화수소를 생성하는 니트로소미오글로빈과 작용함으로써 녹변(greening)을 야기시킨다. 산소와 광선은 이 반응을 촉진시킨다. 한편, H_2S를 생성하는 균들은 미오글로빈을 설프미오글로빈으로 변화시켜 녹변을 일으킨다. 고진공과 산소 및 수증기 차단성이 높은 포장재를 이용하면 미생물의 성장과 변색속도를 낮출 수 있다. 포장육제품의 점액(slime)은 *Leuconostoc*, *Streptococcus*, *Micrococcus*나 효모 등에 의하여 생성되며 회백색을 띠고 끈적끈적하다. 정상적으로 진공포장된 육제품에서는 곰팡이가 발생되지 않으나 밀봉이 불완전하거나 클립 주위에 여분의 내용물이 건조되어질 때 또는 salami의 경우 건조가 불충분하게 이루어졌을 때 곰팡이가 발생될 수 있다. 그러나 베이컨의 경우

수분활성도가 낮고 지방 함량이 높아 젖산균과 *Micrococcus*균뿐만 아니라 *Aspergillus*, *Alternaria*, *Fusarium*같은 곰팡이가 번식될 수 있다. 그러나 진공포장되면 곰팡이의 번식은 억제되나 높은 지방 함량으로 인한 산패가 문제시된다.

천연장은 장벽의 두께에 따라 투과성에 차이가 나며 천연장에 포장된 육제품은 숙성 또는 건조, 훈연, 저장 중 중량감소가 일어나므로 인공장에서보다 중량감소가 심하다(그림 12-28). 따라서 제조과정 중 건조가 필요한 발효소시지는 천연장을 이용하는 것이 유리하다.

진공포장된 육제품에서의 불량은 대부분 불완전한 밀봉작업 때문에 발생된다. 밀봉시 봉함면에 지방, 육편 또는 기타 이물질이 묻거나 봉함면이 접혀 밀봉이 불완전하게 이루어지게 된다. 이 경우 시간이 경과함에 따라 외부의 공기가 유입되어 진공이 풀리게 된다. 한편, 밀봉이 완전한데도 불구하고 포장이 부풀게 되는 경우는 대부분 제품 내에서 탄수화물이 분해되어 탄산가스가 발생되기 때문이다. 레토르트 제품에서는 크게 나누어 가스 생성과 부패취를 야기하는 *Clostridium*균과 뚜렷한 부패취의 발생 없이 가스 생성을 하는 *Bacillus*균에 의하여 품질이 저하된다. 가열처리가 부족할 때는 내열성 *Lactobacillus*균에 의하여 산취와 녹변이 발생된다.

포장육제품의 냉장 중 저장수명에 대하여는 표 12-13을 참조하기 바란다.

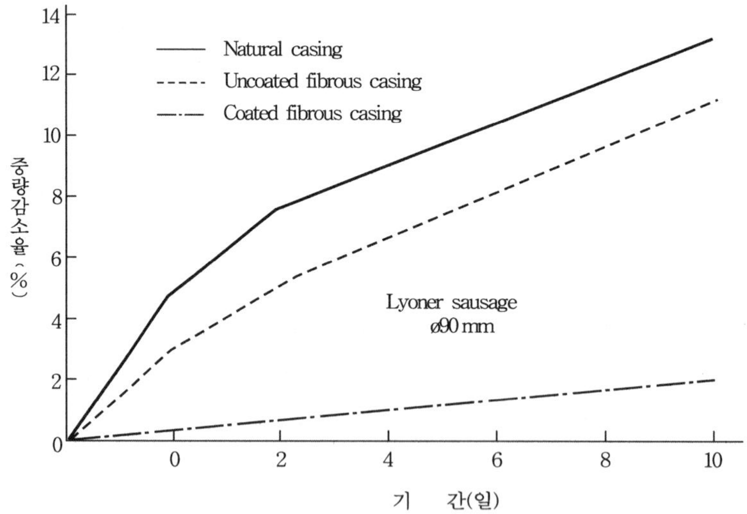

그림 12-28. Lyoner sausage의 포장재 종류에 따른 저장 중 중량 감소율의 변화

13. 부 재 료

- 이 근 택 -

13.1 조 미 료

조미료라 함은 그 자체의 영양학적 가치는 적지만 식품의 맛을 증진시켜 기호성을 높이기 위하여 첨가되는 물질로서 크게 짠맛을 내는 염미료(鹽味料), 신맛을 내는 산미료(酸味料), 단맛을 내는 감미료(甘味料), 쓴맛을 내는 고미료(苦味料)와 구수한 맛을 내는 지미료(旨味料) 등 단순 조미료 종류들과 두 가지 이상의 맛을 내는 복합 조미료가 있다(표 13-1).

이 중에서 육제품에 이용되는 대표적인 조미료는 소금, 설탕 및 지미료 이다.

표 13-1. 조미료의 종류

구 분		종 류
단 순 조미료	염 미 료	식염
	감 미 료	설탕, 포도당, 올리고당, 과당, 물엿, 벌꿀, 감초, 아스파탐, 사카린, 스테비오사이드, 소르비톨, 크실로스 등
	산 미 료	초산, 구연산, 호박산, 주석산, 젖산, 글루코노델타락톤(GdL)
	고 미 료	카페인
	지 미 료	글루탐산나트륨, 이노신산나트륨, 구아닐산나트륨 등
복 합 조미료	발효조미료	간장, 고추장, 된장, 춘장, 미린, 포도주 등 알코올
	추출조미료	추출물(고기, 뼈, 식물류 및 효모 등)
	분해조미료	동 · 식물성 단백질 가수분해물
	배합조미료	발효, 추출, 분해 조미료 등을 배합한 조미료

13.1.1 염 미 료

식염(NaCl)은 제조원료에 따라 크게 천일염과 암염(岩鹽)으로 구분된다. 식염은 삼투압에 의하여 육에서 탈수시키는 작용이 있고 제품의 색, 냄새와 맛을 변화시키며 미생물의 성장을 억제하는 효과가 있다. 그 외 가장 중요한 기능으로써 육 단백질을 팽윤시켜 결착력을 증대시킨다(이에 대하여는 11장 2절과 3절 참조).

육제품에 첨가되는 식염의 함량은 일반 소시지류와 프레스햄류에는 1.5~2.0%, salami와 같은 발효소시지는 2.4~3% 정도이다. 가열 햄과 생 햄의 제조시 첨가되는 식염농도는 제품에 따라 다른데 가열 햄은 일반적으로 10~25% 염지액을 원료육 무게의 6~25%가 주입되도록 하고, 생 햄은 12~20%의 염지액이 5~12% 주입되도록 한 후 염지한다. 한편, 건염법일 경우에는 3~5% 식염을 표면에 발라 처리한다.

기타 자세한 사항은 제 14장과 15장을 참고하기 바란다.

13.1.2 감 미 료

육제품의 감미료로는 전분을 가수분해하여 얻어지는 포도당, 물엿, 말토덱스트린 등의 전분당이 사용된다. 감미료는 육제품에 단맛을 부여함으로써 풍미가 증진되며 짠맛을 감소시키는 역할도 하며 발색에 관여하는 미생물의 영양원으로 작용하여 발색을 촉진하고 갈변반응에 의하여 육제품 표면의 색을 개선하는 효과를 나타낸다. 또한 발효 육제품에서 미생물의 영양원으로 사용됨으로써 pH를 낮추게 되고 부패 미생물의 성장억제에 기여한다.

육제품에는 주로 설탕, 포도당과 물엿이 단독 또는 혼합하여 이용된다. 발효소시지에는 발효를 촉진시키기 위한 유산균의 먹이로서, 빠른 발효에는 단당류, 다소 늦은 발효에는 이당류나 덱스트린 등이 단독 또는 혼합하여 사용된다. 단당류와 이당류의 경우 0.5~1.0%, 물엿은 1~4%정도 첨가되고 있다. 크실로스의 단맛은 설탕의 약 40%인데 마이얄 반응(maillard reaction)이 잘 일어나기 때문에 오븐에 구워 외관을 황갈색으로 나타내고자 하는 제품에 첨가된다.

13.1.3 산 미 료

산미료는 신맛과 청량감을 부여하여 육의 잡냄새를 제거하거나 마스킹(masking)하는 효과가 있다. 산미료는 육제품의 염지시 pH를 0.2~0.3정도 낮춤으로써 염지반응을 촉진시켜 가공시간을 단축할 수 있어 주로 생 햄이나 salami류 등의 건조발효 육제품에 이용된다. 또한 독일식 헤드치즈(head cheese)인 Sülze 제품에는 식초가 첨가된다.

13.1.4 지 미 료

지미는 일본에서 개발된 제5의 맛 성분으로서 'Umami'라 명명되고 있다. 지미료는 수용성이 좋은 무백색의 결정성 분말이다. 지미료의 종류로는 L-글루탐산나트륨(mono sodium glutamate, MSG)의 아미노산계 조미료 외에 5′-이노신산나트륨(sodium 5′-inosinate, IMP), 5′-구아닐산나트륨(sodium 5′-guanylate, GMP), 5′-리보뉴클레오티드나트륨(sodium 5′-ribonucleotide, IG) 등의 핵산계 조미료가 있다. MSG는 다시마의 열수 추출물 중 감칠맛 성분으로서 1908년 일본에서 최초로 개발되었다. 염미, 산미, 고미를 완화시키고 맛의 상승작용을 내는 물질로 현재 동양권의 음식조리와 가공식품에 광범위하게 이용되고 있다. 1960년대 초반까지는 소맥 글루텐을 산으로 가수분해시켜 제조하였으나 근자에는 탄수화물을 미생물로 발효시켜 글루탐산을 제조하고 있다.

가다랑이의 정미 성분이 이노신산나트륨이라는 것이 밝혀지면서 1960년대 중반에 핵산조미료가 개발되었다. 구아닐산나트륨은 표고버섯에 함유된 성분으로 맛의 강도가 IMP보다 약 2배 강하여 사용량은 IMP의 50% 정도이며 MSG와 IMP와 함께 사용된다. 핵산조미료는 발효법 또는 RNA분해법에 의하여 제조되며 소량으로도 강한 맛을 낸다. 육제품에는 일반적으로 MSG의 경우 약 1~2 g/kg, IMP와 GMP의 경우 0.5 g/kg 이하의 수준으로 첨가되고 있다.

13.1.5 복합 조미료

두 가지 이상의 맛을 내는 조미료로서 간장, 고추장, 된장, 미린, 알코올 등의 발효 조미료와 천연 식품 자체에 있는 맛 성분을 추출한 조미료로서 동식물 추출물, 효모 추출물(yeast extracts)이 있고, 동·식물 단백질의 가수분해물의 조미료가 있다.

13.2 향 신 료

육제품에 이용되는 향신료는 거의 천연향신료로서 천연적으로 재배된 열매, 줄기, 씨앗, 뿌리 및 꽃을 그대로 이용하거나 건조, 압착, 추출, 농축, 증류 등의 과정을 거쳐 다양한 형태로 제조된다.

13.2.1 기 능

향신료는 원료육의 냄새, 맛을 조절하고 향신료 특유의 냄새, 맛을 통하여 제품의 품질을 향상시키기 위하여 첨가되지만 섭취시 분비기관에 대한 자극으로 식욕과 음식물의 소화, 흡수를 증진시키는 부수적 효과도 나타낸다.

또한 일부 향신료는 정균 작용과 항산화 작용을 하는 물질이 포함되어 있어 육제품의 저장성을 향상시키기도 한다. 그리고 분쇄되지 않은 상태로 첨가되어 후추, 겨자, 피스타찌오(pistachio), 파프리카(paprika) 등은 salami와 Bierwurst외 기타 더메스틱 소시지(domestic sausage)에서 저작(詛嚼)시의 독특한 맛과 외관상의 색, 모양을 내는데 이용되기도 한다.

13.2.2 제조과정

분말향신료는 정선된 원료를 저장 또는 발효과정을 거쳐 이물질을 제거한 뒤 혼합, 분쇄한다. 이때 향신료에 함유된 휘발성 정유(essential oil)의 손실을 최대한 억제하기 위하여 냉각 또는 냉동상태로 분쇄된다. 분쇄 후 체로 쳐서 입자의 크기를 균일화하고 걸러진 큰 입자는 다시 분쇄과정을 거친 다음 최종 혼합과정을 거쳐 살균한 후 포장된다.

향신료의 향미성분만을 추출하기 위하여 건조 상태의 향신료를 수증기로 증류하여 정유(essential oil)로 제조하거나 휘발성 용제로 추출하여 점성의 수지(resin)를 함유한 추출향신료(oleoresin)로 제조한다. 이러한 향신료는 액체상태 또는 유화, 흡착, 코팅된 형태로 가공된다(그림 13-1).

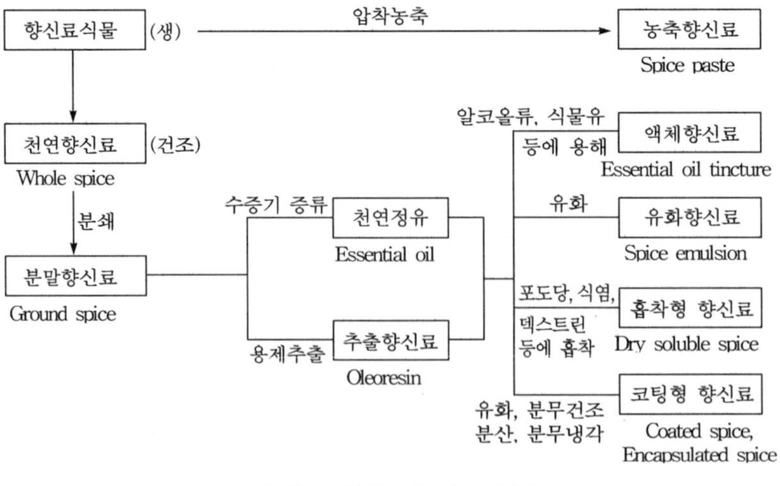

그림 13-1. 향신료의 제조 형태

정유와 추출향신료는 건조된 분말향신료보다 향기성분의 농축도가 높으므로 적당하게 희석하여 사용되며, 셀룰로스나 전분 등이 함유되어 있지 않아 용적이 축소되었고 무균 상태이기 때문에 사용이 점차 증가되는 추세이다.

그 외 특정 제품의 대량생산에 편리하도록 소비자의 주문에 맞추어 여러 단일향신료를 조합하여 생산되는 복합향신료가 있고 경우에 따라서는 발색조제, 인산염과 조미료 등 기타 첨가물도 미리 함께 혼합되어 포장, 공급될 수 있다.

13.2.3 종류와 성분

향신료는 휘발성 에테르유가 주성분이고, 그 외 기타 phenol류, 알코올류, terpenes, ketone 및 방향성 aldehyde로 구성되어 있다. 이러한 성분들은 각 향신료에 각자 독특한 구조를 가지는 유도체의 형태로 존재하며 이로 인하여 각 향신료 특유의 맛과 향을 나타내게 된다. 향신료의 종류와 주성분은 표 13-2에 나타나 있다.

13.2.4 오염도 및 살균처리

향신료는 수확과정 중 식물 자체나 토양으로부터 또는 취급과정 중 오염된 각종 미생물이 혼재되어 있을 뿐 아니라 부적절한 저장 및 취급조건하에서는 더욱 증식될 우려가 있으므로 제품화되기 위해서는 적절히 살균 처리되어야 한다.

일반적으로 향신료용 원료에는 g 당 10^3～10^8개의 미생물이 존재하는데 특히 후추, 고추, 마요람 등에는 10^5/g 이상의 높은 오염치를 나타낸다. 특히 많이 발견되는 세균은 *Bacillus*로서 심한 경우 10^5/g 이상까지 발견된다. *Clostridium*은 일반적으로 10^2/g 이하로 낮게 오염되어 있는 편이다.

그 외 *Coliformic bacteria, Enterobacteriaceae, Pseudomonas, Streptococcus, Staphylococcus* 등의 세균이 일부 존재한다. 곰팡이는 주로 *Aspergillus*속과 *Penicillium*속이 주종을 이루고 10^2～10^5/g 범위로 오염되어 있으며 심한 경우 10^6/g 이상까지도 발견된다. 효모는 매우 낮은 수준으로 존재한다.

향신료의 살균방법으로는 지금까지 산화에틸렌(ethylene oxide)이 오랫동안 사용되어 왔다. 산화에틸렌으로 처리된 향신료의 품질 자체에 대하여 부정적 영향은 거의 발견되지 않고 양파나 마늘을 제외하고는 살균효과 면에서도 우수한 것으로 알려져 있다. 그러나 산화에틸렌이 살균과정 중 발암성 물질로 알려진 에틸렌클로로히드린(ethylene chlorohydrin, ECH)을 생성한다고 밝혀진 후 그 사용이 점차 제한되고 있다. 따라서, 대체

살균방법으로 마이크로파, 고압단시간 습열, 에탄올 증기에 의한 살균방법이 시도되어 왔다. 그리고 1970년대 이후 γ선(^{60}Co, ^{137}Cs), 전자파 등을 이용한 살균방법의 효능에 대하여 많은 연구가 이루어졌고 WHO/IAEA와 FAO의 '조사식품(照射食品)에 대한 합동전문위원회'는 10 KGy의 강도까지 처리되는 향신료는 위생학적, 독성학 및 영양학적 하자가 없다고 결론지었다. 현재 우리나라를 비롯한 많은 국가에서 향신료의 방사선 살균방법이 허가되어 있다.

표 13-2. 각종 향신료의 주성분 및 이용 부위

	일반 명칭	학 명	주 성 분	이용 부위
후 추	Black peper(흑) White peper(백)	*Piper nigrum*	Piperine Chavicine	미숙과 껍질을 제외한 숙과
고 추	Red pepper or cayenne	*Capsicum frutescens*	Capsaicine, Dihydrocapsaicine	숙과(熟果)
생 강	Ginger	*Zingiber offinale* Rosc.	Gingerol, Zingerone	근경(根莖)
양 파	Onion	*Allium cepa*	Allylpropyl disulfide	인경(鱗莖)
겨 자	Mustard	*Sinapsis alba*(백) *Brassica nigra*(흑)	Sinalbin Sinigrin	종자(種子)
마 늘	Garlic	*Allium stivum*	Diallyl disulfide	인경(鱗莖)
계 피	Cinnamon	*Cinnamomum* *Zeylanicum* *Cinnamomum cassia*	Cinnamaldehyde Eugenol	수피(樹皮) 잎(葉)
백미후추	Allspice	*Pimenta officinalis*	Eugenol	미숙과(未熟果)
정 향	Clove	*Eugenia caryophyllata*	Eugenol	꽃망울
육 두 구	Nutmeg Mace	*Myristica fragrans*	Pinene Myristicin	껍질을 제외한 종자 종자의 껍질
월 계 수	Laurel	*Laurus noblis*	Cineol	잎
소 두 구	Cardamom	*Elettaria* *cardamomum*	Cineol	과실
사 향 초	Thyme	*Thymus vulgais*	Thymol, Carvacrol	잎
살 비 아	Sage	*Salvia officinalis*	Cineol, camphor	잎
고 수	Coriander	*Coriandrum sativum*	Linalool	과실
딜	Dill	*Anethum graveolens*	Carvone	과실
마 요 람	Marjoram	*Origanum majorana*	Cineol	잎
커 민	Cumin	*Cuminum cyminum*	Cuminol	과실
미 질 향	Rosemary	*Rosmarinus* *officinalis*	Cineol	전체
오레가노	Oregano	*Origanum vulgare*	Thymol, carvacrol	전체
피 망	Paprika	*Capsicum frutescens* var. *grossum*	β-Carotene, Capsaicine	과실

13.2.5 용도 및 사용법

향신료는 육제품의 종류에 따라 사용량의 차이가 나나 후추가 2~3 g/kg으로 가장 많이 그리고 광범위하게 이용된다. Nutmeg, marjoram, mace, paprika 등은 약 0.5~1 g/kg정도 쓰이고 맛과 냄새가 강한 생강, 겨자, 마늘, 계피 등은 0.5 g/kg 이하로 쓰인다. 각 육제품별 사용 예를 살펴보면 표 13-3과 같다.

표 13-3. 각종 소시지에 사용되는 향신료의 종류

소 시 지	주(主)	부(副)
Domestic sausage*	White pepper, mace, ginger, coriander	Cumin, garlic, cardamom, marjoram, mustard, nutmeg, paprika
Liver sausage	White pepper, mace, ginger, cinnamon, marjoram	Nutmeg, clove, rosemary, thyme, onion(raw) allspice
Blood sausage	Black pepper, thyme, cinnamon, marjoram	Mace, coriander, onion(raw), allspice
Fermented sausage	White pepper, cardamom, paprika, mustard	Ginger, coriander, garlic, cumin

* Liver sausage와 blood sausage를 제외한 domestic sausage류

한편, 90℃ 이상 가열되는 육제품은 향신료에 포함된 정유 성분의 비등점이 낮아 최종 육제품의 향미에 변화가 야기될 수 있다. 내열성에 따라 향신료를 구분하면 다음과 같다(표 13-4). 따라서 Ⅱ군에 속하는 향신료는 약 3/4정도, Ⅲ군에 속하는 향신료로 약 2배정도 더 첨가되어야 소기의 향신 효과를 낼 수 있다.

표 13-4. 내열성에 따른 향신료의 분류

구 분	내열성	향 신 료
Ⅰ	강 함	고추, sage
Ⅱ	중 간	Cardamom, clove, paprika, 후추, rosemary, thyme
Ⅲ	약 함	Nutmeg, coriander, mace, marjoram, 겨자, 생강, allspice

원료육의 종류에 따른 향신료의 사용 예를 들면 다음과 같다.

(1) 쇠 고 기

Pepper, nutmeg, mace, cardamom, coriander, paprika가 이용된다. 양질의 식육이면 pepper만으로도 족하다. 그러나 노령 우육이나 지방 냄새가 심한 경우에는 nutmeg을 주체로 한 향을 내는 것이 좋으며, 원료육 특유의 방향을 살리기 위해서는 향신료의 사용

량을 줄인다.

(2) 돼지고기

Pepper, nutmeg, mace, cardamom, paprika, sage, allspice, ginger, garlic, caraway, celery가 이용된다. 양질육은 pepper와 nutmeg을 주체로 하고 paprika나 cardamom 등을 병용한다.

(3) 양 고 기

Clove, laurel, sage, thyme, celery, coriander, onion, garlic, ginger가 이용된다. 양육 특유의 냄새를 억제하기 위해서는 onion과 garlic을 중심으로 clove, laurel, sage, thyme, celery 등의 방향성 향신료를 소량 병용하면 효과적이다.

(4) 말 고 기

Nutmeg, coriander, ginger, caraway, allspice, sage, cinnamon, laurel이 이용된다. 마육의 특유한 감산미가 강할 경우 nutmeg, allspice, ginger, sage가 적합하며, 특히 sage는 소량으로도 효과적이다. Cinnamon이나 laurel은 향을 상승하는 정도로 소량 병용하면 좋다.

(5) 닭 고 기

Pepper, nutmeg, allspice, sage, onion, clove를 이용한다. 향신료의 사용량과 종류는 적게 하는 것이 좋으며, 산란성계육(노폐계육)이나 지방이 많은 식육에는 allspice를 주체로 sage를 병용하면 좋다.

13.2.6 향신료와 육제품의 품질

지방 함량이 높은 육제품은 냉장 하에서도 근육조직 내의 변성된 hemochromogen과 non-heme iron 등의 존재로 촉매작용이 일어나 산패가 야기될 우려가 있다. Rosemary, sage, thyme, oregano, clove 등은 phenol 성분에 의한 항산화작용이 있다. 가열된 세절 육제품의 경우 rosemary와 sage는 0.1% 농도에서도 항산화 효과를 나타낸다.

한편 마늘, 양파, 생강, 후추 등은 정균 또는 살균작용이 강한 향신료로 알려져 있다. 예를 들어 마늘 추출물을 0.5~1% 첨가하면 정균작용을 나타내고, 2% 이상 농도에서는 살균작용을 나타낸다. 분쇄육에 5%의 양파와 5%의 마늘을 함께 첨가하면 상온에서도 Salmonella의 성장이 현저히 억제됨을 알 수 있다. 그러나 일반적으로 향신료를 이용하여 육제품의 저장성을 높이기 위해서는 제품의 풍미에 영향을 미칠 정도로 많은 양을 첨가해야 하기 때문에 일반 육제품에는 향신료에 의한 저장성 연장을 기대하기가 곤란하다. 그 외 향신료의 첨가에 의하여 연도의 개선과 보수력 증가 효과도 기대된다. 향신료의 첨가로 인한 불리한 효과로서는 앞에서 언급한 바와 같이 과다한 미생물의 오염에 의하여 뜻하지 않은 제품의 저장성에 영향을 미칠 수 있는 것 외에 변색을 들 수 있다. 즉 coriander나 clove와 같은 향신료는 제품에 회녹색 또는 갈색의 변색을 야기하기도 하고 통조림 제조시 paprika는 붉은 색이 탈색되어 황녹색으로, 또한 thyme은 적자색으로 변한다. 그러나 색소성분이 제거된 액체향신료 등에서는 이러한 변색이 일어나지 않는다.

13.3 염 지 제

육제품에 첨가되는 염지제(curing ingredients)로서는 아질산염(KNO_2 또는 $NaNO_2$)과 질산염(KNO_3 또는 $NaNO_3$)같은 발색제와 아스코르브산과 같은 발색조제 외에 당, 인산염, 글루코노델타락톤(glucono-δ-lactone, GdL) 등의 염지보조제(curing adjuncts)가 이용된다. 질산염은 정균작용을 가지고 있지는 않고 *Micrococcus*같은 미생물의 산소급원으로 이용되어 아질산으로 분해된다. 발색제의 주된 기능은 발색과 미생물 생장억제에 있다. 미오글로빈은 아질산이 분해되어 생성된 산화질소(nitric oxide)와 결합되어 적색의 nitric oxide myoglobin으로 발색되고 가열된 후에는 열에 안정한 핑크색의 니트로실 헤모크롬으로 고정화되는 것이다. 미생물에 대한 아질산의 효과는 미생물의 종류에 따라 다른데 *Pseudomonas*, *E. coli*, *Coliform*균, *Bacillus* 및 *Clostridium*균은 아질산에 의하여 성장저해를 받는 것으로 알려져 있다. 특히 아질산은 유해성 때문에 대체제 개발을 위한 많은 연구가 수행되었으나 완전 대체가 되지 않은 상태로 현재 진공포장되거나 통조림 육제품에서의 *Clostridium botulinum*균의 성장억제제로 사용되고 있다.

아질산염은 독성이 매우 강하기 때문에 육가공장에서는 식염과 혼합하여 nitrite pickling salt(NPS)로 제조된 것을 사용한다. 육제품에의 아질산염의 일반적인 첨가량은 소금 함량에 대하여 약 0.4~0.6%의 수준이다. 국내 식품위생법에서는 포장육을 제외한 육제품에 있어서 아질산 이온의 잔류량이 70 ppm 이하로 규정되어 있는데 이는 외국의 100~200 ppm보다 낮은 수준이다. 질산염은 단독으로 또는 약 1%의 농도로 식염과 혼합하여 사용된다. 독일에서는 1 kg의 원료에 대하여 최대 0.5 g($NaNO_3$) 또는 0.6 g(KNO_3) 이하 첨가하도록 허용되어 있다. 아질산염은 주로 염지 또는 숙성이 짧게 이루어지는 육제품에서 NPS의 형태로 육을 혼합, 유화시킬 때 직접 첨가되나 질산염은 염지기간이 긴 제품에 건염 또는 염지액의 형태로 첨가됨으로써 이 기간 중에 아질산근으로 분해되어 작용하게 된다. 최근 아질산염의 위해성 논란을 피하기 위해서 질산염을 많이 함유한 셀러리와 같은 채소 분말에 질산염 환원력을 지닌 미생물 스타터(예; *Staphylococcus carnosus*)를 첨가하여 반응 산물로서 아질산염을 생성시키는 기술들이 육가공 현장에서 활용되고 있다. 기타 아질산염의 효과에 대한 자세한 내용은 제2편 11.1에 설명되어 있다.

발색 조제로는 아스코르브산과 이소아스코르브산(에르소르브산)과 그 염이 있다. 발색 조제는 메트미오글로빈을 미오글로빈으로 환원시키는 작용이 있어 전체적으로 염지작업을 촉진시키고 변색을 막아준다. 또한 아질산염의 발색 기작을 촉진시켜 제조 후 가열시까지 발색되는 시간을 단축시킨다. 아스코르브산은 강한 환원력이 있어 아질산(염)을 신속히 환원시킴으로써 발색을 촉진시키게 된다.

아스코르브산나트륨(sodium ascorbate)은 아스코르브산의 염으로써 가공적 기능은 아스코르브산과 동일하나 중성에서 약알칼리로 작용하므로 육가공에서 선호된다. 아스코르브산나트륨은 아스코르브산보다 높은 양으로 첨가된다. 두 종류의 발색 조제는 NPS에만 효과적으로 효력을 나타내며 질산염과는 어떤 반응도 일어나지 않는다. 따라서 염지액에서는 아스코르브산이 첨가된다. 에르소르브산은 아스코르브산과 기능과 효력은 동일하고 가격이 저렴하여 육가공업계에서 많이 이용되지만 영양학적 가치는 없다. 발색 조제는 염지작업시 발색제와 함께 첨가되는데 첨가량은 약 0.02~0.05% 정도이다. 미국에서는 소시지 에멀전 100 lb(45.4 kg)당 산의 형태로는 0.75 oz(21.3 g), 염으로는 0.875 oz(24.8 g), 부분육의 염지용으로 100(378 ℓ), 염지액당 산의 형태로는 75 oz (2.1 kg), 염의 형태로는 87.5 oz(2.48 kg)의 비율로 첨가가 허용되고 있다.

글루코노델타락톤은 질산을 아질산으로 환원시키는 효과는 없으나 발효소시지에서 발효촉진제로 작용하여 젤리 형성과 발색을 촉진하며 pH를 하강시킴으로써 부패 미생물의 성장을 억제하는 효과가 있다. GdL은 육 반죽 내의 흡수를 흡수하여 글루콘산으로 변한다. 육제품에는 GdL의 신맛 때문에 육과 지방 함량의 약 0.5% 수준에서 첨가된다.

당은 염지제로서 염지시 미생물의 성장을 촉진시킬 목적으로 첨가된다. 즉 당이 분해되어 산이 생성됨으로써 내산성 미생물의 성장에 유리한 환경이 조성되게 된다. 포도당, 설탕, 전분당 등이 사용되는데 육제품의 종류에 따라 선택된다. 첨가량은 0.3~1.5%의 범위에서 결정되는데, 1% 이상의 양에서는 신제품을 생산할 가능성이 높다.

13.4 보 존 제

육제품에서 방부의 효과를 얻기 위하여 주로 첨가되는 보존제에는 소르브산(sorbic acid)과 소르브산칼륨(potassium sorbate)이 있다. 국내에서는 1975년 이전까지는 강한 살균력을 가진 AF_2가 이용되었으나 유전인자에 돌연변이 물질의 생성위험 때문에 사용 금지되었다. 소르브산은 국내와 일본에서는 소시지의 방부목적으로 세절(cutting)시 다른 첨가제와 함께 투입되지만 서구에서는 주로 살라미나 생햄과 같은 발효육제품이 숙성, 건조될 때 표면의 곰팡이 발생을 억제하기 위하여 소르브산염 용액에 제품을 외침(外浸) 형태로 처리한다.

소르브산은 1950년대부터 공업적으로 생산되기 시작하였는데 맛과 냄새가 중성에 가깝고 독성이 매우 낮으며, 미생물에 직접 작용하는 비해리 분자의 비율이 50%가 되는 pH가 4.76으로 방부제 중 작용 pH 범위가 높은 편에 속하는 장점이 있어 육제품뿐만 아니라 식품류에도 널리 쓰이고 있다.

소르브산의 수용성은 20℃에서 0.16%로 비교적 낮으므로 소르브산염의 형태로 많이 이용된다. 또한 구조식에 나타난 바와 같이 소르브산은 지방족 카르복실산의 형태이기 때문에 지방산과 유사하게 체내에서 분해되리라 추측된다.

$$CH_3-CH=CH-CH=CH-COOH(-COOK)$$

소르브산(소르브산칼륨)

육제품에는 0.02% (약 2 g/kg) 이하의 수준으로 첨가 사용되고 외침 시에는 10~20%의 소르브산칼륨이 이용된다. 그러나 최근에는 소비자들이 합성 보존료가 첨가된 육제품에 대한 인식이 좋지 않아 소르브산과 같은 합성 보존료 대신 천연항균물질을 첨가하는 비중이 높아졌다. 이러한 보존료는 원료와 제품에서의 위생성이 높거나 멸균, 냉동, 건조된 제품 등에서는 사용할 필요가 없다.

그 외 보존제의 효과를 나타내는 유기산으로 젖산이 있는데 젖산은 발효소시지에 첨가되면 맛을 강화하는 효과가 있고 발효를 균일하게 시키며 낙산의 생성을 억제함으로써 지방 산화를 방지한다. 가열 소시지류에 첨가되면 가열시간을 25%까지 단축시킴으로써 가열 감량이 부수적으로 줄어드는 효과가 나타난다. 젖산은 정균작용을 나타냄으로써 제품의 저장 수명을 연장시키는 효과가 있다. 현재 미국의 일부 도축장에서는 젖산과 초산을 약 2~3%의 혼합용액을 도축 표면의 정균(靜菌) 목적으로 분무하고 있다.

13.5 결착제, 충전제, 증량제

육제품의 보수성, 향미, 유화안정성을 개선하여 제품의 품질을 향상시키며, 가열에 의한 감량을 줄이는 목적으로 첨가되는 축산부산물 및 비육(非肉)성분을 결착제(binder) 또는 충전제(filler)라 일컫는다. 작용 성질상 결착제는 유화성과 보수력의 향상에 기여할 목적으로 첨가되는 것으로 구분된다. 한편, 이러한 성분들이 식육을 대체하여 제품의 제조단가를 낮추거나 증량의 목적으로 첨가될 때 증량제(meat extender)라 총칭한다.

13.5.1 인 산 염

식육과 육제품에 있어서 인산염(phosphate)은 크게 보수력과 결착력의 증가, 저장 수명 연장의 목적으로 첨가된다. 육제품에 첨가되는 인산염의 종류에는 tetrasodium pyrophosphate(sodium diphosphate; TSPP), trisodium phosphate(TSP), sodium tripolyphosphate (STPP), sodium hexametaphosphate(SHMP), sodium acid pyrophosphate(disodium diphosphate; SAPP), disodium phosphate(DSP) 등이 있다. pH가 7.0보다 높은 인산염 종류로는 trisodium phosphate(TSP, pH 12.0), sodium diphosphate(TSPP, pH 10.2), sodium tripolyphosphate(STPP; pH 9.8), disodium phosphate(DSP, pH 8.8) 등을 들 수 있는데, TSP와 TSPP는 pH 상승효과가 우수하다는 장점이 있으나 맛이 매우 떫고 역하여 그 사용에 있어서 제한을 받는다. 특히 TSP는 TSPP보다 역한 맛이 훨씬 강하여 소시지에 사용하기에는 부적합하다. 국내 업체들은 일반적으로 TSPP, SHMP와 SAPP 등이 혼합된 복합 인산염을 주로 사용한다.

육제품에 인산염을 첨가하면 보수력이 증가하게 되는데 이는 pH 상승과 액토마이오신(actomyosin)의 해리에 기인한다. pH가 0.1~0.2 정도 증가하여 마치 온도체육에서의 ATP와 같은 기능을 나타냄으로써 보수력이 증가하게 된다. 또한 인산염의 첨가에 따라 액틴과 마이오신의 결합에 관여하는 칼슘 이온을 불활성화시킴으로써 근원섬유 단백질이 수분 결합을 할 수 있는 공간이 확대됨으로 인하여 보수력이 증가하게 된다. 인산염 첨가에 따른 보수력 증가 이론은 11.2.3 (2) 1)에 상세히 설명되었다.

인산염은 단백질의 팽윤과 용해도를 증가시킴으로써 결착력 증대에도 기여한다. 그리고 인산염은 칼슘과 마그네슘 같은 2가 금속 이온을 불활성화시킴으로써 지방 산패를 방지하고 미생물의 성장을 억제하는 효과를 나타낸다. 그러나 과도하게 인산염을 첨가하면 떫은 맛을 증가시킴으로써 식미감이 저하되는 단점이 있다.

육제품에서의 인산염의 첨가 기준은 유럽 국가에서는 0.3%, 미국에서는 0.5%까지 허용되고 있고, 국내에서는 기준이 마련되어 있지 않지만 일반적으로 0.2~0.3%의 수준에서 첨가되고 있다.

13.5.2 대두 단백질

주성분이 globulin인 대두 단백질(soy protein)은 단백질 함유 수준에 따라 대두분(soy flour, 50~55%), 농축대두(soy concentrate, 60~70%), 분리대두(soy isolate, 90~95%)로 구

분된다. 이러한 제품들은 분말상이며 영양학적으로 우수하고 육제품에는 보수력, 유화력, 팽윤성, 점도, 겔화, 용해도 등을 개선할 목적으로 첨가된다. 1970년에는 조직화 대두 단백질(textured soy protein, TSP)이 개발되어 식육과 유사한 조직을 갖게 됨에 따라 증량제(meat extender)로서 햄버거, patty 등의 재구성육에 수화된 상태로 30%까지도 식육과 대체되어 이용되고 있다. TSP는 또한 모조육(meat analog)으로서 단독, 혹은 다른 식물성 성분과 조합하여 소시지, meat ball, patty 혹은 스테이크 형태로 제조 가능하다.

축육소시지에는 분리대두(soy isolate)나 농축대두(soy concentrate)가 주로 이용되는데, 분리대두의 경우 농축대두보다 보수력 향상 효과가 크다. 75～100%의 물을 첨가한 TSP로 우육을 1/3정도 대체하여 salami를 제조하여도 품질 상 큰 차이가 발견되지 않았다는 보고를 볼 때 대두단백의 용도는 육제품에 광범위하게 확산될 전망이다. 그러나 독일, 이태리를 비롯한 일부 유럽국가에서는 육제품의 질적 저하를 막기 위한 수단으로 대두 단백질을 육제품에 사용할 수 없도록 법적으로 규제하고 있다. 따라서 이러한 대두단백은 육제품에 이용될 때 소비자가 인식할 수 있도록 명확히 그 첨가 수준이 명시되어야 할 것이다.

대두 단백질은 120℃ 고압멸균솥에서도 안정하며 육제품에 유화물로 이용될 때는 일반적으로 대두 단백질 : 지방 : 물을 1 : 5 : 5의 비율로 유화시켜 첨가되며 첨가량은 약 1～3% 수준이다.

15.3.3 유(乳)단백질

우유에는 약 4%의 단백질이 함유되어 있는데 약 80%의 카제인(casein)과 약 20%의 유청단백질(whey protein)로 구성되어 있다. 살균유를 소디움, 칼륨 또는 칼슘 탄산이나 구연산과 반응시키면 수용성 카제이네이트(caseinate)가 제조된다. Caseinate는 유화력은 우수하나 가열시 gel화하는 능력이 없어 육 단백질처럼 단백질 망상구조를 형성하지는 못한다. Caseinate에는 87% 이상의 단백질이 함유되어 있다.

Caseinate는 유화력이 높아 유화형 소시지의 제조시 지방과 젤리의 분리를 방지시키는 효과가 있고 내열성이 강하여 고온 가열되는 제품에는 특히 효과가 크다. 이를 통하여 제품의 형태와 모양이 향상되고 영양학적 가치도 높아진다. 유화된 지방은 소화력도 높아지게 된다.

Sodium caseinate는 거의 무미, 무취의 유백색(乳白色)의 분말로써 내열성이 강하고 중심온도 80℃ 이상 가열처리되는 육제품에 이용된다. 물에 녹아 콜로이드 용액을 형성하며 유화능력이 상당히 좋아 지방분리가 우려되는 제품에 일반적으로 지방, 물과 예비유화물(pre-emulsion)로 제조되어 세절된 식육 및 기타 재료와 혼합 처리된다. Caseinate : 지방 : 물=1 : 5 : 5의 비율로 제조된 유화물은 120℃에서도 안정하고 대두 단백질과 달리 엉겨 붙지 않는다. 일반적으로 원료육의 약 2%의 수준으로 첨가된다.

유청단백질은 유단백질에서 알부민과 글로불린을 제외한 분획으로서 넓은 pH 범위에서도 용해도가 높고, caseinate와 달리 70℃ 이상의 온도에서도 gel을 형성할 수 있으며, 보수력을 증진시키고 열처리 수율을 높여준다.

13.5.4 난(卵)단백질

난백은 계란의 약 60%로서 난백의 약 10%가 단백질이다. 단백질의 주성분은 ovalbumin, conalbumin, ovomucoid, globulin, ovomucin 등으로 약 80%가 내열성이 약한 알부민계 단백질이다. 내열성은 pH에 좌우되나 58℃ 이상에서는 기능적, 물리적 성질이 변화한다. 난단백은 소시지의 유화 안정성과 보수력을 증진시켜 지방과 물의 분리를 억제하고 조직감을 향상시킨다.

난단백질(egg protein)은 수용성 단백질로서 액상, 분말 또는 냉동상태로 첨가된다. 낮은 온도의 육 에멀션에서도 잘 분산되며 세절 후반부에 첨가하는 것이 좋다. 난액상 또는 냉동 난단백질은 가열 훈연형 소시지나 그릴소시지에 육과 지방 함량의 3%까지 첨가될 수 있다.

난단백의 미생물 함유 수준으로 총균수는 g 당 105 이하이고, 살모넬라(*Salmonella*)와 병원성 장내 세균(Enterbacteriaceae)은 음성을 나타내어야 한다

13.5.5 혈장 단백질

혈장 단백질(blood plasma protein)은 돼지나 소의 혈액에 구연산나트륨 등의 항응고제를 첨가한 후 적혈구, 백혈구, 혈소판 등의 혈액세포를 원심분리하여 제거한 후 얻어지는 혈장을 건조 또는 냉동시켜 제조 유통된다. 혈장 중의 단백질 함량은 6~7.5% 정도이며 단백질의 주성분은 globulin 및 albumin이다. 건조된 혈장 단백질의 단백질 함량은 약 72% 정도이다.

혈장 단백은 용해도가 높고 물 결합능력이 우수하며 pH를 증가시킴으로써 보수성과 유화 안정성을 증진시킨다. 또한 소시지의 조직감을 향상시키며 콜라겐이나 전분 등과 같은 다른 재료와의 친화력도 높다. 혈장 단백질은 67~73℃ 범위에서 겔을 형성하기 시작하고 고온으로 가열되는 제품에 많이 이용되며, 열처리 후 대두 단백질보다 높은 조직감을 부여한다. 유화력은 다른 식물성 또는 동물성 단백질보다 매우 높은 편이다.

13.5.6 소맥 글루텐

밀가루의 글루텐(wheat gluten)은 수화, 가열되면 막을 형성하여 유화물의 구조를 안정시키며 탄력성을 증가시킨다. 활성글루텐(vital gluten)은 1.5~2배의 물을 흡수하여 팽윤됨으로써 보수성과 점도의 향상 효과를 나타낸다. 소시지에는 약 2~3%의 수준으로 첨가될 수 있으나, 2% 이상 첨가시 글루텐 자체의 풍미 때문에 관능적 품질이 저하될 수 있다.

13.5.7 검 류

검류(gums)는 물에 용해되어 농후하거나 gel상태로 변하는 친수성 콜로이드 물질의 총칭으로 해조류에서 추출한 카라기난, 한천, 알긴산염 등의 천연 검류, 근경 부위로부터 추출한 곤약, 셀룰로스 유도체인 카르복시메틸셀룰로스와 같은 변형 검류가 있다.

(1) 카라기난

카라기난(carageenan)은 홍조류의 세포막 물질을 추출, 정제한 고분자 전해질의 산성다당류이며 kappa, iota, lamda형이 있다. 일반적으로 70℃ 이상 온도에서 가용성이고 냉수에서는 나트륨염에서 가용이지만 그 밖의 염용액에서는 형태에 따라 용해성의 차이가 난다. 높은 처리온도에서도 gel 형성능력이 우수하여 통조림 제품에 많이 이용되고, 소시지에 있어서 보수성과 탄력성 및 점도를 증진시키며 수율을 높이는 효과가 있다. 육제품에는 gel형성 능력이 있는 kappa-carageenan과 iota-carageenan이 주로 혼합 사용된다. 카라기난은 탄력성이 없는 것이 단점이지만 로커스트빈검(locust bean gum)과 혼합하여 사용시 탄력성이 증진된다. 소시지에는 일반적으로 0.5% 이하의 수준으로 첨가된다.

(2) 알 긴

알긴(algin)은 미역, 다시마 등의 갈조류에서 추출한 것으로 백색이나 황백색을 띤 무미, 무취의 분말이며 고점성의 친수성 물질로서 알긴산과 나트륨, 칼슘, 마그네슘 등 염의 혼합물인 알긴산염에 대한 일반명이다. 알긴산은 찬물에는 불용성이나 알긴산염은 수용성이다.

알긴은 햄버거 제조시 고기 입자의 결착력을 유지시키고 수율을 향상시키며, 소시지 제품의 조직감을 향상시키기 위하여 사용된다.

(3) 한 천

한천(agar)은 홍조류인 우뭇가사리의 세포간 충전물질인 점질 다당류를 열수에 용출시켜 추출한 것이며 끓는 물에 용해되고 매우 낮은 온도에서도 gel형성이 가능하다.

(4) 로커스트빈검

로커스트빈검(Locust bean gum)은 콩과 식물인 케롭나무 종자의 배유 분쇄물로서 스페인, 이태리, 그리스 등 지중해 연안에서 생산된다. 로커스트빈검 수용액 자체는 gel화 능력이 없으나, 카라기난과 1 : 1의 비율로 혼합 사용하면 카라기난의 gel성질 중 퍽퍽하고 단단한 성질이 완화되어 탄력성 있는 gel이 생성되고 우수한 식감의 육제품을 생산할 수 있다.

(5) 곤 약

곤약(Konjac flour)은 감자과의 다년생 식물로서 주성분은 비소화성 다당류인 glucomannan이며, 섬유질이 풍부한 저 칼로리 식품으로 정장작용과 변비를 해소하여 자연 건강식품으로 각광을 받고 있다. 곤약은 강한 탄력성과 보수성, 결착성 등의 물리적 특성이 있으며 육 단백질, 지방, 전분 등과 양호한 혼합상을 나타내고 분리되지 않아 햄 소시지 제조시 결착제나 증량제로 이용되고 있다. 한편, 곤약은 저지방 육제품 제조시 카라기난 및 분리대두와 함께 물성증진제로서 저지방 대체재로서 사용되고 있다(Chin 등, 2000)

(6) 카르복시메틸셀룰로스

셀룰로스를 변형시켜 수용성으로 만든 유도체인 카복시메틸셀룰로스(carboxy methyl cellulose, CMC)는 1차 대전 중 독일에서 젤라틴 대용으로 개발된 효소로서 백색의 무취에 섬유상의 흡습성이 강한 음이온계 고분자 전해질 또는 입자로 물에 잘 녹으며 분산되어 콜로이드 용액을 형성한다. CMC는 다른 검류에 비해 값이 싸고 용해도도 좋고 보수성이 우수하여 육제품 제조시 증량제로 이용된다.

13.5.8 전 분

햄 소시지 제조시 보수력과 탄력성을 부여하기 위하여 전분(starch)이 첨가된다. 전분은 포도당이 탈수 축합된 고분자 화합물로서 amylose와 amylopectin으로 구성되어 있다. 종류로는 감자, 고구마, 옥수수 및 밀 전분이 있으나 전분의 종류에 따라 호화(糊化) 온도의 차이가 난다. 감자, 고구마, 옥수수 전분은 53~55℃, 밀 전분은 약 65℃에서 호화가 개시되어 수분을 첨가하여 가열하면 흡수, 팽윤, 분산되어 β-전분이 α-전분상태로 바뀐다. 감자 전분은 약 70℃ 부근에서 최고 점성을 나타내나 그 이상의 온도로 가열하면 점성이 떨어지는 현상이 나타난다. 일반적으로 냉장 보관되는 제품에는 감자 전분이 좋으나 국내에서는 가격적 이유 때문에 옥수수 전분이나 소맥 전분을 주로 사용하고 있으나, 이들은 호화온도가 높고 노화현상이 잘 일어나는 단점이 있다. 호화된 전분은 냉장온도에 보관시 겔이 약화되고 보수성이 저하되는 노화현상이 나타난다. 전분을 산이나 효소 등 처리를 하여 제조된 변성전분(modified starch)은 낮은 온도에서도 호화가 일어나며 호화액의 점도 안정성이나 팽윤성 및 투명성이 향상되고 노화현상이 감소된다. 소시지 종류별 가열온도에 따라 전분을 선택하여 이용하여야 한다.

국내 식품공전상에는 프레스햄류는 5%까지, 혼합프레스햄류에는 8%까지, 소시지류에는 10%까지 전분 첨가가 허용되어 있다. 국내에서 2차 살균을 하는 육제품 중 전분이 첨가되는 경우 식미감이 저하되는 문제가 있다.

13.5.9 젤 라 틴

동물의 가죽, 뼈, 인대 등에 함유되어 있는 결체조직 단백질인 콜라겐에 산을 작용시켜 염류 등을 제거한 후 남은 단백질을 부분적으로 가수 분해하여 분자량이 작은 단백질인 젤라틴(gelatin)으로 변화시킨 후 이를 정제한 것이다. 무색 내지는 호박색으로 분쇄 정도가 높을수록 밝은 색이 두드러진다. 중성에 가까운 맛을 가지며 건조된 상태에서는 82% 이상의 단백질과 15% 이하의 수분 함량을 나타낸다. 용융점은 약 37℃이고 냉수에서도 용해될 수 있는 건조 젤라틴도 있다. 용해 시에는 약 10배 무게까지의 수분을 흡수하여 팽윤되나 냉각하면 겔상태로 변환된다. 완전한 졸(sol) 상태로 용융시키기 위해서는 교반하면서 70℃ 이상의 온도로 가열하여야 한다. 유기용매, 설탕, 소금 등의 첨가는 젤라틴의 겔 강도(gel strength)를 약화시킨다. 젤라틴은 corned beef, cooked ham, tongue sausage나 통조림류에 결착력과 전단력을 증강시키고 육즙 분리를 감소시키기 위하여 첨가된다. 유럽에서는 Sülze나 Aspic류의 제품에 젤리를 형성하기 위하여 5~10%의 젤라틴이 첨가된다.

13.5.10 식이 섬유

식이 섬유는 식물의 세포벽을 이루는 구성 물질로 인체의 소화 효소로 소화되지 않는 고분자 화합물의 비에너지원으로 간주되어 1960년대까지는 영양학적으로 가치가 없는 물질로 인식되어 왔다. 그러나 최근 들어 식이 섬유는 단백질, 지방, 탄수화물, 비타민, 광물질 등 소위 5대 영양소와는 달리 위와 결장을 자극하여 변비나 결장암을 예방하고, 인체에 해로운 물질을 흡수하며, 담즙과 결합하여 혈중 콜레스테롤치를 낮추는 작용을 하는 등 생체내 여러 대사에 영향을 미치고 건강 유지에 중요한 역할을 한다는 사실이 밝혀지면서 제 6의 영양소로 불려지게 되었다. 영양학자들은 매일 적어도 30~35 g의 식이섬유를 섭취하도록 권장하고 있다.

식이 섬유는 또한 수분을 흡착하는 보수성과 팽윤성이 있어 햄 소시지 제조시 결착제로 이용되고 있으며, 열처리 수율도 증가시키고 조직감도 향상시킨다. 소맥에서 얻어진 식이 섬유는 대두 단백과는 달리 무미, 무취여서 소시지 제조시 결착제로 사용되어도 제품의 향미에 어떠한 영향도 주지 않는다.

13.5.11 고온 열처리된 겨자분말

일반적으로 겨자분말은 매운맛을 내는 향신료의 일종으로 겨자 속에 들어있는 미로시나제(myrosinase)라는 효소에 의하여 매운맛을 내게 되는데, 겨자분말을 고온에서 열처리하게 되면 이 효소가 불활성화되어 매운맛을 잃어버리게 된다.

그러나 고온 열처리된 겨자분말은 단백질 30%, 지방 30%, 탄수화물 20%, 섬유소와 회분 12%, 수분 8%를 함유하는데, 이 성분 중 단백질과 탄수화물은 햄 소시지 제조시 유화안정성과 보수력을 향상시킬 수 있다. 또한 겨자분말은 항산화력을 가진 토코페롤을 함유하고 있어 지방의 산패를 억제하며, 열처리로 매운 맛은 제거되었으나 겨자향은 그대로 보존되어 육제품의 맛을 향상시켜 주는 역할을 한다. 겨자분말은 비엔나, 푸랑크푸르트나 볼로나 소시지 제조시 결착제로 2% 정도 첨가된다.

13.5.12 트란스글루타미네이스

트란스글루타미네이스(transglutaminase)는 단백질 분자의 글루타민(glutamine)과 라이신(lysine) 잔기 간에 가교 결합(cross-linking)과 중합화를 형성함으로써 단백질 분자들을 서로 접착시키는 효소로써 고기와 같은 단백질을 함유한 식품의 물성을 개량시키는 역할을 한다. 즉 트란스글루타미네이스를 사용하면 여러 고기 조각들을 서로 붙여 하나의 덩어리 고기로 만들 수 있으므로 경제적으로 부가가치를 높일 수 있다. 또한 햄 소시지와 같은 육가공품에서도 트란스글루타미네이스는 겔 강도와 탄력성, 결착력, 조직감 등의 품질 특성을 향상시킬 수 있으며 PSE육의 결합력이 약한 단점도 보완할 수 있다. 트랜스글루타미네이스는 특히 저염 육제품의 조직감을 보완하기 위하여 식육에 첨가되어 물성을 증진시키는데, 이때 식육단백질이외의 카제인염나트륨, 분리대두 및 녹두콩

단백질을 기질로 반응하여 결착제로 널리 사용되고 있다(Jang 등, 2015).

트란스글루타미네이스는 자연계에 광범위하게 분포되어 있으나 상업적 이용이 쉽지 않았는데, 일본 아지노모도(Ajinomoto)사는 트란스글루타미네이스를 생산하는 미생물을 발견하여 이 미생물을 이용한 트란스글루타미네이스의 대량생산 기술을 개발하고 식품 첨가물로 사용될 수 있도록 상업화하였다.

13.6 착 색 제

육제품의 제조시 퇴색으로 인하여 상품성 저하를 막고 제품의 색상을 균일하게 하기 위하여 착색제를 사용하기도 한다. 국내에서는 소시지류를 제외하고는 타르 색소와 같은 인공 착색제의 사용이 금지되어 있으나 천연 색소는 규제 대상이 아니다. 육제품의 붉은 색을 강화하기 위하여 천연 착색제로서 코치닐(cochineal), 락(lac), 홍국색소 등이 이용된다.

14. 햄 및 베이컨의 제조

- 이 정 우 -

14.1 햄의 제조

햄(ham)은 대표적인 육제품 중의 하나로 돼지고기를 염지한 후 훈연하거나 가열처리하여 만든 독특한 풍미와 보존성을 가진 가공식품이다. 햄이란 원래 돼지 뒷다리살을 일컫는 말로 그 가공제품도 햄이라고 하였는데, 현재는 다리살 이외의 고기를 사용한 제품도 햄이라고 한다.

햄의 제조방법은 햄의 종류에 따라 차이가 있으므로 먼저 햄의 종류에 대해서 알아보기로 한다.

14.1.1 햄의 종류

우리나라 "축산물의 가공기준 및 성분규격"을 보면 "햄류는 돼지고기를 부위에 따라 분류하여 정형 염지한 후 훈연하거나 열처리한 것으로써 원료육의 부위에 따라 다음과 같이 분류한다"라고 되어 있고, 그 종류는 본인햄, 본레스햄, 로인햄, 숄더햄, 안심햄, 피크닉햄이 있고, 돼지고기 이 외의 다른 축종의 식육을 혼합가공한 "프레스햄"과 어육을 혼합가공한 "혼합프레스햄"도 햄으로 분류되었으나 최근에 "프레스햄"으로 통합되었다.

(1) 가공방법에 의한 햄의 분류

근대 육가공 산업이 비교적 발달한 독일의 경우 햄은 가공방법에 따라 가열하지 않고 훈연숙성한 생햄(raw ham, Rohschinken)과 가열하거나 훈연한 가열햄(cooked ham, Kochschinken)으로 구분하고 있다.

1) 생 햄

원료육을 염지, 수세 후 저온에서 장기간 건조 훈연처리한 것으로 가열처리하지 않아

통상 생햄이라고 하며, 그 종류는 가공부위에 따라 다음과 같다.

① 크노헨쉉켄(Knochenschinken) : 돼지 뒷다리 부위를 뼈가 부착된 채로 가공한 것

② 롤쉉켄(Rollschinken) : 바깥 볼기살과 안쪽 볼기살을 가공한 것

③ 브라젠쉉켄(Blasenschinken) : 돼지 어깨등심 부위를 가공한 것

④ 락스쉉켄(Lachsschinken) : 돼지 등심 부위를 가공한 것

⑤ 슈바이네바우흐(Schweinebauch) : 돼지 복부를 가공한 것

2) 가 열 햄

원료육을 염지한 후 케이싱에 충전하거나 성형틀에 담아 훈연하거나 가열처리한 햄을 말하며, 캔에 담아 살균처리한 것도 포함한다. 생햄과 달리 가열처리하기 때문에 가열햄이라고 하며, 우리나라에서 생산되는 대부분의 제품이 이 종류에 해당된다.

(2) 가공원료육 부위에 따른 분류

우리나라 및 일본에서 분류하는 기준으로 가공하는 원료육 부위에 따라 구분하며, 대부분 염지, 훈연 후 가열처리하기 때문에 가열햄에 해당하며 그 종류는 다음과 같다.

① 본인햄(bone in ham) : 뒷다리 부위를 뼈가 있는 채 가공한 것(껍질있는 것도 포함)

② 본레스햄(boneless ham) : 뒷다리 부위에서 뼈를 제거하고 가공한 것(껍질 있는 것도 포함).

③ 로인햄(loin ham) : 등심 부위를 가공한 것

④ 숄더햄(shoulder ham) : 어깨 부위를 가공한 것

⑤ 안심햄(tenderloin ham) : 안심 부위를 가공한 것

⑥ 피크닉햄(picnic ham) : 어깨등심 부위를 가공한 것

⑦ 벨리햄(belly ham) : 삼겹살 부위를 가공한 것(한국에는 아직 분류되어 있지 않음).

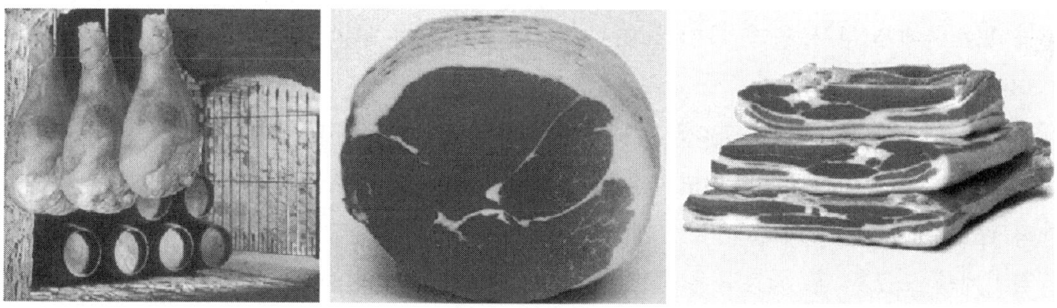

(Knochenschinken) (Rollschinken) (Schweinebauch)

그림 14-1. 생햄의 종류

14.1.2 생햄의 제조방법

(1) 원료육 선정 및 취급

생햄은 장기간 염지함은 물론 가열처리하지 않고 저온에서 훈연하는 제품이므로 원료육의 선정과 취급이 다른 제품보다 훨씬 더 중요시된다.

① 원료육은 7~9개월령의 성돈을 사용해야 한다. 어린 돼지는 육질이 무르고 색이 연해 제대로 된 제품을 만들 수 없으며, 늙은 돼지는 육색이 너무 진하고 또한 육질이 건조하고 근육섬유가 길어 질긴 제품이 되므로 적합치 않다.
② 원료육은 도축에서부터 골발, 정형에 이르기까지 청결하고 위생적으로 처리되어야만 한다.
③ 골발정형 작업장의 온도는 15℃를 넘어서는 안 되며, 처리된 육은 1시간 이상 작업장에 방치되어서도 안 된다.
④ 원료육은 0℃(상대습도 95% 이하) 정도에 보관되어야 한다.
⑤ 원료육의 pH는 6.0 이하의 것만을 사용해야 한다.
⑥ PSE육을 사용해서는 안 되며 DFD육도 가능하면 사용하지 않는 것이 좋다.

(2) 염 지

염지(curing)는 생햄의 보존성 증진, 발색안정성, 풍미생성 등 품질에 결정적 역할을 하게 된다. 염지방법은 건염법(dry curing), 습염법(brine soaking), 주사법(brine injection) 등 세 가지가 있고 특수제품의 경우 두 가지 이상의 방법을 병행할 수 있다.

1) 건 염 법

건염법(dry curing)은 가장 오래된 염지방법으로 소금, 질산염, 설탕 등을 혼합한 염지제를 육표면에 고루 문질러 가면서 도포하여 8℃ 이하의 염지실에서 4~6주 정도 염지하는 것을 말한다.

염지제의 소금농도는 5~7%정도가 적당하며 소금 1kg에 질산염 10~12g, 설탕 5~10g의 비율로 혼합 사용하며, 건염지용 염지제에는 아스코르브산염이나 인산염 등은 혼합하지 않는 것이 좋다.

염지제를 도포한 후 원료육은 염지통에 차곡차곡 쌓게 되는데, 쌓을 때마다 층층이 염지제를 듬뿍 뿌려주는 것이 좋다. 원료육은 4~5층 쌓는 것이 적당하며 4~6일이 지나면 염지육을 다른 염지통으로 옮겨 되쌓기를 하는데, 매 6일마다 한 번씩 해 주어 아래위의 소금농도를 균일하게 되도록 한다.

미국 아이오와 주립대학의 한 연구결과에 의하면 country cured ham의 경우 육 중심부까지 염지제 1%가 침투하는 데 소요되는 기간은 최소 40일이 필요하다고 하는 보고가 있다.

염지가 끝나면 염지숙성(Durchbrennen)을 실시하는데, 이는 육 표면과 중심부의 소금농도를 균일하게 하며 염지발색과 염지풍미의 생성에 필수적인 공정이라 하겠다. 이는 염지통에서 염지육을 건져내어 8~12℃의 염지실에서 건조한 상태로 4~12일간 쌓아 놓는 것을 말한다.

2) 습 염 법

염지제를 물에 녹인 염지액(brine)속에 원료육을 담가 염지하는 것을 습염법(brine soaking) 또는 액염법이라고 하는데, 이는 건염법과는 상반되는 의미로 사용된다.

염지액은 가능하면 끓여서 냉각시킨 물에 소금, 질산염, 설탕, 아스코르브산염 등을 잘 녹여서 만드는데, 염지작업 하루 전 제조하여 하루 저녁 냉장고에 보관하여 10℃ 이하로 냉각시켜 사용하는 것이 좋다.

지역이나 기호도에 따라 염지액에 향신료를 첨가하는 경우도 있는데, 주로 페퍼콘(peppercorn), 월계수 잎, 정향 등을 염지액에 통채로 떠 넣기도 하며 삶은 양파, 마늘, 셀러리 등을 혼합하기도 하며 적포도주를 사용하는 경우도 있다.

염지액 농도는 8~12% 정도가 적당하며 소금 1kg에 질산염 10~12g, 설탕 4~5g을 섞어 주는 것이 보통이다.

염지액의 양은 원료육 총중량의 1/2~1/3정도의 양이 필요하며, 원료육이 완전히 잠길 수 있도록 염지통 윗부분에 무거운 물체를 올려놓는 것이 좋다.

신선한 염지액의 pH는 질산염이 박테리아의 작용에 의해 아질산염으로 분해되기 쉬운 6.0 수준이 좋은데, pH가 7.0 이상 되면 신선도를 의심할 필요가 있다. 변패가 시작된 염지액에서는 거품이 생기거나 혼탁해지거나 색상이 변하거나 이취가 발생되며 막이 형성되기도 한다. 염지액의 변질여부는 다음과 같은 간단한 테스트를 통해 확인할 수 있으며 변패된 것은 조속히 폐기하고 염지액을 보관하던 용기는 깨끗이 세척 소독하여 오염이 확산되는 것을 예방하여야 한다.

한번 사용한 염지액을 다시 사용하는 것은 득보다 실이 많으므로 어떠한 경우라도 고려하지 않는 것이 바람직하다.

<염지액 시험법>

① 농도측정 : 염지액의 소금농도는 염도계나 보오메 비중계로 매일 측정하여 기록지에

기록하고 변화 유무를 관찰하여 허용수준을 벗어날 경우 그 사용 여부를 결정한다.

② pH 측정 : 염지액의 pH변화를 역시 염지기간 중 매일 측정하여 pH 7.0 이상이 될 경우에는 변패 여부를 의심하고 가열시험이나 기포시험을 실시해 보아야 한다.

③ 가열시험 : 염지액을 끓이면서 냄새를 맡아보아 이상취가 감지되면 지체없이 폐기한다.

④ 기포시험 : 10 mg의 염지액에 1 g의 소금을 넣고 5분 후에 1 mℓ의 트리클로로아세트산(물과 1 : 1로 희석한 용액)을 넣어 거품이 생기면 폐기해야 하며 거품이 생기지 않으면 사용해도 무방하다.

표 14-1. 염지액 농도환산표(15.5℃에서 측정)

염도계	Baume	비 중	소금(%)	염도계	Baume	비 중	소금(%)
100	24.6	1.204	26.395	58	14.8	1.114	15.309
99	24.4	1.202	26.131	56	14.4	1.110	14.781
98	24.2	1.200	25.867	54	13.9	1.106	14.253
97	23.9	1.197	25.603	52	13.4	1.102	13.725
96	23.7	1.195	25.339	50	12.9	1.098	13.198
95	23.5	1.193	23.075	48	12.5	1.094	12.670
94	23.3	1.191	24.811	46	12.0	1.090	12.142
92	22.7	1.186	24.283	44	11.5	1.086	11.614
90	22.3	1.182	23.755	42	11.0	1.082	11.086
88	21.9	1.178	23.228	40	10.5	1.078	10.558
86	21.4	1.173	22.700	38	10.0	1.074	10.030
84	21.0	1.169	22.172	36	9.5	1.070	9.502
82	20.4	1.164	21.644	34	9.0	1.066	8.974
80	20.0	1.160	21.116	32	8.5	1.062	8.446
78	19.6	1.156	20.588	30	7.9	1.058	7.919
76	19.1	1.152	20.060	28	7.4	1.054	7.391
74	18.6	1.147	19.532	26	6.9	1.050	6.863
72	18.1	1.143	19.004	24	6.4	1.046	6.335
70	17.7	1.139	18.477	22	5.8	1.042	5.807
68	17.2	1.135	17.949	20	5.3	1.038	5.279
66	16.7	1.130	17.421	15	4.0	1.028	3.959
64	16.2	1.126	16.893	10	2.7	1.019	2.640
62	15.8	1.122	16.365	0	0.0	1.000	0.000
60	15.3	1.118	15.837				

3) 주 사 법(Brine injection)

염지를 촉진하기 위한 방법으로 염지액을 원료육에 주입하는 것으로 동맥 주사법과 근육 주사법의 두 가지 방법이 있다.

가. 동맥주사법

원료육의 동맥을 통해 염지액을 주입시켜 동맥라인을 통해 햄 전부위에 고루 분산시키는 방법으로 과거 기계적 근육주사법이 개발되기 이전에 많이 사용하던 방법이나 수작업에 의존해야 하고 원료취급이 까다로와 대량생산 체제에는 적합하지 않기 때문에 오늘날에는 그다지 활용되지 않고 있다. 동맥주사의 효과를 보기 위해서는 동맥계통이 온전히 보존되어야 하는데, 대개의 경우 도살, 해체, 냉각되는 동안 25~50%의 동맥이 파손되고 건조되어 염지액의 분산이 원활하지 못한 결함이 발생되는 경우가 많다.

염지액(농도 15~18%)을 육중량의 8~12%를 주사하는데, 이때의 주사압력은 2.5 bar를 초과하게 되면 동맥계통이 파손될 우려가 있으므로 주의해야 한다.

나. 근육주사법

현재까지 개발된 염지방법 중 가장 신속하게 염지액을 육전체에 고루 분산시킬 수 있으며 대량 생산이 가능하므로 전세계적으로 널리 이용되고 있는 염지방법이다.

이는 원료육에 다침주사기를 이용하여 일정한 압력으로 주입하여 근육전체에 염지액을 침투시키는 것으로 이 방법의 경우는 주입 후 반드시 텀블링을 실시하여야 더욱 좋은 효과를 얻을 수 있다.

주사할 때 특히 주의할 사항은 다음과 같다.

① 염지액의 온도는 4~8℃로 원료육 온도와 동일하게 제조한다.

② 공기혼입이 안되도록 염지액의 기포를 제거한다.

③ 투입량은 원료중량의 12~20% 정도가 적당하다.

④ 염지액의 농도는 8~15%가 적당하다.

⑤ 주입압력은 1.5~2.0 bar를 유지한다.

⑥ 일정량의 염지액이 주입될 수 있도록 항상 주입 전 원료중량과 주입 후 중량을 측정

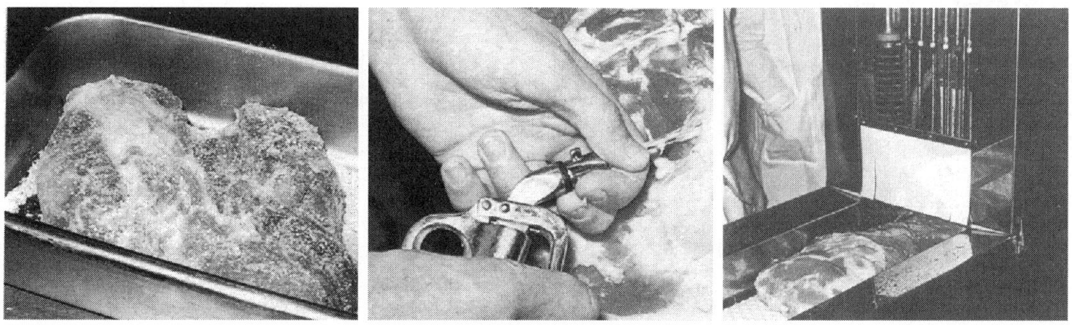

(건염법) (동맥주사법) (근육주사법)

그림 14-2. 염지방법

하여 규정량 이상 주입되었을 경우는 압착에 의해 과잉의 염지액을 제거하여야 하며, 부족할 경우에는 여분의 염지액을 텀블링공정 중에 추가로 투입해 주어야 한다.

⑦ 염지액의 농도는 염도계로 주기적으로 측정한다.

⑶ 수　　침

건염지를 실시할 경우 반드시 수침(soaking)을 실시해야 하는데, 이는 육표면의 소금농도를 감소시켜 중심부와의 편차를 줄임은 물론 장기간 염지 중 형성된 염지제 덩어리나 혈액응고물 등의 불필요한 것들을 제거하는 데 그 목적이 있다.

수침수의 온도는 10℃ 이하의 낮은 온도가 좋고 수침탱크에 넘칠 정도로 흘리면서 염지육 중량에 따라 1 kg 기준 10~15분 정도 수침시키는 것이 좋다. 수침용 물로 인해 오염의 우려가 있으므로 수침수는 항상 청결해야 하고 온도는 가능한 한 낮게 유지하고 수침시간은 되도록이면 짧게 그리고 신속히 처리해야 한다.

⑷ 정형과 건조

수침이 끝난 염지육은 일단 여분의 수분을 깨끗한 마른 헝겊으로 닦아내고 정형(trimming)을 실시한다. 정형은 장기간 염지 중 발생할 수 있는 일그러진 형태를 바로 잡고 여분의 육편이나 지방층을 제거하며 일부 변색된 부분을 제거함은 물론 염지 중의 이상 유무를 확인하는 주요 공정이다.

표 14-2. 주사법에 의한 햄류의 염지기간

	염지액 농도(%)	주입량(%)	염지기간(일)	염지숙성(일)	염지실 온도
가열햄					
· 본레스햄	20~24	6	2~6	–	4~8℃
	15~19	10~15	2~4	–	
	10~12	15~25	2~4	–	
· 로인햄	7~10	15~25	1~2	–	4~8℃
생　햄					
· 본인햄	18~20	5~10	7~12	3~5	염지시
· 본레스햄	18~20	5~10	7~12	3~5	4~8℃
· 락스햄	18~20	5~10	4~8	2~5	염지숙성시
· 벨리햄	12~18	7~12	2~4	1	8~12℃

⑸ 훈　　연

건조가 끝난 햄은 훈연을 하게 되는데 훈연방법에는 온도에 따라 냉훈법(cold smoking), 온훈법(warm smoking), 열훈법(hot smoking) 등이 있으나 특히 생햄의 경우는 냉훈법으로 훈연한다.

훈연온도에 따른 훈연시간은 대략 다음 표 14-3과 같다.

표 14-3. 훈연방법에 따른 훈연시간

	훈연온도	훈연시간	제 품
냉 훈	20℃ 이하	1~6주	생 햄
온 훈	30~50℃	6~24주	가 열 햄
열 훈	50~80℃	5시간	가 열 햄

(6) 숙 성

훈연이 끝난 생햄은 냉장고의 낮은 온도에서 보관하는 것은 바람직하지 않고 저온(10~15℃)에서 숙성시키는 것이 바람직한데, 그 까닭은 보관온도가 낮으면 색상 및 풍미가 변질될 가능성이 높기 때문이다.

숙성실의 조건은 온도(ripening)뿐만 아니라 상대습도가 문제가 되는데, 습도가 높으면 제품 표면의 색상 및 풍미에 손상이 올 뿐더러 표면부터 곰팡이가 발생할 우려가 있다. 반대로 습도가 너무 낮으면 제품이 지나치게 건조되어 맛이 짜게 되고 감량이 많아져 경제적인 손실을 가져오게 된다. 따라서 가장 적당한 상대습도는 70~75% 범위이다.

제품 표면의 곰팡이 발생을 방지할 목적으로 15~20% 소르브산칼륨 용액에 담갔다 꺼내는 경우도 있는데, 이때는 반드시 소르브산칼륨 처리를 했다는 표기를 해야만 한다. 그리고 강한 채광조건 역시 제품 표면의 지방산패를 촉진시킬 우려가 있으므로 숙성실의 조도는 60 lux 이하가 적당하다. 일반적으로 숙성이 끝난 최종 제품의 최적수분활성도는 a_w 0.92 이하이다.

이상에서 보는 바와 같이 생햄의 숙성공정은 온도·습도 조건이 다른 육제품과는 차이가 있으므로 숙성조건 자체를 인공적으로 유지하기 위해서는 많은 설비투자가 필요하게 된다.

이러한 관점에서 온도·습도 등의 조건을 자연적으로 갖춘 이탈리아 북부지방의 Parma 지역에서 생산되는 제품으로 세계적으로 가장 유명한 생햄 중의 하나인 파르마 햄에 대해서 언급하는 것도 큰 의미가 있다 하겠다.

[파르마 햄]

이탈리아 북부의 낮은 구릉지를 이루고 있는 파르마 지방은 옛부터 생햄 생산으로 유명한데, 이곳은 지형적으로 생햄의 생산에 적절한 기후조건을 갖추고 있기 때문이다. 이 햄은 이곳에서 사육되는 돼지만을 원료육으로 사용하며, 순수한 바다소금을 손바닥으로 문지르면서 뒷다리 하나하나를 건염지한 다음 끈으로 묶어 건조 숙성실에 매달아 놓고 자연 기후조건에 따라 바람의 유입을 조절하면서 최소 10개월 이상 정성스럽게 건조시킨다. 숙성이 끝난 제품은 조합검사원의 합격판정을 받아야만 "Prosciutto di Parma"라고 하는 왕관 마크의 낙인을 찍을 수 있게 된다.

그림 14-3. Prosciuitto di Parma(Parma ham)

(7) 포　　장

숙성이 끝난 생햄은 출고하기 전 포장하는 경우도 있는데 본인햄의 경우는 상표와 표시사항을 표기한 표지 정도만 부착하고 산소 차단성 포장재질을 사용하여 포장하지는 않는데, 그 이유는 생햄은 계속 살아 숨쉬는 제품이기 때문이다. 그리고 진공포장을 하면 오히려 생햄 고유의 색상과 풍미를 잃게 된다.

열차나 트럭을 이용한 수송 중에도 천장에 매단 상태로 이동하는 경우가 많으며, 그렇지 않은 경우에는 나무 상자에 담아 유통시킨다. 또한 판매장소에서도 천장에 매달아 놓거나 특수 슬라이스 작업 도구위에 올려놓고 소비자가 원하는 만큼 잘라서 팔고 있는 것을 흔히 볼 수 있다. 그렇지만 슬라이스한 제품은 진공포장하거나 가스치환 포장하여 유통하는 것이 일반적이다.

숙성시킨 생햄은 10~15℃의 보관온도에서 유통기간이 4개월 정도이며, 슬라이스하여 진공포장한 것은 10℃ 이하에서 60~90일정도 된다.

14.1.3 가열햄의 제조방법

가열햄(cooked ham)은 생햄과 달리 가열공정 중 증기나 열수에 의한 가열공정이 추가되는 것이 가장 큰 차이점이라 하겠다. 현재 우리나라에서 생산되는 햄의 대부분이 가열햄류에 속한다. 그리고 가열햄은 훈연 실시여부에 따라 훈연 가열햄과 비훈연 가열햄으로 구분할 수 있다. 가열햄의 제법에 대해서는 생햄과 구별되는 차이점에 대해서만 중점적으로 기술하고자 한다.

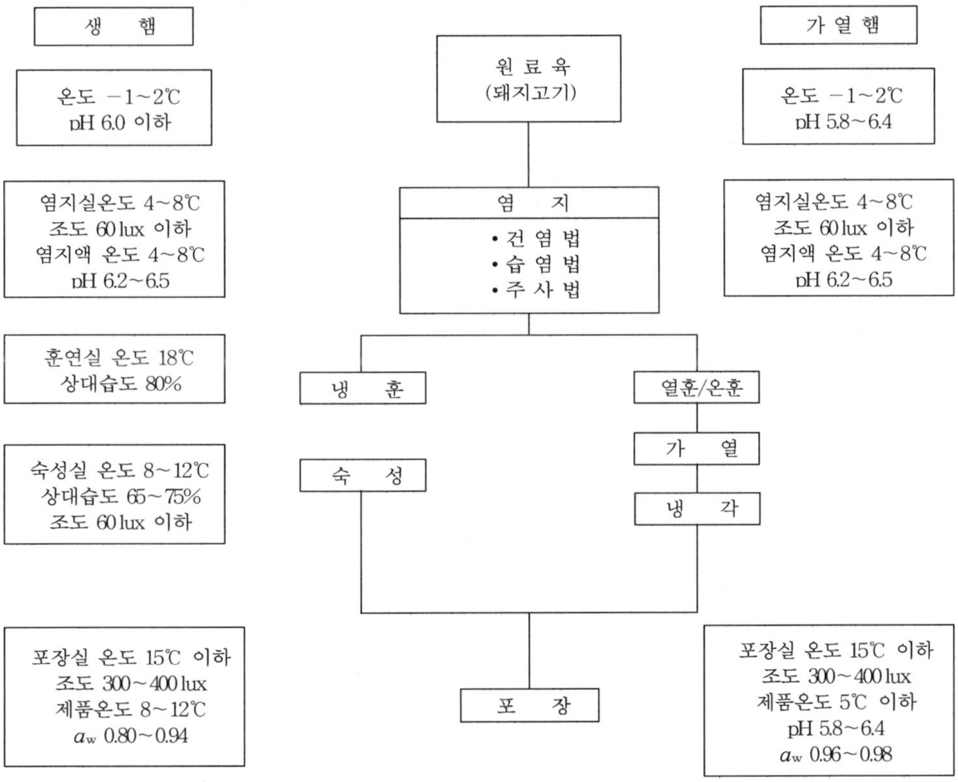

그림 14-4. 생햄과 가열햄의 제조공정

(1) 성형 및 충전

본인햄을 제외한 나머지 가열햄류는 일정한 형태를 유지하기 위해 성형기에 넣어 압착하거나 망상 케이싱으로 씌우거나 끈으로 결찰하기도 하고 섬유성 케이싱에 일정량씩 충전(stuffing)하는 경우도 있다.

성형(molding)의 목적은 일정한 형태를 갖추는 것은 물론 가열처리작업의 편리성을 증대시켜 생산성을 높이고 균일한 중량의 제품을 생산하는 것 등이다.

(2) 가열처리

가열햄은 가열만 실시하는 제품과 훈연 후 가열처리하는 제품으로 구분할 수 있는데 훈연실시 여부에 따라 제품의 색상, 맛 및 보존성에 큰 차이가 있다. 요리메뉴 및 소비자의 기호에 따라 훈연한 것이 적합하지 않은 경우에 훈연하지 않은 제품이 이용되고 있다(예 : 샐러드나 샌드위치, 찜, 탕, 요리).

가열시 제품의 중심온도에 따른 가열시간이 제품 보존성에 큰 영향을 주고 있으며, 가열 감량(cooking loss)과도 직결된다.

중심온도별 가열시간은 표 14-4와 같다.

표 14-4. 가열 온도와 시간

	중심온도	가열시간	비 고
I	70℃	10분	I. II. III 모두 동일한 살균효과를 가짐.
II	68℃	15분	
III	65℃	30분	

우리나라 축산물의 가공기준 및 성분규격에 따르면 "가열 식육제품은 그 중심부 온도를 63℃ 이상에서 30분간 가열하거나 또는 이와 동등 이상의 효력이 있는 방법으로 가열살균해야 한다"로 명시되어 있기 때문에 상기표의 온도와 시간은 반드시 준수해야 한다.

(3) 냉 각

중심온도가 65℃를 상회하기 때문에 가열햄류는 포장전에 냉각시켜야만 하는데, 냉각방법에는 1차로 냉각수로 샤워하거나 냉각수에 침지시켜 냉각하는 방법이 있으며 최종적으로는 냉각실에서 냉각하게 된다.

냉각 완료된 제품의 중심온도는 5℃ 이하가 바람직하다. 냉각실에서 냉각할 경우 제품 표면에 이슬현상이 생기지 않도록 온도와 습도 관리에 신경을 써야 하며, 냉각실 설계시에 제품 종류와 생산량을 고려한 자료가 충분히 반영되어야 함은 물론이다(그림 14-5).

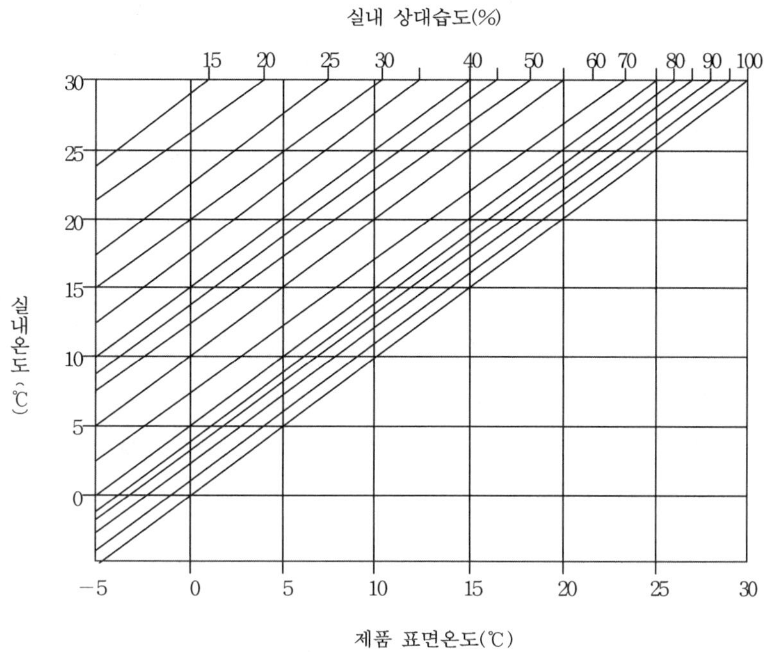

그림 14-5. 이슬 발생 그래프

(4) 포 장(Packaging)

가열햄류의 포장은 주로 보존성을 확보하는 데 그 목적이 있으므로 산소 투과도가 낮은 포장재를 써서 진공포장하거나 기체치환포장(MAP)하게 된다.

MAP는 포장 내부의 공기를 완전히 제거하고 질소, 탄산가스, 산소를 적절한 비율로 재배합하여 공기 대신 주입하여 포장하는 것을 말하는데, 주로 슬라이스 제품 포장시에 이용하고 있다.

(5) 유통조건

10℃ 이하의 냉장상태에서 수송보관 진열판매 되어야만 보존성이 확보될 수 있으며, 유통기간은 업체의 자율에 의해 결정되지만 25일에서 45일 정도 된다.

14.2 프레스햄의 제법

프레스햄(pressed ham)은 한마디로 햄과 소시지의 중간 정도 되는 제품으로 우리나라 축산물의 가공기준 및 성분규격을 보면 “식육의 고기덩어리를 염지한 것이나 이에 결착제, 조미료, 향신료 등을 첨가한 후 훈연하거나 열처리한 것"이라고 규정하고 있다.

현재 국내에서 시판되고 있는 프레스햄류는 훈연 가열처리한 훈연햄과 훈연처리하지 않고 가열처리만 실시한 가열햄으로 구분할 수 있다.

프레스햄은 햄류와는 다르게 돼지고기 이외의 식육(쇠고기, 닭고기, 양고기 등) 및 어육을 혼합한 것도 포함되는데, 특히 어육을 혼합한 제품은 "혼합프레스햄"으로 별도 구분하고 있다.

프레스햄(혼합프레스햄 포함)은 식육자원이 충분하지 못한 우리나라 실정에 맞게 개선된 형태의 제품이라 할 수 있으며, 다양한 풍미를 비롯하여 여러 가지 모양과 크기의 제품을 만들 수 있을 뿐더러 돼지고기 이외의 식육이나 어육의 사용이 가능하므로 원가가 저렴하며 제조공정이 햄류에 비해 짧고 소비자들로부터 소시지보다 고급품으로 인식되고 있는 등의 장점을 가지고 있다.

(1) 원료육의 선정

프레스햄의 원료육은 햄류를 생산하고 남는 여분의 육을 사용하는 것으로 시작되었지만, 돼지고기 이외의 쇠고기, 양고기, 가금육(칠면조, 닭, 오리 등), 토끼고기, 어육 등에 걸친 다양한 식육을 활용할 수 있고, 육편이 비교적 작은 육을 혼합 사용하게 된다(쇠고기의 경우는 예외로 가공 후의 잔육을 주로 사용). 따라서 육편(block meat)끼리 결합시킬 수 있는 결착육(binding meat)이 필요하기도 하며, 일부 결착재료를 혼합 사용하게 된다.

원료육은 5℃ 이하로 충분히 냉각된 도체로부터 생산되는 것을 사용하여야 하고 골발작업장의 온도도 15℃ 이하로 유지시켜 원료육의 온도가 10℃가 넘지 않도록 관리하는 것이 좋다.

원료육의 온도가 10℃ 이상 올라가게 되면 드립의 발생이 많아지고 미생물의 성장이 급속히 진행되어 좋은 품질의 제품생산을 기대하기 어렵다.

육종별 원료규격을 좀 더 상세하게 설명하면 다음과 같다.

1) 돼지고기

프레스햄의 원료는 주로 어깨부위살, 뒷다리살, 또는 이들의 잔육을 사용하는데, 어깨살은 근육조직이 잘 발달되어 있고 육색이 진하며 결착력 및 보수력이 좋아 고기덩어리나 결착육으로 모두 사용하기 적합하다.

뒷다리살은 어깨부위살에 비해 결착력과 보수력이 떨어지므로 고기덩어리로 적합하며 정형시의 잔육은 지방이 섞여 있기 때문에 결착육으로 활용하는 것이 좋다.

2) 쇠 고 기

가격이 비싼 쇠고기는 스테이크나 로우스트(Roast)용으로 주로 소비되고 있고, 등심이나 뒷다리 고기는 훈제육인 pastrami에 사용하고 있고 그 밖의 잡육은 프레스햄용의 결착육으로 활용하고 있다.

3) 양 고 기

쇠고기와 마찬가지로 조리용으로 이용하고 남는 부위의 고기와 잔육을 결착육으로 사용하게 되는데, 지방을 포함한 양고기는 고유의 이취가 있고 색이 짙어 사용하기 전 탈색・탈취시켜 돼지고기와의 편차를 줄여주는 것이 좋다.

탈색・탈취작업은 청결한 물에 담가 양고기속에 남아있는 혈액을 제거시킴과 동시에 탈취제를 소량 사용하여 이취를 제거하는 것을 말한다.

4) 토끼고기

토끼고기는 육편은 작으나 축육 중에서 결착력이 가장 양호하여 프레스햄의 결착력으로 사용하기에 매우 적합하다. 우리나라에는 토끼 사육규모가 작아 원료육으로 사용할 정도의 양은 생산되지 않고 있기 때문에 주로 중국 등으로부터 수입되는 것을 이용한다.

5) 가 금 육

닭, 칠면조 등의 가금육은 고기덩어리가 작은 반면 결착력은 비교적 양호해서 프레스햄의 원료로 사용가능하고 chicken ham이나 turkey ham은 닭이나 칠면조의 백색육 만으로 제조한 프레스햄의 일종으로 돼지고기에 비해 저지방・저칼로리라는 건강 이미지 때문에 근래 그 선호도가 점차 높아지고 있다.

6) 어 육

고래고기・참치 등의 적육을 일부 사용하기도 하고 어육으로 제조한 연육을 결착육으로 일부 이용하고 있으나 최근들어 어육을 혼합한 혼합프레스햄의 소비는 급격히 감소하기 때문에 거의 생산되지 않고 있다.

7) 알 류

계란, 오리알, 메추리알 등도 전체 육 함량의 10% 범위 내에서 혼합프레스햄의 원료로 사용이 가능하다. 일반적으로 알류는 결착재료로 식감을 개선하며 원가절감용으로 주로 이용한다.

8) 기계골발육

주로 닭, 칠면조 등 골발하기 힘들며 골발하더라도 수작업에 의해 경제성이 떨어지는 부위(목뼈, 등뼈)나 노계, 폐계 등을 기계적 장치에 의해 뼈는 따로 분리해 내고 근육조직만 모아놓은 것을 기계골발육(mechanically deboned meat, MDM)이라고 한다.

근래 식육자원의 고갈과 인건비의 상승 등에 대처하기 위해 MDM의 사용이 증가추세에 있어 주요한 식육자원으로 자리매김하고 있다. 닭을 원료로 한 것은 mechanical deboned chicken meat(MDCM), 칠면조를 원료로 한 것은 mechanical deboned turkey meat(MDTM)이라 하며, 뼈 분리과정에서 뼈속의 골수나 혈색소, 뼈의 일부가 포함되어 있어 정육에 비해 육색이 짙고 회분 함량이 높을 뿐 가공적성이 좋아 프레스햄의 결착육으로 적합하다.

⑵ 원료육 배합

프레스햄의 원료육으로 여러 가지 육종의 식육을 사용하게 되므로 소비자의 기호도와 시장 가격에 맞는 원료육의 배합(formulation)이 무엇보다 중요하다. 우리나라의 경우 프레스햄은 돼지고기가 전체 육 함량의 70% 이상이어야 하고, 기타 식육이 30% 미만이어야 하는 규정을 준수하면서 가장 원가경쟁력이 있으면서 소비자의 기호도에 맞는 제품을 생산하기 위해서는 소비자 조사를 통한 육종별 혼합사용 여부가 먼저 파악되어 있어야 한다.

예를 들어 한국인은 보편적으로 양고기에 대한 인식이 부족하고 선호도가 낮은 편이므로 아무리 경쟁력이 있다고 하더라도 양고기의 혼합에는 신중을 기해야 할 것이다. 이 때문에 프레스햄의 원료육 배합은 어느 제품보다 그 중요성이 높다 하겠다.

선호도가 있고 가공적성이 우수하며 가격 경쟁력이 있는 원료육만을 선정하여 가장 저렴한 원료육 배합을 결정하는 것을 최소원가배합(least cost formulation)이라고 하며, 이를 전산화시켜 항상 일정한 품질의 제품을 최저원가로 생산할 수 있는 체제를 갖추는 것이 경쟁력의 원천이 될 것이다.

최소원가배합을 전산화하기 위해서는 육종류별 성분, 가공적성, 가격, 수율, 관능검사 결과, 재고 및 원료육 수급 상황에 대한 자료가 축적되어 있어야 한다.

⑶ 염　지

프레스햄의 주원료로 사용되는 고기덩어리는 혼합하기 전 염지(curing)해 사용하는 것이 발색, 보수력, 결착력 증진에 효과적이며 탄력있는 제품을 생산할 수 있다. 염지재료는 소금, 설탕, 아질산염, 인산염 등을 사용하며 적당량의 빙수와 함께 혼합기나 텀블러에서 진공으로 20~30분간 혼합한 후 염지통에 담아 폴리에틸렌 필름 등으로 공기와의 접촉이 차단될 수 있게 덮어 6℃ 이하의 염지실에서 2~3일 정도 염지 숙성시킨다.

결착육 없이 고기덩어리만 잘게 분쇄한 형태의 프레스햄 원료육도 상기와 같은 방법으로 염지했다가 염지실에서 1~2일 정도 염지시킨 후 혼합공정으로 넘겨진다.

표 14-5. 프레스햄 원료육 배합예

고기 덩어리	수 분	지 방	단백질	콜라겐 (%)	결착력	색 조	Pounds for Various Formulations						
							A	B	C	D	E	F	G
쇠고기													
수소고기	70	10	20	20	30	47	33						
심장	70	13	17	27	6	40	12						
잔육 90(살코기)	71	11	18	28	27	43		25	20				
돼지고기													
볼고기	67	15	17	72	9	29	17	20	40				
햄잔육 80(살코기)	60	23	16	25	14	20				100			
심장	73	10	15	27	6	32		20					
혀	63	19	17	66	8	36		15					
잔육 80(살코기)	60	23	16	25	16	25	20		40				
잔육(다리고기)	34	58	8	36	10	8	18	20					
건조 재료													
탈지분유	3	1	38	0	25	0	4						
소금	.01	0	0	0	40	0	3	3	2.5				
설탕(sucrose)	.06	0	0	0	10	0	0.5	1		0.5			
수분이 함유된 재료													
물 또는 얼음	100	0	0	0	0	0	20	5					
계산된 조성(감량 7%)													
수분							60.9	58.6	60.7	56.7			
지방							19.0	22.9	18.3	24.6			
단백질							14.9	14.8	17.6	17.1			
특 성													
콜라겐(%. 최고 35)							29.8	*45.2	*44.7	25.0			
결착력(최저, 1.8)							2.9	2.0	2.7	2.4			
색조(최저, 2)							4.8	4.9	5.4	3.4			

⑷ 혼 합

염지가 끝난 염지육은 결착육과 혼합(mixing)하게 되는데, 이때 향신료, 조미료, 결착재료 등을 적당량의 빙수와 함께 진공상태에서 10~20분 정도 혼합한다. 그리고 결착육을 사용하지 않는 제품도 혼합공정은 동일하다.

⑸ 충 전

혼합이 끝난 육을 일정한 형태를 갖추기 위해 일정량씩 성형기나 리테이너, 케이싱에 채워넣는 것을 충전(stuffing)이라고 하며, 이 작업도 진공으로 하는 것이 효과적이므로 근래에는 진공 충전기(vacuum stuffer)를 대부분 이용하고 있다.

케이싱을 사용할 경우 훈연할 제품에는 통기성 재질의 포장재인 셀로판, 셀룰로스, 섬유성 콜라겐 등을 이용하고, 보일링 제품에는 비통기성 재질인 염화비닐계통의 쿠레하론 및 사란 필름 등을 사용한다.

(6) 가열처리

충전이 끝난 프레스햄은 건조, 훈연, 가열(cooking) 등의 가열 공정을 거치는데, 이 과정에서 제품은 완전히 익을 뿐 아니라, 중심온도 63℃ 이상에서 30분 이상 가열하게 되므로 저온성 미생물이 사멸되어 냉장상태에서 보존성이 확보된다. 열처리 프로그램은 제품의 종류 및 크기, 중량에 따라 차이가 있다. 그 실례는 다음 표에서 보는 바와 같다.

표 14-6. 프레스햄의 가열조건

	훈연햄 셀로판 포장	런천미트 섬유성 케이싱	비어햄 섬유성 케이싱
발 색	60℃, 15분	65℃, 20분	–
건 조	65℃, 25분	68℃, 25분	–
훈 연	68℃, 13분	68℃, 12분	–
가 열	78℃, 50분	78℃, 60분	78℃, 150분
합 계	103분	112분	150분

(7) 냉 각

훈연 및 가열처리가 끝난 제품은 1차 냉각수(0～2℃)로 샤워를 실시한 후 냉각실에서 중심온도 10℃ 이하까지 냉각(chilling)하게 된다. 가열처리만 실시한 제품은 냉각수가 아닌 15～18℃의 물에 침지하여 1차 냉각 후 냉각실로 옮기는 것이 케이싱의 파손에 기인하는 불량 발생을 감소시킬 수 있다. 가열처리만 실시한 제품의 경우 70℃ 이상의 높은 온도에서 가열이 끝나므로 내용물과 케이싱이 다 같이 팽창해 있다가 냉각공정에서 급격한 온도 변화를 주면 케이싱이 먼저 수축을 개시하고 내용물인 제품은 수축속도가 느리기 때문에 케이싱이 터지거나 주름이 잡히는 불량이 발생되기 쉽다.

이처럼 가열처리 후 신속히 냉각하는 목적은 수분증발에 의한 감량의 발생을 최소화하고 제품의 보존성을 증대시키는데 있다.

(8) 포 장

냉각이 끝난 제품은 진공포장하거나 가스치환포장하게 되는데, 특히 슬라이스 제품은 무균실에서 가스치환 포장하는 경향이 늘어나고 있다.

우리나라의 열악한 유통조건 하에서 보존성을 확보하기 위해 진공포장제품은 2차 살균하는 경우가 있는데, 이것은 포장이 끝난 제품을 95℃에서 60~90초 또는 85℃ 전후의 온탕에서 15분 정도 가열 후 냉각수로 냉각 건조하는 것을 말하며, 열처리 공정에서 1차 살균하기 때문에 2차 살균이라고 한다.

2차 살균은 포장작업 중 기계설비나 작업대, 작업자에 의한 오염뿐만 아니라, 포장실 내의 공기 및 낙하균에 의한 오염 등을 재가열 살균함으로써 보존성의 향상 효과는 현저하지만 재가열에 의한 과다한 드립의 발생으로 맛의 저하는 물론 영양성분의 손실 및 다즙성을 상실하게 된다.

최근 이러한 2차 살균의 불편함과 품질 열화를 해결하기 위해 포장을 무균실(bio clean room)에서 실시하는 경향이 늘어나고 있다. 무균실은 별도로 구획된 공간에 공기여과설비를 갖추어 외부의 신선한 공기를 정화시켜 포장실 내로 유입시키고 양압에 의해 포장실내 공기는 외부로 배출하게 하여 포장실내 공기의 청정도를 항상 적정 수준으로 유지한다. 무균실은 시설투자비가 많고 유지비가 높아 대개 대규모 생산업체에서만 갖추고 있는 실정이다.

14.3 베이컨의 제조

베이컨(bacon)은 돼지의 복부육 또는 특정부위육을 정형 후 염지, 훈연하거나 열처리한 것으로 우리나라에서는 복부육을 가공한 벨리베이컨(belly bacon) 생산이 주류를 이루고 있는데, 이는 삼겹살을 즐겨먹는 한국인의 식육 선호도와 무관하지 않다고 본다.

베이컨은 가공공정 중 살균을 목적으로 하는 가열공정 없이 생산되므로 완제품은 반드시 가열 조리 후 섭취해야 안전하다.

14.3.1 베이컨의 종류

데니쉬베이컨(Danish bacon)으로 유명한 덴마크의 경우 사이드베이컨(side bacon)을 무려 17개 부위로 세분하여 생산 공급하고 있지만 여기서는 전세계적으로 널리 생산되고 있는 것에 대해서만 기술하고자 한다.

① 벨리베이컨 : 돼지의 복부육(일명 삼겹살)을 가공한 것으로 이것을 일반적인 베이컨이라고 부른다.

② 로인베이컨(loin bacon) : 돼지의 등심부위를 가공한 것으로 벨리베이컨에 비해 지방이 적은 것이 특징이며 카나디안베이컨은 여기에 속한다.

③ 숄더베이컨(shoulder bacon) : 돼지의 어깨부위를 가공한 것으로 벨리베이컨과 로인베이컨에 비해 지방이 적고 육색이 짙으며 육질이 다소 단단한 것이 특징이다.
④ 미들베이컨(middle bacon) : 돼지의 몸통 부위인 등심과 삼겹살을 가공한 베이컨이다.
⑤ 사이드베이컨(side bacon) : 돼지의 2분체를 통채로 골발·정형 후 가공한 것으로 베이컨을 즐겨먹는 영국, 덴마크 등 서부유럽에서 주로 생산되고 있으며, 우리나라에서는 미들베이컨과 사이드베이컨은 생산되지 않고 있다.
⑥ 롤베이컨(roll bacon) : 두께가 얇은 복부육을 원통형으로 말아서 가공한 것으로 벨리베이컨과 외관을 차별화한 제품이라 할 수 있다.

14.3.2 베이컨의 제조방법

베이컨의 제조공정은 베이컨의 종류와는 상관없이 동일하므로 종류와 관계없이 일괄적으로 기술하고자 한다.

(1) 원료육 선정

베이컨은 제조공정 중 살균을 목적으로 하는 가열공정이 없기 때문에 원료육 선정시 특별히 위생적으로 처리해야 한다. 원료육 선정시의 주의사항은 다음과 같다.

① 원료육은 지육의 온도가 5℃ 이하로 냉각된 것으로부터 취해야 한다.
② 원료육의 온도는 10℃ 이하가 유지되도록 해야 한다. 특히 지방이 많은 복부고기는 산패되기 쉬우므로 주의해야 한다.
③ 골발·정형시 칼집이 깊게 난 것은 원료육으로 부적합한데, 이는 외관품질이 불량해질 뿐 아니라, 슬라이스 할 때 다량의 손실을 발생하기 때문이다.
④ 지방층의 색상은 흰색이나 맑은 유백색을 띤 것만 사용해야 하는데, 베이컨은 제조공정이 비교적 길고 살균공정이 없어 지방층이 가장 빨리 산패될 우려가 있기 때문에 지방의 선도가 좋은 원료를 선정해야만 한다.
⑤ 같은 이유로 지방층이 너무 두꺼운 도체로부터 원료육을 취하지 않는 것이 실패를 예방할 수 있는 지름길이라 하겠다.

(2) 염　　지

염지는 원료육에 소금, 질산염, 아질산염, 향신료, 조미료 등을 첨가하여 제품의 보존성을 높이고 색상, 보수성, 풍미 등을 증진시키는 것을 말한다.

베이컨의 염지방법은 건염법(dry curing), 습염법(brine soaking), 주사법(brine injection)으로 나눈다.

1) 건 염 법

건염범은 염지제를 원료육 표면에 균일하게 도포한 후 일정기간 염지실에서 보관하는 것을 말한다.

가. 염지제 배합

일반적인 배합례를 들면 소금(2~3%), 설탕(0.5~1%), 질산염(0.1~0.2%), 인산염(0.2~0.5%), 아스코르브산염(0.03~0.05%), 향신료 및 조미료(0.2~0.5%)로 한다.

나. 염지실 온도

염지실 온도는 8℃를 넘지 않도록 유지해야 하며, 염지실의 온도가 너무 낮으면 발색효과가 떨어지므로 4~6℃가 적당하다.

다. 염지기간

염지기간은 염지제의 소금농도와 원료육의 부위 및 중량에 따라 다소 차이가 있으나 원료육 두께 1 cm 마다 염지기간 1일 소요된다는 기준으로 산정하면 무리가 없다(벨리베이컨은 5~7일, 로인베이컨은 7~10일).

라. 염지시 주의사항

① 건염을 위한 염지제는 분말상이므로 균일하게 혼합하여 사용해야 하며, 미리 준비된 염지제도 사용전에 반드시 흔들어 다시 한 번 섞어주고 덩어리진 재료는 물리적으로 분쇄시켜 사용해야 한다.

② 염지제는 육표면을 손으로 문질러 주면서 도포하는 것이 가장 효과적이다. 대량 생산 시에는 텀블러를 이용하면 편리하다.

③ 염지제를 도포한 원료육은 염지조나 염지탱크에 쌓을 때 지방층은 지방층끼리, 적육층은 적육층끼리 맞닿게 쌓는 것이 중요하며 쌓는 높이는 1 m를 넘지 않게 한다. 1 m를 초과할 경우 최하단에 있는 것은 중량압에 의해 제대로 염지되지 못할 뿐만 아니라, 작업자에게도 불편을 가중시킨다.

④ 염지기간 중 원료육은 아래 위를 뒤집어 주는 되쌓기를 해 주어야 균일한 염지 효과를 기대할 수 있는데, 염지기간 중간쯤에 한 차례 염지통을 바꾸어 되쌓기를 실시한다.

⑤ 염지조나 염지탱크는 반드시 폴리에틸렌 필름 등으로 덮어 공기의 접촉을 막고 이물질의 낙하 및 혼입을 방지해 주어야 한다.

⑥ 염지기간이 길기 때문에 염지조와 염지탱크별로 원료육의 종류, 염지개시일자,염지 완료일자를 기록하여 염지기간에 대한 착오가 없도록 유의해야 한다.

2) 습 염 법

원료육은 염지액(brine)에 담가 염지하는 것을 습염이라고 하며, 염지재료는 건염의 경우와 대동소이하나 다만 그 배합비율에서 차이가 있을 뿐이다.

가. 염지액 배합

일반적인 배합례는 소금(20~25%), 설탕(8~10%), 질산염(0.2~0.5%), 인산염(2~5%), 아스코르브산염(0.3~0.5%), 향신료 및 조미료(2~5%), 냉각수(54~68%) 등이다.

염지액 제조시에는 10℃ 이하의 청결한 냉각수를 사용해야 하며 소금, 설탕, 질산염 등을 먼저 용해시킨 후 인산염을 용해시키고 아스코르브산염은 별도의 냉각수에 용해시킨 후 혼합하는 것이 좋다.

천연 향신료는 물에 용해되지 않기 때문에 부케로 만들어 끓여서 우러난 물을 섞어 사용해야 하는 불편이 따른다.

액체 향신료나 정유류의 인공 향신료는 물에 녹기 쉽게 소금이나 덱스트린 등에 코팅한 것을 사용하면 편리하다. 인공 향신료는 천연 향신료에 비해 그 강도가 10배 이상 강하므로 시험을 거쳐 정확한 사용량을 미리 정해 놓아야 실수가 없을 것이다.

나. 염지실 온도 및 염지기간

염지실 온도 및 염지기간은 건염법과 크게 다르지 않으며, 염지액의 농도는 염도계를 사용하여 염지하기 전과 염지 중에 주기적으로 측정하여 실패 없이 제품생산을 할 수 있도록 한다. 한 번 사용한 염지액을 재사용하는 것은 가급적 삼가야 하며, 제조해 놓은 염지액은 보관에도 주의를 기울여야 하는데 가능한 4℃ 이하의 낮은 온도에서 보관하고 제조 후 2일 이내에 사용하는 것이 좋다.

다. 염지시 주의 사항

① 염지액 제조시 거품이 생긴 것은 정치시켜 거품이 없어진 후 사용해야 하며, 소포제(예 : 실리카겔)를 소량 사용하면 기포를 완전히 제거할 수 있다.

② 염지액 제조시 교반기를 사용할 경우 염지액의 온도가 상승하게 되므로 얼음을 일부 혼합사용하여 온도상승을 막고 10℃를 초과할 경우에는 반드시 급속 냉각시켜 사용해야 한다.

③ 염지액 제조시 침전물이 생길 경우가 있는데, 이때는 침전이 생기는 원인을 분석하여 완전히 용해될 수 있는 재료로 교체해야만 한다.

④ 염지액은 건염시의 염지제와는 달리 미생물의 성장이 용이하므로 정기적으로 미생물 분석을 통해 적정 수준을 유지할 수 있도록 세심한 관찰을 해야 한다.

3) 주 사 법

염지액을 원료육에 다침주사기를 사용하여 일정한 압력으로 주입시키는 것을 주사법이라 하며, 최근 대부분의 가공업체에서 이 방법을 활용하여 생산성 향상과 수율증대를 도모하고 있다.

가. 염지액의 제조

주입용 염지액은 보조단백질류를 활용하는 고가수용과 활용하지 않는 저가수용이 있으며, 대개 30% 이상 주입할 경우 보조단백질의 첨가는 필수적이다.

표 14-7. 염지액 배합례

(단위 : %)

염지재료	고가수용(15~20%)	저가수용(30% 이상)
소 금	10~12	6~8
설 탕	3~5	2~3
아질산염	0.1~0.2	0.05~0.06
인 산 염	2~3	1~2
아스코르브산염	0.2~0.3	0.1~0.2
향 신 료	2~5	1~3
※보조단백질	3~5	5~7
냉 각 수	70~80	77~85

※ 보조단백질 : 분리대두단백질(ISP), 락토알부민, 난알부민, 혈장단백질 등이 이용
※※ 소량의 소포제를 상기 배합에 추가 사용함.

나. 주 입

다침주입기를 이용하여 원료육에 일정량의 염지액을 강제 주입시키는 작업으로서 뼈의 유무와 관계없이 작업할 수 있는 주입기가 개발되어 편리하게 이용할 수 있다.

주입용 바늘의 구조는 원료육의 종류 및 염지액 주입량에 따라 조금씩 다르게 설계되어 있다.

30% 이상의 염지액을 주입할 경우에는 2회에 나누어 원료육을 뒤집어 가며 주입하는 것이 균일한 효과를 기대할 수 있다.

정해진 양이 정확히 주입되었는지를 확인하기 위해 항상 주입전 원료육 중량과 주입후 중량을 측정하여 미달될 경우에는 추가 주입을 실시하거나, 추후공정인 텀블링시 부족량 만큼의 염지액을 추가 주입하여 작업하면 된다. 초과할 경우에는 원료육에 물리적 힘을 가해 염지액을 짜내거나 염지액 없이 주입기를 다시 한 번 통과시켜 투입량을 조절

해 주어야 하는데, 이런 작업은 너무 번잡하므로 항상 초과되는 것보다는 약간 부족할 정도로 주입시키는 것이 보통이다.

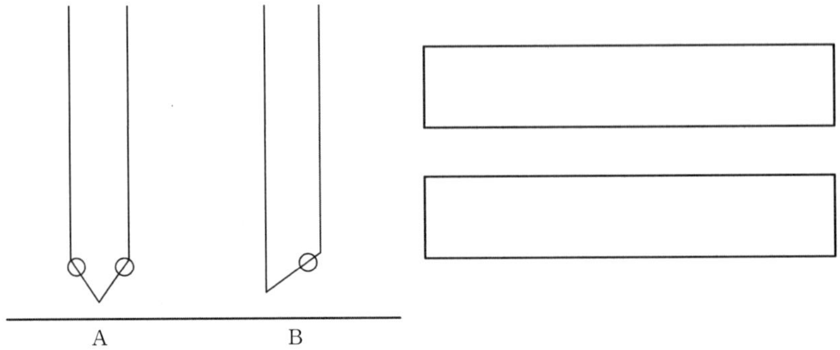

그림 14-6. 바늘 구조 및 바늘구멍의 위치
A : 육이 두꺼운 뒷다리 부위에 사용 주입량이 30% 이상일 때 주로 사용
B : 육이 얇은 복부고기 등에 사용 주입량이 20% 이하일 경우 주로 사용

다. 텀 블 링(tumbling)

원료육에 주입시킨 염지액을 근육조직 전체에 균일하게 분산시킬 목적으로 텀블링을 실시하는데, 이는 주로 진공텀블러를 이용하여 진공상태에서 실시한다.

실작동 예는 표 14-8과 같다.

표 14-8. 텀블링 프로그램의 예

제 품	작동 프로그램(분)					비 고	
	염지액 주입량	준비시간	정전시간	휴지시간	역전시간	총가동 시간	(RPM)
벨 리 베 이 컨	10%	20	5	25	5	6	6
카나디안 베 이 컨	30%	60	10	20	10	16	12

텀블러의 구조는 원통형의 드럼 내부벽에 날개가 부착되어 있고 이 드럼이 정회전 및 역회전 할 수 있게 되어 있으며 운전시간, 회전수, 정지시간, 휴지시간 및 역전시간 등을 조정할 수 있는 조절반이 부착되어 있는데, 이 모든 프로그램이 진행되는 동안 진공상태를 유지하게 된다.

(3) 수침과 정형

염지액을 주입하여 텀블링한 염지육을 제외하고 건염하거나 습염을 실시한 염지육은 수침(soaking)을 실시하는데, 이는 염지 중 형성된 염지제 덩어리를 제거하고 표면층의 농도를 감소시키는 데 그 목적이 있다.

수침수는 청결해야 하며 한 시간 이내에 완료할 필요가 있다. 벨리베이컨의 경우는 수침조에 담갔다 손으로 육표면을 가볍게 문질러 주면서 꺼내는 정도의 시간인 약 10분 정도면 충분하다.

정형은 모든 방법의 염지육에 다 적용되는데 이는 여분의 육편이나 지방층을 제거하여 균일한 형태의 제품 생산을 위해 필요한 것이다.

⑷ 성형 또는 충전

베이컨을 열처리하기 위해서는 훈연기를 이용하게 되는데 훈연용 트롤리에 걸기 위해서 정형이 끝난 육을 갈고리에 걸거나 셀로판지 등으로 싸서 리테이너에 충전한다. 한편 로인베이컨의 경우는 섬유성 케이싱에 충전하기도 하고, 롤베이컨은 원통형으로 말아서 끈으로 묶거나 망상케이싱을 씌워 일정한 모양을 유지하도록 한다.

⑸ 건조 및 훈연

훈연을 하기 위한 예비단계로 모든 베이컨은 건조과정을 거치게 된다. 건조과정은 훈연기 내에서 훈연과정 전에 이루어지는데, 건조가 끝나면 훈연을 실시한다.

베이컨의 경우 대개 열훈법을 적용하는데 이는 훈연시간을 단축시킬 수 있고 냉훈법이나 온훈법에 비해 훈연시 감량을 줄일 수 있기 때문이다.

훈연 프로그램의 예는 표 14-9와 같다.

표 14-9. 벨리베이컨(10% 주입)의 훈연 프로그램

프로그램	온 도	시 간	중심부 온도	수 율
건 조	50℃	50분		
훈 연 I	60℃	70분		
훈 연 II	70℃	50분	65℃	
총 계		170분		78%

⑹ 냉 각

훈연이 끝난 제품은 중심부 온도를 10℃ 이하로 냉각시켜야 잔존 미생물의 발육을 억제할 수 있다. 냉각을 위해서 우선 청결한 물로 세척하는데, 제품 중량에 따라 차이가 있지만 대개 10~30분 정도 실시하여 중심온도를 30℃ 이하로 냉각시킨다. 세척이 끝난 제품은 냉각실로 옮겨 표면의 수분을 건조시키면서 완전 냉각시킨다.

(7) 포 장

냉각이 완료된 제품은 리테이너나 성형틀을 제거하고 셀로판지나 케이싱 등을 탈피한 후 포장하게 되는데, 베이컨은 대개 2~3㎜로 슬라이스하여 진공포장하거나 가스치환 포장한다. 슬라이스 제품은 슬라이스 적성을 좋게 하기 위해 급속 동결실에서 표면온도 −2℃ 정도 되게 신속하게 동결한 후 슬라이스기로 옮겨진다.

베이컨의 유통조건은 가열공정 중 살균을 목적으로 한 가열처리를 하지 않기 때문에 10℃ 이하의 냉장상태에서 15일~25일 정도로 짧게 하는 것이 특징이다.

15. 소시지의 제조

- 정 승 희 -

소시지는 햄이나 베이컨 생산을 위하여 뒷다리 살이나 삼겹살을 정형하면서 발생한 자투리 고기나 앞다리 살이나 머릿고기 등을 원료로 하여 분쇄시킨 후 여기에 조미료 및 향신료 등을 첨가하고 혼합하거나 싸이런트 커터(silent cutter)에서 잘게 세절 또는 유화(emulsifying)시켜 천연 또는 인조 케이싱에 충전하고 훈연 또는 가열처리한 것이거나, 저온에서 발효시켜 숙성 또는 건조 처리한 것으로, 첫째, 빠르면서도 간단하게 조리하여 먹을 수 있는 편리함과, 둘째, 아침, 점심, 저녁, 간식 등 모든 식사에 어울리면서 맛과 형태가 다양하고, 셋째, 자투리 고기나 부산물을 원료육으로 이용하여 생산할 수 있어 가격이 저렴하며, 넷째, 영양학적으로 철분과 아연과 같은 필수 무기물과 비타민 B_1, B_2, B_6, B_{12}, 니코틴산, 엽산 등 다양한 비타민, 그리고 풍부한 단백질을 함유하는 등 식품으로서 여러 가지 장점을 가지고 있어 소비자들이 즐겨 찾는 가공식품이다.

15.1 소시지의 역사와 분류

15.1.1 소시지의 역사

B.C 8세기경 고대 희랍시인 호머의 영웅서사시 오디세이 18장에 보면 "여기 숯불 위에 고기와 피로 채워진 염소 위가 오늘 만찬을 위해 구워지고 있네. 용맹하게 싸워서 적을 물리치고 돌아온 용사들만이 오늘 만찬에서 가장 잘 구워진 소시지를 선택할 수 있다" 라고 기술되어져 있을 정도로 소시지의 역사는 아주 오래 되었는데, 중세기에 와서는 소시지가 요리 책에 등장할 정도로 대중화되었으며, 도축과 육의 품질 검사에 대한 법이 산업정책의 일환으로 제정되기도 하였다.

소시지의 어원을 살펴보면 영어의 sausage, 불어의 saucisse, 이태리어의 salsicca, 스페인어의 salchicha 등은 라틴어로 소시지를 뜻하는 salsicia로부터 유래된 말이다. 이 말은 라틴어로 소금에 절인다는 뜻의 salsicius로부터 유래된 것으로 소시지의 기원이 염지와 깊은 관련이 있음을 말해준다. 또한 슬라브 국가들에서는 소시지를 뜻하는 말이 러시아어로 kolbasa, 폴란드어로 kielbasa, 체코슬로바키아어로는 klobasa, 세르보 크로아티아어로는 kobasica인데 이 말은 히브리어로 '모든 고기'를 뜻하는 kolbasar로부터 유래된 것으로 이것은 당시 슬라브 국가들에 살고 있는 유태인들이 소시지나 햄을 주로 생산하여 판매함으로써 비롯되었다고 추정된다. 독일어로 소시지를 뜻하는 Wurst는 11세기부터 기록되기 시작하였으며, 이것은 아마도 소시지를 충전 후 창자를 꼬았다는 의미의 인도 게르만어인 wert나 versuert 또는 라틴어인 vertere에서 유래된 것으로 추정되며 이와 관련하여 소시지를 이태리에서는 würstel, 발칸 반도 지역에서는 virstle이라고 부른다. 발효건조 소시지의 역사는 약 250년 정도로 이태리 북부지방에서 처음 생산되기 시작하였는데, 제조공정이 길어 건조숙성 중 부패되기 쉽기 때문에 온도와 습도가 낮은 고산지대나 겨울철에 주로 생산되었다. 헝가리 살라미는 2명의 이태리 살라미 제조 기술자가 150년 전 헝가리로 이주하여 살라미를 생산하기 시작하면서부터 알려지게 되었다.

15.1.2 소시지의 분류

소시지류는 나라마다 다소 다르게 분류되고 있지만 일반적으로 열처리 조건, 훈연처리나 발효 여부, 건조 상태, 육의 세절 정도, 혈액이나 간(肝), 돈피(豚皮) 등 부산물의 이용, 그리고 천연장(天然腸), 인조 케이싱, 리테이너(retainer), 모울더(moulder), 캔(can) 등 충전재의 재료나 크기에 따라 분류된다.

미국에서는 소시지를 후레쉬 소시지(fresh sausages), 비가열 훈연 소시지(uncooked smoked sausages), 가열 훈연 소시지(cooked smoked sausages), 가열 비훈연 소시지(cooked sausages), 건조 소시지(dry sausages)와 런천미트(luncheon meat)나 미트로프(meat loaves)와 같은 특수 육제품 등 크게 6가지로 분류하고 있다. 독일에서는 소시지를 가열소시지(Brühwurst), 생소시지(Rohwurst), 간이나 피, 젤리 등을 이용한 부산물소시지(Kochwurst) 등 크게 3가지로 분류하며, 우리나라에서는 식품의약품안전처에서 발행한 '축산물의 가공기준 및 성분규격'에 따라 소시지를 소시지, 발효소시지, 혼합소시지로 분류하고 있다.

본 장에서는 표 15-1에서 보는 바와 같이 열처리 정도에 따라서 소시지를 크게 가열소시지(cooked sausages)와 비가열 소시지(raw sausages)로 나누었고, 가열 소시지는 일반소시지와 부산물 소시지로 구분하였다.

표 15-1. 소시지의 분류

<table>
<tr><th colspan="4">분 류</th><th>제 품 명</th></tr>
<tr><td rowspan="7">가열
소시지
(cooked
sausages)</td><td rowspan="4">일반 소시지</td><td rowspan="2">분쇄 또는 세절한 고기를 양장, 돈장 또는 동일 직경의 콜라겐이나 인조 케이싱에 충전한 제품</td><td>유화형 소시지
(emulsion type)</td><td>프랑크푸르터(Frankfurter)
비엔나(Vienna/Wiener)
핫도그(Hotdog)
스트라스부르거(Strasbourger)
복부어스트(Bockwurst)
뮌헨화이트(München white) 소시지</td></tr>
<tr><td>입자형 소시지
(coarse ground type)</td><td>폴리쉬(Polish)
킬바사(Kielbasa)
레겐스부르거(Regensburger)
링귀사(Linguisa)</td></tr>
<tr><td rowspan="2">분쇄 또는 세절한 고기를 양장이나 돈장보다 직경이 굵은 케이싱이나 리테이너, 모울더, 캔 등에 충전한 제품</td><td>유화형 소시지
(emulsion type)</td><td>리오너(Lyoner)
볼로냐 (Bologna)
겔브부어스트(Gelbwurst)
미트로프(Meat loaf)</td></tr>
<tr><td>입자형 소시지
(프레스햄류)</td><td>모타델라(Mortadella)
약트부어스트(Jagdwurst)
비어햄(Beer ham)
불고기햄, 김밥햄
런천미트(Luncheon meat)
미트로프(Meat loaf)
스모크햄(Smoked ham)
티롤러(Tiroler) 소시지
비어부어스트(Bierwurst)</td></tr>
<tr><td rowspan="3">부산물 소시지</td><td colspan="2">간 소시지(liver sausage):
간 함량이 10-30% 정도로 빵에 발라먹는(spreadable) 소시지</td><td>부라운슈바이거(Braunschweiger)
팰쩌(Pälzer) 간소시지
리버빠테(Liver pate)</td></tr>
<tr><td colspan="2">피 소시지(blood sausage)</td><td>순대
튀링거(Türinger) 피소시지
검은소시지(Black sausage)</td></tr>
<tr><td colspan="2">젤리 소시지(jelly sausage, Sülzwurst):
삶은 돈육을 돈피나 젤라틴과 함께 섞어서 케이싱에 충전한 후 열처리한 제품</td><td>편육 또는 헤드치즈(Head cheese)
프레스코프(Preßkopf)
쥘쯔부어스트(Sülzwurst)
콘드비프(Corned beef)
콘드포크(Corned pork)</td></tr>
<tr><td rowspan="4">비가열
소시지
(raw
sausage)</td><td colspan="3">후레쉬 소시지(fresh sausages):
양장이나 돈장에 충전하여 비가열 상태로 판매 후 소비자가 직접 불이나 프라이팬에서 구워 먹는 제품으로 발색제를 첨가하지 않은 제품</td><td>뉘른베르거 부랏부어스트
(Nürnberger Bratwurst)
티롤러(Tiroler) 그릴소시지
튀링거(Türinger) 그릴소시지</td></tr>
<tr><td rowspan="3">발효소시지
(fermented
sausages)</td><td colspan="2">스프레다블 발효소시지
(spreadable fermented sausages)</td><td>테부어스트(Teewurst),
메트부어스트(Mettwurst)</td></tr>
<tr><td rowspan="2">발효 건조 소시지
(dry sausages)</td><td>반건조 소시지
(semi dry sausage)</td><td>썸머 소시지(Summer sausage)
쎄르베랏(Cervelat)
란트예거(Landjäger)
레바논 볼로냐(Lebanon bologna)
쵸리조(Chorizo)</td></tr>
<tr><td>건조 소시지
(dry sausages)</td><td>유산균 발효 살라미(Salami)
곰팡이 발효 살라미
(이태리,헝가리)
살라메티(Salametti)
페페로니(Pepperoni)</td></tr>
</table>

일반 소시지는 다시 직경의 굵기나 크기에 따라서 양장이나 돈장과 같이 직경이 가는 소시지와 직경이 굵은 소시지로 구분하였으며, 또한 원료육의 세절 정도에 따라서 입자형 소시지(coarse ground type sausages)와 유화형 소시지(emulsion type sausages)로 구분하였는데, 직경이 굵으면서 육의 입자가 살아있는 소시지를 우리나라 육가공업체들은 프레스햄으로 표시하고 있다. 간이나 혈액, 그리고 돈피 또는 젤라틴 등 부산물을 이용한 부산물 소시지도 가열 소시지에 속하는데, 여기에는 간 소시지(liver sausages), 피 소시지(blood sausages), 젤리 소시지(jelly sausages) 등이 있다.

비가열 소시지는 육을 양장이나 돈장 또는 동일한 직경의 콜라겐 케이싱에 충전한 후 열처리를 하지 않은 채 그대로 판매되어 소비자가 기호에 맞게 불에 굽거나 후라이팬에 익혀 먹는 후레쉬 소시지(fresh sausages)와 소시지를 열처리하지 않은 채 발효 및 숙성시켜 그대로 먹는 발효소시지(fermented sausages)로 분류하고 있으며, 발효소시지는 다시 빵에 발라먹을 수 있는 스프레더블 발효소시지(spreadable fermented sausages)와 발효 및 건조 숙성시켜 장기저장이 가능하도록 제조된 건조 소시지(dry sausages)와 반건조 소시지(semi-dry sausages)로 구분하였다.

15.2 일반 소시지의 제조

15.2.1 일반 소시지의 종류

우리나라에서 부르고 있는 소시지류와 프레스햄류는 대부분 일반 소시지류에 속한다. 일반 소시지 중 직경이 가는 소시지에는 후랑크, 비엔나, 스트라스부르거, 핫도그 소시지와 같이 육을 잘게 세절 및 유화시켜 양장이나 돈장 또는 동일한 직경의 콜라겐이나 셀룰로스 케이싱에 충전하고 훈연 및 가열 처리한 유화형 훈연 소시지(emulsion type smoked sausages)와 폴리쉬(Polish)나 레겐스부르거(Regensburger), 킬바사(Kielbasa), 링귀사(Linguisa)와 같이 육을 분쇄 후 혼합하여 위와 동일한 케이싱에 충전하고 훈연 및 가열 처리한 입자형 훈연 소시지(coarse ground type smoked sausages), 그리고 뮌헨 화이트 소시지(München white sausage)와 같이 아질산염을 첨가시키지 않아 소시지 색상이 흰색을 띠는 무염지 유화형 가열 소시지(uncured cooked sausages) 등이 있다.

직경이 굵은 소시지에는 리오너(Lyoner)나 볼로냐(Bologna)와 같이 육을 잘게 세절 및 유화 시킨 후 직경이 굵은 케이싱에 충전하고 훈연처리 없이 가열처리한 유화형 가열 소시지(emulsion type cooked sausages)와 겔브부어스트(Gelbwurst)와 같이 아질산염을 첨가시키지 않아 소시지 색상이 흰색을 띠는 무염지 유화형 가열 소시지(uncured cooked sausages) 등이 있다. 이외에 직경이 굵거나 크기가 큰 소시지로서 모타델라(Mortadella), 야드부어스트(Jagdwurst), 비어햄(Beer ham) 및 불고기햄, 김밥햄과 런천미트(Luncheon meat), 미트로프(Meat loaves)와 같이 육을 분쇄(chopping) 및 혼합하여 직경이 굵은 케이싱이나 리테이너, 모울더 또는 캔에 충전하고 가열처리한 입자형 비훈연소시지(course ground type cooked sausages)와 우리나라의 스모크햄(Smoked ham)이나 크라카우어(Krakauer), 비어소시지(Beer sausages)와 같이 육을 분쇄 및 혼합하여 직경이 굵은 케이싱이나 리테이너에 충전하고 훈연 및 가열 처리한 입자형 훈연소시지(course ground type smoked sausages)도 일반 소시지에 속하는데, 우리나라에서는 이 제품들을 프레스햄으로 분류하고 있다

15.2.2 일반 소시지의 조직 구성

일반 소시지는 대체로 40~70%의 살코기와 15~35%의 지방, 그리고 15~30%의 물과 함께 제조되고 있으며, 여기에 2% 정도의 소금과 소량의 당류 및 향신료, 그리고 인산염, 아질산염, 아스코르빈산염 등의 첨가물들이 첨가된다. 이러한 원료들은 세절과 혼합공정을 거치면서, 육단백질은 용해되거나 팽화되어지고, 지방은 세절되면서 고기의 입자 사이나 육단백질의 매트릭스 속에 끼워져 분산되어지거나, 또는 지방구들이 더 작게 세포막까지 파괴될 때는 육단백질 용액에 의하여 다시 코팅되어지기도 한다. 따라서 세절된 소시지육은 물리 화학적으로 볼 때, 첫째, 염용액 및 수용성 단백질 용액(solution), 둘째, 겔(gel) 상태의 염용성 단백질, 셋째, 고기나 지방입자, 콜라겐과 같은 결합조직, 향신료의 부유(suspension) 및 분산(dispersion) 상태, 넷째, 염용성 단백질에 의하여 코팅되어진 지방구들의 순수 에멀젼(emulsion) 상태의 복합 시스템으로 구성되어 있다.

15.2.3 일반 소시지에 사용되는 주원료

(1) 원 료 육(Lean meat)

일반 소시지의 원료육으로는 우육, 돈육, 칠면조육, 계육 등이 이용되는데, 이 중 가장 많이 이용되고 있는 육은 역시 돈육이다. 그러나 최근 들어 가금육의 사용비율이 빠르게 증가하고 있는데, 그 이유는 많은 소비자들이 가금육 소시지 제품이 전통적인 돈육이나 우육 제품보다 저지방이라 영양학적으로 더 좋다고 인식하고 있기 때문이다.

일반 소시지를 제조할 때 원료육의 중요한 특성 중 하나가 육의 결착력인데, 가장 우수한 결착력을 가진 원료육은 앞다리 부위인 어깨부위육(shoulder meat)과 정강이 부위육

(shank meat)을 꼽을 수 있다. 그 다음으로는 햄 트리밍육(ham trimmed meat and fat)과 볼때기 살(cheek meat), 머릿고기(head meat)를 꼽을 수 있다. 결착력이 낮은 원료육으로는 항정육과, 혀 뿌리육(tongue root meat), 갈매기살(diaphragm), 심장(hearts) 등이 있는데, 낮은 결착력 때문에 살코기(lean meat) 사용량의 30~40% 정도만 첨가된다. 다만 심장은 결착력은 떨어지지만 색상이 진하기 때문에 후랑크나 볼로냐와 같은 제품에 많이 이용된다. 이 외에 결착력은 거의 없으면서 단순히 충전제(filler)로 이용되는 원료육으로는 소나 돼지의 위(stomachs), 입술(lips), 코(snouts)가 있는데, 이러한 육을 사용할 경우 소시지의 열 안정성이 현저히 떨어지기 때문에 살코기 사용량의 15% 이상은 첨가되기 어렵다.

원료육의 수분/단백질 함량비율은 일반 소시지의 원료육을 선택하는데 있어서 중요한 인자로서 수분/단백질 함량비율이 높은 원료육을 사용할 경우 수분리가 발생될 가능성이 높다. 미국에서는 완제품의 수분 함량(W)이 단백질 함량(P)의 4배 더하기 10%를 초과할 수 없도록 규정되어 있었다. 그러나 최근 들어 저지방 소시지가 각광을 받으면서 지방대체제로서 물이 이용되다보니 이 규정은 1988년에 삭제되었다.

일반 소시지 배합비의 예를 표 15-2에 나타냈는데, 원료육을 준비할 때 지방의 함유 정도에 따라 원료육을 분류하고 원료육의 지방 함량에 맞추어 배합비를 작성하고 이에 따라 원료육과 지방을 준비하여야 살코기와 지방의 비율을 정확하게 유지할 수 있고 양호한 제품을 생산할 수 있다. 즉, 지방이 많은 원료육을 사용할 경우에는 전체 육 함량을 높여주는 대신 별도의 지방 첨가량을 줄이고, 지방이 거의 없는 살코기를 원료로 이용할 경우에는 지방 첨가량을 높여주는데, 일반적으로 배합비에서 지방 함량이 살코기 함량의 40~50% 정도 유지될 때 조직감이나 풍미가 우수한 소시지가 생산될 수 있다.

소시지는 원료육의 품질이 완제품의 품질을 결정짓는 가장 중요한 요인이기 때문에 항상 신선하고 위생적으로 처리된 원료육만 사용되어야 하고, 원료육의 pH는 5.8~6.2가 적합하며, PSE육이나 DFD육과 같은 이상육을 사용하지 않는 것이 좋다. 다만 육은 냉동 보관 중에도 지방 산패와 같이 품질이 변화될 수 있기 때문에 냉동 원료육의 보관기간을 4~6개월 이상 가져가지 않도록 하고, 원료육의 재고관리는 항상 선입선출(FIFO: first in, first out) 개념이 적용되도록 운영하여야 한다. 또한 품질을 중시하는 육가공 업체들은 원료육 시장에 일시적으로 가격이 싼 원료육이 출현되어도 절대 구매하지 않는다. 즉, 일시적으로 가격이 싸게 판매되는 원료육들은 처리작업 중 미생물에 오염이 많이 되었거나 냉장 또는 냉동보관 온도관리가 잘못되어 쉽게 산패 또는 부패될 수 있어 우수한 품질의 제품을 생산할 수 없기 때문이다. 이러한 육가공 업체들은 항상 "우수한 품질의 원료육이 우수한 제품을 만들 수 있다 (fresh in, fresh out, garbage in, garbage out)"고 생각하고 원료육 생산업체에 감독관을 파견시켜 원료육 생산시점부터 원료육 품질관리를 하고 있다.

표 15-2. 일반 소시지의 배합비(%)

원부재료	비엔나	프랑크푸르터	폴리쉬	리오너	레겐스부르거		뮌헨화이트소시지
					결착육	혼합육	
우육(10%지방)	10		35				20
돈육(10%지방)	40	55	30	55	25		30
돈육(30%지방)						50	
돈지방	30	25	25	25	10		25
삶은 돈피							5
얼 음	20	20	10	20	10	5	20
소 계	100	100	100	100	45	55	100
정제염	1.4	1.4	1.3	1.4	0.6	0.7	1.5
아질산염	0.01	0.01	0.01	0.01	0.005	0.005	
아스코르빈산염	0.05	0.05	0.05	0.05	0.025	0.025	
인산염	0.3	0.3	0.3	0.3	0.14	0.16	0.3
포도당	0.5	0.5	0.5	0.5	0.23	0.27	0.5
조미료	0.1	0.1	0.1	0.1	0.05	0.05	0.1
후추분말	0.2	0.2	0.2	0.25	0.09	0.11	0.2
겨자분말			0.5				
메이스		0.05		0.1	0.02	0.03	0.1
코리안더	0.05	0.02	0.1				
생강분말	0.05	0.05		0.05	0.01	0.02	
파프리카	0.1	0.1	0.15				
너트멕	0.1		0.05		0.05	0.05	
마늘분말			0.1				
카다몸		0.03	0.15	0.05	0.02	0.01	
생양파						1.0	2.0
파슬리잎							1.0
레몬파우더							0.2
총 계	102.86	102.81	103.41	102.81	103.67		105.9

(2) 지 방(Fat)

1) 일반 소시지에 있어서 지방의 역할

원료육을 세절한 후 다른 부재료와 함께 혼합하여 조직을 재구성시키는 일반 소시지는 지방을 살코기 다음의 중요한 원료로서 사용하고 있다. 일반 소시지를 제조할 때 이용되는 지방의 양은 각 제품마다 다르지만 대체로 전체 배합비의 10~30% 수준에 이른다. 다만 구미에서 주로 생산되고 있는 간 소시지에서는 지방이 전체 배합비의 30~50%까지 차지하기도 한다.

지방은 소시지의 향(aroma)과 맛(flavor), 조직(texture), 저작감(mouth-feel), 다즙성(juiciness), 색상(color), 지방산패(rancidity)에 따른 저장성, 열 전도성 등 여러 가지 품질 특성에 영향을 주는데, 머리나 항정, 배 부위의 연한 지방보다 결합조직 단백질 함량이 높은 등 지방이나 목 지방, 전후지 지방과 같은 단단한 지방이 소시지의 원료로 적합하다. 그러나 소 지방이나 돼지 복지방은 포화지방산 함량이 높고 불포화지방산 함량이 낮아 유화나 분산이 제대로 이루어지지 않고, 소시지 조직이 끈적거리는 듯 하며, 소시지를 씹을 때 입안에서 지방이 부드럽게 녹지 않고 지방 막을 형성하는 듯한 느낌을 주어 일반 소시지의 원료로 부적합하다.

일반 소시지에 있어서 지방은 간접적으로 보수력과 열처리 수율에 영향을 미치는데, 첫째, 소시지를 제조할 때 지방은 커터(cutter)에서 잘게 세절되어 육단백질 매트릭스(matrix) 속에 끼워져 분산되거나, 세포막까지 파괴된 작은 지방구들은 겔 상태의 염용성 단백질에 의하여 둘러싸이게 된다. 이렇게 분산되거나 유화된 지방구들은 열처리 중 육단백질 매트릭스가 수축되는 것을 방지하여 육단백질 매트릭스 속에 결합되어 있던 물이 바깥으로 흘러 나가는 것을 최소화함으로써 수분리 현상을 억제하고 보수력을 증진시킨다.

둘째, 잘 분산된 지방구들은 소시지의 훈연에 필요한 전처리 건조공정 중 소시지 표면에 얇게 막을 형성하여 소시지 표면이 급격히 건조되는 것을 억제한다. 따라서 열처리 수율을 높이고, 건조 및 훈연공정을 통하여 생성된 소시지의 껍질도 얇게 유지시켜 저작감을 증진시킨다.

셋째, 배합비에서 지방의 비율이 높아지면 상대적으로 고기나 물의 비율이 낮아지는데, 이때 같은 농도의 소금이나 기타 염들이 이용되더라도 물에 녹아 있는 염의 농도는 높아지게 되므로 이온강도가 증가되고 보수력도 증진된다. 또한 지방은 어느 정도까지는 짠맛을 마스킹(masking) 할 수 있다. 따라서 지방이 많이 첨가된 제품에서는 일반 제품과 같은 정도의 짠맛을 유지시키기 위하여 소금을 더 첨가시킬 수 있는데, 이것은 마찬가지로 이온강도를 높여 보수력을 높일 수 있다. 그러나 저지방 제품에서는 이와 반대로 일반 제품보다 오히려 짠맛을 더 느낄 수 있으므로 소금 첨가량을 20~25% 정도 감소시켜야 하는데 이로 인해 수분리 현상이 나타날 수 있다.

2) 일반 소시지 원료로 적합한 지방

지방의 성질이나 화학적 성분은 가축의 종류나 성별, 연령, 사료나 사양상태, 부위 등에 따라 달라진다. 특히 지방조직의 화학적 성분은 부위에 따라 지방 함량은 50~90%, 수분 함량은 8~40%, 그리고 단백질 함량은 2%에 이를 정도로 현저히 다르다. 이 중 2%의 단백질 함량은 주로 지방 세포의 세포막을 구성하는 콜라겐과 같은 결합조직 단백질로 이루어져 있다.

지방은 지방을 구성하고 있는 지방산 조성에 따라 성질이 달라지는데, 포화지방산 함량이 높고 불포화지방산 함량이 낮은 소 지방이나 돼지 복지방은 용융점이 높고 조직이 끈적거리는 듯하며 입안에서 지방이 부드럽게 녹지 않고 지방막을 형성하는 듯한 느낌을 준다. 따라서 이러한 지방은 유화나 분산이 제대로 이루어지지 못하므로 소시지의 원료로 부적합하다. 그러나 복 지방을 제외한 돼지 지방은 소 지방에 비하여 불포화지방산의 함량이 높고 포화지방산의 함량이 낮아서 용융점이 낮고 조직이 부드러우며 또한 맛도 좋아 햄 소시지의 원료로 이용된다. 돼지지방 중에서도 등 지방이나 목 지방, 전후지 지방 등은 머리나 항정 또는 배 부위의 지방보다 조직이 단단한데, 이것은 포화지방산의 함량이 높고 불포화지방산의 함량이 낮아서가 아니라 결합 조직 단백질 함량이 높기 때문이며, 이렇게 지방조직이 단단한 등 지방이나 목 지방이 일반 소시지의 원료로 가장 적합하다.

소시지를 제조할 때 신선한 지방을 사용하여야 품질이 우수한 제품을 생산할 수 있다. 그러나 지방은 보관 중 살코기보다 풍미가 쉽게 변한다. 즉, 지방은 냉동 상태에서 장기간 보관될 경우 완만하지만 산패가 진행되며, 산패된 지방은 최종제품의 맛에도 영향을 미친다. 그러므로 냉장 보관된 지방은 5일 이내에 이용되어야 하며 냉동지방은 1~2개월 이내에 사용하는 것이 좋다. 일반적으로 냉동돈육의 유통기한은 4~6개월 정도로 보고 있으나 이것도 포장이나 보관상태에 따라 달라질 수 있다. 다만 지육상태로 동결되었을 경우 이 기간은 연장될 수 있다. 그러나 삼겹살과 같이 지방 함량이 높은 부위의 육은 산패가 빨리 진행될 수 있으므로 냉동보관 기간이 오래된 삼겹살을 베이컨 원료육으로 사용할 때에는 사용 전 지방산패도나 관능검사를 통하여 품질을 점검하는 것이 좋다.

(3) 물(Water)

일반 소시지를 제조할 때 가수량은 제품의 특성에 따라 다소 다르지만 10~20% 정도로서, 물의 역할은 첫째, 소금과 함께 고기로부터 염용성 단백질을 추출하는 용매로 작용하고, 둘째, 고기를 싸이런트 커터에서 세절 및 유화할 때 얼음을 첨가함으로써 발생하는 마찰열을 감소시켜 육 단백질이 변성되는 것을 막는 온도 조절용으로서 이용되며, 셋째, 물이 첨가됨으로써 소시지의 제조 원가를 절감시킬 수 있다.

1) 용매로서의 작용

육 단백질에는 근형질 단백질인 수용성 단백질과 근원 섬유 단백질인 염용성 단백질이 존재한다. 일반 소시지를 제조할 때 보수력이나 지방 결합에 절대적으로 필요한 근원섬유 단백질은 염용성 단백질로서 충분히 용해되고 팽화되기 위하여 소금과 충분한 물을 필요로 한다. 이때 물은 소금과 함께 염용성 단백질을 추출하는 용매로서 작용한다. 유화형 소시지를 제조할 때 이용되는 물의 양은 전체 배합비에 사용되는 살코기 양의 40~50%가 가장 적당한 것으로 나타났다. 그러나 사용되는 물의 양이 많으면 수율은 증가되나 조직이 너무 부드러워지며, 가수량이 적을 경우 다즙성이 떨어져 조직이 퍽퍽하고 고무같이 너무 단단한 식감을 느끼게 된다.

2) 온도 조절 작용

일반 소시지를 제조할 때 육단백질을 충분히 용출시키기 위하여 고기를 물, 소금, 기타 첨가물들과 함께 믹서에서 잘 섞거나, 싸이런트 커터에서 세절시킨다. 이때 물리적인 마찰에 의하여 열이 발생되는데, 이 마찰열은 육단백질을 변성시켜 보수력을 감소시킬 수 있다. 특히 싸이런트 커터에서 3,000 rpm 정도의 고속으로 회전하는 칼날에 고기를 세절시킬 때 칼날과 부딪치는 부분의 온도는 60~70℃ 까지 도달한다고 보고되었다. 그러므로 세절된 육의 온도가 빠르게 상승하여 부분적으로 육단백질의 변성을 가져와 보수력이 저하될 수 있다. 따라서 육을 혼합하거나 세절할 때 기계적으로 발생되는 마찰열을 감소시켜 육의 온도 상승을 억제하고 더 오랫동안 육 단백질을 용출시키기 위해 물 대신에 얼음을 사용한다. 그러나 냉동육을 해동하지 않은 채 그대로 세절하여 원료로 이용할 때에는 육의 온도가 너무 낮아 오히려 육 단백질의 용해가 다소 떨어질 수 있으므로 얼음 대신에 물을 사용하여 육의 온도를 조절한다. 하절기에는 작업장의 온도가 높아 육이 쉽게 변질될 수 있을 뿐만 아니라 세절할 때에도 육의 온도가 더 빠르게 상승하므로 좋은 품질의 제품을 생산하기 위하여 작업장 내에도 냉방 시설을 갖추는 것이 좋다.

3) 원가 절감

물은 햄 소시지 제조에 이용되는 원부재료 중 경제적으로 가장 가치가 낮은 원료이다. 따라서 햄 소시지의 품질이 떨어지지 않는 범위 내에서 가능한 한 많은 양의 물이 첨가되고 고기 등 다른 원료와 함께 잘 결합되어질 때 제조 원가를 감소시킬 수 있으며 원가 경쟁력을 상승시킬 수 있다.

15.2.4. 일반 소시지의 제조공정

일반 소시지의 제조공정을 그림 15-1에 나타냈는데, 최근 들어 원료육의 투입부터 분쇄, 혼합, 진공을 통한 기포제거, 세절 또는 유화, 충전, 훈연 및 열처리, 포장까지 연속식 자동화 설비가 개발되어 적은 생산인력으로 위생적이고 균일한 품질의 일반 소시지를 대량으로 생산할 수 있다(그림 15-2).

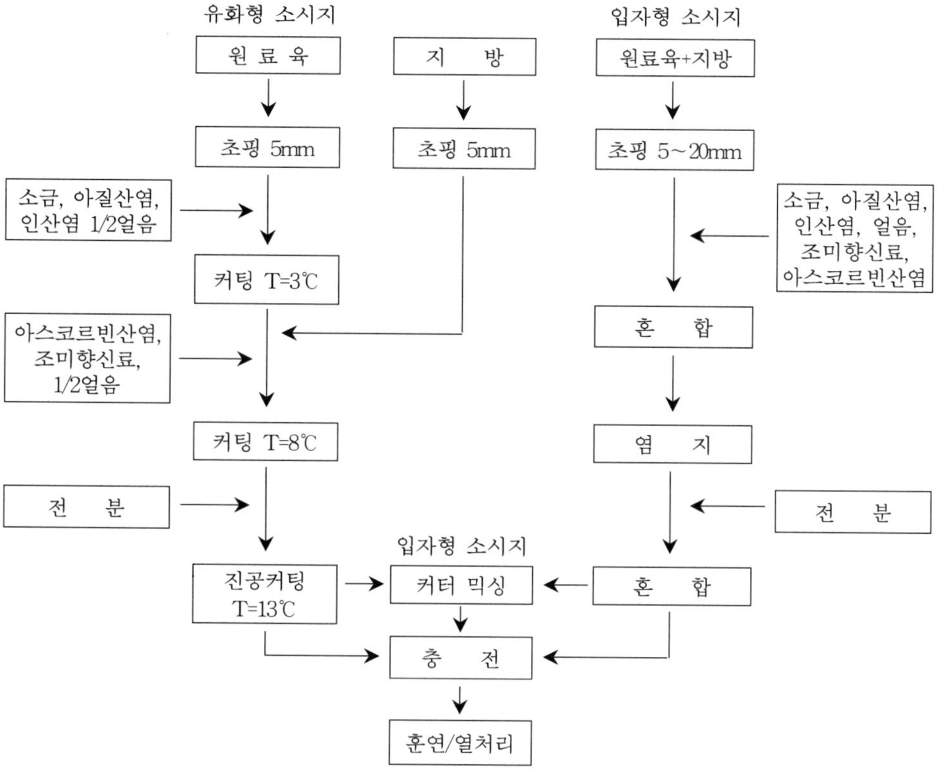

그림 15-1. 일반 소시지의 제조공정

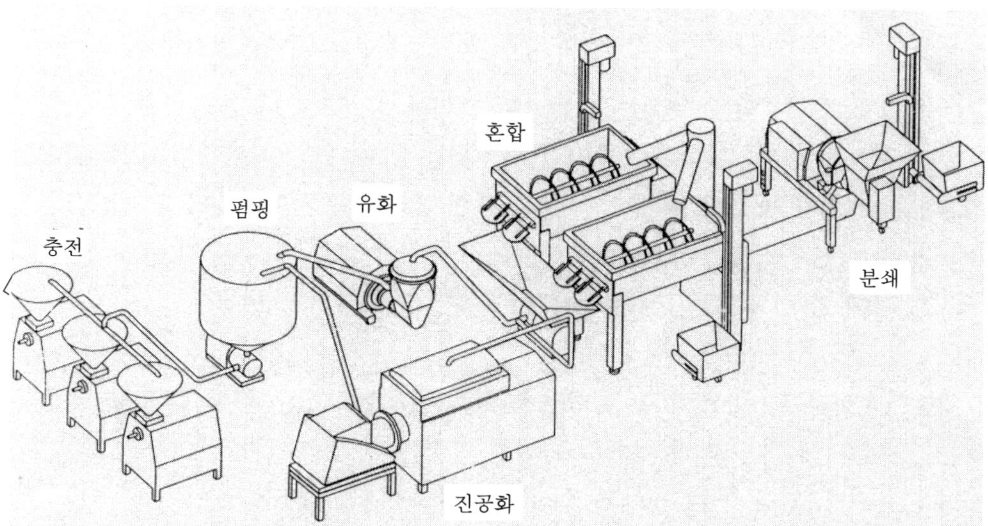

그림 15-2. 일반 소시지의 연속식 대량 생산 공정

(1) 분 쇄(Chopping)

혼합공정이나 싸이런트 커터에서의 세절 및 유화공정을 용이하게 하기 위해서 원료육과 지방은 그라인더(grinder), 또는 초퍼(chopper)에서 5 mm 정도 크기로 분쇄한다. 초퍼를 조립할 때 홀 플레이트(hole plate)와 십자 회전 칼 사이가 밀착되지 않게 끼우면 원료육을 초핑하면서 건이나 근막이 플레이트 사이에 끼어 구멍을 막게 되고, 이에 따라 분쇄능력이 떨어지며 마찰열에 의하여 육 온도만 상승하게 되어 육의 보수력과 유화력을 저하시킨다. 따라서 원료육을 초핑할 때에는 다음 사항에 유의하여야 한다.

첫째, 초퍼의 홀 플레이트와 회전 칼의 연마 정도를 점검하고 주기적으로 연마시킨다.

둘째, 초퍼를 조립할 때 홀 플레이트와 회전 칼의 간격이 벌어지지 않게 잘 조인다.

셋째, 초핑할 때 원료육과 지방을 한꺼번에 많이 밀어 넣지 말고 플레이트로부터 자연스럽게 나오는 양만큼 천천히 넣어주어 고기나 지방의 온도가 상승하지 않도록 하여야 한다.

(2) 세절, 혼합 및 유화(Cutting, Mixing & Emulsifying)

세절 및 유화공정은 유화형 소시지를 제조할 때 가장 중요한 공정으로 싸이런트 커터 또는 바울 초퍼(bowl chopper)라 불리는 설비에서 이루어진다. 즉, 분쇄된 원료육에 소금, 아질산염, 인산염, 얼음을 넣고 3℃까지 낮은 온도에서 1차 세절시켜 염용성 단백질을 추출시키고 육단백질 매트릭스를 형성시킨다. 이후 지방과 아스코르빈산염, 조미료, 향신료 및 나머지 얼음을 첨가시키고 8℃까지 세절 및 유화 시킨 후 덮개를 덮고 진공상태 하에서 최종온도는 13℃가 넘지 않도록 세절 및 유화 시킨다. 비엔나나 프랑크푸르터, 리오너와 같은 유화형 소시지의 경우에는 싸이런트 커터에서 제조되나 폴리쉬나 레겐스부르거와 같은 입자형 소시지의 제조는 싸이런트 커터뿐만 아니라, 믹서에서 제조될 수 있다. 즉, 입자형 소시지를 제조할 때에 고기의 입자를 살리기 위하여 두 가지 제조법을 들 수 있는데, 첫째는, 원료육 및 지방을 5mm 정도 크기로 분쇄한 후 혼합기(mixer)에 넣고 얼음, 염지제, 조미 향신료 및 기타 첨가물들과 함께 혼합시키고 탱크에 옮겨 담아 염지실에서 1~2일 정도 염지를 한 후 충전시키는 것이다. 둘째는 표 15-2의 레겐스부르거 소시지 배합비에서 보는 바와 같이 원료육의 50% 정도를 20mm 정도 크기로 절단하거나 분쇄시킨 후 염지제 및 조미 향신료들과 함께 미리 혼합 염지시키고, 이와는 별도로 나머지 원료육과 지방, 얼음 등을 유화형 소시지를 제조할 때와 마찬가지로 싸이런트 커터에서 세절 및 유화 시키고 여기에 미리 염지된 육을 넣은 후 저속에서 원하는 입자 크기의 정도까지 세절 및 혼합시킨 다음 충전하는 것이다.

(3) 충전 및 결찰(Stuffing & Clipping)

싸이런트 커터에서 세절 및 유화된 소시지 육은 충전기에 넣어 케이싱에 충전시킨다. 소시지 케이싱으로는 천연장인 돼지나 양의 소장을 이용하거나 가식성이며 훈연이 가능한 콜라겐(collagen) 케이싱과 식물성 셀룰로스를 원료로 하여 가식성은 아니나 훈연이 가능한 셀룰로스(cellulose) 케이싱, 그리고 직경이 큰 소시지를 충전시킬 수 있는 강도가 우수한 화이브러스(fibrous) 케이싱 등이 있다. 화이브러스 케이싱은 훈연이 가능한 케이싱과 케이싱 안쪽에 PVDC와 같은 필름 층을 도포하여 공기와 수증기를 차단하도록 제조된 비훈연 케이싱이 있다. 이외에 비훈연 제품에 이용되는 염화비닐이나 염화비닐리덴을 소재로 해서 만든 PVDC 케이싱 필름이 있는데 구레하론(Kureharon)과 사란(Saran)이 대표적인 PVDC 필름이다.

비엔나나 프랑크푸르터 소시지는 직경이 18~20 mm 정도 되는 가는 양장이나 콜라겐 케이싱에 충전되며, 가격이 저렴한 핫도그 소시지는 셀룰로스 케이싱이 이용되어진다. 입자형 소시지인 폴리쉬나 레겐스부르거 그리고 뮌헨 화이트 소시지는 직경이 다소 굵은 돈장이 이용되며, 볼로나 소시지는 직경이 50~60 mm 정도 되는 화이브러스 케이싱에, 리오너는 직경이 60~80 mm 정도인 굵은 화이브러스 케이싱에 충전된다. 충전 후에는 소시지 양끝을 단단히 매어 내용물이 빠져 나오는 것을 막고 외부로부터 공기와 미생물의 침입을 막는다. 양장이나 돈장, 콜라겐이나 셀룰로스 케이싱과 같이 직경이 가는 소시지들은 충전 후 소시지를 꼬아줌으로써 결찰이 가능하며, 맨 끝 부분은 손으로 매듭을 지어주거나 끈으로 묶어 결찰 시킨다. 다만 화이브러스(fibrous) 케이싱이나 PVDC 필름에 충전된 소시지는 한 개 한 개를 양쪽 모두 알루미늄 철사(wire)나 금속 클립을 이용하여 결찰 시킨다.

(4) 훈연 및 가열(Smoking & Heating)

소시지의 훈연은 천연장이나 콜라겐, 셀룰로스와 같은 통기성 케이싱에 소시지 육을 충전한 후 훈연실 내에서 연기를 쐬우는 것을 말하는데, 훈연을 통하여 소시지에 훈연 flavor를 부여하여 풍미가 증진되고, 제품 표면에 연한 갈색의 훈연 색상을 부여함으로써 외관 색상이 개선되며, 연기 성분 중 페놀(phenol), 포름알데하이드(formaldehyde), 개미산 등에 의한 살균 효과와 표면 건조에 의한 미생물 억제 효과에 의하여 보존성이 증진된다.

옛날에는 나무를 태우면서 발생되는 연기에 소시지를 그대로 노출시켜 훈연시켰기 때문에 연기의 농도나 훈연시의 온도, 시간 등이 조절되기 어려웠으나 지금은 훈연실(smoke house)과 자동 발연 장치(smoke generator)가 개발되어 연기의 양이나 통풍속도,

온도, 습도 등이 자동으로 조절될 수 있어 균일하면서도 우수한 품질의 훈연 소시지를 대량으로 생산할 수 있다.

충전과 결찰이 끝난 소시지들은 훈연 봉(stick)을 이용하여 일정한 간격으로 제품이 서로 닿지 않게 하여 트롤리(trolly)에 걸고 배열 정돈시킨 후 물로 샤워링(showering)을 시켜 소시지 케이싱에 묻어있는 육 찌꺼기 등을 깨끗이 씻어내야 한다. 즉, 소시지끼리 서로 맞닿은 부분이나 육 찌꺼기가 묻은 부분은 훈연이 안 되어 얼룩현상이 일어나고 외관품질이 저하된다. 이후 60℃ 전후에서 소시지의 발색과 건조과정을 거치는데, 이때 온도를 단계적으로 서서히 상승시켜야한다. 온도를 급격히 상승시키면 소시지 내부의 수분이 증발될 사이도 없이 소시지 표면이 바로 건조되어 두꺼운 단백질 응고막이 형성되고, 연기성분의 침투가 용이하지 못하여 훈연색상이 고르지 못하며, 소시지 중심부의 발색이 안되어 회갈색의 스모크 링(smoke ring)이 발생될 수도 있다. 즉, 건조의 목적은 제품표면의 수분을 제거하고 다공질 표면을 형성케 하여 연기성분이 잘 침투되게 하기 위함이다.

각종 소시지의 훈연 및 열처리 프로그램은 표 15-3에서 보는 바와 같이 제품의 크기나 원하는 색상 정도, 훈연실의 크기와 훈연실내 제품의 진열 밀도 등에 따라 다소 차이가 있는데, 발색(reddning), 건조(drying), 훈연(smoking), 가열(cooking), 건조(drying), 냉각(showering)의 순서대로 각 제품의 특성에 맞게 온도 및 시간을 조절한다.

표 15-3. 일반 소시지의 훈연 및 열처리 프로그램

프로그램	미니 비엔나	프랑크 푸르터	레겐스 부르거	폴리쉬	뮌헨화이트 소시지	리오너
발 색	55℃ / 15분	55℃ / 15분	55℃ / 20분	55℃ / 20분	-	60℃ / 30분
건 조	60℃ / 20분	60℃ / 20분	65℃ / 25분	65℃ / 20분	-	-
훈 연	65℃ / 20분	65℃ / 20분	68℃ / 20분	68℃ / 20분	-	-
가 열	75℃ / 35분	80℃ / 30분	85℃ / 30분	85℃ / 30분	85℃ / 35분	85℃ / 90분
건 조	70℃ / 5분	70℃ / 5분	70℃ / 5분	70℃ / 5분	70℃ / 5분	70℃ / 5분
냉 각	샤워링	샤워링	샤워링	샤워링	샤워링	샤워링

훈연 후에는 가열 처리를 하는데, 뮌헨 화이트 소시지나 리오너, 볼로냐와 같은 비훈연가열 소시지들은 건조 및 훈연공정을 거치지 않고 발색 후 바로 가열처리한다. 가열처리의 목적은 육단백질을 응고시켜 바람직한 조직을 부여하고, 향미의 생성과 육색의 안정화 등 소시지의 기호성을 증진시키며, 미생물을 살균시키고 효소를 불활성화시켜 소시지의 보존성을 증진시키기 위함이다. 가열온도는 대장균군이나 인체에 해로운 식중독균 등을 사멸시키기 위하여 제품의 중심온도가 최소한 63℃에서 30분 이상 유지될 수 있어야 한다.

열처리가 끝난 제품은 일단 훈연실 내의 증기를 제거시키고 냉각수를 이용하여 샤워링을 실시함으로써 제품의 온도를 떨어뜨리고 이후 냉각실로 이송하여 냉각시킨다. 열처리 후 냉각수를 이용하지 않고 제품을 서서히 방냉 시킬 경우 제품 온도가 높아 제품 표면이 급격히 건조될 수 있어 주름이 발생될 수 있고 셀룰로스 케이싱에 충전된 제품은 필링(peeling)시 셀룰로스 케이싱이 제품 표면에 붙어 잘 벗겨지지 않을 수가 있으므로 열처리 후에는 냉각수를 이용하여 제품의 온도를 바로 떨어뜨려야 한다.

(5) 포 장(Packaging)

프랑크푸르터, 레겐스부르거, 폴리쉬, 뮌헨 화이트 소시지와 같은 제품들은 미생물 증식을 억제시키기 위하여 진공포장을 하는데, 소량 생산할 때에는 삼방 진공포장 필름에 제품을 가지런히 집어넣고 진공포장을 하며, 대량 생산할 때에는 멀티박(Multivac)이나 티로맛(Tiromat)과 같은 연속식 진공포장 설비 내에서 상, 하단 필름을 이용하여 진공포장을 한다. 진공포장 필름 위에 제품을 배열할 때에도 작업자들은 항상 비닐장갑을 착용하고 개인위생을 철저히 하여 제품 표면이 미생물에 오염되지 않도록 하여야 한다. 그럼에도 불구하고 열처리 후 포장될 때까지 제품 표면에 오염되어 있을 식중독균이나 보존성에 영향을 주는 미생물들을 제거시키기 위하여 진공 포장된 제품들은 다시 85~90℃의 열수에서 15분 정도 2차 살균시키고 5℃ 이하의 냉각수에서 냉각시킨 후 표면에 묻은 물을 건조시키고 상자에 담아 냉장실에 보관하면서 출고시킨다.

길이가 짧은 칵테일 소시지(우리나라에서는 비엔나소시지라 칭함)나 비엔나 또는 후랑크 소시지들은 무균상태로 트레이나 삼방 포장필름에 담고 질소 가스나 이산화탄소 가스 등을 충전하는 환경기체조절(controlled atmosphere, CA 또는 modified atmosphere, MA) 포장이나 산소 흡수제를 포장 필름 내에 넣어 산소를 제거시키는 활성포장을 하여 2차 살균 없이 냉장상태 하에서 제품을 유통시키기도 한다. 이때에는 열처리 후 소시지가 작업자의 손이나 설비와의 접촉에 의하여 오염이 되지 않도록 주의하여야 하며 무균 포장실로 제품을 이송하고 철저한 위생관리 하에서 무균 포장작업이 이루어져야 한다.

15.3 부산물 소시지의 제조

15.3.1 간 소시지(Liver sausages)의 제조

간 소시지는 주로 돼지의 간을 이용하여 제조되는데 맛이 부드럽고 크림같이 발라먹을 수 있는 조직을 가지고 있다. 거위 간을 이용한 거위 간 소시지(goose liver pate)는 특히 맛이 뛰어나서 kg당 10만원이 넘을 정도로 고가이며 구미에서는 캐비어(caviar)와 함께 최고급 요리로 인정받고 있다. 또한 송로(松露)버섯인 트러플(truffle)을 첨가한 트러플 간 소시지는 최고급 육제품으로 인정받고 있다.

(1) 간 소시지의 종류

유럽에서는 다양한 풍미의 간 소시지가 50여종 제조되어 유통되고 있는데, 간 소시지는 원료육의 세절 정도에 따라 유화형 간 소시지와 입자형 간 소시지로 구분된다. 유화형 간 소시지는 조직이 완전 유화 되어 크림같이 부드러운 조직을 가지고 있으나, 입자형 간 소시지는 조직 내에 고기 입자가 보이고 마조람(majoram)이나 타임(thyme) 같은 허브 향신료가 들어가서 향미가 강한 것이 특징이다. 독일에서는 간의 첨가량과 사용되는 원료육에 따라서 간 소시지를 고급, 중급, 일반급으로 구분하는데, 고급 간 소시지에는 약 25% 정도의 간이 첨가되고 건이나 근막 등과 같은 결합조직이 거의 없는 원료육이 사용된다. 중급 제품에는 15% 정도의 간과 건, 근막 등의 결합 조직이 붙어있는 원료육이 사용되고, 일반급의 제품에는 10% 이상의 간과 건이나 근막 등이 많이 붙어있는 육과 돈피(豚皮), 내장 등이 원료로 이용된다.

(2) 간 소시지의 물리화학적 구성

일반 소시지류에서 리오너, 비엔나, 프랑크푸르터와 같은 제품을 유화형 소시지라 부르고 있지만, 실제 싸이런트 커터에서 세절될 때 지방과 물이 육단백질에 의하여 유화되는 부분은 전체 첨가된 지방의 1/3 정도이고, 나머지 지방은 잘게 세절 되어져 작은 입자 형태로 소시지육 전체에 분산되어 있는 상태로 조직 구조상 이들을 유화형 소시지라 부르는 것은 다소 문제가 있다. 그러나 간 소시지는 지방 첨가량도 일반 소시지류의 2배에 이르고, 지방이 65℃ 이상 뜨거운 온도에서 가열되고 세절되어 액상으로 녹아 있기 때문에 이 지방을 안정화시키기 위하여서는 절대적으로 유화공정이 이루어져야 하므로 순수 유화형 소시지라고 하겠다. 물론 간 소시지에도 살코기가 사용되지만 이 육은 전부 지방과 함께 고온에서 가열되고 세절되기 때문에 육단백질은 열 변성되어 유화기능을 상실하게 되고, 액상의 지방은 육즙과 함께 간 단백질에 의하여 유화 되어 열처리 후에도 안정한 상태를 유지한다.

(3) 원료의 준비

표 15-4에 간 소시지 배합비의 예를 기술하였는데, 간 소시지의 원료육으로는 신선한 돼지 간과 돼지 복부육, 돈두육 또는 지방이 40～50% 정도 되는 잔육이 주로 이용된다. 특히 간 소시지에는 제품 특성상 다른 소시지와는 달리 지방이 많이 첨가되기 때문에, 산

패취가 발생할 가능성이 있는 오래된 육이나 지방을 사용하지 않도록 주의하여야 한다. 또한 간은 쓴맛이 나지 않도록 우선 담낭 관과 혈관들을 제거하고 물로 깨끗이 세척한 후 건져서 물을 빼고 초퍼에서 5mm 정도의 크기로 분쇄한 후 싸이런트 커터에 넣고 기포가 발생될 때까지 곱게 세절시킨다. 이후 정제염과 아질산염, 아스코르빈산염을 넣고 저속으로 몇 회전 커팅 시키면 간 단백질이 염용액에 의하여 용출되면서 세절된 간은 끈적끈적한 상태로 변한다. 이렇게 준비된 간은 가공될 때까지 냉장실에 보관하여 둔다.

표 15-4. 간 소시지의 배합비(%)

원부재료	유화형 간 소시지	송아지 간 소시지	트러플 간 소시지	입자형 간 소시지
돼지 간	30	30	30	30
돈육(10% 지방)	20		10	
돈육/복부육(40~50% 지방)	30	60	60	50
돈두육(40% 지방)				20
돈지방	20			
송아지고기(10% 지방)		10		
소 계	100	100	100	100
정제염	1.8	1.8	1.8	1.8
아질산염	0.01	0.01	0.01	0.01
아스코르빈산염	0.05	0.05	0.05	0.05
볶은 양파	1.0	5.0	5.0	2.0
후 추	0.2	0.2	0.2	0.2
마조람	0.1			0.1
올스파이스	0.05			0.05
메이스	0.05	0.05	0.05	0.03
카다몸	0.03	0.03	0.03	
타 임				0.01
생 강		0.05	0.05	
바닐라		0.01	0.01	
꿀		0.2	0.2	
트러플			3.0	
총 계	103.29	107.4	110.4	104.25

(4) 간 소시지의 제조공정

옛날에는 간 소시지를 제조할 때, 고기와 지방을 미리 뜨거운 물에 삶은 후 뜨거운 상태에서 바로 싸이런트 커터에 넣어 세절시키고, 여기에 향신료와 미리 세절시킨 간을 넣고 유화시켰다. 그러나 최근 들어 싸이런트 커터의 바울(bowl)에 이중 쟈켓을 만들고 여기에 열수나 뜨거운 증기를 불어 넣어주어 육을 세절시키면서 가열할 수 있는 쿠킹 싸이런트 커터가 개발되어, 간 소시지 제조시 원료육과 지방을 미리 삶아놓을 필요가 없이 바로 쿠킹 싸이런트 커터에서 세절과 동시에 바로 가열시킬 수가 있게 되었다.

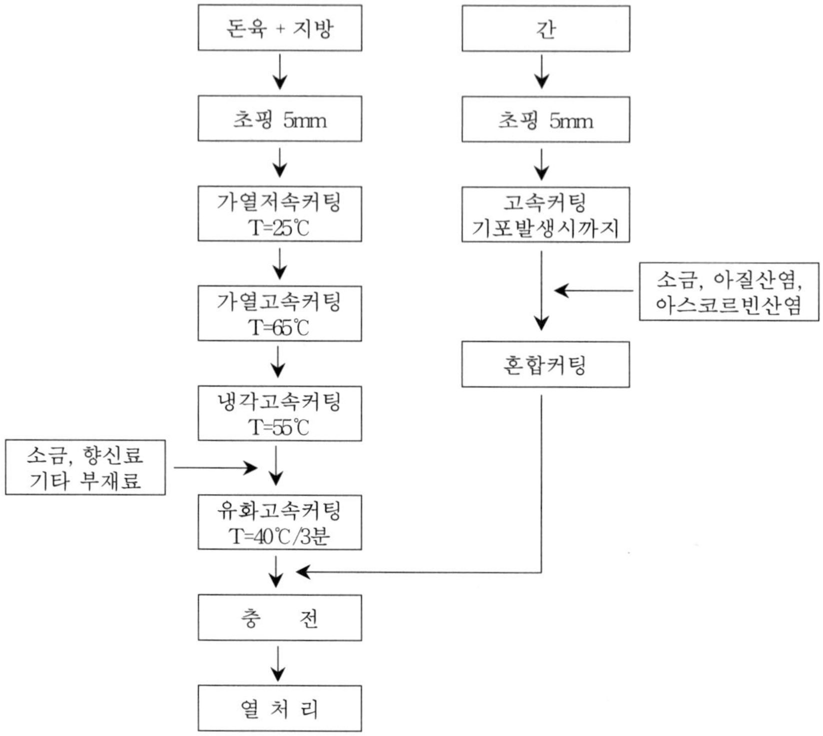

그림 15-3. 간 소시지의 제조공정

그림 15-3에서 보는 바와 같이 미리 초핑된 원료육과 지방을 쿠킹 싸이런트 커터에 넣고 저속커팅 하에서 육 온도가 약 25℃ 정도 도달될 때까지 가열 및 세절시킨다. 이후 고속으로 세절시키면서 65℃ 이상까지 가열하면 고기는 익으면서 세절되고 지방은 다 녹아 액상으로 변한다. 여기에 소금 및 향신료들과 경우에 따라 유화제나 기타 부재료들을 첨가시키고, 바울의 이중 자켓에 열수 공급을 중단하고 냉각수를 공급시켜 55℃ 이하까지 육을 냉각시키면서 세절시킨다. 이후 이중 자켓에 냉각수 공급을 차단시키고 미리 세절시켜 냉장 보관된 간을 넣고 고속커팅하면 녹은 지방과 고기에서 빠져나온 육즙이 간 단백질에 의하여 유화 되면서 간 소시지육은 엷은 갈색으로 변한다.

이때 주의할 점으로는 간을 첨가할 때 육의 온도가 55℃ 이상으로 너무 높으면 간 단백질이 열에 의하여 변성이 일어나게 되고 유화기능을 잃어버리게 되어 지방을 유화시킬 수 없게 되고 결국 유수분리가 발생하게 된다. 첨가된 간의 낮은 온도 때문에 유화 후 간 소시지 육의 온도는 40~45℃ 정도에 이르게 되는데, 육의 온도가 40℃ 이하로 저하되기 전에 충전시켜야 한다. 즉, 육의 온도가 35℃ 이하로 떨어지면 지방이 굳게 되는데, 이때 충전을 하게 되면 충전할 때의 기계적 힘에 의하여 지방을 둘러싸고 있던 단백질 막들이 깨지고, 이미 굳어 버린 지방결정들은 불안정한 상태로 존재하다가 열처리할 때 서로 융합하면서 커다란 지방덩어리로 변하여 결국 유분리가 발생하게 된다. 또한 유화나 충전 후 간 소시지육의 온도가 높은 상태에서 열처리 전 대기시간이 길어지면 미생물 증식이 빠르게 일어나 맛이 변할 수 있으므로 충전 후에는 즉시 열처리를 하는 것이 좋다.

냉장 유통되는 간 소시지는 비통기성 화이브러스 케이싱에 충전되어 중심온도 75℃ 이상에서 열처리되며, 상온에서 장기간 유통되는 제품은 PVDC 케이싱이나 병 또는 캔에 충전되어 멸균 처리된다. 다만 멸균제품들은 냉장제품보다 고온에서 열처리되기 때문에 유화안정성이 떨어질 수 있으므로 유화안정성을 높이기 위하여 유화제가 이용되거나 냉장제품보다 간의 함량을 높여 안정된 배합비로 제조되어야 한다.

15.3.2 피소시지(Blood sausages)의 제조

B. C 10세기경 저술된 호머의 영웅서사시 오디세이에 피 소시지가 언급되어 있을 정도로 피 소시지는 소시지 중에서 가장 오래된 제품으로 알려져 있는데, 그 이유는 피 소시지의 제조공정이 일반 소시지나 발효소시지보다 간단하여 쉽게 만들 수 있기 때문인 것으로 추정된다.

독일에서는 지금도 농부들이 직접 피 소시지나 간 소시지를 만들어 먹고 있는데, 그들은 겨울철에 자기가 키운 돼지를 마을에 있는 도축장에서 직접 도살하여 해체한 후, 고기를 삶아서 잘게 다진 다음 피나 간을 섞고 여기에 소금과 몇 가지 양념을 넣어 버무린 다음 깨끗이 씻은 창자에 담아 익히는 방법으로 피 소시지나 간 소시지를 만들었다. 독일에는 약 70여종의 피소시지가 있으며 돈피(豚皮)와 육수, 혈액의 배합비, 첨가되는 지방, 고기, 혀, 기타 부산물의 종류와 양, 향신료의 조합, 케이싱의 종류나 크기, 훈연처리나 열처리에 따라서 구분하고 있다. 우리나라에서도 옛날부터 돼지고기와 찹쌀, 우거지, 배추 등에 돼지 피와 소금, 양념 등을 넣고 버무려서 돼지 창자에 충전하여 증기에 찐 순대를 전통음식으로 널리 이용하고 있었는데 이것도 같은 근거에서 기인한다고 보겠다.

(1) 원료의 준비

피 소시지는 주사위 모양으로 미리 썰어 뜨거운 물에서 살짝 데친 등지방과 역시 미리 삶아서 썰어놓은 고기나 돼지 혀 또는 장기류 등을 준비한 다음, 삶은 돈피를 뜨거운 상태에서 뜨거운 육수와 함께 초퍼나 싸이런트 커터에서 곱게 갈은 후 혈액과 조미료, 향신료를 넣고 여기에 미리 준비한 지방과 삶은 고기를 잘 혼합한 후 돼지의 소장이나 맹장, 대장, 위장 또는 인조 케이싱에 충전하여 열처리한 후 차가운 상태에서 얇게 슬라이스 하여 먹거나 돈장에 충전된 제품은 우리나라 순대처럼 따뜻하게 데워서 먹기도 하며, 지방에 따라서는 쌀이나 보리, 호밀, 귀리 등의 곡류를 피 소시지에 첨가하기도 한다.

피 소시지의 원료 배합비와 제조공정은 표 15-5와 그림 15-4에 나타냈는데, 모든 햄 소시지에서도 그러하지만 특히, 피 소시지는 미생물에 오염되기 쉬운 혈액이나 돈피가 주원료로 사용되기 때문에 우수한 품질의 제품을 생산하기 위하여서는 신선한 원료를 사용에 미생물에 오염이 될 경우 다른 원료에 비하여 부패속도가 빠르므로 가능한 한 미생물

표 15-5. 피 소시지의 배합비(%)

원부재료	튀링거 피 소시지	농가 피 소시지	돼지 혀 피 소시지	독일 순대	한국 순대
돈육 (10%지방)	50				
돈두육 (30%지방)	25			60	50
돼지 혀			40	5	
등지방		40	25		
간	2			5	
혈 액	7	25	15	10	10
삶은 돈피	14	35	20	10	10
육 수	2			10	
데친 당면					20
우거지 배추					10
소 계	100	100	100	100	100
정제염	1.8	1.8	1.8	1.8	1.5
아질산염	0.01	0.01	0.01	0.01	
포도당	0.2	0.2	0.2	0.2	0.7
조미료	0.3	0.2	0.2	0.2	0.2
후 추	0.2	0.3	0.3	0.2	0.2
마조람	0.2	0.3	0.3	0.05	
생 강	0.05			0.05	
타 임	0.03				
캐러웨이	0.1				
올스파이스	0.05	0.05	0.05	0.1	
클로브		0.1	0.1		
너트멕		0.05	0.05	0.05	
생양파	2.0	4.0	4.0		1.5
생 파					2.0
생마늘					1.5
생생강					0.5
총 계	104.94	107.01	107.01	102.66	108.1

(104/ml 이하)에 오염되지 않도록 혈액을 모으고, 또 아무리 깨끗하게 혈액을 모았다 하더라도 3℃ 이하에서 냉장 보관하면서 2일 이내에 사용하는 것이 좋다. 또한 혈액은 응고가 쉽게 되므로 혈액 응고 저해제인 구연산염을 3g/l을 첨가하여 사용하거나 막대기로 저어서 혈액 속의 피브린(fibrin)을 제거한 후 사용한다.

돈피(豚皮)는 말 그대로 돼지 껍질이므로 미생물에 오염되어 있을 확률이 가장 높은원료이다. 따라서 피 소시지의 원료로 사용되는 돈피는 돈모도 잘 제거되고 깨끗이 세척

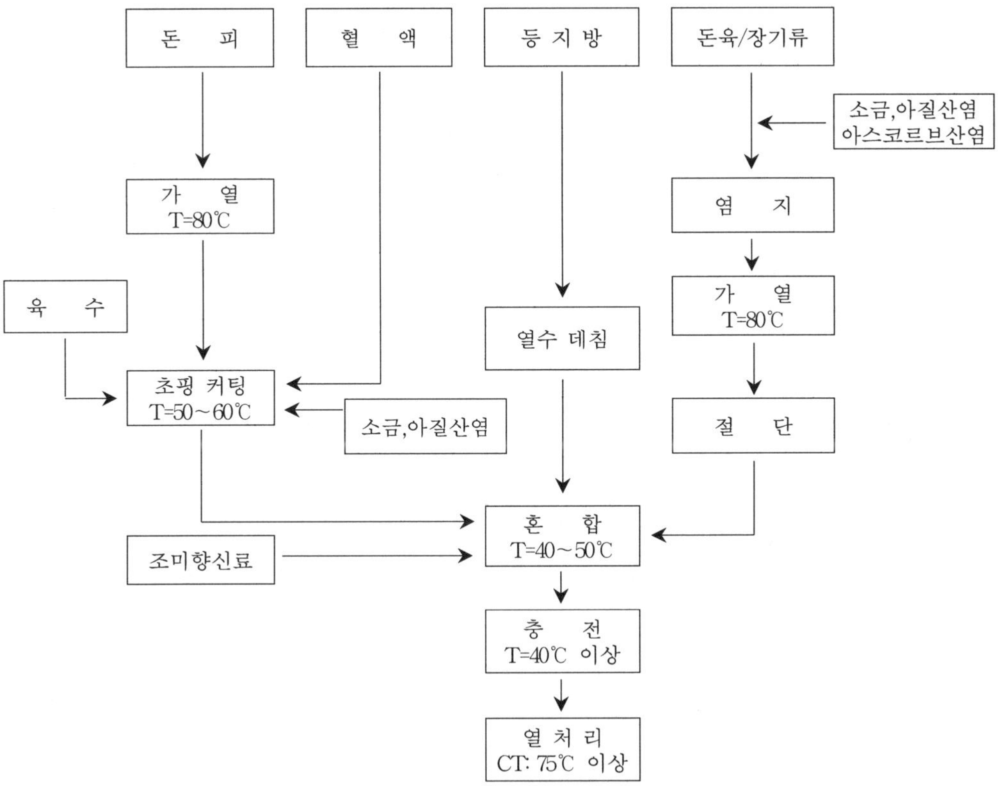

그림 15-4. 피 소시지의 제조공정

되어야 한다. 또한 돈피에는 지방층이 붙어 있을 수 있는데, 지방은 피 소시지의 조직을 무르게 하고 오래 보관될 경우 산패취나 돈취가 발생할 수 있으므로 지방이 깨끗이 제거된 돈피만을 사용하여야 한다. 돈모와 지방이 깨끗이 제거된 돈피는 약 30% 정도의 콜라겐 단백질을 함유하고 있는데, 먼저 80~90℃ 정도의 뜨거운 물에서 미리 익힌 다음 초퍼에서 2mm 정도로 분쇄하여 사용하거나 또는 싸이런트 커터에서 육수와 함께 곱게 세절시키고 마지막에 혈액을 넣고 몇 회전 세절 시키며 섞어준다. 이때 세절된 돈피의 온도가 50~60℃ 일 때 혈액을 첨가시키는 것이 가장 좋다. 만약 이보다 높은 온도에서 혈액이

첨가될 경우 혈장 단백질의 일부분이 열에 의하여 변성되기 때문에 피 소시지의 색상이 검은 갈색으로 변하는 수가 많다.

돼지고기는 1 kg 당 약 1 g의 미오글로빈을 함유하고 있고, 쇠고기는 약 5g을 함유하고 있는데 반하여, 혈액은 약 120 g 정도의 헤모글로빈을 함유하고 있어 피 소시지의 색상은 햄이나 다른 소시지에 비하여 붉은 갈색을 띤다. 피 소시지에도 발색을 위하여 아질산염을 첨가시키는데 이때 혈액에 직접 투입하게 되면 오히려 발색 효과가 떨어지고 색상이 검은 갈색을 띠어 맛이 없어 보인다. 돈피(豚皮)에는 혈액의 발색 효과를 증진시키는 설프하이드릴(sulfhydryl) 성분을 많이 함유하고 있어 돼지 껍질을 곱게 세절시키고 여기에 혈액과 아질산염을 첨가시킬 때 가장 우수한 붉은 갈색의 피 소시지를 생산할 수 있다. 일반적으로 햄 소시지가 제조될 때 아질산염 첨가 후 발색 보조제로서 아스코르빈산염을 첨가시켜 일산화질소 가스의 발생을 촉진시켜 줌으로써 양호한 발색 효과를 얻을 수 있으나, 피 소시지가 제조될 때 아스코르빈산염이 첨가되면 오히려 피 소시지의 전체 색상이 어두워지므로 아스코르빈산염은 사용하지 않는 것이 좋다.

이 외에 주사위 모양으로 절단한 고기나 혀가 첨가되는데, 고기나 혀는 염지 소금과 함께 염지하고, 80℃의 온도에서 가열하고 식힌 후 1～2 cm^3 크기의 주사위 모양으로 미리 썰어 놓는다. 피 소시지의 일종인 혀 소시지에는 고기대신 혀가 사용되는데 혀에는 얇고 허연 막이 있으므로 이 막을 제거한 후 사용하여야 한다. 또한 피 소시지에는 쥬시(juicy)하면서도 고소한 맛을 부여하고 맛을 전체적으로 부드럽게 하기 위하여 돼지 지방이 첨가되는데 신선하면서도 조직이 단단한 등 지방이 주로 많이 사용된다. 지방은 우선 1cm3 크기의 주사위 모양으로 썰어 놓은 다음 뜨거운 물을 지방에 살짝 뿌려 절단되면서 깨어진 표면지방의 세포막을 통하여 흘러나올 수 있는 지방을 제거하고 사용한다. 이외에도 부산물인 장기류가 염지 및 열처리 후 초핑을 하여 위의 원료들과 함께 첨가되기도 한다.

⑵ 피 소시지의 제조공정

1) 혼합 및 충전

이렇게 준비된 원료들은 혼합기에 넣어져 조미료 및 향신료들과 함께 혼합되는데, 피 소시지는 강한 맛을 요구하므로 후추나 마조람, 타임, 캐러웨이, 클로브, 올스파이스, 너트멕, 메이스, 생강, 양파, 마늘과 같은 향이 강한 향신료가 많이 사용된다. 피 소시지가 혼합되거나 충전될 때 육의 온도가 너무 낮으면 돈피의 젤라틴 성분이 굳어져 혼합뿐만 아니라 충전도 어려워지고 충전 후에도 제품 조직 내에 기포가 발생될 수 있으므로 최저

40℃ 이상의 온도에서 혼합 및 충전이 이루어져야 한다.

2) 열처리 및 보관

충전 후 피 소시지는 높은 pH와 미생물 오염도 때문에 변질이 쉽게 일어날 수 있으므로 충전 후 즉시 최소 75℃ 이상의 중심온도에서 열처리되어야 한다. 또한 헤모글로빈은 70℃ 이상의 고온에서 열 변성되는 내열성이 강한 단백질이기 때문에 낮은 온도에서 열처리될 때 헤모글로빈이 열 변성되지 않아 보관 중에도 지방입자에 서서히 스며들어 지방입자를 붉게 만들기 때문에 역시 75℃ 이상의 높은 온도에서 열처리되어야 한다.

천연장에 충전된 피 소시지의 경우에는 냉장보관시 상대습도가 최소 90% 이상이어야 천연장의 가장자리가 쉽게 건조되는 것을 막을 수 있다. 그러나 상대습도가 너무 높을 경우에는 제품 표면에 미생물이 증식하여 미끈거릴 수가 있으므로 냉장실의 상대습도를 적당히 유지시켜 주는 것이 좋다.

15.3.3 젤리 소시지(Jelly sausages)의 제조

깨끗이 손질한 돼지머리를 찬물에 담가 핏기를 빼고 소금, 생강, 마늘 등과 함께 3시간 정도 무르게 푹 삶은 후 뼈를 발라내고, 베보자기에 둥글게 싸서 하룻밤 돌로 눌러놓아 모양을 굳힌 후 찬 상태에서 그대로 썰어 새우젓에 찍어먹는 돼지머리 편육은 우리나라 전통음식 중의 하나이다. 서양에서도 이와 유사한 제품으로 영어로 '헤드 치즈(head cheese)', 독일어로 '프레스코프(Preßkopf)'라는 제품이 있는데 이것이 바로 젤리 소시지의 일종이다.

젤리 소시지란 돈두육이나 돈설육, 우설육 등의 부산물이나 돈육, 우육, 계육 또는 햄 등을 염지 및 열처리한 후 일정한 모양으로 절단하고, 여기에 돈피를 갈아 넣거나 젤라틴 용액을 섞어 용기나 케이싱에 충전하고 냉각시켜 차가운 상태로 얇게 슬라이스하여 먹는 제품이다. 이때 다양한 맛을 내기 위하여 오이, 피망, 당근, 어린 옥수수(young corn), 미니 양파(pearl onion) 등의 야채 피클이나 양송이버섯, 올리브 열매 등과 소금 및 기타 조미 향신료 등이 첨가된다. 또 저장성을 높이고 고기의 느끼한 맛을 줄이며 상큼한 맛을 부여하기 위하여 식초가 이용되기도 한다. 독일에는 약 60여종의 젤리 소시지가 시판되고 있는데, 젤리 소시지의 종류는 원료육의 종류(우육, 송아지육, 돈육, 계육)나 이용부위(돈두육, 돈설육, 우설육, 족, 돈피 등), 첨가되는 야채 피클의 종류, 충전 용기나 케이싱의 종류, 돈피나 아스픽(aspic)과 같은 식용 젤라틴 등의 원료에 따라 구분된다.

(1) 식용 젤라틴 생산

젤리를 제조할 때 옛날에는 삶은 돈피를 그대로 갈아서 사용하였으나 경험이 쌓이면서 돈피나 족 등 젤라틴 성분이 많은 부분을 원료로 하여 젤라틴을 직접 생산하여 사용하였다. 젤라틴을 추출하는 원리는 사골이나 우족을 이용하여 곰탕을 만드는 방법과 유사하다. 즉, 잘 세척한 돈피나 우족, 돈족 등을 푹 삶아 식힌 후 위에 떠있는 지방을 걷어내고, 85℃의 중불에서 다시 5~6 시간 정도 계속 고면 물에 곰탕처럼 뽀얀 색의 젤라틴이 추출된다. 이 젤라틴 용액 속에 10%의 난백이나 15%의 혈장을 첨가시키고 가열하면 난백이나 혈장이 응고되면서 젤라틴 용액 속에 부유하고 있던 고형물들을 흡수하며 밑에 가라앉는다. 이때 천을 이용하여 걸러주면 맑은 젤라틴 용액이 생산된다. 그러나 최근에는 젤라틴 추출 기술이 개발되어 산업적으로 대량 생산된 식용젤라틴이 주로 이용되고 있다.

젤라틴 용액을 제조할 때 우선 젤라틴을 총 가수량의 반 정도에 섞는데, 20℃ 이하의 찬물이 적당하며 10~15분 정도 수화시킨다. 이후 나머지 물을 첨가하는데, 물의 온도는 95℃ 정도가 좋으며, 공기가 혼합되지 않도록 천천히 저어준다. 충분히 수화된 젤라틴은 약 30분 후에는 완전히 물에 용해된다. 최종적으로 제조된 젤라틴 용액의 온도는 55~60℃일 때 사용하기가 적당하다. 다만 제조된 젤라틴 용액은 미생물에 오염될 경우 쉽게 변질될 수 있기 때문에 오랫동안 보관하지 말고 굳기 전에 사용하는 것이 좋다.

젤라틴의 품질 중 가장 중요한 성질인 단단함(hardness)은 Bloom가(價), 젤라틴 농도, pH, 온도, 냉각속도 등 여러 요인에 의하여 결정된다. Bloom가는 식용 젤라틴의 품질 중 겔 능력을 나타내는 단위로서 Bloom 단위가 높을수록 겔 능력이나 hardness가 높아 품질이 좋으며 가격도 비싸다. Bloom가가 낮은 젤라틴은 겔 구조상 단백질들이 솔잎처럼 다소 느슨하게 결합되어 있어 젤라틴 조직이 부드러우며, Bloom가가 높은 젤라틴은 단백질들이 치밀하게 결합되어 있어 젤라틴 조직이 단단하다.

또한, 젤리 소시지를 제조할 때 풍미와 보존성을 증진시키기 위하여 식초를 첨가하는데, pH 역시 젤리의 hardness에 영향을 미친다. 즉, pH가 5.0에서 4.0으로 떨어지면 약 10% 정도의 hardness가 감소되는데, 식초와의 반응시간이 길어지면 길어질수록 hardness는 더 저하되어 3시간 경과 후에는 hardness가 20% 이상 저하된다. 따라서 식초를 첨가할 때에는 가능한 한 반응시간을 줄이기 위하여 젤라틴 용액을 충전하기 직전에 식초와 섞은 후 바로 충전하고 냉각시키는 것이 좋다. 식초를 사용할 때 과일식초는 젤라틴 색상에 영향을 끼칠 수 있으므로 가능한 한 무색의 식초를 사용하는 것이 좋다. 식초 이외에 유산이나 구연산, 주석산 등도 이용된다.

이외에도 젤리 소시지의 풍미를 증진시키기 위하여 향신료가 첨가되기도 하는데, 물에 용해되지 않는 향신료는 젤라틴 용액 속에 부유하면서 외관을 혼탁하게 보이게 할 수 있으므로 물에 용해가 잘 되는 향신료 추출물을 사용하는 것이 좋다. 향신료로는 후추, 양파, 메이스(mace), 생강, 카다몸(cardamom), 너트멕(nutmeg), 마조람(marjoram), 클로브(clove), 올스파이스(allspice) 등이 사용된다.

고기의 염지를 위하여 아질산염이 사용되나 젤라틴 용액에는 경우에 따라서 금속염이 들어있을 수 있고, 아질산염과 금속염이 반응하여 젤리 색상을 변색시킬 수 있으므로 젤라틴 용액을 제조할 때 아질산염은 사용되지 않으며 정제염이 사용된다. 또한 물에 함유되어 있는 칼슘염은 젤라틴의 염 성분과 함께 반응하여 젤라틴 용액을 탁하게 할 수 있으므로 젤라틴 용액 제조에 사용되는 물은 경수를 사용하지 않도록 한다.

표 15-6. 젤리 소시지의 배합비(%)

원부재료	고급 젤리 소시지	햄 양송이 젤리 소시지	헤드치즈	야채 젤리 소시지
돈육 또는 송아지육	60			
돈두육			70	
돈설육	10			
Cooked Ham		52		
양송이버섯	10	8		
야채피클				70
돈 피			10	
육 수			20	
젤라틴용액 (12%)	20	40		
젤라틴피클용액 (15%)				30
소 계	100	100	100	100
아질산염	0.01		0.01	
정제염	1.00	0.80	1.00	1.00
백후추	0.20	0.20	0.20	0.20
너트멕	0.05	0.05	0.10	0.05
캐러웨이			0.10	
올스파이스	0.03			
생 강	0.03			
조미료	0.20	0.20	0.20	
식초 (10%)			5.00	7.00
총 계	101.52	101.25	106.61	108.25

(2) 원료의 준비

젤리 소시지의 배합비와 제조공정을 표 15-5와 그림 15-6에 나타냈는데, 사용되는 원료육으로는 닭고기, 돼지고지, 쇠고기, 송아지 고기 등이 있다. 젤리 소시지의 특성 중 가장 중요한 것은 젤리가 가능한 한 투명하여야 한다는 것이다. 그러나 젤리 소시지에 들어

가는 고기에 지방이 많이 함유되어 있으면 이 지방이 부분적으로 젤라틴과 함께 유화 되어 젤리 소시지를 탁하게 만들 수 있으므로 원료육에서 가능한 한 눈에 보이는 지방을 제거시키는 것이 좋다. 지방이 많은 돈두육을 사용할 때에는 지방의 스미어 현상을 막기 위하여 일단 돈두육 절단 후 절단면 위에 뜨거운 물을 뿌려줌으로써 지방 절단면에 위치하여 파괴된 지방세포로부터 흘러나오는 지방을 녹여 제거시킨다.

젤리 소시지에 첨가되는 고기들은 일단 염지를 시켜 맛을 낸 후 열처리하여 고기를 익힌다. 이때 고기는 과숙이나 미숙되지 않게 잘 익혀야 하는데, 고기의 중심 온도가 72~

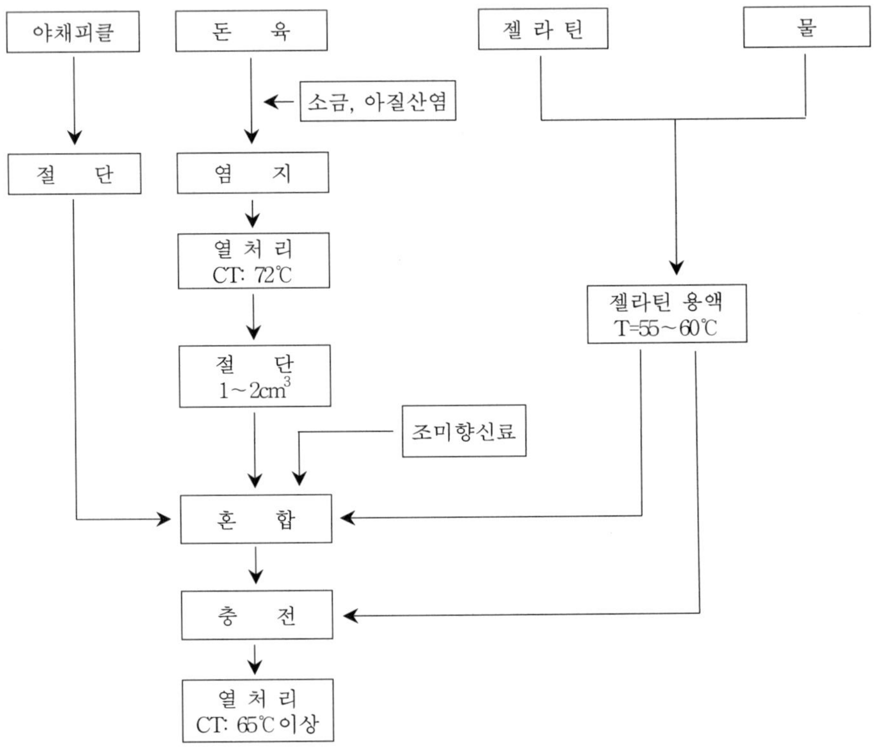

그림 15-5. 젤리 소시지의 제조공정

75℃에 도달하도록 열처리하는 것이 좋다. 이 익힌 고기들은 가능한 한 같은 크기의 주사위 모양으로 절단된다. 이때 고기를 충분히 냉각시키지 않을 경우 조직이 부스러져 찌꺼기들이 발생되며 이에 따라 젤리가 깨끗하게 보이지 않으므로 절단하기 전에 충분히 냉각시켜야 하며, 찌꺼기가 발생될 때에는 잘 세척시켜 고기 덩어리만 사용하도록 한다.

고기 외에 사용되는 원료로는 오이, 피망, 당근 등의 야채 피클과 올리브 열매, 양송이버섯 등이 있다. 이런 야채 부원료들은 미리 열처리된 병조림이나 통조림 제품을 사용하는 것이 좋으며 조직이 단단하여야 절단이 깨끗이 된다. 육각형 모양으로 절단된 붉은 피

망 같은 경우 피망이 가지고 있는 색소들이 젤리와 함께 섞이면서 색소가 젤리 속에 녹아 나올 수 있으므로, 피망을 섞기 전 미리 30~40℃ 정도의 따뜻한 물에 씻고 다시 찬물에 씻어 물을 빼고 사용하는 것이 좋다. 또한 고기 및 다른 부원료와도 미리 섞지 말고 충전하기 직전에 섞는 것이 좋다. 즉, 미리 섞어 놓으면 엷은 색상의 고기와 장시간 접촉되면서 고기에 색소가 번질 수 있기 때문이며, 피망의 첨가량은 5%가 넘지 않도록 한다.

(3) 젤리 소시지의 제조공정

1) 혼합 및 충전

젤리 소시지를 충전할 때에는 대체로 용기나 케이싱에 먼저 고기나 햄, 야채 등 고형물 원료를 잘 섞어서 채우고 그 위에 젤라틴 용액을 부어주거나 젤라틴 용액과 함께 모두 섞어서 용기에 충전시킨다. 이때 기계적인 접촉(마찰)이 심할 경우 고형물로부터 부스러기가 떨어져 나와 제품 자체를 탁하게 하며 외관 품질을 저하시킬 수 있으므로, 먼저 고형물을 잘 섞은 후 용기에 충전하고 나중에 젤라틴 용액을 부어주는 것이 좋다.

2) 열처리 및 냉각

충전 후에는 제조공정 중 오염된 미생물들을 살균시키기 위하여 중심온도가 65℃ 이상이 되도록 열처리를 한다. 열처리 온도도 젤라틴의 경도(hardness)에 영향을 미치는데, 열처리 온도가 높으면 높을수록 젤라틴의 경도는 현저히 저하된다.

열처리 후 젤라틴 용액은 냉각되면서 굳어지는데, 10℃에서 5시간 경과 시 90% 정도까지 굳어지나 이후에는 굳는 속도가 완만해지며 16시간 경과 후에야 비로소 완전하게 굳어진다. 따라서 열처리 후 젤라틴이 완전히 굳을 때까지 용기를 흔들거나 움직이지 않고 그대로 정치시켜 놓는 것이 좋다. 즉 젤라틴이 굳는 동안에 젤리 소시지가 흔들릴 경우 겔 구조가 제대로 형성되지 못하여 젤라틴 조직의 경도가 저하된다. 또한 -2.0~0℃ 정도의 낮은 온도에서 냉각시킬 경우 젤리 소시지의 가장자리는 즉시 굳을 수 있으나 내부는 채 굳지 못하여 역시 전체적으로 젤라틴 구조가 완벽히 형성되지 못하여 경도나 쫄깃한 탄력성(elasticity)이 떨어진다. 따라서 10℃ 정도의 온도에서 서서히 냉각시키는 것이 좋다.

15.4 후레쉬 소시지(Fresh sausages)의 제조

소시지는 열처리 유무에 따라 가열 소시지와 비가열 소시지로 구분되는데, 비가열 소시지에는 소시지육을 양장이나 돈장에 충전한 후 열처리를 하지 않은 채 그대로 판매되어 소비자가 기호에 맞게 불 위에서 굽거나 프라이팬에서 익혀먹는 후레쉬 소시지와 발효 및 건조과정을 거쳐서 장기저장이 가능하도록 제조된 발효소시지가 있다.

표 15-7. 후레쉬 소시지의 배합비(%)

원부재료	유화형 브랏부어스트	라인 브랏부어스트	뉘른베르거 브랏부어스트	후랑켄 브랏부어스트
돈육 (10% 지방)	44	-	60	40
돈육 (25% 지방)	-	30	15	60
유화형 브랏부어스트	-	70	25	-
돈지방	34	-	-	-
얼 음	22	-	-	-
소 계	100	100	100	100
정제염	1.40	0.60	1.30	1.40
인산염	0.25	-	-	-
백후추	0.20	0.09	0.15	0.20
메이스	0.10	0.02	0.08	-
생 강	0.05	-	-	-
코리안더	0.02	-	0.02	0.02
카다몸	0.02	0.01	-	-
마조람	-	-	0.04	0.10
너트멕	-	-	-	0.10
캐러웨이	-	0.02	-	0.02
타 임	-	-	0.04	-
총 계	102.04	100.74	101.63	101.84

후레쉬 소시지의 종류로는 브렉퍼스트 소시지(breakfast sausage), 그릴 소시지(grill sausage), 부랏부어스트(Bratwurst) 등이 있는데, 유럽에서 비교적 많이 생산되고 있으며 제조공정은 열처리 과정을 제외하고는 일반 소시지의 제조공정과 같다.

충전된 소시지는 바로 포장되어 5℃ 이하 냉장상태에서 판매되는데, 후레쉬 소시지는 훈연이나 열처리를 하지 않고 소비자에게 판매되기 때문에 유통기간이 2~3일 정도로 대단히 짧다. 따라서 원료육은 가능한 한 미생물 오염도가 낮은 신선육을 사용하여야 한다. 후레쉬 소시지는 불 위에서 바로 구워 먹는 제품이기 때문에 아질산염이 첨가되면 니트로사민(nitrosamine) 발생 가능성이 높아 독일에서는 후레쉬 소시지에 아질산염 사용을 법으로 금지시키고 있다. 따라서 후레쉬 소시지에서는 염지 풍미나 훈연 풍미를 느끼지 못하기 때문에 향미가 강하거나 독특한 향신료들이 많이 이용된다.

15.5 발효소시지(Fermented sausages)의 제조

15.5.1 발효 건조 소시지

발효 건조 소시지는 원부재료가 초퍼나 싸이런트 커터에서 세절, 혼합되어진 후 천연 케이싱이나 인조 케이싱에 충전되고 적당한 온도, 습도 하에서 발효, 숙성 및 건조된 것으로 열처리 과정이 없으면서도 상온에서 보관 및 유통이 가능하고 익히지 않고 그대로 섭취할 수 있는 육제품이다. 다만 발효 건조 소시지는 가열 소시지와 달리 건조를 시켜야 하므로 얼음이나 물이 첨가되지 않으며, 소금과 질산염 또는 아질산염의 염지제, 염지보조제인 아스코르빈산염, 포도당 등의 당류와 향신료들이 첨가되고 발효를 통한 풍미를 향상시키기 위하여 미생물이 접종되기도 한다.

(1) 발효 건조 소시지의 역사

발효 건조 소시지는 1730년경 이탈리아에서 처음으로 제조되었는데, 이탈리아에서는 살라미라 부르고 있어 오늘날에도 전 세계적으로 발효 건조 소시지를 살라미라 부르고 있으며 발효 건조 소시지 중 이탈리아 살라미를 최고로 인정하고 있다. 이후 1830년경 이탈리아 살라미 기술자가 헝가리로 이주하여 그곳에서 살라미를 제조하기 시작하여 오늘날 그 유명한 헝가리 살라미를 탄생시켰으며 1840년 경 독일의 퓌클러(Pückler) 후작이 이태리에서 살라미를 먹어본 후 그 맛에 탄복하여 베를린에 돌아와 살라미 제조기술을 전파하여 독일에서도 다양한 살라미가 생산되기 시작하였다. 그러나 발효 건조 소시지는 열처리 과정 없이 장기간 숙성 건조시켜야 되기 때문에 냉장시설이 없던 옛날에는 제조공정 중 육이 부패할 가능성이 높았다. 따라서 10월부터 3월까지 날씨가 선선하거나 추운 계절에만 주로 생산되었으며 헝가리에서는 오늘날에도 발효 건조 소시지를 겨울 살라미(winter salami)라 부르고 있다.

(2) 발효 건조 소시지의 종류

유럽에서는 150여 종의 다양한 풍미의 발효 건조 소시지가 유통되고 있는데, 원료육의 구성, 육 입자의 크기, 향신료의 배합비, 케이싱 굵기, 훈연처리 실시여부, 그리고 발효, 숙성 및 건조조건과 방법에 따라 그 종류가 다양하다. 일반적으로 완제품의 건조상태 또는 수분함량에 따라 건조 소시지와 반건조 소시지로 구분하는데, 건조 소시지는 자연조건 하에서 100일 정도까지 장기간의 발효와 숙성, 건조 과정을 거치므로 완제품의 수분함량은 약 35% 정도 되고 제품 조직이 아주 단단하며 풍미를 위하여 소시지 표면에 자연적으로 곰팡이를 발생시키기도 한다. 건조 소시지의 종류로는 밀라노, 시실리아, 제노아, 살라메티같은 이탈리아 살라미와 헝가리 살라미, 독일 살라미, 페페로니, 플록부어스트(Plockwurst) 등이 있다. 이탈리아 살라미와 헝가리 살라미는 훈연을 실시하지 않고 자연조건 하에서 숙성, 발효시키며 풍미를 위하여 소시지 표면에 자연적으로 곰팡이를 발생시키기도 하는데, 최근 과학이 발달되면서 향미성분이 우수한 곰팡이를 별도 배양하여 소시지 표면에 접종하여 제조하기도 한다.

반건조 소시지는 훈연실에서 소시지 중심온도를 46~63℃ 정도로 훈연 건조시키는데 완제품의 수분함량은 약 50% 정도 된다. 반건조 소시지 종류로는 섬머 소시지(Summer sausage), 세르베랏(Cervelat), 슈락부어스트(Schlackwurst), 란트예거(Landjäger), 레바논 볼로냐(Lebanon bologna), 멕시코의 쵸리조(Chorizos) 등이 있다.

대표적인 발효 건조 소시지의 배합비의 예를 표 15-8에 기술하였다.

표 15-8. 발효 건조 소시지의 배합비(%)

원부재료	살라미	이탈리아 살라미	플록 부어스트	페페로니	란트예거	슈락 부어스트	세르베랏
우육(90CL)	30	40	20	30	30	20	30
돈육(90CL)	10			50			
돈육(95CL)	30	30	50			40	45
삼겹육					70	20	
등지방	30	25	30	20		20	25
소 계	100	100	100	100	100	100	100
정제염	3.0	3.0	3.0	3.0	3.0	3.0	3.0
아질산염	0.015		0.015	0.015	0.015	0.015	0.015
질산염		0.03					
포도당	0.5	0.5	0.5	1.0	0.5	0.5	0.5
후 추	0.3	0.4	0.3	0.3	0.3	0.3	0.4
파프리카				0.7			
코리안더	0.05						
캐러웨이					0.05		
겨자씨						0.1	
생 강		0.05				0.05	
캡사이신				0.2			
적포도주	0.4	0.5					
럼 주		0.4	0.1			0.05	0.4
랖스베리쥬스						0.2	
총 계	104.22	104.88	103.915	105.215	103.865	104.215	104.315

(3) 원료육의 준비

발효 건조 소시지는 열처리 공정 없이 육을 발효, 건조시키는 제품이라 원료육의 신선도 또는 미생물 오염도와 pH, 지방산패도에 따라 품질이 좌우된다. 즉, 미생물 오염도가 높은 원료육과 지방을 사용하게 되면 발효과정 중 부패미생물이 증식하여 이상취가 발생될 수 있으며 식품위생상에도 안전한 제품을 생산할 수 없으므로 미생물 오염도가 낮은 신선한 원료육을 사용하여야 한다.

표 15-9. 원료육의 조건

원 료 육	원료육의 pH 및 사용 가능 기간
우 육	pH < 5.8 냉장육 : ±0℃, 도살 후 3~14일 이내 냉동육 : -18℃ 이하 보관될 때 최대 6 개월 이내
돈 육	pH < 6.0 (PSE육은 부적합) 냉장육 : ±0℃, 도살 후 3~5일 이내 냉동육 : -18℃ 이하 보관될 때 최대 3개월 이내
돈 지 방	냉장지방 : 2℃ 이하, 최대 3일 냉동지방 : -18℃ 이하 보관될 때 최대 1 개월 이내

이상적인 원료육의 pH는 5.4~5.8 정도로서 가급적 낮은 pH가 좋으나 PSE육을 사용할 경우에는 육의 건조가 빨리 진행되고 pH가 지나치게 저하되어 바람직한 조직의 제품이 생산될 수 없으므로 PSE육은 사용하지 않는 것이 좋다. 또한 pH가 높은 DFD육을 사용할 경우에는 발효과정 중 원하는 pH까지 저하되는 기간이 지연되고, pH가 높은 숙성초기에 부패성 미생물이 증식되기 쉬우며, 발효미생물에 의한 숙성과정과 육의 결착, 건조과정이 저해되기 때문에 불량제품이 생산되기 쉽다.

발효 건조 소시지는 저온에서 숙성, 발효 및 건조를 시키고 가열하지 않고 그대로 섭취하는 육제품이기 때문에 원료육으로 돼지고기를 이용할 때 선모충(*Trichinella spiralis*)과 같은 기생충이 없는 육을 원료로 사용하여야 한다. 또한 원료육의 색상이 적색일수록 완제품의 색상이 우수하므로 어린 가축의 고기보다는 적색도가 높은 늙은 가축의 고기를 사용하는 것이 좋다.

원료로 이용되는 지방은 가급적 단단하여 직육면체 형태로 자를 수 있는 등지방이 좋으며, 또한 불포화지방산 함량이 낮은 것이 좋다. 즉, 불포화지방산 함량이 높을수록 지방은 연하고 저장 중 쉽게 산화되어 산패취가 발생되기 쉽기 때문이다. 발효 건조 소시지는 상온에서 보관, 유통이 가능하도록 제조된 제품이라 산패된 지방을 원료로 사용할 때에는 생산 초기에도 돈취나 비린 냄새 같은 산패취가 발생한다. 또한 지방이 산패까지는 도달되지 않았으나 지방분해효소를 생성하는 미생물에 오염되어 있다면 제조된 후에도 지방분해효소의 작용이 중지되지 않고 산패가 계속 진행되어 결국 보존기간이 단축되고 산패취가 나는 불량제품이 생산된다. 따라서 항상 신선한 지방만을 원료로 사용하여야 한다.

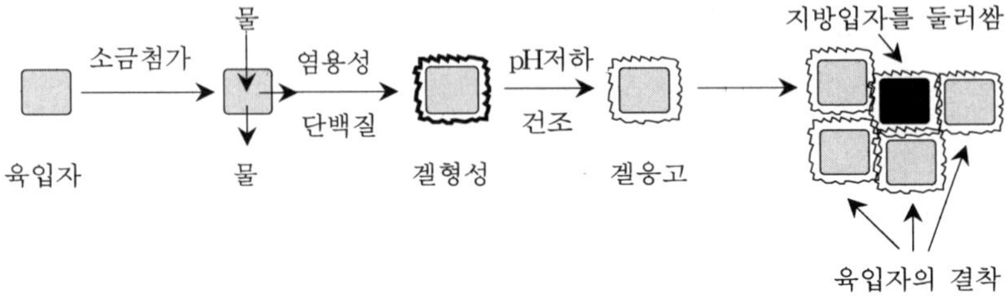

그림 15-6. 육 입자와 지방입자 사이의 결착력 생성 및 조직의 경화

표 15-10. 발효 건조 소시지가 제조될 때 사용되는 부재료의 기능

부 재 료	발 색	육색안정	조 직	조직경화	맛	향	저장성
소금			±	+	++		+
질산염/아질산염	++	++			+		+
GdL	+	+	+	++			+
당류	+	+	+	++	+	++	+
아스코르빈산염	±	+					+
스타터 컬쳐	++	++	++	++	++	++	++

(4) 발효 건조 소시지에 사용되는 부재료

1) 소 금

발효 건조 소시지는 가열 소시지와 달리 2.6~3.0% 정도의 소금이 첨가되는데 덴마크와 같이 국가에 따라서는 4.0~5.0%까지 고농도로 소금을 첨가시키는 경우도 있다. 원료육을 세절하면서 소금을 첨가하면 그림 15-6에서 보는 바와 같이 염용성 단백질이 육 입자 밖으로 나와 겔을 형성하며 육 입자를 둘러싸게 되고 계속해서 낮아진 pH와 건조에 의해 이 염용성 단백질은 응고된다. 동시에 육 입자들은 지방입자를 둘러싸게 되어 역시 육 입자와 지방입자 사이에서 응고됨으로써 발효 건조 소시지의 조직이 경화되고 안정된 상태를 유지하게 된다. 이외에도 발효 건조 소시지에서 소금의 역할은 풍미를 높이고 수분활성도를 낮추어 제품의 저장성을 증진시키며 부패성 미생물의 발육을 억제하고 내염성이 강한 유산균의 증식을 도와주어 우수한 품질의 발효소시지를 제조하게 한다.

2) 질산염과 아질산염

질산염과 아질산염은 육색을 고정시키고 풍미를 증진시키며 *Clostridium botulinum*과 같은 식중독균의 포자 발아 및 증식을 억제시키기 위하여 첨가되는데, 유럽이나 미국에서는 발효 건조 소시지에 150 ppm 까지 아질산염의 첨가가 허가되어 있다. 그러나 장기 발효 건조 소시지에는 아질산염 대신 질산염이 주로 이용된다. 즉, 발효 건조 소시지를 제조할 때 숙성기간이나 사용하는 부재료에 따라서 아질산염과 질산염을 구분하여 사용하여야 한다.

질산염이 첨가될 때에는 발색을 위하여 질산염이 아질산염으로 환원되어야 하는데, 이때 pH가 높아야 아질산염 환원율이 높다. 그러나 질산염이 첨가될 때 Glucono-delta-lacton(GdL)이 동시에 사용되거나 당류 첨가량이 높고 발효 초기 온도가 높을 경우 소시지의 pH가 급격히 낮아져 질산염이 아질산염으로 충분히 환원되지 않아 발색 불량 현상이 나타나게 된다. 따라서 질산염을 첨가할 때에는 GdL의 동시 사용을 금하여야 하며 당류 첨가량도 감소시키고 저온에서 숙성 발효시켜야 한다.

장기 발효 건조 소시지가 제조될 때 아질산염을 직접 사용하여 얻은 육색보다 질산염 첨가 후 질산염을 아질산염으로 환원시켜 발색시킨 육색이 더 강하고 안정되며, 염지 풍미도 우수하기 때문에 장기 발효 건조 소시지에는 질산염이 주로 이용되고, 독일에서는 300 ppm까지 질산염의 첨가를 허가하고 있다. 그러나 단기 발효소시지를 제조할 때에는 아질산염이 주로 사용되며, 이때에는 급격한 pH 저하를 염려할 필요가 없어 GdL 사용이 가능하고, 오히려 낮은 pH가 발색과 발색 후 육색 안정에 더 많은 기여를 할 수 있다.

3) 당 류

발효 건조 소시지 제조에 첨가되는 당류는 미생물의 에너지원으로서 유산균에 의하여 분해되어 유산으로 변하며 이 유산은 소시지의 pH를 저하시켜 소시지 조직을 단단하게 하고 발색과 풍미를 증진시키며 부패미생물의 증식을 억제시킨다. 즉, 소시지의 pH가 유산에 의하여 육단백질 등전점 이하로 떨어지게 되면 육의 보수력은 낮아지고 이에 따라 건조는 더 쉽게 진행되며 육 입자 사이에서 염용성 단백질이 응고됨으로써 소시지 조직이 단단하여지고 씹는 맛이 증진된다. 또한 낮은 pH는 아질산을 일산화질소 가스로 더 빨리 분해시키고 나이트로소 미오글로빈(nitrosomyoglobin)의 생성을 도와주어 발색을 증진시키며 유산 생성은 소시지에 부드러우면서도 새콤한 맛을 부여시키는 등 향미를 증진시킨다. 그러나 당의 첨가량이 너무 많으면 유산의 발생량도 많아져 신맛이 강해지고 불량 제품이 발생될 수 있다. 당은 이외에도 소금의 짠맛을 다소 부드럽게 하여준다.

일반적으로 충분한 발효를 위해서 1%의 당류가 첨가되는데, 당류의 종류로는 단당류로서 포도당과 과당이 이당류로서 설탕과 유당이 주로 이용된다. 포도당은 유산으로 분해가 급속히 이루어질 수 있으므로 주로 단기 발효 건조 소시지에 이용되며, 장기 발효 건조 소시지에는 포도당과 유당 또는 전분 분해당의 복합 당류를 사용함으로써 pH저하가 완만히 이루어지도록 한다.

4) Glucono-delta-Lacton(GdL)

GdL은 약간의 단맛을 내는 백색 결정분말로서 물에 잘 녹으며 수용액 상태에서 글루콘산(gluconic acid)으로 가수분해되어 산으로 작용하는데, GdL의 가수분해는 낮은 온도에서는 완만하고 온도가 높아질수록 빨라진다. GdL은 발효 건조 소시지의 pH를 저하시키기 위한 방법으로 사용되고 있다. 즉 GdL을 통한 pH 저하는 육이 세절되면서 겔을 형성한 염용성 단백질의 응고를 도와 발효 건조 소시지의 조직을 단단하게 하고 발색을 증진시키며 부패미생물의 증식을 억제시킨다. 원래 GdL은 발효를 보조하기 위하여 이용되어 왔으나 많은 사람들은 스타터 컬쳐를 사용하지 않고 GdL만을 첨가하여 발효 건조 소시지를 제조하고 있다. GdL이 1% 이상 첨가되고 숙성 온도가 25℃ 이상 유지될 때에는 소시지 조직의 결착력이 떨어지고 발색이 불량하며 쏘는 듯한 맛이 발생하는 등 불량품이 발생될 수 있으므로 GdL의 첨가량은 0.5% 정도를 유지하는 것이 좋다.

5) 스타터 컬쳐(Starter culture)

발효식품의 풍미와 외관, 보존성 등을 더욱 향상시키기 위하여 발효에 직접 필요한 미생물만을 별도 배양하여 발효식품을 제조할 때 사용하는 것을 스타터 컬쳐라 한다. 스타터 컬쳐는 요구르트나 치즈와 같은 유제품, 야채피클, 빵, 술, 식초 등의 발효식품에 주로 이용되어 왔는데, 이러한 스타터 컬쳐는 우선 인체에 무해하여야 하기 때문에 식중독 미생물이 존재하지 않아야 하며 곰팡이도 독성물질(toxin)을 생성하지 않아야 한다.

발효소시지의 스타터 컬쳐로 이용되는 미생물은 낮은 pH와 6%의 염용액, 150ppm의 아질산염 존재 하에서도 생존할 수 있어야 하고 생육 온도는 27～43℃ 이어야 하며 단백질 및 지방분해 효소를 생성하지 않아야 한다. 이러한 미생물로는 박테리아인 *Lactobacillus*, *Pediococcus*, *Micrococcus*, *Staphylococcus* 그리고 효모인 *Debaryomyces*, 곰팡이인 *Penicillium* 등이 있다. 유산균인 *Lactobacillus*(이하 L.로 표시)와 *Pediococcus*(이하 *P.*로 표시)는 첨가된 당류를 분해하여 유산을 생성시킨다. 이 유산은 소시지의 pH를 저하시켜 발효 건조 소시지의 조직을 단단하게 하고 발색과 향미를 증진시키며 부패 미생물의 증식을 억제시키는데, *L. plantarum*, *L. sake*, *L. curvatus*, *P. acidilactici*, *P. pentosaceus* 등이 스타터 컬쳐로 이용되고 있으며, 일반적으로 소시지 1g 당 10^6～10^7 정도 접종시킨다.

*Micrococcus*와 *Staphylococcus*는 유산 생성을 목적으로 접종하는 것이 아니라 질산염을

아질산염으로 환원시키는 기능을 가지고 있어 염지 색상과 향미를 증진시키는 역할을 하며, 주로 유럽에서 생산되는 장기 숙성 발효 건조 소시지에 유산균과 함께 첨가되며 역시 소시지 1g 당 10^6~10^7 정도 접종시킨다. 이 미생물의 종류로는 *Micrococcus varians*와 *Staphylococcus carnosus*, *Staphylococcus xylosus*가 있다. 효모인 *Debaryomyces hanseii*도 역시 발효 건조 소시지의 색상과 향미 증진을 위하여 starter culture로 이용된다.

저온에서 장기간 자연발효 및 숙성시키는 이탈리아 살라미나 헝가리 살라미 등 발효 건조 소시지는 표면이 곰팡이로 덮여있다. 소시지 표면에 도포된 곰팡이는 소시지 내부의 수분이 외부로 급격히 발산되는 것을 억제시킴으로써 건조 속도를 조절하여 균일한 제품이 생산될 수 있도록 하며 산소나 빛으로부터 표면을 보호하고 저장성을 증진시키며 독성을 생성하는 곰팡이가 증식하는 것을 억제시킨다. 발효 건조 소시지의 스타터 컬쳐로 이용되는 곰팡이로는 *Penicillium nalgiovensis*가 있으며, 물 1 ml 당 10^6 정도의 곰팡이 포자가 존재하도록 제조하여 소시지 표면에 분무하거나 소시지를 용액 속에 침지시켜 숙성시킨다. 이 곰팡이는 증식하면서 건조 소시지의 표면을 흰색으로 덮어 전형적인 곰팡이 발효소시지의 외관을 형성하고 독특한 풍미를 생성시킨다.

(5) 발효 건조 소시지의 제조공정

1) 세절 및 혼합(Cutting and Mixing)

발효 건조 소시지의 기본적인 배합비는 우육 30%, 돈육 40%, 돈지방 30%로서 제조공정은 원료육의 세절, 혼합, 충전, 숙성 및 건조 과정으로 나뉜다. 원료육의 세절 및 혼합공정은 주로 싸이런트 커터에서 이루어지는데 세절 중에 발생되는 열에 의해 지방이 녹는 것을 방지하고 원료육과 지방의 입자 상태를 균일하게하기 위하여 원료육은 $5cm^3$ 크기의 블록으로 등지방은 3 × 5 cm^2 넓이로 미리 절단하여 동결고에서 하룻밤 동결시킨 후 동결상태에서 그대로 세절 시킨다. 즉 그림 15-7에서 보는 바와 같이 미리 동결시킨 우육을 싸이런트 커터에 넣고 일정 크기까지 세절 시키고 이어서 동결지방을 넣고 다시 입자를 일정 크기로 세절시킨 후 소금과 발색제를 제외한 당류 및 향신료와 염지 보조제, 스타터 컬쳐, GdL 등을 첨가시키고 역시 미리 동결된 돈육을 넣고 세절시킨다. 이후 세절공정 마지막 단계에서 3 mm 크기로 초핑한 냉장육을 넣고 여기에 소금과 질산염 또는 아질산염을 첨가시키고 몇 회전 세절 및 혼합시켜 마무리한다. 이때 세절 및 혼합공정이 완료된 육의 온도는 2℃ 이하를 유지하도록 한다. 이렇게 마지막 단계에서 냉장육이 소금과 함께 첨가되는 이유는 소금이 첨가되는 즉시 육의 결착이 이루어지게 하고, 초기숙성 및 발효 때 미생물 성장과 건조를 촉진시키기 위함이다.

또한 가열 소시지를 제조할 때에는 소금이 세절공정 첫 단계에 첨가되나 발효 건조 소

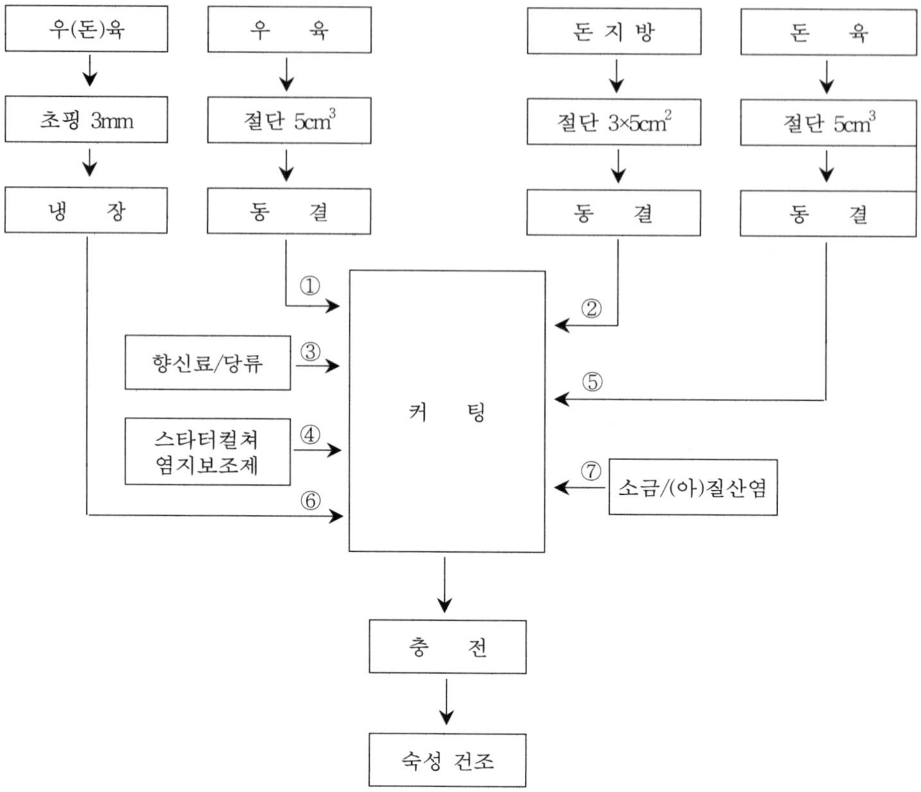

그림 15-7. 발효 건조 소시지의 제조공정

시지를 제조할 때에는 세절공정 마지막 단계에서 소금이 첨가되는데, 소금이 세절공정 첫 단계에 첨가되면 초기세절 중 이미 염용성 육단백질이 추출되면서 육의 결착이 높아지고 따라서 급격히 육의 온도가 상승될 수 있으며, 지방이 입자 상태로 존재하지 않고 녹으면서 충전될 때 스미어 현상이 발생되고, 이에 따라 숙성 및 건조과정을 저해시켜 불량 제품이 제조될 수 있기 때문이다.

이러한 세절 순서는 제조하고자 하는 제품의 입자 크기나 종류에 따라 다소 변경될 수 있으며 세르베랏(Cervelat)이나 슈락부어스트(Schlackwurst)처럼 육과 지방입자가 거의 보이지 않도록 곱게 세절시킨 제품을 제외하고는 싸이런트 커터를 사용하지 않고 초퍼와 믹서에서 세절 및 혼합공정이 이루어질 수도 있다. 즉, 일부 원료육은 2 mm 크기로 초핑시키고 나머지 원료육과 지방은 소금 및 향신료, 기타 첨가물들과 함께 초핑 전 미리 잘 혼합시킨 후 6 mm 홀 플레이트(hole plate)를 이용하여 초핑한다. 이후 미리 2 mm로 초핑시킨 육과 함께 혼합기에서 혼합시키는데 이탈리아나 프랑스에서 생산되는 육 입자가 큰 살라미들이 이러한 세절공정을 거쳐 제조되기도 한다.

2) 충　　전(Stuffing)

세절 및 혼합공정 후 소시지육은 케이싱에 충전되는데 소시지 내에 기포가 형성되지 않도록 충전육을 공 모양으로 잘 뭉쳐서 충전기에 꼭꼭 눌러 담거나 진공 충전기를 이용한다. 만약 소시지 내에 기포가 존재하면 숙성 및 건조 중 기포는 더 커지게 되고, 또한 기포 속에 존재하는 산소는 호기성 미생물의 증식을 도와주어 제품을 부패시키고 풍미와 보존성을 저하시키며 기포 주변의 발색도 불량하게 된다. 충전할 때 지방의 스미어 현상을 방지하기 위하여 충전육의 온도는 5℃ 이하를 유지하여야 하며 충전 노즐도 압력과 마찰을 줄이기 위하여 다소 큰 것을 사용하는 것이 좋다. 충전 케이싱으로는 천연 케이싱과 인조 케이싱이 다 이용되는데, 건조를 위하여 수분과 공기 투과성이 좋아야 한다.

가. 천연 케이싱

천연 케이싱은 지방과 점막이 잘 제거된 것을 사용하여야 하며 미생물에 의하여 부패되지 않도록 소금에 절여서 냉장 보관시켜야 한다. 따라서 천연 케이싱을 사용할 때에는 사용 전에 물에 담가 염분을 제거시켜야 하며 또한 물을 잘 짜낸 후 사용하여야 한다. 천연 케이싱으로는 주로 돼지의 소장과 맹장, 결장, 직장, 양의 소장과 결장, 직장, 말의 소장 등이 이용되는데 제품의 크기 특성에 따라 이에 적합한 천연 케이싱을 사용한다.

나. 인조 케이싱

인조 케이싱으로는 콜라겐 케이싱이나 통기성 화이브러스 케이싱, 실크나 면 섬유조직 케이싱이 이용된다. 인조 케이싱도 신축성을 부여하기 위하여 사용 전에 물에 담갔다 꺼내어 물을 짜낸 후 사용한다. 신축성이 떨어지는 케이싱을 사용할 경우에는 숙성 및 건조과정 중 소시지육이 케이싱으로부터 분리될 수 있어 외관 품질이 떨어지고 저장성도 저하된다. 따라서 케이싱이 소시지육에 밀착되어 건조과정 중 표면이 같이 수축되어야 하며 표면 주름 발생이 억제되어야 한다. 또한 직경이 큰 소시지는 건조가 불균일하게 일어날 수 있으므로 자연 숙성할 때에는 직경이 70 ㎜ 이하인 케이싱을 사용하는 것이 좋다.

다. 숙성 및 건조(Ripening and Drying)

발효 건조 소시지 숙성의 목적은 높은 pH와 높은 수분활성도 및 열처리되지 않아 쉽게 부패될 수 있는 소시지육을 숙성, 발효 및 건조 과정을 통하여서 pH를 저하시키고 수분활성도를 저하시켜 보존성을 증진시키며, 조직을 단단하게 하고 발색 및 풍미를 증진시키기 위함이다. 즉, 숙성 중 당류나 GdL은 스타터 컬쳐나 자체 미생물에 의하여 분해되어 산으로 변하여 발효 건조 소시지의 pH를 저하시키고, 이에 따라 부패미생물의 증식을 억제시키며, pH의 저하는 육의 보수력을 떨어뜨려 건조를 용이하게 하고 조직을 단단하게 한다. 또한 상대습도를 단계적으로 낮추어서 소시지를 건조시켜 수분활성도를 저하시키고 부패미생물의 증식을 억제시킨다.

소금은 염용성 육단백질을 용출시키고 낮아진 pH에 의하여 이 염용성 육단백질은 육과 지방입자 사이에서 응고되면서 조직을 단단하게 한다. 스타터 컬쳐나 자체 미생물들은 당류로부터 산을 생성하고 단백질과 지방을 분해하여 풍미를 증진시키고 스타터 컬쳐의 증식에 의하여 역시 부패미생물의 증식을 억제시킨다. 이러한 숙성 및 건조과정은 숙성실의 온도 및 상대습도, 공기의 흐름에 따라 영향을 받는데 제품의 종류에 따라 숙성실의 조건을 조절하여야 한다. 숙성방법에는 자연 숙성법과 인공 숙성법이 있다.

① 자연 숙성 : 이탈리아나 헝가리에서 생산되는 곰팡이 발효 살라미들이 전통적으로 자연 숙성시켜 제조된 제품들이다. 자연 숙성을 시킬 때 숙성온도는 12~14℃, 상대습도는 80%가 적당한데, 옛날에는 숙성실의 온도나 습도, 공기의 흐름을 조절하여 주는 자동조절장치가 없어 발효 건조 소시지의 숙성은 날씨나 계절 등 주변 환경조건에 따라 영향을 받을 수밖에 없었다. 따라서 온도가 낮은 계절인 10월부터 3월까지 발효 건조 소시지가 주로 생산되었으며 숙성기간이 길어져 완만 숙성이 이루어졌다. 또한, 자연 숙성을 하면 외부 조건에 영향을 많이 받아 제품 간에 품질편차가 많이 발생할 수 있으므로 가능한 한 원료육이 부패미생물에 오염되지 않도록 주의를 기울여야 하고 기후 변화에 따른 품질편차를 줄이기 위해 제조경험이 아주 중요하다. 즉, 숙성실에 커다란 물통을 넣어두거나 통풍 문을 만들어 숙성실의 온도나 습도, 공기의 흐름을 어느 정도 조절하기도 한다.

② 인공 숙성 : 인공 숙성은 숙성실의 온도나 상대습도, 공기의 흐름을 자동으로 조절하여 줄 수 있는 장치를 설치하고 이곳에서 숙성 및 건조시키는 것으로 날씨나 계절에 영향을 받지 않으므로 1년 내내 균일한 품질의 발효 건조 소시지를 생산할 수 있으며 급속 숙성 또는 완만 숙성 등 자유자재로 숙성기간도 조절할 수 있다.

③ 급속 숙성 : 급속 숙성을 할 때 숙성실의 온도는 22~26℃가 적당하며 발색제로는 아질산염이 이용된다. 또한 pH를 빨리 저하시키기 위하여 스타터 컬쳐 외에 GdL이 사용되며 숙성과정 중 여러 단계에 걸쳐 상대습도를 95%에서 75%로 낮추어준다. 급속 숙성을 하면 대체로 10일 이내에 발효 건조 소시지가 제조된다. 4℃ 정도의 소시지육을 충전하여 20~25℃ 정도의 숙성실에 걸어두면 온도차에 의해 소시지 표면에 물이 맺히게 되는데 이것은 소시지 표면에 미생물의 증식을 용이하게 하여 부패를 일으킬 수 있으므로 충전 후에는 약 6시간 정도 건조 및 훈연을 가볍게 실시하는 것이 좋다. 그러나 제품 표면이 너무 급속도로 건조되면 제품 표면에 건조 링이 형성될 수 있으므로 단계적으로 상대습도를 낮추는 것이 좋다. 높은 온도에서 급속 숙성을 하면 단기간에 숙성이 이루어질 수 있으나 부패미생물의 증식도 가능하므로 이 부패미생물의 증식을 억제하기 위하여 스

타터 컬쳐나 GdL을 이용하여 pH를 빨리 저하시켜야 한다. 또한 발효 건조 소시지 숙성 중 유해한 곰팡이의 증식을 억제하기 위해 케이싱을 2.5%의 소르빈산칼륨 용액에 침지하거나 소시지 표면에 분무하기도 한다. 통풍이 불충분하여 건조가 너무 느리면 표면이 덜 건조되어 조직이 무르고 곰팡이가 발생할 수도 있다. 그러나 건조속도가 너무 빠르면 제품이 균일하게 건조 및 수축되지 않아 제품 표면에 과도한 주름이 발생할 수 있으므로 주의하여야 한다.

④ 완만 숙성 : 완만 숙성을 할 때에는 자연 숙성처럼 15℃ 이하의 비교적 낮은 온도에서 숙성이 이루어지는데 발색제로 아질산염 대신 질산염이 사용된다. 상대습도는 역시 95%에서 시작하여 숙성 중 여러 단계로 나누어 75~65%까지 저하되는데 급속 숙성을 할 때보다 단계별 저하속도가 완만하다. 완만 숙성법에 의하여 제조된 살라미가 급속 숙성법에 의하여 제조된 제품보다 풍미와 발색 등에서 우수하다. 또한 급속 숙성과 완만 숙성의 장단점을 보완하여 15~20℃의 온도에서 숙성이 이루어지기도 한다. 전통적인 살라미를 제조하고 있는 이탈리아나 프랑스에서는 다소 변형된 완만 숙성법이 이용되기도 한다. 예를 들어, 밀라노 살라미의 경우 처음 2일은 20~22℃의 온도와 70~80%의 상대습도 하에서 급속 건조시킨다. 이러한 방법은 훈연공정 없이도 표면에 스미어 현상이 일어나는 것을 방지할 수 있다. 이후 3~4일까지는 85% 상대습도를 유지하고 이후에는 15℃의 온도와 80%의 상대습도 하에서 숙성이 이루어지게 하는 것이다.

15.5.2 스프레다블(spreadable) 발효소시지의 제조

스프레다블 발효소시지는 고기를 세절 혼합하여 케이싱에 충전하고, 훈연과 함께 2~4일 정도 숙성 발효시킨 제품으로서 독일에는 메트부어스트(Mettwurst)와 테부어스트(Teewurst) 등 약 60여 종이 존재한다.

이 제품은 발효 건조 소시지와 마찬가지로 숙성 및 발효과정 중 발색이 진행되고 pH가 저하되나 건조과정을 거치지 않아 빵에 발라먹을 수 있는 부드러운 조직을 갖는데, 소금, pH의 저하, 훈연 등에 의하여 보존성 효과가 증진된다.

독일에서는 원료육의 콜라겐 함량과 지방 함량에 따라서 고급, 중급, 일반급 제품으로 구분한다. 스프레다블 발효소시지는 제품의 특성상 지방 함량이 가열 소시지 제품보다 높은데, 품질 등급에 따라서 25%에서 50%까지 다양하며 원료육과 지방의 세절 정도에 따라서 유화형과 입자형 제품으로 구분한다.

(1) 원료육의 선택

스프레다블 발효소시지도 발효 건조 소시지와 마찬가지로 육을 숙성 발효시키는 제품이라 원료육의 신선도 또는 미생물 오염도와 pH, 지방산패도에 따라 품질이 좌우된다. 따라서 도살이나 골발 및 원료육을 생산할 때 병원성 식중독 미생물뿐만 아니라 과산화수소나 가스를 발생하는 유산균들에 오염되지 않은 신선한 원료육을 사용하여야 한다. 또한 부패 미생물인 대장균군이나 포자 형성균의 성장 번식을 억제하고 발색을 양호하게 하기 위하여 소시지의 pH가 낮아야 하므로 pH가 5.8 이하의 원료육이 주로 사용된다. 원료로 사용되는 지방은 가급적 조직이 단단한 등지방이 좋으며 제조공정 또는 유통과정 중 지방 산패를 방지하기 위하여 오래 보관된 지방이나 산패된 지방은 피하고 항상 신선한 지방만을 원료로 사용하여야 한다.

(2) 스프레다블 발효소시지 제조공정

스프레다블 발효소시지는 원료육과 지방의 세절 정도에 따라서 두 가지 종류로 분류되는데, 고기나 지방입자가 보이지 않도록 싸이런트 커터에서 곱게 세절 및 혼합된 유화형 소시지와 고기와 지방입자가 보이도록 원료육과 지방을 초핑한 후 믹서에서 소금, 아질산염, 아스코르빈산염, 당류, 향신료 등과 함께 혼합하여 케이싱에 충전한 입자형 소시지가 있다. 또한 이 제품은 스프레드를 하여야하는 제품 특성상 지방 함량이 25%에서 50% 정도로 가열 소시지에 비해 높은 편인데 일반적으로 테부어스트(Teewurst)는 지방 함량이 낮게 구성되어 있으며 메트부어스트(Mettwurst)는 지방 함량이 40～50% 정도로 높은 편이다. 이외에도 각 지방마다 고유의 제품이 존재하는데, 따라서 브라운슈바이거(Braunschweiger), 괴팅거(Göttinger), 베를리너(Berliner), 뤼겐발더(Rügenwalder) 등 그 지방의 이름을 딴 제품들이 있다.

1) 세　절(Chopping or Cutting)

충분히 냉각되지 않은 원료육을 세절시키면 근막이나 건과 같은 콜라겐이 제대로 세절되지 않아 최종 제품의 절단면에 콜라겐 조직들이 그대로 보이게 된다. 따라서 세절 전 원료육을 충분히 냉각시켜야 한다. 초퍼의 십자 나이프나 커터의 나이프가 날카롭지 못하고 무딜 경우 역시 콜라겐 조직이 세절되지 않아 최종 제품의 절단면에 그대로 보이게 된다. 또한 입자형 메트부어스트 생산을 위한 원료육을 초핑할 때 육 온도가 높을 경우 원료육이 제대로 세절되지 않아 최종 제품의 절단면에 육 입자와 지방입자가 서로 뭉그러져서 선명하지 않게 보인다.

유화형 스프레다블 발효소시지 생산을 위하여 커팅할 때에는 가열 소시지 커팅 때와는 반대로 소금에 의한 육단백질 추출이 덜 되도록 커팅공정 마지막 단계에서 소금이 첨가되어야만 한다. 또한 커팅할 때 육의 온도가 상승하게 되면 지방이 분리되어 발색불량 및 훈연반점이 발생할 수 있으므로 주의하여야 하고 공기가 많이 혼입되면 소시지 내부에 기포가 다량 발생할 수 있으며 이때 원료육이 미생물에 오염되었을 경우 소시지 내부에 녹색 반점이 발생하기도 한다.

2) 충 전(Stuffing)

세절 후 인조 케이싱에 소시지육을 충전할 때에는 케이싱과 육 사이가 벌어지지 않고 숙성 중 주름이 발생하는 것을 방지하기 위하여 충분한 양을 충전하여야 한다. 또한 케이싱 내에 공기가 들어 있으면 훈연 중 반점이 발생할 수 있으므로 공기를 제거하여야 한다. 그러나 유화형 메트부어스트를 충전할 때에는 훈연 숙성 중 케이싱이 수축되면서 터질 수 있으므로 약간 느슨하게 결찰을 하는 것이 좋다. 또한 충전 중 육의 온도가 높거나 노즐이 너무 작아 충전압이 높아지면 육의 온도가 올라가면서 스미어 현상이 발생될 수 있으며 이것은 제품의 외관 색상이나 절단면 색상에 나쁘게 영향을 미칠 수 있으므로 주의하여야 한다. 충전 노즐이나 육 이송 스크루(screw) 틈이 깨끗이 세척이 안되고 소독이 안될 경우 오염이 쉽게 되어 충전 중 소시지육을 오염시키면서 발색불량이 나타날 수 있으므로 작업 후에는 항상 깨끗이 세척하고 소독을 하여야 한다.

3) 발색, 숙성 및 훈연

충전 후 스프레다블 발효소시지의 외관은 고기를 소금 및 첨가물들과 함께 갈아서 케이싱에 충전한 것과 같다. 따라서 충전 후 소시지는 최소 2일 정도 발색 및 숙성과정을 거친 후 훈연시킨다. 발색 및 숙성 후 육의 pH는 5.5 이하로 저하되는데 숙성시 유산균과 *Micrococcus*균이 주로 증식되면서 숙성공정에 관여한다. 발색 및 숙성 중 온도는 최고 24℃를 넘지 않도록 해야 한다. 숙성온도가 너무 높을 경우 불필요한 미생물 증식이 양호해져 pH가 급속히 저하되면서 신맛이 더 강해지고 쏘는 듯한 맛도 발생한다. 또한 경우에 따라서 소시지 중심부가 발색이 안 되고 누런색으로 변색되거나 소시지가 변질될 수도 있다. 훈연은 발색완료 후에 진행시키는데 발색이 채 완료되기 전에 훈연될 경우 발색을 방해하여 소시지 가장자리가 검은 갈색으로 변색되기도 한다. 습도가 낮은 상태로 숙성 및 훈연될 경우에는 케이싱에 주름이 발생할 수 있고 소시지가 케이싱으로부터 분리될 수도 있다.

4) 보관숙성 및 포장

발색, 숙성 및 훈연 후에는 스프레다블 발효소시지는 2~3일 정도 더 보관숙성을 시켜야 하며 숙성실의 온도는 8~15℃, 습도는 70%가 적당하다. 온도가 너무 높을 경우에는 산패가 진행되고 습도가 낮을 경우에는 소시지가 건조되어 케이싱에 주름이 발생될 수 있고 조직이 단단해져 스프레다블 성질을 잃어버릴 수 있다. 또한 습도가 너무 높을 경우 소시지 표면에 곰팡이가 발생할 수 있어 외관이 떨어지게 된다. 숙성실의 조명은 너무 밝지 않게 하여 빛에 의한 지방 산패를 억제하여야 한다. 숙성이 완료된 후 제품은 포장되는데 포장실의 온도도 보관숙성실과 마찬가지로 15℃ 이하를 유지하도록 하여야 한다. 만약 온도편차로 제품표면에 습기가 맺힌 상태에서 포장하게 될 경우 제품이 변질될 수 있고 스미어 현상이 발생할 수도 있다. 스프레다블 발효소시지를 진공포장 할 경우 맛이 더 시어지고 스미어 현상이 발생될 수 있으므로 통기성 필름으로 포장하는 것이 좋다.

16. 닭고기 가공

- 김 안 규 -

닭은 사용목적에 따라 산란계와 육계(broiler)로 구분할 수 있다. 이 중 육계는 고기를 목적으로 사육되기 때문에 사육환경 등의 측면에서 산란계와 여러 가지 차이를 보인다. 여기에서는 가공과정이 닭고기(鷄肉)를 중심으로 이루어지는 점에 주안점을 두고 육계의 도계 및 가공공정에 관한 전반사항을 살펴보기로 하겠다.

16.1 도계공정

도계는 살아있는 닭을 농가에서 도계장으로 운반하여 처리하는 과정이며 생계의 취급, 운송의 조건, 도계 전의 취급방법 등은 닭고기의 품질에 영향을 준다.

(1) 생계의 취급

생계의 취급은 살아있는 닭을 계사(鷄舍)에서 가공공장까지 운반하는 과정으로 사계율(死鷄率)과 무게감량 그리고 제품품질을 좌우하는 상처나 멍을 최소화하기 위한 주의가 필요하다.

출하전 생계의 관리 및 상차시 주의사항을 들면 다음과 같다.

① 절식은 도계 10시간 전에 실시한다.

② 출하는 작업의 용이성을 위해 어두운 조명하에서 실시한다.

③ 생계를 닭장에 옮겨 실을 때는 던지거나 거칠게 취급하지 않도록 하고 닭이 과밀하게 적재되지 않도록 주의한다. 일반적으로 닭 케이지(case) 1칸당 적재 수는 여름 20수, 겨울 30수, 봄・가을 25수를 기준으로 한다.

⑵ 계　　류

닭은 농장에서 공장으로 운반되는 과정에서 환경의 변화와 피로의 누적으로 인해 스트레스를 받게 된다. 닭에 가해진 스트레스는 사계(死鷄) 발생의 원인이 되고, 최종 도체의 품질에 영향을 주므로 운반된 닭은 도계 전 일정시간 안정을 취할 수 있도록 계류시킨다. 계류(繫留, receiving and holding)는 특히 혈액순환을 원활하게 하여 방혈을 잘되게 함으로써 보존성을 향상시킬 수 있다. 도계에 앞서 생계의 효과적인 계류의 조건과 계류방법을 보면 다음과 같다.

① 계류장은 기후에 관계없이 사용할 수 있는 전천후설비를 갖추어야 하고, 통풍이 원활해야 한다.
② 계류장의 위치는 주위 환경과 사용편리성을 고려하여 설치한다.
③ 환풍기는 짐칸 높이로 설치하여 온도를 효율적으로 낮추어 준다.
④ 계류시간은 절식시간과 운송거리에 따라 시간을 조절하되, 계류는 일반적으로 2～4시간 정도가 적당하며, 절식 후 8～12시간 후에 도계하되 순차적으로 진행하는 것이 좋다.

⑶ 도　　계

도계(屠鷄)는 살아있는 닭을 처리과정을 거쳐 먹기에 적당한 상태 또는 가공하기 쉬운 상태로 바꾸는 과정으로, 계류를 거쳐 충분한 안정을 시킨 닭을 도계라인에 투입하여 샤클에 걸고 기절시키고 방혈 및 탈모과정을 거친 후 닭의 내장을 제거하고 도체검사 및 냉각을 통해 위생적인 상태의 규격품으로 생산한다. 최신 설비를 갖춘 도계장에서는 자동 도계라인을 통해 이루어져 작업성이나 위생적인 면에서 효율적이고 안전한 닭고기를 생산할 수 있다고 볼 수 있으며, 도계라인을 통해 이루어지는 일반적인 가공공정의 흐름은 그림 16-1과 같다.

1) 생계걸기

도계를 수행하기 위해 닭을 샤클에 걸어 다음 공정을 원활히 수행할 수 있도록 하는 공정(hanging)으로 취급방법에 따라서는 최종 도체의 품질에 영향을 준다.

① 계류를 마친 닭을 도계라인에 투입할 때 골절되거나 상처가 나지 않도록 한다.
② 생계를 거는 작업장은 분진제거장치를 하고 닭이 흥분하는 것을 방지하기 위해 조명은 파란색이나 빨간색 불빛이 좋다.
③ 생계를 샤클에 걸 때는 다리를 잡고 등이 보이도록 샤클에 발을 걸어준다. 생계의

다리 양쪽을 잡고 생계의 발이 위로, 등이 작업자의 가슴 쪽으로 향하도록 샤클에 건다.

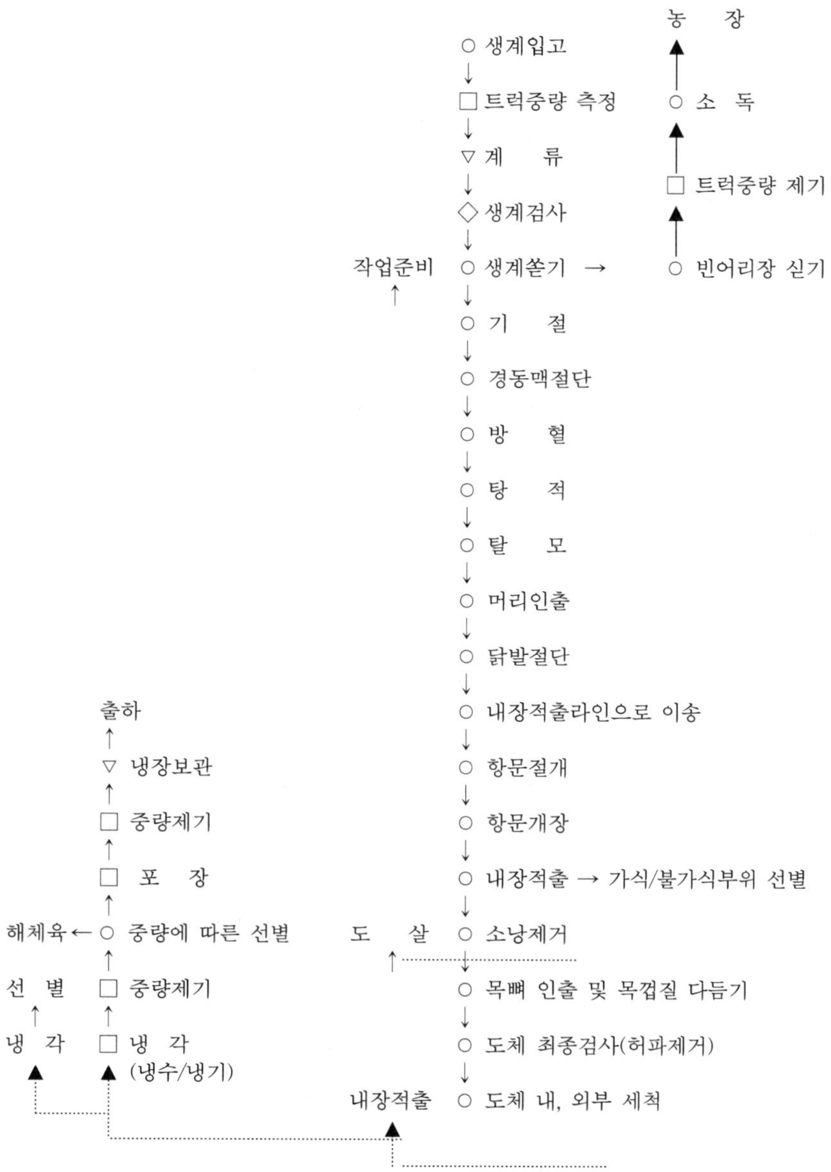

그림 16-1. 도계공정

2) 기　　절

기절(stunning)은 만족스러운 방혈과 닭털이 잘 뽑히도록 전류가 흐르는 물속을 통과시키는 것이다.

가. 실신시키는 방법

① 실신은 기절기(실신기)에서 실시하며 기절기는 닭이 실신할 수 있도록 적정한 온도의 물과 전류가 흘러야 한다.

② 기절기는 침수식으로 교류 60~110 V의 전압이 이용된다. 침수식 기절기는 1차 전극이 잠겨있는 욕조에 닭의 머리가 잠기고, 2차 전극은 샤클과 접촉하여 도체 전신에 전류가 통하게 되는데, 닭발부위에 물을 분무해주면 효과를 높일 수 있다.

③ 기절과정에서 처진 날개는 경동맥 절단기에 의해 절단되어 파계발생의 원인이 될 수 있다.

나. 경동맥 절단

① 도살기(killer)에서 목의 한쪽 부분을 절단하여 경동맥을 절단한다.

② 닭이 계속적으로 호흡하고 알맞은 방혈을 촉진하기 위해서는 기관의 절단은 피해야 한다.

3) 방 혈

방혈(bleeding)은 혈액이 체내에 많이 남게되면 체내 미생물의 성장이 촉진되고 육색이 암적색으로 되어 육질이 저하되는 것을 방지하기 위해 필요한 과정이다.

① 방혈은 경동맥이 절단된 닭이 샤클에 거꾸로 매달린 채 방혈라인을 통과하면서 이루어진다.

② 방혈에 소용되는 시간은 2분 30초 정도이며 겨울에는 방혈시간을 5~10초 연장한다.

③ 방혈라인을 통과한 닭은 더 이상 호흡을 하지 않아야 한다. 닭이 살아있는 상태로 탕침기에 들어가게 되면 폐에 탕침수가 흡입되어 도체를 오염시키게 된다.

④ 방혈이 완전히 이루어지지 않을 경우 피부가 붉은 색을 띠므로 올바른 방혈은 중요하다.

4) 탕 침

탕침(scalding)은 닭털 모근이 이완되고 닭털의 비중과 마찰면적이 증가하여 털뽑기를 용이하게 하기 위해 필요한 과정이다.

① 탕침은 방혈이 끝난 닭이 샤클에 걸린 상태로 탕침기의 탕침수조를 통과하면서 이루어진다.

② 탕침기의 물은 오염을 줄이기 위하여 닭 1마리당 0.95ℓ의 물이 넘치도록 하는 것이 권장된다.

③ 탕침방법은 저온탕침과 고온탕침으로 구분하며, 저온탕침은 모공이 살아있는 신선

육에 적합한 방법으로 52~54℃의 탕침온도에서 3분 30초~4분간 실시한다.

④ 고온탕침은 60℃ 부근의 탕침온도에서 2분 30초 정도 실시하며, 표피의 각질층을 제거해주어 가공용 제품에 적합한 방법이다.

⑤ 탕침기는 미생물이 서식하기 쉬운 장소이므로 작업이 끝나면 열수를 제거하고 청소를 철저히 해준다.

5) 탈 모

탈모(picking)는 탕침기를 거친 도체를 탈모기(picking machine)를 통과하면서 털을 제거하는 과정으로 닭고기의 외형적인 품질에 영향을 미친다.

① 탈모는 드럼(drum)으로 구성된 탈모기를 샤클에 매달린 도체가 통과하면서 실행된다.

② 탈모기는 표면이 부드러우면서 짧고 단단한 고무손가락(rubber)이 달린 여러 개의 연속적인 드럼으로 구성되어 있으며, 고무손가락의 회전에 의해 탈모가 이루어진다.

③ 탈모기를 통과한 도체는 솜털(pin feathers)처리, 그을리기(singeing), 세척과정을 거친다.

6) 머리제거

머리제거(head pulling)는 두개골 아래쪽의 목뼈를 분리시키거나 목 표피를 자르는 회전칼과 목뼈를 분리하는 로울러에 의해서 제거하는 방법이 있다.

① 머리제거는 목 표피를 자르는 회전칼과 목뼈를 분리하는 로울러에 의해서 제거할 경우 약간의 목 표피를 이용할 수 있으므로 가공수율을 증가시킬 수 있다.

② 도체의 날개가 처져 머리제거기에 의해 절단될 수 있으므로 도체의 크기에 따라 머리제거기의 위치를 조절한다.

7) 발목절단

발목절단(hock cutting)은 발목을 잘라 제거하는 공정이며, 내장적출 장소로의 이송이 연속적으로 이루어진다.

① 발목절단 방법은 무릎 관절에서 다리를 자르는 방법과 회전하는 칼날에 의해 무릎 관절을 절단하는 방법이 있다.

② 절단된 닭발은 샤클에 의해 잠깐 이송된 후 별도 분리되어 채취된다.

8) 항문절개 및 개장

내장적출 라인의 첫 번째 단계로 내장적출을 용이하게 하기 위해 기계적 작동으로 항문주위에 구멍을 내고 일정부분을 절개한다.

① 항문절개(vent cutting)는 회전칼날에 의해서 이루어지는데, 중심 핀이 항문으로 들어가 중심을 잡은 뒤 칼이 원을 그리며 항문을 절개하는 방법으로 실행된다.

② 개장(vent opening)은 항문절개기에 의해 만들어진 구멍을 항문에서 흉골 하단까지 절개하여 개장이 이루어지게 한다.

③ 개장시 절개의 깊이는 20±2 mm 정도이며, 내장이 파열되지 않도록 칼날의 위치와 각도를 조절한다.

9) 내장적출

내장적출(eviscerating)은 개장된 복강을 통하여 손 또는 기계적으로 내장을 꺼내는 작업과정이다.

① 손에 의한 내장적출 방법은 식지와 가운데 손가락으로 선위(腺胃)를 지나 근위와 사낭을 단단하게 잡으면서 손을 틀어서 꺼낸다.

② 기계적 방법에 의한 내장적출 방법은 손가락형태의 스푼이 흉골 안쪽으로 내려가 복강 최하단에 도달하면 이 스푼의 끝을 90도로 돌리면서 적출한다.

③ 내장적출대에 적출된 내장은 가식부위(근위, 염통, 간 등)를 따로 분리하고 불가식부위는 내장적출 홈통으로 떨어져 폐기물 가열-건조-분쇄공정(랜더링, rendering)으로 이송된다. 미국의 경우는 도체검사를 통과한 뒤 가식부위를 채취한다.

랜더링 공정은 폐기 부산물을 처리하여 단미사료로 유용하게 활용할 수 있고, 폐수와 함께 유입되는 혈액의 양을 줄여 폐수처리를 효율적으로 할 수 있어 경제성을 높일 수 있다. 도계과정에서 생성되는 털, 혈액, 내장, 머리 등은 파이프를 통해 폐기물 가열-건조-분쇄-공정(랜더링)으로 이송되고, 털과 혈액은 우모분 제조에, 내장과 사계 등은 육분제조의 원료로 이용된다.

10) 소낭제거

기계적 작동에 의하거나 손에 의해 소낭을 제거(cropping)한다. 농가에서 출하시 사료를 많이 먹어 소화가 되지 않고 뭉쳐 있을 경우 소낭 제거시 터져서 오염시키거나 그대로 남아있게 된다.

11) 도체 최종검사

복강 내에 잔류하는 내장이나 허파 등은 도체의 신선도에 영향을 주므로 완전히 제거한다. 진공상태로 도체로부터 복강 내의 허파와 그 외 이 물질을 제거하는데, 기계적으로 내장을 제거하면 90%까지 허파가 제거된다.

12) 도체 내·외부 세척

내장적출의 마지막 단계로 도체 안쪽과 바깥쪽에 묻어 있는 혈액, 막이나 내장 찌꺼기와 같은 이물질을 제거한다.

13) 냉 각

도체의 냉각 방법은 크게 물 냉각(water chilling)과 공기분사 냉각(air spray chilling)으로 구분되며 일반적으로 물 냉각법이 많이 사용된다.

① 물에 의한 냉각은 탱크에 냉각수(10~18.3℃)가 지속적으로 유입되어 넘쳐흐르고, 스크류에 의해 도체가 서서히 전진하면서 냉각되는 방식으로 전처리 냉각과 최종 냉각의 2단계로 구분하여 실시한다.

② 최종 냉각기를 통과한 도체온도는 2.2~4.4℃이며, 냉각기를 통과한 도체는 사람에 의해 건조라인 컨베이어에 한쪽 다리가 걸려져 중량선별 라인이나 부분육 라인으로 이송된다.

③ 공기분사에 의한 냉각방법은 2℃ 이하의 공기가 분사되는 냉각실에 컨베이어에 한쪽 다리가 걸린 도체가 지나가면서 냉각이 이루어지는 방식으로 주로 유럽에서 실행되는 방식이며, 국내에서도 일부 도계장에서 사용되고 있다.

④ 공기분사냉각은 물에 의한 냉각에서 발생할 수 있는 미생물의 오염을 최소화 할 수 있다는 강점이 있으나 수분의 흡수율이 낮아 수율이 떨어지는 단점이 있다.

⑤ 도체의 냉각에 소요되는 시간은 도계 후 1시간 이내이며 5℃ 이하(미국은 40°F)로 관리한다.

14) 중량 구분

냉각을 거친 도체는 컨베이어를 통해 중량 계량실(weighing line)에서 컴퓨터로 개체중량이 관리된다.

① 도체가 중량 계량실에 도달되면 컴퓨터에 의해 개체중량이 관리되어 인위적으로 분류된 사용용도에 따라 해당 닭 받이(bin)에 떨어지거나 부분육 라인으로 이송된다.

② 구분되는 그룹별 중량편차는 일반적으로 100 g이며 필요에 따라 프로그램의 입력은 가감할 수 있다.

③ 통닭의 포장규격은 용도에 따라 다양하며 플라스틱 상자에 10수, 20수, 30수씩 담아 공급하거나 비닐봉투에 개별 포장하여 유통한다.

④ 신선육으로 유통되는 기준온도는 −2~0℃이며, 10일간 유통이 가능하다.

16.2 부분육 가공

닭은 통닭 형태로의 이용성이 갈수록 줄어들고 부분육과 2차 가공품의 상품화 방향은 부가가치 창출 및 편의성과 위생적인 측면에서 증가하고 있어 바람직한 현상이라 볼 수 있다.

표 16-1. 닭고기 형태별 판매현황

(단위 : %)

종 류 \ 연 도	1996	1997	1998	1999
통닭(생육)	85	80	70	63
부 분 육	12	15	20	25
가 공 품	3	5	10	12

자료 : 양계협회

(1) 부분육의 구성

부분육은 작업방법에 따라 절단육과 골발육으로 구분할 수 있으며, 절단육은 일반적으로 가공시 편의성을 위해 절단하고, 골발육은 가공 및 소비용으로 이루어진다고 볼 수 있다. 골발육은 북채(drumstick), 날개를 포함하여 생계로부터 얻을 수 있는 정육수율이 32%, 닭고기로부터 얻을 수 있는 정육수율이 53% 수준이다. 도체의 크기에 따라 비율의 편차는 있지만 세부적으로 도체를 기준하여 안심을 포함한 가슴육(breast meat)은 전체의 17%, 넓적다리 정육은 14%, 북채가 15%, 날개가 10.5% 수준이다.

1) 닭고기의 부위별 특성

닭고기는 각각의 부위에 따라 단백질 및 지방의 조성비율이 달라 원료의 차이를 느낄 수 있으며 부위별 원료특성은 다음과 같다.

① 가슴육 : 껍질이 없는 상태에서 지방이 1.2% 수준이며, 단백질 함량은 높아 맛이 담백하고 근원섬유로만 되어 있어 닭고기 중에서 대표적인 백색육이다. 또한 열량이 낮아 다이어트 또는 육체미 운동을 하는 사람에게 좋다.

② 다리정육(thigh meat) : 운동을 많이 하는 부위로 탄력이 있고 근육의 색이 짙다. 지방과 단백질이 조화를 이루어 부드럽고 쫄깃하며 활동성이 많은 청소년기에 좋은 특성을 준다.

③ 북채 : 국내에서 가장 선호되는 부위로 육질이 단단하고 쫄깃하다.

④ 날개 : 지방 함량이 다른 부위에 비해 높고 살이 적은 것이 특징이며, 피부 노화를 방지하고 피부를 윤택하게 해주는 콜라겐 성분이 다량 함유되어 젊은 여성에게 특히 좋다.

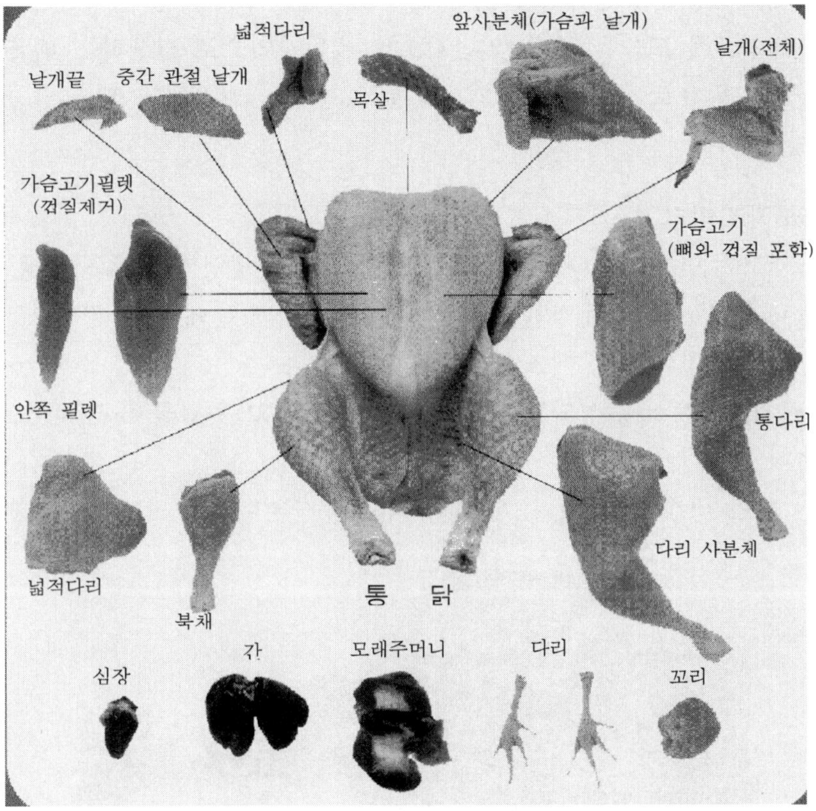

그림 16-2. 닭고기의 부위별 명칭

2) 부분육의 제품현황

부분육은 기계적인 방법과 사람의 손에 의한 작업방법으로 생산될 수 있으며 일반적으로 생산제품은 절단육과 북채, 가슴살, 통다리, 다리정육, 안심, 넓적다리, 통날개, 부위별 날개(봉, 미들), 도리탕용 제품 등이다. 포장방법으로는 흰 트레이에 랩을 씌워 스티커를 붙이는 공정으로 이루어지고 있으나 좀 더 안전성과 제품성을 고려한 포장방법으로, 고급재질의 노란 트레이에 제품을 넣고 보존성 향상, 세균증식 억제를 위해 적층 필림을 사용하고, 질소 또는 탄산가스를 주입하여 포장하는 방법으로 실행되고 있다. 부분육이 시장에서의 점유율이 증가 추세에 있지만 안정적으로 정착하기 위해서는 제품을 생산하는 공장에서는 위생적인 생산공정관리를 비롯하여 위생적인 포장기법 등을 채용하여 보다 유용성이 있는 제품생산에 유의해야 할 것이다.

(2) 부산물의 활용

부분육은 제조과정에서 잔육이 붙어 있는 뼈를 구분하고 이를 처리하는 방법에 따라 경제적인 원료수급에 도움을 준다. 일반적으로 골발작업으로 발생하는 뼈 또는 일부의 통닭은 추출물의 원료로 사용하거나 기계골발 닭고기(mechanically deboned chicken meat, MDCM)로 활용된다.

1) MDCM의 제조방법

기계골발 닭고기는 통닭을 활용하거나 골발과정에서 생성되는 뼈(닭등뼈, 닭목, 닭갈비뼈와 같은 잔여부분)를 기계적인 압착방법에 의해 곱게 분쇄된 육 형태로 채육하여 만들어지는데, 골발뼈를 이용한 제조방법은 다음과 같다.

① 골발 작업과정에서 생성되는 뼈는 지방을 제거하고 원료를 일정 비율로 혼합하여 사용한다.

② 수집된 뼈는 냉장창고(−1∼2℃)에서 뼈의 중심온도가 2∼3℃될 때까지 냉각한다.

그림 16-3. 가금육 분리기

③ 냉각된 원료를 육회수장치(meat recovery system, MRS)에 넣어 채육한다. MRS에서의 채육과정은 원재료를 분쇄하고 고운 스크린이나 구멍이 뚫린 표면을 통과시킨다. 이때 기계적 전단압력이 작용하고, 이 힘에 의해 근섬유조직은 파괴되어 반죽 상태의 제품이 나오고 뼈 입자는 걸려서 남게 된다.

④ 채육된 육은 비닐주머니에 일정량씩 넣어 포장되며 제품의 품질을 개선하기 위해 채육된 MDCM에 일정량의 소금과 인산염을 넣고 예비혼합(preblending)을 하기도 한다.

⑤ 포장된 제품은 신선상태 또는 급속동결 과정을 거쳐 냉동된 블록 상태로 보관된 후 사용한다.

2) MDCM의 특성

MDCM의 조성은 원재료와 골발기계의 형태 그리고 가공공정에 따라 상당한 차이가 있는데, 색상은 선홍색을 띠고 지방은 20% 이하, 수분은 65~67% 수준으로 관리되며, 기계골발 닭고기의 지질 함량이 수작업 골발 닭고기보다 높은 것은 기계골발 가금육의 높은 지방 함량이 주로 골수와 껍질에 유래하기 때문이다.

① MDCM의 지질 안전성 : MDCM과 관계되는 가장 심각한 문제는 지방산화이다. 지방산화는 원료의 온도, 세포의 파괴와 기계골발작업 중 산소 유입증가 등에 기인한다.

② MDCM의 기능성 : MDCM은 반죽 상태이기 때문에 런천미트나 프랑크푸르터 소시지와 같은 유화 제품에 사용하는 것이 가장 알맞으며, 단백질 함량이 동일한 경우 MDCM의 유화력은 쇠고기보다 높고 돼지고기보다 낮다.

③ MDCM의 미생물 특성 : MDCM의 제조과정 중 분쇄공정에서 발생하는 열에 의해 미생물 성장이 촉진되므로 원재료의 질과 작업조건 그리고 환경 등은 제품의 미생물적 품질에 매우 중요하다.

16.3 닭고기 가공

닭고기의 가공이란 부가가치가 높고 간편한 조리에 의해 제품을 이용할 수 있도록 하는 과정을 말하며, 닭고기는 과거 통닭을 위주로 한 백숙과 삼계탕, 찜 등에 한정되어 이용되어 왔지만 70년대 후반부터 80년대 초반까지 전기구이가 등장하여 찜이나 삶은 닭 위주로 소비했던 국내 소비자들에게 기름을 뺀 바베큐 등의 색다른 맛으로 닭고기 소비를 증가시키는 한 요인이 되었다. 또한 닭가공품은 통닭의 소비형태가 계절적으로 편중되는 것에 비해 계절적인 소비 편중지수를 낮추어 주는 계기를 마련하였다.

(1) 가공원료육의 특성

닭고기는 저지방, 저칼로리, 저콜레스테롤, 고단백의 우수한 식품으로 대표적인 백색육(white muscle)으로 알려져 있어 선진국에서는 그 소비량이 다른 축육보다 훨씬 증가하고 있다.

1) 닭고기의 영양적 특성

① 닭고기는 다른 육류에 비해 고단백 저지방 식품으로 껍질을 제외한 닭의 가슴살, 넓적다리살, 다리살 등의 살코기의 단백질 함량은 22.9%이며 다른 부위도 17.6~19.7%의 높은 함량을 나타내고 있으며, 1.2~3.2%의 낮은 지방을 함유하고 있다.

② 닭고기는 다른 육류에 비해 저칼로리 식품이다. 껍질을 제외한 닭의 살코기는 100~110 kcal/100g 정도로 다른 육류에 비해 현저하게 낮다.

③ 닭고기는 다른 육류에 비해 필수지방산과 불포화지방산의 함량이 많다. 닭고기의 필수지방산은 16% 이상으로써 육류 중 가장 높으며, 필수지방산 중 특히 리놀레산 함량이 높다. 리놀레산은 프로스타글란딘의 전구 물질로 작용하여 혈액의 점도를 적절히 유지해 주기 때문에 인체내 생리활성 기능을 촉진시키는 역할을 한다.

④ 닭고기의 무기질과 콜레스테롤 함량은 부위별로 차이가 크다. 무기질 분석결과 다리살이 가슴살에 비해 철분과 아연의 함량이 많고, 가슴살에는 인과 칼륨이 많은 것으로 조사되었다.

2) 닭고기 가공 원료육의 특성

품질 좋은 닭고기 제품을 제조하기 위해서는 무엇보다 신선한 원료육이 확보되어야 한다. 생산된 원료육들이 올바른 가공과정을 거쳐 다양한 형태의 가공제품으로 전환되기 위해서는 몇 가지 요인들이 고려되어야 한다.

① 육색의 변화 : 고기의 육색소는 외부환경에 의해서 쉽게 변색될 수 있다. 변색을 방지하기 위해서는 표면 미생물의 오염방지가 중요하며 때에 따라서 아스코르브산의 첨가도 고려될 수 있다. 저장이나 가공을 위해서 닭고기를 냉동시킬 때는 급속동결하는 것이 뼈나 피부의 변색을 방지할 수 있다.

② 연도의 변화 : 적색육과는 달리 도살 직후 온도가 높으면 고온단축현상을 일으켜 고기가 질겨질 수 있다. 따라서 도계 후 가급적 빨리 도체를 급속냉각시키는 것이 연도 유지에 좋다.

③ 결착성 : 재구성육 제품이 원료로 사용되는 경우 특히 작은 고기덩어리로부터 염용성 단백질의 추출이 매우 중요하다. 닭고기는 적색육에 비해 근섬유가 섬세하며, 연질이므로 매우 쉽게 단백질이 추출될 수 있고, 그 외 혼합시 사용하는 마사지와 가공처리에도 시간이 단축될 수 있다.

④ 보수력 : 닭고기 가공제품은 높은 보수력을 유지하는 것이 생산 수율을 높일 수 있고 소비할 때에 다즙성이 풍부한 맛을 준다. 일반적으로 소금이나 인산염 등의 첨

가제를 이용하여 보수력을 향상시킬 수 있다.

⑤ 지방산패 : 닭고기는 적색육에 비해 지방 함량은 적으나 불포화지방산의 비율이 높으므로 지방산화에 의한 산패취가 문제될 수 있다. 장기간 냉동저장시 특히 문제가 될 수 있는데, 인산염의 이용과 산소가 통과하지 못하는 포장재료의 사용 등에 의해 산패취의 발생을 억제할 수 있다.

⑥ 표면 미생물 : 신선 상태로 유통되는 닭고기의 경우 저장성은 표면 미생물수에 크게 좌우된다. 도계과정의 미세한 오염도 저장기간을 감소시키고 동시에 변색을 일으킬 수 있는데, 이를 방지하기 위해 위생적인 도계과정이 필요하며, 외국에서는 세척수에 허용량 이내의 염소수나 유기산 등을 첨가 이용하고 있다.

⑵ 가공제품의 분류

닭을 이용한 가공품은 원료 및 제조방법에 따라 다양하나 크게 나눠 냉동제품과 냉장제품 그리고 상온제품으로 분류할 수 있다.

1) 냉동제품

냉동제품은 제조가공 또는 조리한 식품을 장기 보존할 목적으로 동결처리하여 식용 포장재에 넣어진 것으로써 －18℃ 이하의 냉동보관을 요하는 식품으로 정의되며, 고기를 일정한 크기로 갈거나 맛을 내는 양념을 혼합하여 정형화된 모양으로 만들어 튀기거나 굽는 방법으로 제조하여 급속동결한 성형 냉동제품과 뼈가 있는 고기나 덩어리고기를 일정한 형태로 잘라 양념한 후 튀김하거나 훈연 또는 굽는 방법으로 제조하여 급속동결한 비성형 냉동제품으로 분류하고 너겟류, 커틀릿류, 패티류, 프라이드 치킨류, 직화제품류 등이 냉동제품에 속한다.

2) 냉장제품

냉장제품은 제조가공 또는 조리한 식품을 보존할 목적으로 포장재에 넣어 살균처리하거나 냉장보관을 요하는 식품으로 정의되며, 냉장제품은 충분히 냉각시켜 －2～10℃의 온도에서 보관을 요하는 제품으로 햄, 소시지 외에도 훈제치킨, 바베큐치킨 등이 냉장제품에 속한다.

3) 상온제품

단층 플라스틱 필름이나 금속박 또는 이를 여러 층으로 접착하여 파우치와 기타 모양으로 성형한 용기에 제조, 가공한 카레류, 하이스류, 짜장류, 죽, 탕, 찌개, 전골, 수프, 육· 어육조리 가공품 등의 식품을 충전하고 밀봉하여 가열 가압살균 한 것으로, 직접 또는 간단한 조리방법으로 식용이 가능하며 보존성이 높고 휴대와 운반이 용이하도록 인스턴트화 한 것을 말하며, 상온온도의 기준은 15~25℃의 범위이고 닭가공제품 중에는 삼계탕과 캔제품 등이 상온제품에 속한다.

(3) 가공제품별 제조방법

1) 냉동제품

냉동제품은 도포하여 튀김을 요하는 튀김제품류와 그릴에서 제조되는 직화제품류로 분류할 수 있다. 튀김제품류는 육을 원하는 크기로 분쇄하여 혼합과 성형 또는 마리네이션 후 도포과정을 거쳐 튀김과 급속동결로 이어지는 공정이며, 직화제품도 튀김제품과 비슷한 과정을 거치나 육에 도포하는 과정이 없이 그릴에서 굽는 과정을 거치는 점이 튀김제품과 다르다.

* 성형 튀김제품 제조공정

원료 → 분쇄 → 혼합 → 성형 → 미분도포 → 액상도포 → 빵분 및 분말도포 → 튀김 → 자숙 → 냉각 → 급속동결 → 검사 → 포장 → 보관 및 유통

* 비성형 튀김제품 제조공정

원료 → 절단 → 마리네이션 → 자숙 → 냉각 → 미분도포 → 액상도포 → 빵분 및 분말도포 → 튀김 → 급속동결 → 검사 → 포장 → 보관 및 유통

* 성형 직화제품 제조공정

원료 → 분쇄 → 혼합 → 성형 → 1차 소스코팅 → 자숙 → 냉각 → 2차 소스코팅 → 그릴통과 → 급속동결 → 검사 → 포장 → 보관 및 유통

* 비성형 직화제품 제조공정

원료 → 절단 → 마리네이션 → 자숙 → 소스코팅 → 그릴통과 → 급속동결 → 검사 → 포장 → 보관 및 유통

가. 원 료 육

가공에 사용되는 원료는 신선육과 냉동육으로 구분할 수 있으며, 신선육은 다량의 수분을 함유하고 있어 변패하기 쉽고, 냉동육은 냉동저장 중의 변화 및 해동방법에 따라 영양손실이 나타날 수 있다. 따라서 신선육의 선도유지를 위해 청결하게 취급하고 저장 중 세심한 온도관리와 공기와의 접촉을 방지해야 하며, 냉동저장시에는 급속동결시킨 다음 －18℃ 이하로 온도를 관리해야 한다. 적절한 해동방법으로는 드립(drip)의 발생을 최소화 하고 균일한 해동을 위해 저온실에서 해동하는 방법이 바람직하고 마이크로파에 의한 해동방법도 생산성을 고려하여 추천될 수 있다.

나. 혼　　합

혼합(mixing)은 원료육을 일정한 크기로 분쇄한 후 부재료를 함께 골고루 섞어 주거나 결착성을 부여하기 위한 공정으로 혼합의 균일성을 위해 혼합기(mixer)에 투입하는 배합육의 양은 혼합기의 70% 수준을 유지하는 것이 바람직하다.

다. 마리네이션

마리네이션(marination)은 조리된 가금육 제품의 풍미와 다즙성을 증진시키기 위해 사용되는 기술로써 주입기를 통하여 마리네이드를 제품 내에 주입하거나 텀블러에 육과 피클액을 넣고 텀블링만 실행하는 방법 또는 주입과 텀블링을 함께 실행하는 방법 등으로 수행될 수 있으며, 텀블러를 이용할 때는 염지제의 흡수율을 높이고 최종 제품의 수율을 높여주기 위해 진공을 유지하는 것이 좋다. 마리네이션에 사용되는 마리네이드의 재료에는 여러 종류가 있을 수 있으나 일차적으로는 수용성이어야 하며 주입기에 사용되는 재료는 바늘구멍을 통과할 수 있을 정도의 미세한 상태의 것이어야 한다. 그리고 마리네이드의 주된 원료로는 풍미와 보수력을 위해 소금을 사용하고, 저장 중 품질수명 연장과 불쾌취(off flavor) 발생을 억제하기 위해 3중인산나트륨(sodium tripolyphosphate)을 사용하며 조리수율을 증진시키고 최종 제품의 관능적 성질을 향상시키기 위해 식용전분이나 분리대두단백이 사용되기도 한다. 그 밖에 설탕, 아질산염, 훈연액이 사용되기도 하며, 최종 제품의 산패억제를 위해 천연 항산화제로 로즈마리나 세이지(sage)와 같은 추출물이 첨가될 수도 있다.

라. 성　　형

성형(forming)은 제품의 형태 및 중량의 균일성을 기하고 공정을 용이하게 하기 위해 실시하며, 성형의 기본방법은 배합육을 투입구(hopper)에 투입하고 스크류의 미는 압력과 내려누르는 압력에 의해 성형판(mold plate)에 육을 채워 성형판의 전후진과 Knock out system에 의해 일정한 형태로 만들어지는 원리로 이루어진다. 성형은 제품의 기본틀을 유지해주므로 제품의 특성을 고려하여 적정한 압력과 횟수(stroke)의 조절이 필요하며, 성형에 적합하도록 배합육은 －2～3℃로 유지하는 것이 좋다.

마. 미분도포

미분도포(pre-dusting)는 육 표면의 수분을 흡수하여 육과 반죽(batter) 사이의 가교 역할을 하므로 점착을 증진시킬 목적으로 사용하고, 미분을 구성하는 재료는 밀가루, 고운 빵가루 또는 두 가지를 합친 고운 입자 등이며, 용도에 따라 대두단백이나 난백 등을 첨가하여 사용한다. 미분공정에 쓰이는 기계는 본인(bone in)제품과 같은 불규칙한 제품이나 whole muscle 제품의 도포를 균일하게 하는데 적합한 로타리(rotary) 또는 텀블(tumble)과 성형제품에 일반적으로 사용되는 평면(flat bad) 형태로 구분되며, 제품의 분류

에 따라 적합한 설비의 선정이 요구된다. 도포제품에 있어서 미분도포공정은 제품의 점

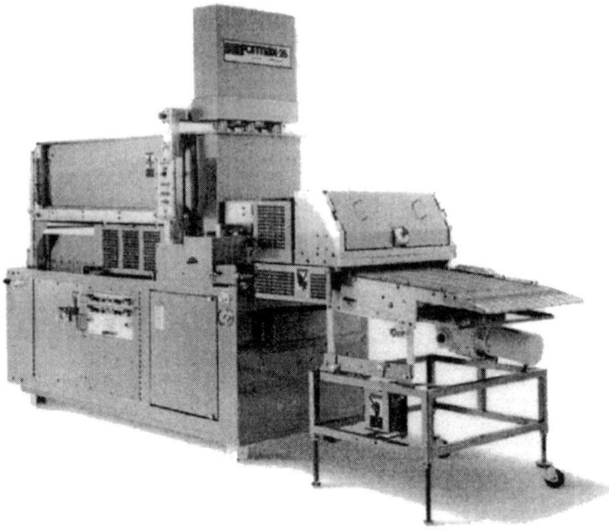

그림 16-4. 성형기(forming machine)

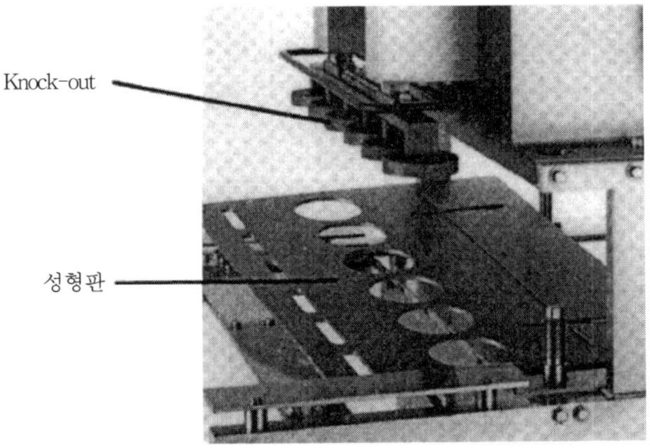

그림 16-5. 성형기의 성형판(forming machine mold plate)

착 및 최종 제품의 품질에 미치는 영향을 여러 면에서 고려하여야 한다. 즉 미분은 기본적으로 여분의 미분을 최소화 하고 균일하게 도포 되도록 하는 것이 바람직하므로 과도한 미분이 쌓여 액상도포를 저해하거나 불필요한 침투율(pick up)을 높이지 않는 것이 필요하며, 이를 위해 송풍기의 적절한 사용, 미분도포 전 육표면에 과도하게 묻어있는 수분의 제거, 지체시간(dwell time)의 조절 등이 중요한 요인이다.

바. 액상도포

액상도포(battering)는 물에 배터믹스를 넣어 액상을 만든 후 제품의 바깥쪽을 완전히

도포하거나 육 표면과 바깥층 사이에 결합층을 형성해 줄 목적으로 사용하고, 배터믹스를 구성하는 재료는 전체의 80~90%가 기본적인 기능성을 제공하는 밀가루와 전분, 쌀가루이며 그 외에 향신료, 소금, MSG, 검(gum), 파프리카 등과 같은 천연색소, 계란 또는 우유, 대두단백 등으로 이들은 점도, 점착력, 조직감, 풍미 및 색깔과 같은 특정한 성질의 증진을 위해 사용되고, 도포방법에는 도포하고자 하는 제품의 특성에 따라 부착성 반죽(adhesion batter), 응집성 반죽(cohesion batter), 템푸라 반죽(tempura batter)의 세 가지로 구분된다.

① 부착성 반죽은 제품의 도포상태를 단단히 결합시키는 반죽을 말하고, 결합원리는 제품을 가열했을 때 육의 단백질과 반죽전분의 활성을 화학적 결합으로 고정시켜 수행하며, 일반적으로 성형제품에 적합한 반죽이다.

② 응집성 반죽은 제품의 둘레를 싸주는 형태로 반죽의 점도를 증가시켜 거친 빵분이 반죽층에 박히도록 할 수 있는데, 일반적으로 과일, 야채, 작은 성형제품이나 부착성 반죽이 어려운 제품에 사용할 수가 있다.

③ 템푸라 반죽은 효소화된 응집성 반죽으로 가장 바깥쪽 도포에 사용하는 반죽으로써 적절한 공정을 위해 별도의 설비가 필요하고 물고기, 해산물, 닭고기, 야채 제품에 사용할 수 있다. 템푸라 반죽은 공정에서의 손실이 많고 튀김과정에서 흡착된 기름이 고정될 수 있다.

사. 브 레 딩(breading)

제품의 외형을 바삭거리는 상태(crispy state)로 유지하거나 세련된 모습을 주기 위한 목적으로 사용하며, 주된 재료는 밀가루 등 곡물 베이스에 조미하거나 조미하지 않은 분말형태, 입자를 가진 빵분 등 용도에 따라 색상과 조직에서 다양하다. 빵가루(bread crumbs)가 제품에 주는 효과는 제품에 접착된 도포층의 양(pick up), 물 흡수제품의 도포상태, 제품의 외형, 바삭거리는 감을 주도록 도포된 조직 등이며, 빵가루는 입도에 따라 거친 것(20메쉬 이상), 중간 정도(20~60메쉬), 고운 것(60메쉬 이상)으로 구분할 수 있고, 입도는 점착정도와 조직감 등에 영향을 주기 때문에 제품의 특성에 적합한 빵가루의 선택이 필요하고, 공정과정에서 적절한 풍향의 사용은 균일한 도포상태를 유지해 줄 수 있다.

아. 튀 김

도포된 제품의 외형을 굳혀주고 형태를 유지해주거나 바삭거리는 촉감을 줄 목적으로 사용하며 방법에 따라 deep fat frying과 fresh oil frying으로 구분된다. Deep fat frying은 170~180℃의 식용유에 완전히 조리하는 방법으로 튀김시간은 제품의 크기나 특성에 따라 다르나 보편적으로 크기가 작은 제품은 높은 온도(180℃부근)에서 짧은 시간동안 튀김하고, 크기가 큰 제품은 170℃ 정도의 온도에서 길게 튀김한다. Fresh oil frying은 대량 생산이 필요한 공정규모에서 사용하는 방법으로 높은 온도에서 짧은 시간 동안 제품의 도포된 부분을 굳혀주고 외형을 고착시켜 줄 목적으로 사용하여 내부는 익지 않은 상태를 유지하나 기름기가 있는 상태(grease state)를 유지하지 않는 것이 중요하다. 튀김의 간단한 원리는 튀김과정 중 제품이 보유하고 있는 수분이 증기 형태로 빠져나가고 표면과 접촉하고 있던 튀김용 기름은 증기가 빠져나간 기공사이로 유입되어 내부조직에서 전분의 호화와 열처리 같은 물리 화학적 변화를 일으켜 튀김이 된다.

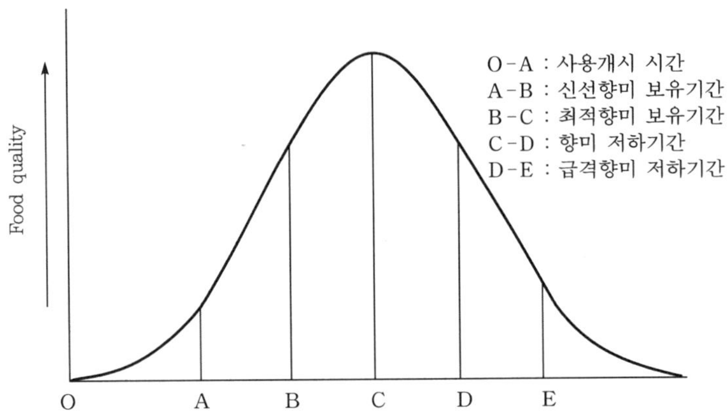

그림 16-6. 가열시간에 따른 튀김유의 품질변화

튀김공정 중 중요한 사항은 균일한 온도유지와 튀김용 기름의 품질유지이다. 튀김용 기름의 온도유지는 튀김기의 제어판에 의해 자동조절이 가능하나 튀김용 기름의 상태 또는 튀김기 내부에 잔류하는 찌꺼기 등에 의해 변화를 줄 수 있으며 튀김용 기름은 품질유지를 위해 신선한 기름의 공급, 즉 교체율은 매일 10~15% 수준을 지속적으로 유지공급하여 품질이 급격히 변화하는 과정을 막아 수명을 연장해주고 제품의 색상을 균일하게 유지할 수 있다.

튀김용 기름은 가열시간에 따라 색상과 풍미에서 변화를 보이며, 이 변화과정을 그래프로 나타내면 아래와 같다. 즉 O–A 영역은 사용개시 시간, A–B 영역은 신선향미 보유기간, B–C 영역은 최적향미 보유기간, C–D 영역은 향미 저하기간, D–E 영역은 향미 급격저하기간 등으로 분류되며, 그래프 상으로 볼 때 색상과 풍미는 B–C 영역으로 볼 수 있다.

자. 가열처리

다음 공정을 원활히 수행하거나 미생물을 사멸시켜 제품의 안전성을 높여주고 소비자에게 편의성을 줄 목적으로 실행하며, 유형에 따라 증기를 이용하는 공정과 굽기공정으로 구분할 수 있다. 증기를 이용하는 공정은 제품의 크기가 커서 열처리하는 데 시간이 많이 걸리는 제품의 점착을 좋게 해주거나 그릴제품의 그릴시간을 짧게 유지해주는 방법으로 적정한 습도를 유지하여 열처리(cooking) 상태를 양호하게 해준다. 작은 크기의 제품에는 수율을 높이는 효과도 있으며, 일반적으로 습도는 60~98%까지 사용된다. 굽기공정은 전자렌지 등 조리의 편의성을 주기 위해 사용하는 공정으로 사용하는 설비 내의 습도를 최대한 배제하고 온도에 의해 굽는 과정이 이루어지므로 잔존하는 습도는 순환 팬에 의해 밖으로 배출하여 공정을 용이하게 해준다.

차. 그 릴 링

튀김공정과 그릴제품의 차이점은 튀김제품은 도포과정을 거쳐 튀김으로 이어지는 공정인데 비해 직화제품은 도포과정이 없이 자숙 또는 자숙-소스도포 과정을 거쳐 그릴을 통과하는 점으로 볼 수 있다. 그릴공정(grilling process)은 제품이 그릴을 통과할 때 직접 또는 간접열의 작용에 의해 제품의 표면을 그을려 주어 제품에 식욕을 돋울 수 있는 색상을 주고 풍미를 증진시켜주는 작용을 한다. 그릴은 가열하는 방법에 따라 가스식과 전기식이 있으며, 가스식은 불꽃에 의해 제품이 구워지는 방법이고, 전기식은 열선의 가열에 의해 제품이 구워지는 방법으로 제품의 풍미는 가스식이 전기식보다 좋으나 안전성을 고려하면 전기식이 유리한 특성이 있다. 또 다른 그릴 방법으로 햄버거 패티 등 닿는 면이 일정한 제품에 유리한 그릴로써 벨트(belt)그릴이 있으며, 이 설비의 작동원리는 위와 아래에 가열판이 있고 가열판을 벨트가 감싸고 순환하면서 통과하는 제품을 벨트가 눌러주어 그릴이 이루어지게 하는 방식으로 편평한 제품에 적합한 특성을 준다. 그릴제품은 일반적으로 색상유지 및 풍미를 향상시키기 위해 소스 도포를 실시하며, 이 경우에는 소스가 도포된 제품이 그릴을 통과하는 과정 중에 제품의 표면에 소스가 충분히 고착될 수 있도록 적정온도를 균일하게 유지하여 풍미를 증진시키는 것이 바람직하다.

카. 급속동결

동결은 생산시점의 맛, 향, 색상, 조직, 식감, 영양 등 종합적 의미에서 품질을 최초의 상태로 장기 보존할 목적으로 실행하는 공정으로, 동결은 일반적으로 −35℃의 조건에서 급속동결(individual quick freezing, IQF)하는 방법이 이용되며, 동결기는 동결실 내에서 일정시간 동결하는 방법과 동일한 온도조건의 나선형 동결기(spiral freezer)를 이용하는데, 작업의 효율성과 생산성을 고려하면 나선형 동결기를 이용하는 방법이 더 좋은 편이다.

파. 포 장

포장은 내용물을 보호하고 작업성, 위생성, 간편성, 상품성을 향상시킬 목적으로 사용하게 되는데, 포장방법은 제품에 따라 기계를 이용하여 자동으로 하거나 수작업으로 구분되며, 일반적으로 성형제품이나 제품의 크기가 작은 제품은 자동포장을 실시하고, 튀김제품과 같은 것은 수작업에 의존하는데, 이 제품의 포장개념이 중량개념이 아닌 마리개념이기 때문이다. 냉동제품의 포장은 포장하는 장소의 온도조건, 포장시간에 따라 제품의 품질에 미치는 영향이 크다. 따라서 급속동결된 제품은 포장하기 전 실온에서 방치하지 말고 신속히 포장하는 것이 중요하다.

2) 냉장제품의 제조

냉장제품은 제조가공 또는 조리한 식품을 보존할 목적으로 포장재에 넣어 살균처리하거나 냉장보관을 요하는 식품으로 정의되며, 냉장제품은 충분히 냉각시켜 −2~10℃의 온도에서 보관을 요하는 제품으로 닭고기를 이용한 냉장제품은 바베큐치킨이나 훈제치킨과 같은 본인 제품과 햄, 소시지 등으로 분류할 수 있다.

닭고기를 이용한 냉장제품 중 혼합프레스햄이나 소시지는 돼지고기나 쇠고기 등을 이용한 제품과 비슷한 공정으로 제조되고, 바베큐치킨과 훈제치킨은 닭 한 마리의 고유의 특성을 살리는 제조방법에 의해 제조되는 점이 차이가 있다. 따라서 냉장제품의 제조방법은 훈제치킨을 위주로 살펴보기로 하겠다.

<훈제치킨 제조공정>

원료 → 피클 주입 → 맛사지 → 적재 → 건조, 훈연 → 자숙 → 냉각 → 진공포장 → 살균 및 냉각 → 검사 → 포장 → 보관 및 유통

가. 원 료 육

훈제치킨용 원료육은 복부를 절개한 통닭을 이용하거나 2등분 또는 4등분한 원료를 이용하며, 선도유지를 위해 초기미생물 수준을 최소화하는 것과 원료육의 위생수준을 유지하는 것이 중요하다.

나. 주입 및 텀블링

주입액의 침투율(pick-up ratio)은 원료육의 상태에 따라 다르며 통닭보다는 절단육이 높다. 그 이유는 절단육의 육 표면이 넓기 때문이며 일반적으로 14~16% 수준이 적정한 상태로 볼 수 있고, 염지의 촉진을 위해 주입기를 사용할 경우 병행하여 텀블러를 사용하는 것이 효과적이며, 텀블러는 진공상태 일 때 수율증진 및 식감증진에 좋다. 텀블러는 적정한 상태의 조건을 실행하기 위해 원료의 크기, 뼈의 유무, 제품의 특성, 텀블러의 종류 등을 고려하여 설정하며, 본 제품은 텀블링 과정에서 껍질이 벗겨져 제품의 품질에 영향을 주므로 시간을 짧게 유지하는 것이 좋다. 그리고 훈제치킨의 색상을 향상시키기 위해 텀블링 과정에서 포도당을 1% 수준, 말토덱스트린을 4% 수준으로 사용하면 마이야르 반응(Maillard reaction)에 의해 갈색의 색상을 얻을 수 있다.

다. 훈연 및 가열

훈연실 내에서 이루어지는 훈연과정은 건조-훈연-가열처리의 일반적인 순서로 진행되며, 훈연 전 예비 건조공정은 훈연향의 침착에 매우 중요한 역할을 한다. 건조공정은 55℃ 정도의 낮은 온도로 60분간, 훈연은 60℃에서 45분, 가열은 82℃에서 130분간하는 것이 바람직하다.

라. 포장 및 2차 살균

포장은 제품의 최종 수율과 유통에 관련된 주요한 과정이다. 훈제치킨의 포장방법은 조각육 포장인 경우 자동포장기에서 포장이 가능하나 1마리 개념의 포장은 수작업에 의해 봉투에 담겨지고 이를 진공포장기에서 포장하는 방법으로 작업이 번거로운 과정을 수반한다. 포장된 제품은 표면에 오염된 미생물을 살균하기 위해 2차 살균기를 통과하여 일반세균을 사멸시키는데, 일반적으로 2차 살균의 조건은 85℃에서 20분간 살균하고 냉각수에서 15분간 냉각 후 건조기에서 15분 정도 건조하게 된다.

3) 상온제품의 제조

닭고기를 이용한 상온제품으로는 삼계탕을 들 수 있다. 삼계탕은 고유의 전통식품으로 식품공장에서의 제품화 역사는 그리 길지 않지만 제조방법의 표준화로 인해 제품의 맛을 균일하게 유지해 줄 수 있고, 레토르트에서 고온 고압살균을 통해 제조됨으로써 유통의 편의성을 가질 수 있다.

<삼계탕 제조공정>

원료 → 부재료 삽입 → 가열 및 냉각 → 육수제조 → 파우치 충전 및 봉입 →
살균 및 냉각 → 검사 → 포장 → 보관 및 유통

가. 원료육 정선 및 부재료 삽입

원료는 350~400 g 정도의 통닭이 사용되며, 원료로 사용되는 품종은 동일한 규격의 일반 육계와 비교하여 사육주령이 비슷하고 육질은 쫄깃한 특성이 있는 것이 좋다. 원료의 정선은 목의 절단과 털 등 이물의 제거로 분류할 수 있으며, 목은 외부로 드러나 있는 부분을 절단하고 복강 내에 잔류된 내장의 제거와 날개 끝 및 몸통에 남아있는 털 등을 제거하여 청결상태를 유지해준다. 정선이 완료된 닭은 복강 내 목 부근에 밤을 넣어 내용물이 빠져 나오지 않도록 하고, 대추와 불린 찹쌀과 수삼을 한 뿌리 넣은 후 한쪽 복강부근의 껍질에 약간의 칼집을 넣고 다리를 서로 교차시켜 X자 형태로 마무리한다.

나. 가열 및 냉각

정선 및 부재료의 투입이 완료된 닭은 표면에 잔류할 수 있는 이물질이나 지방을 제거할 목적으로 가열기(cooker)에서 증기로 일정시간 가열한다. 가열에 소요되는 시간은 일반적으로 85℃ 부근에서 약 30분간이며, 자숙된 닭의 냉각은 작업장 또는 냉각실에서 실시 중심부 온도가 30~40℃ 정도로 냉각시킨다.

다. 육수 제조

삼계탕은 닭과 육수를 레토르트 파우치에 넣어 제조하며 육수의 제조과정은 별도로 진행한다. 육수의 제조방법은 전처리된 닭뼈 또는 닭발을 이중솥에 넣고 95℃의 끓는 물에 5분 정도 끓인 후 물을 제거하고 다시 물을 붓고 야채와 함께 95℃의 온도에서 4시간 동안 끓여 육수를 추출한다. 추출된 육수는 끓이는 과정에 따라 차이가 있을 수 있으나, 대체로 Brix 4 정도이고, 추출된 육수는 상층부에 유리된 지방을 고운 체나 한지로 걸어내고 사용하며, 이를 다시 제품에 투입할 경우 육수원액과 물을 일정량 혼합하여 Brix 1.2 정도로 맞춘 후 사용한다.

라. 파우치 충전 및 봉입

준비된 닭과 육수를 산소 투과도와 투습도가 0인 AL재질과 내구, 내열성 등의 보강재로 PET, NY, CPP를 사용하여 인위적으로 파손 및 훼손이 없을 경우 반영구적인 레토르트 파우치에 충전하는 과정으로 기계적 작업으로 이루어진다. 충전의 원리는 자동 육수 충전기에서 레토르트 파우치를 자동으로 벌려주고 사람이 가열 냉각된 닭을 파우치에 넣어주면 육수 저장탱크에 연결되어 있는 파이프를 통해 육수가 파우치 내에 자동으로 주입되고 봉입과정을 거쳐 마무리된다. 주입되는 육수의 온도는 85℃ 정도이며, 이는 육수 주입 후 봉입되기 전 파우치 내에 있는 공기를 배제하여 호기성 세균을 감소시키기 위해 필요하며, 저장탱크에 있는 육수는 지속적으로 저어 주는 것이 육수의 균일성을 위해 바람직하다. 충전이 완료된 제품은 살균을 위해 레토르트 트레이에 정돈하여 놓으며, 레토르트 기종에 따라 한 번에 살균할 수 있는 수량은 약 600파우치 정도이다.

마. 살균 및 냉각

살균에 이용되는 레토르트는 열수식과 수증기 방식이 있으며 어육소시지, 햄의 90% 이상은 열수식이 이용되고 있다. 삼계탕의 살균은 열수식으로 121℃에서 60분간 포자가 사멸할 수 있도록 실행하여 중심온도가 F0치 4인 조건으로 살균하고 살균이 끝난 후 급속히 냉각시켜 레토르트부터의 이취가 이행되는 것을 방지한다.

바. 검　　사

삼계탕의 검사방법으로는 밀봉상태 불량, 핀홀의 유무 등을 검사하고 항온 시험을 위해 검체를 포장상태 그대로 채취하여 35±1℃에서 14일간 보존하고 용기포장의 팽창 유무 또는 내용물의 누설 여부를 관찰한다. 이 경우 용기포장의 팽창 유무는 약 20℃로 냉각하여 관찰하며, 용기포장의 팽창 또는 누설이 인정되는 것은 당해 가압가열 살균식품 중에서 발육하는 미생물이 양성이라고 간주한다.

사. 포　　장

삼계탕 제품을 담는 종이상자의 두께는 내용물을 충분히 보호할 수 있는 정도의 인장강도를 가져야 하고, 종이상자에 제품을 담을 경우 뉘어서 담는 것에 비해 칸막이를 활용하여 세워서 담는 것이 인위적인 파손 위험을 줄여줄 수 있다.

(4) 2차 가공제품의 개발방향

닭고기를 이용한 가공제품은 소비자들에게 편리하며, 영양 좋고 맛 좋은 제품을 제공할 뿐 아니라 닭고기의 소비량 증대에도 크게 기여할 것으로 본다. 이는 닭고기를 이용한 제품이 다양한 변화과정을 거쳐 소비자에게 정당한 평가를 받은 때문으로 풀이되며, 경제활동 인구의 증가에 따른 편의성 추구경향도 조리전 제품(ready to cook, RTC)과 조리된 제품(ready to eat, RTE)이 주방요리의 한 부분으로 성장하는 계기를 마련해준 것으로 본다.

현재 닭가공품이 보편적인 가치를 부여하며 시장의 한 위치를 점유하고 있는 상황인식을 가정하더라도 닭가공품이 좀 더 소비자에게 다양하게 접근될 수 있도록 하기 위해서는 소비자의 욕구에 신속한 접근이 필요하며, 향후의 닭가공품의 개발 방향은 다음 몇 가지 사항에 주목해야 한다고 본다.

① 편의성의 제공 : 제품의 품질 여부를 떠나서 조리가 번거로운 제품은 기피하는 경향이 강하므로 전자렌지 등 간편한 조리에 의해 제품 고유의 맛을 주는 제품의 개발이 필요하다.

② 기호성과 다양성의 고려 : 생산자의 의도에 의해 생산된 제품을 소비자가 선택하도록 유도하기보다 소비자의 구미에 맞는 제품을 설정하고 기존제품의 틀에서 한 발 앞선 다양한 제품들을 고려해야 한다.

③ 닭고기의 특성을 살린 제품의 개발 : 적색육에 비해 고단백이고 불포화지방산이 많아 지방산조성 등이 인체에 유리한 백색육인 닭고기의 특성을 살려주는 특화된 제품으로 제품의 폭을 넓혀 주는 것이 필요하다.

닭고기는 다른 육류에 비해 영양적으로 우수하고 칼로리가 낮아 성인병 예방식품이며, 여성들의 미용식품으로 전세계적으로 소비가 증가하고 있는 실정이다 앞으로 외식산업의 육성과 가공품 개발에 보다 많은 관심이 집중될 때 소비는 더욱 증가할 것으로 전망된다.

17. 어육제품의 제조

- 최 성 희 -

어육 연제품은 어육을 세절하여 수세한 어육 고기풀(meat paste)을 겔화(gelling)한 제품이다. 어육이나 어육 고기풀은 아무것도 첨가하지 않고 그대로 가열하면 다량의 드립(drip)이 발생하고 탄력성 있는 겔(gel)이 형성되지 않지만, 소량의 소금을 가하여 가열하면 드립의 발생 없이 탄력 있는 겔을 형성한다. 근육 단백질의 이러한 겔 형성 특성은 다양한 어육 연제품 생산에 이용된다.

겔 형성에는 근원섬유단백질과 수분의 상호작용이 중요한 역할을 한다. 어육에 존재하는 근원섬유단백질은 매우 규칙적으로 정돈된 상태로 존재하여 이를 그대로 가열하면 단백질 섬유가 변성 응고하여 보수력을 상실하고 근섬유, 근원섬유 및 초원섬유(myofilament) 사이에 존재하던 수분은 드립으로 빠져나간다. 따라서 이때의 어육은 겔을 형성하지 못하고 단단하고 부스러지기 쉬운 상태로 된다. 그러나 어육에 소금을 가하여 분쇄하면 근원섬유의 구조가 파괴되면서 미오신 필라멘트와 액틴 필라멘트가 결합되어 액토미오신을 형성하고, 액토미오신은 섬유상의 거대분자로 서로 엉키어 높은 점성을 갖는 졸(sol)을 형성하며 이를 가열하면 엉킨 상태가 망상구조로 고정되어 그 속에 수분을 함유하여 탄력 있는 겔을 형성한다.

액토미오신 겔 형성에는 미오신 상호간의 소수성 상호작용이 중요한 역할을 한다. 가열에 의해 미오신 꼬리부분의 나선형 구조가 풀려 3차원의 망상구조를 형성하게 되는데, 이때 미오신 꼬리부분의 소수성 상호작용에 의하여 미오신분자 표면에는 많은 친수성기가 노출되어 물 분자와 수소결합을 형성하며, 망상구조 내부에 수분이 함유하게 되어 탄력 있는 겔이 된다. 미오신 분자간의 S−S 결합과 수소결합, 정전기적 결합 등도 망상구조의 겔 형성에 보조적으로 기여한다.

어육의 겔 형성능력은 경골어가 연골어보다, 해산어가 담수어보다, 백색육 어류가 적색육 어류보다 크며, 이러한 차이는 어종에 따라서 액토미오신의 성질과 그 함량이 중요 요소로 작용하고, 그 외에 지질, 근형질 단백질, 정미성분의 함량과 조성도 영향을 미치기 때문이다. 적색육 어류는 백색육 어류에 비하여 근섬유 직경이 가늘고, 근섬유 내에 근형질 양이 많고, 근섬유 주변에 결합조직과 혈관의 분포가 많다.

겔 형성력은 어육의 선도에 따라서도 차이를 보여, 정어리, 고등어 등은 사후 근육의 산성화가 빨라서 사후경직이 끝나면 겔 형성능력이 반으로 줄어들게 되고, 명태와 같은 냉수성 어종은 온수성 어종보다 근원섬유의 온도 안정성이 낮기 때문에 겔 형성능력의 저하가 빠르게 일어난다. 겔 형성능력 저하의 원인은 사후 근육의 산성화, 근육에 존재하는 단백질 가수분해효소의 활성화와 각 어류의 근원섬유에서의 안정성이 차이 등에 기인한다.

17.1.1 수 리 미

어육은 육조직이 연약하고, 사후 변화에 관여하는 효소활성이 축육에 비해 강해 육질의 변화가 쉽게 일어난다. 또한 어류는 포획시에 상처를 입기 쉽고 그 상처부위에 세균이 부착되기 쉬우며, 이들 수중 세균은 비교적 저온에서도 잘 성장하는 저온세균이 많다. 따라서 어육은 선도저하가 빨리 일어나 가공원료로서의 적성을 잃기 쉬우므로 어육의 저장성을 높이고 가공적성을 유지 향상시키기 위해 개발된 것이 수리미(surimi)이다.

수리미는 기계로 채육한 어육을 수세한 후에 냉동저장성 향상을 위하여 냉동변성 방지제를 첨가하여 동결시킨 어육 반가공품을 말하는 일본 용어로서 냉동수리미, 냉동어육고기풀 등으로 불리기도 한다. 수리미는 어묵류, 어육햄, 어육소시지, 어육햄버거 등 다양한 어육 연제품의 기초원료로 사용된다.

(1) 어육제품 원료로서 수리미의 장점

1) 겔 형성력이 강하다.

수리미는 그 제조공정 중 여러 차례의 수세과정을 통해 지방, 혈액, 색소성분, 냄새성분 등 불필요한 물질들이 제거될 뿐 아니라, 연제품 원료로서 가장 중요한 것은 근원섬유단백질이 농축되어 겔 형성력이 높아지는 것이다. 수리미는 근원섬유단백질 함량이 높아 대두단백질과는 달리 가열하면 탄력성이 높은 겔을 형성하기 때문에 다양한 연제품 원료로 이용폭이 넓다. 어육 수리미의 이러한 겔 형성력은 축육 가공에도 이용되고 있으며, 최근에는 노폐육이나 부산물육 등 이용성이 낮은 축육을 수리미 원료로 이용하여 축산물의 이용 폭을 확대해가고 있다.

2) 색이 밝고 불쾌취가 없다.

수리미는 육색이 희고 어종 특유의 냄새가 적기 때문에 다양한 색깔과 향미를 부여할 수 있어 연제품 원료로서의 적성이 매우 우수하다.

3) 장기간 저장이 가능하다.

어육은 장기간 냉동저장하면 근원섬유단백질이 변성되고 겔 형성력이 저하되어 연제품 원료로서의 적성이 떨어지는데, 이러한 경향은 특히 냉동변성에 취약한 어종의 경우에는 더욱 심하다. 그러나 어육을 수세하여 냉동변성에 대한 내성을 부여한 냉동수리미는 명태와 같은 동결내성이 약한 어종도 장기간 동결저장이 가능하여 연제품의 원료로서의 이용가치가 높다.

4) 연제품 제조공정을 단순화한다.

어체를 직접 원료를 사용할 때는 머리, 내장 등의 비가식부를 제거하는 어체처리과정과 채육, 수세과정 등 일련의 번거로운 공정을 거쳐야 하지만 냉동수리미를 원료로 사용하면 이러한 과정을 줄일 수 있어 연제품 제조공정이 단순화된다.

5) 환경 친화적이다.

어체를 직접 처리함으로써 유발되는 폐수처리 문제, 인건비 문제 등의 제약이 따르나 수리미를 이용하면 이들 문제를 해결할 수 있다. 또한 수리미 제조시 나오는 부산물은 집중적으로 처리, 가공할 수 있어 부산물의 효율적 이용에도 효과적이다.

(2) 수리미의 제조

수리미의 기본적인 제조공정은 그림 17-1과 같이 어체를 처리하여 채육한 후 어육을 수세하고 냉동변성방지제를 혼합하여 성형, 포장, 냉동하는 과정으로 진행된다.

1) 어체 처리

원료어의 머리와 내장 등 비가식부를 제거하는 공정으로서 제품의 품질에 큰 영향을 미친다. 특히 단백질 가수분해효소를 다량 함유하고 있는 내장 부위가 깨끗이 처리되지 않으면 이들 효소의 작용으로 최종 제품의 품질저하를 가져온다. 이 과정은 일반적으로 두부절단기(header), 내장적출기(gutter) 등의 일련의 자동어체 처리장치로 행하여지는데, 이렇게 만들어진 수리미는 수율은 높지만 겔 형성력이 떨어지고 어두운 색을 띠어 수리미의 품질이 저하된다. 반면, 머리와 내장은 물론 등 부분의 뼈와 지느러미 등을 함께 처리하는 자동어체다듬장치(filleting machine)를 사용하면 보다 우수한 겔 형성력과 색깔을 지닌 고품질 수리미를 얻을 수 있다.

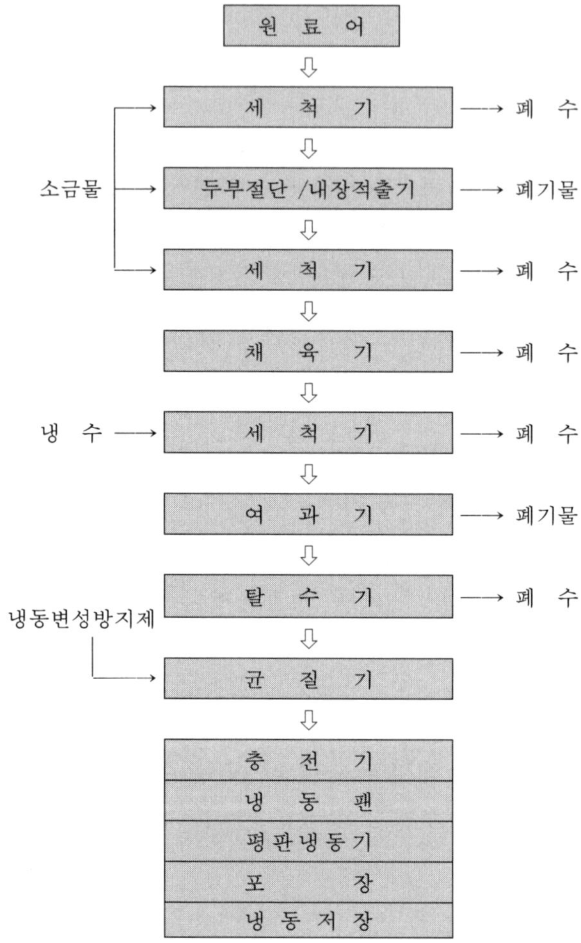

그림 17-1. 수리미 제조공정

2) 세 척

어체에 묻어 있는 혈액이나 오물 등을 어육세척기 또는 비늘제거기를 통하여 물로 세척하는 과정이다. 선도가 좋은 어체는 등지느러미나 표피의 멜라닌 색소가 잘 제거되지 않는 경우가 있는데, 이는 최종 제품의 색조를 손상시키므로 주의해서 세척해야 한다.

3) 채육과정

세척이 끝난 어체를 채육기(deboner)를 통하여 뼈와 껍질을 제거하는 과정이다. 일반적으로 belt-drum식의 어육분리기를 많이 사용하는데, 드럼의 구멍과 조임 정도에 따라 수율과 품질이 달라진다. 드럼의 구멍은 뼈나 표피가 혼입되는 것을 방지하기 위하여 일반적으로 직경 3~4mm를 초과하지 않는다. 또한 드럼을 약하게 조이면 잔뼈나 표피의 혼입을 막을 수 있으나 수율이 떨어지고, 강하게 조이면 수율은 높일 수 있으나 품질이 떨어진다. 분리된 어육은 혈액의 침투를 방지하기 위하여 가능한 한 빨리 수세 탱크로 옮긴다.

3) 수　　세

수세공정(stirring with water and draining)은 지방, 혈액, 색소성분, 냄새성분, 수용성 단백질 등을 제거하고 어육의 육색을 희게 하고, 근원섬유단백질의 농도를 농축시키고 망상구조 형성에 기여하지 않는 근형질단백질을 제거시킴으로써 겔의 강도와 탄력성을 향상시키는 효과가 있어서 수리미의 품질에 큰 영향을 미치는 중요한 공정이다.

수세 횟수는 원료어의 선도에 따라 달라진다. 선도가 좋은 원료어를 사용하는 선상 가공에서는 2~3회, 선도가 조금 떨어진 육상 제조 시에는 3~4회 정도 수세한다. 수세 시에는 수용성 정미성분도 함께 손실되므로 최소한의 수세가 바람직하다. 수세가 과다하면 특히 백색육 어류에서는 육이 팽윤되어 육과 물이 잘 분리되지 않는다. 이것은 수세에 의하여 전하를 갖는 무기질이 유실되어 단백질간의 전기적인 반발로 섬유간의 간격이 넓어져 수화도가 증가하기 때문이며, 이때에는 최종 수세단계에서 0.1~0.3% 소금 용액을 사용하면 탈수가 용이하다.

수세 시에 사용하는 물의 pH와 염농도 또한 제품의 품질에 영향을 미친다. 수세용수는 칼슘이온과 마그네슘이온을 적당량 함유하고 pH 중성 부근의 5~10℃의 냉수가 좋으며, 적색육 어류나 냉동어를 원료육으로 사용할 때는 중탄산나트륨염이나 피로인산나트륨과 폴리인산나트륨의 1 : 1 혼합액을 사용하는 알칼리 수세방법이 사용되기도 한다. 어육도 축육과 마찬가지로 근육의 글리코겐 함량에 따라서 사후에 pH가 저하되어 적색육 어류의 경우 pH가 5.6~5.8까지도 내려가는데, 어육 단백질의 등전점은 pH 4.8~5.6 범위로서 등전점 부근의 pH에서는 단백질간의 결합력이 커서 탈수는 용이하나 단백질의 용해도가 최소화되기 때문에 겔 형성력이 현저히 감소한다. 또한 적색육 어류의 근형질단백질 함량은 백색육 어류에 비하여 양이 많고 보통의 물에 잘 용해되지 않는다. 따라서 중탄산나트륨과 소금 혼합용액을 사용하여 수세하는 알칼리염 수세법은 육의 pH를 조절하고, 근형질단백질의 용해도를 높여 제품의 품질을 향상시킨다.

5) 정　　제

수세육에 함유된 어피, 힘줄, 잔뼈, 비늘 등을 여과기(refiner)로 제거하는 과정으로서 육색을 희게 하고 수리미의 품질을 향상시킨다. 이 공정은 어묵 제조공정에는 없는 것으로서 수리미 제조공정과 어묵 제조공정의 주요 차이점이라고 할 수 있다.

6) 탈　　수

어피 등 불순물이 제거된 육은 탈수기(dehydrator)로 압력을 가하여 탈수하는데 압착기나 원심분리기가 주로 사용된다. 탈수정도는 어종이나 냉동 수리미의 등급에 따라 다르나 탈수 후의 표준 수분량은 약 80% 정도이다.

7) 냉동변성방지제 첨가

수세・정제・탈수된 어육은 수세 처리로 인한 겔 형성능력 저하를 방지하고 수리미의 품질을 보존하기 위하여 냉동변성방지제 등의 첨가제와 혼합한다.

수리미는 소금첨가의 유무에 따라 무염 수리미와 가염 수리미로 나누는데, 무염 수리미는 당류(주로 설탕과 소르비톨)와 인산염을 가하여 만든 것이고, 가염 수리미는 당류와 소금을 첨가한 것을 말한다. 첨가제의 양은 제조 공장에 따라서 약간씩 차이가 있지만 일반적으로 설탕과 소르비톨을 합쳐 8~10%, 인산염은 0.1~0.3%, 소금은 2.5~0% 정도이다.

냉동변성방지제로 설탕 4%와 소르비톨 4% 비율이 가장 흔히 사용되어 오고 있지만 저칼로리 식품을 선호하는 소비자의 취향으로 인해 감미도와 칼로리가 낮은 새로운 냉동변성방지제가 개발되고 있고, 최근에는 설탕, 소르비톨, Litesse®, 락티톨을 각각 1% 혼합한 것이 설탕 4%와 소르비톨 4% 혼합 사용한 경우와 비슷한 냉동변성 방지효과가 있는 것으로 밝혀졌다.

냉동변성 억제효과가 있는 물질들은 대부분 저분자 화합물들로써 설탕, 소르비톨, 포도당 등의 당류와 아스파르트산, 글루탐산, 시스테인 등의 아미노산 및 글리세롤, 메틸말론산, 사과산 등이 있으며, 이들 저분자 화합물들은 $-OH$, $-COOH$, $-SH$, $-NH_2$ 등의 기능기가 단백질 주위의 물 분자나 단백질 분자와 결합하여 물 분자의 교환을 억제하고, 단백질분자의 표면을 감싸서 단백질 분자의 응집을 막음으로서 단백질의 냉동변성을 억제한다.

당류 첨가시에 인산염을 함께 첨가하면 변성 방지효과는 더욱 증대되며, 설탕을 너무 높게 사용하면 수리미가 너무 달고 갈변하는 단점이 있다.

한편, 원료육의 어종에 따라 비교적 쉽게 겔을 형성하는 어종인 명태나 정어리는 무염 수리미가 단백질의 동결변성을 막는 데 유리하고, 고등어와 같이 겔 형성이 비교적 용이하지 않은 어종을 단시간 저장하는 경우는 가염 수리미가 단백질의 안정성이 더 크다.

8) 성형과 포장

냉동변성방지제 및 첨가제를 섞은 수리미는 충전기(filler)를 사용하여 10 kg씩 폴리에틸렌 주머니에 충전하고, 두께 약 5 cm 정도의 두께의 냉동팬에서 성형한다.

9) 냉동 및 저장

냉동팬에서 성형된 수리미는 접촉동결장치(contact plate freezer)나 반송풍 동결장치(semi-air blaster freezer)에서 −30℃ 이하로 급속 동결한다. 냉동 수리미의 저장온도와 저장기간은 수리미의 종류와 등급에 따라 차이가 있으나 −25∼−30℃에서 대개 6∼12개월로 보고 있다. 냉동기간 중 온도변동은 저장기간이 3주 이상일 경우 품질저하에 많은 영향을 미치므로 저장기간 중에는 냉동고의 온도변화를 최소화해야 한다.

17.1.2 연제품의 일반제법

(1) 어묵류의 일반 제조공정

어묵류에는 다양한 제품이 있으나 보편적인 제조공정은 그림 17-2에서와 같이 어체를 처리하여 채육한 후 육을 수세하여 전분, 소금 등 부재료와 혼합한 다음 일정한 모양으로 성형하고 가열에 의해 겔을 형성시켜 냉각하여 포장하는 공정으로 진행된다. 그러나 냉동 수리미를 이용할 때는 원료어의 어체처리공정과 채육, 수세공정 등이 생략되므로 제조공정이 한결 단순하다.

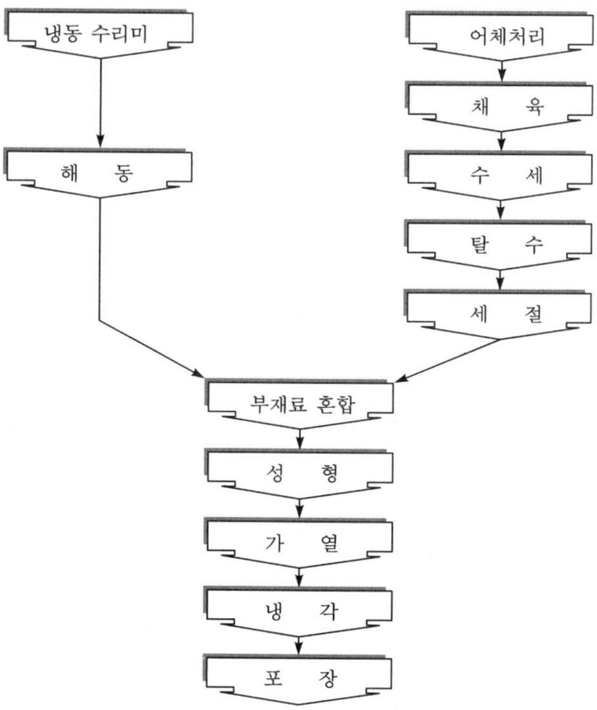

그림 17-2. 어묵류의 일반제조공정

1) 어체 처리 및 채육

원료어의 머리와 내장, 표피, 뼈 등 비가식부를 제거하고 어육을 분리 수집하는 공정으로서 수리미 제조공정과 같다.

2) 수　　세

채육한 어육의 오물, 혈액, 색소, 지방, 수용성 단백질 등을 물로 세척하여 색을 희게 하고 보존성을 높인다. 또한 수세에 의해 근형질단백질이 제거되어 겔 형성에 직접 관여하는 근원섬유단백질을 농축하는 효과가 있고, 겔 탄력형성 저해물질도 제거되어 제품의 탄력성이 강해진다.

3) 탈　　수

수세를 마친 육은 탈수처리를 하게 되는데, 소규모일 때는 마대에 넣어서 짜고, 대규모일 때는 압착기나 원심분리기를 사용한다. 탈수는 단백질의 등전점인 pH 5.5~6.0에서 가장 용이하기는 하나 등전점 부근에서는 단백질의 용해도가 낮아서 겔 형성이 어려워 다시 pH를 조정해야 하는 번거로움이 있다.

4) 세　　절

탈수가 끝난 어육을 육 세절기(chopper)에 넣어 세절한다. 세절기에서는 스크류를 회전시켜서 육을 밀어내면서 칼과 구멍이 많이 뚫린 플레이트 사이로 밀어내면서 세절한다. 플레이트의 구멍 크기는 여러 가지가 있으나 구멍이 너무 크면 세절 효과가 적고, 구멍이 너무 작으면 마찰열이 발생하기 쉽다.

5) 부재료 혼합

세절된 어육 또는 해동된 수리미를 소금, 전분, 조미료 등의 부재료와 함께 혼합하는 공정이다. 혼합하는 방법은 원료어육의 종류, 어육의 양, 사용하는 기계의 종류 등에 따라 다양하나, 대개 처음 10~15분 동안은 분쇄기나 사일런트커터를 이용하여 어육을 간 다음 소금을 첨가하여 20~30분간 더 분쇄하여 어육단백질을 소금에 용해시킨 후 다른 여러 부재료를 넣어 10~15분간 더 갈면서 혼합한다. 튀김어묵과 같은 하급품을 만들 때는 부재료를 처음부터 첨가하여 갈기도 한다.

첨가하는 부재료는 조미료, 탄력보강제, 광택제, 증량제 등이 있다. 탄력보강제인 동시에 증량제인 전분은 통상 수~수십 % 첨가되는데 약 2배량의 물과 함께 첨가한다. 조미료는 소금, 설탕, 물엿, MSG 등이 사용된다.

pH는 제품의 탄력을 좌우하는 중요한 요소로서 pH 6.0 이하에서는 부서지기 쉽고 pH

8.0 이상에서는 젤리와 같이 약한 겔이 형성되므로 특히 적색육 어류나 상어류를 사용할 경우에는 pH를 6.5~7.5 범위로 조정해 준다.

혼합에는 분쇄기와 사일런트커터가 주로 많이 사용되는데 육조직을 세절하는 면에서는 사일런트커터가 우수하고, 부재료와의 혼합 면에서는 분쇄기가 더 우수하다. 일반 연제품 제조에는 주로 분쇄기가 사용되고, 어육소시지와 같은 유화제품이나 냉동 수리미를 원료로 하는 제품에서는 사일런트커터를 쓰는 경우가 많다. 혼합과정 중에는 냉각식 혼합기를 사용하거나 반죽에 얼음을 넣어 온도 상승을 억제하여 단백질이 변성되지 않도록 유의해야 한다.

6) 성 형

부재료 혼합이 끝난 연육은 적당한 형태로 성형한다. 판붙이 어묵은 판에 올리고, 부들어묵은 꼬치에 붙이고, 어육소시지는 케이싱에 충전한다. 성형시에는 기포가 형성되지 않도록 유의하며 겔이 한번 형성되면 다시 갈아도 유동성 있는 형태로 되돌아오지 않기 때문에 연육의 겔 형성이 시작되기 전에 신속하게 성형하여야 한다. 온도가 높을수록 연육의 겔화가 빠르므로 가능한 한 낮은 온도에서 하도록 한다.

7) 가열 처리

어육 연제품은 가열조건에 따라 겔 강도가 차이가 나므로 원료어종의 특성을 고려하여 적정 가열조건을 설정한다.

축육과 어육의 겔 형성에 있어서 큰 차이점은 저온에서 어육단백질의 “setting(suwari)” 현상과 “되풀림(연화, softening, modori)” 현상이다. 어육단백질은 대부분 저온(5℃)에서 하룻밤 두거나 30~40℃에서 수 십분 방치하게 되면 가소성(plasticity)을 잃고 겔화 되는데, 이것을 “setting”이라 한다. 일단 겔화를 일으킨 후에 2단계 가열처리하면 성형 후 바로 가열한 것보다 훨씬 탄력이 강한 제품이 만들어지게 된다. 2단계 가열법은 연제품의 탄력을 증강시키는 방법이기는 하나 1단계 겔화 때의 온도와 2단계 가열시의 온도는 어종과 선도에 따라서 잘 선택해야 한다. 한편 어육 겔에서는 되풀림 현상이 있는데 이는 겔이 50~70℃ 범위의 온도를 통과할 때 탄력이 떨어지고 겔이 붕괴되는 것을 말하는데, 그 원인은 어육에 존재하는 단백질가수분해효소가 이 영역의 온도에서 활성화되어 미오신의 heavy chain을 분해하기 때문이다.

육단백질을 응고시켜 탄력 있는 겔을 형성시키는 것 외에 가열의 또 다른 목적은 살균에 있다.

살균을 위한 가열 온도는 연제품의 경우 중심온도가 75℃ 이상 되도록 하여야 하며, 첨가하는 부재료에 따라서 내열성 세균의 종류가 다르므로 주의하여야 한다.

8) 냉 각

가열이 끝난 제품은 냉각하여야 하는데, 포장된 제품은 냉각수에 담가서 냉각시키고, 일반 연제품은 송풍냉각이나 냉풍을 송풍하는 급냉방식, 혹은 저온실에 넣어서 빠르게 냉각시킨다. 냉각이 끝나면 2~5℃의 저온에서 보존한다.

(2) 게맛 어묵

맛어묵류는 냉동 수리미를 이용하여 게, 새우, 바닷가재, 조개 등 특유의 풍미와 조직감을 갖도록 만든 제품이다. 맛어묵은 천연의 맛과 향, 색, 조직감을 느낄 수 있도록 해야 하므로 원료어의 어취가 적고 색깔이 흰 수리미를 사용하여 제조한다. 맛어묵류 중 우리나라에서는 게맛 어묵이 대부분을 차지하고 있으며, 그 제조방법은 제품의 형태에 따라 4가지 종류로 구별되며 그 제법을 그림 17-3에 요약하였다.

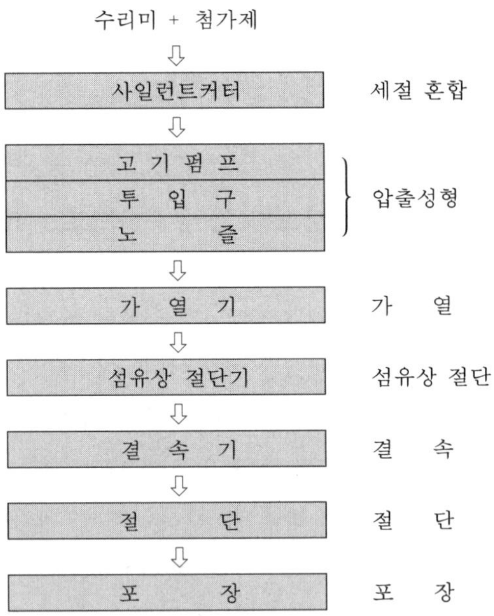

그림 17-3. 맛살 제품의 일반제조공정

1) 재료 혼합

게맛 어묵 제조에는 주로 명태 냉동 수리미가 이용된다. 냉동 수리미는 중심온도가 -5℃~10℃ 정도로 해동시켜 전분, 난백, 식염, 설탕 등 부재료를 혼합하여 사일런트 커터에서 세절 혼합한다. 부재료는 소금과 냉수를 먼저 넣고 그 다음 전분이나 난백을 첨가한 후 향신료를 넣는 것이 조직감에 좋은 효과를 낸다.

증량제로서 5~10% 정도 첨가되는 전분은 소금과 함께 원료육 수리미를 세절하는 동안 근원섬유 단백질을 용해시켜 겔의 강도와 탄력성을 증가시키는 효과가 있는데, 겔 강도와 탄력성은 전분의 종류에 따라서 달라질 수 있기 때문에 전분의 선택은 그 제품 특성을 고려하여 결정한다. 설탕과 소르비톨은 단백질의 변성을 방지하고 금속이온을 킬레이트하는 효과가 있으나 설탕을 너무 많이 첨가하면 맛이 너무 달고 갈변하는 단점이 있다. 그 밖에 결착성, 탄력성, 보수성, 팽창성 등 제품의 조직감을 향상시키 위하여 탄산칼슘이나 인산염도 첨가제로 사용된다.

2) 성　형

세절 혼합된 어육반죽은 여러 형태로 성형되는데, 제품의 형태에 따라 성형제품(molded type)과 섬유상 제품(fiberized type)으로 구분된다. 성형제품은 성형압출기를 통하여 게 다리처럼 특정 모양으로 성형하여 만든 제품을 말한다. 우리나라에서 많이 생산되는 "게맛살"은 섬유상 제품의 대표적인 예로써 어육반죽을 얇은 사각형 노즐을 통하여 얇은 평판 모양으로 압출시킨 후 섬유상의 결을 만들어주는 과정을 거친다.

3) 가열처리

얇은 평판 형태로 압출된 어육 반죽은 가열공정을 통하여 겔을 형성하게 된다. 맛살의 겔 탄력성은 가열조건에 따라 많은 차이가 나므로 어육단백질의 setting (swari)현상과 되풀림(연화, sofetening, modori)" 현상을 고려하여 적정 가열조건을 결정한다.

4) 섬유상 절단

가열한 후 냉각된 평판상의 어육은 섬유상 절단기(strip cutter)로 1~1.5 mm 두께의 섬유상으로 찢었을 때 조직감이 나올 정도의 새로 결을 만든다.

5) 결　속

섬유상으로 결이 만들어진 평판상의 육은 결속기(rope fomer)를 사용하여 막대모양의 다발로 감으면서 결속한다. 이때 전체 육 중 1~2% 정도의 수리미에 색소를 혼합한 색소육을 막대 모양의 맛살 다발에 얇게 도포하기도 한다.

6) 절단과 포장

절단기로 일정한 크기와 형태로 절단한 후 진공 포장기로 포장하며, 제품은 절단방법에 따라 stick, chunk, flake 형태가 있다. Stick은 "게맛살"의 가장 보편적인 형태로서 막대 모양으로 자른 것을 말한다. Chunk는 stick을 샐러드용으로 비스듬한 각도(~25)로 자른 것을 말하고, flake는 chunk를 더 잘게 자른 것을 말한다.

7) 살 균

진공포장된 제품은 90~95℃의 열탕에서 가열 살균하여 냉각한다.

(3) 튀김 어묵

튀김 어묵은 일반적으로 저급 원료를 사용하여 원료육에 15% 정도의 전분과 당근, 우엉, 다시마, 양파, 참깨, 고추 등을 첨가하여 튀긴 어묵이다. 기름을 170~180℃로 가열한 후 성형한 연육을 넣어 튀기는데 연육에 당을 첨가하면 튀김색이 황갈색으로 된다.

(4) 판붙이 어묵

작은 판자에 연육을 반원통상으로 붙여 가열하여 만든 제품으로 가열방법에 따라서 수증기로 찐 것과 전열로나 가스로 구어서 만든 것이 있다.

판붙이 어묵(kamaboko)에서는 또한 표면에 착색을 하거나 절단면에 무늬가 나타나도록 처리한 것도 있고, 증자가 끝난 후에 냉수에서 냉각시켜 표면이 매끄러운 제품과 냉각실에 그대로 두어 냉각시켜 표면에 주름이 진 제품도 있다.

(5) 마 어묵

원료육에 약 10% 정도의 마를 첨가하여 거품이 많이 나게 세절 혼합하여 성형한 후 가열한 제품으로 스펀지와 같은 다공질의 촉감과 독특한 풍미를 갖는다.

(6) 어육햄 · 소시지

어육햄은 참다랑어나 고래 등의 육편과 돼지고기에 어육 수리미 또는 수세 어육을 섞어 케이싱에 충전하여 가열한 제품이다. 어육 육편과 돼지고기는 혼합하기 전에 소금과 아질산염에 염지하여 사용한다. 원료 배합기준은 수리미 50% 미만, 어육 육편 20% 이상, 식물성 단백질 20% 이하, 전분 9% 미만이다.

어육소시지는 어육에 축육 지방과 향신료를 가하여 유화시킨 후 케이싱에 충전하여 가열한 것으로 축육 소시지의 풍미를 갖도록 한 제품이다. 원료 배합기준은 어육 50% 이상, 식물성 단백질 20% 이하, 전분 10% 이하이다.

어육햄과 소시지의 원료어로는 종래에는 다랑어류, 전갱이와 같은 적색육 어류 및 상어, 고래 등이 주로 사용되었으나 최근에는 명태 냉동 수리미가 주로 사용되고, 조기, 쥐치, 노가리 등 백색육 어류도 사용된다. 적색육 어육은 탄력이 강한 제품을 얻기 힘드나 어육햄이나 소시지는 다른 어육가공품과 달리 강한 탄력을 필요로 하지 않기 때문에 문제가 되지 않는다.

18. 통조림 제조

- 하 정 욱 -

식량 저장과 수송문제의 해결에 고심하던 Napoleon의 제안에 힘입어 1795년에 Nicholas Appert(1750-1841)에 의해 밀봉된 용기 안에서 식품을 가열한 후 개봉하지 않거나 누출현상이 없으면 장기보존이 가능하다는 원리가 발견되었다. 1804년에 이르러 Nicholas Appert가 실제 공정에 적용하여 병조림을 처음으로 만든 데에서부터 통조림의 역사는 사실상 시작된 셈이며, 이러한 까닭에 이러한 방법을 그의 이름을 따서 애퍼타이징(the art of appertizing)이라 한다. 영국의 Peter Duran은 식품 통조림용으로 이용할 수 있는 유리용기와 금속용기를 개발하여 특허를 받았는데, 원래 식품 통조림관 또는 캔(can)이란 용어는 Peter Duran이 개발한 주석도금 강철용기의 이름이 "canister"라 불린 데에서 유래한 것이다. 1851년 Chevalier-Appert는 가압 수증기를 안전하게 이용하여 통조림을 제조할 수 있는 고압솥을 발명하였고, 1897년 일본에서 이중권체기(double seamer)를 이용한 위생 통조림관(sanitary can)이 개발되었다. 그 이전까지는 양철을 오려서 납땜으로 밀봉하던 납땜 통조림관(soldered can)이 사용되었기 때문에 이중권체가 가능한 위생 통조림관은 땜납이 직접 식품과 접촉하지 않기 때문에 위생적이었다.

1921년에 이르러 통조림 내부표면에 에나멜을 도포한 통조림관(enamel coated-can)이 전 세계적으로 이용되기 시작하였고, 회분식 및 연속식 레토르트법(batch and continuous retorting system)과 무균가공포장법(aseptic processing and packaging)이 개발되어 통조림 내용물을 훨씬 더 빠른 속도로 대량 처리할 수 있게 되었다.

통조림은 양철관(tinplate can)이나 유리병 등의 포장용기에 식품을 넣고 탈기(exhausting)와 밀봉(seaming)공정을 거친 다음 가열살균 또는 멸균하여 식품을 장기간에 걸쳐 품질수명(shelf-life)을 유지함으로써 변패되지 않도록 제조한 저장식품의 하나이다. 식품공전 또는 식품위생 관련법규상의 정의를 보면 "병 · 통조림 식품이라 함은 식품을 관(can) 또는 병에 넣어 탈기, 밀봉한 후 살균 또는 멸균을 하여 상당한 기간 내용식품

고유의 품질이 보존되도록 한 것을 말한다. 다만 내용물이 따로 기준 및 규격이 정하여져 있는 식육제품, 유가공품, 잼, 고추장 등은 그 기준 및 규격에 의한다"라고 되어 있다. 통조림의 원료로는 육류와 어류 및 과채류를 비롯한 각종 농산물들이 주로 이용되는데 사용되는 통조림관의 재질은 식품의 종류에 따라 적당한 것을 선택하여 사용해야 한다.

18.1 통조림의 제조공정

18.1.1 용기의 재질과 규격

통조림 용기의 재질 중 가장 많이 사용되고 있는 것은 양철판(tinplate)이지만 이 밖에 알루미늄판, 유리병, 무도석강판(tin free steel plate, TFS) 등이 많이 이용되고 있다. 특히 식육 통조림관으로 널리 이용되고 있는 금속용기의 재질에는 양철판을 비롯하여 TFS 및 닉켈 도금판 등이 이용되고 있으며, 특히 양철판의 가공에는 탄소 함량이 낮은 특급 냉연 강판이 잘 쓰이고 있다. 양철판은 강판의 양면을 주석으로 전기도금하여 제조되며, 시간이 경과함에 따라 주석-철 합금피막이 형성되는데 그 두께는 0.31~1.54μm정도이다. 그리고 TFS에는 전기분해방식으로 크롬 도금한 강판으로 무도석강-크롬판(tin free steel-chromium, TFS-CT)과 무도석강-크롬-산화크롬판(tin free steel- chrome-chrome oxide, TFCCO)으로 분류된다. 알루미늄의 마그네슘 및 망간 합금도 흔히 이용되는데, 이 재질은 기계적인 강도 면에서 손색이 없고 스탬핑이나 그림을 인쇄하기가 쉬우며 부식에 대한 저항성이 뛰어나다.

통조림 용기와 내용물 사이의 화학적 반응을 방지하기 위해서 유성도료와 에나멜 수지 등과 같은 내면 도료가 이용되고 있다. 또한 통조림 용기의 부식 방지용 또는 외관 장식용으로도 유기 도료가 도포되고 있다. 일반적으로 식품접촉면에 쓰이는 도료에는 에폭시 페놀, 에폭시 아미노, 에폭시 페놀, 에폭시 아크릴산계 유도체를 비롯하여 유기용매 가용성 비닐 및 폴리에스테르 등이 있다. 안료(예 : 광물질)가 첨가되기도 하는데, 그것은 외관을 꾸미거나(백색 또는 금속성 안료) 장애특성을 증가시키며(황화합물을 흡수할 수 있는 안료), 식품과 접촉되지 않는 표면에 쓰이는 안료는 투명하거나 색깔을 띨 수도 있다.

식품가공에 이용되는 공관(empty can)의 호칭과 규격(안지름, 높이 및 내용적)은 KSD9004에 명시되어 있는데, 원료에 따라 편리하게 부르는 경우가 많다. 특히 pH가 중성에 가까운 산성식품인 식육제품 통조림은 고온살균(100~125℃, 레토르트로 가열살균)하므로 납땜관, 접착관, 용접관, DI관(drawn and ironed can) 또는 DR관(drawn and redrawn can) 등이 이용되고 있으며, 내면 도장재료로는 c-에나멜이 주로 사용되고 있다.

최근에 선진국가에서는 금속제 용기 대신에 플라스틱 용기가 개발되어 사용되고 있는데, 이 플라스틱 용기의 재질은 고밀도 폴리에틸렌이나 나일론과 아이오노머(Surlyn)의 혼합플라스틱이 주로 활용되고 있으며, 주로 햄, 반건조소시지, 건조소시지 또는 닭고기 제품포장에 나일론-아이오노머(Nylon-Surlyn) 필름이 사용되고 있다. 이 필름은 살균제품에만 사용되고 있으나, 무균제품 생산용 레토르트 공정에도 활용될 수 있는 플라스틱 재질이 개발되고 있다.

표 18-1. 식육통조림관의 규격

관 형	관의 크기		내 용 량	
	내경(mm)	높이(mm)	고형량(g)	내용총량(g)
2호 관	99.1	120.9	570	750
4호 관	74.1	113.0	300	400
6호 관	74.1	59.0	150	200
8호 관	65.4	52.7	100	135
휴대관	74.1	50.5	120	170
3호 Pocket관 A	83.5	30.3	85	110
3호 Pocket관 B	83.5	23.1	85	110
4호 Pocket관 A	74.1	30.3	55	75
4호 Pocket관 B	74.1	24.0	55	75
Corned beef 1호 관	68.0 50.3	74.2 59.0	85.7	270
Corned beef 2호 관	61.6 41.5	68.0 50.3	82.6	190
Corned beef 3호 관	61.6 41.5	68.0 50.3	46.7	100

18.1.2 통조림의 제조공정

식육 또는 가금육 통조림의 제조공정은 제품에 따라 다소 차이가 있으나 일반적으로 원료육의 선택, 처리, 조리가공, 가권체, 탈기, 밀봉, 살균 및 냉각의 순서로 진행된다. 식육과 육제품은 단독으로나 다른 부재료와 함께 매우 다양한 통조림제품으로 가공된다. 고기풀(meat paste), 햄, 콘비프(corned beef) 및 다양한 런천미트(luncheon meat) 등이 대표적인 예인데, 이들 제품은 단백질의 주요 급원인 식육과 가금육 및 다른 여러 가지 재료(야채류, 패스타 및 기타 여러 가지 소스류)들이 혼합되어 만들어진다.

(1) 원료육의 선별 및 정형

통조림 제조에 이용되는 식육은 절단육, 분쇄육, 재구성육 또는 염지육 등인데, 대체로 신선육으로 판매되지 않는 고기를 이용하는 경우가 많으므로 보다 경제적이라 할 수 있다. 쇠고기는 수소와 늙은 소가 일반적으로 이용되며, 보다 질긴 경향이 있는 앞 사분체가 주로 쓰인다. 돼지고기의 경우에도 같은 이유로 앞 사분체가 이용되고 가끔은 가슴부위 육이 이용되기도 한다. 닭고기는 슬라이스형, 입체형 또는 넓적다리나 다리고기 그대로 이용되기도 한다. 원료육의 처리공정에는 해동, 골발, 정형을 비롯하여 분쇄, 염수처리, 염지, 가열 조리 및 충전공정 등이 있다.

원료육의 품질은 통조림 제품의 수율, 색조, 풍미, 육질, 지방분산 및 살균조건 등에 영향을 미친다. 그러므로 도살장에서 항상 신선하고 위생적으로 처리된 것으로 도축검사원의 검사를 거친 원료육을 선택하도록 하되 처리된 즉시 2～3℃의 저온에서 냉각해야 한다. 그리고 냉동된 원료육을 사용하게 될 경우에는 5～6℃의 해동실에서 24시간 정도 서서히 해동시켜야 한다. 해동시 마이크로파는 내부온도를 매우 빠르게 상승시키므로 고기의 두께가 12 cm를 초과하는 경우에는 표면 사이에 열의 차이가 심하게 나타나므로 이용하기가 어렵다. 그러나 부분적으로는 제품의 해동에 이용되기도 한다(중심온도 －4℃까지 상승시키는 경우).

원료육을 정선할 때에는 숙련된 기술자나 기계적인 방법에 의해 골발작업을 마친 다음, 적육에 붙어 있는 인대(ligament)와 건(tendon)을 제거하여 정형하고, 근원섬유의 방향과 직각으로 절단하는 것을 원칙으로 한다.

식육통조림은 쇠고기, 돼지고기, 어린 양고기 및 송아지 고기, 닭고기 등의 생육과 햄, 소시지와 같은 식육가공품이 원료로 이용된다.

⑵ 세　절

이 세절(chopping and grinding) 공정에는 슬라이스화(slicing), 입방체화(cubing) 및 분쇄 등이 있다. 쇠고기, 돼지고기, 어린 양고기 및 송아지고기 등의 경우에는 분쇄공정을 제외한 나머지 공정들이 대개 수작업으로 진행되며, 입체형 닭고기는 기계적으로 처리된다. 그러나 기계적으로 처리하기에 앞서 적당한 크기로 절단해 주어야 한다. 그리고 이들 공정이 진행되는 동안에도 온도상승이 동반되면 미생물의 증식 우려가 있으므로 주의를 기울여야 한다. 몇몇 제품에서는 슬라이스, 절단 등을 촉진하기 위하여 미리 가열조리하기도 한다.

⑶ 염수처리 및 염지

원료육은 가열처리공정에서 발생하게 되는 감량(수분의 손실)과 조직의 경화를 예방하기 위하여 염수처리(brining)를 하거나 가염처리한다. 이들 처리에 의해 상업적인 멸균수준(미생물학적 안정성)에 이르는 데 필요한 가열온도를 다소 낮출 수도 있고, 염수에 염지염을 첨가하면 미오글로빈의 색소고정으로 인해 가열처리에 의한 퇴색을 감소시킬 수도 있다.

고기 통조림 제조시 심한 가열처리로 인해 상당한 액즙분리현상(감량이 30%까지 발생할 수 있다)이 따를 우려가 있는데, 이 분리액즙에는 수분 이외에 가용성 단백질, 아미노산, 지질 및 광물질 염류(K, Na 및 Ca)가 포함되어 있다. 이들 성분은 통조림 용기 안의 소스에 의해 보존되어 풍미에 기여할 수도 있지만 최소한 감량은 고기의 조직, 연도 및 다즙성에 좋지 못한 영향을 미친다.

염수처리가 보수력에 영향을 미치는 수준은 원료육의 종류와 부위별로 다르며, 보존방법, 크기, 염수의 조성 및 염수처리방법 등에 따라서도 달라질 수 있다. 소금은 잘 알려져 있는 바와 같이 정균작용 이외에 염소 음이온이 아미노산의 양전하를 상쇄(masking)하기 때문에 액틴과 미오신의 해리 및 용해에 의해 보수력이 증가된다. 고기의 보수력을 최대로 증가시키는 소금의 농도는 약 5% 수준으로 알려져 있으나 이 농도는 소비자의 기호도와 일치하지 않는 경우가 많다.

고기의 보수력을 증가시키기 위해서 폴리인산염(polyphosphate)이 이용될 수 있는데, 대개 피로인산염과 사슬이 긴 중합인산염의 혼합물이 쓰인다. 피로인산염은 보수력을 증가시키는 데는 매우 효과적이지만 너무 빨리 가수분해되는 결점이 있어 삼중인산염이나 사중인산염을 첨가하면 이런 현상을 방지할 수 있다. 중합인산염은 염수에 쉽게 녹지 않기 때문에 작업수행에 가끔 지장을 주는 경우가 있으므로 물을 충분히 교반해 주면서 염을 용해시킬 필요가 있다. 염수는 찬물(＜10℃)로 만들어야 하고, 중합인산염의 안정성을 유지하기 위해 저온에서 보존해야 한다.

염수의 침투를 촉진하고 침지시간을 줄이기 위해 가압상태에서 다침기(multineedle system)로 주입하거나 천(churn, rotary mixer)으로 교동(churning)시키는 방법 등이 이용되고 있다. 이때 고기와 염수의 혼합물은 4℃를 초과하지 않도록 주의해야 하며, 교동작업실은 4～8℃를 유지해야 한다.

고기의 종류에 따라 염수의 농도는 15～30% 범위이고, 회전속도는 3～15 rpm으로 조절하여 실시한다. 염수처리가 끝나면 소금과 인산염이 고기안으로 평형상태를 이루기까지 저온실에서 숙성(maturation)시키게 되는데, 일반적으로 숙성소요시간은 12～48시간이다. 숙성시간이 너무 길어지면 미생물의 증식으로 인해 산성화(acidification, souring)될 우려가 있다.

⑷ 가열 조리

일부 제품의 경우에는 통조림으로 가공하기 전에 육편을 미리 가열 조리(cooking)하는 경우가 있다. 그 목적은 주로 육편의 표면이 엉기거나 덩어리가 형성되는 것을 방지하고 풍미와 외관을 향상시키는 데 있다. 또한 가열 조리는 고기덩어리의 크기를 줄이는 데(슬라이스화 또는 입체화)도 이용된다.

⑸ 충전 및 가권체

조리된 원료육은 기계 또는 수작업에 의해 빈 통조림관에 적당량씩 충전(filling)한다. 식육제품용 통조림관의 재질 중 철분이 함유된 것은 가열살균시 황화수소와 반응하여 검은색의 황화철을 생성할 우려가 있으며, 도장재에 산화아연이 첨가된 c-에나멜은 흰색의 황화아연을 발생하므로 변색에 극히 주의해야 한다.

내용물을 충전할 때에는 빈 관의 일부 상부공간(head space)을 남겨 관 윗부분이 팽창하는 것을 예방하여야 하는데, 이 상부공간이 필요 없는 제품도 있으므로 주의해야 한다.

충전이 끝나면 가권체(clinching)를 하게 되는데, 미리 내용물의 이상 유무와 이물질의 혼입 여부를 점검해 두어야 한다. 가권체는 탈기하기 전에 관에 뚜껑을 덮고 가권체기(clincher)로 이루어지며 탈기 및 밀봉공정의 예비공정이라 할 수 있다. 즉 가권체의 목적은 탈기함을 통과하는 동안 관의 뚜껑이 분리되는 것을 막고, 아울러 응축수가 관 속으로 낙하하는 것을 방지하고, 가열 탈기 후 상부공간이 냉각되거나 공기가 다시 들어가는 것을 막는 데 있다.

⑹ 탈　　기

탈기(exhausting)는 제품의 변질을 예방하기 위하여 관 속의 공기를 제거함으로써 진공상태로 만드는 공정으로, 이때 통조림관의 진공도라 함은 관내 기압과 관외 기압 사이의 단순한 압력차를 나타내는 것으로 일반적으로 진공도는 인치(inch) 또는 cm 단위로 표시하며 진공계(vacuum tester)로 측정된다. 여기서 외기압이 29.5 in이고, 관내 기압이 19.5 인치라고 하면 진공도는 10.0 인치가 되며, 상부공간의 공기를 약 1/3 배제한 셈이 되는 것이다. 일반적으로 탈기법에는 가열탈기법, 기계적 탈기법, 증기분사법 및 가스흡입법 등이 있다.

탈기의 목적을 보면 다음과 같다.

① 살균시 공기 팽창에 의해 발생할 수 있는 밀봉부위의 파손이나 늘어짐을 예방한다.
② 관 내면의 부식(corrosion)과 호기성 세균의 성장을 방지한다.
③ 관의 뚜껑과 및 밑면을 오목한 상태로 해 줌으로 팽창관과의 식별이 쉽게 된다.
④ 관 내용물의 산화에 따른 맛, 색택 또는 영양가의 손실을 예방한다.

진공도는 내용물의 종류에 알맞게 조정해야 하는데, 보기를 들면 염지소시지 통조림에서는 진공도를 너무 강하게 하면 내용물의 소시지가 부서질 우려가 있다.

⑺ 밀 봉

통조림의 밀봉(seaming)은 관 밖으로부터의 미생물의 오염과 공기의 유통을 막아 관내의 진공도를 유지함으로써 식품을 안전하게 보존하기 위한 공정으로 통조림 제조에서 가장 중요한 공정이다.

밀봉은 주로 이중권체기(double seamer)로 행해지는데, 관 동체(body)의 가장자리를 굽힌 부분(flange)과 뚜껑의 가장자리를 굽힌 부분(curl)을 서로 말아넣어 접착시키고 뚜껑 안쪽에 도포되어 있는 충전재인 봉합성 고무(sealing compound)에 의해 공기의 차단상태가 유지되도록 하는 공정이다.

밀봉기의 주요부분은 리프터(lifter), 척(seaming chuck) 및 롤(seaming roll)의 세 주요부분으로 구성되어 있다.

⑻ 멸 균

밀봉이 끝난 통조림은 멸균에 의해 내용물 중에 남아있는 미생물을 사멸하여 변패의 근원을 제거한다. 살균조건은 내용물의 종류, pH, 열전도방식 뿐만 아니라, 내용물에 남아있는 미생물의 종류와 수 등의 여러 조건에 따라 달라질 수 있다. 통조림의 내용물은 그 pH에 따라 저산성(pH 5.0 이상), 중산성(pH 4.6~5.0) 및 고산성(pH 4.0 이하)으로 분류되나 축육통조림은 대부분 저산성 쪽이므로 고압 고열에 의한 멸처리를 해야 하는 경우가 많아 고압솥(retort)이 이용된다.

레토르트는 일상 저장조건에서 변패를 일으킬 수 있는 저항성 미생물을 포함하여 소비자의 건강에 유해한 모든 미생물들을 완전히 사멸시켜 소비자가 내용물을 꺼내 바로 먹을 수 있을 만큼 높은 온도에서 제품을 열처리하는 금속제 장치로써 가열멸균과 냉각을 연속적으로 행할 수 있다.

레토르트는 그 형태에 따라 비진탕형, 연속 진탕형 및 수압식의 세 종류가 있다. 대부분의 육제품 통조림은 비 진탕형 레토르트에 의해 열처리되는데, 이 레토르트는 대기압보다 높은 압력을 나타내는 증기나 과열상태의 물에 의해 열이 공급된다. 그리고 이 레토르트는 수직형과 수평형의 두 가지가 있으며, 대개 여러 가지 최대압력에 맞추어 설계되고 있으나 육제품용의 표준설계에 의한 최대압력은 1.05 kg/cm^{2}이다.

일회 처리능력과 점유면적을 고려할 때 수직형 레토르트가 수평형에 비해 보다 능률적이지만 작업상의 부담은 크다. 수평형은 형태와 크기의 선택이 다양하여 원형과 각형 등으로 수직형에 비해 큰 용량으로 제작되고 있어 운송기구나 트럭이 바로 출입할 수 있는 이점이 있으며, 멸균 전의 제품과 멸균처리 후의 제품의 출입구를 서로 다르게 할 수도 있다.

표 18-2. 축육통조림 가열 살균표

품 명	관모양	내용물의 pH	가열초온 (℃)	살균온도 (℃)	압력계시도 (lbs/in^2)	살균시간 (분)	일정한 온도 도달시간(분)
쇠고기 조미	6호	5.6~7.4	21.0~54.0	108.4~112.6	5.0~8.0	50~80	5~20
쇠고기 조미	8호	5.6~7.4	–	108.4	5.0	50	8
쇠고기 야채조미	5호	6.0	30.0	109.9	6.0	60	15~18
쇠고기 야채조미	6호	6.0	18.0~30.0	111.3~112.6	7.0	70	15~25
콘비프 2호	200 g	6.0	40.0~80.0	108.4~112.6	5.0~8.0	60~90	5~15
콘비프 1호	280 g	6.0	60.0	108.4	5.0	50	10
슬라이스햄	소시지(각)	–	–	100.0	–	100	–
비엔너 소시지	8호	6.0	16.0~30.0	106.9~112.6	4.0~8.0	90	10~20
프랑크푸르터 소시지	7호	–	21.0	108.4	5.0	60	10
볼로나 소시지	소시지(각)	–	–	115.2	10.0	60	10
런천미트	〃	–	45.0	111.3	7.0	70	10
슬라이스 베이컨	〃	–	–	100.0	–	80	–
닭고기 수자	2호	–	50.0	115.8	10.5	90	15
닭고기 수자	4호	–	25.0~40.0	115.8	10.5	70~90	10~25

연속진탕형 레토르트는 멸균용 상자 안에서 제품이 계속 진탕되면서 열처리되는 방식으로 처리시간의 단축과 열 침투속도의 증가가 가능하며, 주로 비엔나 소시지와 potted meat류의 처리에 활용되고 있다. 그리고 수압식 레토르트는 증기압력이 물의 압력에 의해 유지되는 방식으로 물의 온도가 15.6℃에서 127℃로 조절되면서 이때 발생하는 수압에 의해 증기온도는 116~129℃로 조절된다. 수압식 레토르트는 비진탕형 레토르트에 비해 증기와 물의 가격 때문에 원가면에서 유리하며 소요면적이 절감되고 대용량 처리가 가능하나 초기 투자경비가 높은 결점이 있다.

식육 통조림 제품에 대한 살균은 가열조리용 탱크에서 68.3~76.7℃에서 가열하여 내부온도가 65.6~68.3℃에 이르도록 처리하는데. 가열시간은 제품의 양과 관의 크기 등에 따라 조절되어야 한다.

(9) 냉 각

열처리가 끝난 통조림 제품은 되도록이면 빨리 흐르는 물로 호열성 세균이 자랄 수 있는 온도 이하로 냉각시켜야 한다. 냉각이 끝난 때의 품온이 최소한 37.8℃ 이하가 되도록 해야 하며, 21.1℃ 또는 25.6℃ 이하로 냉각하면 더욱 바람직하다. 그러나 관 외벽이 젖은 상태로 두면 부식이 따르므로 수분 증발을 위해 어느 정도의 온도 유지는 필요하다. 관이 냉각되는 동안 압력변화에 의해 관이 일시적으로 수축하는 경우가 있어 내부로의 누출이 우려되므로 냉각수를 거의 무균상태로 해야 하므로 냉각수를 염소처리 해야 한다. 특히 수압식 가열기에 의한 처리시 대형 통조림관은 관 끝부분의 변형, 즉 버클링을 방지할 수 있는 압력 이하로 냉각해야 한다.

관의 부식방지를 위해 레토르트나 냉각수에 아질산나트륨 또는 황산수소나트륨을 첨가하게 되는데, 이들 물질이 관벽에 보호막을 형성하게 하는데 기인하는 것으로 보이며, 사용기준은 아질산염은 600 ppm, 황산수소염은 0.001%로 되어 있으며, 특히 아질산염은 위험성이 높아 소금과의 혼동을 피하기 위해 0.05%의 활성탄을 첨가하여 갈색을 띠게 하도록 되어 있다.

(10) 저장과 품질수명

멸균 식육통조림은 상대습도와 온도가 품질유지에 영향을 미치기 때문에 시원하고 건조한 장소에 저장해야 한다. 따라서 상대습도는 30~40% 이하로 하고, 저장온도는 21.1℃를 넘지 않도록 함이 좋다. 이 온도에서 저장하면 4~5년간 기호성의 변화가 없고, 4.4℃ 이하에서 저장하면 품질수명이 더 연장된다. 그러나 플라스틱 용기에 저장된 햄은 대개 품질수명이 12~18개월 정도에 지나지 않는다.

(11) 무균 통조림 제조

일반적으로 레토르트 멸균 시에는 육제품의 최고품질에 적합한 온도보다 다소 높게 처리되는 경향이 있어 최종제품의 품질향상을 위해 무균 통조림 가공법이 개발되었다. 무균 통조림 가공이란 용기와 내용물을 따로 멸균처리하여 실온에서도 무균포장상태로 저장할 수 있도록 무균적 조건에서 내용물을 무균처리된 용기안에 충전하는 방법이라 할 수 있는데, 내용물은 연속적으로 흘려보내면서 거의 148.8℃까지 단시간 처리하면서 멸균된다. 그러나 육제품은 균질상태가 아니기 때문에 연속적인 흐름이 불가능하므로 과열의 우려가 있다. 따라서 이러한 문제점에 대한 대안으로써 "Flash 18"법이 실용화되고 있는데, 이 방법에서는 107.2℃의 온도에서 공기압을 18파운드(8.16 kg)로 가압한 실내에서 내용물을 충전하는 방법이다. 보통 대기압에서는 100℃ 이상의 고온에서 통조림의 내용물을 충전하는 것은 불가능하므로 충전실과 밀봉실의 공기압을 올림으로써 끓는 점이 상승하게 된다. 충전이 완료된 통조림관은 123.9℃ 가까운 온도에서 몇 분간 가열하여 멸균한 다음 신속하게 냉각하는 방법이다.

18.1.3 통조림의 제조

통조림은 일차적으로 첨가되는 원료육을 비롯하여 첨가되는 재료와 가공방법에 따라 서로 차이가 있으므로 주요한 고기통조림의 제조공정에 대하여 살펴보면 다음과 같다.

(1) 식육 통조림

1) 로스트비프(roast beef)

쇠고기를 통조림 용기에 맞게 수축률 30%를 고려하여 절단한 다음 끈으로 묶고 굽기용 냄비에 넣는다. 1회 22.6 kg을 기준으로 흑후추 분말 28.35 g을 뿌리고 226 g의 소금을 녹인 물 1.9 ℓ 에 넣은 다음 가열된 오븐에서 0.9 kg 육편은 30분간 그리고 1.35 kg 육편은 40분간 조리하되 소요시간이 반쯤 경과되면 버터 양념장을 발라 타는 것을 방지한다. 조리가 다 되면 고기를 꺼내어 놓고, 냄비 기름 0.95 ℓ 와 밀가루 0.47 ℓ 를 잘 섞고 끓는 물 7.56 ℓ 를 가하고 후추와 충분한 양의 캐러멜을 가하여 고기국물(gravy)을 만든다. 구운 고기를 통조림 용기에 충전하고 고기국물을 가한 다음 탈기를 충분히 하고 나서 밀봉한 다음에 121.1℃로 가열 처리한다. 가열시간은 용량에 따라 다른데, 0.453 kg관은 70분, 0.906 kg관은 90분 그리고 0.279 kg관은 110분간 처리한다.

2) 프레스비프(pressed beef)

[재료의 배합비율]

재료	양	재료	양
쇠고기	45.36 kg	소 금	0.906 kg
정향 분말*	14.18 g	Mace 분말*	14.18 g
계피 분말*	28.35 g	Allspice*	28.35 g
Cayenne pepper 분말*	14.18 g	식 초	0.60 ℓ

* 향신료는 등량의 정유 또는 액체향신료(oleoresin)와 함께 사용해야 한다.

쇠고기를 솥에 넣고 냉수로 덮은 다음 끓인 후에 잘 익을 때까지 가열 조리한다. 뼈는 전부 분리해 내고, 고기는 작은 육편으로 잘라 소금과 향신료를 가해 섞은 다음 0.453 kg의 편평관(flat can)에 충전한다. 고기의 양을 대략 9.5 ℓ 까지 졸여 액즙을 줄인 다음에 식초를 충분히 가하고 121.1℃에서 70분간 가열처리한다.

3) 콘 비 프(corned beef)

콘비프용 쇠고기는 냉각육을 택하여 우선 상처부위, 연골, 건, 혈반 및 과잉지방을 제거한 것을 사용한다. 적당히 냉각된 쇠고기를 염지를 위해 육세절기를 이용하여 적당한 크기로 절단한다. 원반형 칼(직경 53.3 cm, 중심부 간격 3.8 cm)이 장착된 절단기로써 절단하되 두 번 통과시킨다. 원료육의 염지법에는 신속염지법과 완만염지법이 있는데, 신속염지법은 수시간 안에 행하는 방법이고, 완만염지법은 12～15일이 소요된다. 대량생산을 위해서는 신속염지법이 이용되기 때문에 여기서는 이 방법을 중심으로 살펴보기로 한다.

절단된 원료육을 끓는 물이나 육즙에 담가 반숙(parboiling)한 다음 액즙을 다시 끓는점까지 가열하여 25분 동안 부글부글 끓인다. 이 반숙과정에서 얻어지는 육즙은 다른 원료육의 반숙용으로 계속해서 쓸 수 있다. 이처럼 육즙에서 반숙된 쇠고기는 물로 반숙한 것보다 풍미가 더 좋은 장점이 있다. 반숙용 액즙은 끓는점 가까운 온도로 유지하는 것이 좋으나 4시간 이상은 무리이다.

반숙과정에서 고기를 계속 진탕하여 덩어리가 생기는 것을 방지해야 하고 덩어리가 생기면 깨뜨려주어야 한다. 대개 반숙과정에서 35% 정도의 감량이 발생한다. 사용기구로는 스테인레스강 탱크 밑부분에 구멍이 뚫린 개방된 증기 코일이 장착되어 있는 것으로 때로는 알루미늄 또는 주석이 깔린 구리제 증기 이중솥이 쓰이기도 한다.

반숙된 고기를 염지액에 담가 48.9~60℃에서 염지하게 되는데, 염지액은 물 113.5ℓ, 소금 62.7ℓ, 질산나트륨 4.53 kg 및 아질산나트륨 28.35 g을 배합하여 조제한다. 고기와 염지액의 온도는 처음에 65.56~71.11℃로 시작되는데, 냉각과정에서 약간 저하되지만 염지기간 중 48.9~60℃는 유지되어야 한다. 염지공정 초기에는 계속 진탕하여 주다가 그 이후에는 15분 간격으로 진탕해 준다. 염지시간은 6시간에서 8시간 정도 소요된다.

염지가 끝나면 온수로써 표면에 떠오르는 더껑이를 제거하고 염지액을 분리한 다음 48.9℃의 미지근한 물로써 과잉의 염지액을 씻어낸다. 염지육으로부터 연골, 과잉의 지방, 동맥 기타 불필요한 부분을 제거하여 정형한 다음에 용기에 충전하게 되는데, 고기의 크기는 3.18×3.18 cm 이하로 절단해 주어야 한다. 살균조건은 충전량에 따라 차이가 있는데, 1호관은 112.6℃, 120분 또는 115.6℃, 75분, 2호관은 112.6℃, 150분 또는 115.6℃, 90분 및 2.5 kg관은 112.℃, 300분에서 각각 처리한다. 열처리가 끝나면 즉시 내부온도를 35~40.6℃로 낮추어 주어야 한다.

4) 콘비프해쉬(corned beef hash)

콘비프해쉬는 콘비프에 감자와 양파를 첨가한 다음 소금, 후추 및 향신료로 조미한 제품이다. 배합비율은 개인적인 취향에 의존되므로 제조업자에 따라 제품의 품질이 좌우된다.

다음 배합비율은 기본적인 예로써 소비자의 취향에 맞추어 조절할 수 있다.

[배 합 례]

감 자	22.65 kg(또는 같은 무게에 해당하는 건조 감자)
콘비프	18.57 kg
양파 분말	4.38 kg

제품에 적당한 점조성을 부여하고자 하면 물을 첨가해도 된다.

쇠고기는 먼저 염지한 다음 반숙하는데, 스테인레스강으로 만든 증기 이중솥으로 반숙한다.

감량이 약 25%가 될 때까지 고기를 끓인 후 솥에서 꺼내어 과잉의 지방과 연골을 제거한다. 감자는 쉽게 연화되지 않는 품종을 선택해야 하며, 가열 조리하면 걸쭉한 상태가 되는 것이어야 한다.

감자는 껍질을 벗긴 후 곧바로 냉수에 담가 갈변을 방지하기 위해 공기에 노출되지 않게 한다. 껍질을 모두 벗기고 나서 끓는 물에 넣고 9~12분간 끓인다.

고기, 감자 및 양파를 자른 다음 회전절단기로 혼합한다. 혼합된 재료는 통조림 용기에 충전하고 증기탈기상자에 통과시켜 공기를 제거하고, 중심부 온도가 최소한 54.4℃에 이르도록 가열한다.

탈기된 용기는 즉시 밀봉하고 난 후 112.6℃에서 120분간 가열 처리한다.

5) 런천미트(luncheon meat)

런천미트의 원료육은 돼지고기와 쇠고기 절단육 및 가공잔육을 여러 가지 비율로 배합하여 사용하되, 고기는 철저하게 냉각된 것을 사용해야 하며, 0.32~0.64 cm 플레이트나 회전절단기를 이용하여 미세하게 분쇄한 다음 탈기 공정이 없기 때문에 진공혼합기를 이용하여 소금, 아질산나트륨, 설탕 및 향신료 등을 완전하게 혼합하는데, 소금과 아질산나트륨의 첨가량은 각각 원료육 100 kg에 대하여 3 kg 및 15.5 g으로 되어 있으나 최근에는 다소 줄이는 경향이 있다.

혼합공정 중 열이 발생하게 되므로 혼합물의 온도를 −2℃ 이하로 유지하기 위하여 드라이아이스를 첨가하는 것이 좋다. 혼합공정이 끝나면 자동 피스톤형 충전기로 옮겨 적당한 용기에 충전한다. 이때 제품의 온도는 0℃를 유지하도록 해야 하며 일반적으로 개관할 때에 내용물이 잘 분리되도록 박리제를 함유한 특수라이너로 도포된 340 g의 장방형 관에 충전한다.

살균은 회전레토르트로 112~115℃에서 70~80분 정도 실시하며, 살균 후 즉시 가압 냉각하여 팽창을 방지한다. 그러나 소금과 아질산염의 첨가수준을 낮춘 경우에는 살균온도를 높이고 살균시간을 다소 길게 하여야 한다.

6) 소시지미트(sausage meat)

소시지미트는 포크소시지미트나 소시지미트를 통조림으로 가공한 제품으로 포크소시지미트는 돼지고기 잔육만을 함유하고 있고, 소시지미트는 쇠고기 잔육과 돼지고기 잔육 이외에 내장육 등이 함유되어 있다. 일반적으로 제조업자에 따라 배합비율이 다양하고 생산지에 따라서도 차이가 있다.

[Pork sausage meat 배합예]

돼지고기 잔육	45.3 kg	소　금	1132.5 g
Sage	28.35 g	백 후 추	198.45 g
Savory	17.71 g		

[Sausage meat 배합예]

돼지고기 잔육	22.7 kg	내장	11.325 kg
돼지나 소머리고기	11.325 kg	소금	1132.5 g
백 후 추	226.8 g	Mace	28.35 g
Sage	28.35 g		

* 향신료는 반드시 정유나 액상향신료(oleoresin)와 함께 첨가한다.

먼저 고기 재료들을 0.4 mm 플레이트가 장착된 분쇄기를 통과시키고 나머지 재료들을 소시지 혼합기에 넣어 충분히 혼합한다. 관에 충전한 다음 내용물의 온도가 최저 51.7℃가 되도록 탈기상자를 통과시켜 탈기가 끝나면 곧 밀봉한다. 소시지미트의 가열처리 조건은 453 g관은 112.6℃, 120분, 906 g관은 112.6℃, 150분이다.

7) 비엔나소시지(Vienna sausage)

통조림용 비엔나소시지는 특별히 이 용도에 맞게 제조하여 이용한다. 즉 염지한 소시지미트를 좁은 돼지창자 케이싱에 충전한다. 이처럼 충전된 것은 서로 연결되어 있지는 않으나 각각 60 cm 정도가 되게 하여 훈연용 막대에 걸게 되어 있다. 훈연실 안에서 잘 건조시킨 다음 가볍게 훈연하는데, 훈연이 지나치면 열처리시 케이싱이 파열되는 경우가 있기 때문이다. 소시지는 상부 공간이 거의 0.635 cm되게 적당한 길이로 절단한 다음 충전한 다음 간극에는 젤라틴으로 채운다. 그러나 대다수 통조림제조업자들은 물로 채우는 경우가 많은데, 젤라틴으로 채우는 것에 비해 맑은 상태를 나타내기 때문에 매우 만족스러운 제품이 된다.

충전된 용기는 증기 탈기상자를 통과시키는데, 용기의 크기에 따라 3~5분이 소요된다. 탈기 후 내용물의 중심온도는 71.11℃에 이르게 되며, 탈기공정이 끝난 직후 바로 밀봉해야 한다.

밀봉된 용기는 즉시 가열 처리하게 되는데, 비진탕형 레토르트(still retort)로 용기의 크기에 따라 113.4 g관은 112.6℃에서 80분, 283.5 g관은 112.6℃에서 130분 및 680.5 g관은 112.6℃에서 200분간 처리한다.

8) 플라스틱 포장햄

앞서 설명한 바와 같이 플라스틱 포장햄은 나일론과 설린으로 만들어진 플라스틱 용기에 햄을 포장한 다음 살균 처리한 제품으로 내용물인 햄은 일반 햄과 마찬가지로 골발, 염지 후 포장되기 전에 텀블링 또는 마사지를 거쳐 가열 처리되어 제조된다. 이처럼 텀블링이나 마사지 공정을 거치기 때문에 전통적인 햄보다 다즙성과 풍미가 좋고 수율이 높으며, 물의 첨가 여부는 표지에 표기하여야 한다.

포장은 열성형기를 이용하는 데 성형필름으로 내용물에 밀착 성형시키고 비성형필름은 바닥재질의 역할을 한다. 살균처리는 71.1~76.7℃에서 중심부 온도가 65.6℃ 또는 71.1℃에 이르러 일반적으로 같은 크기의 햄류의 처리시간과 같게 열처리한다. 가열처리가 끝나면 3.3~4.4℃에서 냉각한 다음 "변패의 우려가 있으므로 냉장할 것"이란 표지를 해야 하며, 이 조건에서 품질수명은 6개월 정도에 이른다.

지금까지 살펴 본 식육통조림 이외에도 쇠고기나 돼지고기를 비롯하여 양고기나 내장류에 걸친 재료의 선택과 부재료의 배합 및 제조방법 등에 따라 chili con carne, mammy style hash, curried mutton, jellied veal, roast mutton, roast veal, beef tongue, Irish stew, potted meat, potted beef, potted ham, potted tongue 등과 같이 여러 가지 제품이 있다.

(2) 가금육 통조림

가금육 통조림의 원료육으로는 닭고기 이외에 칠면조고기, 오리고기 등이 이용되며, 가금육 통조림에는 boned chicken, boned turkey, potted turkey, turkey jelly, chicken a la king, chicken and noodles, whole chicken, potted chicken, roasted chicken, chicken in jelly 등이 있는데, 이들 중 주요한 몇 가지 제품의 제조공정에 대하여 살펴보면 다음과 같다.

1) 가금육 통조림의 제조

가. 원료육의 처리

가금육 통조림은 신선한 가금육으로부터 시작된다. 원료육의 원활한 공급을 위해 동결가금육도 이용될 수 있으며, 냉동육은 21.1℃의 흐르는 물에서 1~2시간 정도 해동하여 사용하게 되는데, 해동육은 즉시 예비가열 조리하여야 한다.

나. 예비가열 조리(precooking)

개방형 솥을 이용하여 해동육을 가열 조리하는 것이 보통인데, 스테인레스강으로 만든 설비를 이용해야 한다. 가금육은 뼈에서 고기가 잘 분리될 정도로 끓는 물속에서 가열 조리한다. 가금육의 크기별로 1,812~2,265g인 경우 1.5~2.5시간이 걸린다. 증기레토르트에 의해 가열 조리하는 경우에는 철망자루에 도체를 넣어 처리함으로써 육즙을 따로 채취할 수 있으며, 무거운 도체는 104.4℃에서 90분 또는 121.1℃에서 60분 처리한다.

채취된 육즙은 제품에 첨가하고자 하면 71.1℃ 이하로 보존되어야 한다. 또한 하룻밤 사이 보존 시에는 4.4℃ 이하에서 냉장해야 하며, 장기보존 시에는 0℃ 이하에서 냉장해야 한다.

다. 골 발(boning)

가열조리가 끝나자마자 즉시 뼈를 분리한다. 가열 조리된 가금육은 공기, 살수, 유수, 얼음과의 접촉 등에 의해 냉각하게 되며, 냉매와의 접촉시간은 30분을 초과하지 않도록 한다. 골발은 백색육과 적색육 및 피부별로 수작업에 의해 실시하기도 하며 목, 날개 및 등 부위는 기계적으로 분리하기도 한다.

라. 혼 합

가금육 통조림은 백색육, 적색육 및 껍질 등이 자연적인 비율대로 혼합기에 의해 혼합하게 되는데, 검사에 합격한 가열조리육 또는 신선 골발육을 통조림 용기에 충전하기에 적당한 크기로 절단되어야 한다. 껍질은 혼합하기 전에 0.32 cm 플레이트가 장착된 분쇄기로 분쇄하여 사용하고, 소금은 혼합시 또는 육즙에 첨가해도 된다.

마. 통조림 용기

가금육 통조림 포장용기는 양철판에 전면적으로 에나멜이 도포된 것을 이용한다.

바. 충 전

혼합이 완료된 원료육을 손으로나 반자동식 또는 자동식으로 충전하게 되며, 정확하게 칭량해야 한다. 그리고 예비가열조리시 얻어진 육즙으로 완전히 채우게 되는데, 2~4회분 처리된 액즙이 보다 좋은 풍미를 가지고 있음에 유의해야 한다. 첨가되는 육즙은 71.1℃ 이상을 유지해야 하고, 수작업으로나 자동식에 의해 충전하게 되며, 가금지방도 같은 방식으로 첨가되기도 한다.

사. 밀 봉

뼈있는 가금육 통조림은 기계적인 방식에 의해 밀봉하게 되는데, 최저 60℃로 가열 탈기하거나 뜨거운 육즙으로 제품의 평균온도가 48.9℃에 이르도록 처리하거나 또는 증기 진공밀봉법에 의해 밀봉한다.

아. 충전관의 세척

레토르트를 청결하게 유지하고 가공 후 청정화를 미리 피하기 위해 밀봉관을 세척하여 지방과 부착되어 있는 제품 조각들을 제거해 주어야 한다.

자. 가열처리

밀봉 공정이 끝나면 미생물의 성장과 이에 따른 변패를 방지하기 위하여 즉시 가열 처리공정으로 이행해야 한다. 액체 내용물은 가열특성에 결정적인 영향을 미치므로 필요한 가열처리지침을 준수해야 하는데, 분류하면 다음과 같다.

[액체 내용물의 양에 따른 제품의 분류]

Boned(poultry)-고형충전	5% 이하의 액체
Boned(poultry)	10% 액체
Boned(poultry)-육즙첨가	20% 액체

제품에 안정제, 증점제 또는 고화제(solidifying agent)가 첨가되어 있으면 다음에 추천하는 방법이 적합하지 않을 수도 있음에 유의해야 한다. 대표적으로 뼈있는 가금육 통조림(고형충전)을 예로 들어 용기의 크기별로 정지 레토르트에 의한 가열처리조건을 소개하면 표 18-3과 같다.

표 18-3. 용기의 크기에 다른 정지 레토르트의 가열처리조건

용기의 크기 (cm)	내용물의 정미량(g)	내부온도 (℃)	가열처리시간(분)		
			115.6	118.3	121.1
76.2×34.9	113.4	4.44	60	50	45
		37.78	55	45	40
		71.11	50	40	35
81.0×111.1	453.6	4.44	120	105	95
		21.11	115	100	90
		37.78	110	95	85
		54.45	105	90	80
		71.11	95	85	75
108.0×177.8	1417.5	4.44	200	180	165
		21.11	195	175	160
		37.78	185	165	150
		54.45	170	150	135
		71.11	155	135	125

차. 냉각 및 저장

가열처리 후 즉시 용기를 냉수에 의해 35∼40.6℃로 냉각해야 하며, 관의 직경이 87.3 cm 이상인 것은 변형이나 말단부의 비틀림을 방지하기 위해 가압 냉각하는 것이 좋다. 내부온도가 40.6℃ 이상인 경우에는 호열성 세균이 증식되어 변패를 초래할 수도 있고

제품의 품질에도 영향을 미칠 수 있다.

가금육 통조림은 건냉한 장소에 저장하는 것이 바람직하며 온도나 습도에 큰 변화가 없도록 해야 한다.

2) Potted chicken

[재료 배합례]

닭 고 기	40.824 kg	가렴 돼지고기	4.536 kg
양파분말	226.8 g	소 금	1.814 kg
파 슬 리	453.6 g	분쇄한 백후추	226.8 g
정 향	113.4 g	Mace	56.75 g
월계수 잎	28.35 g		

돼지고기를 가열 조리하여 껍질을 벗겨두고, 닭고기는 털을 뽑아 깨끗하게 씻은 다음 작은 조각으로 절단하고 우선 소금 907.8 g, 양파, 파슬리, 정향, mace 및 월계수 잎과 함께 솥에 넣은 다음 찬물을 끼얹어 끓게 하여 연해질 때까지 찐다. 솥에서 꺼내어 껍질과 뼈를 분리해내고 잘게 분쇄한 후 나머지 소금과 후추를 가한다. 액즙은 미리 닭고기 수프로 만들어 그대로 쓰거나 반으로 농축시킨 것을 충전하기도 하며, 1.893 ℓ 관에 충전하는 경우가 일반적인데, 밀봉 후 121.1℃에서 70분간 가열 처리하여 제품을 완성한다.

3) Chicken in jelly

[재료 배합례]

닭 고 기	45.356 kg	양파 분말	136.1 g
월계수 잎	28.35 g	Mace	28.35 g
정 향	56.70 g	소 금	1.36 kg
젤 라 틴	340.2 g		

닭고기를 털을 뽑아 씻어 작게 절단하고 솥에 넣은 다음 고기 젤리로 덮는다. 소금과 주머니에 넣은 양파 및 향신료를 가하고 끓여 연해질 때까지 찐다. 닭고기를 꺼내어 조심스레 껍질과 뼈를 제거한 다음 한 시간 동안 냉수에 담가 두었던 젤라틴을 첨가하고 모두 녹을 때가지 진탕한 뒤에 여과한다. 액즙이 맑지 않으면 난백이나 청정제로서 맑게 한다. 닭고기를 용기에 넣고 액즙으로 덮어 밀봉한 다음 121.1℃에서 1호관은 30분간 그리고 2호관은 40분간 가열 처리한다. 정지 레토르트에 의한 가열시간과 온도별 조건은 앞서 소개한 뼈있는 닭고기 통조림 가공의 경우와 같다.

19. 식육 · 육제품의 미생물 및 위생

- 신현길, 진구복 -

19.1 미생물에 의한 부패

19.1.1 부패 메커니즘

미생물에 의한 식육이나 육제품의 부패는 미생물이 분비하는 효소에 의해 발생하며, 단백질이나 지방이 분해되면서 여러 종류의 가스가 발생하게 되어 악취 생성의 원인이 되고, 또한 유기산이나 색소 등이 생성되므로 변질의 원인이 된다. 단백질, 지방 및 소량의 탄수화물로 구성되어 있는 식육이나 육제품에서 미생물들이 식육을 영양원으로 이용하기 위해서 흡수할 수 있는 형태로 분해해야 하므로 효소를 미생물의 체외로 분비한다. 미생물의 영양원으로는 탄수화물이 가장 쉽게 이용되고, 다음으로 단백질과 지방의 순으로 이용된다. 식육내 탄수화물은 대부분 글리코겐의 형태로 존재하는데, 대개 단당류로 분해, 흡수된 후 다시 체내 효소에 의해서 분해되어 탄산가스나 산으로 분비된다. 단백질은 먼저 가수분해에 의하여 폴리펩티드, 트리펩티드 그리고 디펩티드 등으로 분해되고 다시 아미노산으로 분해된다. 아미노산의 일부는 미생물에 의하여 직접 이용되고, 다른 일부는 계속 분해된다. 후자의 분해경로는 탈아미노(deamination)과정과, 탈카르복시(decarboxylation)과정으로 구분할 수 있으며, 이러한 경로를 거쳐 암모니아, 탄산가스, 지방산 및 아민 등이 생성되며, 또한 tyrosine과 tryptophan 등은 phenol과 indole 등을 생성한다.

1) 탈아미노반응

$$\underset{\substack{|\\ NH_2}}{R-CH}-COOH \xrightarrow{+H_2O} \underset{\substack{|\\ OH}}{R-CH}-COOH+NH_3$$

$$R-\underset{\displaystyle NH_2}{\underset{|}{CH}}-COOH \xrightarrow{+H_2O} R-CH_2-COOH+NH_3$$

$$R-\underset{\displaystyle NH_2}{\underset{|}{CH}}-COOH \xrightarrow{+1/2\,O_2} R-\underset{\displaystyle O}{\underset{\|}{C}}-COOH+NH_3$$

2) 탈카르복시반응

$$R-\underset{\displaystyle NH_2}{\underset{|}{CH}}-COOH \longrightarrow R-CH_2-NH_2+CO_2$$

3) 탈아미노반응과 탈카르복시반응

$$R-\underset{\displaystyle NH_2}{\underset{|}{CH}}-COOH \xrightarrow{+H_2O} R-\underset{\displaystyle OH}{\underset{|}{CH}}-COOH+NH_3 \longrightarrow R-CH_2-OH+CO_2$$

다른 세균보다 단백질을 우선적으로 분해하는 세균은 Pseudomonadaceae, Enterobacteriaceae, *Bacillus* 그리고 *Clostridium* 등인데, 이들 세균의 오염에 의한 증식은 식육 및 육제품의 빠른 부패를 야기한다. 식육의 지방은 가수분해에 의하여 글리세린과 지방산으로 분해되고, 미생물의 체내에서 계속 분해된다. 글리세린은 해당과정을 거쳐서 TCA cycle에서 분해되고, 지방산은 산화과정을 통해서 산패취의 원인이 되는 케톤 등의 물질로 분해된다. 지방의 분해는 지방분해효소(lipase)에 의한 작용이며, 이러한 효소를 생성하는 미생물로는 *Proteus*, *Micrococcus* 및 *Pseudomonas* 등이 있으며, 미생물에 의한 지방의 변패는 대부분 이들에 기인한다.

19.1.2 식육 및 육제품의 부패

(1) 신선육의 부패

동물의 근육조직 내부는 무균상태로 알려져 있으나, 일부 림프선에 혐기성(anaerobic) 또는 통성혐기성(facultative anaerobic) 세균이 오염되어 있는 경우가 있다. 특히 도살 중에 불결한 칼로 경동맥을 절단하였을 때 혈액을 통하여 체내에 세균이 오염되는 것으로 보고되고 있는 흔한 경우는 아니다. 따라서 미생물에 의한 식육의 부패를 야기하는 오염은 일단 도살과 그 후의 공정 중에 시작된다고 할 수 있다. 방혈, 박피, 해체 중에 발생하는 중요 미생물의 오염은 동물체의 털이나 가죽에 묻어있는 오물과 장내용물을 오염원으로 하여 일어나게 된다. 따라서, 가축의 도살 직전 절식을 통해 장 내용물을 줄이는 것과 도축 전 가축을 수세하는 것은 도체육의 미생물오염수준을 낮추기 위해서 필요하다. 신선육의 미생물 오염은 해체과정 중에 도살장에서 사용하는 칼, 작업복, 물 그리고 작업장 바닥의 오물에 의하여 발생하게 된다. 그림 19-1에 나타난 바와 같이 축육의 저장기간은 무엇보다도 초기오염의 세균수에 의하여 결정되는 것임을 알 수 있으며, 초기오염수준이 낮으면 같은 저장조건에서도 저장기간을 연장할 수 있다.

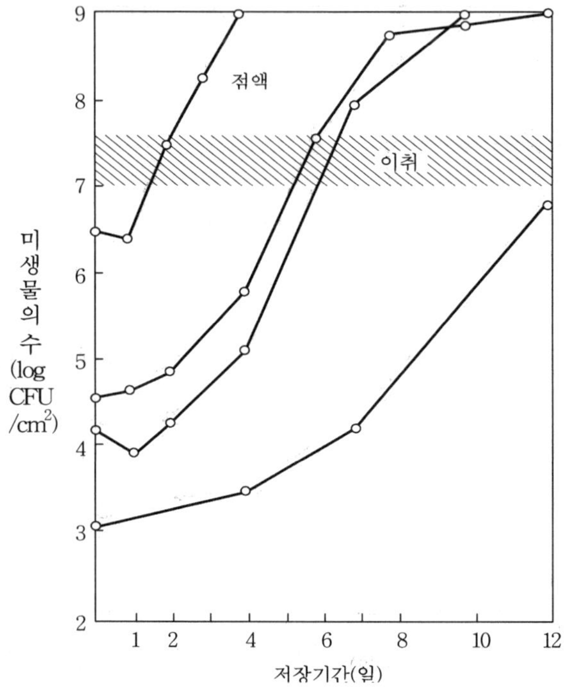

그림 19-1. 초기 미생물의 오염수준과 저장기간과의 관계(35℃)

식육의 부패원인세균은 주로 그람음성이며 *Pseudomonas*가 대부분을 차지하고 있다. 이 외에도 *Acinetobacter*, *Aeromonas*, *Alcaligenes*, *Flavobacterium*, *Moraxella*, 그리고 Enterobacteriaceae 등이며 그람양성 세균인 micrococci 등도 이에 포함된다. 식육의 오염 미생물의 종류는 그들의 보관조건에 따라 달라지는데, 만약 도체를 건조한 곳에 매달아 두면 수분활성도가 감소하면서 낮은 수분활성도에 내성이 약한 세균의 증식은 감소하고 효모와 곰팡이의 증식은 증가한다.

도체육의 처리보존시 가장 중요한 것은 냉장실의 상대습도 및 송풍속도를 잘 조절하는 것이다. 도체의 부패는 바깥 부위부터 시작되는데, 이를 막기 위해서는 도체의 표면에 발생하는 응결수의 생성을 습도와 송풍속도 조절을 통해 억제시키고, 식육표면을 어느 정도 건조시켜야만 저장기간을 연장할 수 있다. 하지만 너무 낮은 상대습도와 빠른 송풍속도는 오히려 도체중의 감량을 유발하게 되어 많은 경제적 손실을 가져올 수 있다. 그림 19-2는 도체의 보존 중 상대습도와 미생물의 증식관계를 나타내고 있다.

신선육 저장 중의 식육의 변색은 기호성에 많은 영향을 미치는데, 육색소인 미오글로빈의 산화에 의해서 일어나는 경우와, catalase 음성인 *Lactobacilli*의 증식으로 생성되는 과산화수소에 의하여 일어나는 경우가 있다. 부분육을 절단하여 냉장보관시 부분적으로 녹갈색을 띠는 경우가 있는데, 이는 미생물의 오염에 의한 과산화수소 생성 때문이다.

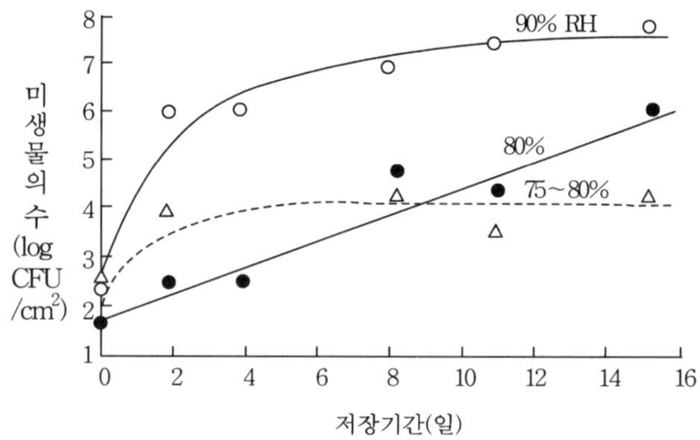

그림 19-2. 냉장 중의 상대습도가 소 지육 표면의 미생물 성장에 미치는 영향(2℃)

(2) 가금육의 부패

가금육에는 주로 *Salmonella*가 많이 오염되어 있는데, 대부분 도살가공 중에 도체 사이에 오염되기 때문에 도살 후 냉각 중 교차오염(cross-contamination)을 방지하기 위한 연구가 많이 진행되고 있다. 일부국가에서는 교차오염에 의한 식중독을 막기 위해서 닭고기는 동결상태로 유통하도록 규정하고 있거나, 일반식육과 따로 취급하도록 하고 있다. 특히 도살 및 해체과정 중에서 오염이 많이 되는 과정은 털 뽑기(picking)를 원활히 하기 위하여 실시되는 탕침과정이다. 탕침은 여러 방법이 있으나, 특히 신선육 판매를 위해서는 껍질이 엷은 어린 닭은 저온에서 탕침을 실시하는데(50~55℃/120~180 sec), 이 과정 중에 많은 미생물이 사멸하기도 하지만, 상당량은 생존하여 표피에 오염된다. 특히 털이나 다리 및 몸통에 오염물과 함께 생존해 있는 *Acinetobacter, Moraxella, Pseudomonas, Corynebacterium,* 그리고 *Micrococcus* 등은 도축 도중에 식육으로 오염된다. 이들이 도체육의 표면에 많이 존재하고 있지만, 가금육의 부패는 주로 *Pseudomonas fluorescens, Pseudomonas putida* 그리고 *Pseudomonas fragi* 등에 의하여 발생되고,

*Alteromonas, Putrefaciens, Acinetobacter*와 *Moraxella* 등도 부패와 관련된다. 또한 가금육의 저장온도는 미생물의 어떤 종이 주로 우세균(predominant microflora)으로 증식하게 되는가를 결정하는데 *Pseudomonas*는 저온성 세균이기 때문에 1℃ 내외에서 *Enterobacter liquefaciens*나 *Lactobacillus*는 10~20℃에서 우세균주로 증식한다. 대개 가금육에서는 표피에 10^7~10^8 CFU/cm^2의 세균이 존재할 때 이취를 생성하고, 10^8 CFU/cm^2 이상에서는 점액을 생성하여 식품으로써 섭취가 불가능하게 된다.

(3) 가공육의 부패

육가공품의 부패에 관여하는 미생물의 오염은 1차 오염(primary contamination)과 2차 오염(secondary contamination)으로 나눌 수 있는데, 1차 오염이란 원료육이나 부재료에 오염되어 있는 내열성 미생물이 가공 중의 가열처리에 의하여서도 살아남아 증식함으로써 부패를 유발하는 경우이며, 2차 오염이란 육가공품의 가열살균 후 포장 등의 취급과정 중에 외부로부터 오염되는 것을 말한다. 따라서 원료육의 오염정도는 육가공품의 저장수명을 결정하는 데 중요한 영향을 미치게 된다. 특히 우리나라 육제품의 유통 중에 발생하는 부패는 유통상의 문제도 중요한 원인이지만 원료육의 오염정도도 부패의 중요한 원인이 된다. 그림 19-3은 원료육의 미생물 오염도와 가열처리 후의 이들의 생존관계를 나타내고 있다. 그림에서 볼 수 있는 바와 같이 가열처리에 의한 미생물의 사멸이 어떤 온도에서 갑자기 일어나는 것이 아니라 가열시간에 따라 대수적으로 일어나게 된다. 따라서 원료육의 미생물 오염정도가 가열처리 후 생존미생물수 뿐만 아니라, 보존기간에 많은 영향을 미침을 알 수 있다.

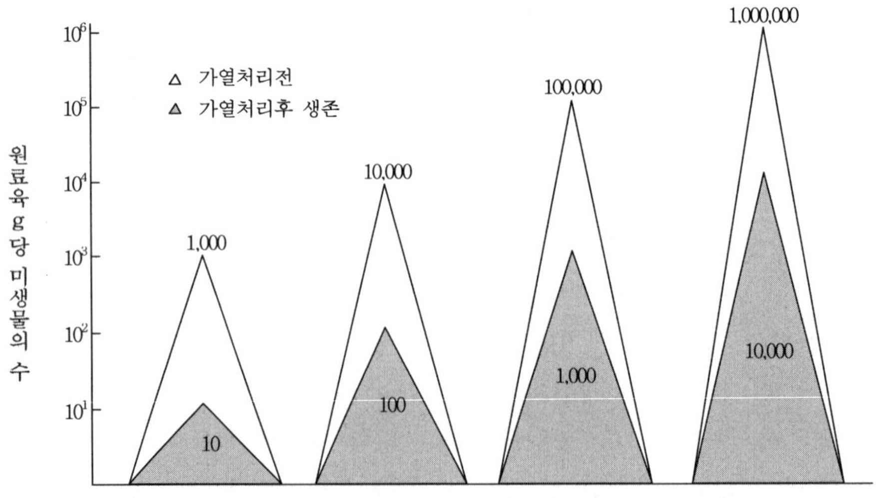

그림 19-3. 원료육의 미생물 오염정도와 가열처리 후의 생존(가열처리에 의해서 99%가 사멸할 경우)

또한 가공 중에 첨가되는 향신료, 대두 단백질과 전분 등에 오염되어 있는 미생물도 육제품의 저장수명에 중요한 영향을 미치게 된다. 왜냐하면 건조한 상태인 식품에 오염되어 있는 미생물은 영양세포보다는 거의 내열성이 매우 강한 포자상태로 존재하고 있다가 가열처리 후에도 생존하여 발아하기에 적합한 환경을 접하게 되면 발아하여 영양세포가 되기 때문이다. 특히 천연향신료는 미생물의 오염도가 높으므로 이들의 사용에 주의를 하여야 한다. 가열처리한 육제품은 80℃ 이하에서 살균한 것과 통조림 등과 같은 고압살균한 육제품으로 나눌 수 있는데, 고압살균한 육제품은 2차 오염이 없는 한 주로 고압살균에서 생존한 *Bacillus*나 *Clostridium*의 포자가 영양세포로 발아하여 영양세포에 의해서 부패가 발생한다.

80℃ 이하의 온도로 가열처리되는 햄 및 소시지류의 부패는 가열 공정 후 손, 의복, 기타 포장지 등의 주위환경에 세균이 오염되어 발생하는 2차 오염에 의해 발생한다. 또한 진공포장 된 육제품의 부패는 편성호기성 세균의 증식이 억제되고 주로 젖산균에 의하여 일어난다. 가열처리 후에 얇게 썰어 진공포장하여 판매되는 육제품의 오염은 주로 자르는 기구에 의하여 오염되며, 특히 이 공정은 10℃ 정도의 낮은 온도에서 실시되므로, 이 온도 범위에서는 주로 저온성 세균이 생장하게 되므로 이러한 육제품의 부패는 주로 저온성 세균에 의해서 발생하게 된다. 또한 육제품을 10℃이상의 온도에서 보관하면*Clostridium* 포자가 발아하여 부패를 야기하기도 한다.

19.2 미생물의 증식에 영향을 미치는 요인

식육 및 육제품은 미생물이 잘 생장할 수 있는 충분한 영양원을 가지고 있어 미생물에 의하여 쉽게 부패하고 변질되므로, 미생물의 생장 특성을 잘 이해하여 이 특성들을 식육과 육제품의 취급에 잘 응용할 수 있어야 한다.

육가공의 발달 역사는 미생물의 생장을 억제하여 저장성을 높이기 위해 발달되어 왔다고 해도 지나치지 않을 것이다. 예를 들면, sausage란 어원은 라틴어의 "salsus"에서 유래하는데, 이는 보존육이란 의미를 갖고 있다. 미생물에 의한 식육의 부패나 변질을 방지하고 식육의 보존성을 개선하기 위해서는 미생물의 생장에 영향을 미치는 요인들에 대하여 잘 이해하여야 한다.

생장에 영향을 미치는 이들 요인들로는 수분활성도(water activity : a_w), 온도, 수소이온농도(pH), 산화환원전위차 그리고 생장억제물질의 존재 유무 등인데 이들 요인에 따라 식육이나 육제품에 오염되어 있는 미생물의 증식속도가 결정된다고 할 수 있다.

19.2.1 수분활성도

식품의 수분활성도란 같은 온도에서 순수한 물의 증기압(P_0)에 대한 식품 속에 존재하는 수분의 증기압(P)의 비를 말한다.

$$a_w = P/P_0$$

a_w에 따라 동결점(凍結點), 비등점(沸騰點) 그리고 평형상대습도(equilibrium relative humidity, ERH)와 삼투압이 달라진다. 과거에 미생물이 이용할 수 있는 유용수분과 용액의 농도를 ERH와 삼투압으로 나타내기도 했는데, a_w가 순수한 물의 증기압에 대한 용액의 증기압의 비로 나타내는데 비하여 ERH란 %로 나타낸 것이다.

$$ERH(\%) = a_w \times 100$$

식품의 ERH란 식품을 밀폐된 용기에 넣어 두었을 때 흡습 또는 탈습이 일어나 평형상태에 이르는 용기 내의 습도를 나타내는데 유용수분을 나타내는 단어로써는 a_w가 더 적합한 표현이다. Raoult법칙에 따르면 이상적인 용액과 용매의 증기압비는 그 몰비(molar ratio)와 같으며 다음 식으로 나타낼 수 있다. 따라서 소금의 첨가에 의해 저장성을 좋게 하는 것은 용액의 몰수를 증가시켜 a_w를 내림에 기인한다.

$$\frac{P}{P_0} = \frac{n_1}{n_1+n_2}$$

P : 용액의 증기압
P_0 : 순수한 용매의 증기압
n_1 : 용매의 몰수
n_2 : 용질의 몰수

(1) 수분활성도와 세균

그람양성균은 그람음성균보다 a_w에 대한 내성이 강하다. 따라서 a_w가 낮은 식품의 세균에 의한 부패는 그람양성균에 의해 발생하는 경우가 많다. 예를 들면, 소금의 함량이 비교적 높은 햄이나 베이컨의 부패는 거의 그람양성균에 기인하는데, 식육을 저온저장하면 주로 부패성 세균인 *Pseudomonas*가 우세 부패균으로 되는데 여기에 약 2% 정도의 소금을 첨가하면 이들의 증식은 억제된다. 염지육이 보존성이 좋은 것은 이와 같은 이유 때문이며, 따라서 육제품에서 소금은 보존제로서의 역할을 한다.

대부분의 그람음성균은 표 19-1에서 볼 수 있는 바와 같이 a_w = 0.95에서 생육이 중지되고 일부 그람양성균은 0.90에서 생육이 중지된다. 특히 장독소(enterotoxin)를 생성하는 *Staphylococcus aureus*는 낮은 a_w에 내성이 아주 강하여, 호기적 상태에서는 0.86까지 증식이 가능하다고 보고되고 있다. 따라서 *S. aureus*는 a_w가 비교적 낮은 dry sausage나 치즈 등에 증식하여 식중독을 야기하는 주요한 식중독 세균이다. 포자의 발아도 a_w의 영향을 받는데, 적당한 가열처리에 의하여 영양세포를 사멸시키고, 살아남은 포자는 미리 조절된 a_w에 의하여 장기저장 소시지를 생산할 수 있는데, 이때 포자발아의 최저 a_w는 0.95이다.

(2) 수분활성도와 효모 및 곰팡이

효모와 곰팡이는 세균보다 낮은 a_w에 내성이 강하며, 특히 효모는 내열성이 강하고 a_w가 낮은 액체식품에서도 잘 생장한다. 특히 *Saccharomyces rouxii*의 경우 낮은 a_w에 내성이 강하여 액체식품에서는 0.62까지도 증식할 수 있다. 또한 식품에 오염되어 있는 곰팡이는 대개 a_w가 0.70에서 그 증식이 중지된다. a_w는 미생물의 증식억제효과 외에 곰팡이에서 생성되는 곰팡이 독소(mycotoxin)에도 직접적으로 영향을 미치게 되는데, a_w = 0.80 이하의 수분활성도에서 곰팡이는 증식은 되지만 독소는 생성하지 않는다.

표 19-1. 식품에 관여하는 주요 미생물의 증식에 필요한 최저 수분활성도

미 생 물	a_w	미 생 물	a_w
Pseudomonas	0.97	대부분의 그람양성균	0.91
Escherichia coli	0.96	부패원인 효모	0.88
Acinetobacter	0.96	*Staphylococcus aureus*	0.86
Enterobacter aerogenes	0.95	호염성균	0.75
대부분의 그람음성세균	0.95	곰팡이	0.71
Bacillus subtilis	0.95	*Saccharomyces*	0.62
Clostridium botulinum	0.95		

19.2.2 온 도

모든 미생물은 그들이 생장할 수 있는 적당한 온도 범위를 가지고 있고 온도는 미생물의 생장에 필요한 효소의 활성과 관련이 있다. 이를 식품저장에 이용하는 방법에는 고온저장법과 냉장법 및 동결저장법 등이 있다. 미생물은 그들이 생장하는 데 필요한 온도범위에 따르는 생리적인 특성에 따라서 호열성(thermophiles), 중온성(mesophiles), 호냉성(psychrophiles) 그리고 저온성(psychrotrophs) 등으로 나눌 수 있으며, 생육온도 범위는

표 19-2와 같다.

표 19-2. 세균의 증식온도 범위

세 균	증식온도범위	세 균	증식온도범위
호냉성 세균	−5~20℃	중온성 세균	10~45℃
저온성 세균	0~35℃	고온성 세균	40~70℃

중온성 세균은 주로 동물에 기생하는 세균으로 대부분의 식중독 세균이 여기에 속하며 또한 식품 부패에 관여하는 대부분의 세균들도 여기에 속한다. 호열성 세균의 생육적온은 55~65℃로 식육의 냉장유통 중에서는 문제가 되지 않으며, 비교적 식육 및 육제품과 무관한 미생물이기도 하다. 호냉성 세균은 그 생육적온이 15℃이하이며, 증식최고온도가 20℃ 이하인 세균을 말한다. 저온성 세균이란 생육적온이나 생육최대온도가 호냉성 세균보다 높으며, 냉장온도에서 서서히 생장 가능한 세균을 말한다.

식육은 대개 냉장온도에 보관하게 되는데, 냉장온도는 식육이 빙결되지 않은 -1~+5℃이다. 이 온도 범위에서는 *Salmonella*를 비롯한 대부분의 식중독 미생물은 생장하지 못한다. 미생물은 그들의 생장적온보다 온도를 낮추게 되면 증식은 완만하게 일어나게 되고, 증식최저온도 가까이로 온도를 더욱 낮추게 되면 증식곡선상의 유도기(lag phase duration)가 정상보다 현저히 늘어나게 된다. 즉 그림 19-4에서 보는 바와 같이 중온성 세균의 경우는 20℃에서 유도기간이 20~30시간이었는데, 10℃에서는 아주 길어져 140시간에 이른 것을 볼 수 있다. 따라서 식육이나 육제품의 저장성을 개선하기 위해서는 약간의 온도차이라 할지라도 저장기간은 몇 배 연장할 수 있음을 알 수 있다.

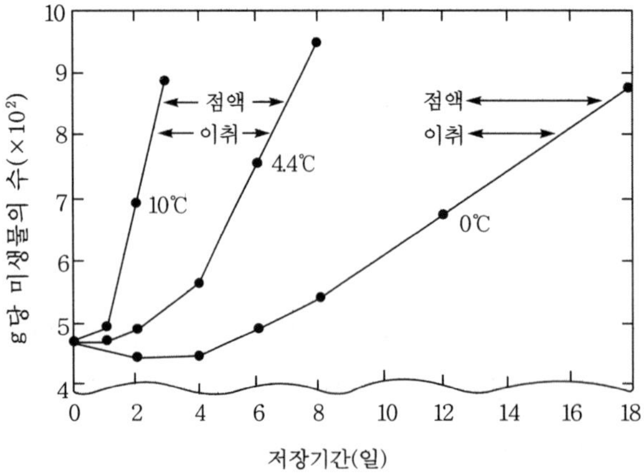

그림 19-4. 식육의 저장온도와 저장기간과의 관계

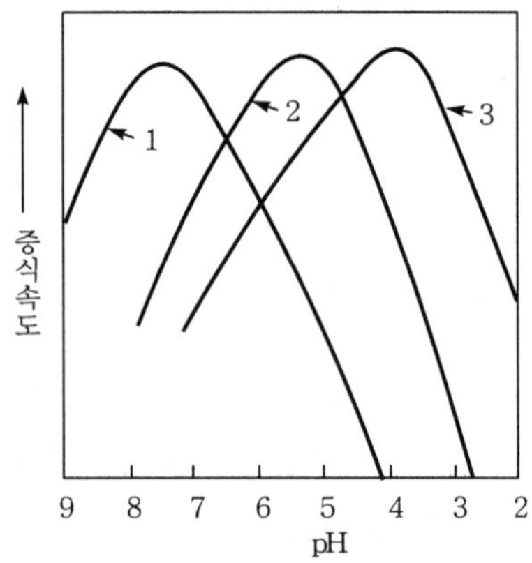

그림 19-5. 미생물의 증식 pH범위
1 : 세균, 2 : 효모, 3 : 곰팡이

19.2.3 pH

대부분의 미생물은 중성 pH 범위에서 빨리 성장하며, 그 보다 pH가 낮거나 높을 경우에는 증식이 억제되지만, 일부 미생물은 오히려 중성에서 보다 낮은 pH나 높은 pH에서 더 잘 자라는 것들도 있다. 돼지고기가 쇠고기보다 저장성이 좋지 못한 것은 돼지고기에 많이 함유되어 있는 비타민 등도 원인이 되지만 돼지고기의 pH가 쇠고기보다 다소 높은 것도 그 중요한 이유의 하나이다. 미생물은 그들의 생육에 필요한 최적 pH 범위가 있으며, 이 최적 pH와 다른 환경에서는 생육이 억제된다. 일반세균은 pH 7에서 가장 잘 생육하고 pH 5 부근에서는 생육이 억제되지만, 일부 세균 및 효모는 pH 5 부근에서도 잘 생육한다. 곰팡이는 pH 3에서도 잘 생장하며, 어떤 종은 pH 2에서도 잘 생장할 수 있다.

대개 육제품의 pH는 미생물 생육한계 pH보다 높아 pH에 의한 미생물의 생장억제효과는 거의 없으나, 발효소시지나 발효햄은 당 첨가에 의하여 발효햄은 pH가 6.0 내외에서 4.5~5.5 정도로 떨어지므로 저장성이 향상된다. 도체의 보존성을 좋게 하기 위하여 도체 표면에 산을 분무하여 pH를 낮추어 저장기간을 연장시키는 효과에 관하여도 보고되고 있다. 소시지를 가열처리하기 전의 pH는 5.8~6.2이나, 가열처리 정도에 따라 pH가 0.2~0.5 가량 상승하게 되므로, 미생물은 더욱 증식이 쉬워진다.

19.2.4 산화환원전위

혐기성 세균은 산소가 존재하지 않는 조건에서 잘 생육하는 것을 말한다. 그러나, 생물학적으로 호기성(aerobic) 또는 혐기성(anaerobic)이라는 말은 실제적으로 상당히 애매한 말로 산소농도에 따라 명확하게 구별되지는 않는다. 생물학에 있어서 산화 혹은 환원의 현상은 단지 산소의 이동만이 아니고 수소원자의 이동으로도 설명된다. 분자상의 산소가 존재하지 않아도 수소수용체가 있으며 호기성 미생물은 약간의 생육이 가능하고, 반대로 산화환원전위차(redox potential, Eh)를 충분히 감소시키면 분자상 산소가 존재하여도 혐기성 미생물의 생육이 가능하다. 산화된 조건에서 염지 육제품은 주로 지방분해 세균인 *Micrococci*나, 효모와 곰팡이류에 의해서 부패되지만, 진공포장상태에서는 *Brochothrix thermosphacta*와 *Lactobacilli*가 우세균(predominant microorganism)으로 관찰된다.

그림 19-6에서 볼 수 있는 바와 같이 산소필요 정도에 따라서 미생물을 4그룹으로 나눌 수 있다.

A그룹은 호기성 미생물(aerobic microorganism)을 나타내는데, 이들이 주로 식품을 부패시키며 *Bacillus*, *Pseudomonas*, *Acinetobacter*, *Moraxella* 그리고 곰팡이류 등이 이에 속

한다. 따라서 이들은 공기가 존재하는 식육이나 육제품의 표면에서만 자라기 때문에 표면부패균이라 부른다. 이들은 산소가 없이는 생존이 불가능하며, 산소의 투과성이 낮은 포장지로 진공포장함으로써 이들의 증식을 억제할 수 있다.

N그룹은 편성혐기성 미생물(obligate anaerobic microorganism)로 이 그룹에 해당되는 세균은 산소가 전혀 없어야만 증식이 최고에 이르며, 대표적인 세균으로는 *Clostridium* spp.이 있다. 이들은 주로 식품의 내부에서만 증식이 가능하며, 특히 탈기하여 제조되는 통조림이나 레토르트식품 등의 주요 부패세균이 된다.

F그룹은 통성혐기성 미생물(facultative anaerobic microorganism)을 나타내는데, 공기의 존재여부에 상관없이 증식이 가능한 미생물을 말한다. 이들은 대체로 산소의 농도가 높을수록 증식이 빨리 진행된다. 이에는 식중독 원인세균인 *Staphylococcus aureus*와 *Salmonella* 등이 속하며, 진공포장육 및 육제품의 주요 부패세균도 여기에 속한다. A그룹은 그들의 증식을 위해서 미량의 산소가 필요한 미생물을 말하며, *Lactobacilli*가 이에 속한다.

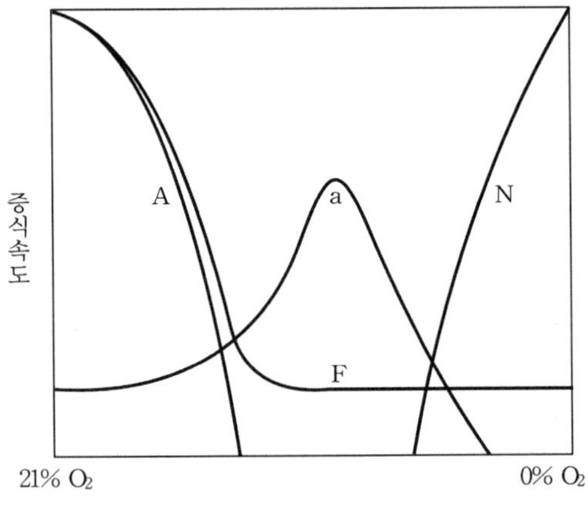

그림 19-6. 산소농도와 미생물의 증식관계

A : 호기성　N : 편성혐기성
a : 미호기성　F : 통성혐기성

19.2.5 조　사

조사(照射, irradiation)란 공간을 통해 에너지가 이동되는 물리적 현상을 이용하여 식육의 오염미생물 증식을 억제하기 위해 사용되는 방법들 중 하나이다. 조사의 방법은 이온성 조사(ionizing irradiation)와 전자기 조사(electromagnetic irradiation)로 대별되는데, 특히 이온성 조사에는 X-선 및 γ-선 등이 이용되고 있다. 이온성 조사란 여러 종류의 핵이나 소립자들의 흐름으로 이루어져 자신의 운동에너지를 피조사체에 전달하는 것을 말하며,

전자기 조사에는 주로 자외선, 적외선, 방사선 등의 장파장선이 이용되고 비이온성 조사가 포함된다. 일반적으로 조사저장(radiation preservation)이란 이온성 조사를 의미하나, 마이크로파와 적외선은 가열수단으로의 용도를 가지고 있고, 자외선은 그 용도가 극히 제한적이지만 쇠고기의 고온 단시간 숙성시 표면의 미생물 증식 억제와 유통공기에 의한 오염이 문제가 되는 육류 저장용 냉장고의 살균에 이용되고 있다. 일반적으로 표준조사량의 단위에는 rad, Mrad, 또는 kGy 등이 사용되는데, 우선 rad란 피조사체 1 g당 흡수되는 에너지가 100 erg에 해당하는 선량이며, 보통 백만 rad (Mrad : 메가라드) 또는 천 gray(KGy : 킬로그레이) 등이 쓰이고 있는데, 1 Mrad는 열의 일당량(4.184 J/cal)에 의해 환산하면 약 2.39 칼로리에 해당한다. 이온성 조사의 화학적 특성은 피조사체의 분자를 이온화시켜 자유 라디칼을 생성함으로써 다른 화학적 변화를 유발하는 것으로 생물학적으로는 온도상승이 거의 발생하지 않는 가운데 미생물이나 기생충을 사멸시키게 된다. 일반적으로 생물체의 구조가 복잡하고 클수록 조사에 민감한 경향을 나타낸다.

(1) 이온성 조사

이온성 조사가 식품의 저장수단으로 논의되기 시작한 것은 약 50여년 전이지만, 1980년대에 이르러 FAO 및 WHO에서 허가된 품목의 저장을 위해 1 Mrad 이하의 조사를 용인한 바 있다. 우리나라에서는 1991년에 화학훈증제(산화에틸렌, 브롬화메틸)의 발암성과 환경위해성이 확인되고 세계 각국에서 화학물질인 식품보존제의 이용에 대한 규제가 강화됨에 따라 건조식육 및 어패류 분말과 일부 조미식품 분말에 대해 γ-선 조사가 허용된 것이 본격적인 식품조사의 계기가 되었다. 식품저장에 대한 이온성 조사의 이점은 화학적인 변화를 최소화하면서 세균을 효율적으로 사멸할 수 있고 또한 금속류를 포함하여 상당히 두꺼운 포장재로 포장된 상태에서 처리할 수 있다는 점이다.

1) 이화학적 반응

이온성 조사는 피사체에 조사되면 이온이나 화학적으로 들뜬 분자(excited molecules)를 형성하여 화학적 반응을 일으킨다. 즉 활성화된 분자는 반응이 계속되면서 반응성이 강한 다량의 자유라디칼을 생성하고, 이들의 중합에 의해 고분자의 중합체가 생성되기도 하며, 특히 산소의 존재 하에서는 과산화물을 생성하여 산패의 요인이 되기도 한다. 이온성 조사가 생체 분자에 미치는 영향은 분자량에 비례하기 때문에 거대분자인 DNA는 매우 민감한 것으로 알려져 있으며, 단백질은 그 자체의 성질과 선량에 따라 다소 다른 모습을 나타낸다. 즉 거대분자인 티틴과 네불린 같은 단백질은 이온성 조사에 매우 민감하며, 랜덤코일의 구조를 가진 단백질이 나선형 구조에 비해 저항성이 낮은 편이다. 그러나 식육류에 대한 영향은 다른 식품들에 비해 다소 적은 편인데, 그 까닭은 다량의 물이 단백질과 결합된 상태로 존재하고 자유라디칼들을 흡수할 수 있는 물질들이 많이 존재하여 이들이 이차적인 손상을 막아주기 때문이다. 따라서 단백질 중의 아미노산은 거의 영향을 받지 않는데, 다만 가용성 아미노산은 탈아미노화 반응이 일어나 케토산과 알데히드가 생성되며, 함황아미노산으로부터는 황화수소가 생성된다. 그러나 낮은 선량에도 단백질의 구조변화가 일어날 수 있으며, 특히 등전점에서는 용해성의 변화(변성), 중합 및 분해가 일어나 저분자의 응고물이 생성되기도 한다.

멸균조사량인 5 Mrad(50 kGy) 정도의 조사에 의해 식육단백질의 보수력이 상당히 저하되며, 근원섬유에 대한 ATP의 감응도도 크게 감소하는데, 이는 효소의 불활성화에 기인된 것으로 설프하이드릴기(−SH)의 산화가 그 근본적인 원인이다. 육류에 대해 1∼10 kGy 정도로 조사하면 자체 단백질가수분해효소가 감소하기 때문에 육질의 유지가 가능해지는 것으로 알려져 있으며, 더 높은 선량인 경우에는 전반적인 단백질가수분해효소의 활성이 40% 정도 감소한다. 그러나 대부분의 효소들을 불활성화시킬 수 있는 선량은 5 Mrad나 되므로 조사식품의 저장 중 심각한 문제를 일으킬 수 있음에 유의해야 한다. 콜라겐은 건조된 상태에서 조사하면 수축되나 젖은 상태에서는 용해성이 증가되므로 연도의 증가를 기대할 수 있다. 조사선량의 증가와 더불어 콜라겐의 열수축 온도는 뚜렷하게 감소하는데, 이는 콜라겐의 구조 중 3개의 나선형 구조를 결합시키고 있는 수소결합의 일부를 파괴하기 때문이다.

돼지고기가 조사된 경우 육색소 단백질이 선홍색의 옥시미오글로빈으로 변화되나, 쇠고기의 경우에는 갈색의 메트미오글로빈이 생성된다. 반면에, 가열조리육을 조사하면 갈색이 붉은 색으로 전환되며, 공기가 존재하면 특히 극한 산성에서 아미노산으로부터 유래된 황화수소와 반응하여 초록색의 설프미오글로빈을 생성한다. 식육에 대한 조사에 의해 생성되는 이취(異臭)의 요인인 메티오닌과 글루타티온에서 유래된 황화수소, 메틸메르캅탄, 에틸메르캅탄, 디에틸설파이드, 이소부틸메르캅탄 등과 같은 휘발성 물질들은 조사선량이 1 Mrad로부터 6 Mrad로 증가되면 모두 그 생성량이 늘어난다.

이온성 조사는 식육 중의 지질에 대해 산화적 산패(oxidative rancidity)와 비슷한 변화를 일으키는데, 산소가 없으면 지방산의 탈카르복시화가 그리고 불포화지방산인 경우에는 중합반응이 일어나는데 비해 산소 존재 하에서는 하이드로퍼옥사이드와 카르보닐화합물들이 생성된다. 조사선량이 증가되면 카르보닐 화합물이 더 많이 생성되지만, 이는 지방 함량과는 아무런 관계가 없다. 또한 이온성 조사에 의해 C−C 결합이 소편화(小片化)됨으로써 여러 가지 탄화수소류가 나타난다. 대개 조사선량이 늘어남에 따라 아세트알데히드, 아세톤 및 메틸에틸케톤이 생성되는 경향이 있다. 미량성분에 대한 조사의 영향을 보면, 당질의 경우 주로 C_6 위치가 산화되어 글루콘산과 알데히드류가 생성되며 비타민 중에서는 비타민 C와 티아민이 민감한 편이다.

2) 관능적 특성

위에서 이온성 조사에 의해 나타나는 단백질의 변성에 따른 응고, 구조의 변화, 보수력의 감소, 풍미 악화 등의 단점을 해소하기 위해서 많은 노력을 해 온 결과 특히 식육이나 식육제품을 동결상태에서 조사하거나 저온에서 냉장해 두었다가 조사하면 육질이 크게 개선되었다. 조사냉동육은 비교적 고온에서 저장이 가능하지만 해동시 드립의 발생은 불가피하고, −20℃ 이하에서 조사하면 이취의 발현을 최소화할 수 있다. 조사에 따른 손실을 최소화하기 위해 환원성을 가진 보호물질로서 아스코르브산, 아질산염, 아황산염 및 안식향산염 등이 검토된 바 있는데, 특히 조사 후 아스코르브산을 첨가한 결과 조사에 의한 이취를 현저하게 줄일 수 있었다. 그러나 이들 물질이 제대로의 보호기능을 나타내려면 식육 전체에 고루 분산되어야 하는 문제점이 있다.

3) 저장 중의 변화

식육의 저장 목적은 될 수 있으면 신선육과 비슷한 수준을 유지하면서 저장하는데 있음은 잘 알려져 있는데, 조사된 식육을 고온에서 장기간 저장하면 여러 가지 화학적 또는 생화학적 변화가 일어나 좋지 못한 영향을 미친다. 화학적 변화 중 갈변반응이 가장 대표적인 변화이며, 쇠고기와 돼지고기를 5 Mrad 정도로 조사한 후 37℃에 저장한 결과 부패취와 쓴맛이 났고, 돼지고기의 경우에는 선홍색이 퇴색되었다. 조사멸균 된 식육의 저장 중 가장 좋지 못한 변화는 단백질가수분해효소의 활성이 다시 나타나는 것인데, 쇠고기와 돼지고기를 37℃에서 1년간 저장한 결과 총가용성질소의 양이 현저하게 증가되었고, 전질소의 25%가 펩티드와 아미노산으로 변하고, 식육표면에 티로신의 결정체가 나타났다. 이 반응은 주로 근장단백질의 가수분해에 기인한 것이어서 근원섬유단백질과는 아무런 관계가 없었다. 다만 근원섬유단백질은 조사에 의해 그 성질이 변화되어 ATPase 활성이 감소되고, 보수력이 다소 손실되는 것으로 나타났다. 최근의 연구결과에 의하면 식육제품의 중심온도가 70~75℃에 이르도록 열처리하여 효소들을 완전히 불활성화한 다음 밀봉용기에 충전된 채로 γ-선, X-선 또는 고속전자로 멸균한 결과 실온에서 장기간 저장하여도 품질의 변화가 없었다.

(2) 조사살균(radiation pasteurization)

1) γ-선 조사의 유래

현실적으로 식육이나 식육제품 제조에 사용되는 각종 부재료가 원천적으로 생산단계에서부터 유통과정에 이르기까지의 보존성 증가와 국제적인 수출입을 위한 장기간 수송의 필요성으로 인해 화학방부제 및 고독성 농약에 노출되어 있는 현실이며, 점진적으로 이에 대한 감시와 규제가 강화되고 있는 실정이다. 이러한 배경에서 이온성 조사 중 γ-선 조사가 가장 실용적인 대안으로 대두되었으며 이 기술이 산업화되기까지 지난 50여 년간에 걸쳐 집중적인 연구기능이 총동원되어 미생물학적, 독성학적, 유전학적 및 영양학적 안전성과 그 효과가 입증됨으로써 산업화 단계로 접어들고 있다. 1976년에 이르러 WHO, FAO, IAEA 등의 국제기구들에 의한 공동평가 결과에 따라 γ-선 조사기술을 공식적으로 인정하게 되었다. 특히 1980년에는 총 평균 흡수선량 10 kGy 이하로 조사된 모든 식품에서 그 안전성이 최종적으로 평가되어 10 kGy로 조사된 어떤 식품도 독성시험이 더 이상 필요하지 않다는 결론이 WHO/IAEA/FAO의 γ-선 조사공동전문위원회에서 공표되었다.

EU와 미국 등 여러 선진국에서는 농·수·축산가공품의 국제시장이 점차 확대됨에 따라 자국의 식품가공원료 및 제품에 대한 품질규격을 높이기 위하여 γ-선 조사기술이 적극 활용되고 있는 실정이다. 특히 미국에서는 육류의 수출에 있어서 수입국의 까다로운 위생검사로 검역과정에서 *Escherichia coli* O157 : H7, *Salmonella*, *Listeria monocytogenes* 등과 같은 식중독세균들이 문제시되자 1997년 12월 미국 FDA는 모든 육류에 대한 γ-선 조사를 승인한 바 있다. 이어 1999년 12월 미국 농무성에서도 2000년 2월 22일부터 이 기술의 사용을 재승인한 바 있다.

우리나라에서는 1960년대부터 국내에서 생산되는 농·수·축산물의 γ-선 조사효과에 대한 기초시험이 수행되었고, 1987년에는 국내 최초의 산업적 γ-선 조사시설이 완공되었다. 초기에는 감자, 양파 등의 일부 발아억제 저장식품이 그 대상이었고, 1988년에는 일부 향신료에 대한 γ-선 조사가 허가되었다. 1991년에 이르러 화학훈증제(산화에틸렌)의 독성확인과 더불어 건조식품 및 어패류 분말과 일부 조미식품 분말에 대해서도 조사가 허용된 바 있다. 일반적으로 식품조사에 이용되는 것은 그 목적에 따라 저선량조사(1 kGy 미만), 중선량 조사(1～10 kGy) 및 고선량 조사(10～50 kGy)의 세 가지로 분류하는데, 신선돈육의 해충 방제 및 기생충 사멸은 0.15～0.50 kGy 정도의 저선량 조사를 실시하고, 신선 육류의 유통기간 연장에는 1.0～3.0 kGy 정도가 그리고 신선·냉동·가공육제품의 부패성 및 병원성 미생물의 사멸에는 1.0～7.0 kGy 정도의 중선량 조사가 이용되며, 적색육 및 가금육의 산업적 멸균용으로는 20～50 kGy 수준이 적용될 수 있는 것으로 알려지고 있다. 우리나라의 조사식품의 허가품목현황을 보면 표 19-3과 같다.

IAEA에 의한 자료를 통해 세계적인 추세를 살펴보면 현재 42개국 200개 이상의 시설에서 230여종의 식품에 조사를 허용하고 있는 실정이다. 시설의 수를 보면 미국(55), 중국(54), 일본(14), 독일(11), 영국(7), 프랑스(6), 이탈리아(6), 말레이지아(5) 등의 순이며, 우리나라는 1개의 시설이 이용되고 있을 뿐이다.

향후 전망을 추정하면 기존의 해충방제용 훈증제가 국제협약에 의해 그 사용이 전면금지(선진국은 2005년, 개도국은 2015년)될 것이 확실시되고, 식육제품생산에 이용되는 분말상태의 원료나 냉장·냉동원료를 비롯하여 여러 제품에 사용되고 있는 방부제에 대한 소비자의 인식이 바뀜에 따라 이러한 문제들에 대한 대안으로서 γ-선 조사가 등장할 것으로 예상하고 있다.

2) 원료육(적색육, 가금육)에 대한 γ-선 조사

γ-선 조사에 의한 육류 위생화 기술의 목적은 미생물학적 안전성, 기생충 억제, 냉장기간 연장 등에 있으며, 이를 위해 이온화 에너지를 육류에 조사하는 것이다.

표 19-3. 국내 방사선 조사식품 허가품목

허가 방사선량(kGy)*	품　목
0.05~0.15	감자, 양파, 마늘
0.25 이하	밤
1 이하	생버섯
3 이하	분쇄가공육제품
4.5 이하	가공식품 제조 원료용 식육(냉장)
5 이하	건조 버섯, 전란분, 난황분, 단백분(계란류), 가공식품 제조 원료용 곡류 및 그 분말
7 이하	가공식품 제조 원료용 건조 수산품 및 건조 식육품, 가공식품 제조 원료용 식육(냉동), 분말 장류 및 메주, 가공식품 제조 원료용 건조 과일·채소류, 효모·효소식품, 키토산 가공식품, 화분 가공식품, 조류식품, 알로에 식품, 인삼제품류
10 이하	건조 향신료 및 이들 조제품, 복합 조미식품, 소스류 침출차, 분말차, 2차 살균이 필요한 환자식

* 1 Gy : 식품 1 kg에 1 Joule의 에너지가 흡수되었을 때의 방사선량

조사의 목적은 육류의 유통과정에서 문제가 되는 병원성 미생물(*Campylobacter jejuni, E. coli* O-157 : H7, *L. monocytogenes, Staphylococcus aureus, Salmonella, Yersinia enterocolitica* 등)과 전염성 기생충(*Trichinella spiralis, Toxoplasma gondii, Taenia solium* 등)을 사멸함으로써 식품으로 인한 질병 및 생명과 관련되는 사고를 줄이는 데 있다. 또한 냉동하지 않고도 신선하거나 해동된 상태로 먹을 수 있도록 하거나 판매기간 연장이 가능하게 하여 경제적인 이득을 준다. 또한 γ-선 조사는 이들 식품에서 보통 존재하는 비병원성이면서 일반적으로 γ-선에 감수성이 높은 부패성 미생물의 수를 현저하게 낮추어 준다. 따라서 유통 중 포장 상태의 냉장 육류에 대한 적정한 선량의

γ-선 조사는 며칠에서 몇 주 이상 부패를 지연시킬 수 있다.

위에서 열거한 병원성 세균들은 최대 5.5 kGy 이하의 조사선량에서 사멸되며, 방사선 조사에 비교적 저항성이 강한 세균들의 사멸선량을 보면 *Clostridium botulinum*의 포자(15.5 kGy), foot-and-mouth(구제역) virus(36 kGy), *Micrococcus radiodurans*(60 kGy), Poliomyelitis virus(84 kGy) 등으로 비교적 높고, 식육을 통해 위생상의 위해를 끼칠 수 있는 기생충인 *Toxoplasma gondii, Trichinella spiralis, Cysticercus bovis*들은 최대 0.6 kGy 이하에서 모두 사멸된다.

3) 방사선 조사의 특성

방사선 중 특히 γ-선이 가장 효과적이기 때문에 일반적으로 방사선 조사는 γ-선 조사를 의미한다고 보아도 무방하다. 앞서 여러 연구결과에서도 살펴보았듯이 γ-선 조사는 여러 가지 특성이 있다. 특히 육류에 대한 γ-선 조사의 장단점과 포장에 요구되는 재질 안전성과 영양소의 안정성 등에 대해 요약해 보면 다음 표 19-4와 같다.

표 19-4. 육류에 대한 γ-선 조사의 특성

구 분	γ-선 조사의 특성
장단점	[장점] 유해 미생물의 수 감소, 저장기간 연장, 식품 자체의 외형 유지, 이화학적 성질에 유의적인 영향 없음 [단점] 불쾌취 유도, 풍미 저하
포장재	[장점] 10 kGy 이하의 성량에서 조사 이용이 허용됨 [단점] 포장 재질이 중합체이므로 관능적 특성과 독성학적 안전성 유발
영양소	* 육류의 영양소 감소는 유의성이 없음 * 유기영양소에 대한 유의적인 영향 없음
안전성	* 포장 육류에 대한 GMP 수준과 일치함을 확인(국제자문위원회) * 쇠고기, 닭고기, 돼지고기, 햄, 베이컨의 조사영향 10년간 확인(미육군)

4) γ-선 조사 식육의 이화학적 특성 변화

γ-선 조사에 의한 식육(쇠고기 목살 부위, *M. Steromandibularis*)의 생화학적 변화를 조사한 바, 해당과정과 ATP의 분해는 γ-선 조사선량이 증가할수록 빠르게 진행되었고, 쇠고기의 사후경직에서 해직까지의 기간이 단축되었다. 아울러 경직전 근육의 γ-선 조사는 pH 저하속도를 증가시키고, 핵산관련 풍미물질의 생성을 촉진하여 쇠고기의 육질 개선에 도움을 주는 것으로 나타났다. 사후경직 중 γ-선 조사결과 비조사구에 비해 근섬유막의 파괴가 현저하게 증가하여 사후경직기간 단축과 함께 숙성이 촉진되는 것으로 나타났다.

5) 식육가공품에 대한 적용 가능성

최근의 연구결과들을 종합해 보면 적절한 선량의 γ-선 조사가 식육단백질의 용해성을 증가시키고, 유화성과 밀접한 관계가 있는 염용성 단백질의 구조를 변형시켜 표면소수성을 증가시킴으로써 유화력과 유화안전성을 높이는 것으로 알려졌다. 따라서 염용성 단백질의 용출과 유화에 필요한 소금과 인산염의 첨가농도를 기존 사용량보다 낮춘 조건에서도 품질의 손상이 없는 제품 생산이 가능하였으며, 미생물학적으로도 안전성을 확보하여 장기간에 걸친 저장과 유통이 가능한 다양한 제품생산에 응용할 수 있으리라 기대된다. 또한 햄 제조시 아질산염을 첨가하지 않거나 낮은 수준으로 첨가하여 염지하고 3~5 kGy 수준의 γ-선을 조사함으로써 병원성 미생물을 비롯한 변패성 오염미생물을 사멸시키고, 육색소인 옥시미오글로빈의 생성을 촉진하여 훈연가열처리 후에도 바람직한 선홍색을 유지하는 제품의 생산도 가능하다는 보고가 있었다. 한편, γ-선 조사로 일어날 수 있는 지방산패 및 불쾌취의 발현 억제를 위해 항산화제를 함께 이용하는 방법과 기밀성과 방습성 포장재의 이용 등이 보완책으로써 전향적으로 검토할 만하다. 하지만 위해세균의 제어 측면에서 방사선조사 기술과 동등 효력을 갖는 기술이 많이 있을 뿐만 아니라, 조사 식품에 대한 낮은 소비자의 수용도가 개선되지 않는 이상 식육이나 식육가공품에 적용의 활성화는 어려울 것으로 생각된다.

19.2.6 보 존 제

식육 및 육제품의 보존제로는 각종 유기산이나 아질산염 및 질산염 등이 있다.

(1) 유 기 산

많은 종류의 유기산은 미생물 생장억제 효과가 있으며 부분은 자연상태로 과일에 많이 함유되어 있다. 실제 식품가공품이나 육가공품에 보존제로 이용되는 유기산은 용해법, 맛, 독성 등의 이유로 탄소수가 적은 구연산, 안식향산, 프로피온산 그리고 소르브산 등이다. 그러나 미생물 억제 효과는 탄소수가 많은 것일수록 크며 식품에 이용되고 있는 유기산의 특성과 이용되고 있는 식품은 표 19-5와 같다.

1) 초　　산

초산은 절임식품의 방부제로 가장 폭넓게 이용되며, *Acetobacter* spp. 및 젖산균 그리고 일부의 효모나 곰팡이류만이 초산에 대한 내성을 갖고 있다. 식품에 있어서 비해리상태로 존재하는 1~2%의 초산은 축육이나 어육 및 야채가공식품에 있어서 미생물의 생육을 충분히 억제한다.

2) 안식향산

안식향산은 주로 곰팡이나 효모의 생육억제제로 많이 이용되고 있으며, 비해리 상태의 안식향산 0.05~0.1%는 이들의 증식을 억제한다. 식품의 부패나 중독을 야기하는 대부분의 미생물은 0.01~0.02%의 첨가로 증식이 억제되지만, 특히 부패성 미생물의 경우에 이에 대해 내성이 있는 것들도 있다.

표 19-5. 식품의 방부제로 이용되는 유기산의 특성과 사용범위

	pKa	용해성 (g/100 g)	ADI* (mg/kg*체중)	최대사용농도 (mg/kg)	사용식품
초 산	4.75	아주 좋음	제한 없음	제한 없음	육, 생선 및 채소 등의 염지
초산나트륨	4.75	아주 좋음	제한 없음	4,000	제빵류
Sodium benzoate	4.20	50(25℃)	5	1~3,000	염지식품, 음료, 잼, 마가린 등
구 연 산	3.10	아주 좋음	제한 없음	제한 없음	음료
젖 산	3.10	아주 좋음	제한 없음	제한 없음	마요네즈, 샐러드, 크림
소르브산	4.80	0.16(20℃)	25	1~2,000	육 및 우유가공품, 제빵, 마가린, 잼, 젤리 등
프로피온산나트륨	4.90	아주 좋음	10	1~3,000	제빵 및 치즈

* 하루 섭취허용량(FAO/WHO, 1973)

3) 구연산 및 젖산

보존제로서의 기능은 다소 약하며, pH가 낮은 식품에서는 보존제로서의 기능을 갖기도 한다. 비해리된 구연산은 0.001%의 농도에 의하여 혐기적 상태에서 *Staphylococcus aureus*의 증식을 억제하며, 특히 이 유기산들은 *Aspergillus* 곰팡이류에 의한 aflatoxin의 생성을 억제한다는 연구보고가 있다. 식육에 있어 젖산은 식육 속의 글리코겐이 자가효소에 의해서 분해되어 축적 되는데, 이 축적량은 글리코겐의 함량에 따라 다르다.

4) 프로피온산

프로피온산은 과자류와 특히 제빵에 많이 이용되며, 주로 곰팡이의 성장억제를 위해서 많이 사용된다. 그람음성세균에 대해서는 성장억제 효과가 크지만, 그람양성세균에 대해서는 효과가 약하다. 프로피온산은 육제품의 첨가 시 기호성에 나쁜 영향을 주므로, 이들에는 거의 이용되지 않고 있다.

5) 소르브산

소르브산은 불포화유기산으로 식품의 방부제로 가장 널리 이용되고 있다. 기타 자세한 내용은 13.4를 참조하기 바란다.

(2) 질산염 및 아질산염

육가공에 있어서 질산염과 아질산염의 사용목적은 아주 다양하며, 이들의 발색기작에 대해서는 이미 제2편 11장에서 언급하였으므로 여기서는 이들의 방부작용(防腐作用)에 대해서만 논하기로 한다. 질산염과 아질산염이 어떠한 기작에 의해서 미생물의 생육억제 작용을 하는지는 아직 완전히 밝혀져 있지 않다. 이들의 첨가는 식중독 세균의 생육을 억제하고, 특히 가열처리시에 생존한 *C. botulinum* 포자의 발아를 억제하다. 또한 nitrite는 가열에 의한 치사효과(致死效果)를 높여주며, 이러한 치사효과는 pH가 낮으면 낮을수록 상승하게 된다. 따라서, 아질산염의 위해성 논란 때문에 아질산염을 첨가하지 않거나 농도를 감소시킨다면 식중독세균이 증식할 수 있는 가능성은 높아지며 특히 *C. botulinum*의 포자가 발아되어 치사율이 높은 식중독을 발생시킬 가능성도 높아진다.

19.3 위해요소 중점관리기준

19.3.1 위해요소 중점관리기준의 개념

위해요소 중점관리기준(Hazard Analysis Critical Control Point, HACCP)은 1959 미국식품회사인 Pillsbury사에서 처음으로 미항공우주국(NASA)에 위생적인 식품을 제공하기 위하여 처음 실시한 제도로서 식품의 위생 및 안전을 위협하는 요인들을 제거하여 사전에 식중독을 방지함을 그 목적으로 한다. 식육생산 및 가공 공정 중에 위해요소들이 오염될 수 있는 식육생산의 모든 단계를 제거하고, 이 과정을 특별히 추적하고 관리함으로써 위생적이고도 안전한 제품을 생산할 수 있도록 하는 식품위생조절장치로 과거의 최종 생산품의 검사방식을 탈피하여 잠재적인 위해요소들을 사전에 제거하는 데 그 의의가 있다.

19.3.2 위해요소 분석

(1) 생물학적 위해요소

생물학적 위해요소(biological hazards)는 질병을 일으키거나 식품의 안전성을 위협하는 미생물학적 또는 생물학적 요소로서 세균, 바이러스, 기생충 및 곰팡이 등을 포함한다.

1) 세　균

모든 미생물 중 가장 큰 관심을 갖는 것이 바로 세균(bacteria)에 의한 식중독이다. 세균들은 두 가지 방법으로 질병을 유발하게 되는데, 감염성(pathogenic) 세균과 독성에 의하여 질병을 유발시키는 독성(toxigenic) 세균으로 구분된다. 식육과 육제품의 중요한 몇 가지 병원성 미생물의 특성은 표 19-6에 나열되었다.

표 19-6. 식육의 주요 식중독세균과 증상, 오염원 및 예방책

미 생 물	증 상	오 염 원	예 방 책
Salmonella spp.	복통, 설사, 구토, 발열	가축의 내장, 가금육, 달걀	교차오염방지, 적절한 가열처리
Shigella	설사, 발열 오한, 탈수	사람의 장내, 파리, 야채류	교차오염방지, 분뇨에서 오염방지, 급속 냉장
Listeria monocytogenes	매스꺼움 발열, 구토	원유, 야채, 적육, 가금류	적절한 가열처리, 깨끗한 원료사용
Staphylococcus aureus	설사, 탈수 구토 등	우유, 육제품 감자, 야채	적절한 열처리, 교차오염 방지
Clostridium perfringens	복통, 설사	토양, 가축 및 사람의 장내	충분한 가열처리
Bacillus cereus	복통, 설사	토양, 먼지	적절한 가열처리, 급속한 냉각처리
Clostridium botulinum	호흡곤란 시각장애	토양, 물	적절한 가열처리
Campylobacter jejuni	설사, 구토 발열, 두통	가축의 내장 비살균 우유	교차오염방지, 충분한 가열처리
Escherichia coli O157 : H7	복통, 구토 혈변, 발열	동물의 장내 햄버거 패티	근로자 위생교육, 철저한 가열처리

(Dubios 등 1, 1993)

2) 바이러스

바이러스(virus)는 단백질로 둘러 쌓여있는 유전물질로서 가장 작으면서도 또한 단순한 생명체이다. 하지만 이런 바이러스는 A형 간염과 같은 매우 심각한 질병을 유발시킬 수 있다. 바이러스는 식품 속에서 증식하지는 않지만 가열 또는 동결하여도 생존할 수 있다. 더욱이 바이러스는 오염된 물에 의하여 식육취급자를 통해 전달되므로, 이러한 바이러스의 오염을 방지하기 위해서는 초기의 적당한 위생처리가 요구된다.

3) 기 생 충

기생충(parasites)은 항상 숙주를 요구하는 아주 작은 생물체로써 돼지고기에서는 선모충류(*Trichinella spiralis*)와 유구조충(*Taenia solium*)이, 쇠고기에서는 무구조충(*Taenia saginata*)이 문제될 수 있다.

(2) 화학적 위해요소

식육 및 육제품의 화학적 위해요소(chemical hazards)로는 동물들의 질병을 치료하기 위하여 사용했던 항생물질, 사료에 오염된 살충제, 첨가물, 보존료, 독성 금속용기, 세척제 및 기타 자연환경으로부터 오염될 수 있는 잔류물질들을 들 수 있다(표 19-7). 여러 종류의 화학물질이 가축생산으로부터 식육생산에까지 사용되고 있지만, 만일 이런 화학물질들이 그 허용량을 초과하여 사용되었을 경우 위해요소로 작용할 수 있다. 이러한 잔류물질은 그 양이 극히 미량이고 정확한 측정을 위하여 상당한 기술을 필요로 하고 있어서 잔류물질들의 분석방법을 확립시키고 적절한 허용기준을 설정하는 것이 필요하다.

표 19-7. 식육가공 중 오염될 수 있는 화학적 위해요소

사용 시기	화학적인 위해요소들의 형태
사료작물재배	살충제, 화학약품
가축사육	가축사육용 호르몬제, 항생제
축산식품 가공	과다한 첨가물류
가공장 관리	윤활유, 페인트
가공장 위생	용기세제, 소독제, 살충제

1) 항 생 제

항생물질(antibiotics)이나 동물의약품으로 많이 사용되고 있는 설파제(sulfonamide) 등의 식육내 잔류량은 Swab Test on Premises(STOP), Calf Antibiotics and Sulfonamide Test(CAST) 등의 미생물억제시험법(microbial inhibition test)에 의하여 측정되고 있고 그 외에도 정밀한 방법을 사용하는 경우도 있다.

2) 살 충 제

살충제(pesticides)의 제조, 판매 및 이용은 미국의 경우 환경보호청(Environmental Protection Agency, EPA)에서 엄격히 규제되고 있다. 살충제의 식육 내 잔류량이 현재 문제시되고 있으며, 보존 또는 위생안전상의 목적으로 식품첨가물로의 사용 여부는 식품의약품안전처에 의하여 감독되고 있다.

3) 다이옥신

다이옥신(dioxin)은 2,3,7,8-tetrachlorodibenzo-*p*-dioxin이라고 명명되며, 동일하게 탄소와 산소가 6 원환의 구조에 삽입되어 있다. 또한 4개의 염소가 2, 3, 7, 8의 위치에 연결되어 있다(그림 19-7). 다이옥신은 암을 유발하며, 성장 및 번식생리작용에 나쁜 영향을 미치

며, 면역기능의 이상과 조절호르몬에 영향을 미치는 등 매우 해로운 독성물질이다.

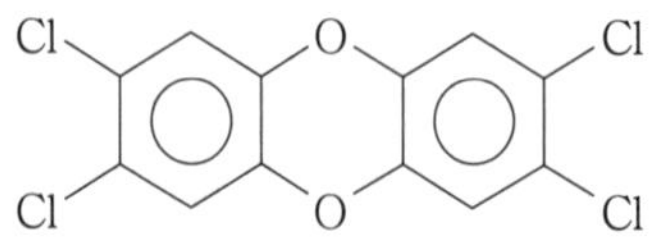

그림 19-7. Dioxin(2,3,7,8-tetrachlorodibenzo-*p*-dioxine)의 구조

다이옥신은 탄화수소류를 구성성분으로 하는 염소화합물을 태울 경우 발생되는데, 특히 염소표백을 이용하는 종이 공장이나 PVC나 PVDC같은 염소계 플라스틱 등의 생산과 밀접한 관련이 있다. 다이옥신은 지방에 용해되는 물질이므로, 식품유통 과정 중 축적되고 주로 육 및 유가공 제품과 어류에서 발견될 수 있다. 소비자들의 경우 다이옥신이 지방에 용해되는 점을 고려하여 가급적 지방을 제거한 후 섭취하고, 생선은 지방이 많은 부위를 제거한 후 섭취하기를 권장하고 있다.

4) 첨 가 물

식육과 육제품의 색, 맛과 풍미를 향상시키거나 저장기간을 연장시키기 위한 첨가제(additives)는 허용 기준치 내에서 사용되어지고 있다. 식육가공품에서 아질산염은 발색제로 이용되며, 허용치는 우리나라의 경우 최종 제품의 아질산 이온 잔존량으로서 70 ppm 이하이고, 미국의 경우 발효건조소시지를 제외하고 첨가량이 200 ppm이하로 규정되어 있다. 또한 보존료로써 소르빈산이 2 g/kg 이하로 허용되어 있다.

5) 독성 금속류 및 세척제

일부 독성 금속류(toxic metals)는 가열 및 저장 중 강산성 식품과 접촉하면 화학적 오염을 야기시킬 수 있다. 이러한 부류에 속하는 독성금속류에는 납, 구리, 아연, 카드뮴 등이 있다. 식육의 가열 및 조리 시 이러한 독성금속류가 전이될 수 있기 때문에 조리 기구나 포장재 및 용기에는 이러한 금속류가 사용되거나 잔존되지 않도록 하여야 하며, 부득이 사용될 경우에는 도금이나 광택 처리를 하여 위생상 위해가 없도록 하여야 한다. 한편 가공공정 후 세제, 윤택제 및 기타 세척제(detergents)로 사용되는 물질들도 독성을 가질 수 있기 때문에 가급적 식육과 접촉하지 않도록 깨끗이 씻은 후 건조시켜야 한다. 특히 이러한 세척제는 지정된 장소에서 잘 보관하고, 반드시 세척제 내용물을 표기하여 식품첨가물과 섞이는 사례가 없도록 해야 한다.

(3) 물리적인 위해요소

식육 가공공장에서 흔히 발견되는 먼지, 머리털이나, 깨진 유리조각, 손톱, 철제조각 및 기타 포장 용기들은 물리적인 위해 요소(physical hazards)이며, 이들의 위해요인 및 방지책은 표 19-8에서 제시된 바와 같다.

표 19-8. 물리적인 위해요소의 원인 및 방지책

물리적인 위해요소	원　　인	방　지　책
유리조각	형광등 및 백열등 시계 보호유리, 온도계, 거울, 유리용기	파열 방지용 조명기구 이용 유리를 플라스틱으로 교체
절 연 재	건물, 송수 및 배수관	검사 및 관리 철저 적당한 재료 사용
개인적인 요인(휴대품)	근로자	교육, 감독
금 속 류	첨가물들 기계류 관리인 가공공정 최종제품	규정 및 허용량 검사, 관리 교육, 감독 금속 탐지기 금속 탐지기

표 19-8에서 나타난 바와 같이 물리적인 위해요소를 일으키는 대부분은 작업장 시설물이나 작업도구의 청결상태에 달려있고, 특히 근로자의 위생상태에 따라 영향을 미치기 때문에 항상 식육처리 장소는 깨끗이 청소하여 오염물을 제거하고, 오염물들이 식육가공 및 처리 과정 중 첨가되지 않도록 하며, 최종 제품 처리시 반드시 금속 탐지기(metal detector)를 이용하여, 혹시 철제 파편들이 제품에 포함되지 않도록 주의한다.

19.3.3 위해요소들의 조절장치

(1) 생물학적 위해요소의 조절책

① 원료와 첨가물에 대한 미생물 허용기준 확립
② 식품의 보존요인 조절(pH와 수분활성도)
③ 충분한 가열 시간/온도 적용
④ 상호오염의 방지
⑤ 식품가공공정의 철저한 훈련
⑥ 근로자 위생
⑦ 포장지의 위생검사
⑧ 저장, 출하 및 판매점 진열훈련
⑨ 소비자 교육

⑵ 화학적 위해요소의 조절책

① 적당한 화학첨가제의 이용과 허용 기준내 사용
② 식품가공장에서 사용되고 있는 첨가제와 발색제의 목록 작성
③ 첨가제의 적당한 사용방법 명시
④ 첨가제를 사용하는 근로자의 철저한 감시 및 관리
⑤ 가공장 내부의 자체검사 실시
⑥ 근로자 훈련 철저
⑦ 새로운 규정에 대한 적용 철저

⑶ 물리적인 위해요소의 방지책

① 적정제조규범(Good Manufacturing Practice, GMP)에 입각한 사용
② 첨가물의 철저한 사용 규정 준수
③ 제조기구로부터 보증서 확인 및 유지
④ 물리적인 위해요인의 형태와 원인 분석
⑤ 중점관리점의 철저한 검사
⑥ 물리적인 위해요인을 제거하거나 감지할 수 있는 기계류의 설치
⑦ 중점관리점의 관찰 및 조절작용의 문서화
⑧ 근로자 훈련

19.3.4 위해요소 중점관리기준의 기본원칙

위해요소 중점관리기준(HACCP)은 농장에서 식탁에 이르기까지(from farm to table) 전 단계를 효율적으로 관리하는 것이 중요하다. 이 단계에 어떤 과정도 소홀히 하면 안전한 식품으로 섭취하기를 기대할 수 없다. 사양관리에서부터 식탁에서 소비자가 식품으로 섭취할 때까지의 전 과정에 적용되어 식품의 안전성을 확보하기 위해서는 다음과 같은 7가지 기본원칙에 입각하여 각각의 공장에 합리적인 공장운영이 필요하다.

① 위해요소분석
② 중요관리점을 결정
③ 한계기준 설정
④ 모니터링
⑤ 개선조치

⑥ 검증
⑦ 기록유지 및 문서작성

19.4 도축장의 위생관리

19.4.1 개인위생 및 위생교육

근로자의 개인위생을 위해서는 먼저 질병이 없는 건강한 신체와 청결한 복장을 유지하여야 하며 작업 현장에 입실 시에는 2% 하이포아염소산나트륨 용액(sodium hypo-chlorite solution)과 같은 세척액으로 소독을 하는 것이 바람직하다. 현장에 입실 후에는 위생준수 사항을 지키고 용기세척이나 소독을 철저히 하여 기계나 내부 환경으로부터의 위해요인들을 제거하여야 한다. 위생교육은 위생관념이 부족한 근로자들에게 도축과정 중 부주의로 오염될 수 있는 부분과 실제 사례를 시청각교육을 통하여 살펴봄으로써 동일한 실수를 범하지 않도록 주기적으로 실시하여야 한다. 또한 교육한 내용에 대하여 적절히 준수하고 있는지 철저한 감독이 필요하다.

19.4.2 작업장의 위생

① 내부 시설, 바닥, 내벽 및 천장 : 계류실, 도축장 내의 시설을 청결하게 하고, 바닥이나 내벽 및 천장 등을 항상 건조하고 깨끗이 하여 위해요인으로부터 오염을 방지한다.

② 기계의 청결 : 도축장에서 사용되고 있는 기계는 사용 전 반드시 정비하고 깨끗이 청소하여 사용시 작동불량이나 기계외부의 잔류물로부터 오염이 되는 것을 철저히 방지하여야 한다.

③ 사용기구의 위생상태 : 우리나라 대부분의 도축장에서는 사용하는 도마, 칼이나 작업대 등의 기구로부터 교차오염이 되는 경우가 많은데 이와 같은 기구의 위생상태를 수시로 검사하고 항상 청결하게 할 수 있도록 근로자에게 위생 관념을 심어준다.

④ 급수 및 배수 : 도축장은 급수 및 배수시설을 통한 용수의 오염여부를 수시로 점검하여 항상 깨끗한 물을 사용하고, 사용한 물은 멸균, 정화처리를 거쳐 폐수 시킨다.

⑤ 방충시설 : 도축장에서는 인체에 해로운 모든 곤충들이 도축장 내부로 유입되는 것을 방지하기 위하여 방충시설을 설치한다.

⑥ 냉장설비 및 부재료 창고 : 원료육의 저장에 필요한 설비로써 냉장 또는 냉동 설비를 모두 갖추어야 한다. 육류 이외의 부재료는 창고에 잘 진열하고 첨가물 목록을 마련

하여 찾고자 하는 향신료나 첨가물을 신속히 찾을 수 있도록 한다.

⑦ 기 타 : 작업장 내의 오염물질 및 먼지 등이 발생하지 않도록 한다.

19.4.3 각 공정별 위생

도축공정별 위해요소 중점관리기준에 입각한 도축과정의 위생관리는 표 19-9와 같다.

표 19-9. 도축과정 중 중요관리점 및 방지책

도축공정	중점관리점	방 지 책
가축의 사양(production)	CCP	건강기록 카드, 병원균이 없는 위생적인 사료사용
수 송(transportation)	CCP	온도조절, 너무 춥거나 더운 날 피함
가축의 계류(holding)	CCP	생축검사
기 절(stunning)		
방 혈(bleeding)	CCP	청결한 칼의 사용
박 피(hide removal)	CCP	가축표면의 미생물에 의한 오염 방지
내장제거(evisceration)	CCP	내장 파열의 방지
수 세(washing)		유기산(1%)에 의한 수세
냉 각(chilling)	CCP	온도, 시간, 습도조절 철저
부분육가공(fabrication)		적정한 작업실의 온도 유지
포 장(packaging)		포장지의 안전성 검사

19.5 가공장의 위생관리

19.5.1 식육가공장의 위해요인

① 생물학적 위해요인 : 세균, 곰팡이, 효모, 기생충 등

② 화학적인 위해요인 : 유해 발색제, 첨가물, 소독제의 과잉 사용

③ 물리적인 위해요인 : 매연, 재, 가스, 유기 이물질, 모래가루 등

19.5.2 시설물의 위생

(1) 시설물의 구획

원료처리실, 가공실, 열처리실, 훈연실, 냉장설비, 포장실 등을 설계하고 구획화 한다.

(2) 냉장실의 위생설비

식육가공장에서 사용되는 원료육 및 육제품은 모두 냉장보관을 원칙으로 냉장시설을

잘 갖추고 있어야 하며, 원료육의 장기저장을 위하여 냉동고도 준비되어야 한다.

(3) 첨가물 보관실

가공실에서 가까운 곳에 첨가물 및 향신료를 보관할 수 있는 방을 마련하며 이들은 실온에서도 보관이 가능하다.

(4) 작업장 및 포장실

원료처리, 가공 및 포장실의 온도는 약 10~14℃이하로 유지하여 가급적 미생물의 증식을 억제하고, 습도는 일반적으로 50~80%, 작업장의 조도는 350~500 lux가 적당하다. 특히 원료육과 육제품의 포장실은 구분되어야 하는데, 이는 신선육의 병원성미생물이 육가공제품에 전이되는 경우와 육가공제품에 포함되어 있는 아질산염이 신선육에 오염되어 변색되는 것을 막을 수 있기 때문이다.

19.5.3 각 공정별 위생관리

식육가공장의 위생관리를 위하여 작업장의 청결과 시설물의 위생에 이어서 각 공정별 제조공정, 위해요인 및 방지책 등에 대하여 다음 표 19-10과 같이 요약하였다.

표 19-10. 식육가공품 가공공정 중 위해요인과 방지책

제조공정	위해요인	방 지 책
원료육 처리	온도 미세 유해물질 병원성 미생물	냉장(4℃ 이하), 냉동(－18℃ 이하) 육안이나 금속탐지기에 의한 측정 관능검사 및 미생물검사
첨가물처리	화학물질	제품의 보증서 확인
염 지	아질산염의 양 염지액 주입량 이물질	적정량의 사용 여부 검사 규정량의 초과 여부 점검 염지액의 오염방지
세절, 혼합, 충전	온도 물리적, 생물학적 위해요인	가공실 온도(10℃ 이하) 가공기계에 붙어있는 이물질 및 병원성 미생물 제거
건조와 훈연	병원성 미생물	표면의 건조 확인
가열과 냉각	병원성 미생물	최종가열 온도/시간 준수 급속냉각
포장과 보존	병원성 미생물 물리적인 위해요인	청결한 포장지 이용 및 2차 살균(85℃/15분간) 금속탐지기 이용

19.6 근로자 및 소비자 교육

19.6.1 근로자 교육 및 실습

(1) 적정제조규범(Good manufacturing practices, GMPs)

미국 식품의약품안전청은 모든 식육가공장에 적용되는 최소한의 가공 및 위생요건으로서 개인위생에 관하여 다음과 같은 사항에 대하여 점검할 것을 권장하고 있다.

1) 근로자 교육

① 질병에 걸린 근로자들은 식품가공장의 출입을 금지시킨다.
② 근로자들은 개개인의 장비와 기구를 칸막이장에 잘 정리정돈한다.
③ 작업장에서 머리카락이나 수염으로 인한 제품의 오염을 방지한다.
④ 귀걸이, 목거리나 기타 장식품의 작업장내 반입을 금지시킨다.
⑤ 흡연은 지정된 장소에서만 실시하고, 담배꽁초는 지정된 곳에 모아 소각시킨다.
⑥ 화장실을 사용한 근로자는 반드시 손을 씻고 위생적으로 소독을 실시한다.
⑦ 작업장 내로 식품 반입을 금지하고 음식은 반드시 지정된 곳에서 먹도록 하여 상호 오염을 방지시킨다.
⑧ 작업복은 반드시 작업장에서만 입고 화장실에서의 착용을 금지한다.
⑨ 작업 중 부주의로 인해 바닥에 떨어진 것은 빨리 적당한 용기에 담아 처리한다.
⑩ 작업 중 사용한 모든 기구 및 기계는 반드시 깨끗이 씻고 소독을 한다.
⑪ 칼과 칼을 담는 용기는 항상 청결하게 보관한다.
⑫ 항상 깨끗한 작업복을 착용하고 다음 작업 전에 깨끗이 세척한다.
⑬ 작업이 끝나면 개인위생을 위하여 항상 손을 깨끗이 씻는다.
⑭ 작업장에서는 작업용 장화를 신는다.
⑮ 항상 작업장을 깨끗이 청소하고 위생적으로 소독을 실시한다.
⑯ 모든 근로자는 항상 청결한 환경을 만들 수 있는 습관을 갖도록 노력한다.

2) 건축물과 시설물에 관한 규정

① 건물의 외부구조, 적절한 밝기의 불빛, 환기조절, 기생충 박멸 및 화학약품의 사용과 저장소

3) 기계류에 관한 규정

① 기계류의 관리, 유지 및 세척에 관한 기본 요건 설명

4) 생산과 가공공정 조절

① 원료육의 검사(병원성 미생물, 외부 이물질, 오염물)

② 오염방지를 위한 위생적인 가공공정 : 온도조절, 적당한 용기 사용법, 적정온도/ 시간 가열법, 수분활성도, 수분, 단백질, 지방 함량의 조절

③ 운반 및 저장 중의 위생처리공정

(2) 위생처리 표준공정순서

위생처리 표준공정순서(sanitation standard operation procedure; SSOP)는 식육가공장의 작업을 표준화하기 위하여 제조공정을 체계화하고 균일화된 제조공정에 위생적인 기법을 첨가하여 만든 것으로, 각 단계별 작업수행 공정이 자세히 기술되어 있다. 예를 들면, 작업 후 바닥이나 장비 등을 세척하기 위한 세부사항에 대하여 자세히 기록함으로써 근로자가 손쉽게 그 방법을 이용할 수 있도록 만든 공정 순서도이다.

19.6.2 소비자 교육

식육위생은 가축이 위생적으로 사양되어 도살된 후 가공공정을 거쳐 식육으로 소비자가 섭취할 때까지 전 공정에서 주의를 기울여야 할 것이다. 병원성 미생물에 오염된 식육의 섭취로 인한 식중독은 소비자, 식품취급업자 및 근로자들의 부주의로 많이 발생되기 때문에 위생교육을 통하여 발병을 줄일 수 있다. 대부분의 식품위생의 문제점은 식육 및 육제품 자체의 비위생가공 처리에 기인하지만, 한편으로는 소비자들의 부적절한 취급이 더 큰 문제가 되기도 한다. 예를 들면, 식육이나 육제품들을 상온에서 장시간 방치한다거나, 육류 취급시 오염된 도마와 칼을 사용하고, 한번 포장을 개봉한 식육을 냉장고에 넣고 오랫동안 보관하는 일 등은 삼가해야 한다. 병원성 미생물에 오염된 식육이나 육제품이더라도 충분히 가열 살균할 경우 식중독을 예방할 수 있다. 또한 HACCP 프로그램의 활성화로 소비자들에게 정확한 식육위생에 관한 정보제공과 교육이 필요하다.

19.7 식육의 안전성과 예측미생물학

19.7.1 예측 미생물학 (Predictive microbiology)

식육의 가공기술이나 위해미생물에 대한 저감화 기술이 발달함에도 불구하고 식중독 사고는 꾸준히 발생하고 있으며, 최근 소비 형태의 대형화, 원재료 수입량의 증가, 외식 산업의 발달 등으로 인하여 식중독 사고의 발생건수가 증가하고 있다. 이에 안전한 식품에 관한 새로운 접근 방법의 필요성이 요구되었으며, 그 대책으로 예측미생물학의 활용이 대두되게 되었다(신 등, 2003). 식품에서 세균(식중독 세균, 부패세균) 의 생장이나 사멸을 예측하는 수학적 수식(예측모델)을 개발하는 예측미생물학은 북미와 유럽을 중심으로 지속적인 연구가 수행되어 왔고, 최근 들어 우리나라 또한 연구가 활발히 수행되고 있다. 이러한 예측모델을 이용하여 예측된 세균의 생장결과는 위해관리에 필요한 자료로 사용된다.

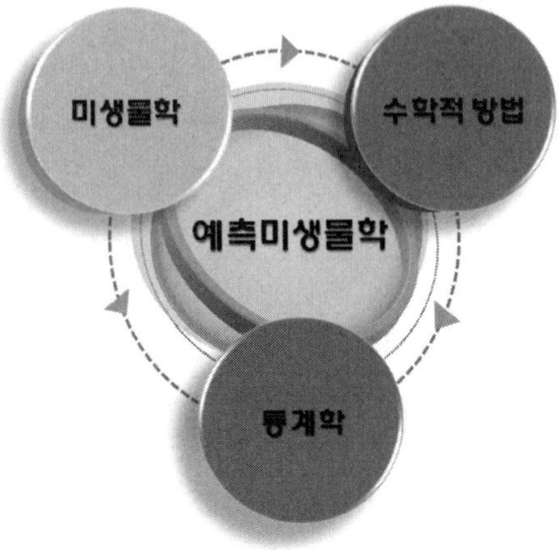

그림 19-8. 예측미생물학의 구성

(1) 예측미생물학의 정의

예측미생물학이란 식품이 가지고 있는 내부적 요인(aw, pH, NaCl, 산화전위차 등)과 외부적 요인(저장온도, 습도, 식육포장방법, 항균물질 등)을 수학적 수식에 변수로 포함시켜 예측모델을 만들고 이를 이용하여 미생물의 생장이나 사멸을 예측하고, 이 예측을 바탕으로 식품에서 미생물 생장에 영향을 주는 위해요인을 예측하고 차단하여 식품의 안전을 확보하는 학문분야이다.

(2) 예측미생물학의 구성

식육이나 식육가공품에서 유해미생물의 생장을 정확하게 예측하기 위해서는 예측모델 개발에 적합한 실험계획을 수립하고 결과를 분석할 수 있는 미생물학적 지식이 기본적으로 요구되어질 뿐만 아니라, 이 미생물 실험결과를 이용하여 가장 적합한 예측모델을 적용하여 미생물의 생장을 가장 효과적으로 예측(계산)할 수 있는 수학적 지식이 필요하다. 또한, 예측된 결과에 대한 통계적 유의차 검증을 위해 통계적 지식이 필요하다. 따라서, 미생물학, 수학적 방법, 통계학의 지식이 유기적으로 연결되어야 올바른 예측미생물학을 수행할 수 있다(윤, 2010).

(3) 예측모델 개발의 순서

1) 실험 디자인

예측모델 개발을 위한 실험은 일반 미생물 실험과는 다소 차이가 있으며, 적합한 예측모델 개발을 위해서는 이에 맞는 실험디자인이 필요하다. 미생물의 생장이나 사멸에 영향을 주는 요인(factor)으로 분석대상이 되는 요인을 독립변수(independent variable)라 하고 미생물 생육에 영향을 미치는 내부적 요인과 외부적 요인들이 이에 해당한다. 예를 들면 저장온도, pH, aw, 산소농도, 산화·환원전위차, 항균물질의 농도 등이 이에 속한다. 독립변수에 영향을 받는 것을 의존변수(dependent variable)라고 하는데 저장온도, pH, 산소농도 등에 직접적인 영향을 받는 미생물 수가 이에 해당한다. 독립변수와 의존변수는 모두 숫자로 나타낼 수 있는 변수여야 한다.

2) 미생물데이터수집

알맞은 실험디자인이 준비가 되면 미생물을 인위적으로 식품시료에 접종하여 저장하면서 미생물 분석을 실시하는 데 시료분석 시간 간격을 일정하게 하여 데이터의 분포가 한 곳으로 치우침이 없어야 하고, 시료분석 간격이 너무 좁거나 멀지 않아야 한다.

3) 모 델 링

미생물 분석이 완료되면 수집된 data를 바탕으로 모델은 일차 모델링과 이차 모델링으로 나누어 순차적으로 개발하고, 개발된 모델은 검증을 통해 적합성을 판단한다.

가. 일차모델의 개발

일차모델링이란 저장시간의 변화에 따른 미생물의 생장이나 사멸을 예측하는 단계로서 유도기(lag phase duration; 미생물이 생육하지 않고 정체되어 있는 기간), 최대 생장률(maximum specific growth rate), 초기 세균수(Y0), 최대 생장 세균수(Ymax)을 계산할 수 있으며, 사멸을 예측할 때는 shoulder period(미생물이 사멸하지 않고 저항하는 기간), 사멸률 등 을 계산할 수 있다. 일차모델링에 사용하는 대표적인 모델은 Gompertz model (Jeffries and Brian, 1984), Baranyi model (Baranyi and Roberts, 1994), Exponential model, Logistic model (Jason, 1983) 등이 있다.

나. 이차모델의 개발

이차모델링은 일차모델링에서 계산된 변수(유도기, 최대 생장률, 초기 세균수, 최대 생장 세균수 등)들이 환경적 변수(저장온도, pH, 수분활성도, 항균물질의 농도 등)에 따라 어떻게 변화하는지를 예측하는 단계이다. 이차모델링에 주로 사용되는 모델에는 Polynomial model, Arrhenius model, Belahadek type model(Square root model), Arrhenius model, Ratkowsky model(Ratkowsky, 1982) 등이 주로 사용되고 있다.

다. 검 증

검증은 개발된 일차모델과 이차모델의 예측이 미생물의 생육을 얼마나 정확하게 예측하는 지를 판단하는 과정으로, 임의의 조건(저장온도, pH, 저장시간 등)에서 수집된 미생물 data(관찰값)와 이 조건을 개발된 모델에 대입하여 계산된 예측 값을 비교하여 두 값이 가까울수록 예측모델의 예측이 정확하다고 판단한다.

4) 예측모델의 활용(Application)

예측모델은 식육이나 식육가공품에서 유해한 미생물의 생장이나 사멸에 영향을 주는 요인들을 과학적으로 분석하여 식육이나 식육가공품생산에서 미생물학적 안전과 품질향상을 목적으로 적용할 수 있으며, 미생물학적 위해평가에 유용한 도구로 사용되고 있다. 또한, 예측모델은 정량적 위해평가 및 HACCP에서의 중요관리점 결정단계에서도 활용될 수 있을 뿐만 아니라, 유통기한을 설정하는 데 활용된다(윤, 2010).

20. 품질관리

- 문 영 덕 -

20.1 품질관리의 역사

품질관리(quality control, QC)란 소비자를 만족시키는 품질을 유지하고, 경제적으로 생산되어야 하며 모든 부문에서 통계적 수법을 활용하여 활동하는 것을 말한다. 품질관리는 19세기말 미국의 F.W. Taylor가 공장에 있어서의 효율적인 작업방법을 연구한 것이 그 시초로써 1912년에 "과학적 관리법의 원리"라는 책을 발행함으로써 세계적으로 널리 퍼졌다. 이것이 현재의 "Industrial Engineering"의 기반이 되었다. 1920년대에 영국의 통계학자 R.A. Fisher 일파는 소수 표본에 의한 추측적 분석 방법으로써의 추측통계학(추계학)을 처음으로 확립하여 오늘날의 품질관리의 기초를 형성하였다.

1924년에는 미국에서 시작한 대량생산 방식으로부터의 요청에 의해 벨 전화연구소의 W.A. Shewhart가 관리도를 고안해 산업발전에 크게 기여하였고, 1928년에는 Dodge와 Romig이 통계적인 샘플링 검사에 관한 논문을 발표하여 종전의 검사방법과 비교하여 획기적인 성과를 거두었다.

품질관리가 각 산업에 적용되기 시작한 것은 1941년 제2차 세계대전이 일어날 무렵이었다. 평화산업을 군수산업으로 갑자기 전환하는 데서 야기되는 제품의 품질상의 문제 해결이 핵심일 수 밖에 없었다. 이것에 대처하여 미육군성은 American Standards Association(ASA)에 의뢰하여 Shewhart의 관리도법을 전시규격으로 공포하여 군수산업에 적용토록 하였다. 또한 미육군성은 1941년에 "Army Ordinance Table"을 작성하고, 1943년에는 다시 A. Wald에 의한 축자 샘플링 검사를 연구하게 하여 검사의 합리화나 통계학의 이론에 크게 이바지하였다. 미국의 품질관리 활동은 1947년에 영국·캐나다 및 오스트레일리아 등으로 전파되어 각국에서 동종의 품질관리규격이 제정되었다. 1950년 미국방성은 MIL-STD-414를 제정하였는데, 이것이 현재 각국에서 널리 활용되고 있다.

한편, 일본의 품질관리 발전은 미국 학자들에게서 힘입은 바가 크다. 그 중에서도 W.E. Deming과 J.M. Juran의 역할이 지대한 것은 부정할 수가 없다. 1950~1953년 사이에 이들 두 학자는 수차례 방일하여 SQC의 강습회를 통해 산업계에 QC를 보급시켰다. 그리하여 일본에서는 1951년 이래 상기 Deming의 업적을 기념하기 위하여 「Deming상」을 제정하고, QC의 연구와 보급에 특별한 공헌이 있는 사람과 회사에 시상을 하여 왔다. 1950년대의 초반은 Deming의 영향을 받아 협의의 SQC의 시대라고 부를 수 있을 만큼 통계학에 치중된 QC를 하여 왔으나, 1950년대 후기부터는 위의 특징으로부터 전환하여 경영에 힘이 되는 QC는 기업의 전 종업원이 참가하여야 한다는 사고 하에, 말하자면 전사적 품질관리(TQC)를 실시하여 왔다.

1960년은 기술혁신과 양산에 의해 일본의 산업이 크게 비약하기 시작하였던 해였다. TQC는 실로 이에 부응하여 산업발전을 더욱 뒷받침하였다. 더욱 놀라운 것은 일본 사람들은 TQC의 일환으로 "QC 분임조"라는 종업원의 자기개발을 기본으로 하는 독특한 품질관리 활동방식을 창출한 것이다. QC 분임조 활동은 적극적인 등록제도를 취함으로써 한 회사나 한 지방의 범위를 벗어나 전국적인 운동으로 확대된 것이다. 자기개발이나 QC 분임조 발표회를 통한 상호개발의 기본이념은 TQC 도입의 큰 업적을 낳게 한 원동력이 되었다.

우리나라의 품질관리 및 표준화의 역사는 구미 선진국에 비해 출발이 퍽 늦다. 1950년대 말부터 1960년대 초반에 이르기까지 한국생산성본부와 당시 교환교수로 와 있던 외국의 학자들로부터 품질관리의 개념이 부분적으로 전파되기 시작하였으나, 본격적인 도입은 1955년 ICA원조자금으로 충주비료공장을 건설할 때 이 프로젝트에 참가했던 외국기술자들에 의해 이루어졌다. 그 후 1962년 상공부에 공업표준심의회가 발족되고 한국생산성본부와 한국규격협회가 처음으로 국내 강사진으로 품질관리강좌를 개최하면서부터 본격적인 품질관리 보급이 전개되었다. 1965년 USOM 당국의 적극적인 후원하에 한국품질관리학회가 창립되어 품질관리용어해설집과 QC 교재 등을 발간하였으며, 1966년 이래 한국규격협회와 더불어 품질관리양성을 위한 장기 QC 강습회를 실시하였다.

더욱이 1975년도에는 동 학회 주최로 제1회 전국 QC 서어클대회를 개최하여 그 후 많은 기업체에서 QC 서클활동을 도입하는 전기를 마련하였다. 정부는 KS표시제도의 효율적 활용을 위해 우리나라 특유의 품질관리 제도를 1967년부터 실시하였다. 이 제도는 국가산업의 품질향상과 수출전략에 의한 상품의 품질보증을 적극화하는 데 있어 품질관리 기술의 인적기반을 구축하게 되었을 뿐만 아니라 품질관리사를 통한 산업전반에 걸쳐 품질관리의 도입과 그 수준의 향상에 핵심적 역할을 담당케 하는 데 좋은 계기를 마련하였다.

1973년 상공부의 요청으로 공업진흥청이 발족되면서부터 표준화와 품질관리 사업이 보다 적극화되었다. 공업진흥청은 1975년을 "품질관리의 해"로 정하고 품질관리추진본부를 설치하여 품질관리운동을 범산업적으로 전개함으로써 국내산업의 질적 향상을 도모하고, 기업경영의 내실화를 기하는 전기를 마련하였다. 우리나라의 품질관리는 외국에서는 볼 수 없는 정부와 민간의 합동으로 이루어지고 있는 데 그 특색이 있다고 할 수 있다. 이러한 방법이 우리나라의 품질관리를 짧은 시일에 전국적으로 보급시키고 그 수준을 높이게 한 원동력이 되지 않았나 생각한다. 최근 국내 소비자나 해외수요자는 품질에 민감할 뿐만 아니라 합리적으로 상품을 선택할 능력이 있기 때문에 원가를 고려한 보다 좋은 품질의 제품을 만들지 않으면 안 되는 시대가 왔다.

1970년대에는 양산보다는 좋은 품질의 제품생산이 더 중요하게 되었으며, 소비자가 산 물품이 오래 고장없이 사용되기를 더욱 바라게 됨으로써 신뢰성(reliability) 혹은 신뢰성공학이 품질관리 안에 들어오게 되고, 또 여기에 호응하여 완전품질(perfect quality)이라는 이름도 생기게 되었다. 또 생산자에게 책임을 추궁하는 제품책임 또는 생산책임(product liability, PL)도 표면화되었다. 이렇게 되자 기업은 단지 제품을 제조할 뿐만 아니라, 소비자에게 판매된 제품의 품질까지도 오래 보증하지 않으면 안되게 되었다. 즉 품질보증(quality assurance, QA)은 TQC 안에서 아주 큰 비중을 차지하게 되었다.

1990년대에는 최고 경영자의 리더쉽 아래 품질을 경영의 최우선 과제로 하고, 고객만족의 확보를 통한 기업의 장기적인 성공은 물론 기업 구성원과 사회전체의 이익에 기여하기 위해 경영전반에 걸쳐 모든 구성원의 참가와 총체적 수단을 활용하는 전사적 종합적인 경영관리체계로 돌입하였다. 따라서 품질경영(quality management, QM)은 최고경영자의 품질방침을 비롯하여 고객을 만족시키는 모든 부문의 전사적 활동이 되고 있다.

20.2 품질관리의 목적과 효과

(1) 목 적

품질관리의 궁극적인 목적은 소비자의 요구에 합치하는 제품을 경제적으로 생산하는 데 있다.

이를 위하여 적절한 품질의 기준을 정하고, 달성되도록 통제하는 활동이 품질관리이다. 표준화 통계 및 「feed back」은 이때의 기본이념이 되고, 동시에 방법론을 제공해 주도록 한다. 그러나 중요한 것은 품질의 기준을 설정함에 있어서나 또는 그 기준을 준수하도록 통제함에 있어서도 모든 QC 활동은 측정을 통하여 실시된다는 데 있으며, 이를 위해서는 모든 품질특성이 수량화되어야 한다는 것이다.

길이・면적・강도・중량・성분 등과 같은 물리・화학적 특성은 비교적 간단하게 정량화되지만 분명하지 않은 특성도 적지 않다. 예컨대, 깨끗함이나 광택 등과 같은 외관・원활성이나 유연성과 같은 촉감・맛・냄새・색・음・인쇄 잉크의 점도・늘어나기・부착성 및 지우기의 용이성 등과 같이 수량화하기 어려운 특성이 있다. 그러나 이러한 특성도 한도견본과 비교하거나 점수로 표시하거나 또는 간접적 측정법(이화학적)을 연구하면 어느 정도 객관적으로 표시할 수 있는 것이다.

품질관리에서는 특성을 가능한 한 객관적으로 표현하는 것이 우선적으로 고려되어야 한다. 품질특성의 측정은 종래의 검사에서도 실시되고 있었으나 측정하는 것만으로는 통제가 되지 않는다. 결과를 분석 평가함으로써 결론이나 지침을 유출하여 품질이 형성되는 모든 단계, 즉 설계개발 단계로부터 최종 조립선에 이르기까지 이를 적용하여 각 단계를 정상화하여야 한다. 이제 품질관리의 목적을 구체적으로 요약하면 다음과 같다.

① 제품사양에 일치시킴으로써 고객을 만족시킨다.
② 다음 공정의 작업이 지장없이 계속될 수 있게 한다.
③ 오작동이나 불량 등이 재발되지 않도록 지시한다.
④ 요구품질수준과 비교함으로써 공정을 관리한다.
⑤ 보유능력에 대한 적정품질을 결정하여 설계사양의 지침으로 한다.
⑥ 스크랩이나 불량품을 감소시킨다.
⑦ 작업자에 대하여 검사결과 그 원인이 규명되어 있음을 인식시킨다(이는 작업자가 작업 시에 더욱 주위를 기울이도록 하는 심리적인 효과를 노리는 것이다).
⑧ 검사 방법을 검토하여 개선한다.

⑵ 효　과

"품질관리는 왜 필요한가? 무엇 때문에 하는가"라고 하는 것은 효과를 기대하기 때문이다. 즉 목적을 뒤바꾸면 효과가 된다. 그래서 문제점을 다음과 같이 정리하여 그들 효과의 상호관계에 대해 생각해 볼 필요가 있다.

① 불량품이 줄고, 제품의 품질이 균일해진다.
② 제품의 원가(cost)가 내린다.
③ 생산량이 늘어나고 합리적인 생산계획을 수립할 수 있다.
④ 기술부문은 제조현장이나 검사부문과 긴밀히 협조하여 일을 하게 된다. 연구는 앞당겨지게 되고 효과적이다.

⑤ 품질에 대한 책임을 각자가 인식하므로 작업의욕이 향상된다.
⑥ 사내 각 부문에서 하는 일이 원활하게 진행되고 사외에 대한 신용을 높인다.

위에서 말한 효과는 서로 연관이 있다. 이를테면 ①의 불량률이 내리면 다음 이유로 ②의 원가가 내린다.

① 폐재가 된 불량품의 재료비・작업비・검사비 및 기타 경비 등을 절약할 수 있다.
② 불량품은 손보았기 때문에 소요된 여분의 작업비를 절약할 수 있다.
③ 불량원인을 캐내기 위해 소요된 기술부문의 비용을 절감할 수 있다.
④ 불량품을 고객에게 팔았기 때문에 생긴 불만처리의 비용 등을 절약할 수가 있으므로 그 몫만큼 원가가 내린다.

한편, 불량품이 줄면 다음과 같은 이유로 해서 생산량이 늘어난다.
① 불량품이 준 분량만큼 생산량이 늘어난다.
② 불량품이 감소되면 생산일정은 계획대로 진보되고, 무리한 일정 계획의 변동이나 공수(lot)를 변경해야 하는 노고가 적어진다.

이와 같은 품질관리의 효과는 '품질'과 '수량'(또는 납기)이 일체가 되지 않으면 안 된다. 품질이 좋아지면 원가가 오른다든가, 품질을 개선하게 되면 납기를 어기게 된다고 하는 따위는 진정한 의미의 효과라고는 할 수 없다. 올바른 효과는 어디까지나 이들 요소가 동시에 만족되는 것이어야 한다.

20.3 품질관리의 원칙

품질관리를 해 나갈 때의 그 기본이 되는 고찰법이 따로 새로이 마련되어 있는 것이 아니고, 오래 전부터 사용해 오고 있는 다음 네 가지 원칙을 품질관리에 적용한 데 불과하다. 이들 원칙은 비단 품질관리뿐만 아니고, 생산에 종사하고 있는 모든 사람들이 지켜야 할 수칙이다. 그리하여 각자는 자기에게 주어진 책임과 권한의 범위를 이 원칙에 의거하여 행동하는 것이 품질관리의 근본정신이다.

(1) 예방의 원칙

불량품을 만들어 내고 나서 그 뒷처리에 힘쓰는 것보다는 불량품을 내지 않도록 예방에 힘쓰는 것이 득이라는 사고방식이다. 수입이나 공정에서 이루어지는 검사・설비의 예방이나 보전 및 계측기기의 교정 등은 이 사고방식에 바탕을 두고 있는 것이다.

⑵ 과학적 방법의 원칙

품질관리에 국한된 것은 아니지만 모든 관리활동에는 과학적인 진행법(scientific approach)이 필요하게 된다. 이것은 다음 5단계로 되어 있다.

① 우선 문제가 무엇인가를 분명히 한다.
② 그 문제에 관한 모든 사실을 파악한다.
③ 그 사실에 의거하여 문제해결의 계획을 세운다.
④ 계획대로 실행한다.
⑤ 계획대로 실행되었는지 여부를 점검한다.

상기 ③④⑤는 계획-실시-확인방식(plan-do-see system)이라고도 말하나, 이것은 분명 관리활동 그 자체이다. 따라서 과학적인 일의 진행방법이란 사실(data)에 의거하여 관리해 나간다는 것이다. 통계적인 품질관리는 이 사고방법에서 나온 것이다.

⑶ Staff 원조의 원칙

품질관리뿐만 아니라 관리활동의 효과를 올리자면 그 관리기술에 전문적으로 조예가 있는 사람(staff)을 활용하면서, 품질을 만들어 내는 사람(line)을 통해 품질을 관리해 나가야 한다. line과 staff의 분업을 관리기능에 적용시켜 보면 다음과 같이 된다.

제 1 단계 계획 → staff
제 2 단계 실행 → line
제 3 단계 확인 → staff
제 4 단계 조치 → staff 및 line

⑷ 협조의 원칙

품질관리는 처음에 말했듯이 회사의 모든 사람들이 참가하여 하는 일이다. 따라서 모든 사람이 각자에게 소유되고 있는 품질과 원가, 수량에 관한 임무를 모두가 협조하여 수행해 나가지 않으면 그 효과는 극대화되지 않는다. 협조의 이념은 관리활동의 기본이다. 그리고 그것은 사내표준화를 행하여 책임과 권한을 명확히 하는 데서 시작된다. 사내표준화란 회사 내에서 일하고 있는 모든 사람들을 위해 올바른 직업 또 올바른 작업의 목표가 될 수 있는 것을 성문화하여 정하고 그것을 모두 지켜나가는 일이다.

21. 실험 분석법

- 문 영 덕 -

식육과 육제품의 시험 방법에 대하여는 여러 참고 서적에서 제시되어 있으나 현재 국내에서 공인된 기준규격 및 방법으로 식약처 축산물기준과에서 관할하는 '축산물 기준 및 규격' 내용을 참조하면 항상 개정된 최근 자료들을 구할 수 있다. 참고적으로 2001년 1월 4일 개정된 국립수의과학검역원고시 제 2000-20호에 나타난 식육과 육제품의 실험분석 방법에 대한 목차는 다음 표 21-1과 같다. 본 장에서는 상기 자료에 제시되지 않은 실험분석 방법을 중심으로 기술하고자 한다.

21.1.1 식육의 보수력 측정

(1) 육즙 손실량과 가열 감량

육즙 손실량(drip loss, purge loss)을 측정하기 위하여 계량된 일정 크기(예 : 약 3 cm 정육면체의 육시료 약 30 g)를 망이나 끈으로 묶은 다음 플라스틱 봉지에 넣어 상압 하에서 저장하고, 특정 온도(일반적으로 냉장 온도)에서 봉지와 육 시료가 닿지 않도록 하여 보관한다. 일정한 저장기간이 경과된 후 시료 표면을 거름종이나 티슈 등으로 닦아내고 무게를 잰다. 육즙 손실량은 육 시료로부터의 중량 감소량으로 계산된다. 이때 시료의 크기, 모양, 중량 등은 일정하여야 한다.

$$\text{육즙 손실량}(\%) = \frac{\text{저장전 시료의 무게}(g) - \text{저장후 시료의 무게}(g)}{\text{저장 전 시료의 무게}(g)} \times 100$$

가열 감량(cooking loss)은 육즙 손실량이 측정된 후 같은 시료를 가지고 일정한 가열 온도에서 일정한 시간동안 가열한 다음 가열 전 후의 중량 감소량으로 계산한다. 저장, 냉동 및 해동 중 육즙 손실량이 측정되지 않은 상태에서 가열 감량을 재는 것은 무의미하다.

표 21-1. 축산물의 가공기준 및 성분규격(국립수의과학검역원 고시 제2000-20호) 중 식육과 육제품에 대한 내용 목차

가열 온도가 높을수록 감량이 많아진다. 가열 감량을 측정하는 방법에는 여러 가지가 제시되어 있으나 대표적인 것을 소개하면 다음과 같다.

약 5g 정도 미리 무게를 정확하게 계량하여 세절한 것이나 덩어리 육 시료를 계량된 원심분리관에 넣는다. 유리 구슬 등으로 막은 다음 끓는 수욕조에서 20분간 가열한다. 시료가 담긴 튜브를 실온에서 식힌 다음 유리된 액즙을 따라낸다. 덩어리육일 경우 가열육을 두 장의 거름종이 사이에 놓고 표면을 닦아낸 다음 튜브에 시료를 다시 넣고 무게를 측정하여 가열 전 후의 무게차를 계산한다. 가열 감량은 다음 그림 21-1과 같은 특수 원심분리관을 이용하여 시료 10~20g을 시료 크기보다 작은 구멍이 뚫린 망 위에 채우고 약 40~100℃(일반적으로 약 70~80℃)로 가열한다. 그리고 약 1,200~4,000rpm의 속도와 8~20분 사이의 조건 하에서 원심분리한 다음 관의 하부에 분리된 육즙의 양을 측정한 후 다음 식에 따라 가열 감량을 계산한다.

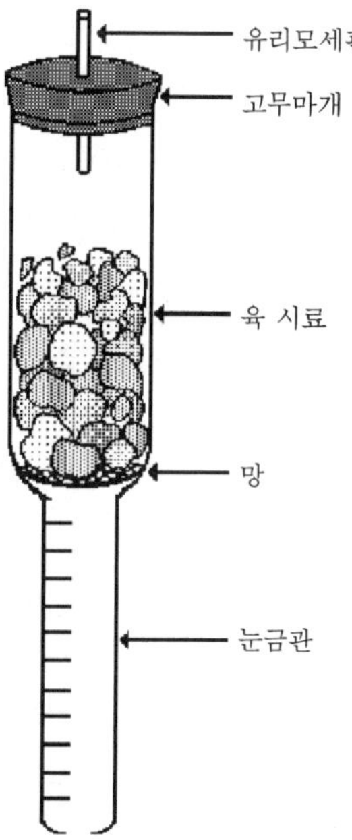

그림 21-1. 가열 감량 측정을 위한 특수 원심분리관

$$가열감량(\%) = \frac{가열전\ 시료의\ 무게(g) - 가열후\ 시료의\ 무게(g)}{가열전\ 시료의\ 무게(g)} \times 100$$

(2) 보수력측정의 원심분리법

비분쇄육의 보수력을 측정하기 위하여 고속원심분리법(high speed centrifugation)이 사용될 수 있다. 예를 들면 3~4g의 육 시료를 스텐레스 스틸 튜브에 넣고 60,000×g의 속도로 30분간 원심분리 한다. 유리 액즙량이 적을 경우에는 시료 채취량을 늘일 수 있다. 유리된 액즙이 다시 육에 흡수되는 것을 막기 위하여 가능한 신속하게 따라 내고 시료를 튜브에서 핀셋으로 꺼낸 다음 여과지나 티끌이 없는 티슈지 등으로 육 표면을 닦아내고 무게를 다시 잰다. 그러나 이 방법은 고속원심분리기를 사용하여야 하기 때문에 도축장과 같은 현장에서 사용하기에는 부적합하다.

반면, 저속을 이용한 원심분리법으로는 간편하기는 하나 비분쇄생육 상태에서의 육즙 분리량은 매우 적다. 따라서 저속원심분리방법을 사용할 경우에는 분쇄를 한 후 원심분리하는 것이 바람직하다. 이때의 실험 조건은 원심분리관 밑에 시료육과 유리되는 액즙을 분리하기 위하여 미리 충분히 105℃에서 건조된 후 정확히 계량된 유리구슬, 플라스틱 망이나 흡수지 등을 깐 다음 분쇄된 시료를 넣고 5,000~10,000 × g의 속도로 원심분리 한다. 원심분리 후에는 그 상태에서 핀세트를 이용하여 시료 육편을 꺼낸다.

원심분리에 의한 보수력은 실험 전 원료육내 수분 함량과 원심분리 후 유리된 액즙 내의 수분 함량을 105℃에서 건조 후 다음 식에 따라 계산된다. 단, 저속원심분리 방법에서는 유리된 액즙이 묻어 있는 유리구슬, 망이나 흡수지를 함께 건조하여 수분 함량을 측정하는 것이 정확할 것이다. 때로는 그림 21-1과 같은 특수 원심분리관을 이용하여 유리된 액즙의 양을 직접 측정하여 보수력을 계산하기도 한다.

$$보수력(\%) = \frac{시료육내\ 총\ 수분함량 - 유리된\ 액즙내\ 수분함량}{시료육내\ 총\ 수분함량} \times 100$$

(3) 거름종이 압착법

Grau와 Hamm(1953)에 의하여 개발된 거름종이를 이용한 보수력 측정법(filter paper press method)은 Hoffman 등(1989)에 의하여 약간 수정되어 있다. 실험 하루 전에 포화염화칼륨 용액이 담긴 건조기에 일정한 규격으로 자른 거름종이를 넣어 항습 조건으로 유지시킨다. 거름종이 규격은 Whatman No. 2 거름종이도 가능하다. 크기는 약 8cm×8cm정도가 적당하다.

거름종이를 보수력 측정 장치의 아래 plexiglass 판위에 놓고 끝이 뾰족한 핀셋으로 지방이나 힘줄이 없는 부위의 육을 털 뽑듯이 약 300 mg 채취하여 거름종이에 놓는다. 그리고 2개의 조임 나사가 달린 윗판을 시료 위에 놓고 육에 압력을 가하여 나사를 조인다. 항상 동일한 사람이 동일한 조건으로 실험하여야 편차가 적은 실험 결과를 얻을 수 있다. 이러한 상태로 정확히 5분간 있다가 나사를 풀어서 육의 면적과 총면적을 planimeter를 이용하여 구한다. 이때 고기가 눌리지 않고 수분이 더 퍼지거나 육이 말라서 면적이 변하지 않도록 조심하여 색연필로 그려준다. 보수성은 다음 식에 의하여 계산된다(그림 21-2).

보수성(%)= 육의 면적(M)/유리 액즙의 면적(RZ)[또는 총면적(T)]

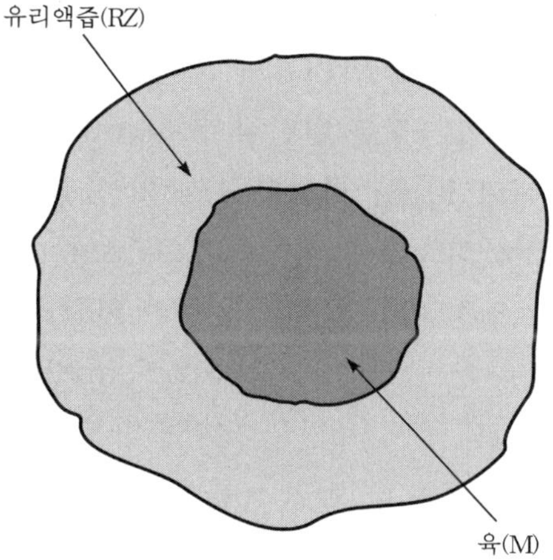

그림 21-2. 거름종이를 이용한 보수력 측정 방법
전체면적(T)=M+RZ

21.1.2 TBA 값

Thiobarbituric acid value (TBA 값)은 육 지방의 산패도를 나타내는 지표로써 지방산 분해산물의 하나인 malonaldehyde(OHC·CH_2·CHO)의 함량을 측정하는 것으로써 thiobarbituric acid reactive substances(TBARS)로 표기되기도 한다. 최초 Turner 등(1954)에 의하여 개발된 TBA 값 측정 방법은 크게 수증기증류법과 추출법으로 구분되며, 현재 많은 수정된 방법들이 개발되었다. 그 중 한 방법으로 Witte 등(1970)의 방법을 소개하면 다음과 같다.

가능한 한 낮은 냉장온도에서 20% 삼염화초산용액(삼염화초산 200 g을 2 M의 인산 용액에 녹인 다음, 1,000 mℓ에 정용) 50 mℓ에 분쇄된 육 시료 20 g을 2분간 균질한 다음 100 mℓ

정용 플라스크에 옮겨 증류수로 정용한 다음 흔들어서 잘 혼합한다. 이 중 50 ㎖를 취하여 Whatman No.1 거름종이로 여과한다. 여과액 중 5 ㎖를 취해 시험관에 옮긴 후 0.005 M의 TBA시약(TBA 시약 0.072 g을 50% 초산에 용해하여 100 ㎖로 정용한 것) 5 ㎖를 첨가한다. 그리고 마개를 막은 후 잘 흔든 다음 15시간 동안 어두운 냉장고 내에 방치한다. 반응된 액을 분광광도계로 530 nm 파장에서의 흡광도를 측정하여 다음 식에 따라 TBA값을 계산한다.

$$\text{TBA 값(mg malonaldehyde/kg)} = \text{흡광도} \times 5.2$$

21.1.3 VBN값

Volatile basic nitrogen value(VBN값)은 육의 저장 중 단백질 분해에 의한 휘발성 염기태질소의 양을 측정하는 것으로 Conway(1958)에 의하여 개발되었으나 현재 高坂(1975)의 수정된 방법이 많이 이용된다. VBN값은 일반적으로 conway unit를 이용한 미량확산법에 따라 측정된다. 즉 분쇄된 시료 10 g을 취하고 30 ㎖의 증류수를 가하여 균질한다. 이를 증류수로 세척하면서 100 ㎖ 플라스크에 정용한다. Whatman No.1 거름종이를 이용하여 여과한 다음 거른 액을 시료 조정액으로 한다. 용기의 외실에 미산성으로 조정한 시료액 1 ㎖, 내실에 0.01 N H_2BO_3 1 ㎖와 Conway 시약(0.066% methyl red와 0.066% bromocresol green 용액 각각 1 : 1 v/v 혼합액)을 1～2방울 떨어뜨린 다음 용기 접착면에 글리세린을 바른 뚜껑을 닫은 후 조금 열고 50% K_2CO_3 1 ㎖를 신속히 외실에 주입 후 즉시 밀폐한다. 그리고 외실의 시료액과 내실의 시약이 섞이지 않게 용기를 조심스럽게 회전한다. 20℃에서 120분 또는 37℃에서 80분간 방치 후 덮개를 열고 내실액을 0.02 N H_2SO_4액으로 적정한다. 공시험구에는 K_2CO_3 대신 증류수를 넣는다. 종말점은 녹색이 무색을 거쳐 미도홍색이 되는 순간으로 한다.

$$\text{VBN(mg \% 또는 mg/100 g 시료)} = \frac{(a-b)\times f\times 28}{S}\times 100$$

S : 시료 육량(g), f : 황산의 역가
a : 0.02 N H_2SO_4의 적정량(㎖), b : 공실험에서의 적정량(㎖)
28 : 0.02 N H_2SO_4 1 ㎖ 소모하는데 필요한 질소의 양(0.02×1.4×1,000)

21.1.4 육 색

육 시료의 표면을 색차계(color difference meter)를 사용하여 측정한다. 광원으로는 C광원(일광과 일몰광이 혼합된 것)과 D_{65}광원(자연적 일광)이 주로 사용된다. 기기를 L, a, b값이 정하여진 표준 보정판(calibration plate)로 보정한 다음 시료의 L, a와 b 값을 측정한다. 이때 L값은 밝기 즉 명도(lightness)를 나타내며, a값은 적색도(redness) 그리고 b값은 황색도(yellowness)를 나타낸다. Hue(색조)값은 $\tan^{-1}$ b/a, chroma(채도)값은 $(a^2+b^2)^{1/2}$로 계산한다. 또한 색차 ΔE는 $[(\Delta L)^2+(\Delta a)^2+(\Delta b)^2]^{1/2}$로서 표시되며, 대조구의 기준값으로부터의 색 변화도를 나타낸다.

21.1.5 육색소의 함량 비율

육 표면의 myoglobin, oxymyoglobin과 metmyoglobin의 상대적 함량은 분광광도계를 이용하여 Krzywiki(1979)의 방법에 따라 473, 525, 572와 730 nm에서 흡광도를 측정하여 다음 식에 의하여 각 색소의 상대적인 함량을 산출한다(Demos 등, 1996).

$$\text{Metmyoglobin}(\%)=\{1.395-[(A_{572}-A_{730})/(A_{525}-A_{730})]\}\times 100$$
$$\text{Myoglobin}(\%)=\{2.375[1-(A_{473}-A_{730})/(A_{525}-A_{730})]\}\times 100$$
$$\text{Oxymyoglobin}(\%)=100-[\text{metmyoglobin}(\%)+\text{myoglobin}(\%)]$$

21.1.6 염지육제품에서의 발색률

아질산에 의하여 발생된 일산화질소는 육 색소와 결합하여 니트로소미오글로빈(NO-Mb)을 형성하게 된다. 이 NO-Mb는 아세톤에 매우 잘 용해된다. 한편, 아세톤/염산용액을 이용하여 모든 염지육 색소를 메트미오글로빈 형태로 전환시켜 NO-Mb와의 비율을 측정한 다음 발색률을 계산한다(Möhler, 1966).

(1) 색　　소

육 시료 10 g을 100 mℓ 비이커에 넣은 다음 50 mℓ의 90% 아세톤 수용액(아세톤 : 증류수 =9 : 1)에 넣고 유리 막대로 잘 섞은 다음 어두운 냉장고에 60분간 방치한다. 이때 가끔 흔들어 주면 지방 성분의 분리가 촉진된다. 이 추출액을 실온에서 Whatman No. 1거름종이를 이용하여 삼각플라스크에 여과한다. 이때 붉은 색이 강할수록 염지육 색소의 추출이 많이 이루어진 것을 나타낸다. 추출액의 흡광도를 분광광도계로 540 nm에서 측정한다.

(2) 염지육의 총 색소

육 시료 10 g을 정확히 50 mℓ의 아세톤/염산용액(아세톤 : 진한 염산 : 증류수 = 90 : 2.5 : 7.5)에 넣고 상기 (1)에서와 같은 방법으로 추출한다. 이렇게 추출된 염지육의 총 색소의 흡광도를 640 nm에서 측정한다(B). 같은 추출액을 512 nm에서 측정한 값과의 비율이 1 : 2

에 가까울수록 색소가 metmyoglobin으로 충분히 변색되었다는 것을 의미한다.

(3) 발색률의 계산

$$\text{발색률}(\%) = \frac{540\,\text{nm에서의 흡광도}}{640\,\text{nm에서의 흡광도}} \times 40(\text{환산계수})$$

21.1.7 조 직 감

육 시료를 80℃의 수욕조에서 1시간 가열하고 실온에서 1시간 방냉한다. 시료는 사용되는 기기의 종류와 형태에 따라 시료 채취기나 예리한 칼로 항상 일정한 크기로 절단하여 준비한다. 조직감(texture)을 측정하는 기기에는 Instron이나 레오메터(rheometer) 등과

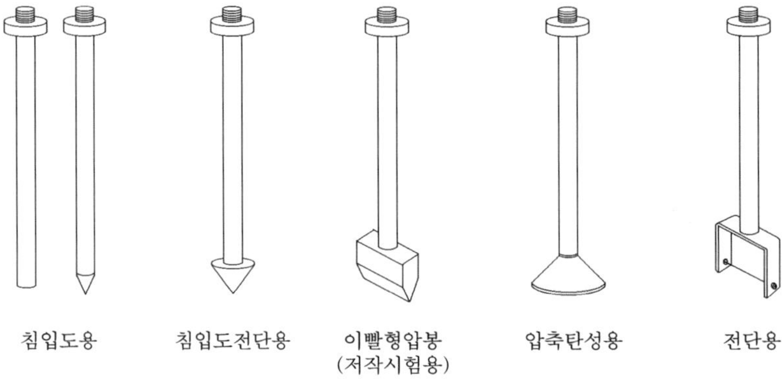

그림 21-3. Texture 측정용 다양한 어댑터

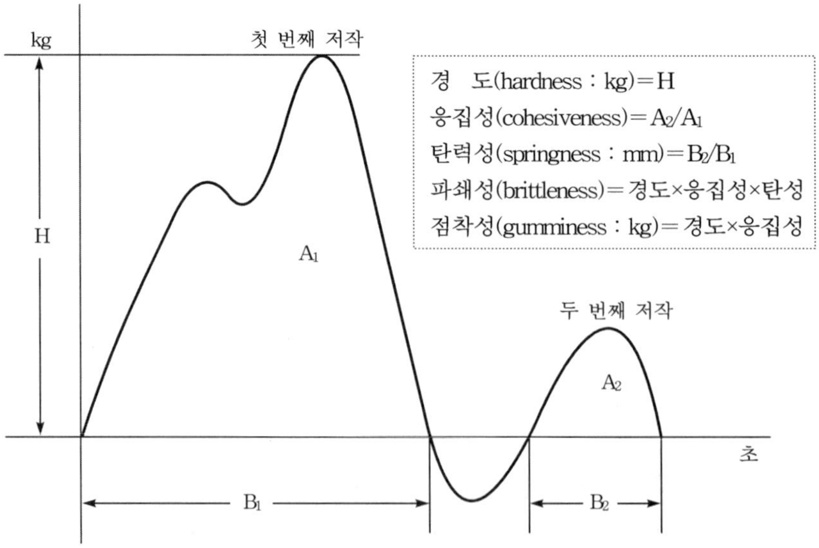

그림 21-4. 저작시험시 texture profile 분석

같은 만능조직분석기가 주로 이용되는데, 그 외 침입도를 측정하는 침입도 측정기(penetrometer)와 전단력을 측정하는 Warner-Braztler 전단력 측정기가 있다. 만능조직분석기는 그림 21-3과 같이 어댑터를 달리하여 전단력, 침입도 및 압축탄성력 등의 물성을 직접 측정할 수 있을 뿐 아니라, 그림 21-4와 같이 경도(hardness), 응집성(cohesiveness), 파쇄성(brittleness), 탄성(springness)과 점착성(gumminess) 등과 같은 다양한 조직감을 측정하여 계산해 낼 수 있다.

21.1.8 근소편화지수

근육의 숙성도 진행에 따른 근 섬유의 소편화 정도를 나타내는 지표로서 근소편화지수(myofibrillar fragmentation index, MFI)값이 계산된다.

MFI값의 측정은 크게 두 가지 방법에 따른다. Culler 등(1978)의 방법에 따르면 마쇄한 육 시료 5 g에 100 mM KCl, 20 mM K_2HPO_4, 1 mM EDTA, 1 mM $MgCl_2$ 및 1 mM NaN_3로 조제한 용액 50 ㎖를 가하여 10,000 rpm에서 30초간 균질화하여 현탁액을 만들고 2,000 rpm에서 15분간 원심분리하여 얻어진 침전물에 상기의 추출용액을 5배 넣어 거른 액을 뷰렛법으로 단백질의 농도를 측정한다. 그리고 측정한 단백질의 농도가 0.5±0.05 mg/㎖가 되게 희석하여 540 nm에서 측정한 흡광도에 200을 곱하여 소편화 정도로 한다.

한편, Takahashi 등(1967)의 방법은 위상차 현미경으로 관찰하여 전 근원섬유의 수에서 1~4 근절로 이루어진 소편이 차지하는 수를 백분율로 구하여 근원 섬유의 소편화율로 계산한다.

21.1.9 육 단백질 용해성

(1) 염용성 단백질

시료육의 지방, 인대, 결체조직 등을 제거한 후 3 g을 염류용액[0.85% NaCl, 2 mM phenylmethanesulfonyl fluoride(PMSF), 0.02% NaN_3을 함유] 12 ㎖에 첨가하여 4℃에서 1분간 균질한 다음 4℃에서 7,500×g로 15분간 원심분리하고 상등액의 단백질량을 측정한다.

(2) 수용성 단백질

2 mM PMSF, 0.02% NaN_3을 함유한 증류수 12 ㎖에 원료육을 3 g씩 첨가하여 염용성 단백질의 추출 방법과 동일하게 처리한 다음 단백질량을 측정한다.

(3) 근장단백질

시료육 10 g에 20 ㎖ 완충용액(0.1 M KCl, 0.05 M glycerophosphate, pH 6.5)을 가한 후 30초간 잘 혼합한 다음 0℃에서 1시간동안 진탕한 후 15,000×g에서 30분간 원심분리하고 상등액을 취하여 단백질량을 측정한다.

21.1.10 근절의 길이

먼저 시료를 근섬유 방향으로 일정한 크기로 무리하게 압력을 가하지 않도록 조심하면서 얇게 자른다. 잘라낸 시료를 eppendorf tube에 넣고 여기에 2% glutaraldehyde 완충용액(2% glutaraldehyde-용액 40 ㎖를 넣고 자당을 34.231 g 첨가한 다음 pH 7.0으로 제조된 0.2 M potassium phosphate 완충용액으로 500 ㎖가 되게 정용)를 가하여 30분 이상 냉장온도에서 고정시킨다. 고정이 끝난 시료를 핀셋을 이용하여 머리카락 두께 정도로 떼어 낸 후 덮개유리에 올려놓고 He-Ne 레이저를 쪼여 빛이 올려진 시료를 정확히 투과하도록 조절한 후 관측한다. 이때 방안지에 선명한 세 선이 나타나면 선이 방안지의 원형의 선과 일치하도록 거리를 조절한 후 거리(X cm)를 측정한 후 다음 식에 따라 근절의 길이(sarcomere length)를 계산한다.

$$\text{근절의 길이}(\mu m) = X\ cm \times 0.6328/2$$

21.1.11 DNA분석기법에 의한 육종감별법

최근 국내에서는 한우육이 수입육보다 국민들의 선호도가 월등하여 높은 가격이 형성되고 있으나, 유통과정 중에서 수입육이 한우육으로 둔갑될 가능성에 대한 불신감은 여전하여, 그러한 부정행위는 한우산업의 국내 경쟁력을 약화시키고, 유통질서를 교란하는 주요한 원인으로 꼽히고 있다.

지육이 해체되면 축종의 특이한 조직학적, 해부학적 특성이 소멸되어 육감에 의한 축종별 식육의 구별이 어렵게 되며, 더욱이 가공을 위해 원료육이 분쇄되어 다른 부원료들과 혼합되는 경우에는 그 육종의 판별은 이화학적 분석법에 의존할 수밖에 없게 된다. 그러나, 종래의 이화학적 또는 생물학적 분석법은 돼지고기나 쇠고기와 같은 이종 식육간의 식별은 가능하였지만, 한우와 홀스타인처럼 품종간의 식별은 사실상 불가능하였다.

다행히 최근에 분자복사기로까지 일컬어졌던 polymerase chain reaction(PCR ; DNA 복제 연쇄반응)기법의 등장으로, 표적이 되는 DNA단편을 연속적으로 10^6 정도까지 단시간 복제가 가능하게 되었고, 이 기법을 이용하여 DNA분석기법에 의한 품종간의 감별기법이 연구되기 시작하였다. 현재 DNA감별법은 우리나라에서 대체로 85~95%에 이르는 신뢰도를 가지고 있는 것으로 알려지고 있으나, 유전공학기술의 눈부신 발전속도로 보아 머지 않은 장래에 100%의 신뢰도를 달성할 것으로 기대되고 있어 아래에 한우육과 수입육을 감별하기 위한 실험절차의 개요를 간단히 소개한다.

<실험절차>

① 시 료 : 쇠고기, 혈액, 사골, 털 등

② DNA 추출 : RNAase, 페놀시약 처리로 추출된 DNA를 원심분리하여 에탄올로 침전시킨다.

③ DNA증폭 : 추출된 DNA를 중합시발결합인자인 primer와 내열성 DNA-polymerase가 포함된 DNA 증폭반응액을 가지고 PCR기법으로 단시간에 증폭하게 된다. 이는 사실상 감별을 가능하게 하는 핵심적 요소라 할 수 있는 특이적 표지물질(marker)이 되는 시료 DNA사슬의 특정부위를 20~40회 반복하여 증폭함으로써 전기영동상에서 식별이 가능한 정도로까지 그 농도를 높이는 과정이다.

④ 전기영동 및 염색 감별 : DNA 증폭산물을 아가로오스(agarose) 겔 등에서 전기영동한 후 특정 시약으로 염색하여 자외선 등으로 표지유전자(특이적 표지물질)의 존재 유무를 관찰한다. 그림 21-5는 전기영동상에서 수입육에서는 관찰되지 않는 한우 특유의 표지유전자 밴드(◀로 표시된 부분)의 존재가 확인됨으로써 한우육과 수입육을 감별하게 되는 방식을 보여주고 있다.

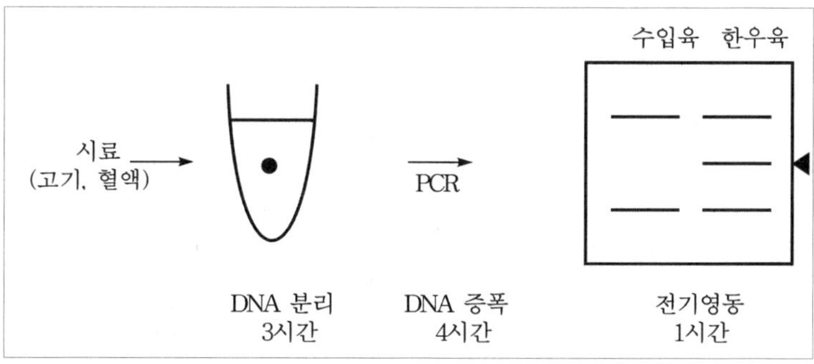

그림 21-5. DNA 분석기법에 의한 한우육 감별기법의 개요

이상에서 알 수 있는 바와 같이 이 방법의 성패는 어떤 품종에만 관찰되는 고도의 특이성을 가지는 표지물질의 존재에 있으며, 이 표지물질에 부합되는 염기서열로 구성되는 프라이머를 조제하는 일이 목적 달성의 관건이라고 할 수 있다.

21.1.12 수분활성도(water activity)

식품 중의 수분과 미생물의 관계는 수분활성으로 알 수 있으며(표 21-2), 식품의 저장성에 영향을 미친다. 그 개념은 다음과 같다.

$$a_w = P/P_0$$

P : 식품의 수증기압
P_0 : 물의 수증기압

표 21-2. 수분활성도(a_w), 미생물 및 육제품과의 관계

a_w	이하에서 증식이 저지되는 미생물	a_w	이 범위에 속하는 육제품
0.95	그람음성 간균, 아포세균의 일부	0.99~0.98	생육 및 염지육
	일부 효모	0.98~0.96	가열 햄, 가열 소시지
0.91	대부분의 구균, 유산균, 일부 곰팡이	~0.93	베이컨
0.87	대부분의 효모	~0.80	건조 소시지
0.80	대부분의 곰팡이		
0.75	호염세균		
0.65	내건성 곰팡이		
0.60	호삼투압 효모		
0.50	미생물은 증식 못함		

(1) 기 구

천칭
콘웨이 유니트(conway unit)

(2) 시 약

25℃에서 포화용액이 나타내는 a_w는 다음과 같다.

$K_2Cr_2O_7$	: 0.980	$NaBr \cdot 2H_2O$	: 0.577
KNO_3	: 0.925	$Mg(NO_3)_2 \cdot 6H_2O$	: 0.529
$BaCl_2 : 2H_2O$	: 0.902	$Li(NO_3)_2 \cdot 3H_2O$	: 0.471
KCl	: 0.843	$K_2CO_3 \cdot 2H_2O$	: 0.428
KBr	: 0.807	$MgCl_2 \cdot 6H_2O$	: 0.330
$NaCl$	: 0.753	$K(C_2H_3O_2) \cdot H_2O$	: 0.225
$SrCl \cdot 6H_2O$	: 0.708	$LiCl \cdot H_2O$	: 0.111

(3) 방　　법

① 시료의 예상활성도보다 높은 시약과 낮은 시약을 각각 5g을 따로따로 콘웨이 유니트의 외실에 넣는다.
② 시료에 소량의 증류수를 가하여 뚜껑을 닫는다.
③ 시료 약 1.5g을 취하여, 소수점 4자리(또는 0.1mg)까지 정확히 칭량하여, 콘웨이 유니트의 내실에 넣고 뚜껑을 다시 닫는다.
④ 콘웨이 유니트를 25℃의 항온기에서 2시간 방치한 후 시료를 정확히 칭량한다.
⑤ 중량의 증감을 계산하여 시료의 a_w로 한다.

(4) 계산 예

만약 KNO_3와 $BaCl_2 \cdot 2H_2O$를 사용하였고 측정결과가 다음과 같다고 할 때

시 약 명	시료중량(g)	방치후의 시료중량(g)	시료중량 증감(mg)
KNO_3	1.6705	1.6905	+20.0
$BaCl_2 \cdot 2H_2O$	1.6005	1.505	−10.0

$$a_w = ay/x-y$$

a : KNO_3의 수분활성도=0.925
b : $BaCl_2 \cdot 2H_2O$의 수분활성도=0.902
x : KNO_3에 의한 시료 감소량=20
y : $BaCl_2 \cdot 2H_2O$에 의한 시료 감소량=10.0
$a_w = 0.902 \times 20.0 - 0.925 \times (-10.0)/20.0 - (-10.0) = 0.948$

21.1.13 미생물 검사

미생물 검사방법에 대해서는 일반적으로 식품분석 및 미생물 실험서적에 잘 소개되고 있기 때문에 여기서는 신속하고 정확하면서도 간단한 최신 방법의 하나로써 배양지인 페트리필름(petrifilm ; 3M 주식회사)에 의한 측정법을 소개한다.

(1) 원　　리

미생물 성장에 필요한 영양소, 수용성 겔(gel) 및 균체(colony)지시약을 필름에 특수 코팅(coating)한 페트리필름에 시료 1㎖를 접종, 배양시키면 균들이 염색되므로 균의 유무 및 균수 측정이 아주 용이하다.

따라서 기존의 균 검사시 배지준비에 필요한 작업과정, 기구세척 등을 하지 않아도 되므로 시간을 절약할 수 있다.

(2) 기　　구

1 ㎖용 멸균 피펫
페트리필름 및 누름판(누름판은 페트리 필름에 포함되어 시판)
배양기

(3) 페트리필름™ 배양지의 종류

일반세균용
대장균(*E. coli*)용
대장균군(Coliform)용
효모, 곰팡이용
황색포도상구균용
장내세균용 등

(4) 시료조제 및 희석방법

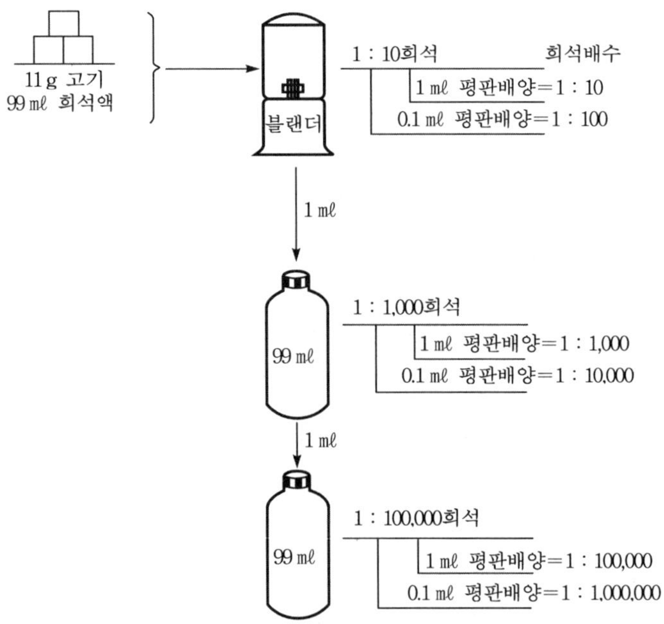

그림 21-6. 시료조제 및 희석방법

(5) 실험방법

① 상부필름을 걷어 올리고 하부필름의 중앙에 시료 1 mℓ를 수직으로 접종한다.
② 상부필름을 부드럽게 위에서 아래로 기포가 생기지 않도록 천천히 덮는다.
③ 누름판을 필름상부에 올려놓고 가볍게 눌러준다(원이 형성될 때까지).
④ 30~60초 후에 겔화가 완료되면 배양기에 넣는다.

표 21-3. 세균에 따른 배양온도 및 시간

세균의 종류	배양온도	배양시간
일반세균	32	24~48시간
대장균(*E. coli*)	32	24시간
대장균군(coliform)	32~35	24~48시간
효모, 곰팡이	21~25	3~5일
황색포도상구균	35	24시간
장내세균	32~35	24시간

(6) 세균수 측정

① 일반세균용 페트리필름 배양지인 경우

모든 균체가 붉은색으로 염색되어 나타나는데, 크기에 관계없이 모든 붉은색 균체들을 측정한다. 측정범위는 균체수 50~250개 사이이다. 250개 이상의 균체들이 배지 내에 존재하는 경우, 사각형 1개(1 cm^2) 내에 존재하는 평균 균체수를 측정한 후 그 평균 균체수에 20을 곱해주면 배지 1개당 존재하는 총균체수를 얻을 수 있다. 그 이유는 페트리필름 배지에서 균이 접종되어 생장하는 부분이 20 cm^2이기 때문이다. 균체수가 너무 많아 측정이 불가능한 경우는 희석배율을 높여서 다시 검사한다. 단, 어떤 세균들은 총균수 측정용 페트리필름 배양지에서 겔을 수화시키는데, 이때 수화된 부분에 존재하는 붉은 점은 측정하지 않는다.

② 대장균군용(coliform) 페트리필름 배양지

붉은색 균체와 가스가 같이 붙어 있는 균체만 측정한다. 가스 없이 균체만 있는 경우는 대장균군이 아니다. 균체측정 적정범위는 평판배지를 사용할 때와 마찬가지로 15~25개 사이이다. 균체수가 너무 많으면 희석 배율을 높인다.

③ 대장균용(*E. coli*) 페트리필름 배양지

파란색의 균체와 CO_2 가스방울이 같이 존재하는 균체를 측정한다. 이때 붉은색 균체와

CO_2 가스방울이 같이 존재하는 균체는 대장균군이다. 따라서 총대장균군 균체수를 측정하고자 한다면, 붉은색 균체와 파란색 균체를 모두 측정하면 된다.

④ 기 타

황색포도상구균, 장내세균, 효모, 곰팡이용 페트리필름 배양지에 관해서는 3M의 미생물제품을 참조하여 주기 바란다.

⑤ 1 g당 세균수 = 세균집락수 × 희석배수

-◈참고문헌◈-

1장. 서론 : 박형기, 진구복

1. American Meat Institute. 1987. Meat Facts.
2. Braedwood, R.J.(泉靖一ら譯). 1979. 先史時代の人類, 新潮社, 東京.
3. Danish Bacon and Meat Council. 1989. Statistics, Agriculture in Denmark.
4. Morgan, L.H. (荒畑寒村譯). 1954. 古代社會 上, 下 角川文庫, 角川書店, 東京.
5. Lawrie, R.A. 1979. Meat Science. Pergamon.
6. OECD. 2015. Meat Consumption. doi:10.1787/fa290fd0-en, https://data.oedc.org/aqroutput/meat-consumption.htm
7. U.S.D.A. 2001. World Livestock Situation, Foreign Agricultural Service.
8. U.S.D.A. 2001. World Poultry Situation. Foreign Agricultural Service.
9. U.S.D.A. 2015. Livestock and Poultry: World Markets and Trade.
10. Watson, 取長男譯. 1974. 悪食のサル.
11. 農林水産部. 1992. 12月, 家畜統計調査結果(農産統計資料 99-12-1). 농협. 2015. 축산물 가격 및 수급자료.
12. 마니육종. 1987. 家禽育種十年史, 미광기획.
13. 孟元在. 1987. 畜産學概論, 先進文化社.
14. 鄭麟趾 編. 文宗元年 1451. 高麗史…世家 卷31
15. 畜協中央會 1983, 1987, 2001. 畜産物價格 및 需給資料
16. 축협중앙회. 1998. 2. 축협조사계보.
17. 黃七星 等. 1986. 畜産製造學, 先進文化社.
18. 尹熙燮 編. 1990. 소의 世界, 修文書館.
19. 鯖田農之. 1996. 肉食の思想, 中央社論社, 東京.
20. 田 統. 1980. 中國植物史‥田書店, 東京.
21. 日本食肉加工協會 編. 1970. 食肉加工百年史, 日本ハムノソセジ工業協同組合, 東京.
22. 和島昭一郎 1981. 豚の選抜と管理技術. 地球社.
23. 矢野幸男 等. 1980. 食肉加工ハソトブック, 光琳.

2장. 식육과 건강 : 박형기

1. Committee on Diet and Health Food and Natrition Board Commission on Life Sciences National Research Council. 1989. p. 10. NATIONAL ACADEMY PRESS Washington, D.C.
2. Ensminger A.H., Ensminger, M.E. Konlande, J.E. and Robson, J.R.K. 1983. Food & Nutrition Encyclopedia Vol 1 p. 63.
3. Mindell. 1999. Earl Mindell's Vitamin Bible for the Twenty-first Century.
4. McNamara, D.J., Kolb, R. Parker, T.S. Batwin, H. Samuel, P. Brown, C.D. and Ahrens, Jr., E.H. 1987. Heterogeneity of cholesterol homeostasis in man. Response to changes in dietary fat quality and cholesterol quantity. J. Clin. Invest., 79, p. 1729-1739.
5. Stamler J., Elliot P., Nichols R. 1996. Inverse relation of dietary protein markers with blood pressure. Findings for 10,020 men and women in the INTERSALT Study. INTERSALT Cooperative Research Group. INTERnational study of SALT and blood pressure. Circulation 1, 94(7), 1629-34.

6. World Bank. 1999. World Development Indicators.
7. 한국농촌경제 연구소. 2000. 식품수급표 1999.
8. 太田康二. 1989. 食肉質の蛋白質, コレステロ-ル 知つておきたい. 最新の醫學的知識.
9. 藤卷正生 總監修. 1991. 食肉の科學 2. 成長, 体力と蛋白質. p15. 日本食肉消費綜合 センタ.
10. 藤卷正生. 1997. 牛肉の抗疲勞効果に關する基礎的 硏究. 食肉に關する助成硏究調査成果報告書. Vol. 15. pp. 395-400.
11. 藤卷正生. 1998. 食肉の抗疲勞効果に關する基礎的硏究. 食肉に關する助成硏究調査成果報告書. Vol. 16. pp. 324-330.
12. 家森幸南. 2001. 腦卒中易發症高血壓ラット用いた食肉の高血壓に與える影響に關する基礎的 硏究. 食肉に關する助成硏究 調査成果 報告書. Vol.19, pp. 251-255.

3장. 육축의 처리 : 오홍록

1. Albertsen, V.E. et al. 1957. Meat Hygiene WHO(Geneva).
2. Bailey, A.J.(ed). 1984. Recent Advances in the Chemistry of Meat, The Royal Society of Chemistry(London).
3. Bechtel, P.J.(ed.). 1986. Muscle as Food, Academic Press(New York).
4. Boggs, D.L. and Merkel, R.A. 1984. Live Animal Carcass Evaluation and Selection, 2nd ed., Kendall/Hunt Publishing Co.(Dubuque, Iowa).
5. Forrest, J.C. et al.(ed.). 1975. Principle of Meat Science, Freeman(San Francisco).
6. Gerrad, F. at al.(ed.). 1980. The Complete Book of Meat, 2nd ed., Virtue(London).
7. Hundson, B.J.F.(ed.). 1988. Development in Food Proteind-6, Elsevier Applied Science(London).
8. Krol, B. et al.(ed.). 1988. Trends in Modern Meat Technology 2, Pudoc Wageningen(Netherlands).
9. Lawrie, R.A., 1985. Meat Science, 4th ed., Pergamon Press(Oxford).
10. Mann, I. et al.(ed.). 1967. Processing and Utilization of Animal By-Products, GAO(U.S.A).
11. Mountney, G.J. et al.(ed.). 1976. Poultry Products Technology, 2nd ed., AVI(Connecticut).
12. Patterson, R.L.S. et al.(ed.). 1985. Biochemical Identification of Meat Species, Elsevier Applied Science(London).
13. Price, J.F. and B.S. Schweigert(ed.). 1971. The Science of Meat and Meat Products, 2nd ed., Freeman(San Francisco).
14. Romita, A. and Valin, C.(ed.). 1987. Accelerated Processing of Meat, Elsevier Applied Science(London).
15. Smith, G.C. et al.(ed.). 1982. Laboratory Manual for Meat Science, 3rd ed., American Press.
16. U.S. Meat Board. 1973. Uniform Retail Meat Identity Standards(Chicago).
17. Wilson, A. 1980. Practical Meat Inspection, 3rd ed., Backwell Scientific Publication(London).
18. 朴亨基 外. 1981. 畜産製造學, 先進文化社.
19. 宋啓源 外. 1988. 食肉과 肉製品의 科學, 先進文化社.
20. 梁隆 外. 1980. 食肉加工學, 先進文化社.
21. 畜産物衛生處理法. 1984. 12. 31, 법률 제3763호.
22. 畜産物衛生處理法 施行令. 1985. 6. 28, 大統領令 제11712호.
23. 畜産物衛生處理法 施行規則. 1985. 2. 3, 農水産部令 제938호.
24. 駒井 亨. 1982. 食鷄處理加工の現狀と將來, 肉の科學, vol. 23(1), 1-6.
25. 日本食肉硏究會編. 1982. 食肉用語辭典, 3訂版, 食肉通信社(大阪).
26. 桑田重廣. 1982. 肉畜とその加工, 建帛社(東京).
27. 齊藤義藏 外. 1980. 食肉加工法, 4訂阪, 恒星社厚生閣(東京).
28. 天野慶之 外. 1980. 食肉加工ハンドブック, 光琳(東京).

4장. 도체등급 : 오동환, 황인호

1. AHDB. 2008. Review of the EU carcass classification system for beef and sheep(EPES 0708/01). AHDB Industry Consuliing report; A report for DEFRA.
2. Bach, H. and Sack, E. 1987. Handelsklassen für Schweinehälften, Auswertungs und Informationsdienst für Ernärung, Landwirstschaft und Forsten, BRD.
3. Berg, R.T. and Butterfield, R.M. 1976. New Concept of Cattle Growth, Sydney University Press.
4. Boggs, D.L. and Merkel, R.A. 1984. Live animal, Carcass evaluation and selection manual, Kendall/Hunt Pub. Co.
5. Borghese, A., Romita, A. and Cilgi, S. 1982. Comparative retail value of beef carcasses, ARC Meat Research Inst., Langford, Bristol, UK, 55.
6. Branscheid, W. 1987. Rindfleisch, Schlachtkörperwert und Fleischqualitaet, Institut für Fleischerzeugung und Vermarktung der Bundesanstalt für Fleischforschung, Kulmbach.
7. Branscheid, W. and Sack, E. 1987. Recent development in marketing and their impact on the standardization of livestock products, Proceedings of a symposium of the UN Economic Commission for Europe.
8. Canada Agricultural Products Standard Act (CAPSA). 1985. Beef carcass grading regulation.
9. Canada Agricultural Products Standard Act (CAPSA). 1986. Hog carcass grading regulation.
10. Canadian Food Inspection Agency(CFIA). 2010. Livestock and Poultry Carcass Grading Regulations.
11. de Boer, H. 1982. Meat Science and Technology International Symposium Proceedings, Lincoln, Nebraska, National Livestock and Meat Board, USA, 17.
12. Emilia, R. 1988. Pig carcass and meat quality, Proceedings of the meeting, University di Bologna.
13. Hale, D.S., Goodson, K., & Savell, J.W. 2004. Beef Grading. http://meat.tamu.edu/beefgrading.html. Department of Animal Science, Texas Agricultural Extension Service Texas A&M University, College Station, TX.
14. Kempster, A.J., Cuthberson, A. and Harrington, G. 1982. Carcass evaluation in livestock breeding, production and marketing, 91.
15. Mader, J. 1980. Versuch einer Objektiven Klassifizierung von Rinderschlachthälften, Hülsenberger Gespraeche, Verlagsgeselschaft für Tierzüchterische Nachrichten.
16. Meat & Livestock Australia Limited. 2013. Meat Standards Manual for Beef Grading.
17. Meat & Livestock Australia Limited. 2016. Handbook of Australian Meat- 7th Edition. https://www.ausmeat.com.au/custom-content/cdrom/Handbook-7th-edition/English/910F3766-F68A-11DA-AA4B-000A95D14B6E.html.
18. Phillips, D. 1986. Hennessy-Philips Meat Grading Conference, Auckland.
19. Polkinghome, R. J., & Thompson, J. M. 2010. Meat standard and grading: a world view. *Meat science*, 86(1), 227-235.
20. Regulation, C. 2007. No. 1234/2007 establishing a common organisation of agricultural markets and on specific provisions for certain agricultural products (Single CMO Regulation). Official Journal of the European Union L, 299.
21. Russo C1, Preziuso G, Verità P. 2003. EU carcass classification system: carcass and meat quality in light lambs. Meat Sci. 2003 Aug;64(4):411-6
22. Royal Smithfield Club. 1966. The report of major beef research project.
23. Scheper, J., Scholz, W. and Bach, H. 1983. Handelsklassen für Rindfleisch, Auswertungs und

Informationsdienst für Ernärung, Landwirtschaft und Forsten, BRD.
24. Schön, I. 1980. Beurteilung der Rindfleischqualität, Hülsenberger Gespraeche, Verlagsgeselschaft für Tierzüchterische Nachrichten 199.
25. Schön, L. 1981. Schlachtwert, Bundesanstalt für Fleischforschung, Kulmbach, 7.
26. Schön, L. 1975. Handelsklassen für Schweinehälftern, AID, Bonn Bad Godesberg.
27. Schön, L. 1974. Handelsklassen für Rindfleisch, AID Bonn Bad Godesberg.
28. Schön, L. 1982. Beiträge zum Schlachtwert von Schweinen, Institut für Fleischerzeugung und Vermarktung der Bundesanstalt für Fleischforschung, Kulmbach.
29. U.S.D.A. Agricultural Marketing Service. 1981. Preliminary regulatory impact analysis of proposed changes in the United States standards for grades of carcass beef and slaughter cattle, Office of Policy and Program Planning Food Safety and Inspection Service.
30. U.S.D.A. Agricultural Marketing Service. 1986. Meats, Prepared Meats, and Meat Products (Grading, Certification and Standard).
31. U.S.D.A. Agricultural Marketing Service. 1989. Official United States standard for grades of carcass beef.
32. U.S.D.A. Agricultural Marketing Service. 1985. United States Standards for Grades of Pork Carcasses.
33. U.S.D.A. Agricultural Marketing Service. 1997. United States Standards for Grades of Carcass Beef.
34. U.S.D.A. Agricultural Marketing Service. 2002. United States Classes, Standards, and Grades for Poultry.
35. 김성호. 2010. 주요국의 축산물 등급제도. http://www.ekapepia.com/772.su. 축산물품질평가원
36. 김용곤, 이영진, 한수현, 김동훈, 강태홍, 김강식. 1985. 시험연구 보고서 462, 농촌진흥청 축산시험장.
37. 노경상, 양정희, 이의석, 이진우. 2008. 축산물 등급판정 제도 발전방안 연구. 한국축산경제연구원
38. 농림축산식품부. 2014. 축산물등급판정 세부기준. 농림축산식품부고시 제 2014-4 호.
39.(株) 日本食肉格付協會, 1988. 新しい牛肢肉取引規格.

5장. 식육의 조직학적·화학적 성상 : 김언현, 문윤희

1. Bechtal, P.J. 1986, Muscle as Food, pp. 24. Academic Press. USA
2. Briskey, E.J., Cassens, R.G. Marsh B.B., 1969, The Physiology and Biochemistry of Muscle as a Food, The Univ. of Wisconsin Press.
3. Brodel, M. 1937. Johns Hopkins Hosp. Bull. 61:295. The Johns Hopkins University Press.
4. Eskin, N.A.M., H.M. Henderson, R.J. Townsend, 1971, Biochemistry of Food, 1, Academic Press.
5. Fawcett, D.W. 1968. A Textbook of Histology., 9thed W.B. Saunders Company, Philadelphia, 273, 285, 289
6. Ham, A.W. 1974. Histology, J.B. Lippincott. Co., Philadelphia, USA
7. Huxley, H.E. 1965. The mechanism of muscular contraction. Sciencific American. Sanfrancisco: W.H. Freeman and Company.
8. Kramlich, W.E., Pearson, A.M. Tauber, F.W. 1973, Processed Meat. AVI.
9. Lawrie, R.A. 1985, Meat Science, 4th ed. Pergaman Press.
10. Murray, J.M. and Weber, A. 1974. The copperative action of muscle proteins. Scienctific American. Februdary; 59-71.
11. Peachery, L.D. 1965. . Cell Biology. 25:209
12. Smith, D.S. 1972, Muscle, New York: Academic Press, pp.5-59.

13. 농촌진흥청. 1986, 식품성분표, 상록사.
14. 양 융, 양한철, 1996, 축산식품가공학, 보성문화사.
15. 황칠성, 박형기, 유제현, 한석현, 문윤희. 1993, 축산제조학, 선진문화사.
16. 大武由之. 1990, 改訂畜産食品, 文永堂.
17. 天野慶之, 藤巻正生, 安井勉, 失野辛男. 1980, 食肉加工ハンドフック, 光琳.
18. 森 田重廣. 1990, 食肉. 肉製品の科學, 學窓社.
19. 山本啓一, 丸山工作. 1992, 筋肉, 化學同人.
20. 沖谷明紘. 1996, 肉の科學, 朝倉書店.

6장. 근육의 사후변화와 숙성 : 강종옥, 김언현

1. Aberle, E.D. Forrest, J.C., Gerrard, D.E., Mills, E.W. 2012, Principle of Meat Science, 5thed. Kendall/Hunt Publishing Company.
2. Asghar, A., and Henrickson, R.L. 1982. Post-mortem electrical stimulation of carcasses. oklahoma Agric. Exp. Station Technical Bulletin, T-156. April.
3. Bechtel, P.J. 1986. Muscle as Food. Academic Press, New York.
4. Bendall, J.R. 1966. The effect of pretreatment of pigs with curare on the post-mortem rate of pH fall and onset of rigor mortis in the musculature. J. Sci. Food Agric, 17, 333-338.
5. Bendall, J.R. 1973. The Structure and Function of Muscle. 2, Academic Press Inc., New York. 243.
6. Bendall, J.R., Hallund, O., and Wismer-Pedersen, J. 1963. Post-mortem changes in the muscles of Landrace pigs. J. Food Sci., 28, 156-162.
6. Bouton, P.E., Harrish, P.V. and Shorthose, W.R. 1972. J. Food Sci., 37, 356.
7. Briskey, E.J., and Wismer-Pedersen, J. 1961. Biochemistry of pork muscle structure. I. Rate of anaerobic glycolysis and temperature change. J. Food Sci., 26, 297-305.
8. Busch, W.A., Parrish Jr., F.C. and Goll, D.E. 1967. J. Food Sci., 32, 390.
9. Cassens, R.G., and Newbold, R.P. 1967. J. Food sci., 32, 269.
10. Eckert, R., and Randall, D. 1983. Animal Physiology. W.H. Freeman and company. san Francisco.
11. Forrest, J.C., Aberle, E.D. Hedrick, H.B. Judge, M.D. and Merkel, R.A. 1975. Principles of Meat Science. W.H. Freeman and company. san Francisco.
12. Forrest, J.C., Kastenschmidt, L.L. Beecher, G.R. Grummer, R.H. Hoekstra, W.G. and Briskey, E.J. 1965. Porcine muscle properties. B. Relation to naturally occurring and artificially induced variation in heart and respiration rates. J. Food Sci., 30, 492-497.
13. Goll, D.E., Hendelson, D.W. and Kline, E.A. 1964. J. Food Sci., 30, 590.
14. Gregory, N.G. 1998. Animal Welfare and Meat Science. CABI Publishing.
15. Hart, P.C., and Sybesma, W. 1964. Einfluss von des Eutfernung der speckhout auf die Fleischqualitat bei Schweinen. Proc. Eup. Meet Res. Workers, 10th, 1964.
16. Hendelson, D.W., Goll, D.E. and Stromer, M.H. 1970. Am. J. Anatomy, 128, 117.
17. Herring, H.K., Haggard, J.H. and Hansen, L.J. 1971. Studies on chemical and physical properties of pork in relation to quality. J. Anim. Sci., 33, 578.
18. Judge, M.D., Aberle, E.D., Forrest, J,C. Hedrick, H.B., and Merkel, R.A. 1989. Principles of Meat Science. Second ed., Kendal/Hunt Publishing Company.
19. Kang, J.O., Ito, T. and Fukazawa, T. 1983. J. Food Sci., 48, 19.
20. Kastenschmidt, L.L. 1970. The Phsiology and Biochemistry of Muscle as a Food 2(E. J. Briskey, R.G. Cassens, and B.B. Marsh, eds) P 735-753. Univ. of Wisconsin Press, Madison.

21. Kastenschmidt, L.L., Beecher, G.R. Forrest, J.C. Hoekstra, W.G. and Briskey, E.J. 1965. Porcine muscle properties. A Alteration of glycolysis by artificially induced changes in ambient temperature. J. Food Sci., 30, 565-572.
22. Lawrie, R.A. 1985. Meat Science. Pergamon Press. Oxford.
23. Ludvigsen, J. 1954. Undersogelscr over den sakaldte "muskeldegeneration" hos svin. Beret. Forsoegslab. (Copenhagen), 1, 272.
24. Marsh, B.B. 1954. J. Food Sci. Agric., 5, 70.
25. Marsh, B.B. 1972. Post-mortem muscle shortening and meat tenderness. Proc. Meat Ind. Res. Conf. P. 109-124.
26. Marsh, B.B., and Thompson, J.F. 1958. J. Food Sci. Agric., 9, 417.
27. Maruyama, K., Natori, R. Nonomura, Y. 1976. Nature, 262, 58.
28. Pearson, A.M. and Young, R.B. 1989. Muscle and Biochemistry. Academic Press, Inc.
29. Takahashi, K. 1999. Mechanism of meat tenderization during postmortem ageing. In 45th International Congress of Meat Science and Technology. Vol. 1, 220 & 230.
30. Warriss, P.D. 2000. Meat science. An Introductory Text. CABI Publishing.
31. Sayre, R.N., Briskey, E.J. and Hoekstra, W.G. 1963 a. Alteration of post-mortem changes in porcine muscle by preslaughter heat treatment and modification. J. Food Sci., 28, 292-297.
32. Schmidt, G.R., Cassens, R.G. and Briskey, E.J. 1970 a. Changes in tension and certain metabolites during the development of rigor mortis in selected red and white skeletal muscle. J. Food Sci., 35, 571-573.
33. Takahashi, K., Fukazawa, T. and Yasui. T. 1967. J. Food sci., 32, 409.
34. 康宗玉. 1985. 食肉의 연도와 電氣刺戟에 관한 最近硏究. 韓食硏, 서울.
35. 박형기, 오홍록, 신현길, 김천제, 강종옥 외 11명. 1991. 식육의 과학과 이용. 선진문화사, 서울.
36. 宋啓源. 1982. 食肉과 肉製品의 科學. 先進文化社. 서울.
37. 최양일. 1988. 온도체 가공과 전기자극. 宋啓源博士停年退任 記念論文集. 서울.
38. 眞島英信. 1978. 生理學. 文光堂. 東京.
39. 酒井敏夫. 遠藤實. 杉田秀夫. 1977. 筋の構造と機能. 醫學書院. 東京.
40. 木村裕. 1983. 槪説生理學 下. 南江堂. 東京.
41. 杉晴夫. 1983. 筋運動の進化. 東京大學出版會. 東京.
42. 高橋興威. 1985. 肉の科學, 26, 93.
43. 伊藤啓躬, 和泉健次郎, 池內義秀. 1981. 化學と生物. 22.
44. 柳田敏雄. 1986. 現代化學, 11, 12. 東京.
45. 失野雅文, 月田承一郎. 1986. 現代化學, 11, 18. 東京.
46. 若林健元. 1986. 現代化學, 11, 23. 東京.
47. 須藤和夫. 1986. 現代化學, 11, 41. 東京.
48. 山本啓一. 1986. 現代化學, 11, 36. 東京.
49. 大槻磐男. 1986. 現代化學, 11, 45. 東京.
50. 齊藤義藏, 小島正秋, 金井恒夫, 加香芳孝. 1980. 四訂 食肉加工法. 恒星社厚生閣. 東京.
51. 山本啓一, 九山工作. 1986. 筋肉. 化學同人. 東京.

7장. 식육의 이화학적 특성 및 육질 : 강종옥, 정승희

1. Aberle, E.D. Forrest, J.C., Gerrard, D.E., Mills, E.W. 2012, Principle of Meat Science, 5thed. Kendall/Hunt Publishing Company.
2. Bodwell, C.E. and McClain, P.E. 1971. Chemistry of animal tissues - Water. In : The Science of Meat and

Meat Products. Price, J.F. and Schweigert, B.S. eds., W.H. Freeman and Co., San Francisco, CA.
3. Briskey, E.J. and Kauffman, R.G. 1971. Quality characteristics of muscle as a food. In : The science of meat and meat products. J.F. Price and B.S. Schweigert eds., W.H. Freeman and Co., San Francisco, CA.
4. Dransfield, E. 1994. Tenderness of meat, poultry and fish. In : Advances in meat research. Vol. 9. Quality attributes and their measurement in meat, poultry and fish products. A.M. Pearson and T.R. Dutson eds., Blackie Academic & Professional, London.
5. Forrest, J.C., Aberle, E.D., Hedrick, H.B., Judge, M.D. and Merkel, R.A. 1975. Principles of meat science. W.H. Freeman and Co., San Francisco, CA.
6. Hamm, R. 1973. Die Bedeutung des Wasserbindungsvermögens des Fleisches bei der Brühwur stherstellung. Fleischwirtschaft 53, 73.
7. Hamm, R., Honikel, K.O., Fischer, CH. und Hamid, A. 1980. Veränderungen des Rindfleisches nach dem Schlachten und ihre Auswirkungen auf das Wasserbindungsvermögen. Fleischwirtschaft, 60, 1567.
8. Lawrie, R.A. 1979. Meat science. Pergamon Press Ltd., Oxford.
9. Pearson, A.M. and Gillett, T.A. 1999. Processed meats. Aspen Publishers Inc., Gaithersburg, Maryland.
10. Romans, J.R., Costello, W.J., Carlson, C.W., Greaser, M.L. and Jones, K.W. 1994. Interstate Publishers Inc., Danville, IL.
11. Warriss, P.D. 2000. Meat Science, An Introductory Text, CABI Publishing, 108.
12. Wirth, F. 1985. Brühwurst-Wasserbindung, Fettbindung, Strukturbildung. Fleischwirtschaft, 65, 10.
13. Wismer-Pedersen, J. 1971. Chemistry of animal tissues-Water. In The Science of Meat and Meat Products. J.F. Price and B.S. Schweigert eds., W.H. Freeman and Co., San Francisco, CA.

8장. 신선육의 저장 : 박창일, 하정욱

1. Ahmede, N.M., Conner, D.E. and Huffman, D.L. 1995. Heat resistance *Eshechia coli* O-157 : H7 in meat poultry as affecter by product composition. J. Food Sci., 60, 606.
2. Anon. 1982. The microbiological safety of irradiated food. Report of the Board of the International Committee on Food Microbiology and Hygiene of the International of Microbiological Societies. Copenhagen.
3. Bruhn, C.M. 1998. Consumer acceptance of irradiated food : theory and reality. Radiat. Phys. Chem.
4. Byun, M.W., Lee, J.W., Yook, H.S., Lee., K.H. and Kim. K.P. 1999. The improvement of odor and shelf life of ham by gamma irradiation. J. Food. Prot. 62, 1162.
5. Dogbevi, M.K., Vachon, C. and Lacroix, M. 2000. The effect of gamma irradiation on physicochemical and microbiological quality of fresh pork loins. Radiat. Phys. and Chem., 57, 261.
6. Edward, S.J. and Martin, S.P. 1982. Preservation of Food by Ionizing Radiation. Vol. Ⅲ. CRC Press, Inc., Florida, U.S.A.
7. El-Wakeil, F.A. Salwa, B.M.E. and Nadia, A.M. 1978. Food Preservation by irradiation. Vienna, IAEA-SM-221/10, 467.
8. Gormley, T, R. 1990. Chilled Foods, Elsevier Applied Sci., London & New York.
9. Hamspon, J.W., Fox, J.B.Jr., Lakritz, L. and Thayer, D.W. 1996. Effect of low dose gamma irradiation on lipids in five different means. Meat Sci., 42, 271.
10. James, S.J. & Bailey, C. 1990. Chilling systems for foods. In : Chilled Foods, ed. Gormley, T.R., Elsevier Applied Science, London and New York, 1-35.
11. James, S.J. & Bailey, C. 1990. Chilling of beef carcasses. In : Chilled Foods, ed. Gormley, T.R., Elsivier Applied Science, London and New York, 159-181.
12. Lawrie, R.A. 1991. Meat Science. 5th ed., Pergammon Press, Oxford. p.119 & p. 173.

13. Veerkamp, C.H. 1990. Chilling of poultry and poultry products. In : Chilled Foods ed. by Gormley, T.R., Elsivier Applied Science, London and New York, 147-158.
14. Walker, S.J. and Stringer, M.F. 1988. Growth of *Yersinia enterocolitica* and *Listeria mono cytogenes* at chill temperatures. Campden Food and Drink Research Association Technical Memorandum No. 503.
15. Watt, D.B. and Herring, H.K. 1974. Rapid chilling of beef carcasses utilising ammonia and cryogenic systems : Effect on shrink and tenderness. J. of Animal Sci., 38, 5.
16. 田中和夫 外 1人. 1976. 食品冷凍工學, 恒星社厚生閣, 189.
17. 櫻井芳人 外 11人. 1973. 食品保藏. 朝倉書店, 68.
18. 加藤舜郎. 1976. 食品冷凍の 理論, 光琳, 594.

9장. 이상돈육의 성상 : 박형기

1. Barton, P.A., 1971. Some experience on the effect of preslaughter treatment on the meat quality of pigs with low stress resistance. In "The Condition and Meat Quality of Pigs"(J.C.M. Hessel-de Heer et. al., eds.), Proc. 2nd Int. Symp., P. 180. Wageningen, The Netherlands.
2. Berman, M.C., Harrison, F.F., Bull, A.B. and Kench, J.E. 1970. Changes underlying halothane induced malignant hyperpyrexia in Landrace pigs. Nature(London), 225, 653-655.
3. Borchert, L.L. and E.J. Briskey, 1964. Prevention of pale, soft, exudative porcine muscle through partial freezing with liquid nitrogen post-mortem. J. Food Sci., 29, 203-209.
4. Briskey, E.J. 1964. Etiological status and associated studies of pale, soft, exudative porcine musculature. Advan. Food Res., 13, 89-178.
5. Britt, B.A., and W. kalow, 1970. Malignant hyperthermia ; A Statistical Review. Can. Anaeoth. Soc. J., 17, 293-315.
6. Christian, L.L. 1972. A review of the role of genetics in animal stress susceptibility and meat quality. In "Proceeding of the Pork Quality Symposium"(R.G. Cassens, F. Giesler, and Q. Kolb, eds.), p. 91. Univ. of Wisconsin Ext., Madison.
7. Forrest, J.C., Gundlach, R.F. and E.J. Briskey, 1963. A preliminary survey of the variation in certain pork ham muscle characteristics. Proc. Res. Counc. Am. Meat Inst. Found. Univ, Chicago, 15th 1963. p. 81.
8. Nishio, S. 1976. What is "Huke meat" in pigs ; Animal Husbandry Japan, 30, 951-954. (in Japanese).
9. Park, H.K., Ito, T. and Fukazawa, T. 1975 a. Comparison between normal and PSE porcine muscle in the extractability of myosin B and in the rheological properties of those sausages. Jpn. J. Zootech. Sci., 46, 360-366.
10. Park, H.K., Muguruma, M. Fukazawa, T. and Ito, T. 1975 b. Relationship between superpre cipitating activity and constituent of myosin B prepared from normal and PSE porcine muscle. Agric. Biol. Chem., 39, 1363-1370.
11. Bechtel, P.J. 1986. MUSCLE AS FOOD. p. 69-102 Academic Press.
12. Sybesma, W. and Eikelenboom, G. 1969. Malignant hyperthermia syndrome in pigs. Neth. J. Vet. Sci., 2, 155-160.
13. Topel, D.G. 1972. A review of animal physiology and the porcine stress syndrome in relation to meat quality, In "Proceedings of the Pork Quality Symposium"(R.G. Cassens, F. Giesler, and Q, Kolb, eds.), P. 26-27. Univ. of Wisconsin Wxt., Madison.
14. Webb, A.J. and Jordan, C.H.C. 1978. Halothane sensitibity as a field test for stress susceptability in the pig. Animal Production., 26, 157-168.
15. Wismer-Pedersen, J. 1959. Quality of pork in relation to rate of pH change postmortem. Food Res., 24,

711-727.
16. Wismer-Pedersen, J. 1960 b. Effect of cure on pork with watery structure. Ⅱ. Effect on quality of canned hams. Food Res., 25, 799-801.
17. 朴亨基. 1980. PSE豚肉의 發生要因調査 및 그 對策에 관한 硏究. 韓畜誌, 22(6), 447-452.
18. 朴亨基, 李辛求. 1980 異常(PSE)豚肉의 發生調査에 관한 硏究. 韓畜誌, 22(2), 153-160.
19. 朴亨基 1981. 異常(PSE)豚肉質의 問題點에 對해서. 韓國食肉硏究會報, 2(1), 19-28.
20. 伊藤肇躬, 上曹山博. 1983. PSE豚肉. ストレス感受性豚および惡性高熱症について 肉の科學 Vol., 24.

10장. 식육가공의 역사와 전망 : 문영덕, 진구복

1. 한국육가공 협회 통계자료 (http://www.kmia.or.kr/infocenter/infocenter2.html)

11장. 식육제품의 가공이론 : 김천제, 오동환, 신현길, 정구용

1. Anonymus. 1968. Nitrites, nitrosamines and cancer. Iancet, 2. 1071.
2. Anonymous. 1978. Nitrite may be Phased out by 1982, Foreman(Assistant secretary of Agriculture) tells consumer advocates. Food Chemical News, Dec. 4, p. 43.
3. Binkerd, A.K., and Kolari, O.E. 1975. The history and use of nitrite and nitrate in the curing of meat. Food Cosmet, Toxicol., 13, 655-661.
4. Brazler, L.J., Spooner, M.E., Weatherspoon, J.B., and Maxey, J.A. 1969. Smoke flavor as related to phenol, carbonyl and acid content of bologna. J. Food Sci., 34, 146-148.
5. Brownlie, L.E. 1966. Effect of some environmental factors on psychrophilic microbacteria. J. Appl. Bact., 29, 447-454.
6. Bruke, R.F. and Decareau, R.V. 1964. "Recent Advances in the freeze-drying of food products", in Advances in Food Reserch, C.O. Chichester, Mrak, E.M. and Stewart, G.F. eds. Academic Press, New York, vol. 13.
7. Carpenter, J.A., and Saffle, R.L. 1964. A simple method of estimating the emulsifying capacity of various sausage meats. J. Food Sci., 29, 774-781.
8. Cheftel, J.C., Cuq, J.L., and Lorient, D. 1985. Amino acids, Peptides, and proteins(in) Food chemistry. ed Fennema, O.R. Marcel Dekker, Inc., New York. pp. 246-369.
9. Chen, L.b. and Lssenberg, P. 1972. Interaction of Wood smoke components with amino groups in proteins. J. Agrics Food Chem., 20, 1113.
10. Clark, D.S. and Lentz, C.P. 1969. The effect of carbon dioxide on the growth of slime producing bacteria on fresh beef. Can. Inst. Food Sci. Technol. J., 2, 72-75.
11. Clydesdale, F.M., and Francis, F.J. 1972. Color measurement of foods. xXVII. the chemistry of meat color. Food Prod. Develop., 5, 81-82.
12. Dainty, R.H., and Hibbard, C.M. 1980. Aerobic metabolism of *Brochothrix thermosphacta* growing on meat surfaces and laboratory media. J. Appl. Bact., 48, 387-396.
13. Dantchev, S. and Girard, J.P. 1983. Effects of some technological parameters on the structure of frankfurter batter. Meat Industry 2, 30-33.
14. Dean, R.W., and Ball, C.O. 1960. Analysis of the myoglobin fractions on the surfaces of beef cuts. Food Technol., 14, 271-286.
15. Desrosier, N.W., and Desrosier, J.N. 1977. The Technology to Food Preservation. 4th ed. The AVI Pub. Co.
16. Doerr, R.L., Wasserman, A.E., and Fiddler, W. 1966. Composition of hickory sawdust smoke. Low-boiling constituents. J. Agric. Food Chem., 14, 662-665.

17. Draudt. H.N. 1963. The meat smoking process-a review. Food Technol., 17, 85.
18. Dubose, C.N., Cardello, A.V., and Maller, O. 1981. Factors affecting the acceptability of low-nitrite smoked, cured ham. J. Food Sci., 46, 461-463.
19. Fleming, H.P., Blumer, T.N., and Craig, H.B. 1960. Quantitative estimations of myoglobin and hemoglobin in beef muscle extracts. J. Anim. Sci., 19, 1164.
20. Forrest, J.C., Aberle, E.D., Hedrick, H.B., Judge, M.D., and Merkel, R.A. 1975. Principles of meat Science, W.H. Freeman co. Sanfrancisco. C.A.
21. Foster, W.W. and Simpson, T.H. 1961. Studies on the smoking process for food. I.-the importance of vapours. J. Sci. Food Agric., 12, 363-374.
22. Fox, J.B., Jr. 1966. Chemistry of meat pigments. J. Agric. Food Chem., 14, 207-210.
23. Fox, J.B., Jr. and Ackerman, S.A. 1968. Formation of nitric oxide myoglobin : Mechanisms of the reaction with various reductants. J. Food Sci., 33, 364-370.
24. Fox, J.B., Jr. and Nicholas, R.A. 1974. Nitrite in meat. Effect of various compoundw on loss of nitrite. J. Agric. Food Chem. 22, 302-306.
25. Freeman, R.L., Ebert, A.G., Lytle, R.A., and Bacus, J.N. 1982. Effects of sodium nitrite on flavor and TBA values in canned comminuted ham. J. Food Sci., 47, 1767-1770.
26. Gibert, J. and Knowles, M.E. 1975. The chemistry of smoked foods : a review. Int. J. Food Sci. Technol. 10, 245-261.
27. Gill, C.O. 1982. Microbial interaction with meats. In "meat Microbiology", ed. Brown, M.H., Appl. Sci. Publ., 237.
28. Goll, D.E.., Arakawa, N., Stromer, M.H., Busch, W.A., and Robson, R.M. 1970. Chemistry of Musxcle Protein as a Food. In "The Physiology and Biochemistry of Muscle as a Food". 2, Briskey, E.J et al., eds. University of Wisconsin press, Madison, p. 755.
29. Govindarajan, S. 1973. Fresh meat color. Crit. Rev. Food Technol., 4, 117-140.
30. Grau, F.H. 1978. The spoilage of meat and meat products. Food Technol. in Australia. 30, 385-388.
31. Greenberg, R.A. 1972. Nitrite in control of *Clostridium botulinum*. Proc. Meat Ind. Conf. Amer. Found., Chicago, IL, pp. 25-33.
32. Gregory Ⅲ, J.F. 1985. Chemical changes of vitamins during food processing. In: Chemical changes in food during processing. The AVI Pub. Co. pp. 373-408.
33. Haldane, J. 1901. The red color of salted meat. J. Hyg. I, 115-122.
34. Hamm, R. 1960. Biochemistry of meat hydration. Adv. Food Res., 10, 356-362.
35. Hamm, R. 1961. Biochemistry of meat hydration. Adv. Food Res., 10, 355-463.
36. Hamm, R. 1981. Post-mortem changes in muscle affecting the quality of comminuted meat products. Dev. Meat Sci., 2, 93-124.
37. Hayakawa, K.I. 1978. A critical review of mathematical procedures for determining proper heat sterilization processes. Food Technol., 32, 59-65.
38. Hayakawa, K. and Downes, T.W. 1981. New parametric values for thermal process estimation by using temperatures and z values expressed in degree Celsius units. Lebensm. Wiss. u. Technol., 14, 60-64.
39. Ingram, M. 1974. The microbiological effect of nitrite. Proc. Int. Symp., 63-75.
40. Jones, K.W. 1984. Protein-lipid interactions in processed meats. In: Proceedings of the 37th annual reciprocal meat conference, Chicago, IL, pp. 52-57.
41. Khan, A.E. and L. van den Berg. 1964. Some protein changes during postmortem tenderization in poultry meat. J. Food Sci., 29, 597-601.
42. Kim, C.J., Honikel, K.O., and Hamm, R. 1985a. Veränderungen im schweinemuskel nach dem schlachten und ihr einfluss auf das wasserbindungsvermögen von fleisch und muskelhomogenaten. I. Unterschungen bei

20°C. Fleischwirtschaft, 65, 489-496.

43. Kim, C.J., Honikel, K.O., and Hamm, R. 1985b. Veränderungen im schweinemuskel nach dem schlachten und ihr einfluß auf das wasserbindungsvermögen von fleisch und muskelhomogenaten. II. Unterschungen bei temperaturen 0 bis 35 °C. Fleischwirtschaft, 65, 645-649.
44. Koch, H. 1982. Die Fabrikation feiner Fleisch-und Wurstwaren. Verlagshaus Sponholz, Frankfurt, Germary.
45. Kramlich, W. 1971. in "The Science of Meat and Meat Products." J.P. Price. and Schweigert, B.C. eds, p. 484. Freeman, San Francisco.
46. Landrock, A.H. and Wallace, G.A. 1955. Discoloration of fresh red and relationship to film oxygen permeability. Food Technol. 9, 194.
47. Lawrie, R.A. 1979. Meat science, 3rd. ed., Pergamon Press, Oxford, New York, Toronto.
48. Ledward, D.A. 1970. Metmyoglobin formation in beef stored in CO_2 enriched and O_2 de depleted atmospheres. J. Food Sci., 35, 33-37.
49. Ledward, D.A. 1971. Microbiological and colour changes during aging of beef. Food Technol. in Australia, 23, 30-32.
50. Lewis, W.L., Vose, R.S., and C.D., Lowry, Jr. 1925. Use of sodium nitrite in curing meats, Ind. Eng. Chem., 17, 1243-1245.
51. Mann, I. 1962. Animal by-products : Processing and utilization. FAO Animal production and health series. No. 9, p. 246.
52. Mirvish, S.S. 1970. Kinetics of Dimethylamine nitrosation in relation to nitrosamine carcinogenesis. J. Nat. Cancer Inst., 44, 633-639.
53. Oh, D.H. 1986. Studies on the quality of cured meat in the meat processing. Ph. D. dissertation. Chonbuk National Univ. Korea.
54. Pearson, A.M., and Tauber, F.M. 1984. Processed Meats. 2nd ed. The AVI Pub. Co.
55. Pivnick, H. 1980. Curing salts and related material. In "Microbial ecology of foods" ed. Silliker, J.H., Academic Press, New York, pp. 136-159.
56. Price, J.F. and Schweigert, B.S. 1971. The science of Meat and Meat products. 2nd. W.H. Freeman Co. Sanfrancisco, CA.
57. Price, J.F. and Schweigert, B.S. 1971. The science of meat and meat products. 2nd edition, Food & Nutrition Press, Inc., Westport, Connenticut.
58. Rizk, S.W. and Clydesdale, F.M. 1983. Effect of iron sources and ascorbic acid on the chemical profile of iron in a soy protein isolate. J. Food Sci., 48, 1431-1435.
59. Roberts, T.A. 1975. The microbiological role of nitrite and nitrate. J. Sci. Food Agric. 26, 1755-1760.
60. Romans, J.R. Costello, W.J., Jones, K.W., and Carlson, C.W. 1985. The meat we eat. The Interstate Printer & Pub., Inc. Danville, Illinois.
61. Sen, N.P., Iyengar, J.R., Donaldson, B.A., and Panalaks, T. 1974. Effect of sodium nitrite concentration on the formation of nitrosopyrrolidine and dimethylnitrosamines in fried bacon. J. Agric. Food Chem., 22, 540-541.
62. Sofos, J.N., Busta, F.F., and Allen, C.E. 1979. Botulism control by nitrite and sorbate in cured meats : A review. J. Food Protect., 42, 739-770.
63. Wasserman, A.E., Pensabene, J.W., and Piotrowski, E.G. 1978. Nitrosamine formation in home-cooked bacon. J. Food Sci., 43, 276-277.
64. Watts, B.M., Kendrick, J., Zipser, M.W., Hutchins, B., and Saleh, B. 1966. Enzymatic reducing pathways in meat. J. Food Sci., 31, 855-862.
65. Weir, C.E. 1960. The Science of eat and Meat Products., Freeman, W.H., and Co.

66. Westerberg, D.O. 1973. Cured meat flavor and the role of nitrite in its development. In: Proceedings of the 26th annual reciprocal meat conference. p. 45.
67. Whitaker, J.R. 1959. Chemical changes with aging of meat with emphasis on the proteins. Adv. Food Res., 9, 1-60.
68. Wilson, N.R.P. 1981. Meat and meat products-factors affecting quality control. Appl. Sci. Publ., Ripple Road, Barking, Essex.
69. Wolff, I.A. and Wasserman, A.E. 1972. Nitrates, nitrite, and nitrosamines. Science, 177, 15-19.
70. Younathan, M.T. and Watts, B.M. 1959. Relationship of meat pigments to lipid oxidation. J. Food Sci., 24, 728-734.

12장. 포장 : 이근택

1. Beltz, H.D., und W. Gmsch. 1985. Lehrbuch der Lebensmittelchemie. 2nd. ed. Springer Verlag. Berlin, Heidelberg, New York, Tokyo.
2. Binkerd, A.K. and O.E. Kolari. 1975. The history and use of nitrite and nitrate in the curing of meat. Food Cosmet, Toxicol, 13 : 665.
3. Bischoff, G., G. Bamberger and K. Bippes. 1985. Fleischverarbeitung : Fachkunde und Fachrechnen. Schroedel Schulbuchverlag GmbH, Hannover.
4. Böhme, C.F. 1978. Frischfleisch-Portionspackungen nach dem Dr Böhme-Schutzgas-verfahren. Z. für Lebensmitteltechn. und Verfahrenstechn. 29 : 182.
5. Clark D.S., and C.P. Lentz. 1969. The effect of carbon dioxide on the growth of slime producing bacteria on fresh beef. Can. Inst. Food Teclnol. J. 2 : 271.
6. Clydesdale, F.M. and F.J. Francis. 1971. The chemistry of meat Color. Food Product Develop. 5 : 81.
7. Desrosier, N.W. and J.N. Desrosier. 1977. The Technology to Food Preservation. 4th ed. The AVI Pub. Co.
8. Draudt. M.N. 1963. The meat smoking process : A review. Food Technol. 17(12) : 85.
9. Eustace, I.J. 1981. Some factors affecting oxygen transmission rates of plastic films for vacuum packaging of meat. J. Food Technol. 16, 73-80.
10. Fischer, A, and M. Schweflinghaus. 1988. Naturdärme. Teil, Die Fleischerei, 39, 10-14, 98-103.
11. Forrest, J.C., E.D. Aberle, HB. Hedrick, M.D. Judge, and R.A. Merkel. 1975. Principles of Meat Scienice, W.N. Freeman co. Sanfrancisco. C.A.
12. Gilbert, J., and M.E. knowles. 1975. The chemistry of smoked food : A review. J. Food Technol. 10 : 245.
13. Gill, C.O. 1982. Microbial interaction with meats. In "Meat microbiology", ed. Brown, M.H., Appl. Sd. Publ., 237.
14. Goldblith, S.A., M.A. Joslyn and J.T.R. Nickerson. 1961. The Thermal Processing of Foods. The AVI Pub. Co.
15. Grau, F.H. 1978. The spoilage of meat and meat products. Food Technol. in Australia. 30 : 10, 385-399.
16. Hamm, R. 1975. Muskelfarbstoff und Fleischfarbe. Fleischwirtschaft 55 : 1415.
17. Haracasz J.S., M. Ziemkowski, K. Molinslki, and J. Wojciechowski. 1980. Erweiterung der tabellarischen Methode zur Bestimmung des Sterilizationswertes der Mittelleitung erwärmten Konserven. Fleischwirtschaft, 60, 751-755.
18. Hartmann. G. 1972. Mit Verbundfolien auf zur Vollkonserven-Weichpackung. Gordian, 72, 159-163.
19. Hartmann. G. 1977. Kunststoffolien als Packstoffe für die Fleisch und Fleischwaren. Neue Verpackung, 6, 774-786.
20. Heiss R. 1980. Verpackung von Lebensmitteln. Springer Verlag, Berlin, Heidelberg, New York.
21. Heiss, R. and K. Eichner. 1984. Hitzesterilisierung. In : Hartbarmachen von Lebesmitteln, Springer-Verlage, Berlin, 177-215.

22. Koch, H. 1982. Die Fabrikation feiner Fleisch und Wurstwaren. Verlagshaus Sponholz, Frankfurt.
23. Kramlich, W.E., A.M. Pearson, and F.W. Tanber. 1973. Processed Meat. The AVI Pub. Co. Inc., Wesport.
24. Landrock, A.H., and G.A. Wallace, 1955. Discoloration of fresh red meat and its relationship to film oxygen permeabilities, Food Technol. 9, 194.
25. Lawrie, R.A. 1979. Meat science, 3rd. ed., Pergamon Press, Oxford, New York, Toronto.
26. Lee, K.T., Kim, H.R., Kataoka, K. 1994. Effect of Salting Level on the Quality Characteristics of Small Casings. Asian- Austalasian J. of Animal Science, 7(4) : 523-526.
27. Leistner, L. 1984. Hürden Technologie Für die Herstellung stabiler Fleischerzeugnisse. Mitteilungsblatt der BAFF, Kulmbach, Nr. 84, 5882-5889.
28. Lueck, E. 1980. Antimicrobial food additives. Springer Verlag. Berlin, Heidelberg, New York, 183-199
29. Mann, I. 1962. Animal by-products : Processing and utilization. FAO Animal production and health series No. 9.
30. Pearson, A.M. and F.M. Tauber. 1984. Processed meats. 2nd ed. The AVI Pub. Co.
31. Price, J.F. and B.S. Schweigert. 1978. The science of meat and meat products. 2nd ed. Food & Nutrition Press, Inc., Westport, Connecticut.
32. Reichert, J.E. 1983. Rechnung von Wärmebehandlungsbedingungen. In : Die Wärmebehandlung von Fleischwaren, Hans Holzamnn Verlag, Bad Worishofen, 14-34.
33. Roberts, T.A. 1975. The microbiological role of nitrite and nitrate. J. Sci. Food Agric. 26 : 1755.
34. Romans, J.R., W.J. Costello, K.W. Jones, C.W. Carlson. 1985. The meat we eat. The Interstate Printer & Pub., Inc. Danville, Illinois.
35. Shay, B.J., F.H. Grau, A.L. Ford, A.F. Egan, and D. Ratcliff. 1978. Microbiological quality and storage life of sliced vacuum-packed small goods. Food Tech. in Australia. 2, 48-54.
36. Stiebing, A. 1985. Erhitzen und Haltbarkeit von Brühwurst. Fleischwirtschaft, 65, 31-40.
37. Wilson. N.R.P. 1981. Meat and meat products : Factors affecting quality control. Appl. Sci. Publ., Ripple Road. Brühwurst, Bundesanstalt für Fleischforschung, Kulmbach, 60-79.
38. Wolff, I.A. and A.E. Wasserman. 1972. Nitrates, Nitrite and nitrosamines. Science, 177 : 15.

13장. 부재료 : 이근택

1. Chin, K.B., Keeton, J.T. Lomgnecker, M.T. and Lamkey, J.W. 2000. Low-fat bologna in a model system with varying types and levels of konjac blends. J. Food Sci. 63(5), 808-813.
2. Effenberger, G. 1986. Seasoning sausages when using synthetic casings. Fleischwirtschaft, 66 (10), 1510-1511.
3. Hammer, G.F. 1984. Zusatzstoffe und Zusätze. In : Technologie der Brühwurst, Bundesansralt für Fleischforschung, Kulmbach, 80-102.
4. Lück, E. 1984. Sorbinsäure und Sorbate. Fleischwirtschaft, 64, 6, 727-733.
5. Jang, H.S., Lee, H.C., and Chin, K.B. 2015. Evaluation of red bean protein isolate on rheological properties of pork myofibrillar protein gels induced by microbial transglutaminase. International J Food Sci and Technol. 50, 1583-1588.
6. 이춘영, 김우정. 1987. 천연향신료와 식용색소, 향문사.
7. 藤劵正生, 三浦洋, 大塚謙一, 河端俊治, 木村進. 1985. 食料工業, 恒星社, 厚生閣.

14장. 햄 및 베이컨의 제조 : 이정우

1. Bischoff, G., Bamberger, G., Bippes, K. 1991. Fleischverarbeitung. Schroedel Schulbuchverlag.
2. Frey, W. 1983. Die Sichere Fleischwarenherstellung' Hans Holzmann Verlag GmbH and Co. KG.
3. Kempers, H.F. and Froboese, K.H. AVO THEK SERIE A BUCH 002. Lizen ausgabe. mit Genehmigung des Liebler Institutes.
4. Koch. 1978. Die Fabrikation Feiner Fleisch-und Wurstwaren. Verlaghaus Sponholz. Frankfurt an Main.
5. Moiser, G. 1974. Fleischer-Arbeit. Georg Westerman Verlag.
6. Ockerman, H.W. 1989. Sauage and Processed Meat Formulations. Published by Van Norstand Reinhold. New York.
7. Pearson, A.M. and Duston, T.R. 1998. Edible Meat By-Products. Advamces in meat Reasearch Volume 5. ELSEVIER APPLIED SCIENCE.
8. Riust, R.E. and Olson, D.G. 1973. Meat Curing' Principles and Modern Practice. Koch Supplies lnc.
9. Wirth, F., Leistner, L., Roedel, W. 1975. Richtwerte der Fleischtechnologie. Verlagshaus Sponhozl. Frankfurt an Main.

15장. 소시지의 제조 : 정승희

1. Bechtel, P.J., F.K. McKeith, S.E. Martin, E.J. Basgall and J.E. Novakofski: 1985. Properties of frankfurters processed with different levels of sodium bicarbonate. J. Food Protection 48, 861.
2. Bodwell, C.E. and P.E. McClain: 1971. Chemistry of animal tissues-Water. In: The science of meat and meat products. J.F. Price and B.S. Schweigert eds., W.H. Freeman and Co., San Francisco, CA.
3. Briskey, E.J. and R.G. Kauffman: 1971. Quality characteristics of muscle as a food. In: The science of meat and meat products. J.F. Price and B.S. Schweigert eds., W.H. Freeman and Co., San Francisco, CA.
4. Cheong, S.H., M.A. Juillerat and A. Fischer: 1993. Manufacturing of finely comminuted low-fat cooked sausages using liquid nitrogen chopping. Proceeding '93 Congress Korean Sci. Engin. 12, 1441.
5. Cheong, S.H.: 1990. Wirkung und Optimierung von Emulgatoren bei Fleischerzeugnissen. Diss. Univ. Hohenheim, Stuttgart.
6. Dransfield, E.: 1994. Tenderness of meat, poultry and fish. In: Advances in meat research. Vol. 9, Quality attributes and their measurement in meat, poultry and fish products. A.M. Pearson and T.R. Dutson eds., Blackie Academic & Professional, London.
7. Felber, E. und H. Jakob: 1987. Brühwurstatlas. H. Matthaes Druckerei und Verlag GmbH & Co. KG, Stuttgart.
8. Fischer, A. und M. Kühnle: 1980. Streichfähige Rohwurst - Einfluß von Emulgatoren und Herstellungsverfahren auf verschiedene Qualitatsmerkmale. Fleischerei 31, 15.
9. Fischer, A.: 1988. Produktbezogene Technologie - Herstellung von Fleischerzeugnissen. In: Handbuch der Lebensmitteltechnologie - Fleisch. O. Prandl, A. Fischer, T. Schmidhofer und H.-J. Sinell, Verlag E. Ulmer GmbH & Co., Stuttgart.
10. Fischer, A.: 1989. Die Verarbeitung von Schlachttierfetten. Fleischerei 40, 383.
11. Forrest, J.C., E.D. Aberle, H.B. Hedrick, M.D. Judge, and R.A. Merkel. 1975. Principles of meat science. W.H. Freeman and Co., San Francisco, CA.
12. Frey, W.: 1992. Die sichere Fleischwarenherstellung - Leitfaden für den Praktiker. Hans Holzmann Verlag GmbH & Co. KG, Bad Wörishofen.
13. Gehlen, H.: 1989. Einfluß der Technologie auf die Rohwurstreifung mit Lactobacillus curvatis, Micrococcus varians und weiteren Starterorganismen unter besonderer Berücksichtigung der Nitratreduktion. Diss. Univ. Hohenheim, Stuttgart.

14. Hamm, R.: 1973. Die Bedeutung des Wasserbindungsvermögens des Fleisches bei der Brühwurstherstellung. Fleischwirtschaft 53, 73.
15. Hamm, R., K.O. Honikel, Ch. Fischer und A. Hamid: 1980. Veränderungen des Rindfleisches nach dem Schlachten und ihre Auswirkungen auf das Wasserbindungsvermögen. Fleischwirtschaft 60, 1567.
16. Hammer, G.F.: 1980. Zur Leberwursttechnologie – Verarbeitungseignung von Schweinefettgewebe und Leber, Temperaturführung. Fleischwirtschaft 60, 190.
17. Hammer, G.F.: 1981. Zur Verbesserung der Leberwurstherstellung. Fleischwirtschaft 61, 524.
18. Hammer, G.F.: 1988. Technologie der Leberwurst. In: Technologie der Kochwurst und Kochpökelware. Bundesanstalt für Fleischforschung, Kulmbach.
19. Heidtmann, R.: 1961. Probleme der Zerkleinerung bei der Herstellung von Brühwurst. Fleischwirtschaft 13, 109.
20. Heidtmann, R.: 1962. Probleme der Zerkleinerung bei der Herstellung von Brühwurst. Fleischwirtschaft 42, 635.
21. Honikel, K.O.: 1982. Wasserbindung und Fettemulgierung bei der Verarbeitung zu Brühwurstbräten. Fleischwirtschaft 62, 16.
22. Klettner, P.-G.: 1988. Technologie der Sülzwurst. In: Technologie der Kochwurst und Kochpökelware. Bundesanstalt für Fleischforschung, Kulmbach.
23. Koch, H.: 1988. Die Fabrikation feiner Fleisch- und Wurstwaren. Deutscher Fachverlag GmbH, Frankfurt am Main.
24. Kotter, L., A. Palitzsch und Ch. Herrmann: 1968. Technologische Bedeutung von Fremdeiweiß bei der Fleischwarenherstellung. Arch. Lebensmittelhyg. 19, 261.
25. Kotter, L. und A. Fischer: Der Einfluß von Phosphaten oder Polyphosphaten auf die Stabilität von Schäumen und Emulsionen in der Fleischtechnologie. Fleischwirtschaft 55, 360.
26. Lawrie, R.A.: 1979. Meat science. Pergamon Press Ltd., Oxford.
27. Leistner, L.: 1985. Allgemeines über Rohwurst und Rohschinken. In: Mikrobiologie und Qualität von Rohwurst und Rohschinken. Bundesanstalt für Fleischforschung, Kulmbach.
28. Lücke, F.-K. und H. Hechelmann: Starterkulturen für Rohwurst und Rohschinken-Zusammensetzung und Wirkung. In: Mikrobiologie und Qualität von Rohwurst und Rohschinken. Bundesanstalt für Fleischforschung, Kulmbach.
29. Marggrander, K.: 1991. Speisegelatine in Fleischerzeugnissen. Deutscher Fachverlag GmbH, Frankfurt am Main.
30. Nagel, K. und B.P. Schlipf: 1984. Das Fleischhandwerk in der bildenden Kunst-Kunstgeschichte des Fleischhandwerks. Verlag C.F. Rees GmbH, Heidenheim.
31. Pearson, A.M. and T.A. Gillett.: 1999. Processed meats. Aspen Publishers Inc., Gaithersburg, Maryland.
32. Reichert, J.E. 1993. Verfahren zur Verbesserung des Wasser- und Brätbindevermögens von Fleischerzeugnissen. Deutsches Patentamt Offenlegungsschrift, DE 4129605 A1.
33. Romans, J.R., W.J .Costello, C.W. Carlson, M.L. Greaser, and K.W. Jones.: 1994. The meat we eat. Interstate Publishers Inc., Danville, IL.
34. Stiebing, A.: 1988. Technologie der Blutwurst. In: Technologie der Kochwurst und Kochpökelware. Bundesanstalt für Fleischforschung, Kulmbach.
35. Wahl, W.: 1987. Ausgezeichnete deutsche Wurst Rezepte. Hans Holzmann Verlag GmbH & Co. KG, Bad Worishofen.
36. Wirth, F.: 1985. Brühwurst – Wasserbindung, Fettbindung, Strukturbildung. Fleischwirtschaft 65, 10.
37. Wismer-Pedersen, J.: 1971. Chemistry of animal tissues-Water. In: The science of meat and meat products. J.F. Price and B.S. Schweigert eds., W.H. Freeman and Co., San Francisco, CA.
38. 농림부: 1998. 축산물의 가공기준 및 성분규격. 농림부고시 제1998-34호.

39. 한국식품공업협회: 2000. 식품공전.

16장. 닭고기의 가공 : 김안규

1. Poultry Meat Processing by Sams, A.R. 2001. CRC Press.
2. 가금가공학, 1996. 서울산업대학 출판부.
3. 계육가공기술 세미나 자료, (사) 한국계육협회, 2000. 07.
4. 닭고기의 가공과 유통 세미나 자료, 1994. 한국축산식품학회.
5. 닭고기의 부위별 영양성분에 관한 연구, 1997. 한국식품개발연구원.
6. 레토르트 식품, 1987. 교학연구사.
7. 미트저널, 1999. 08.
8. 식용유지 기술의 최근 동향 세미나 자료, 1996. 한국식품과학회.
9. 훈제계육의 저장성 구명 및 연장에 관한 연구, 한국식품개발연구원, 1990. 08.

17장. 어육제품의 제조 : 최성희

1. An, H., Peters, M.Y. and Seymour, T.A. 1996. Roles of endogenous enzymes in surimi gelation. Trends Food Sci. Technol., 7, 321-327.
2. Chan, J.K., Gill, T.A. and Paulson, A.T. 1992. The dynamics of thermal denaturation of fish myosins. Food Res. Int., 25, 117-123.
3. Debusca, A., Tahergorabi, R., Beamer, S.K., Matak, K.E. and Jaczynski, J. 2014. Physicochemical properties of surimi gels fortified with dietary fiber. J. Food Chem. 148, 70-76.
4. Eom, S.H., Kim, J.A., Son, B.Y., You, D.H., Han, J.M., Oh, J.H., Kim, B.Y. and Kong, C.S. 2013. Effects of carrageenan on the gelatinization of salt-based surimi gels. J. Fish. Aqua. Sci. 16(3), 143-147.
5. Fowler, M.R. and Park, J.W. 2015. Salmon blood plasma: Effective inhibitor of protease-laden Pacific whiting surimi and salmon mince. J. Food Chem. 176, 448-454.
6. Jin, S.K., Choi, Y.J. and Hur, S.J. 2011. Effect of substitution of chicken breast for Alaska pollack on physico-chemical characteristics and quality in surimi-like materials contained different cryoprotectants. Korean J. Food Sci. Ani. Resour. 31(2), 215-223.
7. Lanier, T.C. 1985. Fish protein in processed meats. Reciprocal Meat Conf. Proc. 38, 129-134.
8. Lee, C.M. 1986. Surimi manufacturing and fabrication of surimi-based products. Food Tech. 40, 115-124.
9. Nowsad, A.A.K.M., Kanoh, S. and Niwa, E. 2000. Thermal gelation characteristics of breast and thigh muscles of spent hen and broiler and their surimi. Meat Sci., 54, 169-175.
10. Park, J.W. 1994. Cryoprotection of muscle proteins by carbohydrates and polyalcohols - a review. J. Aqua. Food Prod. Technol., 3, 23-41.
11. Park, J.W., Lanier, T.C. and Green, D.P. 1988. Cryoprotective effects of sugar, polyols, and/or phosphates on Alaska pollack surimi. J. Food Sci., 53, 1-3.
12. Park, S., Brewer, M.S., Novakofski, J., Bechtel, P.J. and McKeith, F.K. 1996. Process and characteristics for a surimi-like material made from beef or pork. J. Food Sci. 61(2), 422-427.
13. Stone, A.P. and Stanley, D.W. 1992. Mechanisms of fish muscle gelation. Food Res. Int. 25, 381-388.
14. Sych, J., Lacroix, C., Adambounou, L.T. and Castaigne, F. 1990. Cryoprotective effects of lactitol, palatinit and polydextrose on cod surimi proteins during frozen storage. J. Food Sci., 55, 356-360.
15. Tahergorabi, R. and Jaczynski, J. 2012. Physicochemical changes in surimi with salt substitute. J. Food Chem. 132(3), 1281-1286.

16. Tsukamasa, Y. and Shimizu, Y. 1990. Setting property of sardine and Pacific mackerel meat. Nippon Suisan Gakkaishi 56, 1105-1112.
17. Yoon, M., Kim, J.S., Kim, D., Jo, J. and Cho, S. 2014 Optimization of the processing conditions for the preparation of surimi products containing rice flour. Fish. Aqua. Sci. 17(2), 167-173.
18. Zhu, Z., Lanier, T.C., Farkas, B.E. and Li, B. 2014. Transglutaminase and high pressure effects on heat-induced gelation of Alaska pollock (*Theragra chalcogramma*) surimi. J. Food Eng. 131, 154-160.
19. 박영호, 장동석, 김선봉. 수산가공이용학. 형설출판사.

18장. 통조림의 제조 : 하정욱

1. Ball, C.O. and Olson, F.C.W. 1957. Sterilization in Food Technology. McGraw-Hill Book Co., New York.
2. Desrosier, N.W. and Desrosier. J.N. 1977. Principles of food preservation by canning. In : The Technology of Food Preservatiion, 152-214.
3. Larouse, J. 1997. Preparation of meat and meat products. In Food Canning Technology, Wiley-VCH, Inc. New York, 235-263.
4. Lopez, A. 1987. Meat and poultry products. In A Complete Course in Canning(12th ed.), Canning Trade Inc., MD, 320-357.
5. National Canners Association. 1969. Laboratory Manual for Food Canners and Processors, 3rd ed., Vols. 1 and 2. AVI Publishing Co., Westport, Conn.
6. Pearson, A.M. and Gillett, T.A. 1996. Processed Meats. 3rd ed., Chapman & Hall., New York, N.Y.
7. 박영호. 1983. 통조림제조학, 형설출판사.

19장. 식육·육제품의 미생물 및 위생 : 신현길, 윤요한, 진구복

1. Baranyi, J., and Roberts, T.A. 1994. A dynamic approach to predicting bacterial growth in good. Int. J. Food Microbiol. 23: 277-294.
2. Bergy's Manual of Systematic Bacteriology. 1984. Vol. Ⅰ and Ⅱ.(eds) Krieh, N.R. and Holt, J./G., Williams & Wilkins, Baltimore.
3. Burson, D. 1997. Campylobacter *In Proceedings of the beef symposium(Emerging Microbial Pathogen and Issues in Beef)*. pp. 55-56. American Meat Science Association, Kansas City, MO. USA.
4. Cross, H.R. 1994. What HACCP really means. Beef Feeder, September pp. 4BF-8BF. Doyle, M.P. 1991. *Escherichia coli* O157 : H7 and it's significance in foods. Int. J. Food Microbiol, 12, 289-302.
5. Doyle, M.P., Zaho, T., Meng, J., and Zaho, S. 1997. Fundamental and Frontiers, *In Food Microbiology.* Doyle, M.P., Beuchat, L.R., and Montville, T.J. (Eds.), pp. 171-191, ASM Press, Washington, DC.
6. Giese, J. 1999. Seeking some HACCP solutions. Food Technol., 53 (8), 84-85.
7. Heiss, R. and Eichner, K. 1984. Haltbarmachen von Lebensmitteln.(eds) Heiss, R. and Eichner, K. Springer-Verlage, Berlin, Heidelberg and New York, p. 57-81, 82-118.
8. Ingram, M and Simonsen, B. 1980. Meat and meat products. In : Microbial ecology of foods.(eds) Siliker, J.H. et al. Academic Press, New York, London and San Francisco, p. 333-408.
9. Jason, A.C. 1983. A deterministic model for monophasic growth of batch cultures of bacteria. A. van Leeuw. 49: 513-536.
10. Jay, J.M. 1978. Modern food microbiology.(ed) Jay, J.M.D.Van Nostrand Company, New York, p. 29-42.
11. Jeffries, C.J., and Brian, P.A. 1984. Mathematical model of pollen tutbe penetration in apple styles. Planta 160: 52-56.

12. Leistner, L. and Rödel. 1981. Microbiology of meat and meat products in high- and intermediate- moisture ranges.(eds) Rockland, L.B. and Stewart, G.F. Academic Press, p. 855-916
13. Mason, J. and Ebel, E. 1992. APHIS *Salmonella enteritidis* control program. *In Proceedings of the Symposium on the Diagnosis and Control of Salmonella.* Richmond, Virginia : US Animal Health Association, pp. 78-81.
14. Mermelstein, N.H. 1993. Controlling *E. coli* O157 : H7 in meat. Food Technol., 47(4), 90-91.
15. Ratkowsky M. 1982. Some aspects of meat fermentation. Food Microbiol. 9: 55-65.
16. Tändler, K. 1984. Frischware und Vorverpackung. In : Technologie der Brühwurst.(ed) Institut für Technologie der BAFF, Kulmbach. p. 187-205.
17. United State Department of Agriculture. Food Safety and Inspection Service 1996. Nationwide Broiler Chicken Microbiological Baseline Data Collection Program. United Sates Department of Agriculture. Washington, DC. NY. USA.
18. United State Department of Agriculture, Food Safety and Inspection Service 1997. FSIS/ CDC/FDA Sentinel Site Study : The Establishment and Implementation of an Active Surveillance System for Bacterial Foodborne Disease in the United States. Report to Congress. United States Departments of Agriculture, Washington, DC. NY. USA.
19. Wall, P.G., Morgan, D., and Lamde, K. 1995. A case control study of infection with an epidemic strain of multiresistant *Salmonella typhimurium* DT104 in England and Wales. Commun Dis Rep CDR Rev 1994, 4, R130-R135.
20. Wells, J.G., Davis, B.R., Wachsmuth, I.K., Riley, L.W., Remis, R.S., Sokow, R., and Morris, G. K. 1983. Laboratory investigation of hemorrahage colitis associated with a rare *E. coli* serotype. J. Clinical Microbiol., 18, 512-520.
21. 이성. 1999. 육공학, 제 2장 육 및 육제품의 위해요소중점관리기준 (HACCP) 제도, pp. 19-30. 청문각.
22. 이영진. 1996. 위생적인 도축의 공정관리. 축산식품의 품질향상을 위한 중점관리기술(HACCP), 축산기술연구소. pp. 23-44.
23. 이종문, 박범영, 1996. 쇠고기 생산 및 도축과정의 HACCP system, 한국축산식품학회지, 16(2), 140-146.
24. 임대석, 최봉림, 박병규, 강희돈, 김윤지, 김용곤, 김창한, 1999. 원료육의 오염원 추적 및 위생 기준확립, 한국축산식품학회지, 19(3), 240-246.
25. 윤요한. 예측미생물학의 기본 개념. 식품과학과 산업. 43: 70-74 (2010).
26. 신일식, 김진수, 오건조. 식품의 미생물학적 안전관리를 위한 예측미생물학의 활용. 식품과학과 산업. 36: 18-24 (2003).
27. 정명섭, 이수원, 박강용, 이준희, 이철수, 이지혜, 1999. 우리나라 돼지 가공장의 미생물적 위해요인 분석, 한국축산식품학회지, 19(1), 36-40.
28. 정용호. 2000. 소의 생균제 이용과 그 효과, 월간 한우개량 9월호. pp. 30-36.
29. 진구복. 1999. 식육과 육제품의 안전성, 1999. 한국축산식품학회(축산식품의 안전성 평가와 대책). pp. 43-58.
30. 축산기술연구소 발간지. 2000. 식육의 품질, 위생관리. 축산기술연구소.
31. 축산기술연구소 발간지. 2000. 우리축산물의 안전생산과 유통방안, 축산기술연구소.
32. 한국원자력연구소 2000. 식품의 방사선 조사기준 공전개정 및 신규허가신청서. p. 62.

20장. 품질관리 : 문영덕

1. Heinzel, M. 1984. Importance of Personal Hygiene during Meat Processing, Fleisch-wirtschaft, 64, 1366.
2. KSA. 1988. 통계적 품질관리 입문, pp. 17~76, 123~150.
3. Schmidt, U. 1985. Insect Control in the Meat Industry, Fleischwirtschaft, 65, 1359.

4. 박창순. 1995. 통계적 품질관리, 율곡출판사.
5. 이순용. 1988. 현대품질관리, 법문사, pp. 187~217.
6. 이철호 외 4인. 1999, 식품평가 및 품질관리론, 유림문화사.
7. 장동석 외 4인. 1999. 식품위생학, 정문각.
8. 高坂和久. 1975. 肉製品の鮮度保持と測定. 食品工業. 18, 105.
9. 天野慶文 외 3인. 1985. 식육가공・ハンドブック, 光琳, pp. 624~625.
10. 興津賢一. 1988. 食品工場の衛生管理とバイオクリーンルーム, New Food Industry, 30, 1.

21장. 실험 분석법 : 문영덕

1. AOAC. 1995. Official Methods of Analysis, 16 eds, Assoc. of Official Analytical Chemists, Vol.2, Chapter 39.
2. Aurand, L.W. et al. 1987. Food Composition and Analysis, An AVI book, Van Nostrand Reinhold Co., NY, pp.596-612.
3. Conway, E.J. 1958. Microdiffusion Analysis and Volumetric Error. New York : The MacMillian Company.
4. Culler, R.D. et al. 1978. Relationship of myofibrill fragmentation index to certain chemical, physical and sensory characteristics of bovine longissimus muscle. J. Food Sci., 43, 1177.
5. C.W. Dieffenbach et al.(ed.) 1995. PCR Primer, A Laboratory manual. Cold Spring harbor Laboratory Press(NY).
6. Demos, B.P. et al. 1996. Mechanically recovered neck bone lean and ascorbic acid improve color stability of ground beef patties. J. Food Sci., 61, 656.
7. Grau, R. and Hamm, R. 1953. Eine einfache Methode zur Bestimmung der Wasserbindung in Muskel. Naturwissenschaften, 40, 29.
8. Hofmann, K., Hamm, R. and Blüchel, E. 1982. Neues über die Bestimmung der Wasserbindung des Fleisches mit Hilfe der Filterpapierpressmethode. Fleischwirtschaft, 62, 87.
9. Krzywiki, K. 1979. Effects of retail display conditions on meat color. Proc. 34th Ann. Recip. Meat Conf., 33, 15.
10. M.J. McPherson et al.(ed.) 1995. PCR 2, A Practical Approach. IRL Press(Oxford).
11. Möhler, K. 1966. Die Bestimmung der Umrötung in Fleischerzeugnissen. Archiv für Lebensmittlehygiene, 11, 245.
12. Takahashi, K. et al. 1967. Formation of myofibrillar fragments and reversible contraction of sarcomers in chicken muscle. J. Food Sci., 32, 409.
13. Turner, E.W. et al. 1954. Use of the 2-thiobarbituric acid reagent to measure rancidity in frozen pork. Food Technol., 8, 326.
14. Witte, V. C et al. 1970. A new extraction method for determining 2-thiobarbituric acid values of pork and beef during storage. J. Food Sci., 35, 582.
15. 농림부. 1988. 축산물의 가공기준 및 성분규격, 농림부 고시(제1998-34호).
16. 이유방, 성삼경. 1989. 식육과 육제품의 분석실험, 선진문화사.
17. 이창수, 상병찬, 오홍록. 1997. DNA 분석기법에 의한 한우육의 판별기법 개발에 관한 연구. 농림부특정연구개발과제 보고서.
18. 한국식품영양과학회. 2000. 식품영양실험핸드북 : 식품편. 효일출판사.
19. 藤永 蕙 編, 1990. 遺傳子增幅 PCR法(日書). 共立出版株式會社(東京).
20. 藤永 蕙, 關谷剛男 編, 1996. PCR法最前線. 共立出版株式會社(東京).

– 찾 아 보 기 –

(ㄱ)

(ㄹ)

(ㅁ)

(ㅂ)

-INDEX-

[개정판]

식육·육제품의 과학과 기술

2017년 3월 1일 개정판 1쇄 발행 **값 35,000원**

편 집 인 **진 구 복**

발 행 자 **양 희 돌**

경기도 고양시 일산서구 하이파크 3로 17

發行處 **先 進 文 化 社**

〈등록 제410-2005-000040호〉

ISBN 978-89-7392-268-0 93520

 ☎ (031) 925-8237, FAX 925-8239